LE GRAND ATLAS DE L'ASTRONOMIE

Le Monde

Préface de HUBERT REEVES

Glénat | LIBRERIA GEOGRAFICA

Présentation

Les instruments astronomiques d'observation les plus évolués offrent une nouvelle grille de lecture de l'univers, établissant d'audacieuses corrélations, notamment avec l'art contemporain. Pourquoi une nébuleuse avec ses explosions de couleurs ne serait-elle pas vue comme un *action painting* de Pollock, ou encore l'œil inquiétant d'un trou noir telle une œuvre de Burri... ? Remontons le temps : la spirale d'une galaxie serait tels les labyrinthes hypnotiques des Celtes, les signes mystérieux gravés dans la pierre des temples mésoaméricains. Au fond, ces peuples ont puisé leur inspiration artistique précisément de la contemplation céleste. L'immensité de l'espace ne rappelle-t-elle pas *la terra incognita* des anciennes cartes de notre planète, l'océan par-delà les colonnes d'Hercule, les immenses prairies de l'Ouest américain... ? Toutes ces suggestions prennent vie au fil des pages de cet ouvrage, qui regorge des toutes dernières images prises à l'intérieur et à l'extérieur de notre galaxie par les principales agences spatiales internationales. Ces acquisitions ont fourni au monde scientifique ainsi qu'à de nombreux passionnés une vision résolument novatrice, colorée et riche de détails relatifs aux immensités les plus reculées de l'univers. Certains chercheurs ont parlé d'une véritable « science de l'image », selon laquelle la didascalie serait aussi force de suggestion. Inconcevable il y a encore un certain nombre d'années, alors que seules quelques images à faible résolution étaient le fruit de longues heures passées devant son télescope.

En ouvrant la voie de l'exploration spatiale, mais aussi temporelle, les télescopes et leurs nouvelles techniques de collecte et d'analyse des données ont joué un rôle fondamental dans l'approfondissement de la connaissance de la genèse des corps célestes et du milieu interstellaire, ou encore de l'observation de galaxies très éloignées ou en formation.

Les images obtenues grâce aux clichés combinés sur différentes bandes chromatiques révèlent des détails nets et surprenants de planètes comme Mars, Jupiter ou Vénus, de nébuleuses aux formes les plus diverses, de poudres obscures et de nuages de gaz, suggérant de mystérieux phénomènes cosmiques, des champs stellaires constellés de centaines de milliers, voire de millions d'étoiles. Cet ouvrage, qui ne manque ni de rigueur dans son contenu ni de structure et d'exhaustivité dans son approche du sujet, est une véritable célébration de l'extraordinaire beauté de l'espace.

Deux niveaux de lecture se déclinent avec, d'un côté, une série de galeries photographiques à fort impact visuel, qui proposent des images datant des toutes dernières explorations spatiales. Et de l'autre, une section encyclopédique décrivant le système solaire, les étoiles, les galaxies, les constellations ainsi que les progrès technologiques en cours, qui nous permettent aujourd'hui de sonder les espaces extragalactiques.

L'éditeur

Préface

Il arrive quelquefois que des recherches scientifiques, effectuées avec des instruments appropriés, mènent à des découvertes dont la portée dépasse le cadre du monde scientifique et influencent toute la pensée humaine. Un tel événement s'est produit vers 1600, quand Galilée a tourné une lunette vers la Lune. Il y a vu des montagnes. Il s'est dit : « La Terre a des montagnes, la Lune a des montagnes. La Lune est un astre, donc la Terre est aussi un astre ». À la suite de cette réflexion et grâce aux travaux des chercheurs contemporains : Copernic, Kepler, Tycho Brahe, on a compris que la Terre n'est pas le centre du monde. Elle est un astre comme tant d'autres.

On me demande parfois quelle est, selon moi, la plus grande découverte astronomique des temps modernes. Je réponds : c'est le fait que notre univers a une histoire. Depuis plus de deux millénaires, la pensée dominante était celle d'Aristote. Il écrivait : « L'univers est éternel. Il existe depuis toujours et il existera toujours. » Mais comment en est-on arrivé à dépasser cette croyance ? C'est en Californie, au début du XXe siècle, que des astronomes, en particulier Edwin Hubble, nous ont appris que l'énoncé d'Aristote devait être profondément modifié. À la suite de la construction des grands télescopes du mont Wilson et du mont Palomar, les astronomes furent en mesure d'observer en détail les galaxies du ciel. Hubble lance alors un programme de mesures de leurs distances et de leurs vitesses. Il obtient un résultat étonnant : toutes (ou presque toutes) les galaxies s'éloignent de la nôtre, et à des vitesses qui sont d'autant plus élevées qu'elles sont plus loin. L'univers n'est pas statique et inchangeant comme on le croyait depuis Aristote. Il est en expansion. D'où l'implication immédiate : l'univers a une histoire... Du coup, les astrophysiciens ont pour mission de reconstituer cette histoire. Comme les préhistoriens qui tentent de décrire le passé de nos ancêtres lointains, ils doivent, dans ce but, obtenir des informations significatives qui racontent cette histoire. Ils bénéficient de télescopes de plus en plus puissants. Ils observent sur une large gamme de longueurs d'onde allant des ondes radio aux micro-ondes millimétriques, à l'infrarouge, à la lumière visible, à l'ultraviolet, aux rayons X et aux puissants rayons gamma. Pour étudier les lois de la physique, ils ont une grande variété d'accélérateurs, dont le grand accélérateur du CERN à Genève où des particules circulent pratiquement à la vitesse de la lumière dans un anneau de 27 kilomètres de circonférence, à 100 mètres sous terre. C'est grâce à cette armada qu'ils peuvent aborder leur tâche avec enthousiasme.

En 1965, un événement s'est produit qui a joué un rôle majeur dans cette recherche. Des ingénieurs de la NASA ont détecté pour la première fois un rayonnement en provenance des premiers instants du cosmos. Cette image nous présente le ciel tel qu'il serait apparu peu de temps après le Big Bang. L'analyse de cette image est aujourd'hui la principale source de renseignements sur l'histoire ancienne du cosmos. Elle fait l'objet à la fois de nouvelles observations de plus en plus précises par des observatoires spatiaux et d'études théoriques de plus en plus élaborées. Pour décrire ce que cette image nous apprend, je vais d'abord présenter un aspect important de notre univers contemporain. Il donne à voir une riche collection de systèmes organisés de structures et d'organismes variés, de toutes les dimensions. Par ordre décroissant, on trouve les galaxies, les étoiles, les planètes, l'immense variété des plantes et des animaux, les bactéries, les virus, les molécules géantes (comme l'ADN de notre génome), les molécules simples (comme l'eau et le gaz carbonique), les atomes (comme le carbone, l'azote, le fer et l'or), les protons et les neutrons. Tout cela existe aujourd'hui en grand nombre.

L'univers des premiers temps est profondément différent. Rien de tout cela n'est présent. Il se présente comme un gigantesque magma torride composé de ce que nous appelons particules élémentaires : les électrons, les photons, les quarks et quelques autres. Toutes ces particules existent dans un état de dissociation totale.
La comparaison entre ces deux états du cosmos – le premier sans structure, le présent richement structuré – contient en résumé l'histoire du cosmos. Comment on est passé de l'un à l'autre. Pour illustrer cette métamorphose, prenons comme exemple notre corps. Il est composé, en dernière analyse, d'électrons et de quarks. Leur nombre est considérable. Il est d'environ, selon notre poids, 100 000 000 000 000 000 000 000 000 000 ! Ces particules – qui nous constituent – erraient en complète dissociation dans le magma des premiers temps. Aujourd'hui, admirablement associées dans une structure d'une extrême complexité, elles nous donnent la possibilité de prendre conscience de notre existence, et de lire des livres d'astronomie comme ce *Grand Atlas* présentement entre vos mains.

Grâce à l'astronomie, nous connaissons maintenant plusieurs des étapes qui ont marqué cette transformation tout au long des 13,7 milliards d'années du cosmos. *Le Grand Atlas de l'Astronomie* aborde, avec de somptueuses images, le déroulé de cette histoire tel que nous le connaissons aujourd'hui grâce au travail de milliers d'astronomes à travers le monde. Un des chapitres les plus actifs de l'astronomie aujourd'hui porte sur l'origine des galaxies dans le magma initial. Nous savons que chaque galaxie abrite, en son centre, un trou noir géant dont la masse peut aller jusqu'à plusieurs milliards de fois la masse du Soleil. Nous ignorons largement par quels phénomènes ces monstres dévoreurs des corps célestes – étoiles, nébuleuses – qui s'en approchent, se sont constitués peu après le début du cosmos. Nous savons qu'ils influencent profondément la formation de la galaxie qui, par la suite, l'hébergera sans que, là aussi, notre connaissance dépasse le niveau d'hypothèses plus ou moins bien étayées. De belles images de galaxies, prises avec les meilleurs télescopes, sont présentées dans ce *Grand Atlas de l'Astronomie*.

La formation et la vie des étoiles constituent un chapitre encore plein d'inconnues de l'astrophysique contemporaine. Ici, nous entrons dans une physique compliquée qui implique une quantité considérable de processus où le magnétisme joue un rôle prépondérant. Des ordinateurs géants sont utilisés pour modéliser toutes les données obtenues par les télescopes. Ils effectuent des calculs de très grandes longueurs. Le rôle des étoiles, dans la logistique de l'organisation de la complexité cosmique, est de fabriquer les atomes qui vont constituer la matière et la vie.

Dans l'avalanche de gaz et de poussières qui donnent naissance aux étoiles, à partir de l'effondrement des nébuleuses interstellaires, une chaleur intense se dégage et atteint des dizaines, voire des centaines de millions de degrés. À ces températures, des réactions nucléaires sont amorcées. Elles combinent les noyaux d'atomes légers pour former des noyaux plus lourds. Tout au long de sa vie, l'étoile transforme d'abord l'hydrogène en hélium. C'est le cas du Soleil et de la majorité des étoiles de notre ciel. Quand l'hydrogène s'épuise, l'étoile se réchauffe encore et transforme l'hélium en carbone et en oxygène. L'étoile devient alors une géante rouge. Et ainsi, d'étape en étape, l'étoile fabrique successivement tous les atomes de la table de Mendeleïev, jusqu'à l'uranium et au thorium. Puis quand, lors des étapes suivantes, l'étoile aura épuisé toutes ses réserves d'énergie nucléaire, elle va mourir. Alors, elle répandra sa matière dans l'espace interstellaire, y compris les nouveaux atomes qu'elle aura fabriqués, comme une moisson à partir de laquelle de nouvelles étoiles pourront se former avec, peut-être, des planètes plus ou moins habitables. Là encore, *Le Grand Atlas de l'Astronomie* présente de nombreuses et magnifiques photos des phases de l'évolution des étoiles.

Quand l'univers a atteint un âge de plusieurs milliards d'années, ce processus de formation d'atomes par les étoiles a produit suffisamment d'atomes lourds pour permettre la structuration de planètes rocheuses. Il y a 4,5 milliards d'années, l'univers avait alors plus de 8 milliards d'années, une étoile est née, parmi tant d'autres : notre Soleil. Elle était entourée d'une abondante cohorte d'astres : planètes, satellites, comètes, astéroïdes, constituant ce que nous appelons le système solaire. L'Atlas en présente de superbes images. Sur l'un de ces astres, la Terre, par quelque processus encore à peu près inconnu, la vie est apparue, s'est transformée, par étapes successives, jusqu'à l'état présent de la biosphère.

Nous avons ainsi appris le rôle des étoiles dans la formation des atomes dont notre corps est constitué, le rôle des phénomènes planétaires qui ont marqué l'évolution des vivants à partir des cellules primitives en passant par les poissons, les mammifères, dont les primates, le rôle des comètes qui ont apporté l'eau sur la Terre, sans laquelle la vie n'aurait jamais pu apparaître.
Dans cette histoire, toutes les sciences sont comme des chapitres successifs. La physique nous parle des forces au niveau le plus fondamental, la chimie continue au niveau des atomes et des molécules, la biologie au niveau des êtres vivants. Et pour la suite des événements, l'astronomie, la planétologie, la géologie, l'archéologie, la psychologie éclairent les chapitres de cet Atlas que vous avez entre vos mains.

Hubert Reeves

Sommaire

Le système solaire

Éruptions solaires

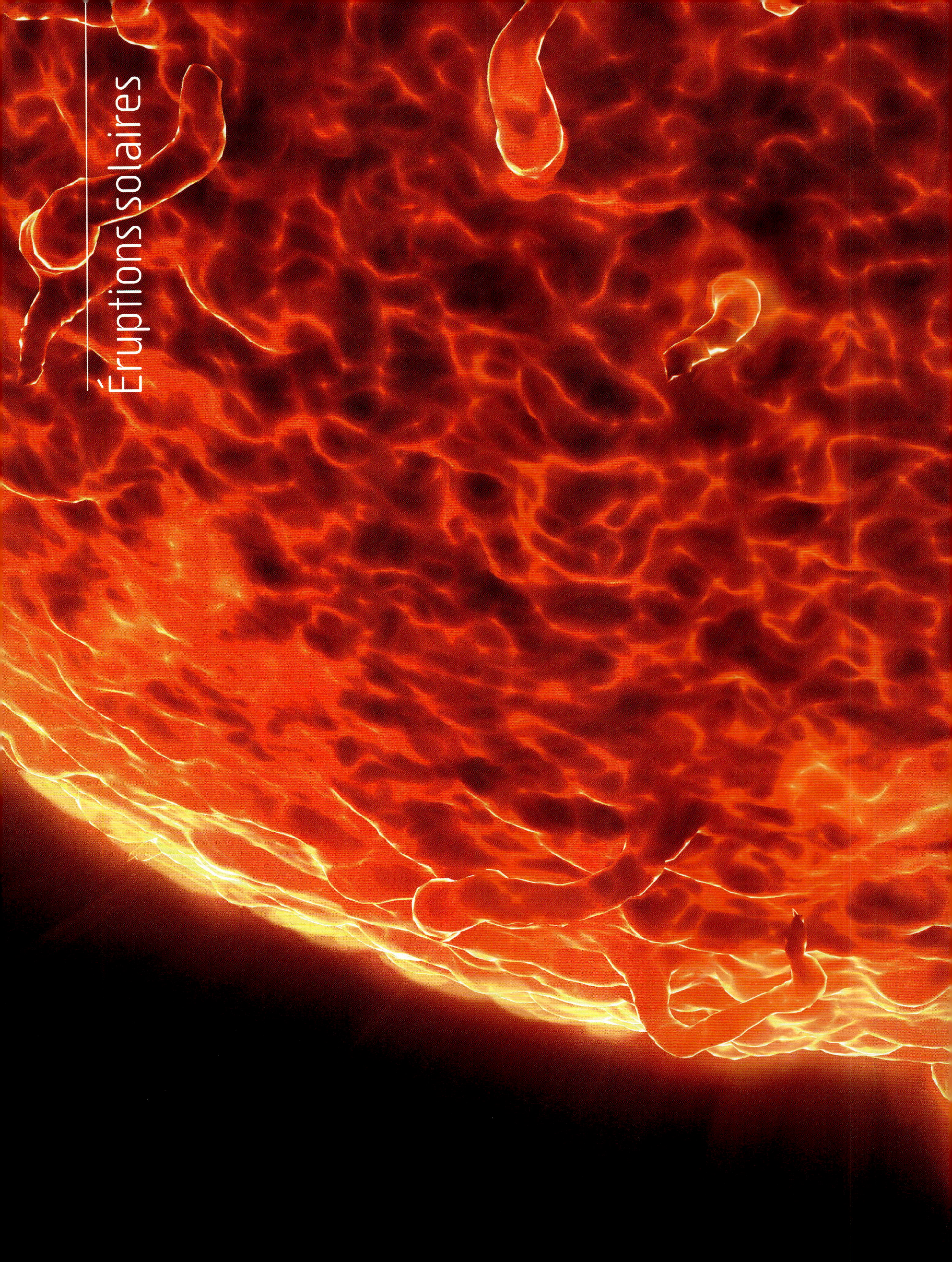

Éruptions solaires

Les éruptions solaires, ou *flares* en anglais, sont des zones extrêmement lumineuses situées près des taches solaires, qui libèrent une forte quantité d'énergie en très peu de temps. Il n'est pas toujours aisé de les observer. En cause ? L'activité en surface du Soleil, riche en protubérances éruptives spectaculaires s'étendant sur des centaines de milliers de kilomètres, mais également les spicules, petits jets d'hydrogène filiformes.

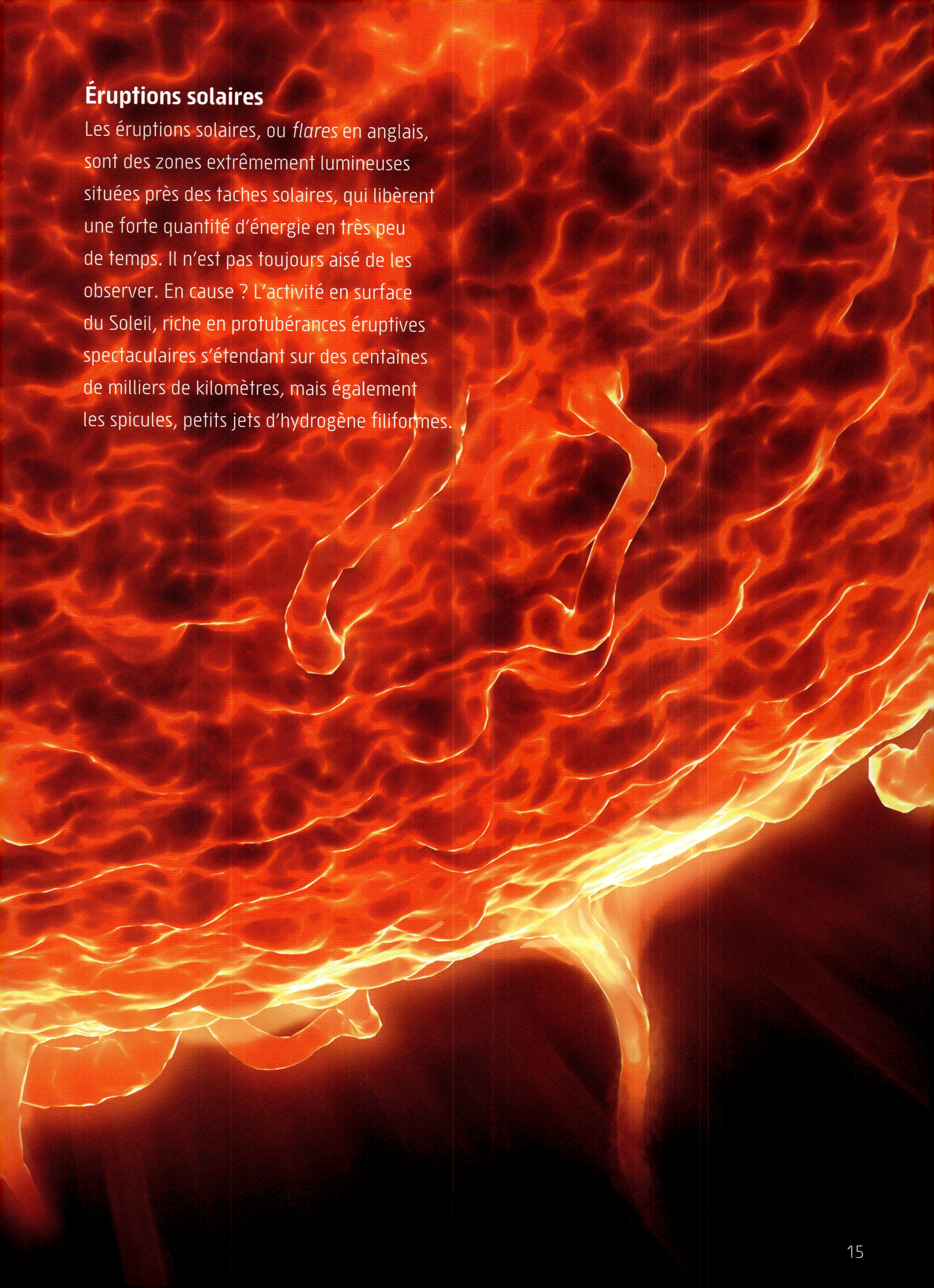

Terre et Lune

Terre et Lune

Depuis l'espace, notre planète semble couverte d'un bleu azur tout en nuances, couleur des océans ; les terres émergées ainsi que la couverture nuageuse n'altèrent que partiellement cette dominance chromatique. La Lune, d'apparence beaucoup plus monotone, révèle ici au lecteur l'hémisphère visible depuis la Terre. Sa surface, constellée de plaines et de reliefs montagneux, est uniformément recouverte de « régolite », couche de poussière compacte.

L'œil du cyclone

L'œil du cyclone

Voici l'ouragan *Ele* en formation sur l'océan Pacifique en août 2002. Son « œil » est une zone de très basses pressions, qui semble stable, et dont le diamètre est de quelques kilomètres à peine. De là partent courants descendants et dissolutions de nuages. En revanche, on peut observer la constitution d'une épaisse couche de nuages aux extrémités. Les ouragans, à l'instar de tous les autres phénomènes atmosphériques, se développent dans la partie basse de l'atmosphère, appelée troposphère, qui s'étend à une hauteur de 10-15 km.

Éclipse lunaire totale

Éclipse lunaire totale

Depuis la nuit des temps, la Lune exerce une étrange fascination sur le genre humain ; ses cycles revêtent, aujourd'hui encore, une importance fondamentale dans notre vie. Les éclipses de Lune – comme celle immortalisée sur la série de photos prises au cours du mois de juin 2011 sur l'île de Ténériffe – ont engendré de nombreuses légendes : la couleur rougeâtre, que l'on distingue sur les images de gauche, évoquerait le sang et serait donc synonyme de funeste présage.

Éruptions solaires

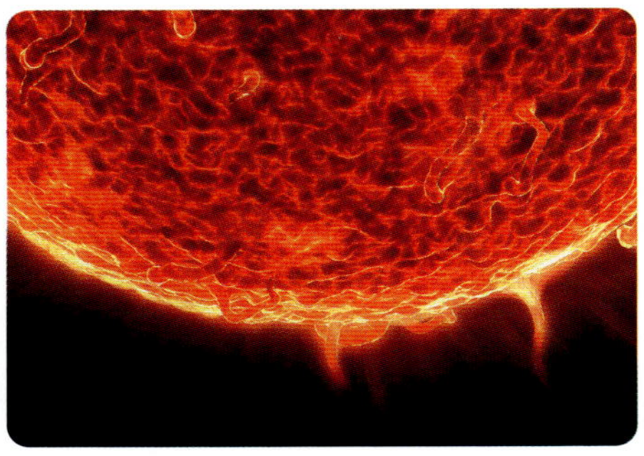

Des zones extrêmement lumineuses, appelées éruptions ou *flares*, apparaissent à proximité des taches solaires. Elles libèrent une énergie considérable en très peu de temps sur toute la bande du spectre électromagnétique. Le vaisseau spatial *Solar Maximum* Mission a répertorié quatre types d'éruptions entre 1980 et 1989. Celles-ci ont été classées selon leur intensité et leur durée, comprise entre vingt minutes et sept heures.
Typiquement, l'énergie ainsi relâchée équivaut à celle produite par deux milliards de bombes atomiques, une mégatonne. Une éruption se décompose en trois phases : le stade précurseur, durant lequel l'énergie s'accumule principalement au niveau du champ magnétique ; une deuxième phase caractérisée par une courte impulsion, qui libère près de la moitié de l'énergie emmagasinée. Celle-ci se transforme partiellement en rayons X, lumière visible, rayons ultraviolets et ondes radio, et partiellement en un intense faisceau de particules nucléaires à très grande vitesse. La troisième étape est beaucoup plus longue et s'étend sur plusieurs heures. Le restant d'énergie accumulée est alors libéré.
On peut penser que les aurores polaires et tempêtes magnétiques sur Terre sont liées à ces éruptions, du fait des rayonnements corpusculaires et de courtes longueurs d'onde émis vers notre planète.

Terre et Lune

Les objets composant le système solaire exercent une influence sur la Terre : non seulement ils changent la position de son orbite autour du Soleil, mais ils en altèrent également la forme.
Par exemple, l'excentricité (l'aplatissement) de l'orbite évolue sur une période d'environ 92 000 ans. De même, l'angle d'inclinaison de l'axe terrestre passe d'un maximum de 24°20' à un minimum de 21°55' en quelque 41 000 ans. Celui-ci est aujourd'hui de 23°27'.
Ces mouvements, ainsi que la précession des équinoxes, ont pour effet de modifier le rayonnement solaire de la Terre et sont probablement liés aux cycles glaciaires qui s'y sont produits. Enfin, les marées sont dues aux attractions gravitationnelles combinées du Soleil et de la Lune sur les masses océaniques terrestres.
Elles jouent un rôle décisif sur le mouvement de rotation : le frottement exercé par les courants de marée ralentit la rotation terrestre, en allongeant de manière imperceptible, mais néanmoins mesurable, la durée d'une journée. Parallèlement, la Lune s'éloigne de notre planète.

L'origine du système solaire

Le système solaire semble issu d'une nébuleuse qui s'est progressivement effondrée sur elle-même, sans doute à la suite de l'explosion d'une supernova, il y a environ 4,5 milliards d'années.
La partie centrale a commencé à se réchauffer, donnant naissance au protosoleil. La chaleur émanante a entraîné une stratification des gaz et des poussières. Alors qu'à l'intérieur du Soleil les réactions thermonucléaires étaient amorcées, en périphérie se constituaient les premiers noyaux planétaires.
Une température minimale était nécessaire pour initier la formation des planètes : 1 100 °C pour Mercure, 300 °C pour la Terre et -100 °C pour Jupiter.
Les planètes internes actuelles sont essentiellement solides, alors que Jupiter et Saturne ont conservé un pourcentage d'hydrogène et d'hélium similaire à la nébuleuse originelle. Selon le modèle de migration planétaire dit « modèle de Nice », Jupiter, Saturne, Uranus et Neptune se seraient formées à « proximité » du Soleil. Après la dispersion du disque de gaz, les planètes auraient interagi avec les petits corps restants, surfant sur cette matière pour migrer vers l'intérieur (Jupiter) ou vers l'extérieur (Saturne, Uranus et Neptune).
Ce voyage planétaire serait à l'origine du « Bombardement Massif Tardif », qui est peut-être à l'origine de la vie sur Terre.

Dans l'œil du cyclone

Les ouragans puisent leur énergie de la chaleur en surface marine et de la condensation de la vapeur aqueuse dans d'imposants nuages orageux en haute altitude. La gravité, la rotation et la révolution orbitale de la Terre contribuent ensuite à former le tourbillon et à déterminer sa trajectoire. En août 2002, l'extension d'une dépression tropicale dans l'océan Pacifique a engendré la formation de l'ouragan *Ele* ; en l'espace de quelques jours, son intensité a décru rapidement, ne causant ni perte humaine ni dommage physique.
L'image a été prise par le système MODIS (*Moderate-Resolution Imaging Spectroradiometer* [1]), embarqué à bord des satellites TERRA (EOS AM) et AQUA (EO PM) de la NASA, respectivement lancés en 1999 et 2002. Ces instruments MODIS ont permis de cartographier l'ensemble de la planète en un ou deux jours. Ils ont été conçus afin d'analyser les altérations de la couverture nuageuse terrestre, du point de vue du rayonnement reçu et émis par notre planète et des phénomènes se produisant dans les océans et en basse atmosphère.

[1] Radiomètre spectral pour imagerie de résolution moyenne.

Éclipse lunaire totale

Ces dix photos, prises le 15 juin 2011 sur l'île de Ténériffe aux Canaries, nous montrent la Lune lors d'une éclipse totale. Une éclipse lunaire est identifiable lorsque la Terre projette son ombre sur la totalité de l'hémisphère lunaire.
Il est plus aisé d'observer les éclipses lunaires que les éclipses solaires, dans la mesure où elles sont visibles par la moitié de la surface terrestre, soit l'hémisphère non illuminé par le Soleil. Elles durent quelques heures et oscillent entre phase d'ombre et de pénombre, puisqu'il faut beaucoup de temps à la Lune pour traverser l'important cône d'ombre terrestre. La luminosité de notre satellite s'affaiblit progressivement de la droite vers la gauche, et prend une coloration allant du rougeâtre au marron, du fait de la réfraction atmosphérique de la lumière solaire.
La plus longue éclipse lunaire totale du XXIe siècle a eu lieu le 27 juillet 2018, visible en partie en Europe. Elle dura plus de six heures.

Mercure et Vénus

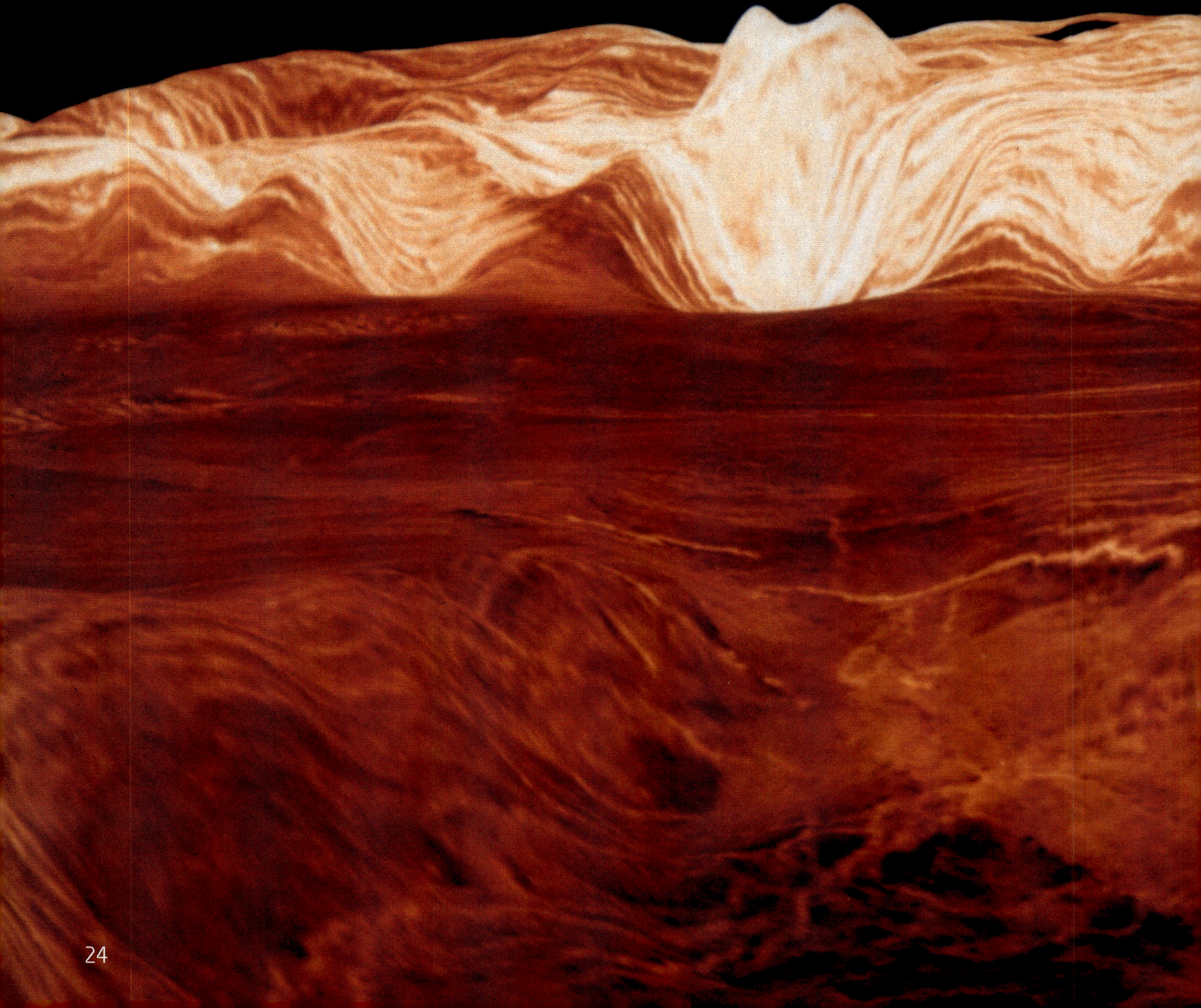

Mercure et Vénus

Mercure et Vénus sont, dans l'ordre, les deux planètes les plus proches du Soleil. Vénus est également la planète qui se rapproche le plus de la Terre. Dans l'insert de gauche, on observe un cratère en surface de Mercure, photographié par la sonde spatiale *Mariner 10* en 1974. Les cratères sur cette planète, à l'instar des cratères lunaires, sont dus à l'impact de météorites. L'image principale est une simulation par ordinateur de la surface de Vénus, réalisée sur la base des données transmises par la sonde *Magellan* entre 1990 et 1994. Le sol de Vénus semble tel un désert rocheux inondé d'une lumière jaunâtre, avec des plaines ondoyantes (occupant près de 65 % de la surface), des fleuves de lave solidifiés et des montagnes.

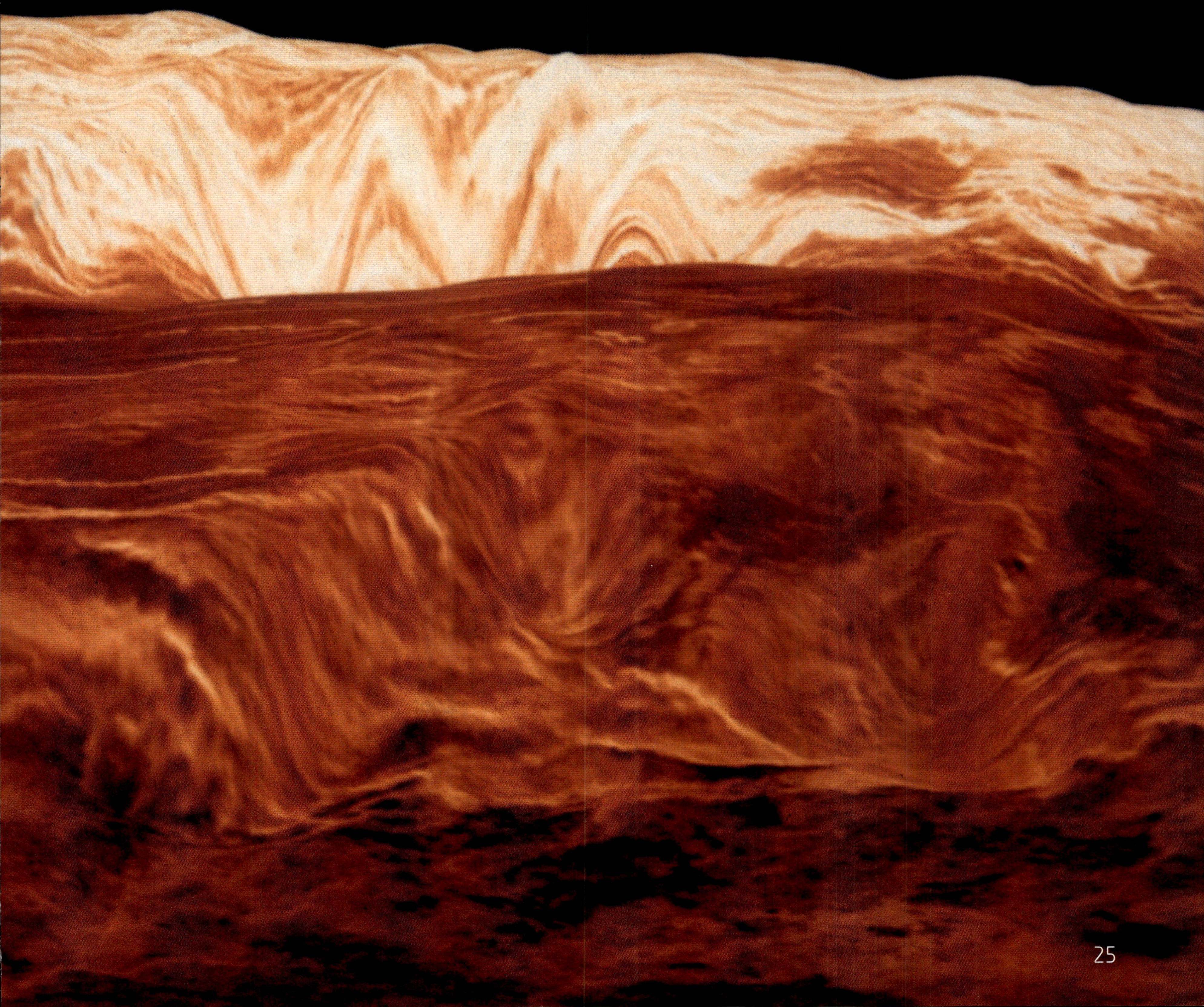

Le cratère Victoria sur Meridiani Planum

Le cratère Victoria sur Meridiani Planum

L'impact d'une grosse météorite, qui s'est produit à une époque reculée sur le sol martien a engendré cet ample cratère d'environ 800 mètres. Son nom vient de l'un des cinq navires de Ferdinand Magellan, le premier à faire le tour de la Terre. Près des bords du cratère apparaissent de nombreux affleurements avec coudes et promontoires ; ils portent les noms des baies et des caps découverts par l'explorateur.

La planète naine Cérès

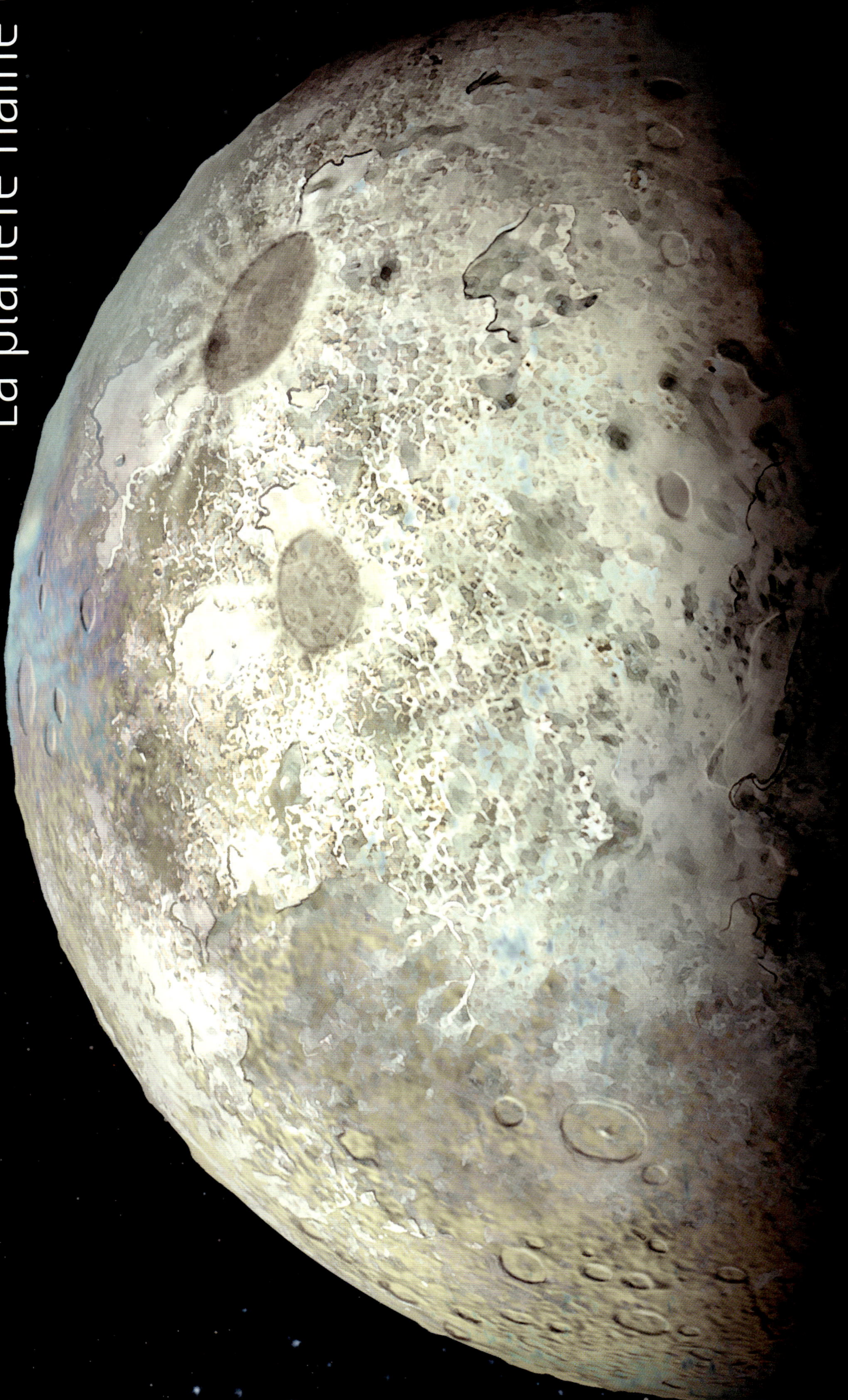

La planète naine Cérès

Ici représentée en compagnie de deux autres planètes naines, Eris (à gauche) et Pluton, Cérès (à droite) est le troisième corps planétaire, après la Lune et Mercure, où de la glace a été détectée dans des zones d'ombre permanente. Dès 2015, la sonde *Dawn* repère des dizaines de taches lumineuses à la surface de Cérès. Ces dépôts de glace d'eau se trouvent dans les zones à l'abri des rayons du Soleil, notamment à l'intérieur d'une dizaine de cratères vers le pôle Nord.

Le panorama McMurdo depuis le *rover Spirit*

Le panorama McMurdo depuis le *rover Spirit*[1]

Un ouvrage photographique détaillé contenant 1 449 images prises depuis le *rover Spirit* et rassemblant quelque 500 MB de données, a permis de constituer cet extraordinaire panorama de Mars, datant d'avril-août 2006.

[1] Robot mobile *Spirit*.

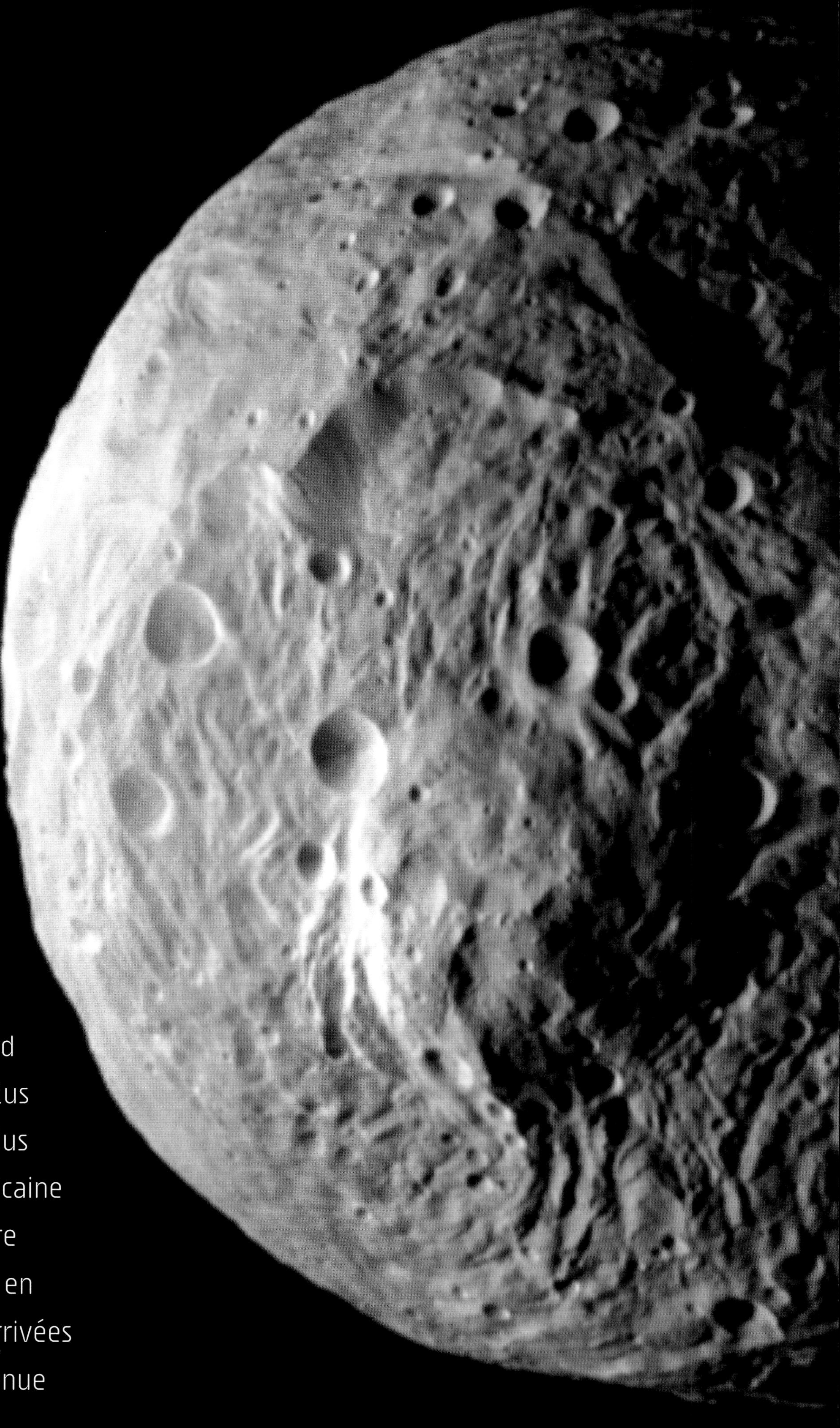

Vesta et les autres

Ses grandes dimensions et sa surface particulièrement réfléchissante font de Vesta l'astéroïde le plus lumineux dans l'absolu ; lorsque les conditions sont favorables, il devient même visible à l'œil nu. Aussi, lorsqu'en 2006, Cérès, déjà classé parmi les astéroïdes, rejoint la nouvelle catégorie des planètes naines, Vesta bat le record de l'astéroïde le plus grand et le plus massif. C'est également l'un des plus connus : d'une part la sonde américaine *Dawn* l'a atteint en 2011, et d'autre part, les scientifiques ont examiné en laboratoire certaines météorites arrivées sur Terre suite à la collision, survenue il y a moins d'un milliard d'années, entre Vesta et un autre astéroïde.

4 Vesta

21 Lutetia
253 Mathilde
243 Ida / 1 Dactyl
433 Eros
951 Gaspra
2867 Šteins
5535 Annefrank
25143 Itokawa

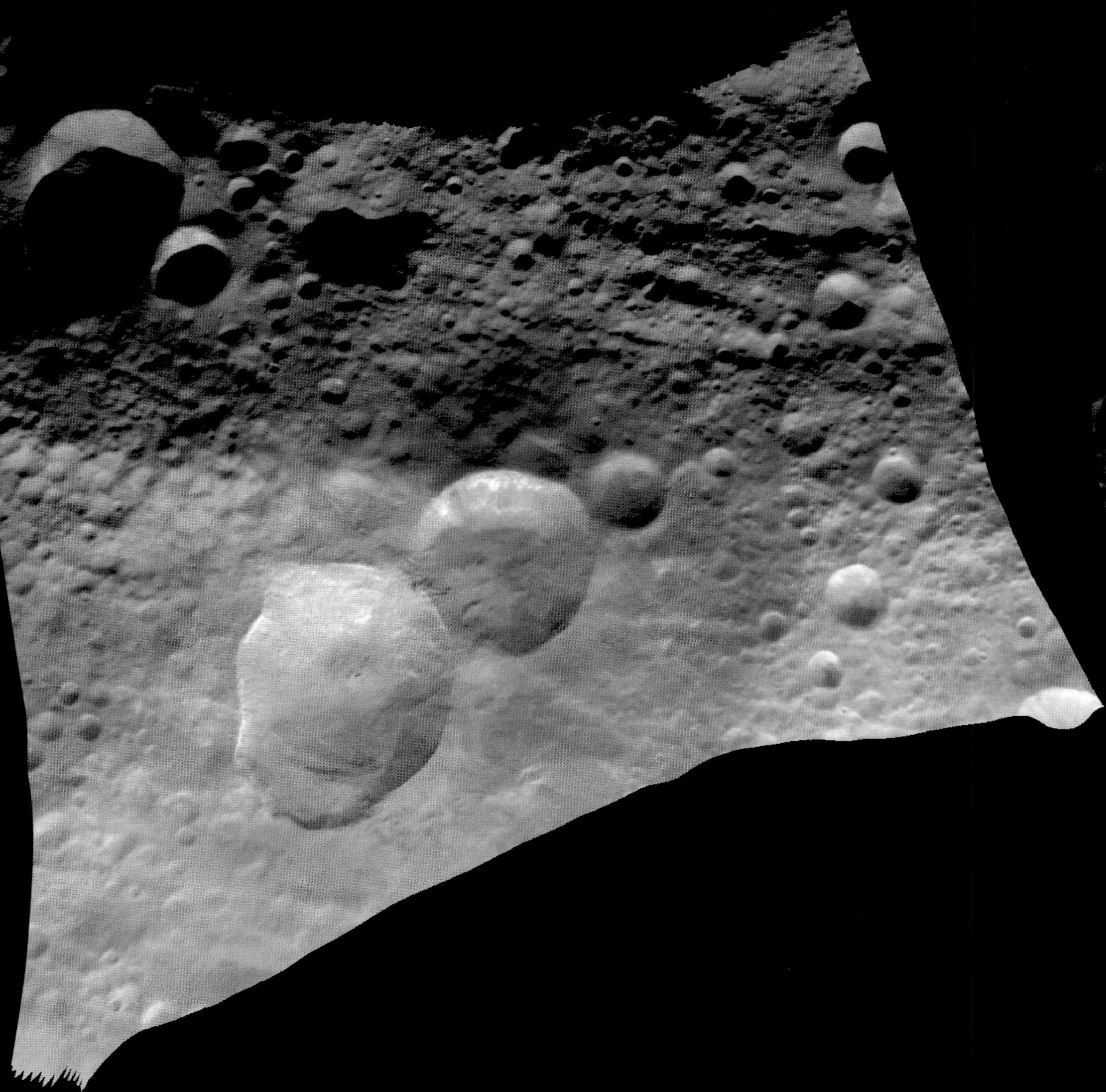

Vesta, le cratère Domitia

Avec un diamètre moyen de 530 kilomètres, Vesta est le plus grand astéroïde de la ceinture principale. Dans la mesure où sa surface réfléchit 25 % de la lumière solaire, il devient visible à l'œil nu lorsqu'il se trouve au plus proche de la Terre. Le cratère Domitia apparaît en détail sur la partie supérieure centrale de ce plan. Le cratère, dû à l'impact d'une météorite, possède un diamètre de 50 kilomètres.

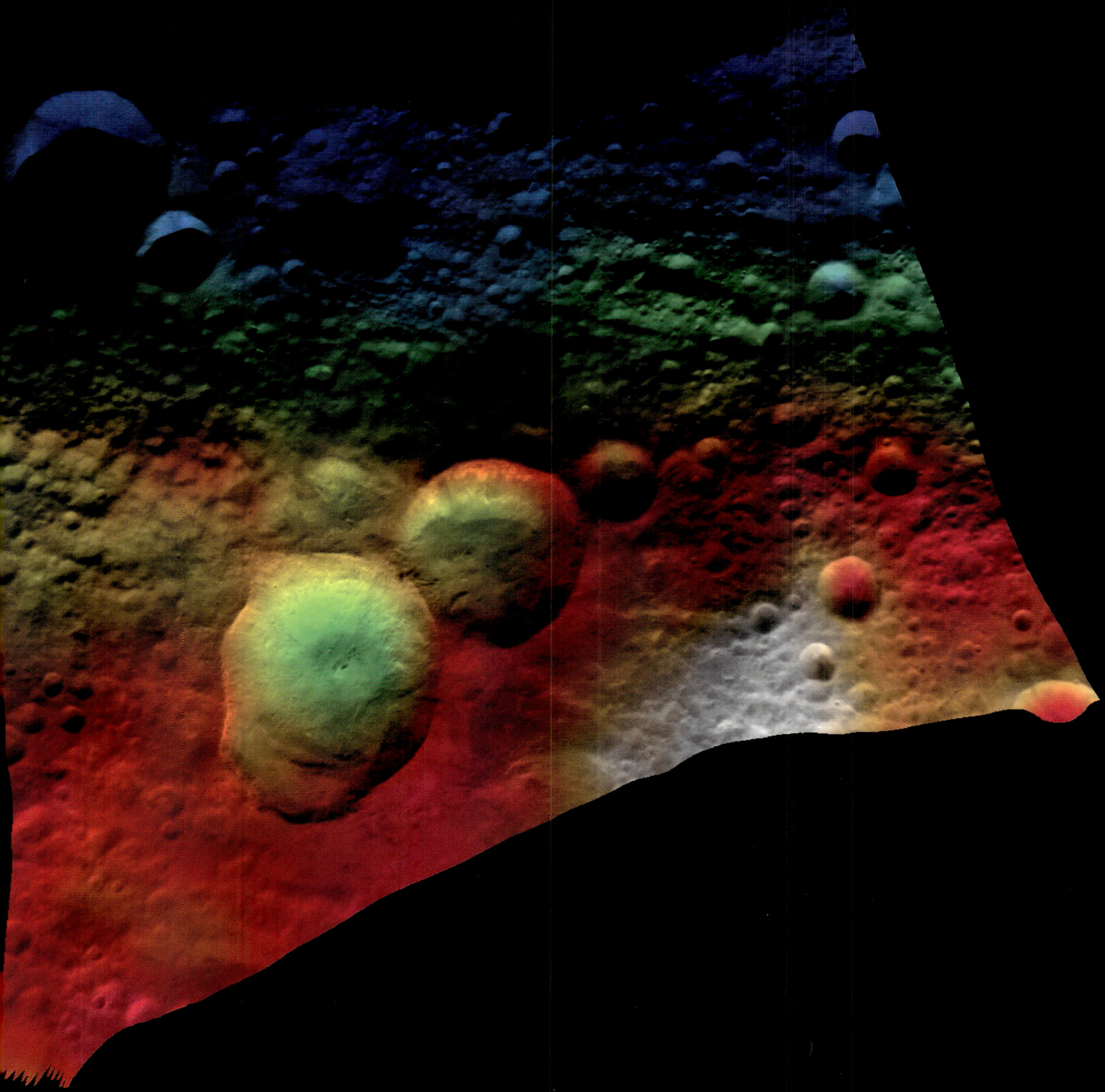

Mercure et Vénus

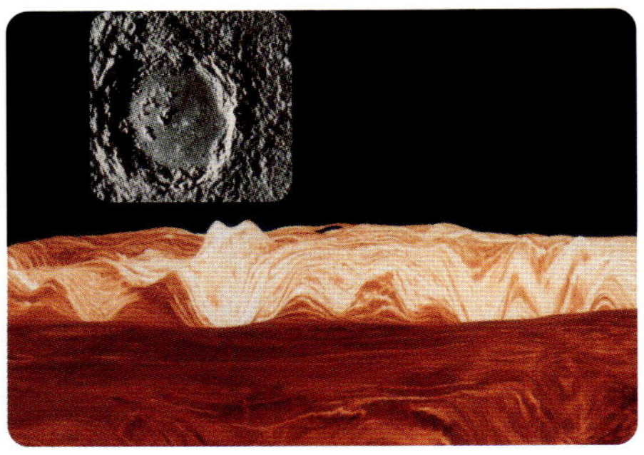

L'insert situé à gauche montre un cratère en surface de Mercure photographié par la sonde spatiale *Mariner* en 1974. Suite à cette mission, une carte de la planète a été tracée. Un comité dédié a défini des règles très originales, selon lesquelles toutes les principales vallées ont été baptisées d'après les grands observatoires radioastronomes tels qu'Arecibo, Goldstone et Crimée. Les talus et canyons ont reçu eux, le nom des navires affrétés pour les grandes découvertes comme le Fram, l'Endeavour, le Vostok ou encore le Santa Maria. On a décidé, pour les plaines, de décliner l'appellation de la planète Mercure dans différentes langues : Tir, Bouda, Odin, Sokolu, etc.
En 2004, la NASA lança la sonde *Messenger*, qui s'est rapprochée de Mercure pour la première fois en 2008. Sur l'illustration principale, on observe une simulation informatisée de la surface de Vénus, obtenue en retravaillant les données transmises par la sonde *Magellan* entre 1990 et 1994. On a alors identifié la présence d'éclairs sous l'épaisse couche de nuages recouvrant la planète. En réalité, des signaux électromagnétiques équivalents à ceux émis lors d'un orage terrestre ont été enregistrés dans cette strate comprise entre 32 et 2 kilomètres.
Les éclairs vénusiens sont bien plus intenses que les nôtres et se succèdent extrêmement rapidement, soit 25 fois par seconde.
Notre connaissance des éclairs terrestres laisse supposer qu'il existe, dans les plus basses couches de l'atmosphère vénusienne, des cristaux glacés (d'eau) associés à un rapide mouvement vertical des masses atmosphériques.

Le cratère Victoria sur Meridiani Planum

Cette photographie, prise par l'objectif du *High Resolution Imaging Science Experiment* (HIRISE) à bord du *Mars Reconnaissance Orbiter* de la NASA, montre Victoria, cratère d'impact dont le diamètre est d'environ 800 mètres. Il est situé sur Meridiani Planum, région plate proche de l'équateur martien. Les contours révèlent une forme clairement découpée, due à l'érosion et à l'effondrement d'une partie des parois. Le long du versant interne au cratère, on peut observer des roches sédimentaires encore exposées, ainsi que des éboulements massifs des parois. Le fond du cratère est tapissé d'une intéressante étendue sablonneuse.
Le véhicule *Mars Exploration Rover Opportunity* a procédé, entre 2004 et 2018, à des relevés dans la zone Meridiani Planum. Cinq jours avant la prise de ce cliché, le *rover Opportunity* avait atteint le sommet du cratère Victoria, après avoir parcouru plus de 9 km sur le sol martien. On le distingue d'ailleurs à 7 h sur la circonférence du cratère. Le dernier signal date de 2018.
L'image reproduite ici possède une résolution de 25 centimètres par pixel ; le nord se situe à gauche. Cette photo a été prise à 3 h 30 heure locale sur Mars ; le panorama est illuminé à l'ouest par les rayons solaires avec un angle d'incidence égal à 59,7 degrés (le Soleil se trouvait donc à près de 30,3 degrés sous l'horizon).

La planète naine Cérès

Cérès (à droite de l'image) est une planète naine de la ceinture principale d'astéroïdes. Avec un diamètre de 950 km, c'est le plus grand corps de la zone.
La sonde américaine Dawn, en orbite autour d'elle entre 2015 et 2018, a confirmé la présence de glace d'eau à sa surface et dans son manteau, à hauteur de 30 à 40 % de sa composition. Parce qu'elle contient également des argiles ammoniaquées, les chercheurs pensent que Cérès aurait été formée au voisinage de Neptune – où l'ammoniac abonde – avant de migrer vers l'intérieur du système solaire. À sa surface, deux geysers projettent dans l'espace de la vapeur d'eau, qui l'entoure d'une atmosphère ténue. Ils trahiraient l'existence d'un océan d'eau liquide !

Le panorama Mc Murdo depuis le *rover Spirit*

La planète Mars observée à 360°. Cette photo du Panorama Mc Murdo fut prise pendant la campagne d'hiver 2006 initiée par *Spirit* (MER-A, Mars Exploration Rover-A), le premier des deux *rovers* envoyés sur le sol martien en 2004. Selon les estimations, *Spirit* devait fonctionner pendant au moins 90 jours, transmettant à la Terre les images capturées. Ces prévisions furent largement dépassées, puisque le *rover* resta actif tout au long de l'année 2010. Le lancement du *Mars Science Laboratory* avec le *rover Curiosity* à son bord, marqua la fin officielle de la mission de *Spirit* à l'été 2011. En 2006, le *rover* a entamé une étude photométrique des changements saisonniers survenant en surface, analysant les différentes couches du sol et prenant de nombreuses photos. Voici l'une des vues panoramiques les plus détaillées jamais obtenues de la planète rouge, composée, en réalité, de 1 449 images, fruit de longs mois d'exploration (avril-août 2006). De nombreux détails sont dévoilés dans cette scène réalisée par la télécaméra stéréoscopique du *rover*, lui-même posté sur une petite colline appelée Low Ridge où étaient entreposés des panneaux orientés vers le Soleil. Sur la droite, à l'horizon, apparaissent la colline Husband Hill ainsi que les dunes E Dorado. Au centre, vers la gauche, on peut apercevoir les traces laissées par le *rover* lors de son transfert depuis Home Plate : on distingue le sillon de la roue bloquée à cause d'une avarie du moteur. La mission du *rover* jumeau, *Opportunity*, qui avait atteint Mars trois semaines après *Spirit* et atterri à l'autre bout de la planète, a obtenu un succès tel qu'elle a été prolongé plus de huit fois par rapport aux prévisions initiales. Le robot a rejoint le cratère Endeavour à l'été 2011. Il a été déclaré hors service par la NASA en 2019.

Vesta et les autres

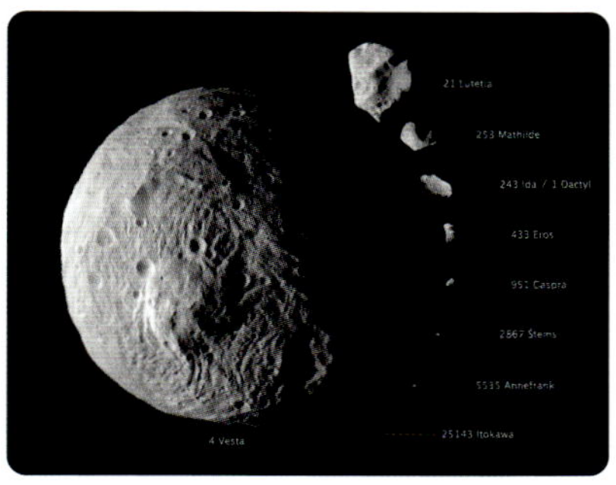

Cette image composée compare les dimensions de neuf astéroïdes. En juillet 2011, la sonde *Dawn* de la NASA est entré en orbite autour de Vesta, cartographiant la superficie de l'astéroïde avec une grande minutie et mesurant ses énormes dimensions : près de 530 km de diamètre. Bien qu'appartenant à la ceinture d'astéroïdes (dans l'orbite comprise entre Mars et Jupiter), Vesta doit être considéré comme une protoplanète, autant pour sa taille que pour sa structure stratifiée similaire à celle, classique, des planètes rocheuses. Le plus important des astéroïdes représentés à droite est Lutétia, avec un diamètre d'environ 130 km. C'est le plus grand astéroïde métallique visité par une sonde (*Rosetta*, se trouvant à une distance minimale de 3 162 km au mois de juillet 2010).

Vesta, le cratère Domitia

Ces images, prises lors de la mission *Dawn* en août 2011 à une distance de 2 740 km du sujet, montrent le cratère Domitia dans l'hémisphère septentrional de l'astéroïde Vesta, ainsi que la topographie de la région environnante. Domitia, avec près de 50 km de diamètre, apparaît dans la partie centrale supérieure de l'image. Il s'agit d'un cratère extrêmement dégradé, dont le bord est pratiquement totalement obscurci par de petits cratères d'impact plus récents. La photo de gauche est une image albédo et montre la luminosité en surface. L'image à droite se réfère à la même photo, sur laquelle on a superposé une échelle chromatique pour faire ressortir les écarts d'altitude. Les couleurs correspondent donc à différents niveaux. Par exemple, la zone blanche, en bas à droite, est le niveau le plus élevé, alors que le bleu foncé, sur la partie supérieure de la photo, est le plus bas. Selon les dernières études, les scientifiques semblent s'accorder sur le fait qu'au regard de la ceinture où il se trouve, Vesta n'est pas un astéroïde, mais une petite protoplanète.

Jupiter, la grande tache rouge

Jupiter, la grande tache rouge

Jupiter est caractérisée par des bandeaux colorés parallèles à l'équateur : les plus clairs (appelés zones) alternent avec les plus foncés (appelés bandes). Sa surface n'est pas solide ; on aperçoit donc la couche de gaz la plus externe, qui constitue la dense atmosphère de Jupiter. Et ces gaz, qui épousent un mouvement tournoyant, génèrent des formes dont l'effet est spectaculaire, telle la grande tache rouge, tourbillon anticyclonique tellement grand qu'il pourrait contenir trois planètes de la taille de la Terre.

Ganymède, satellite du système jovien

Ganymède, satellite du système jovien

Ganymède est le plus grand des satellites galiléens de Jupiter, et le troisième en absolu de tout le système solaire. Sur sa superficie, dont l'image reproduit en détail l'hémisphère septentrional avec la nomenclature de ses diverses régions, on peut apercevoir des cratères d'impact recouverts par les glaces, ainsi que des zones rainurées. Ces dernières sont de formation plus jeune et probablement dues à de la matière immergée, correspondant à des fractures de la croûte.

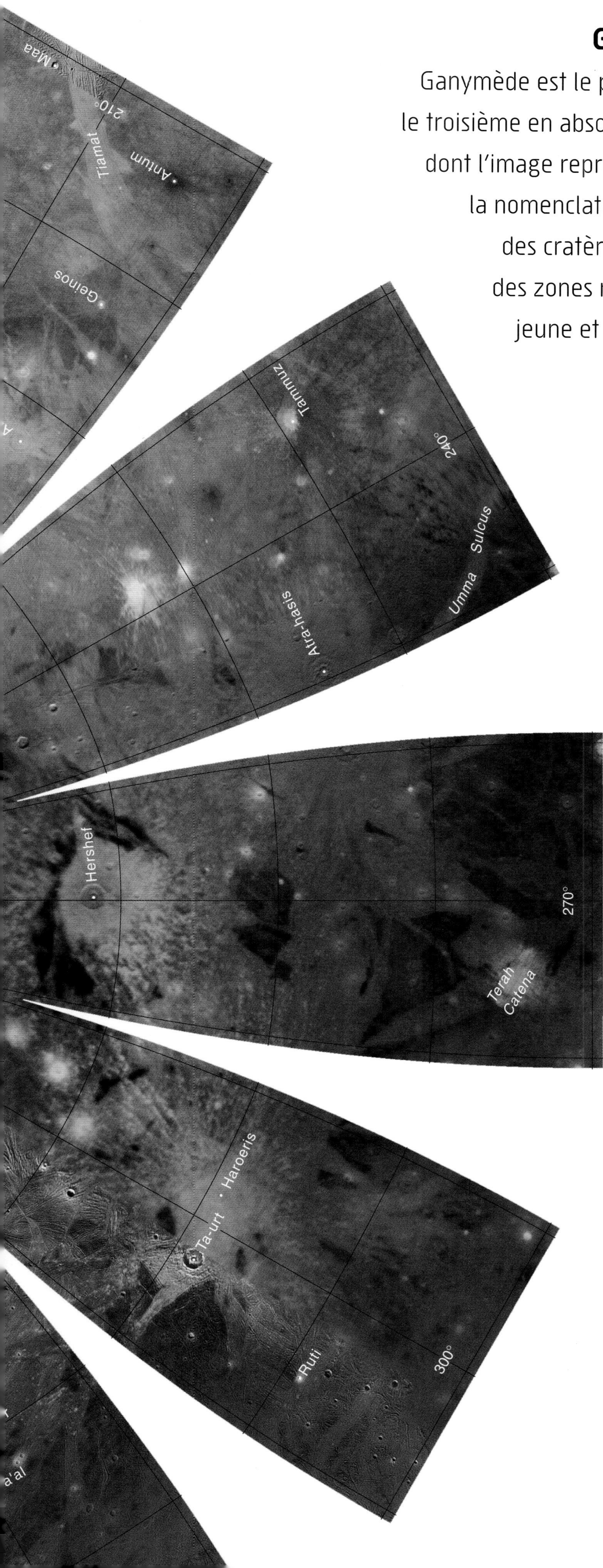

Les anneaux de Saturne

Les anneaux de Saturne

Saturne est l'une des planètes dont la densité moyenne est inférieure à celle de l'eau. S'il existait un océan suffisamment grand pour l'accueillir, on pourrait la voir flotter en surface. Mais sa caractéristique la plus évidente et spectaculaire est le système annulaire qui l'entoure. Ces anneaux sont composés de petits fragments de roches et de glaces qui orbitent autour de la planète sur le plan équatorial. Vus de haut, ils semblent être des milliers et rappellent les microsillons d'un disque vinyle. Cette image aux couleurs naturelles (disposée sur deux niveaux par nécessité de place) montre leur amplitude totale d'environ 66 000 km

Téthys depuis la sonde *Cassini*

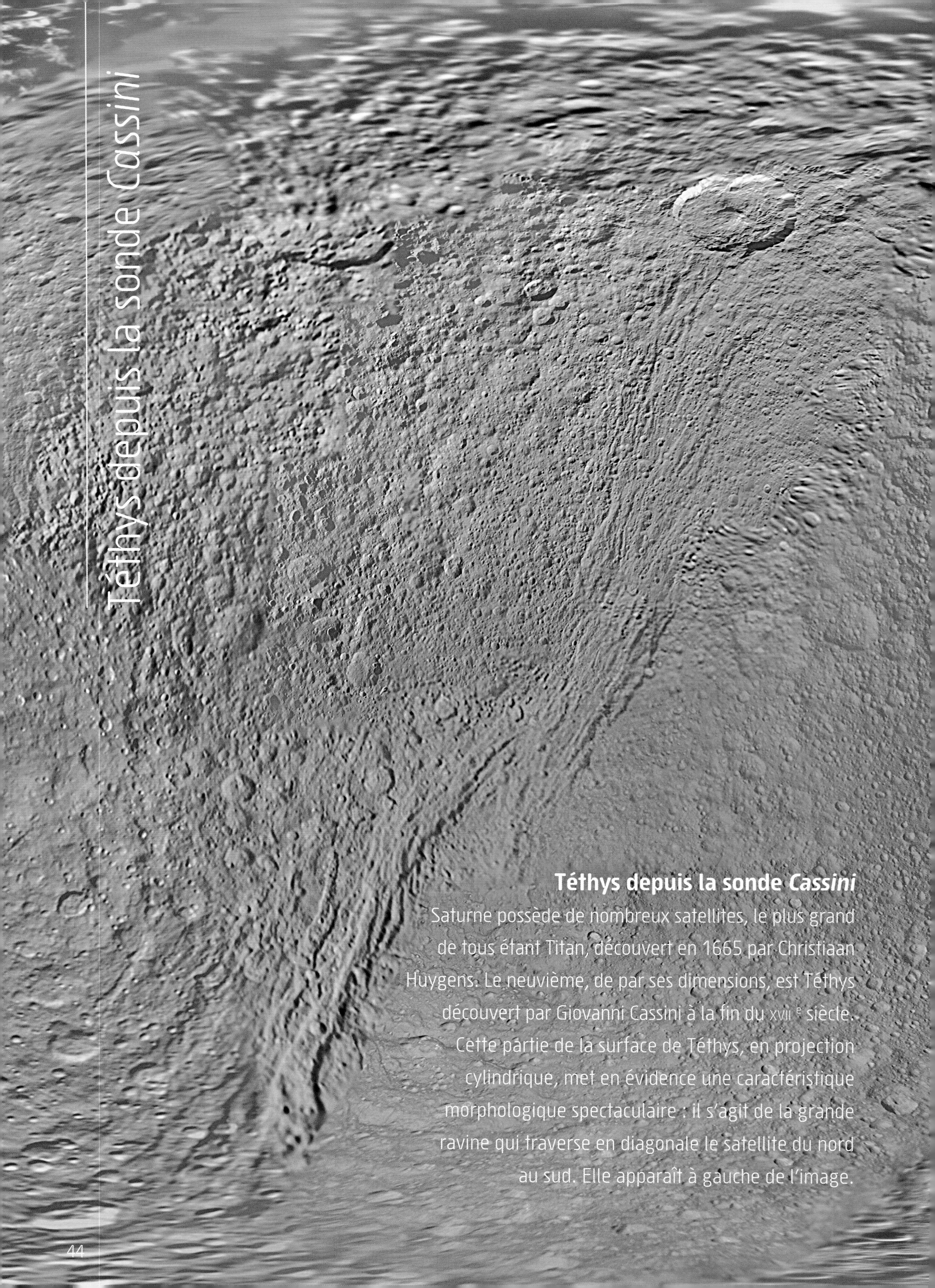

Téthys depuis la sonde *Cassini*

Saturne possède de nombreux satellites, le plus grand de tous étant Titan, découvert en 1665 par Christiaan Huygens. Le neuvième, de par ses dimensions, est Téthys découvert par Giovanni Cassini à la fin du XVIIe siècle. Cette partie de la surface de Téthys, en projection cylindrique, met en évidence une caractéristique morphologique spectaculaire : il s'agit de la grande ravine qui traverse en diagonale le satellite du nord au sud. Elle apparaît à gauche de l'image.

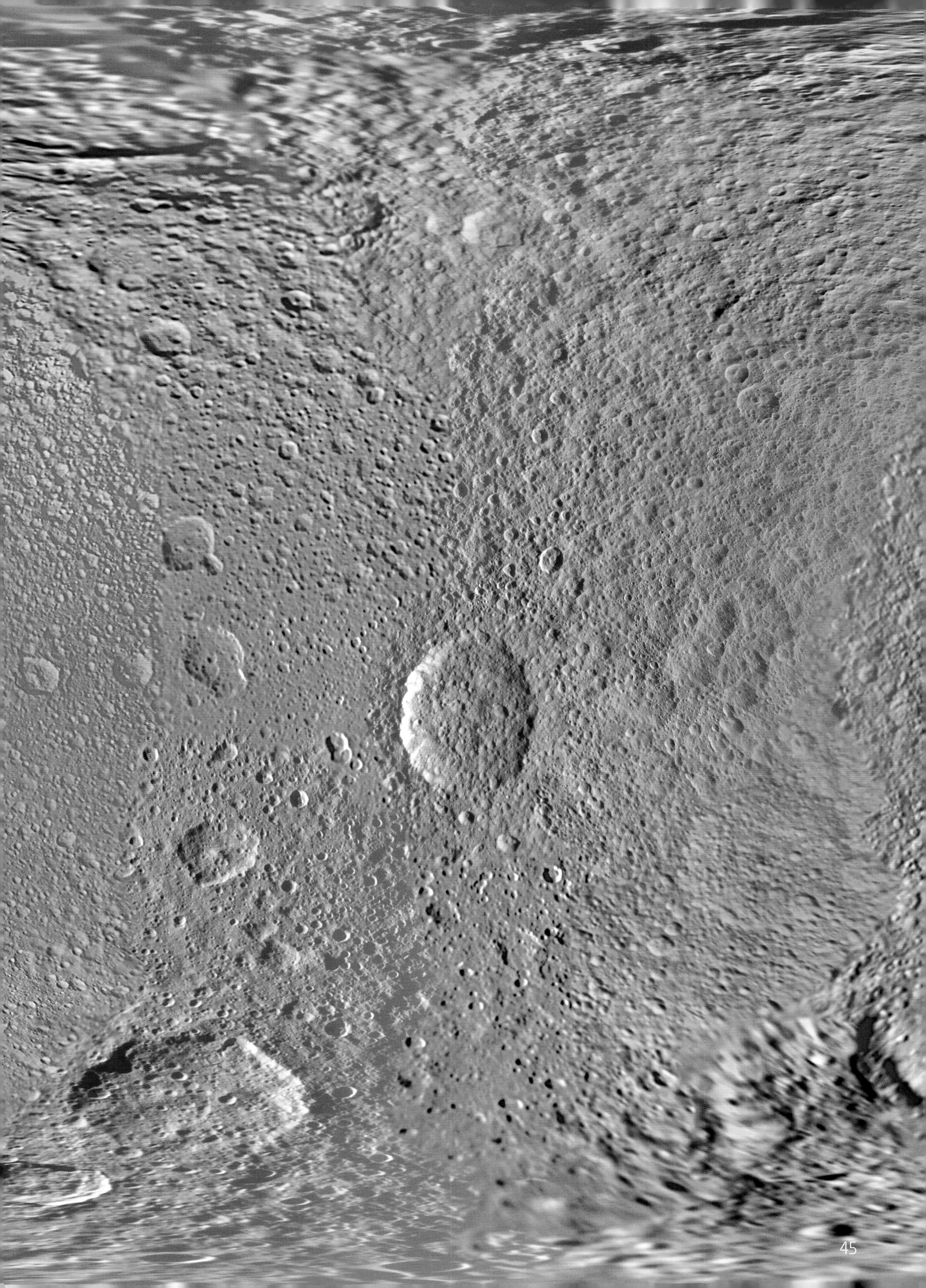

Uranus et le satellite Puck

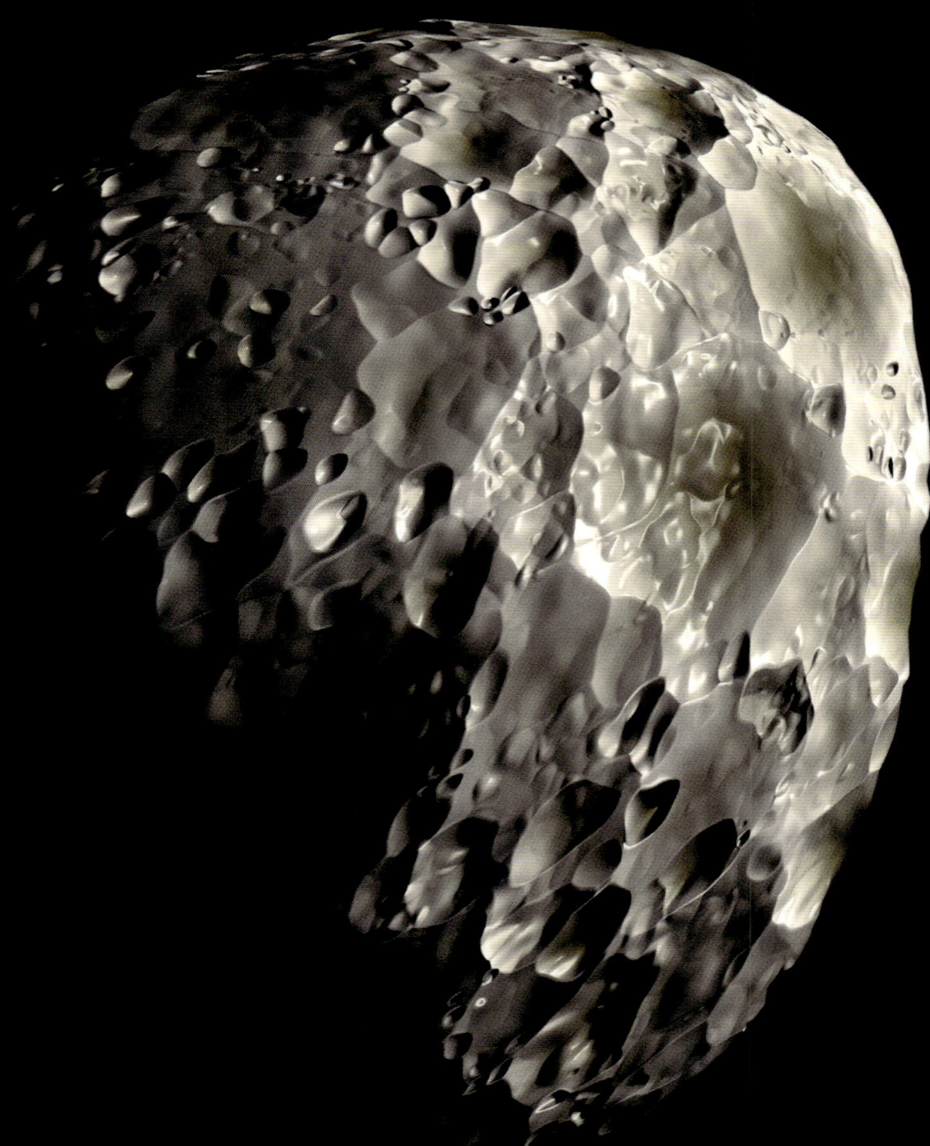

Uranus et le satellite Puck

La couleur vert azur d'Uranus est due à la présence de méthane dans son atmosphère, qui absorbe les radiations rouges complémentaires. Cette planète dispose également d'un système d'anneaux, d'une épaisseur extrêmement réduite comparativement à leur diamètre, localisé le long de l'équateur. On aperçoit, au premier plan, Puck, l'un des 27 satellites d'Uranus, situé à 86 000 km de distance de la planète.

Comète et poussières d'étoiles

Comète et poussières d'étoiles

Une comète traverse notre système solaire, laissant derrière elle une longue queue lumineuse qui apparaît très nettement sur cette illustration. Celle-ci est composée de poussières et de particules ionisées et s'étend sur des dizaines de milliers de kilomètres, ce qui est considérable par rapport à son petit noyau et à la chevelure de gaz qui l'entoure. Le noyau central est constitué de roches, de composants gazeux et de glace.

Jupiter, la grande tache rouge

La grande tache rouge est un gigantesque tourbillon de hautes pressions parcouru par un courant ascendant s'élevant à une dizaine de kilomètres au-dessus des nuages environnants, environ à 22 ° au sud de l'équateur jovien. Elle possède une structure anticyclonique et son existence remonte, estime-t-on, à 300 ans au moins. Il faut six jours aux masses gazeuses qui la composent pour effectuer une révolution complète autour de son centre. Les observations montrent que sa taille diminue au fil des ans. Concernant ses origines, certains scientifiques avancent l'hypothèse selon laquelle il n'y aurait qu'une seule onde à crête unique, à savoir un seul déplacement nord-sud des courants atmosphériques normalement orientés est-ouest. Autre explication possible : les nuages feraient partie d'une structure plus profonde, laissant ainsi supposer qu'il existerait un système de tourbillons stables dans un flux est-ouest.
Des simulations sur ordinateur ont démontré que ce type de tourbillon possède une haute résistance aux perturbations, et que les grandes taches se développent aux dépens des petites, comme cela se produit effectivement.
Cette image a été obtenue par *JUNO* en juillet 2017.

Ganymède, satellite du système jovien

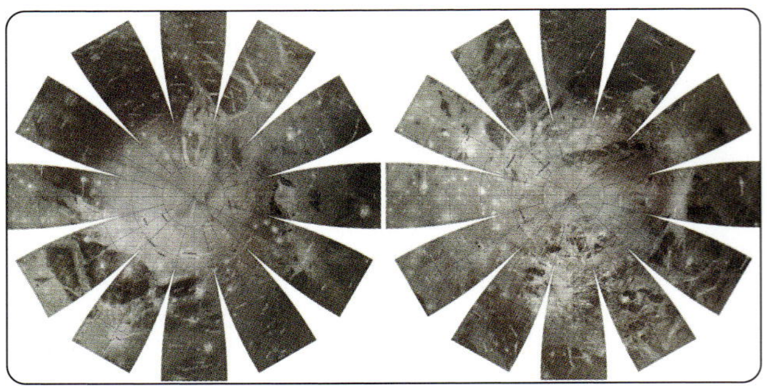

Les images utilisées pour reconstituer le développement des deux hémisphères de Ganymède, le plus grand et le plus brillant des satellites du système jovien, ont été prises depuis les sondes *Galileo* et *Voyager 1* et *2*.
Ganymède est l'une des plus grandes lunes de tout le système solaire, dont le diamètre est uniquement inférieur à celui de Titan, lune de Saturne, et de Triton, lune de Neptune. Sa surface est recouverte d'une croûte de glace d'eau et de silicates de plus de 100 km d'épaisseur. Il se trouverait en dessous une couche de matière semi-solide d'une épaisseur de 500 à 600 km ainsi qu'un noyau rocheux. Deux types de terrains ont été identifiés sur Ganymède : l'un, riche en cratères, plus sombre, occupant environ un tiers de la surface. L'autre, plus clair et plus récent, constellé de sillons et de vallées escarpées. Le sol rainuré comprend des crêtes et des vallées d'ancienneté variable, pouvant atteindre jusqu'à 15 km de largeur et s'étendre sur plusieurs centaines de kilomètres. Les sillons sont peut-être dus à un mécanisme semblable à celui qui, sur Terre, entraîne l'émersion de matière depuis le manteau le long des dorsales océaniques. Ainsi, il pourrait s'être formé des mottes superficielles tout à fait similaires aux nôtres au cours de l'évolution de Ganymède. Celles-ci, qui, à l'origine, glissaient les unes vers les autres, sont désormais stables.

Les anneaux de Saturne

Cette image (répartie sur deux niveaux par souci d'espace), prise par la sonde *Cassini* en novembre 2008 à une distance d'un peu plus d'un million de kilomètres, est composée de couleurs naturelles et dévoile les anneaux de Saturne, depuis la section la plus proche de la planète en haut à gauche, jusqu'à l'extrême périphérie en bas à droite. L'ampleur totale de ces anneaux (trois principaux et quatre secondaires) correspond à un peu moins de 66 000 kilomètres.
Cette photo comme d'autres nous ont été transmises par les sondes et révèlent que les anneaux sont, en réalité, formés de milliers d'anneaux plus petits intercalés de lacunes (les sillons noirs s'appellent Colomb, Maxwell, Huygens, Encke et Keeler), le tout ressemblant aux sillons d'un disque vinyle.
Certains anneaux, qui composent la structure du système, ne sont pas parfaitement circulaires, mais elliptiques, et sont presque tous recouverts d'une fine couche de poussière. L'origine des anneaux de Saturne n'a pas encore été clairement établie. Quand bien même ils se seraient formés avec la planète elle-même, ils ne représentent pas un système stable ; la matière qui les compose doit, par conséquent, être périodiquement remplacée. Cela se produit probablement lorsque de petits satellites sont détruits suite à une collision.

Téthys depuis la sonde *Cassini*

Cette carte globale de Téthys (en projection cylindrique) a été élaborée au moyen d'images prises depuis la sonde *Cassini* – mise en orbite par la NASA et qui a plongé dans l'atmosphère de Saturne en septembre 2017 –, sur la base d'une série de mesures effectuées de février à août 2010. Téthys est le neuvième satellite de Saturne de par sa taille. Il lui faut environ deux jours pour effectuer une révolution complète autour de la planète, à une distance moyenne de 294 000 kilomètres, et il possède un diamètre de 1 060 kilomètres. Il est considéré comme le prototype des satellites « de glace » : il s'agit donc d'un astre à très faible composante rocheuse, constitué en majeure partie d'eau cristallisée. Sa surface est de morphologie particulièrement accidentée, spongieuse, et semble sillonnée du nord au sud, ainsi que sur tout un hémisphère, par un large canal appelé *Ithaca Chasma* d'une longueur de 750 kilomètres et d'une profondeur de 3 000 à 5 000 mètres. Les autres formations horographiques sont les cratères Télémaque (avec un diamètre de 150 km), Pénélope (250 km) et Odyssée (450 km), qui est le plus grand cratère d'impact répertorié dans tout le système solaire.

Uranus et le satellite Puck

Uranus possède 27 satellites, dont cinq majeurs : Titania, Obéron, Ariel, Umbriel et Miranda. Les deux premiers sont les plus grands et les plus externes : ils se trouvent respectivement à 436 000 et 583 000 km de la planète. Leurs surfaces, riches en glace d'eau, réfléchissent près de 30 % de la lumière solaire et sont de couleur grise. Umbriel ne montre aucun signe d'activité géologique, alors qu'Ariel est le plus réfléchissant. Découvert en 1985 par la sonde *Voyager 2*, le satellite Puck, visible au premier plan sur cette illustration artistique, se situe à 86 000 km d'Uranus et effectue une révolution complète en quelque dix-huit heures. Il se trouve sur le même plan orbital que les anneaux ; ces derniers apparaissent donc telle une ligne tout en finesse. Puck est la sixième lune d'Uranus par ordre de grandeur (son diamètre est d'environ 150 km), avec des dimensions moyennes comprises entre celles de Miranda et de Portia.

Comètes et poussières d'étoiles

On sait que la température de la chevelure d'une comète, c'est-à-dire celle du halo qui enveloppe le noyau (à ne pas confondre avec la queue, qui est la partie la plus évidente, ainsi que le montre clairement cette illustration) varie d'environ -70 °C à -250 °C. Même si son diamètre moyen s'approche des 100 000 km, sa densité et sa masse sont, au contraire, réduites. Certaines molécules se décomposent et sont ionisées par le rayonnement solaire ultraviolet au cours du parcours allant du noyau vers la queue. Dans les régions les plus proches du Soleil, le taux de décomposition des molécules de la chevelure est plus élevé, du fait des interactions avec le vent solaire. La luminosité apparente d'une comète dépend de la distance qui la sépare du Soleil et de la Terre. En réalité, la brillance est à peu près proportionnelle à la puissance quatre de sa distance au Soleil, ce qui indique que les comètes ne réfléchissent pas uniquement la lumière, mais l'absorbent également et, de fait, en émettent une certaine quantité. Il en découle un facteur important à prendre en compte pour définir cette luminosité : le taux d'activité solaire. Si celui-ci augmente temporairement, une comète se rapprochant du Soleil peut alors soudainement avoir une luminosité plus intense.

Huit planètes pour une étoile

La Terre est un des corps célestes qui constituent le système solaire, c'est-à-dire l'ensemble des planètes, astéroïdes et comètes qui tournent autour du Soleil. Le Soleil est l'étoile la plus proche de nous, mais elle est semblable à des milliers d'autres que l'on peut voir la nuit briller dans le ciel. C'est pourquoi il existe très certainement d'autres systèmes planétaires qui ressemblent au nôtre et qui tournent autour d'autres étoiles.

Les orbites des planètes

Mis à part le Soleil, les planètes sont les plus gros corps célestes du système solaire. Elles décrivent des orbites en forme d'ellipse plus ou moins excentriques autour de celui-ci.Le Soleil n'est pas situé au centre de ces orbites, mais il occupe l'un des foyers des ellipses. C'est pour cette raison que les planètes en sont tantôt proches tantôt éloignées. Par exemple, la distance entre la Terre et le Soleil varie de 147 à 152 millions de kilomètres sur une période de six mois.

Parmi les orbites des planètes, c'est celle de Mercure qui est la plus elliptique, et c'est également celle qui s'éloigne le plus du plan des orbites des autres planètes, qui sont situées quasiment sur le même plan et se projettent donc toujours dans une étroite ceinture de constellations, dite « zodiacale », facilement identifiable. L'orbite de Mercure est inclinée de 7 ° par rapport à celle de la Terre.

L'orbite de Pluton, quant à elle, est inclinée de 17 °, ce qui est particulièrement anormal. Par conséquent, depuis 2006, Pluton n'est plus considérée comme une planète, mais comme une « planète naine » à l'instar de Cérès et d'autres corps du système solaire. Il faut 88 jours à Mercure pour effectuer le tour du Soleil et 248 années à Pluton.

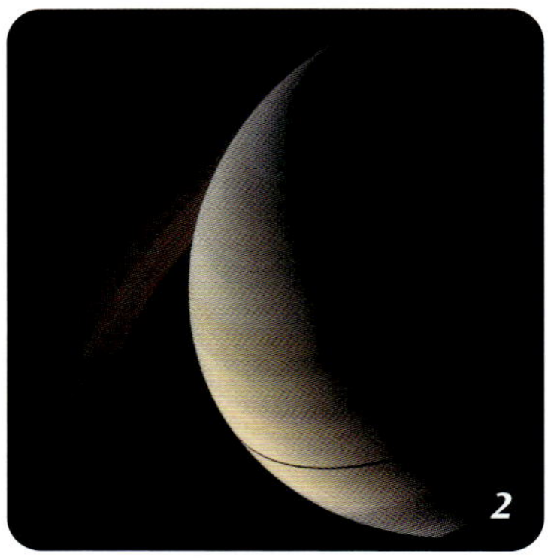

Trois familles : terrestres, géantes et naines

Outre la Terre, Mercure, Vénus et Mars appartiennent à la famille des planètes dites terrestres ou rocheuses. Jupiter, Saturne, Uranus et Neptune sont, elles, des planètes géantes ou gazeuses. Enfin Pluton, Cérès, Eris, Makémaké et Hauméa se classent parmi les planètes naines.

Les planètes terrestres, les plus proches du Soleil, sont petites, rocheuses et doivent leur nom aux similitudes observées avec la Terre. De plus, elles possèdent toutes une atmosphère, à l'exception de Mercure, dont la gravité est trop faible pour maintenir cette enveloppe gazeuse.

Les géantes sont de grandes dimensions et se composent principalement de gaz, en particulier Jupiter ; ce qui explique qu'elles soient également connues sous le nom de planètes jeunes.

La famille des planètes naines, instituées par l'Union astronomique internationale en 2006, comprend des objets suffisamment massifs pour emprunter des formes sphériques. Par leur force de gravitation cependant, elles ne sont pas en mesure de faire place nette, dans leur voisinage orbital, de la majeure partie des fragments formés à la naissance du système solaire. Pluton, ancienne planète naine, et Cérès, le plus gros astéroïde de la ceinture prin-

1 Jupiter est entourée d'un cortège de plus de soixante satellites : en haut à droite et en bas à gauche on distingue Lo et Ganymède.
2 Saturne entourée des anneaux qui la caractérisent, dont les ombres projettent une ligne sombre et fine sur la surface de la planète.

L'origine du système solaire

Le système solaire s'est formé il y a environ 4,5 milliards d'années, à partir d'une nébuleuse, composée de gaz et de poussière en rotation, qui, sous l'effet de son propre poids, s'est effondrée, constituant ainsi un énorme disque au centre duquel le Soleil est apparu. À l'intérieur de ce disque, un amas de matières solides s'est s'amoncelé. En entrant en collision, elles ont formé des corps toujours plus gros jusqu'à atteindre les dimensions des planètes actuelles.

C'est au centre de la nébuleuse, là où la température était la plus élevée, que les noyaux initiaux des planètes rocheuses ou telluriques, appelés « planétésimaux », se sont notamment formés à partir des restes rocheux en orbite qui entraient en collision sous l'effet de la gravité. C'est dans le système solaire externe, plus froid, grâce à la présence d'un grand nombre de planétésimaux, que se sont formées les géantes, riches en glace et parfois en d'épais manteaux de gaz.

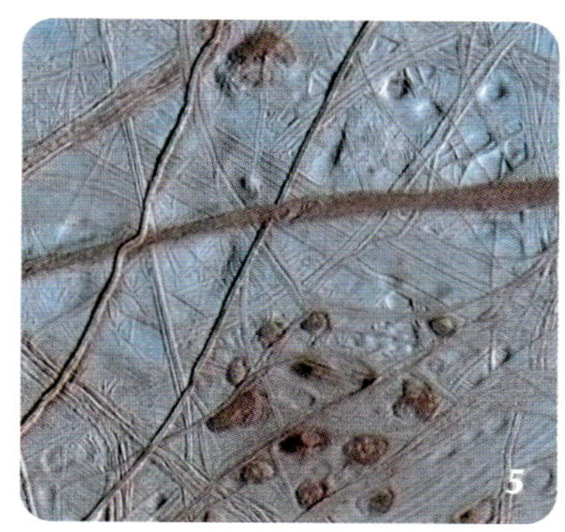

3 Le « lever » de la Terre est caractéristique du panorama lunaire. 4 Une partie de la Terre photographiée par la navette spatiale américaine : on peut y voir la courbe de la Terre et la mince couche d'atmosphère. 5 Trame complexe de la surface d'Europe, un des satellites de Jupiter.

cipale, sont déjà connus. Les trois autres orbitent à l'intérieur de la ceinture d'Edgeworth-Kuiper, région du système solaire qui s'étend depuis l'orbite de Neptune jusqu'à une distance au Soleil de 50 UA.

La neuvième planète

Plusieurs études très sérieuses publiées en 2014 et 2016 démontrent l'existence probable d'une neuvième planète bien au-delà de l'orbite de Neptune, à une distance de 30 à 180 milliards de kilomètres du Soleil. Surnommée Phattie, elle aurait une masse d'environ dix fois celle de la Terre pour un diamètre deux à quatre fois supérieur. Cette planète sans doute gazeuse ferait le tour du Soleil en 10 000 à 20 000 ans. L'existence de cet astre froid et sombre, qui n'a pas encore été observé, a été déduite des orbites perturbées de plusieurs objets de la ceinture de Kuiper.

Lunes et anneaux

La plupart des planètes ont une ou plusieurs lunes (satellites naturels). Mercure et Vénus sont les seules qui n'en ont pas. Les quatre géantes ont toutes de nombreuses familles de lunes qui tournent autour de la planète comme s'il s'agissait de systèmes solaires en modèles réduits. C'est Jupiter qui possède le plus grand nombre de lunes : on en connaît 63, mais il en existe certainement bien plus. Par ailleurs, Jupiter peut se targuer de posséder le plus gros satellite : Ganymède. Le cas de Pluton est particulier. En effet, le diamètre de son satellite principal, Charon, correspond quasiment à la moitié du diamètre de Pluton elle-même.

Une autre caractéristique des géantes est la présence d'anneaux : les plus connus et les plus visibles sont ceux de Saturne, tandis que ceux de Jupiter, Uranus et Neptune sont beaucoup plus fins. Les anneaux sont composés de particules de poussière et de glace de petites dimensions ainsi que de fragments rocheux.

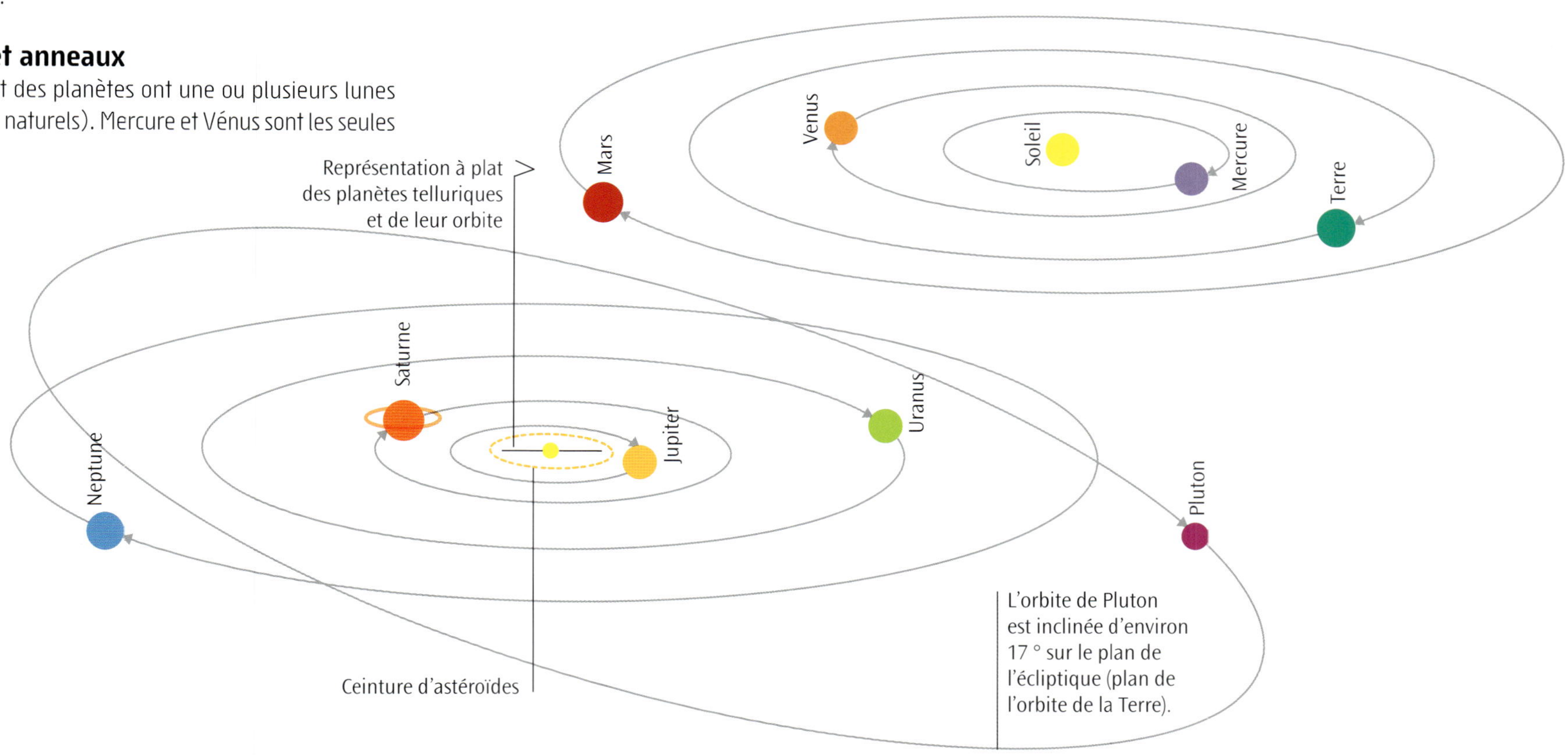

Composition du soleil

Le Soleil est une sphère gazeuse (composée principalement d'hydrogène et d'hélium) maintenue en équilibre grâce à sa propre gravité. Comme toutes les étoiles, il émet de l'énergie sous forme de radiations électromagnétiques et d'un faible « vent » de particules atomiques. L'intérieur ressemble à une coquille avec, au centre, le noyau entouré d'une zone de radiations ; en remontant vers l'extérieur, la zone de convection, la photosphère et la chromosphère.

Couches successives

L'intérieur du Soleil est composé de différentes couches. Au centre, le noyau, siège de réactions de fusion nucléaire, qui produisent une grande quantité d'énergie. La température du cœur est d'environ 14 millions de degrés Celsius, et la densité d'environ 100 g/cm^3 ; ce sont ces paramètres qui permettent la fusion de l'hydrogène et de l'hélium.

L'équilibre du Soleil provient de la parfaite égalité entre les différentes forces gravitationnelles, qui auraient tendance à le faire s'écrouler sur lui-même sous l'effet de sa masse, et de la chaleur produite par les réactions nucléaires qui se produisent dans le noyau, laquelle, en revanche, tire vers l'extérieur.

L'énergie produite par le noyau met un temps considérable à atteindre la surface du Soleil, soit plusieurs dizaines de milliers d'années. En effet, cette énergie est absorbée à plusieurs reprises pour être ensuite réémise à des longueurs d'onde importantes par la matière qu'elle rencontre sur son chemin.

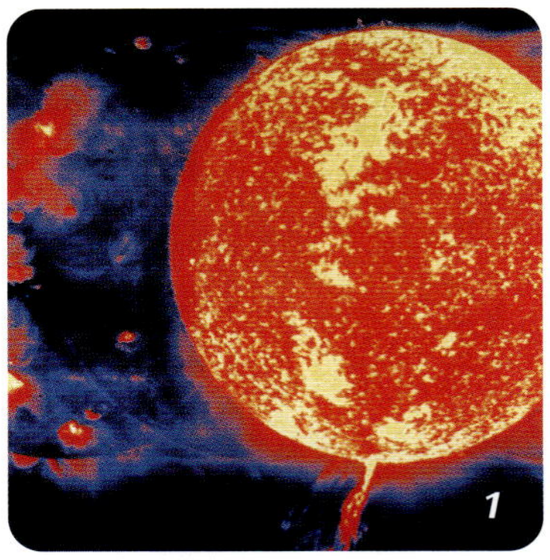
1

2

Par conséquent, la lumière qui éclaire aujourd'hui la Terre provient de l'énergie apparue à l'intérieur du Soleil au cours de la préhistoire de l'homme. La couche solaire où se produisent ces phénomènes est dite « radioactive », car le transfert de l'énergie à travers la matière solaire se fait par radiation.

La zone de convection

Le noyau a un rayon d'environ 140 000 km et la zone de radiation arrive à presque deux tiers du rayon total du Soleil. Lorsque les photons traversent le rayon, comme déjà vu, ils subissent un choc, perdent de l'énergie, et cette énergie finit par être équivalente à l'énergie thermique de la matière solaire. Le phénomène de « convection » entre alors en jeu, sorte de recirculation permanente à l'intérieur de notre étoile. Le gaz le plus profond est amené vers la surface, où il se refroidit, pour ensuite être renvoyé vers l'intérieur. La matière au-dessus de la zone de radiation est donc mélangée

LE CYCLE DES TACHES SOLAIRES

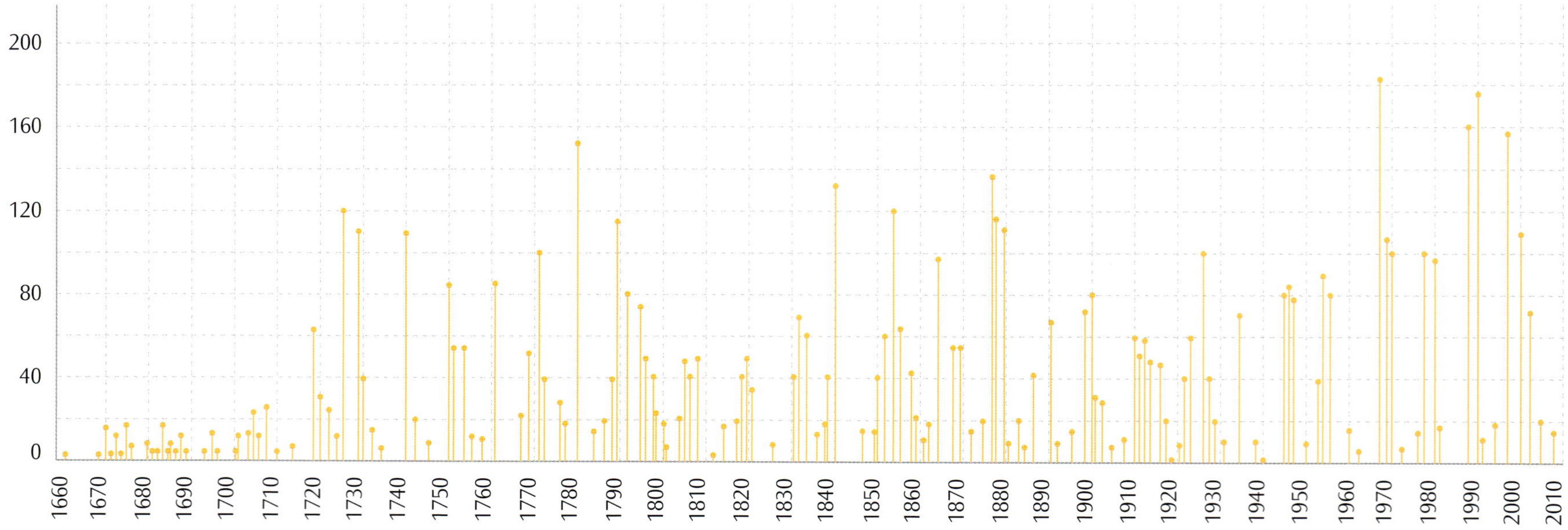

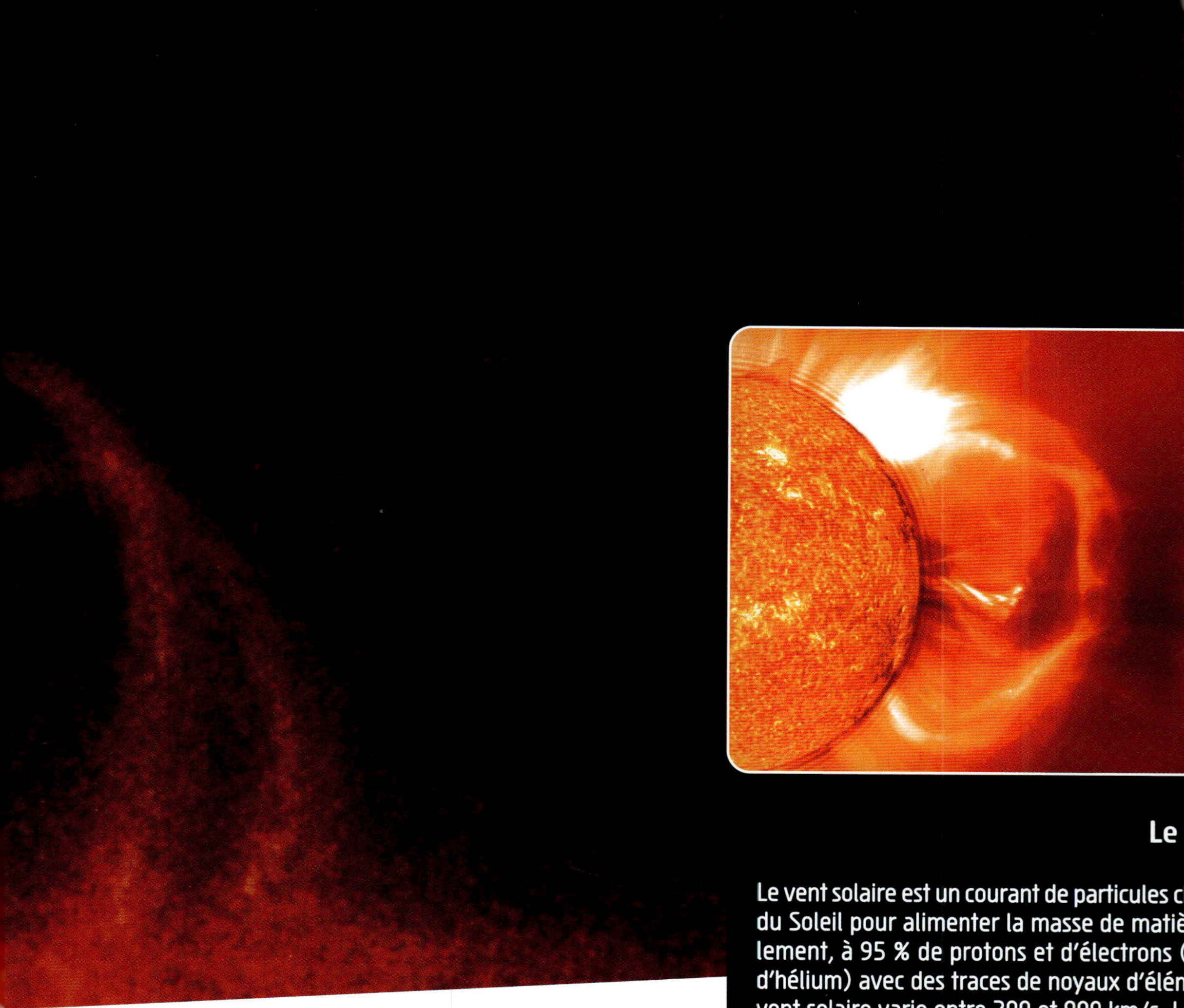

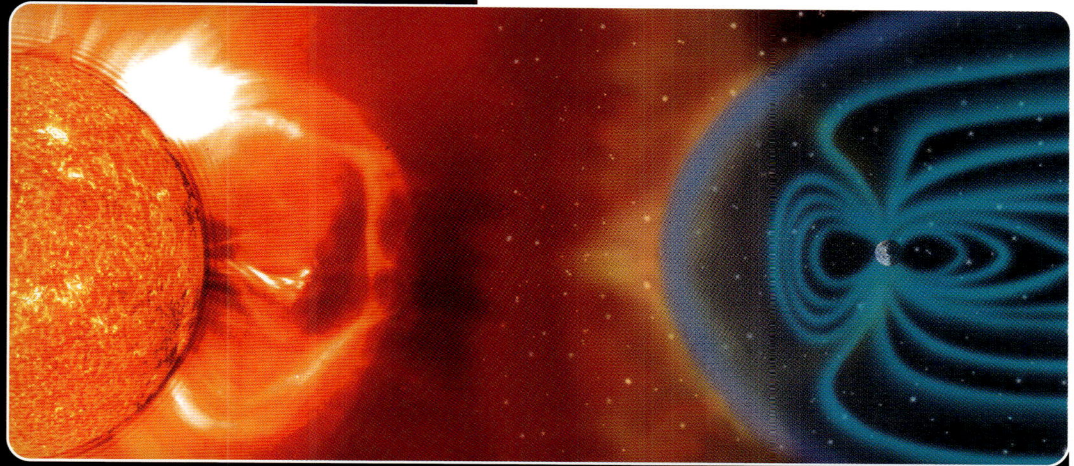

Le vent solaire

Le vent solaire est un courant de particules chargées qui s'échappent continuellement de la couronne du Soleil pour alimenter la masse de matière de l'espace interplanétaire. Il est constitué, normalement, à 95 % de protons et d'électrons (en nombre égal) et à 5 % de particules alpha (noyau d'hélium) avec des traces de noyaux d'éléments plus lourds. À proximité de la Terre, la vitesse du vent solaire varie entre 200 et 900 km/s. Lorsqu'il entre en interaction avec le champ magnétique de notre planète, il produit des phénomènes tels que les aurores polaires.

en permanence par ces mouvements de convection. En regardant dans un simple télescope amateur, on peut voir que la surface du Soleil est recouverte de « granulation » : ces irrégularités, semblables à des « grains de riz », sont, en réalité, le sommet des cellules de convection.

La photosphère et la chromosphère

Le sommet de la zone de convection constitue la photosphère. Celle-ci est extrêmement mince (environ 400 km) et est en réalité la véritable « surface » du Soleil. Comme nous l'avons dit, c'est dans la photosphère qu'on peut voir les granulations. Le « grain » moyen a une durée de vie d'environ 15 minutes, une dimension d'environ 1 000 km, et s'élève par convection à une vitesse d'environ 1 km/s.
La chromosphère se situe au-dessus de la photosphère et mesure environ 10 000 km d'épaisseur. C'est une espèce d'atmosphère particulièrement dense, concrètement la couche du milieu de l'atmosphère solaire. Elle est difficile à observer, car elle est contiguë à l'éblouissante photosphère.
Dans la partie basse de la chromosphère, on peut y voir les « flares » ou éruptions, c'est-à-dire des augmentations extrêmement rapides de la luminosité d'une zone active. Les « protubérances » sont encore plus spectaculaires. Ce sont d'immenses jets d'hydrogène ionisés (plasma) incandescents qui partent du Soleil vers l'extérieur et qui sont souvent sinon toujours associés aux éruptions. Ils peuvent s'élever à des hauteurs comparables au diamètre solaire à des vitesses pouvant atteindre 300 km/s et des températures d'environ 10 000 degrés.

La couronne

La couronne est la partie la plus externe et la plus mince de l'atmosphère solaire, et elle s'étend de la surface visible pour s'évanouir dans l'espace interplanétaire. Normalement, elle n'est pas observable, car sa luminosité n'est seulement qu'1/600 000e de celle de la photosphère. La température de la couronne est extrêmement élevée, car réchauffée par les champs magnétiques : 1 à 2 millions de degrés kelvin près de la surface du Soleil à quelques centaines de milliers de degrés kelvin sur la partie la plus éloignée. À de telles températures et à une densité aussi faible, la matière se présente sous la forme de plasma fortement ionisé composé de protons et d'électrons, ainsi que de quelques noyaux d'hélium et des traces d'ions plus lourds. Enfin, le Soleil émet le « vent solaire », un plasma très mince constitué d'électrons, de protons et de noyaux atomiques ionisés, qui peuvent atteindre et dépasser les confins du système solaire.

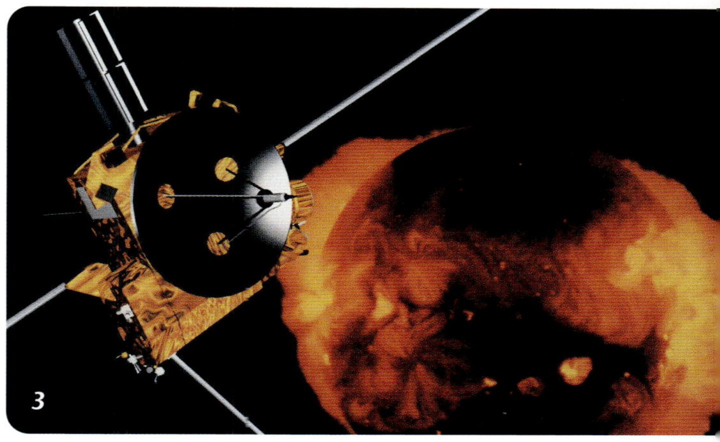
3

1 Sur cette image du Soleil, on peut voir certaines zones plus lumineuses, appelées « facules », la forme dentelée caractéristique de la couronne ainsi qu'une énorme éruption de gaz. 2 La couronne solaire observée à travers un coronographe polarimètre : les différentes couleurs indiquent l'intensité de la propagation des radiations. 3 La mission Ulysses, première sonde envoyée pour explorer au-delà des pôles du Soleil, fut lancée par la navette spatiale américaine en 1990. Elle termina ses mesures en 2009.

Taches solaires

Observées pour la première fois par Galilée, ce sont des dépressions obscures dans la photosphère solaire, entre 5 ° et 35 ° au nord et au Sud de l'équateur du Soleil. Les plus grosses taches sont plus foncées au centre (zone d'ombre) et entourées d'une zone de pénombre plus claire ayant un aspect filamenteux. Les taches ont la forme d'une coupe, le fond étant la zone d'ombre et les parois la zone de pénombre. Leur température est inférieure au reste de la surface. L'intensité et la fréquence des taches suivent un cycle de 11 ans (voir schéma de la page ci-contre). Pendant cette période, les taches augmentent, atteignent leur taille maximum pour ensuite diminuer.

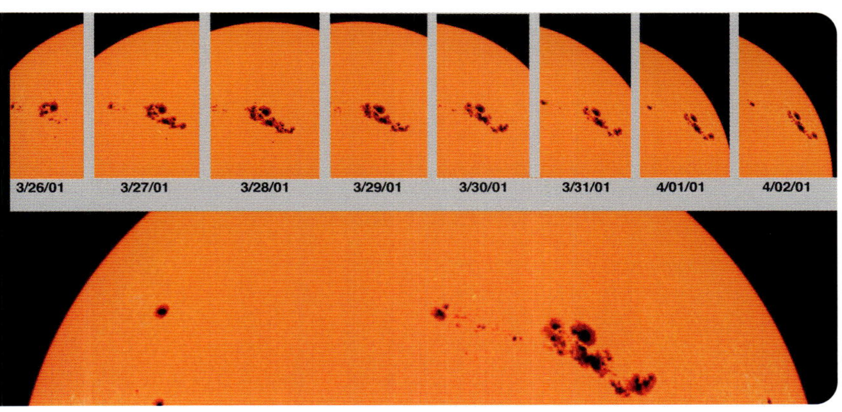

La Terre

L'histoire de la Terre commence avec celle du système solaire il y a environ 4,5 milliards d'années. Son évolution a été longue et complexe : au début, du fait de la chaleur très élevée, la Terre était à l'état de fusion, ce qui a provoqué l'effondrement des matières les plus denses vers le centre, tel que le fer et le nickel, tandis que les matières les plus légères sont restées en surface. Aujourd'hui, on sait que la température du noyau terrestre s'élève à environ 6 200 °C.

Au centre de la Terre

Le noyau de notre planète peut être divisé en deux parties : une partie interne d'un rayon d'environ 1 330 km, composée de matières solides, et une partie externe liquide de 2 200 km d'épaisseur. En remontant vers l'extérieur, on trouve ensuite le manteau rocheux, dont l'épaisseur est d'environ 3 000 km, et qui est lui aussi divisé en deux parties : le manteau inférieur, qui se caractérise par une structure rigide, et le manteau supérieur, qui présente une grande ductilité. La partie supérieure du manteau, d'environ 100 km d'épaisseur, est appelée la « lithosphère ». Au-dessus, se trouve la croûte, mince couche de roche dont l'épaisseur varie de 10 km, sur le fond des océans, à 50 km sur la terre ferme. La lithosphère est formée d'énormes plaques grandes comme un continent et semblables aux morceaux d'un puzzle géant. Ces plaques sont soumises à un mouvement permanent déterminé par la convection qui provoque le mélange des roches en fusion au-dessous. Ce mouvement est responsable du phénomène que les géologues ont baptisé « tectonique des plaques ».

Le champ magnétique

Dans une certaine mesure, la Terre fonctionne comme une énorme dynamo.

C'est l'interaction entre le noyau métallique en fusion, situé en son milieu, et le mouvement de rotation de la planète sur elle-même qui crée le champ magnétique terrestre. Celui-ci s'étend dans l'espace alentour, créant ainsi la « magnétosphère », sorte de bulle magnétique autour de la Terre.

La magnétosphère nous protège du vent solaire, flux de particules chargées provenant du Soleil. Ce sont ces particules qui, dans le ciel des hautes latitudes boréales et australes, forment ces jeux de lumières spectaculaires connus sous le nom d'aurores polaires.

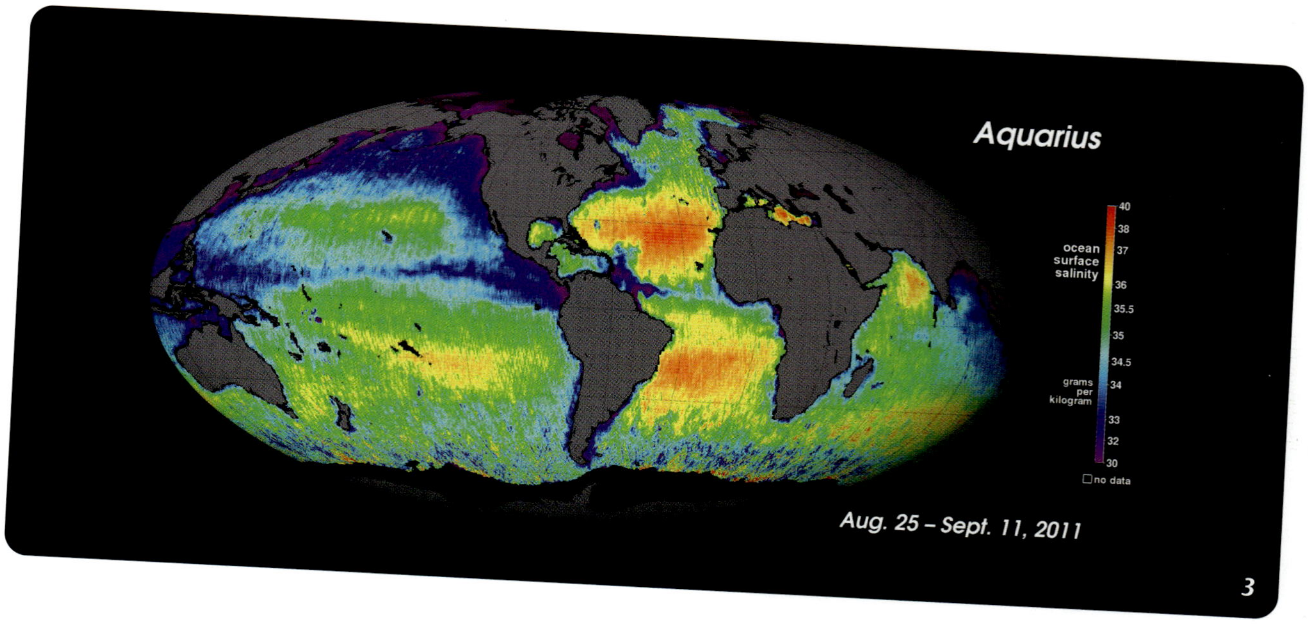

3

__1__ La dépression de la vallée du Grand Rift fait partie d'un système de fractures de la croûte terrestre, qui s'étend des monts Taurus à l'Afrique australe ; sur la photo, on peut voir la branche orientale proche de la frontière méridionale du Kenya.
__2__ Sur cette photo, ce n'est ni l'effet de l'impact d'une météorite ni le cratère d'un volcan. Il s'agit du massif de Kondër, en Sibérie, qui s'est formé suite à une puissante poussée verticale de la lithosphère sur la croûte terrestre.
__3__ La carte mondiale de la salinité des mers relevée par la mission Acquarius de la NASA. Le degré de salinité des mers est un des paramètres fondamentaux pour comprendre la circulation de l'eau et l'échange entre océans, terre et atmosphère.

L'atmosphère terrestre

Une grande partie des composants de l'atmosphère primordiale (hydrogène, ammoniac et méthane associés au dioxyde de carbone) s'est dispersée dans l'espace et a été remplacée par des gaz provenant de l'intérieur de la planète (du dioxyde de soufre, de nouveau du dioxyde de carbone et de la vapeur d'eau). L'atmosphère terrestre, qui tient à la Terre grâce à la force de gravité, peut également être divisée en différentes parties à partir de la surface de la planète. La partie inférieure est appelée « troposphère » ; c'est dans cette couche, qui s'étend jusqu'à 10-15 km d'altitude, que les nuages et tous les phénomènes météorologiques se forment. Plus on monte dans la troposphère, plus les températures baissent pour atteindre jusqu'à -50 °C. Au-dessus de la troposphère se trouve une autre couche qui s'élève jusqu'à 50 km au-dessus de la surface de la Terre : la stratosphère. Elle se caractérise par la présence d'ozone, un gaz composé d'un type particulier de molécule d'oxygène composée de trois atomes au lieu de deux, comme c'est le cas pour l'oxygène normal. L'ozone est un élément important pour la protection de la vie sur la Terre, car il a la propriété d'absorber les dangereuses radiations ultraviolettes du Soleil. Cela provoque, en conséquence, une augmentation de la température jusqu'à 15 °C dans les couches supérieures de la stratosphère, réchauffement dû aux radiations solaires.

Au-delà de la stratosphère se trouve l'ionosphère, qui s'étend jusqu'à 500 km d'altitude et qui est, à son tour, divisée en deux : la mésosphère (entre 50 et 80 km d'altitude) et la thermosphère (jusqu'à 650 km d'altitude).

L'ionosphère, dont la température diminue avec l'altitude pour atteindre -90 °C, est particulièrement utile pour les communications terrestres, puisqu'elle réverbère les ondes radio envoyées de la Terre pour les transmissions de longue fréquence. La dernière couche est l'exosphère, qui se fond dans le vide de l'espace interplanétaire.

***4** La sonde Acquarius est le fruit d'une collaboration entre la NASA, l'Argentine, le Brésil, le Canada, la France et l'Italie. Mise en orbite en juin 2011 elle surveille la salinité des mers afin d'étudier les changements climatiques.* ***5** La chaîne de l'Atlas, au Maroc, est le résultat de la collision entre la plaque africaine et la plaque eurasienne. Sur la photo à l'infrarouge, en jaune, orange et vert clair : les roches calcaires et les grès, en vert foncé et en bleu : les granites.*

Les principaux mouvements de la Terre

Notre planète, comme les autres planètes du système solaire, réalise deux mouvements principaux : la rotation autour d'un axe et la révolution autour du Soleil. Depuis l'Antiquité, on se base sur ces mouvements périodiques pour mesurer le temps et constituer les calendriers. Le jour représente, en fait, la durée du mouvement de rotation, et l'année la durée du mouvement de révolution. Le mois à également un lien avec les phénomènes astronomiques. En effet, sa durée est liée aux phases lunaires.

LE CYCLE DES SAISONS

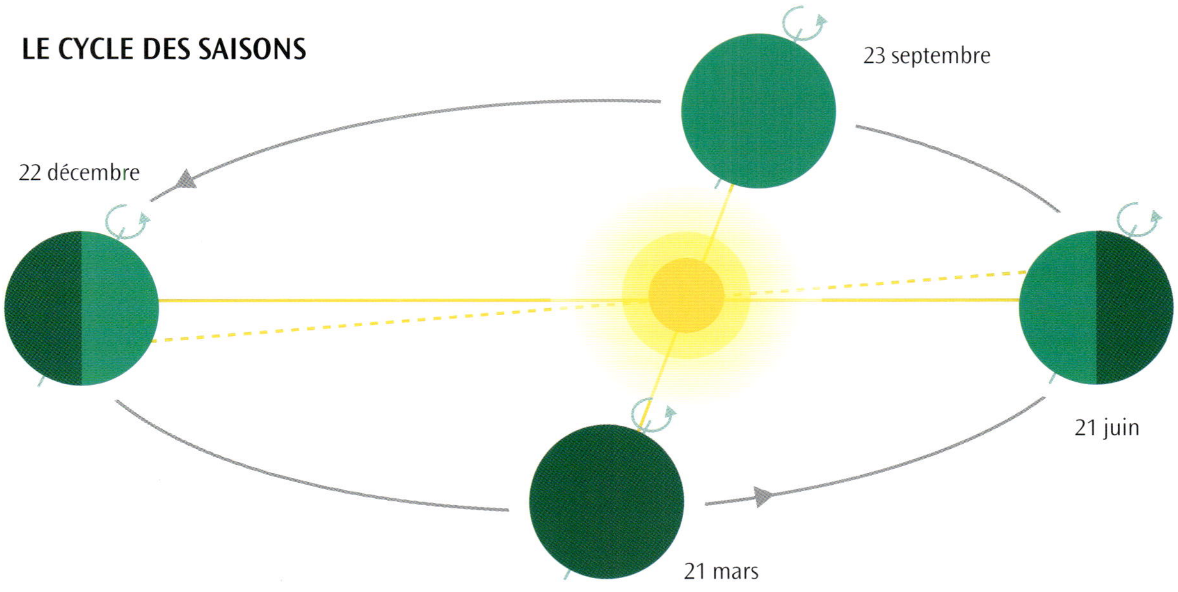

La Lune

La Lune, dont le diamètre est de 3 476 km, soit un quart du diamètre de la Terre, outre qu'elle est le corps céleste le plus proche de la Terre, est son unique satellite naturel. Elle est tellement proche de nous qu'il est possible de l'observer facilement et en détail avec un simple télescope panoramique. Elle tourne autour de la terre en près de 27,3 jours, soit un mois sidéral.

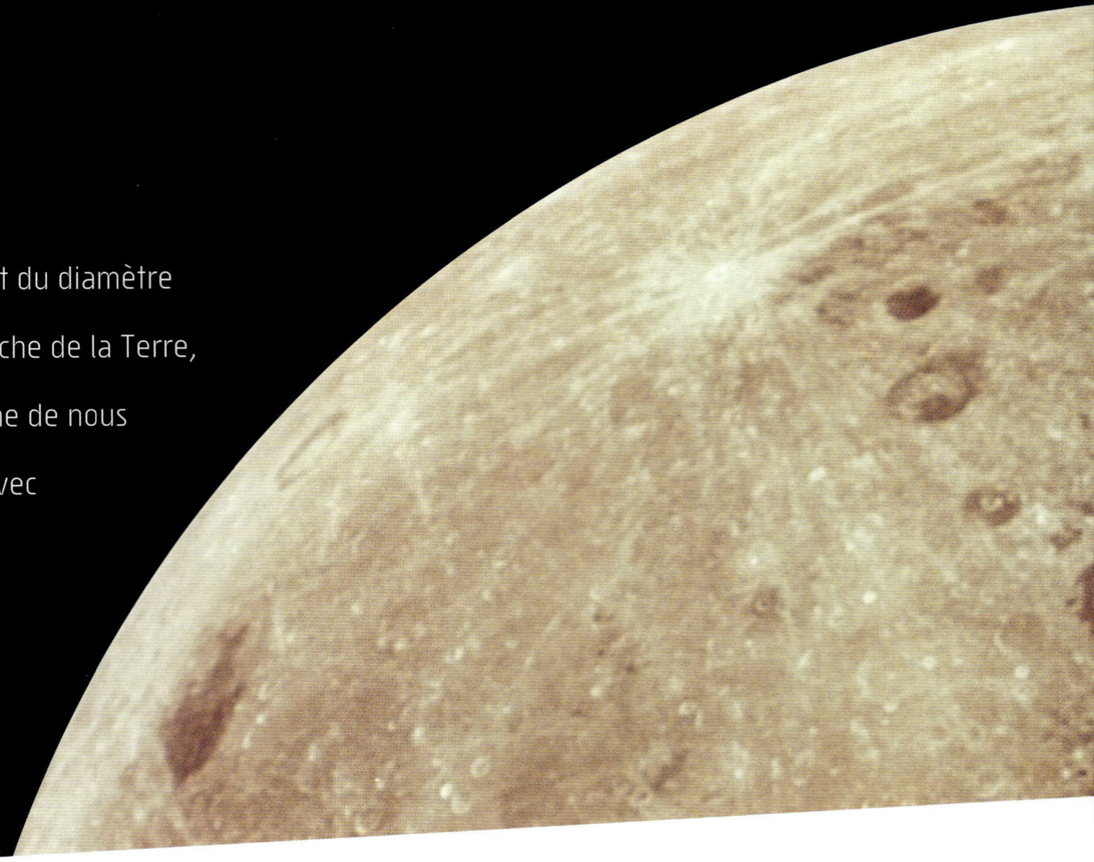

La surface lunaire

L'aspect de la surface de la Lune rappelle celui des déserts terrestres avec un sol recouvert d'une couche compacte de poussière appelée « régolithe ». À l'horizon, collines et monts se détachent de l'obscurité du ciel, illuminé par les étoiles y compris le jour du fait de l'absence d'atmosphère. La surface, avec ses pentes escarpées et ses petits reliefs, est extrêmement accidentée.

La morphologie lunaire est principalement définie par la distinction entre « mers » et « continents ». Les « mers » sont des régions dépressionnaires, c'est-à-dire des points au-dessous du niveau moyen du sol, situées, pour la plupart, sur la face de la lune tournée vers la Terre. Ce sont des plaines lisses, sans aspérités, présentant peu de cratères, et obscures, car elles reflètent peu la lumière du Soleil. Les mers, qui occupent environ 16 % de la surface, ont été formées par d'énormes coulées de lave d'origine volcanique relativement récentes (3,8-3,3 milliards d'années) par rapport aux autres formations lunaires plus anciennes (jusqu'à 4,5 milliards d'années). Les continents ont, en revanche, une altitude très élevée et se caractérisent généralement par une luminosité marquée et par la présence de milliers de cratères de dimensions variées. La surface de la Lune comprend également quelques chaînes montagneuses avec certains sommets pouvant atteindre jusqu'à 6 000 m d'altitude. Ces chaînes sont réparties de manière assez irrégulière sur la surface de la Lune et sont principalement concentrées autour des mers.

Bombardement de météorites

La plupart des cratères et des grands bassins circulaires ont été formés par la chute de météorites. Dans le cas d'objet de grandes dimensions, l'impact a provoqué l'écoulement de lave du manteau lunaire. Autour de certains cratères, on peut voir ces coulées de lave, ou « rayons », apparues suite à l'impact.

C'est grâce à l'absence d'atmosphère que le relief de la surface lunaire est resté intact. Lors de la mission Apollo, les astronautes ont recueilli de grandes quantités de roches lunaires, qui se sont révélées être du basalte.

Selon les théories les plus récentes, il y aurait eu une activité volcanique pendant une bonne partie de l'histoire lunaire. Des résidus de phénomènes volcaniques ont été identifiés remontant seulement à 900 millions d'années, alors qu'encore très récemment on pensait qu'il n'y avait eu une activité volcanique sur la Lune que lors du premier milliard et demi d'années d'existence du satellite.

L'intérieur de la Lune

La structure interne de la Lune est semblable à celle de la Terre. Le noyau, composé de matière ferreuse, est plutôt petit (environ 700 km de diamètre), tandis que le manteau occupe la plus grande partie du volume. La croûte est d'épaisseur variable en fonction de la région : environ 100 km sur la face cachée du satellite, et 60 km sur la face visible à partir de la Terre. Cela explique la morphologie contrastée des deux faces de la Lune. Sur la face cachée, la surface est presque complètement couverte de cratères et de montagnes, mais on y trouve très peu de mers, tandis que sur la face visible, elles occupent de vastes régions. Ce phénomène s'explique justement par la différence d'épaisseur de la croûte lunaire : au cours de son histoire géologique, la lave présente dans le manteau s'est écoulée plus facilement dans les régions où la croûte était plus mince, formant ainsi les mers.

L'origine de la Lune

Il existe trois hypothèses sur l'origine de notre satellite : la capture, la coaccrétion et la fission. Selon la première théorie, la Lune se serait formée dans une région éloignée de la Terre pour ensuite être « capturée » par la gravité de notre planète. Selon la deuxième hypothèse, la Lune serait apparue en même temps que la Terre, mais séparément, et se serait formée à partir de fragments qui se trouvaient en orbite autour de la Terre. Selon la troisième hypothèse, enfin, la Lune serait née d'une collision cosmique subie par notre planète : un corps de grandes dimensions serait entré en contact avec la Terre, une grande quantité de matière serait alors entrée en orbite et se serait compactée par étapes successives pour former la Lune. Cette dernière théorie est aujourd'hui la plus vraisemblable (*sur la photo*, le bassin oriental photographié en 2010 par la mission *Lunar Reconnaissance Orbiter*, d'environ 11 000 km de diamètre, présente des dénivelés allant de -4 000 m en bleu à 9 000 m en rouge).

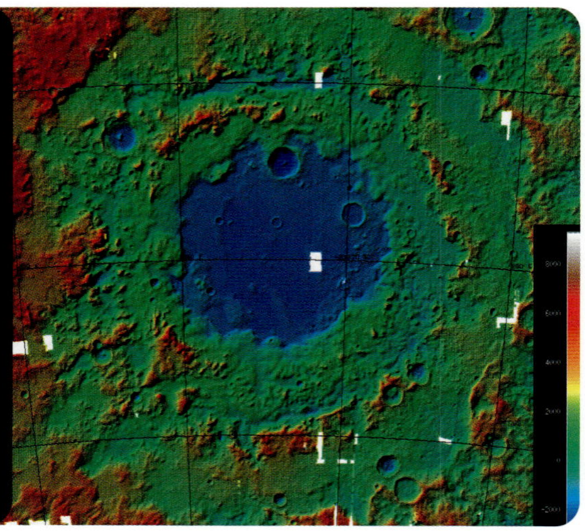

Les phases lunaires

Les phases lunaires sont le résultat d'un changement continu des positions réciproques de la Lune, de la Terre et du Soleil, à cause de leurs mouvements de révolution et de rotation relatifs. En effet, la Lune est invisible (nouvelle Lune) quand elle est positionnée entre le Soleil et la Terre, car elle nous montre son côté obscur. Si, au contraire, elle se trouve de l'autre côté du Soleil, la lumière de celui-ci se reflète et est visible dans l'hémisphère de la Terre où il fait nuit : c'est alors la Pleine Lune. Si l'angle entre les corps céleste est de 90 °, nous voyons de notre planète seulement la moitié du disque lunaire (premier et dernier quartier). Dans les positions intermédiaires, on peut voir des croissants plus ou moins épais. On commence à compter le cycle des phases de la Lune à partir de la Nouvelle Lune, qui est d'abord croissante, pleine, puis décroissante.

2

3

1 *Juillet 1971, mission Apollo 15 : l'astronaute James Irwin sur la surface de la Lune à côté des modules* LEM *et* Moon Rover *; la dernière expédition de l'homme sur notre satellite a eu lieu en 1972 avec la mission Apollo 17.*
2 *Le cratère Eddington, dans la région occidentale d'Oceanus Procellarum, est un ancien volcan recouvert de lave.*
3 *Au centre du cratère Tycho s'élève un pic de 2 000 m d'altitude photographié par* Lunar Reconnaissance Orbiter (LRO)*, le véhicule spatial qui, en 2009, a réalisé des prélèvements sur la surface de la Lune.*

Éclipse ou non

Les éclipses se produisent lorsque le Soleil, la Lune et la Terre sont parfaitement alignés dans l'espace. Il existe deux types d'éclipses : les éclipses de Soleil, qui se produisent lorsque la Lune se trouve entre le Soleil et la Terre et nous empêche de voir notre étoile ; les éclipses de Lune, en revanche, se produisent lorsque la Terre se trouve entre le Soleil et la Lune et l'ombre de notre planète obscurcit notre satellite naturel sans pour autant le faire complètement disparaître.

L'héritage des missions *Apollo*

Le 21 juillet 1969 les astronautes américains Neil Armstrong et Buzz Aldrin de la mission *Apollo 11* ont posé pour la première fois de l'histoire le pied sur la Lune. Cinq autres missions *Apollo*, du nom du dieu grec du Soleil, se poseront sur la Lune jusqu'en 1972 et douze hommes marcheront sur notre satellite. Les missions permettront de réaliser des observations géologiques, de collecter des échantillons de sol lunaire (environ 400 kg ramenés sur Terre pour être analysés) et de mettre en place plusieurs instruments scientifiques pour étudier par exemple l'activité sismique. Cinq miroirs ont également été déposés à la surface de notre satellite et sont toujours utilisés pour mesurer, grâce à des lasers puissants, la distance Terre-Lune avec grande précision : on observe que cette dernière s'éloigne de nous d'environ 4 cm par an. L'étude de la géologie de la Lune et les échantillons récoltés ont permis de conclure que la Lune a 4,5 milliards d'années environ et est composée de matériaux similaires à ceux présents sur Terre, suggérant que la Terre et la Lune ont une origine commune. Les missions *Apollo* étaient en concurrence directe avec le programme lunaire soviétique *Luna* qui, quant à lui, a été le premier à atteindre la surface de la Lune (en s'écrasant comme prévu), à prendre les premières photos de la face cachée (*Luna 2* et *3* en 1959), à se poser sur la Lune et à mettre un objet en orbite autour de celle-ci (*Luna 9* et *10* en 1966).

L'atterrisseur de Chang'e 4, *première mission à se poser sur la face cachée de la Lune.*

Photo de l'astronaute Buzz Aldrin prise par le commandant de la mission Apollo 11 Neil Armstrong. Il vient de déposer à la surface de la Lune un sismomètre visible au premier plan, ainsi qu'un miroir situé juste derrière sur la photo. Au dernier plan à droite, le module lunaire Eagle.

Un des miroirs déposés à la surface de la Lune par les missions Apollo. *La réflexion par ces miroirs d'impulsions laser émises par des stations sur Terre, comme celle de l'observatoire de la Côte d'Azur, à Grasse, permet de mesurer la distance entre notre planète et son satellite.*

Images de la face visible et de la face cachée de la Lune prises par la mission Lunar Reconnaissance Orbiter. La face cachée est constellée de cratères contrairement à la face visible sur laquelle on distingue de larges mers.

Le programme lunaire chinois

Le 3 janvier 2019, la mission chinoise *Chang'e 4*, du nom de la déesse chinoise de la Lune, est devenue la première à parvenir à alunir sur la face cachée de notre satellite. Elle s'est posée dans un cratère situé dans le gigantesque bassin pôle Sud-Aitken, d'une profondeur de 13 km pour un diamètre de 2 500 km, dont on pense qu'il a été formé par le bombardement d'un astéroïde si puissant qu'il a probablement mis au jour le manteau lunaire, ce que les premiers résultats de la mission semblent confirmer. Tout comme pour la mission précédente, *Chang'e 3*, qui s'est posée elle en 2013 sur la face visible de la Lune, un rover nommé *Yutu 2* (littéralement « lapin de jade ») a été déployé et a commencé son exploration du bassin. La mission *Chang'e 4* est également pourvue de plusieurs instruments ainsi que d'un container de 3 kg contenant des graines de diverses plantes et des œufs d'insectes maintenus dans un environnement à la composition similaire à celle présente sur Terre, si ce n'est à bien moindre gravité. Le but de cette expérience était de tester si ces divers organismes peuvent vivre en synergie dans un environnement clos, ce qui est d'un grand intérêt pour les projets de missions dans l'espace, sur la Lune ou sur d'autres planètes. Peu après le début de l'expérience une fois Chang'e 4 à la surface de la Lune, certaines graines avaient germé, mais, à cause d'un dysfonctionnement, le système de régulation de température n'est pas parvenu à maintenir celle-ci à une vingtaine de degrés, entraînant alors le gel des graines et la fin de l'expérience.

La mission *Chang'e 4* s'inscrit dans le cadre du programme lunaire chinois qui comporte plusieurs phases de difficulté croissante. Des sondes ont d'abord été envoyées autour de la Lune (*Chang'e 1* et *2* en 2007 et 2010), suivies d'atterrisseurs accompagnés de rovers (*Chang'e 3* et *4* en 2013 et 2019). Fin 2020, la mission chinoise *Chang'e 5* a réussi à ramener sur Terre près de 2 kg de sol lunaire prélevés dans l'océan des Tempêtes, la plus grande des mers lunaires, située à l'ouest de la face visible de notre satellite. L'analyse des échantillons récoltés a révélé l'existence d'un volcanisme récent, il y a de 2 milliards d'années, sur la Lune. Les missions suivantes *Chang'e 6* à *8* testeront les technologies nécessaires à l'établissement d'une base robotique de recherche sur la Lune.

La course à la Lune

Cinquante ans après la mission *Apollo 11*, la course à la Lune semble avoir repris de plus belle. En septembre 2019, la mission indienne *Chandrayaan-2* (« véhicule lunaire » en sanskrit) qui devait se poser sur la Lune et déployer un rover s'est écrasée. Cependant, l'Inde est parvenue à placer un orbiter autour de la Lune et tentera de lancer un nouveau rover lors de la mission *Chandrayaan-3* prévue pour 2023. En 2022, la mission sud-coréenne *KPLO* s'est mise en orbite autour de la Lune, une grande première pour ce pays. La mission japonaise *SLIM*, première mission nippone à destination de la surface lunaire, doit être lancée au second semestre 2023, ainsi que la mission *Luna 25* prévue pour alunir près du pôle Sud. Elle marquera le retour de la Russie sur la Lune depuis 1976 et ouvrira la voie à d'autres missions plus ambitieuses. De nouveaux acteurs ont tenté sans succès de se poser à la surface de la Lune : l'alunisseur *Beresheet* de la société israélienne SpaceIL en 2019 ainsi que l'entreprise japonaise ispace dont l'atterrisseur *Hakuro* qui transportait le rover *Rashid* des Émirats arabes unis s'est écrasé lors de son alunissage en avril 2023.

En collaboration avec l'Agence spatiale européenne, les États-Unis ont lancé en 2017 le programme *Artemis*, du nom de la sœur jumelle du dieu grec du Soleil Apollo. La NASA prévoit de lancer fin 2024 le rover VIPER, pour *Volatiles Investigating Polar Exploration Rover*. Il aura pour mission d'évaluer la quantité de glace d'eau présente dans le sous-sol du pôle sud de la Lune, en vue d'y établir une éventuelle base. La mission *Artemis-2*, qui suivra en 2024, emportera 4 astronautes à son bord dont la première femme, la première personne de couleur et le premier non-américain à voyager au-delà de l'orbite terrestre basse, pour un voyage de 10 jours, sans se poser. Enfin, le décollage d'*Artemis-3* est prévu pour 2026 et prévoit un alunissage avec des membres d'équipage, ce qui n'a pas été réalisé depuis 1972. La Chine, dans la continuité de ses missions *Chang'e*, et la Russie ont quant à elles annoncé leur intention d'emmener des hommes à la surface de notre satellite dans les années 2030. Le secteur privé n'est pas en reste : au moins quatre entreprises ont pour projet de se poser au cours de la décennie 2020-2030. Il est à noter que le programme américain *Artemis* repose d'ailleurs sur une forte collaboration avec diverses entreprises privées pour acheminer du matériel technologique et scientifique sur la Lune. Cette dernière servirait alors de terrain d'entraînement pour de futures missions sur Mars et des bases lunaires pourraient à terme être établies. Enfin quatre sociétés privées promettent des vols commerciaux en orbite autour de notre satellite dans les décennies à venir...

Mercure

Parmi les planètes internes, Mercure est la plus petite et celle qui tourne le plus près et le plus vite autour du Soleil. La plupart des informations que nous possédons sur Mercure ont été recueillies en 1974 par la sonde *Mariner 10*, et plus récemment par la sonde *Messenger* lancée par la NASA en 2004 et qui a rejoint l'orbite de la planète en 2011. Les scientifiques espèrent vérifier la théorie selon laquelle la planète se comprimerait, se contractant lentement sur elle-même au fur et à mesure que son noyau se refroidit.

Surface et cratères

La surface de Mercure est fortement cratérisée. À première vue, on peut avoir l'impression de se trouver face à un corps céleste très semblable à la Lune. En effet, il y a, sur Mercure, des régions qui rappellent les hauts plateaux lunaires au côté de plaines sans relief et peu cratérisées, assez semblables aux mers de notre satellite.

Par ailleurs, on trouve également de vastes plaines quasiment plates, probablement dues au fait que des roches en fusion sont remontées à la surface des profondeurs de la planète. Une autre caractéristique de la planète est une succession de crêtes escarpées, délimitées par des talus qui sillonnent la surface sur des centaines de kilomètres. Leur altitude s'échelonne entre quelques centaines de mètres et 3 km au maximum. Ces structures sont peut-être la conséquence de fractures de la croûte, provoquées par le refroidissement, suivi par une contraction de la planète, vraisemblablement toujours en cours aujourd'hui. Des données récentes recueillies par la sonde *Messenger* montrent également l'existence de vastes plaines volcaniques autour du pôle Nord.

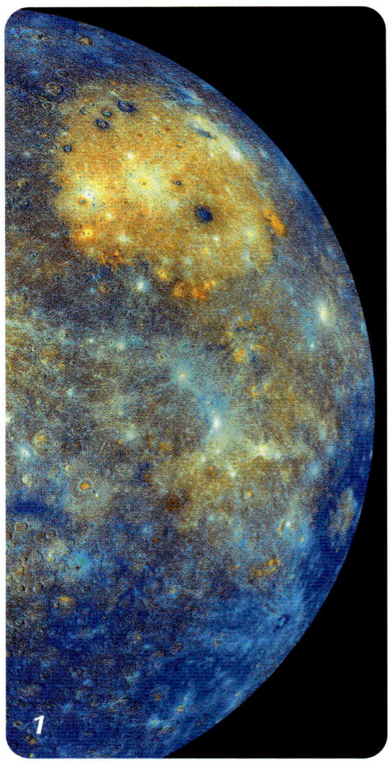

Au cœur de Mercure

Le champ magnétique de Mercure est extrêmement faible et son intensité est 1/100 e celle du champ magnétique de la Terre. Sur le plan géologique, Mercure est recouverte d'une croûte et d'un manteau relativement minces. Sa densité est extrêmement élevée, plus de 5 g/cm^3, et identique à celle de la Terre, ce qui signifie qu'une grande partie de la planète doit être composée de matière lourde.

On pense qu'environ 70 % de sa masse est composée d'un noyau de matière ferreuse qui occupe les trois quarts du rayon de la planète, ce qui expliquerait la présence du champ magnétique même si le mécanisme de sa formation n'est pas encore bien clair. On pense, en revanche, que la matière métallique en fusion présente dans le noyau se comporte comme une dynamo, un peu comme ce qui se passe sur Terre. Toutefois, il est fort peu probable que ce noyau ferreux d'aussi grande taille soit apparu dès le début de la formation de la planète. On pense, en effet, que Mercure a perdu une grande partie de son manteau rocheux lors d'une collision de grande envergure avec un autre corps et qui se serait produite au début de l'histoire du système solaire.

***1** La grande zone jaune en haut est le Bassin Caloris (Caloris Planitia), vaste cratère météoritique d'environ 680 km qui, aujourd'hui, se présente sous la forme d'une grande plaine.* ***2** Une des premières images de Mercure prises par la sonde Messenger ; les différentes couleurs indiquent les variations dans la composition des roches de surface.*

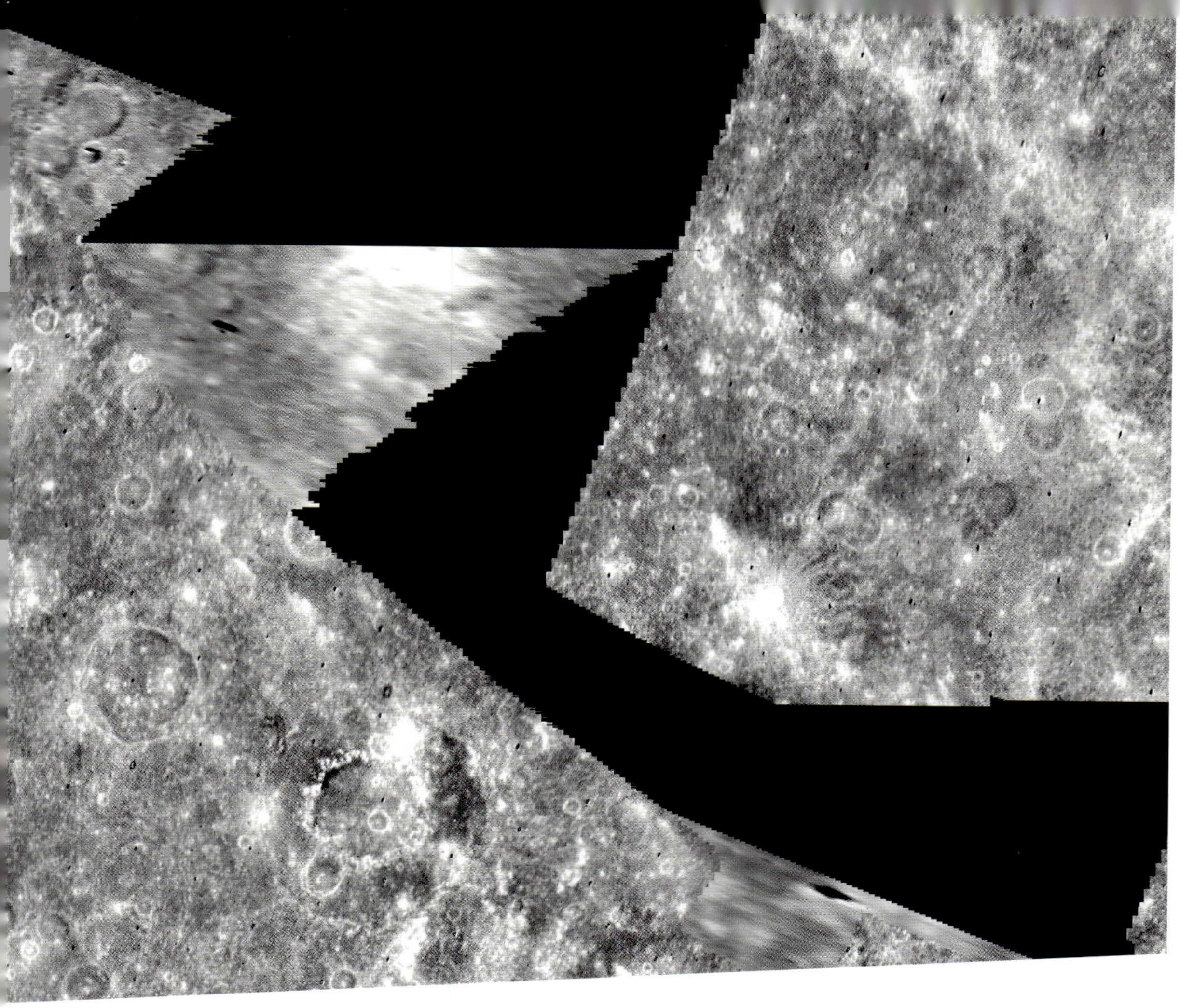

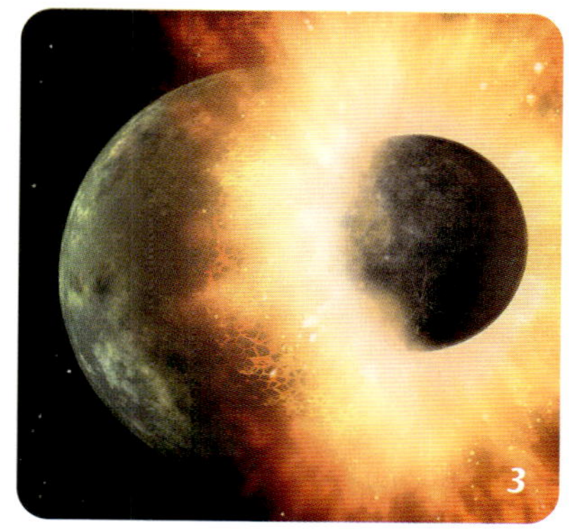

3 *Mercure aurait perdu une grande partie de son manteau rocheux externe suite à une collision avec un corps de grande dimension.* **4** *Reconstruction du passage de la sonde Messenger dans l'orbite de la planète : lancée en 2004, elle a effectué son premier passage en 2008, fournissant ainsi d'importants relevés sur l'extrême finesse de l'exosphère de Mercure et sur son champ magnétique.* **5** *Le cratère Spitler, au centre, et le cratère Holberg, à sa droite : leur diamètre est d'environ 60 km.*

Une orbite excentrique

Située à une distance moyenne de 58 millions de kilomètres du Soleil, l'orbite de Mercure est très excentrique, étant donné que la distance entre la planète et le Soleil varie, lors de la révolution, d'environ 24 millions de km. La vitesse orbitale de Mercure est, en moyenne, de 48 km/s, mais cette vitesse varie fortement en fonction de sa position. En effet, à l'aphélie, sa vitesse orbitale est de 38,7 km/s, tandis qu'au périhélie, la vitesse peut atteindre 56,6 km/s. Étant donné sa position entre la Terre et le Soleil, Mercure a des phases semblables à celles de la Lune : lorsque sa position est plus proche de notre planète, elle a la forme d'une demi-lune très fine, tandis que lorsqu'elle est à son point d'éloignement maximum, plus de la moitié de sa surface est illuminée. Il est pratiquement impossible de l'observer sans appareil sophistiqué pendant sa phase pleine, à cause de sa proximité avec le Soleil. Le plan orbital de Mercure est incliné de 7 ° par rapport à celui de la Terre, et par conséquent, il est presque toujours observable en dehors du disque solaire. Environ 14 fois par siècle, Mercure transite devant le Soleil : ces passages sont justement appelés « transits ».

Jour et nuit

La rotation de Mercure autour de son axe est particulièrement lente, ce qui donne lieu à un certain nombre de phénomènes caractéristiques. Au cours d'une orbite complète autour du Soleil, Mercure tourne une fois et demie sur son axe, ce qui fait qu'un jour solaire sur Mercure (c'est-à-dire 176 jours, la durée entre deux retours successifs du Soleil au méridien local) correspond à deux années mercuriennes. Toujours du fait de cette rotation très lente, le même hémisphère fait face au Soleil pendant de longues périodes, avec pour conséquence qu'à la surface le contraste entre jour et nuit est plus marqué que sur n'importe quelle autre planète du système solaire. Pendant la nuit, les températures de l'hémisphère opposé au Soleil descendent jusqu'à -180 °C, mais lorsque la planète se trouve à l'aphélie en fin « d'après-midi », les températures atteignent 430 °C. Étant donné que son axe de rotation forme presque un angle par rapport au plan orbital, il n'existe pas sur Mercure de saisons comme sur la Terre. Ce qui fait, par ailleurs, que près des pôles, certaines régions ne reçoivent jamais la lumière du Soleil.

Les champs magnétiques de Mercure

Étant donné l'asymétrie nord-sud dans le noyau magnétique au cœur de Mercure, la géométrie des lignes des champs générés varie entre le pôle Nord et le pôle Sud, et notamment près de la « calotte polaire », qui est beaucoup plus importante à proximité du pôle Sud. Par conséquent, la région polaire méridionale est plus exposée aux particules accélérées par l'interaction répétitive entre le vent solaire et la magnétosphère. L'impact de ces particules chargées sur la surface de Mercure génère soit l'atmosphère extrêmement ténue de la planète, soit des tourbillons qui ouvrent des fenêtres dans le bouclier magnétique de la planète. Tout cela, naturellement, avec des variations d'intensité et d'effet plus on se rapproche de l'un des deux pôles.

ASYMÉTRIE MAGNÉTIQUE DES DEUX PÔLES

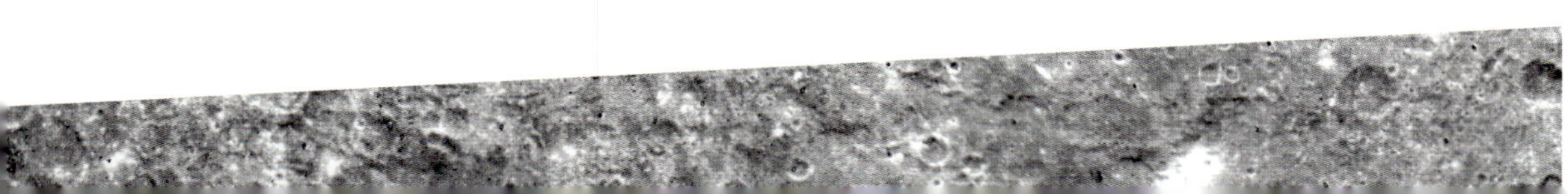

Vénus

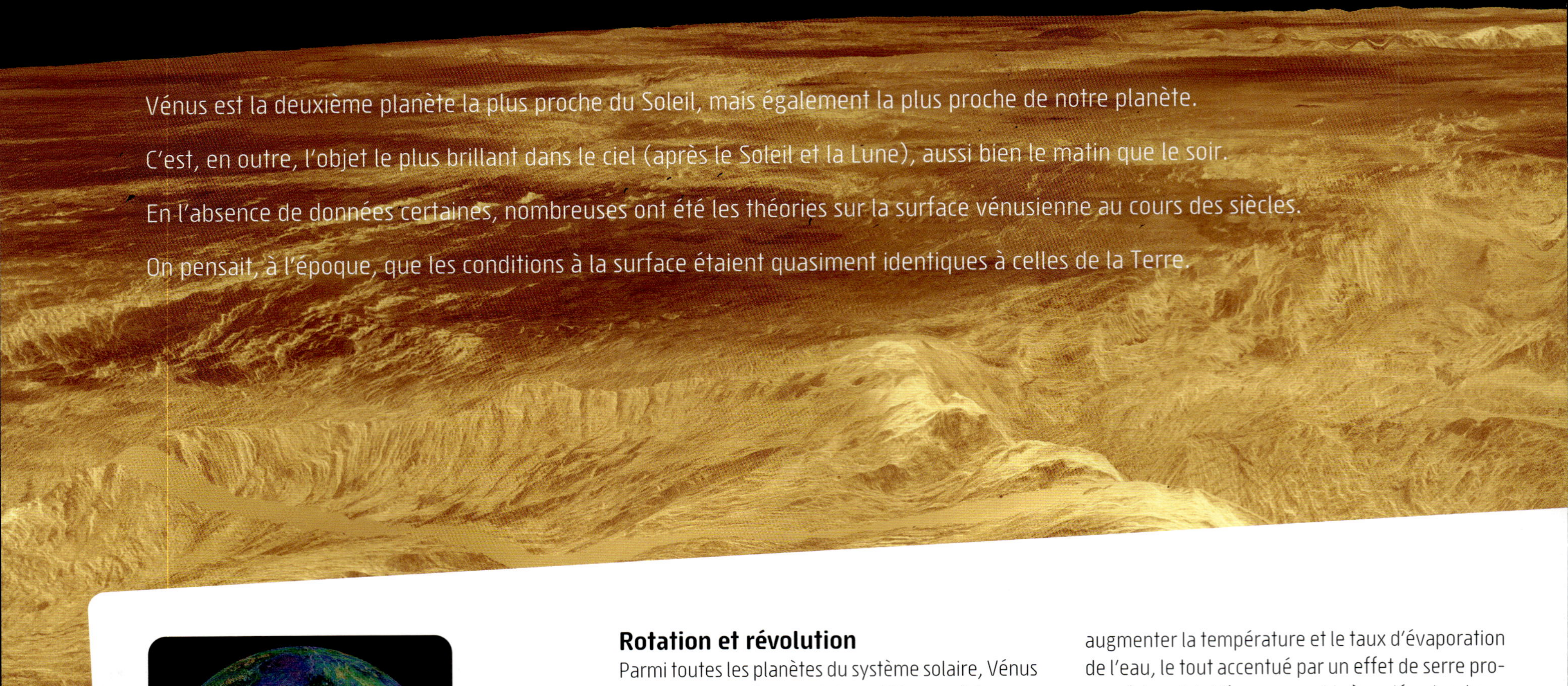

Vénus est la deuxième planète la plus proche du Soleil, mais également la plus proche de notre planète.

C'est, en outre, l'objet le plus brillant dans le ciel (après le Soleil et la Lune), aussi bien le matin que le soir.

En l'absence de données certaines, nombreuses ont été les théories sur la surface vénusienne au cours des siècles.

On pensait, à l'époque, que les conditions à la surface étaient quasiment identiques à celles de la Terre.

1

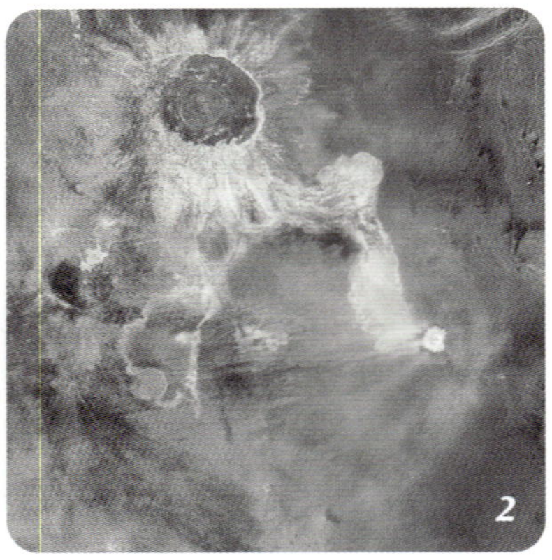

2

Rotation et révolution

Parmi toutes les planètes du système solaire, Vénus est la seule planète, en dehors d'Uranus, à tourner autour de son axe d'est en ouest. De manière générale, les corps ont tendance à tourner autour du Soleil dans le même sens que le sens de rotation, c'est-à-dire d'ouest en est. Les astronomes ont qualifié le mouvement « contraire » de Vénus de « rétrograde ». Sa faible vitesse de rotation est légèrement inférieure à sa vitesse de révolution. Il faut 243 jours à Vénus pour faire un tour complet sur son axe, et 225 jours pour faire le tour complet du Soleil, orbite qui est d'ailleurs presque parfaitement circulaire. Par conséquent, à la différence de la Terre où l'alternance entre nuit et jour est déterminée par la rotation, sur Vénus, la période pendant laquelle le Soleil est au-dessus de l'horizon dépend de la durée de révolution.

La surface de Vénus

Il est fort probable que, très peu de temps après sa formation, il y ait eu, sur la surface de Vénus, de grandes masses d'eau. Avec le temps, un processus d'évaporation des mers, d'une part, et de libération dans l'atmosphère de dioxyde de carbone présent dans les roches, d'autre part, s'est mis en place. Cela a provoqué un mécanisme circulaire faisant augmenter la température et le taux d'évaporation de l'eau, le tout accentué par un effet de serre prononcé. Le sol de Vénus ressemble à un désert rocheux illuminé par une lumière jaunâtre où dominent les teintes orangées et marron du terrain. La surface est composée de grandes plaines ondulées et de rares montagnes. La présence de quelques dépressions est liée à l'existence d'océans préhistoriques sur la planète. Certaines sondes ont également pu mettre en évidence des signes d'une activité volcanique récente.

Les continents

Dans l'hémisphère Nord de Vénus, et à cheval sur l'équateur vers le sud, deux régions ont été identifiées, comparables à des continents de par leur altitude élevée par rapport au niveau moyen de la surface. Ces régions ont été baptisées Ishtar Terra et Aphrodite Terra. La première est légèrement plus petite que les États-Unis. C'est dans cette région que s'élèvent les sommets les plus hauts : la chaîne des Maxwell Montes, où les sommets peuvent atteindre jusqu'à 11 km d'altitude.
L'Aphrodite Terra est plus vaste que l'Afrique. C'est là que se trouve le Maat Mons, volcan de 8 km d'altitude, lequel, relativement récemment, a émis des coulées de lave. Ce continent est constitué

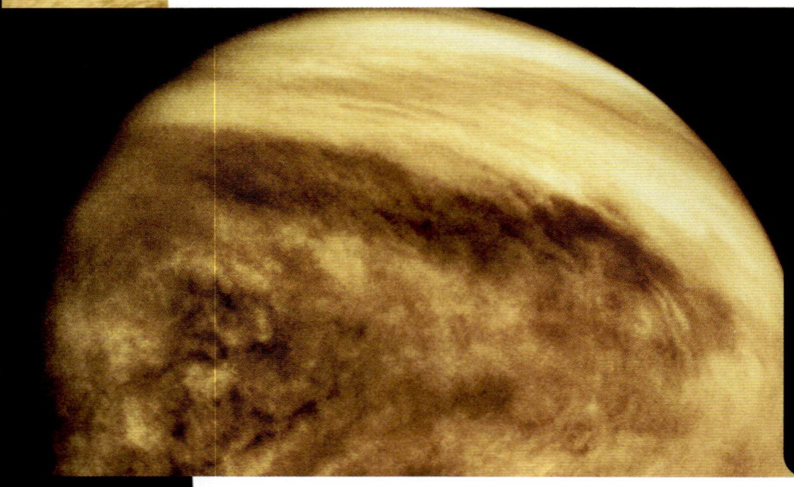

Brouillard et nuages

L'atmosphère de Vénus est stratifiée, et la composition et la structure des nuages varient. Dans la partie haute, on trouve une couche de nuages composée de minuscules gouttes d'acide sulfurique. Cette brume n'est pas permanente, mais apparaît et disparaît à intervalles réguliers. Au-dessous, entre 47 et 52 kilomètres d'altitude, se trouve une bande de nuages toujours d'acide sulfurique. Dessous, l'atmosphère devrait être libre de particules solides, mais elle est tellement dense qu'elle restreint le champ visuel. Dans la partie haute de l'atmosphère se trouve une source de soufre et d'acide sulfurique de nature photochimique qui exige la présence de rayons ultraviolets (lesquels ne peuvent atteindre les couches inférieures). Les gouttelettes d'acide sulfurique se diluent dans les régions les plus basses, où elles se combinent avec des molécules d'eau. La taille de ces particules est importante, car elle régule les précipitations : plus elles sont grandes, plus la probabilité de pluies très acides est grande.

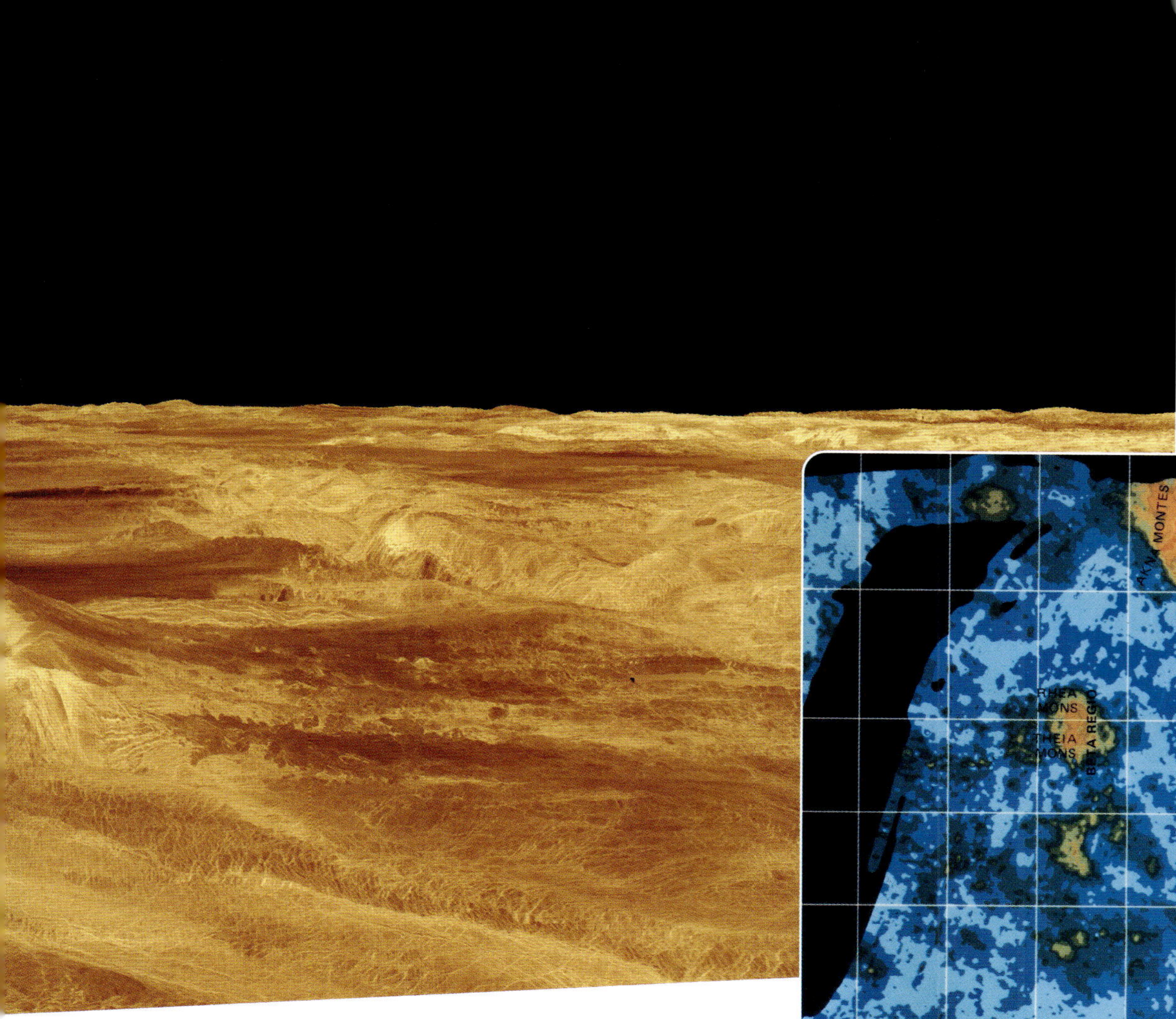

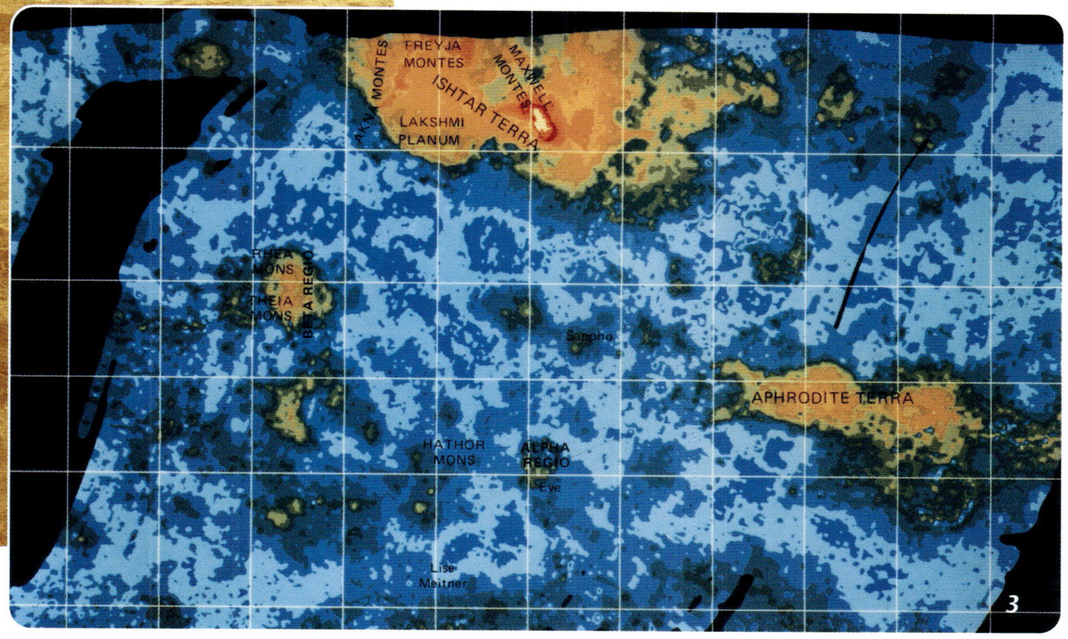

3

d'un système complexe de gigantesques canyons d'origine tectonique, longs parfois de centaines de kilomètres, profond de 2 à 4 km et large de 280 km.

L'intérieur de Vénus

La structure interne de Vénus, comme celle de la Terre, est composée d'une croûte épaisse d'environ 20 km, d'un manteau de matière en fusion de 2 800 km d'épaisseur et d'un noyau interne ferreux de 3 200 km de rayon. Ce noyau ferreux devrait, théoriquement, créer un champ magnétique, mais ce n'est pas le cas. Par ailleurs, le vent solaire, frappant directement les couches les plus élevées de l'atmosphère, les ionise, créant ainsi un front de collision capable, à son tour, de produire un champ magnétique induit.

Une atmosphère dense

Les données recueillies par les différentes sondes envoyées sur Vénus indiquent que la composante principale de son atmosphère est le dioxyde de carbone (plus de 96 %) associé à de petites quantités d'azote, d'oxygène, d'argon, de dioxyde de soufre et de vapeur d'eau. Ces molécules étant des molécules complexes, la colonne de gaz qui domine un mètre carré de terrain « pèse » très lourd, et la pression à la surface est extrêmement élevée : environ 90 atmosphères.

Malgré ces conditions hostiles, l'atmosphère de Vénus pourrait éventuellement abriter de la vie.

Effet de serre

Les mesures effectuées par différents instruments confirment que la température à la surface de Vénus est d'environ 470 °C du fait de la densité et de la composition de l'atmosphère. Le pourcentage de dioxyde de carbone présent est en effet supérieur à celui présent dans les roches calcaires terrestres. Comme l'orbite de Vénus est proche du Soleil, la chaleur a réchauffé sa surface, libérant le dioxyde de carbone des roches et augmentant de fait l'opacité de l'atmosphère.

L'atmosphère laisse passer les radiations solaires qui réchauffent la surface, mais pas les rayons infrarouges réémis par le sol, augmentant du coup encore la température. Ce mécanisme est connu sous le nom d' « effet de serre ». Le dioxyde de carbone est responsable à 55 % de l'effet de serre, 25 % sont dus à la vapeur d'eau, et la partie restante dépend des nuages.

4

***1** Image d'un des deux hémisphères de Vénus composée à partir des clichés pris par la sonde* Magellan *entre 1990 et 1994. Les couleurs indiquent les différences d'altitude.* ***2** Le cratère Isabella (175 km de diamètre) est le deuxième plus grand cratère d'impact de la planète.* ***3** Carte de Vénus relevée par la sonde spatiale* Pioneer Venus 1*.* ***4** Lancée en 1962, la sonde* Mariner 2 *a été la première à s'approcher avec succès de la planète.* ***5** Représentation tridimensionnelle de la zone montagneuse de l'Ovda Regio (sur l'Aphrodite Terra), le long de l'équateur vénusien.*

5

Mars

La planète rouge est la quatrième par ordre de distance croissante au Soleil. Son nom vient du dieu de la guerre, principalement à cause de la couleur rouge visible à l'observation. D'après les analyses fournies par les sondes, c'est la planète qui ressemble le plus à la Terre et la seule sur laquelle l'homme pourrait éventuellement se rendre dans un avenir relativement proche.

La surface de Mars

Bien que sa morphologie soit plus uniforme, les crêtes, plaines, canyons et volcans font que la surface de Mars est assez semblable à celle de la Lune. En revanche, ce qui distingue ces deux astres, c'est la présence d'eau (notamment dans les régions polaires) prise au piège dans les couches superficielles des roches martiennes avec lesquelles elle forme le « permafrost ». Comme sur la Terre, on assiste sur Mars, à cause de l'inclinaison de l'axe de rotation, à l'alternance des saisons avec les variations de températures de surface associées. Celles-ci tournent en moyenne autour de -40 °C, avec des pointes à -14 °C pendant l'été et -120 °C en hiver. Il y a d'importantes différences entre les deux hémisphères de Mars : l'hémisphère Nord présente des plaines planes et une cratérisation relativement faible, tandis que dans l'hémisphère Sud, la cratérisation est cinq fois supérieure à celle de l'autre hémisphère. Cela est dû à l'âge élevé de l'hémisphère Sud, qui remonte à environ 3,8 milliards d'années, époque où a eu lieu un grand bombardement de météorites dans tout le système solaire.

1

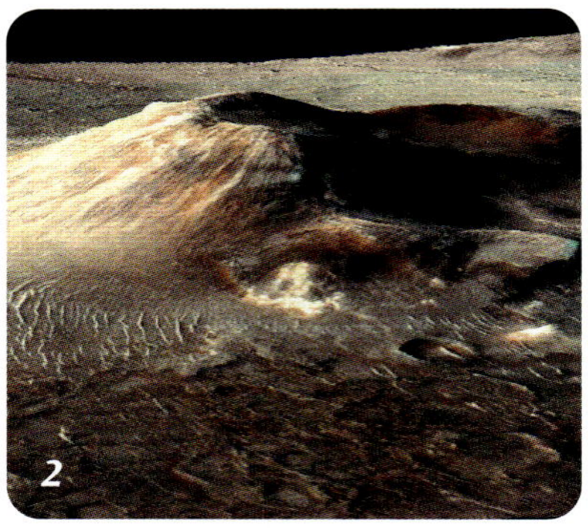

2

Entre les deux hémisphères se trouve une bande dont la morphologie est particulière, puisqu'elle est dominée par la région de Tharsis constellée de grands volcans comme l'Arsia Mons, le Pavonis Mons, l'Olympus Mons et d'un complexe système de canyons long de 5 000 km : la Valles Marneris, probablement d'origine tectonique.

Lits des fleuves

Il y a, à la surface, de nombreuses formations semblables à des canaux. Certains d'entre eux atteignent jusqu'à 200 km de large. Il en existe deux types : le premier se divise en cours mineurs et tortueux, avec des ramifications fluviales ; le deuxième, relativement profond, est appelé *outflow*, et ses dimensions sont régulières sur toute sa longueur. Différentes hypothèses ont été avancées sur l'origine de ces phénomènes. Selon la première hypothèse, il s'agirait de reste de fleuves traditionnels avec de l'eau en surface et la présence d'un climat doux ; selon la seconde, ces fleuves auraient été le résultat de

1 Détail en fausses couleurs de la région orientale de Mars appelée Arabia Terra. Les couleurs bleues indiquent le sable fin en surface, tandis que les couleurs rouges indiquent les zones sédimentaires et les affleurements de roche.
2 Un cône volcanique s'élève dans la caldera Nili Patera. L'image a été prise par la Mars Reconnaissance Orbiter (MRO) *en 2010.*

Phobos et Deimos

La planète rouge possède deux lunes, Phobos et Deimos. On ne sait pas grand-chose de ces satellites. Les images montrent leur forme irrégulière. Comparés à d'autres corps célestes du système solaire, ils font penser à des astéroïdes, auxquels ils ressemblent à de nombreux égards, et leur surface présente de nombreux cratères. Ils sont de petite taille : Phobos mesure au maximum 27 km, et Deimos 15 km. Phobos orbite à seulement 9 400 km de Mars. Sa surface est dominée par le gigantesque cratère Stickney de 10 km de diamètre, cratère d'impact provoqué par une collision qui a démoli le satellite. Deimos n'a pas de cratère supérieur à 2,3 km de diamètre. Ces deux satellites ont en commun qu'ils ont une période de rotation synchrone avec leur période de révolution. Par ailleurs, la distance entre Deimos et Mars est telle qu'il est en orbite synchrone avec la planète, c'est-à-dire qu'il est toujours à la verticale du même endroit. Deimos tout comme Phobos sont recouverts d'une épaisse couche de régolithe.

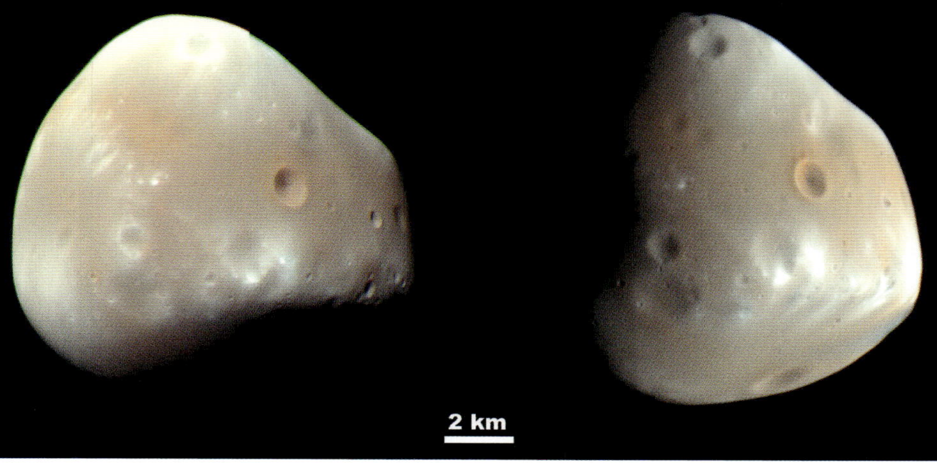

torrents d'eau violents et impromptus provoqués par la fonte de la couche de permafrost.

Les océans

Les premières ères géologiques furent marquées par un bombardement météoritique intense et un volcanisme diffus. L'érosion des anciens cratères par l'eau donna naissance à des fleuves. Cela implique l'existence, à cette époque, d'un cycle hydrodynamique. La distribution des lits fluviaux laisse en effet penser que le climat était doux et régulé, notamment grâce à la présence d'océans stables autorisant le cycle de l'eau : évaporation de la mer, condensation en nuages, précipitations. Mais la faible masse de la planète n'a pas permis de retenir les gaz de son atmosphère. Le cycle de l'eau s'est tari, l'eau s'est évaporée ou a été absorbée au sein de roches poreuses. Des coulées intermittentes ravinent encore aujourd'hui des versants exposés au Soleil. Ces écoulements sont constitués de saumures très salées, faites de chlorate, perchlorate de magnésium et perchlorate de sodium.

L'atmosphère

Les sondes ont déterminé que l'atmosphère est composée de près de 96 % de dioxyde de carbone, de 2,7 % d'azote et de 1,6 % d'argon. L'oxygène ne représente que 0,13 % et la vapeur d'eau 0,03 %. Arrivé sur Mars en janvier 2004 (mission *Mars Exploration Rover*), le rover *Opportunity* a parcouru plus de quarante kilomètres sur la planète rouge, trouvant la première météorite extraterrestre. Silencieux depuis juin 2018, il a été déclaré hors service en février 2019. *Curiosity* est allée plus loin. D'une part elle a démontré une variation saisonnière de la concentration de méthane dans l'atmosphère martienne, et d'autre part elle a trouvé des molécules organiques dans des roches près de la surface.

4

5

3

3 En décembre 2010, la mission Mars Exploration Rover Opportunity *a réalisé cette série d'images (en fausses couleurs) du cratère Santa Maria dans la région de Meridiani Planum. **4** Saisie par la MRO en janvier 2018 près du cratère de Lyot, cette dune colorée en bleu est faite d'un matériau plus fin ou a une composition différente de celle qui l'entoure. **5** Voici le bras robotique, équipé d'un perforateur, du rover Curiosity de la NASA, en action sur le sol martien dans la* Yellowknife Valley *en février 2013.*

La mission *Insight*

L'atterrisseur *Insight* (pour *INterior exploration using Seismic Investigations, Geodesy and Heat Transport*), qui est une collaboration entre les agences spatiales américaine, française et allemande, s'est posé dans une région de plaine située près de l'équateur de la planète rouge le 26 novembre 2016. C'est le premier observatoire de géophysique envoyé sur Mars, avec pour objectif d'étudier la structure interne de la planète et de reconstituer son histoire, afin de comprendre pourquoi et comment elle a évolué de manière si différente de notre planète au cours de 4,5 milliards d'années. Cela permettra également de mieux comprendre la formation et l'évolution des planètes rocheuses de notre système solaire. La mission possède deux instruments scientifiques : un sismomètre très sensible SEIS (*Seismic Experiment for Interior Structure*) supervisé par l'agence spatiale française (CNES) et l'instrument HP^3 (*Heat Flow and Physical Properties Package*) fourni par l'agence spatiale allemande.

En 2005, alors que le rover Opportunity *traverse la plaine Meridiani Planum et croise ses propres boucliers thermiques qui l'ont protégé pendant la descente vers la surface de Mars, il découvre un caillou que les scientifiques nomment* Heat Shield Rock, *en bas à gauche de l'image. Il est fait principalement de fer et de nickel, et s'avère être en fait une météorite tombée sur la planète rouge dans le passé.*

Le 6 avril 2019 SEIS a détecté un séisme de faible magnitude 3 : c'est le premier tremblement de terre détecté ailleurs que sur Terre ou sur la Lune. Il est moins puissant que ceux détectés sur la Lune dans les années 60 et 70 par les astronautes des missions *Apollo*. Depuis, près de 500 séismes ont été détectés, tous de magnitude relativement faible, inférieure à 4, ce qui intrigue les scientifiques. Contrairement à la Terre, Mars (comme la Lune) ne possède pas de plaques tectoniques. Néanmoins, le refroidissement de la planète et la contraction qui en résulte donnent naissance à des contraintes mécaniques qui augmentent avec le temps, jusqu'à atteindre un seuil de rupture où se produit alors un séisme. L'instrument HP^3 dont il était prévu qu'il s'enfonce dans le sol de Mars sur une profondeur de 5 mètres n'est parvenu à atteindre qu'une quarantaine de centimètres après un an et demi d'efforts. La mission

Image d'artiste de la mission Insight *dédiée à l'étude de l'intérieur de Mars. On distingue le bras robotique de l'atterrisseur et les deux instruments : le sismomètre SEIS pour détecter des tremblements de terre et l'instrument HP3 maintenant abandonné, qui devait s'enfoncer de 5 mètres dans le sol martien pour mesurer la température.*

a donc été abandonnée. Elle avait pour but de mesurer la température dans le sol afin de déterminer si l'intérieur de Mars est toujours actif et composé des mêmes matériaux que la Terre. En décembre 2022, la NASA annonce la fin de la mission *Insight* après avoir perdu le contact avec l'atterrisseur.

La course à la planète rouge s'accélère...

La conquête martienne a commencé pendant la guerre froide avec une alternance de réussites entre les États-Unis et l'Union soviétique. En 1964, une mission américaine effectue le premier survol de la planète. L'année 1971 fut riche en premières fois :

Autoportrait du rover Opportunity *pris en 2014. On voit clairement de la poussière qui couvre ses panneaux solaires. Aucun signal n'a été reçu du rover depuis une puissante tempête de sable le 10 juin 2018, empêchant les panneaux solaires de recevoir la lumière du Soleil. La mission a été déclarée terminée le 12 février 2019.*

les Américains parviennent à mettre une sonde en orbite, les Soviétiques à atteindre la surface et à s'y poser en premier, suivis peu après par les Américains dont la mission au sol parviendra pour la première fois à renvoyer des données vers la Terre. Il a fallu attendre 1996 pour qu'un rover soit présent sur une autre planète : *Sojourner* de la NASA. En 2003, cette dernière lance les rovers jumeaux *Spirit* et *Opportunity* qui sont prévus initialement pour durer trois mois. Le premier sera opérationnel pendant six ans et parcourra près de 8 km, le second a vu sa mission déclarée achevée en février 2019 après avoir exploré la surface de Mars sur 45 km pendant plus de 15 ans ! En 2005, *Opportunity* découvre également la première météorite sur une autre planète nommée *Heat Shield Rock*. Les deux rovers confirmeront les conclusions des missions *Mariner* et *Viking* dans les années 1970 au sujet de la présence d'eau liquide par le passé à la surface de Mars. En 2012, un troisième rover américain, *Curiosity*, se pose sur la planète rouge et est toujours opérationnel. Il a par exemple découvert que le cratère Gale a abrité un lac d'eau douce il a y 3 à 4 milliards d'années, avec des conditions potentiellement favorables au développement de la vie sous forme microbienne, et des traces d'eau dans l'atmosphère de la planète. En 2023, *Curiosity* observe des traces de vagues fossilisées il y a des milliards d'années, comme celles que l'on peut trouver sur Terre dans un lac peu profond lorsque les sédiments sont agités par le courant ou les vagues.

... et devient internationale.

À l'heure actuelle, six missions sont en orbite autour de Mars, trois américaines, deux européennes et une indienne, principalement dédiées à la cartographie et à l'étude de sa géologie, de son climat et de son atmosphère. *Mars Express* est en orbite depuis 2003 et *ExoMars Trace Gas Orbiter*, en collaboration avec la Russie, est opérationnel depuis 2018. Ces différents orbiteurs ont confirmé la présence de glace en divers endroits de la surface, au pôle Nord principalement et en deçà, et ils observent des changements saisonniers de l'apparence de certains massifs comme si de l'eau s'écoulait. *Mars Express* a par ailleurs annoncé, en juillet 2018, avoir trouvé des traces d'un lac d'eau liquide sous la calotte glaciaire du pôle Sud et, en septembre 2020, trois autres lacs dans la même région. Si ces résultats sont confirmés, ces lacs sont similaires à certains de ceux découverts en Antarctique ou au Groenland. Ce serait grâce à une très forte teneur en sel que l'eau peut se trouver sous forme liquide malgré des températures de l'ordre de – 70 degrés. Reste à savoir si une forme de vie, même microbienne, peut survivre dans une saumure si froide et/ou si elle s'est développée dans le passé. La mission *ExoMars* a, quant à elle, pour mission de détecter et de comprendre l'origine du méthane sur la planète rouge. En effet, en 2004, la mission *Mars Express* avait détecté ce gaz dans l'atmosphère, *Curiosity* en a également détecté à la fois sous forme d'un cycle suivant celui des saisons et de pics soudains. Il faut maintenant déterminer si ce gaz a une origine géologique liée à des processus chimiques à la surface de Mars ou s'il est le signe de la présence d'une forme de vie. Sur Terre, ce sont en effet les êtres vivants qui produisent la majorité du méthane présent dans l'atmosphère... Cependant, les premiers résultats d'*ExoMars* publiés en avril 2019 indiquent qu'aucune trace de ce gaz n'a été détectée.

Image en fausse couleur du cratère Gale où le rover Curiosity a découvert des traces indiquant la présence d'un lac d'eau liquide dans le passé.

Panorama du site d'atterrissage de la mission Insight.

Image d'artiste du rover Perseverance *de la NASA entouré des tubes qui contiennent les échantillons de sol martien qu'il récoltera et qui seront récupérés par de futures missions pour les rapporter sur Terre.*

Image d'artiste du rover Rosalind Franklin *et de la plateforme de surface de la mission* ExoMars *à la surface de la planète rouge.*

Image d'artiste de la mission Mars Sample Return*, qui récupérera et rapportera sur Terre des échantillons de Mars.*

À l'attaque de Mars

L'année 2021 s'annonce chargée pour la planète Mars. Trois missions lancées en juillet 2020 ont atteint la planète rouge en février 2021.

Ainsi l'orbiteur *Al Amal* (littéralement « espoir ») des Émirats arabes unis, dont le programme spatial a commencé il y a seulement six ans, s'est placé en orbite de la planète rouge. C'est la première mission interplanétaire du monde arabe. Son orbite elliptique a été choisie pour lui permettre d'observer la quasi-totalité de Mars, de jour comme de nuit, en seulement 55 heures. L'orbiteur fournira ainsi la toute première carte météorologique globale de Mars, jour après jour et saison après saison, pendant une année martienne (deux ans terrestres). Cela permettra d'étudier le climat de Mars, ses nuages, ses tempêtes de sable et plus généralement son atmosphère et de comprendre peut-être comment cette planète a perdu son atmosphère.

La mission *Tianwen-1* (littéralement « question au ciel ») de l'agence spatiale chinoise s'est également mise en orbite de Mars avec succès. Après l'échec de la première mission martienne chinoise en 2012, cette deuxième sonde est composée d'un orbiteur et d'un rover. Elle a passé plusieurs mois en orbite avec pour but, entre autres, de confirmer la présence de lacs d'eau liquide au pôle Sud. Puis le rover *Zhurong* s'est déployé avec succès à la surface, en mai 2021. La Chine est ainsi le troisième pays à atteindre le sol de la planète rouge et le deuxième à y déposer un rover. Depuis, ce dernier, dont la mission prévue pour durer trois mois a été rallongée, s'est déplacé sur plus d'un kilomètre dans la plaine Utopia Planitia dans l'hémisphère nord de Mars. Il a également collecté de nombreuses données sur le climat, la géologie et topographie, afin d'étudier la composition minérale de la surface de Mars et de rechercher de l'eau sous la surface. C'est la première étape de l'exploration de Mars par la Chine, qui prévoit de rapporter des échantillons de sol martien dans les années 2030.

Enfin le rover *Perseverance*, le cinquième de la NASA, de la mission Mars 2020 s'est posé en février 2021 dans le cratère Jezero. Celui-ci mesure une cinquantaine de kilomètres de diamètre et aurait abrité, il y a plus de 3,5 millions d'années, un lac et le delta d'une rivière. Parmi les nombreux instruments de *Perseverance*, l'expérience MOXIE tentera de produire de l'oxygène à partir de l'atmosphère de dioxyde de carbone de Mars. C'est un premier test des technologies qui pourraient permettre aux futurs explorateurs de la planète rouge de produire de l'oxygène pour respirer ou pour servir de carburant aux propulseurs d'une fusée. *Perseverance* emporte également avec lui un petit hélicoptère-drone, *Ingenuity*, pesant environ 2 kilogrammes, avec un rayon d'action de 300 mètres. Il est parvenu à décoller de la surface et à rester en l'air pendant une quarantaine de secondes en avril 2021. C'est le premier engin à voler sur une autre planète. Il a depuis effectué une quarantaine de vols, parcourant plusieurs centaines de mètres en quelques minutes et atteignant parfois une altitude d'une dizaine de mètres. Les nombreux autres instruments du rover de 3 mètres de long analyseront, dans le delta où il évoluera, les dépôts lacustres qui ont peut-être amassé et préservé des molécules organiques et d'autres signes potentiels de vie microbienne. Le rover y étudiera au plus près la géologie martienne et les traces de son climat passé.

Perseverance a commencé en septembre 2021 sa collecte d'échantillons de sol martien, de poussières et de roches. Il est parvenu grâce à son bras robotisé à forer une roche martienne et à en récupérer une carotte. Le rover, qui héberge une quarantaine de tubes destinés à collecter et à protéger des échantillons, a depuis continué à en récolter d'autres à différents endroits du cratère Jezero.

*Image d'artiste d'*Ingenuity*, l'hélicoptère-drone qui a été déposé à la surface de Mars en même temps que le rover* Perseverance. *C'est le premier engin à tenter un vol motorisé sur une autre planète que la Terre.*

Image prise par le rover Perseverance *de la roche nommée Rochette dont il a effectué un carottage en septembre 2021.*

C'est la première étape du programme international *Mars Sample Return* (« retour d'échantillons martiens », MSR), fruit de la collaboration entre la NASA et l'Agence spatiale européenne (ESA), qui a pour mission de ramener des échantillons martiens sur Terre. Ainsi, les scientifiques pourront utiliser des instruments et techniques plus sophistiqués que ceux que l'on peut envoyer dans l'espace pour analyser le sol martien, comme ce qui a été fait pour les échantillons de Lune ramenés par les missions *Apollo*. Dans le cadre de la campagne MSR, la NASA et l'ESA collaboreront sur deux missions, avec un lancement prévu vers 2026. La première nommée *Sample Retrieval Lander* se compose d'un petit rover qui ira récupérer les échantillons de sol martien prélevés par *Perseverance* et d'une fusée qui décollera de la surface de Mars et les amènera en orbite. Ensuite, la sonde spatiale de la seconde mission, appelée *Earth Return Orbiter*, effectuera un rendez-vous en orbite basse avec la capsule qui contient les échantillons avant de regagner notre planète au début de la prochaine décennie. En cas de succès, ce sera la première fois qu'un engin décollera de la surface de Mars et que deux vaisseaux se rejoindront en orbite martienne. Plus généralement, la campagne MSR est la première étape de l'ambitieux projet de la NASA d'envoyer, dans le cadre du programme *Artemis*, des hommes sur la planète rouge pour la première fois. Cela nécessitera des opérations de lancement et de rendez-vous autour d'une autre planète et l'utilisation d'engins spatiaux les plus lourds jamais employés à la surface de Mars.

La mission européenne *ExoMars* sera lancée vers 2026 et atteindra la planète rouge au bout d'un an de voyage. Elle emportera le premier rover européen sur Mars, nommé *Rosalind Franklin*, qui explorera le bassin Oxia Planum, près de l'équateur martien. Celui-ci est âgé de près de 4 milliards d'années, contient des dépôts argileux et a probablement abrité un lac ou une mer. Le rover européen sera alors le premier à emporter une foreuse sur Mars. Elle pourra creuser jusqu'à deux mètres sous la surface de la planète et récolter des échantillons qui seront ensuite analysés sur place afin d'identifier des marqueurs biochimiques. Le rover embarquera également des instruments pour détecter la présence d'eau. Il est prévu pour être en opération pendant au moins sept mois et parcourir quatre kilomètres.

Dans un futur proche, l'Inde prévoit le lancement de son orbiteur *Mangalyaan-2* pour 2024. Le Japon a, lui, pour projet d'envoyer deux atterrisseurs : l'un qui se posera sur Mars et l'autre sur l'un de ses satellites, Phobos.

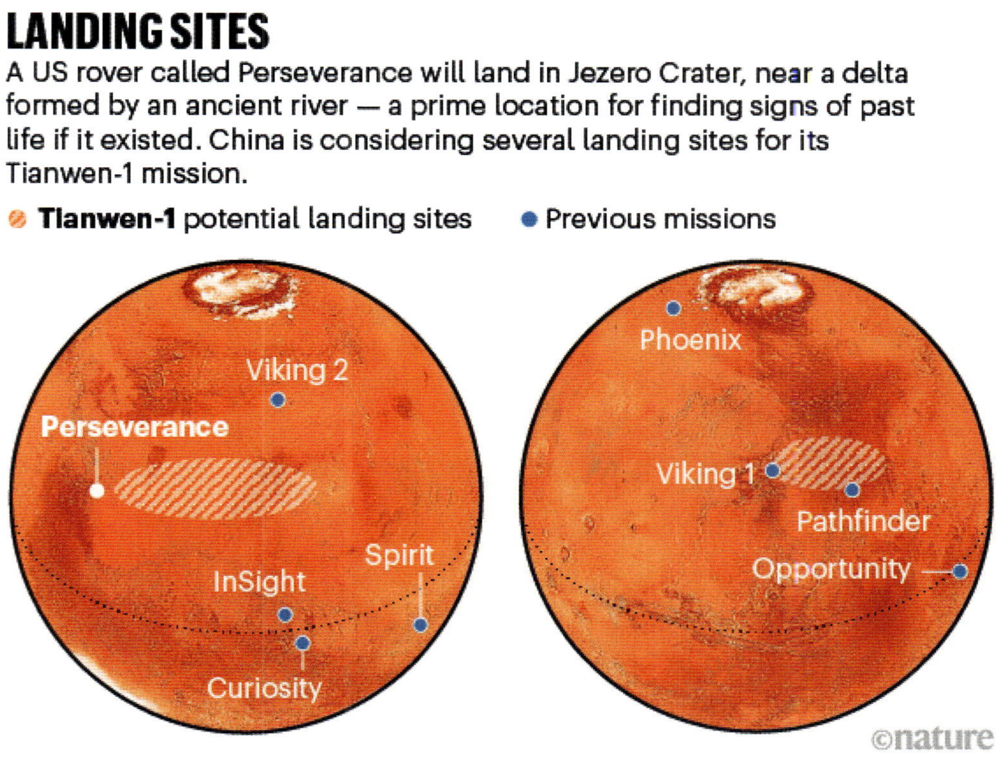

Infographie qui indique sur une carte de Mars le lieu où les différentes missions sur la planète rouge opèrent actuellement ou opéreront sous peu.

Les astéroïdes

Comme les planètes, les astéroïdes sont des corps de type rocheux en orbite autour du Soleil. Même si leurs caractéristiques sont semblables à celles des grands corps célestes du système solaire, leur taille est trop petite pour qu'ils soient classés parmi les planètes. C'est pourquoi on les connaît aussi sous le terme de « petites planètes ».

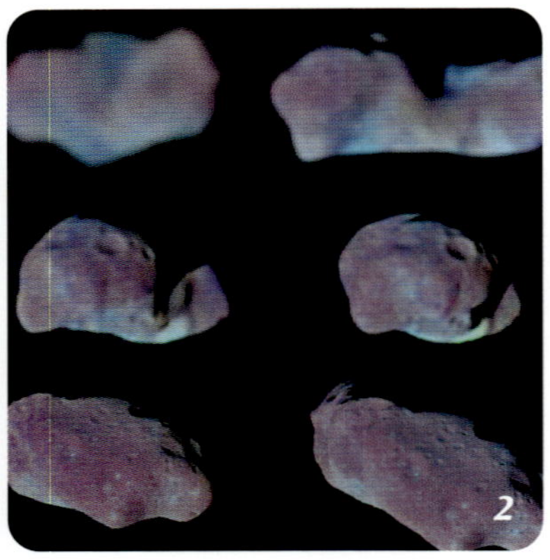

1 Sol d'Éros, astéroïde de type S, photographié par la sonde NEAR Shoemaker *en 2001 à une distance d'environ 12 km sur les photos du haut, et 4-5 km sur les photos du bas.* ***2*** *Série d'images de 243 Ida, astéroïde de type S appartenant à la ceinture principale. La véritable couleur d'Ida est grise avec des coloris rougeâtres ; toutefois, la fausse couleur violette facilite l'identification des détails.* ***3*** *Sur cette illustration artistique, un astéroïde en orbite autour d'une étoile naine blanche dont la force gravitationnelle est en train de le désintégrer.*

La ceinture principale

Les astéroïdes connus ont des tailles très variées. Les plus grands ont des diamètres supérieurs à 250 km et le plus gros d'entre eux, Cérès, a un diamètre d'environ 1 000 km. C'est justement à cause de sa taille qu'en 2006, il fut reclassé dans la catégorie des « planètes naines ». Les plus petits astéroïdes, en revanche, atteignent des tailles allant jusqu'à quelques dizaines de centimètres et sont, par conséquent, à peine plus gros que des cailloux. La plupart des astéroïdes, a priori quelques dizaines de milliers, sont concentrés dans une région du système solaire située entre les orbites de Mars et de Jupiter, à une distance d'environ 2 unités astronomiques du Soleil. Ils sont disposés au sein d'une zone appelée « ceinture principale », dont l'épaisseur est comprise entre 100 et 300 millions de kilomètres.

Selon certaines théories, les astéroïdes seraient les résidus d'une planète primordiale, en orbite entre Mars et Jupiter, qui aurait été détruite il y a des centaines de millions d'années suite à une collision gigantesque, peut être avec une comète de passage. Les théories les plus crédibles, pourtant, suggèrent que les astéroïdes sont une « planète manquée » : le champ gravitationnel intense de Jupiter aurait, en effet, empêché que ces résidus ne s'agglomèrent pour former un corps unique. Si cela s'était produit, la taille de la planète ainsi formée aurait été la moitié de celle de la Lune.

Différents types d'astéroïdes

Les données recueillies ont permis de mettre en évidence quelques différences intrinsèques entre les astéroïdes connus et de les classer en trois familles distinctes. Les critères de classification reposent sur des caractéristiques morphologiques et sur la composition chimique. La morphologie d'un astéroïde est déterminée en étudiant la variation de luminosité au cours de sa rotation. En effet, les astéroïdes comme tous les corps de type planétaire, n'émettent pas de lumière propre, mais sont visibles, car ils reflètent la lumière du soleil. En tournant sur eux-mêmes, ils présentent au Soleil différentes parties de leur surface, et comme leur forme est extrêmement irrégulière, la quantité de lumière qu'ils reflètent varie.

En fonction de ces critères, la plupart des astéroïdes peuvent être divisés en trois catégories : les astéroïdes de type C (carbonés), les astéroïdes de type S (silice), et les astéroïdes de type M (métalliques). Les astéroïdes de type C représentent la plus grande partie des astéroïdes connus (environ 75 %). Ils sont principalement situés dans les régions les plus éloignées de la ceinture d'astéroïdes, et ce sont les moins lumineux.

L'hydrogène, l'hélium et d'autres éléments volatils sont absents de leur composition chimique. Les astéroïdes de type S représentent la plus grande

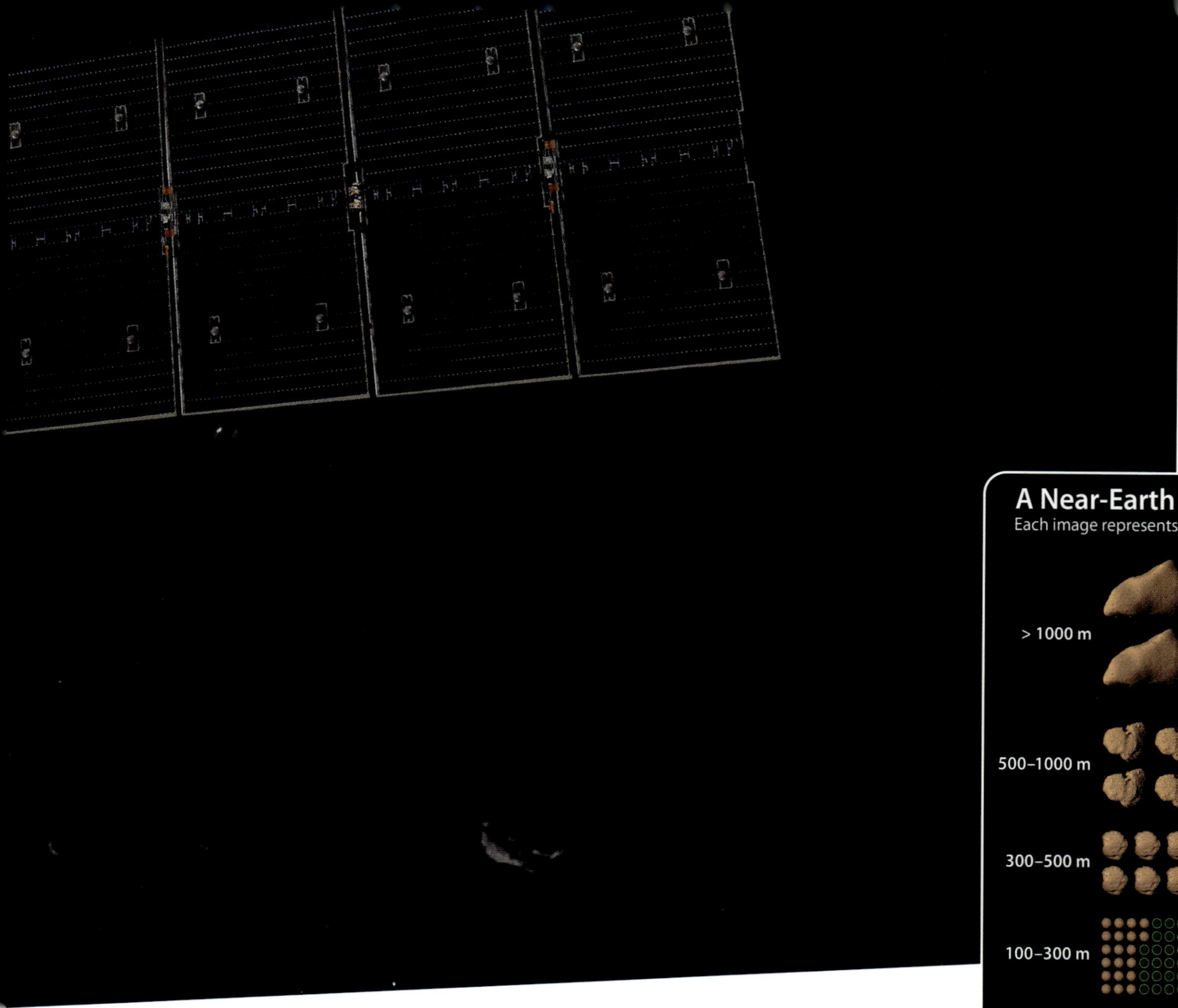

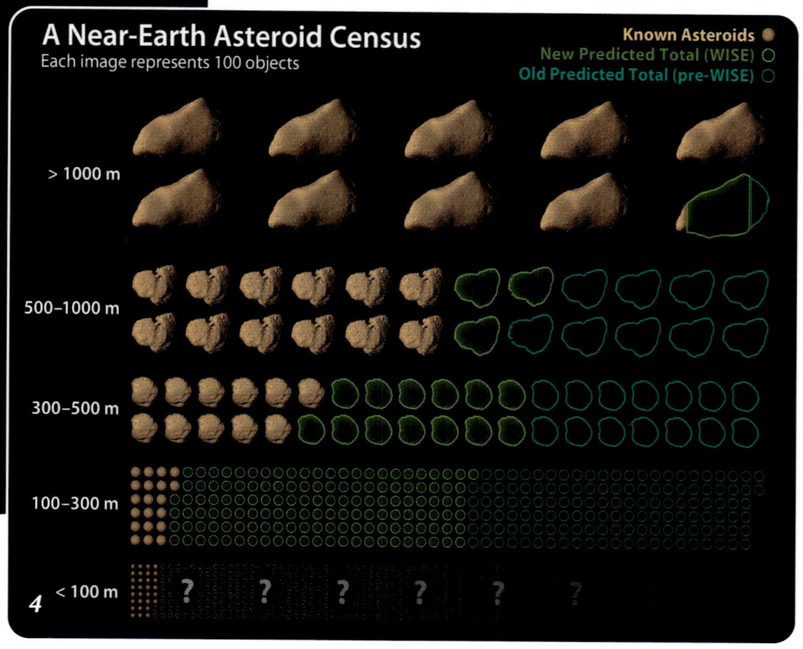

4

partie restante (environ 17 %). Ils sont situés dans la région interne de la ceinture et sont relativement plus brillants que les astéroïdes de type C. Ils sont composés de minerais de fer mélangé à du silicate de magnésium.
Tous les autres astéroïdes, enfin, sont des astéroïdes de type M. Ils se situent dans la région la plus centrale de la ceinture, et sont composés principalement de minerais de fer. Leur luminosité est comparable à celle des astéroïdes de type S.

Météoroïdes et météorites

Les fragments d'astéroïdes qui se dirigent vers la Terre, pour entrer en collision avec celle-ci, sont appelés des « météoroïdes ». Lorsqu'un météoroïde entre dans l'atmosphère terrestre à grande vitesse, la friction génère une chaleur intense qui le réduit en cendre, produisant ainsi une traînée de lumière dans le ciel. Si le météoroïde ne brûle pas complètement lorsqu'il traverse l'atmosphère, le fragment qui reste peut toucher la Terre. Dans ce cas, on parle de « météorites ». Si les météorites sont de grande taille, ils peuvent laisser des signes évidents sur la surface de la Terre sous la forme de cratères qui ont à peu près 20 fois la taille de la météorite.

Risque d'impact

Tous les astéroïdes ne sont pas concentrés dans la ceinture principale. Certains gravitent autour du Soleil sur la même orbite que Jupiter, et sont regroupés en deux groupes qui précèdent et suivent la planète : on les appelle les Troyens. D'autres, comme Hidalgo, ont été éjectés de la ceinture suite à des collisions avec d'autres astéroïdes et à l'influence gravitationnelle de Jupiter. Ils ont des orbites excentriques, semblables à celles des comètes. Dans certains cas, ces orbites les mettent à une distance minimum du Soleil d'environ 1,3 unité astronomique, et donc très proche de notre planète. Parmi ceux-ci, certains ne font que traverser l'orbite de Mars et reste en dehors de l'orbite de la Terre. D'autres croisent l'orbite de la Terre plusieurs fois par an. En mars 2014, les astronomes ont découvert entre Saturne et Uranus, aux confins du système solaire, un astéroïde du nom de Chariklo entouré de deux anneaux, d'une dizaine de kilomètres de large, ils semblent provenir de satellites qui entouraient auparavant cet astre. La sonde américaine *Dawn*, elle, atteint son objectif, la planète naine Cérès, le 6 mars 2015, après avoir parcouru près de 5 milliards de kilomètres.

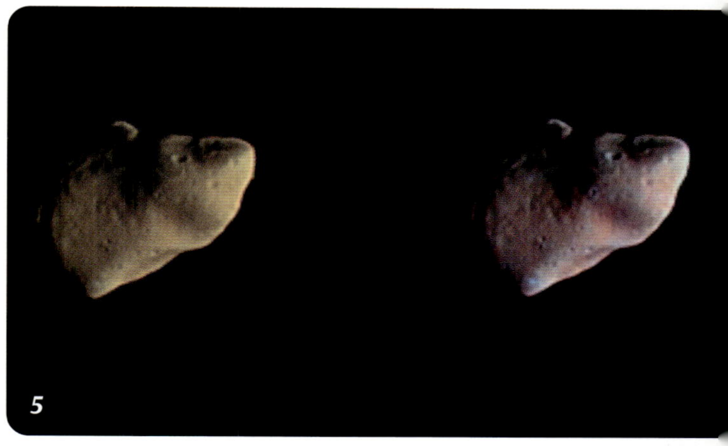
5

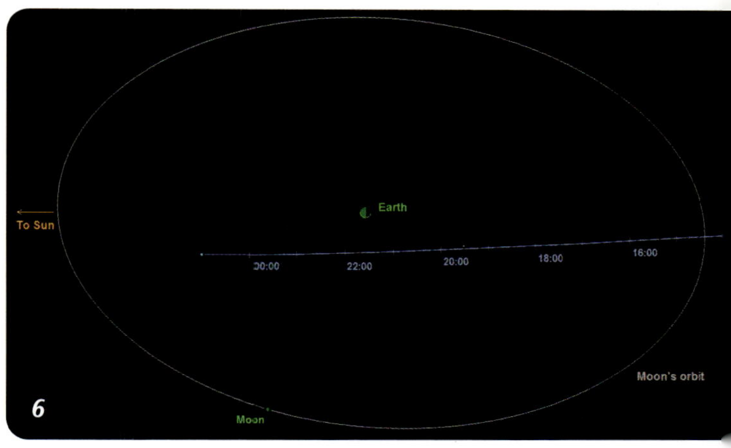

6

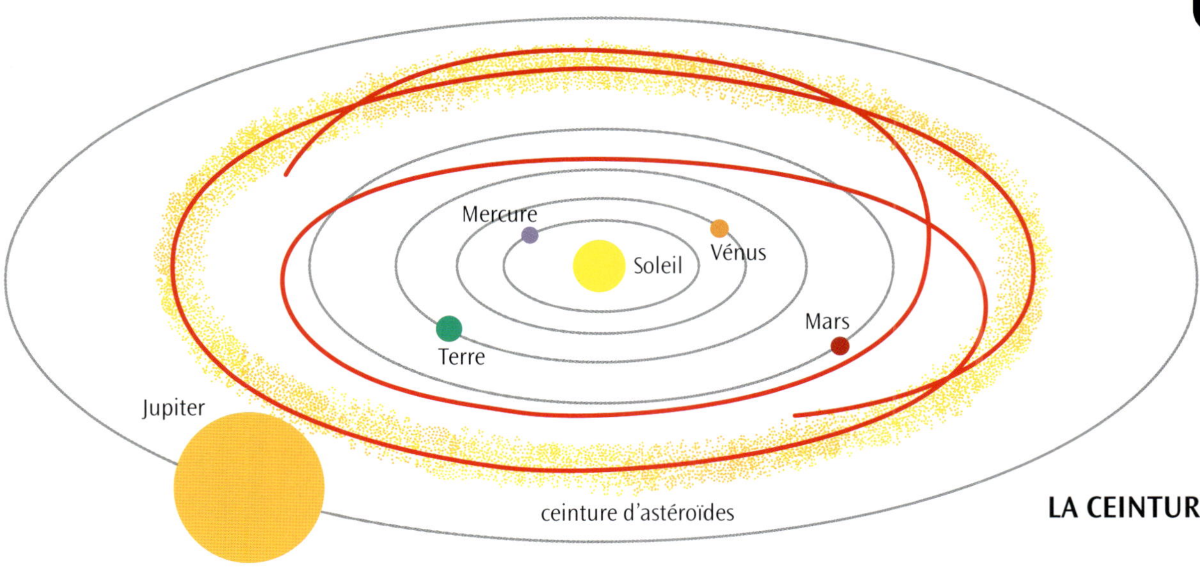

LA CEINTURE PRINCIPALE D'ASTÉROÏDES

4 *Ce tableau illustre le fait que des études récentes ont considérablement révisé le nombre d'astéroïdes proches de la Terre.* ***5*** *Deux images en fausses couleurs de l'astéroïde Gaspra, prises par la sonde* Galiléo *en 1991.* ***6*** *Ce graphique représente le passage de l'astéroïde 2014 EC à 61 600 kilomètres de la Terre, le 6 mars 2014. Le corps céleste, d'environ 30 mètres de diamètre, compte parmi ceux qui se sont le plus rapprochés de la Terre. La NASA cherche à anticiper de tels événements, grâce à son programme* Spaceguard.

Jupiter

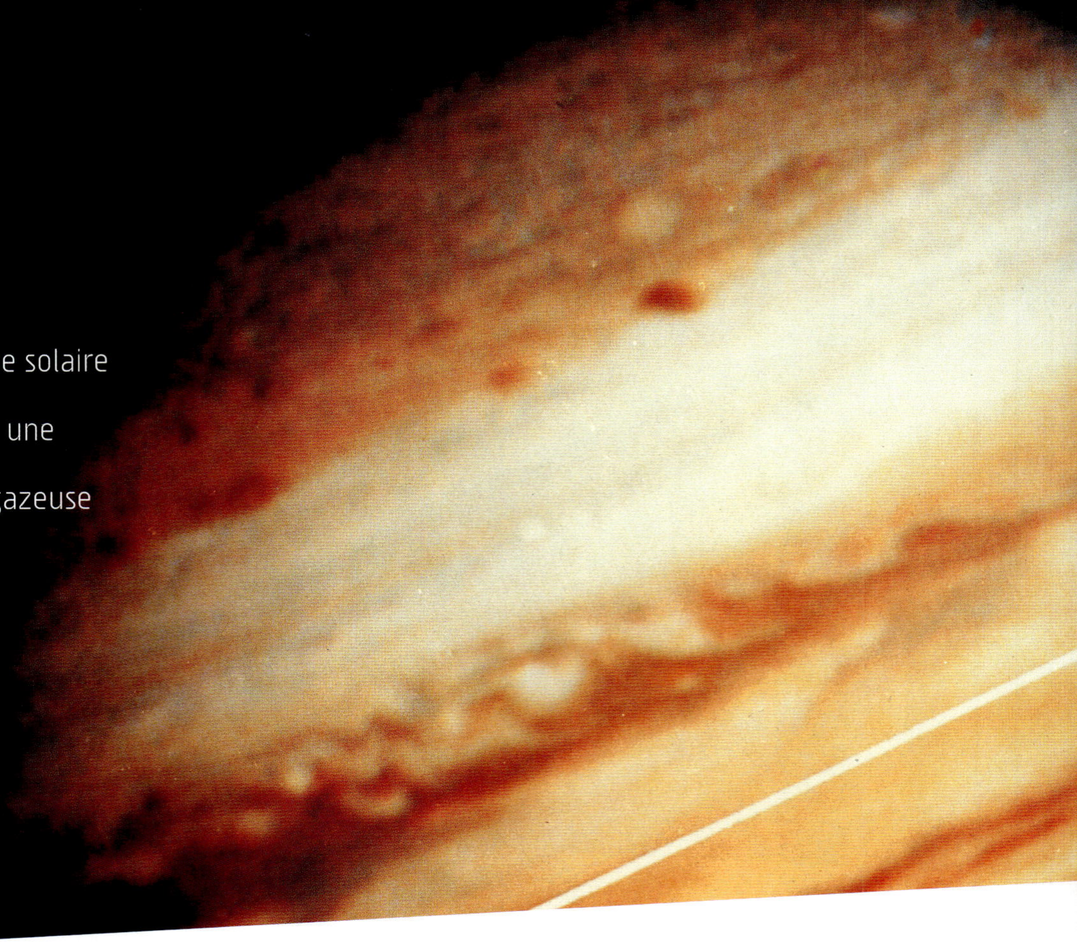

La composition de la plus grande des planètes du système solaire fait qu'elle ressemble davantage à une petite étoile qu'à une véritable planète. En effet, elle presque complètement gazeuse et composée essentiellement d'hydrogène et d'hélium. Jupiter fait partie des cinq planètes connues depuis des siècles et est, après Vénus, la planète la plus lumineuse.

Rotation différentielle

Parmi toutes les planètes du système solaire, c'est Jupiter qui a la période de rotation la plus courte. Comme c'est du reste le cas pour toutes les planètes gazeuses, la rotation de Jupiter est également différentielle, c'est-à-dire qu'elle ne tourne pas comme un corps solide, mais à une vitesse qui varie de manière complexe et locale en fonction de la latitude. La période de rotation oscille, en fait, entre 9 h 50 min pour la partie équatoriale, et 9 h 55 min pour les latitudes les plus élevées.
Cette vitesse de rotation élevée provoque par ailleurs un aplatissement considérable des pôles : le diamètre aux pôles est en effet d'environ 134 000 km, contre 143 000 km de diamètre à l'équateur.

Structure interne

Les hypothèses concernant la structure interne de Jupiter indiquent qu'il y aurait un noyau compact de roche et de glace formé en partie d'hydrogène et d'hélium compressés et qui représente environ 4 % de la masse. Au-dessus, se trouve une couche d'hydrogène métallique fluide, où les électrons sont détachés des protons, mais libres de se déplacer dans un environnement où la pression est d'environ 3 millions d'atmosphères terrestres. La couche suivante représente une transition entre la couche d'hydrogène métallique et celle composée d'un mélange liquide d'hélium et d'hydrogène moléculaire. Puis vient l'atmosphère, composée d'hydrogène et d'hélium gazeux et d'autres composés.

Champ magnétique

Jupiter possède un champ magnétique près de douze fois plus intense que celui de la Terre et un axe magnétique incliné d'environ 11 ° par rapport à l'axe de rotation.
L'existence d'un champ magnétique s'explique par la présence, à l'intérieur de la planète, d'hydrogène métallique fluide qui, étant un bon conducteur et tournant à vitesse élevée, génère des champs magnétiques. Les caractéristiques du champ magnétique jovien sont semblables à celles de la Terre : Jupiter a également deux pôles magnétiques, mais inversés, c'est-à-dire que l'aiguille d'une boussole sur cette géante gazeuse indiquerait le sud et non le nord.

1

2

3

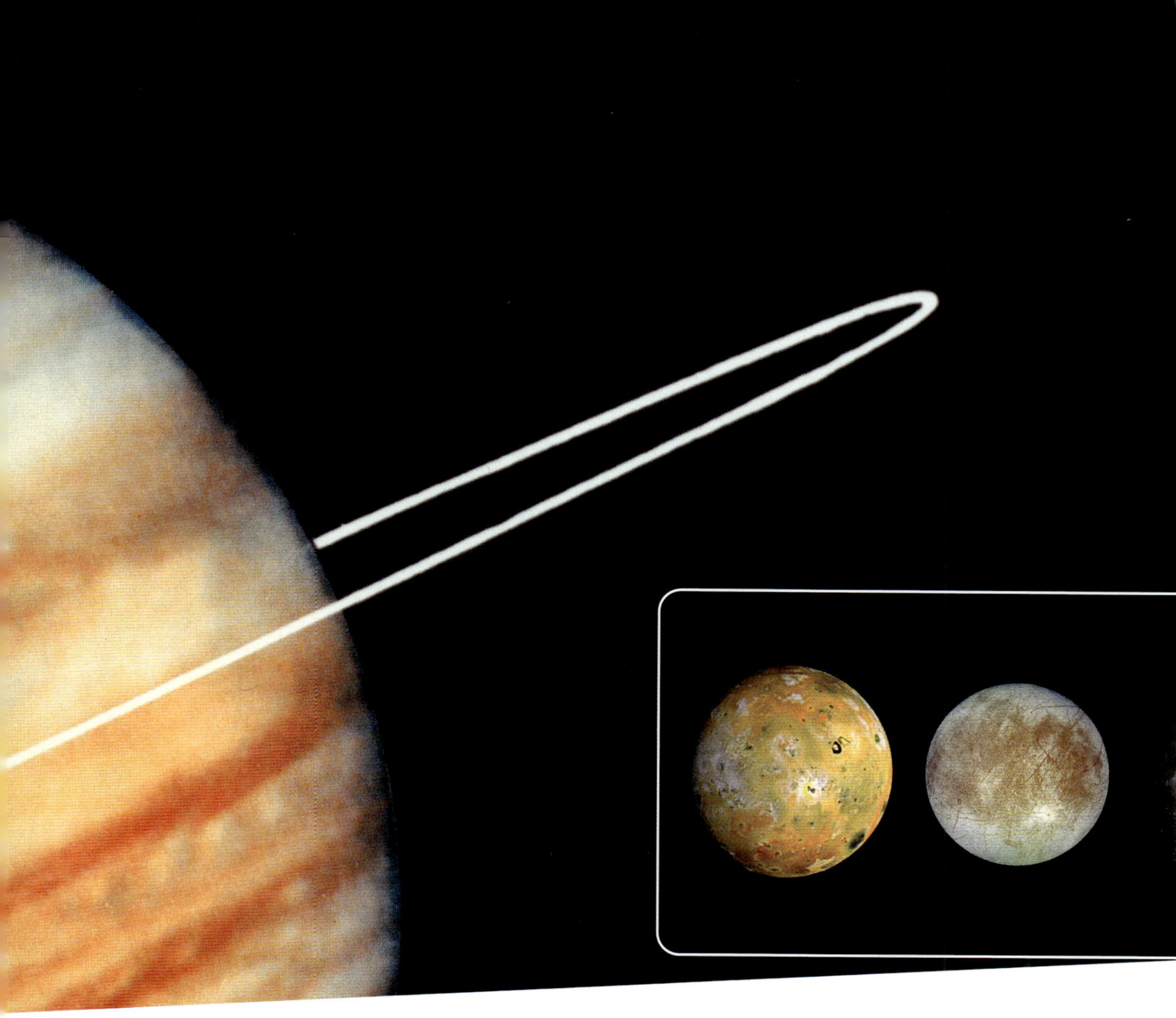

4 Cette image assemblée à l'ordinateur compare les dimensions des principales lunes de Jupiter : de gauche à droite, et en ordre de distance croissante, Io, Europe, Ganymède et Callisto.

Atmosphère, nuages et taches

La seule partie visible, lorsqu'on observe Jupiter, est son atmosphère avec les nuages et les taches qui la caractérisent. Les nuages sont positionnés parallèlement à l'équateur et sont soit plus clairs soit plus foncés en fonction de leur épaisseur et de l'évolution de la convection.

Les différentes couleurs indiquent que les nuages se situent à différents niveaux de l'atmosphère jovienne : les plus hauts sont rouges, un peu au-dessous, les nuages sont blancs ; encore en dessous, ils sont marron tandis que dans les couches inférieures, ils sont bleuâtres.

Sur Jupiter, les vents soufflent alternativement de l'est ou de l'ouest beaucoup plus fort que sur la Terre. On pense que le mécanisme qui les provoque est identique à celui de notre planète, au moins pour la partie de l'atmosphère qui reçoit la lumière du Soleil. Les taches pourraient avoir été formées par des tourbillons plus ou moins persistants. Elles flottent en accumulant de l'énergie gravitationnelle et se maintiennent, en tout cas pour les plus grosses, en absorbant les plus petites.

Les satellites médicéens

Parmi les nombreux satellites de Jupiter connus aujourd'hui, les quatre découverts par *Galileo Galilei* et qu'il a dédiés à la famille des Médicis (Io, Europe, Ganymède et Callisto) sont les plus grands et les plus importants. En avril 2023, l'Agence Spatiale Européenne lance la mission JUICE pour « Jupiter Icy Moons Explorer » pour étudier l'atmosphère de Jupiter et rechercher des preuves de la présence d'océans d'eau liquide et d'un environnement propice à la vie sous la surface de glace de trois de ses satellites. La sonde doit atteindre la planète en 2031 et effectuer une vingtaine de survols de Callisto et deux d'Europe seulement, puisqu'elle sera étudiée par la mission *Clipper* de la NASA dont le lancement est prévu en 2024. Puis elle se placera en 2035 en orbite de Ganymède, à une altitude de quelques centaines de kilomètres. Elle sera alors le premier objet artificiel en orbite d'un satellite autre que la Lune. Ganymède est le plus gros satellite naturel de Jupiter, plus grand que Mercure et le seul satellite connu à posséder son propre champ magnétique.

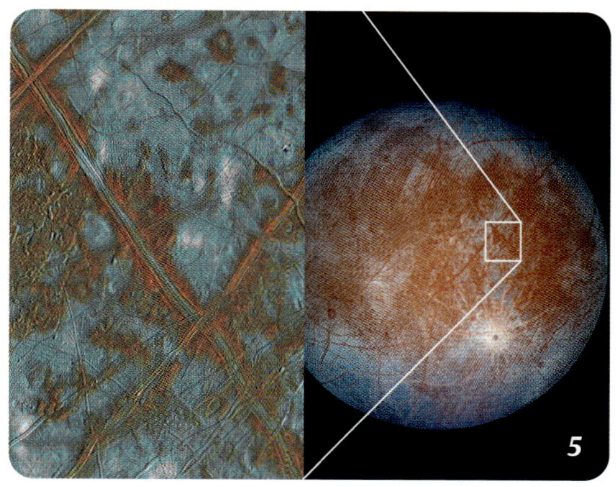

1 Région volcanique de Tohil-Culann sur le satellite Io.
2 À l'été 2009, le télescope à rayons infrarouges de Mauna Kea, à Hawaï, capte l'impact d'un objet à proximité du pôle Sud de Jupiter.
3 Pôle Sud de Jupiter sur une image obtenue par la sonde JUNO en 2017.
5 Ce détail de la croûte d'Europa laisse à penser qu'elle est constituée de plaques cassées puis recomposées en différentes positions.

L'exploration de Jupiter

Jupiter a été visitée par huit sondes : *Pioneer 10* et *11*, *Voyager 1* et *2*, *Ulysses*, *Galileo*, *Cassini* et *New Horizons*. *Pioneer 11*, lancée en 1973, après l'exploration interne de Jupiter, est parvenue jusqu'à Saturne, tandis que *Pioneer 10*, partie de la Terre en 1972 a quitté le système solaire en 1983. L'ambitieux projet *Voyager* a été développé en prévision de l'alignement des planètes externes, phénomène qui ne se produit que tous les 200 ans. Cela a permis l'exploration de Jupiter, Saturne, Uranus et Neptune en un seul voyage. En mars 1979, *Voyager 1* s'est stabilisée tout près de Jupiter et a envoyé sur Terre une quantité importante d'images et de données. *Voyager 2*, en revanche, est restée à une distance éloignée de la planète, mais a fourni des images incroyables et des informations remarquables sur les satellites galiléens. Enfin, en 2001, la sonde *Cassini*, au cours de son voyage vers Saturne, s'est rapprochée de Jupiter et a pris quelque 26 000 images. En février 2007, ce fut au tour de *New Horizons*, qui effectua diverses mesures sur certains satellites et anneaux, avant de rejoindre Pluton. En août 2011, une nouvelle mission d'exploration a été lancée avec la sonde *Juno* (sur la photo). Le lundi 7 juin 2021, Juno a effectué un survol de la lune de Jupiter, Ganymède. À cette occasion, la sonde s'est approchée de la surface du satellite naturel à moins de 1 038 kilomètres.

Saturne

Parmi toutes les planètes, Saturne est la plus spectaculaire. Sa couleur tend vers le jaune et ses anneaux en font un des objets astronomiques les plus admirés. Avec un petit télescope ou une lunette, il est possible d'observer cette planète unique, deuxième par la taille après Jupiter.

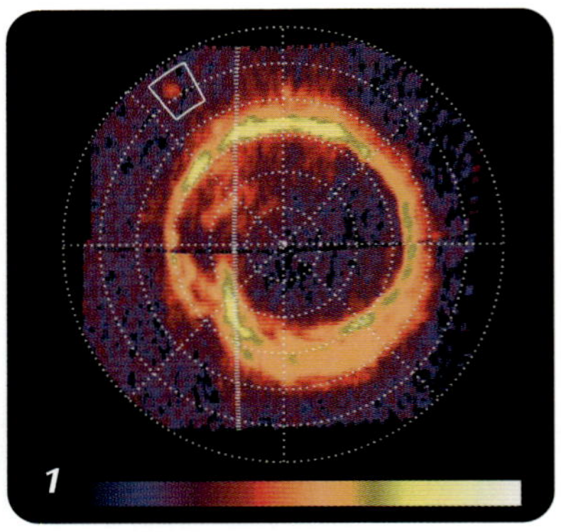

***1** La sonde* Cassini *a mis en évidence la tache de lumière ultraviolette près du pôle Nord de Saturne : elle indique la présence d'une perturbation électromagnétique semblable aux aurores polaires terrestres, due à l'interaction entre la planète et son satellite Encelade.* ***2** Reconstruction de Saturne obtenue par la superposition de trois images ultraviolettes prises par la sonde spatiale* Voyager 2 *en juillet 1981.*

Géante gazeuse

Saturne est la deuxième des quatre géantes gazeuses de notre système solaire et possède la même structure que la plus grande : Jupiter. Les composants principaux sont également les mêmes : hydrogène et hélium. Une des particularités de la planète est sa très faible densité, qui est la plus basse de toutes les planètes. Cette caractéristique est confirmée par un détail important : sa forme. Saturne est fortement aplatie aux pôles : le diamètre des pôles est près de 10 % de moins que celui de l'équateur.

Il faut 29 ans et demi à Saturne pour faire le tour du Soleil. Elle se maintient à une distance moyenne de notre étoile de 9,5 unités astronomiques (environ 1 400 millions de km), ce qui correspond à 9,5 fois la distance qui sépare la Terre du Soleil.

Les couleurs de Saturne

Bien que de structure et de composition similaires, l'aspect des deux géantes gazeuses Jupiter et Saturne est plutôt différent. Le disque de Saturne, qui ne présente pas les couleurs vives particulières de Jupiter, se caractérise par des dégradés beaucoup plus pâles. Les bandes sont moins marquées, peut-être parce que peu de nuages se forment à de fortes profondeurs, ou à cause de la présence d'hydrocarbures dans les couches les plus superficielles, rendant ainsi les dégradés de couleurs plus délicats. Les couleurs d'une planète dépendent des substances dans l'atmosphère, et pour Saturne, les teintes dominantes sont le blanc des nuages d'ammoniac et l'ocre de l'hydrosulfure d'ammoniac présent dans les formations nuageuses juste au-dessous des précédentes.

L'intérieur de Saturne ressemble probablement à celui de Jupiter. D'après ce que l'on sait aujourd'hui, le centre de la planète est composé d'un noyau rocheux autour duquel se trouve une couche d'hydrogène métallique liquide. Au-dessus, on trouve une couche d'hydrogène et d'hélium moléculaires, laquelle s'étend jusqu'aux régions inférieures de l'atmosphère.

Atmosphère

Sur les planètes gazeuses, il est assez difficile de distinguer la limite entre la surface et l'atmosphère. D'ailleurs, les astronomes ont l'habitude de considérer le point où la température inverse son évolution, comme sur la Terre, comme étant « l'altitude zéro ». D'habitude, la température diminue avec l'altitude, mais à un certain point, la température augmente à cause de l'absorption de la radiation solaire par les gaz atmosphériques : sur Saturne, c'est le méthane qui provoque cette hausse des températures.

L'atmosphère est composée de 96 % d'hydrogène, de 3 % d'hélium et de 0,4 % de méthane gazeux. Une centaine de kilomètres au-dessous du niveau zéro, en revanche, les températures sont suffisamment basses et la pression suffisamment élevée (environ 1 atmosphère) pour que l'ammoniac se condense et s'amoncelle sous forme de gros nuages blanchâtres facilement observables.

Comme sur Jupiter, Saturne émet deux fois plus d'énergie qu'elle n'en reçoit du Soleil. Cela serait dû, apparemment, à la compression de l'hélium dans les régions centrales de Saturne. La chaleur ainsi générée pourrait donner lieu à des mouvements de convection, créant ainsi, à l'intérieur de l'atmosphère, des courants chauds ascensionnels et des courants froids qui retombent dans les couches les plus profondes.

Les vents

C'est justement la source interne de chaleur qui crée les mécanismes de formation des vents. À cela vient s'ajouter la vitesse de rotation éle-

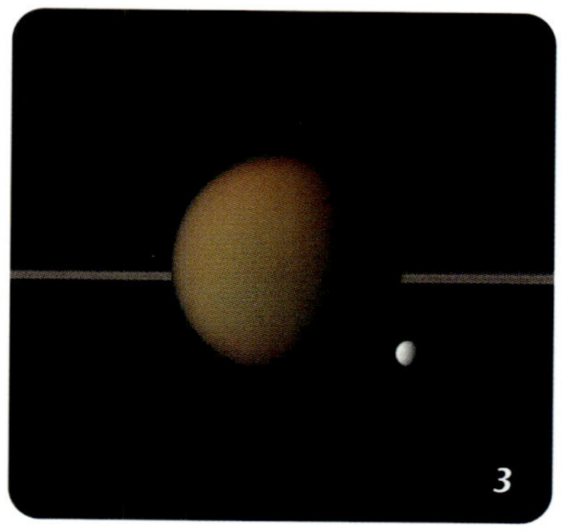

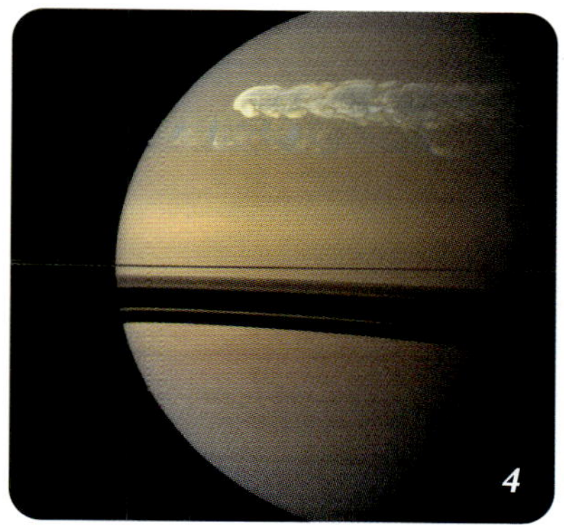

vée de la planète, juste après celle de Jupiter, qui contribue amplement à animer l'atmosphère. Les vents sur Saturne ont été mesurés à 1 800 km/h, vitesse extrêmement élevée que même les vents sur Jupiter n'atteignent pas. Il existe également sur Saturne des phénomènes cycloniques capables de persister dans le temps (parfois des années), mais ils ne sont pas comparables, en termes de taille et d'effets, aux phénomènes qui se produisent sur Jupiter, comme par exemple la grande tache rouge.

Les anneaux

Lorsqu'on pense à Saturne, on pense immédiatement à ses anneaux.
Les sondes ont confirmé que les quatre planètes gazeuses sont dotées d'anneaux, mais seuls ceux de Saturne sont aussi beaux et parfaitement visibles. Comme l'avait suggéré la sonde *Huygens*, les anneaux de Saturne ne sont pas solides, mais sont constitués d'une myriade de très petits objets célestes en orbite autour de la région équatoriale de la planète. Il existe trois anneaux principaux et quatre secondaires, eux-mêmes constitués de milliers d'anneaux plus ou moins fins. Ce sont eux, plus encore que le disque de la planète lui-même, qui ensemble réfléchissent la lumière.

Le champ magnétique

La composition interne de Saturne produit un champ magnétique, par effet dynamo, grâce à la présence d'un liquide conducteur comme l'hydrogène métallique. Saturne est donc entourée d'une magnétosphère à la forme allongée dans la région de l'espace opposée au Soleil du fait de l'interaction du champ magnétique planétaire avec les particules du vent solaire. La forme de la magnétosphère de Saturne est très semblable à celle de Jupiter et des autres planètes qui possèdent un champ magnétique.

*3 Titan et, à sa droite, l'éclatante surface glacée de Téthys. En arrière-plan, les anneaux de Saturne. **4-5** Entre décembre 2010 et février 2011, une tempête atmosphérique s'est développée dans l'hémisphère Nord de Saturne. Les détails sont visibles sur l'image en fausses couleurs du bas.*

Les satellites de Saturne

Le plus grand de tous est Titan (*sur l'illustration ci-contre*), décelé par Christian Huygens en 1665. Cassini en a découvert quatre supplémentaires, Japet, Rhéa, Téthys et Dioné, à la fin du XVIIe siècle. En 1789, Herschel en a constaté deux de plus : Mimas et Encelade. Selon des informations communiquées par la NASA en avril 2014, cette dernière abriterait un gigantesque océan d'eau liquide, d'une profondeur de 10 kilomètres, à une quarantaine de kilomètres de sa surface. Le 29 mai 2015, la sonde *Cassini* fournit des images d'Hypérion, caractérisé par une surface semée de cratères et une trajectoire erratique.

Uranus

La septième planète du système solaire, dans l'ordre d'éloignement du Soleil, appartient à la famille des géantes gazeuses comme Jupiter. Bien que théoriquement encore visible à l'œil nu, elle n'a été découverte qu'au XVIIIe siècle.

La découverte d'Uranus

Dans la nuit du 13 mars 1781, William Herschel observait avec son télescope la constellation des Gémeaux, lorsqu'il a découvert une étoile dans une région du ciel où il n'y aurait pas dû y en avoir. L'objet que l'astronome était en train de regarder n'avait pourtant pas les caractéristiques d'une étoile, car il n'était pas punctiforme, mais avait la forme d'un disque.

La nouvelle s'est répandue très vite parmi les astronomes et les mathématiciens de toute l'Europe, qui ont commencé alors à calculer les dimensions approximatives de l'objet et son orbite. Selon les premières estimations, il est apparu qu'il s'agissait d'une planète extrêmement éloignée du Soleil (deux fois la distance entre le Soleil et Saturne). Sa découverte a multiplié par deux les dimensions du système solaire connu alors.

La rotation d'Uranus

Uranus est la seule planète du système solaire à avoir un axe de rotation tellement incliné qu'il est quasiment parallèle au plan de l'écliptique. Le pôle Nord se trouve même sous son plan orbital. Les pôles d'Uranus sont donc visibles en alternance pendant la moitié de sa période de révolution, soit environ 42 ans, pour un observateur situé sur la Terre. La raison de cette situation étrange n'est pas encore bien claire, même si l'hypothèse la plus répandue est celle de l'impact avec un corps céleste.

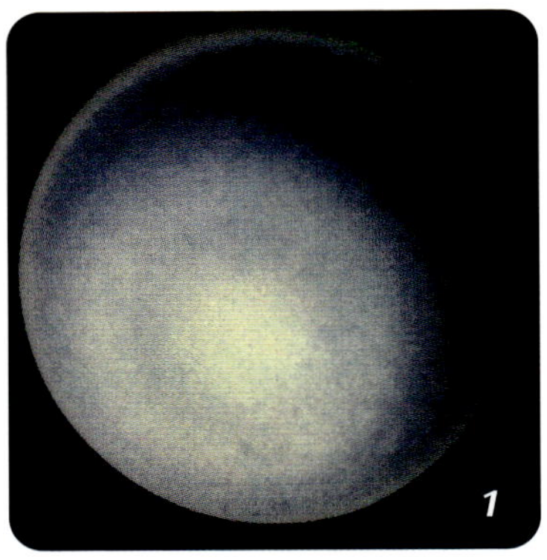

1

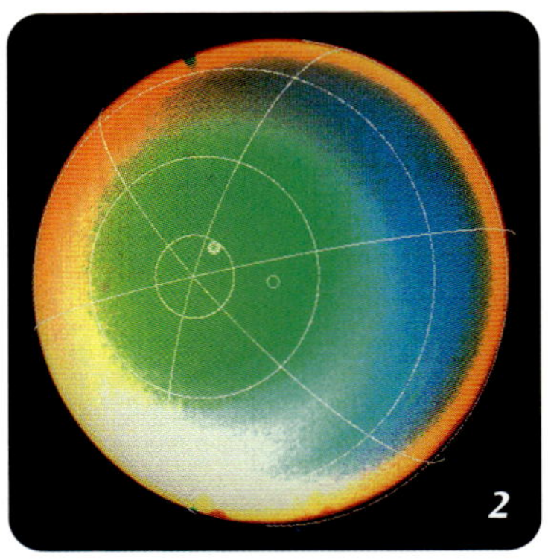

2

Uranus et *Voyager*

En janvier 1986, la sonde *Voyager 2* est arrivée à proximité d'Uranus où elle est restée quelques heures. Les images envoyées par la sonde ont confirmé l'existence de formations nuageuses sporadiques et d'un brouillard de méthane dense présent dans les couches les plus élevées de l'atmosphère. *Voyager* a également fait parvenir des images des satellites d'Uranus : outre les cinq déjà connus, dix autres ont été découverts. D'autres observations ont porté à 27 le nombre total des satellites.

Structure interne

La structure interne d'Uranus ressemble à celle des autres géantes gazeuses. Sa densité est comparable à celle de Jupiter, mais sa masse, bien inférieure, a empêché la formation d'hydrogène

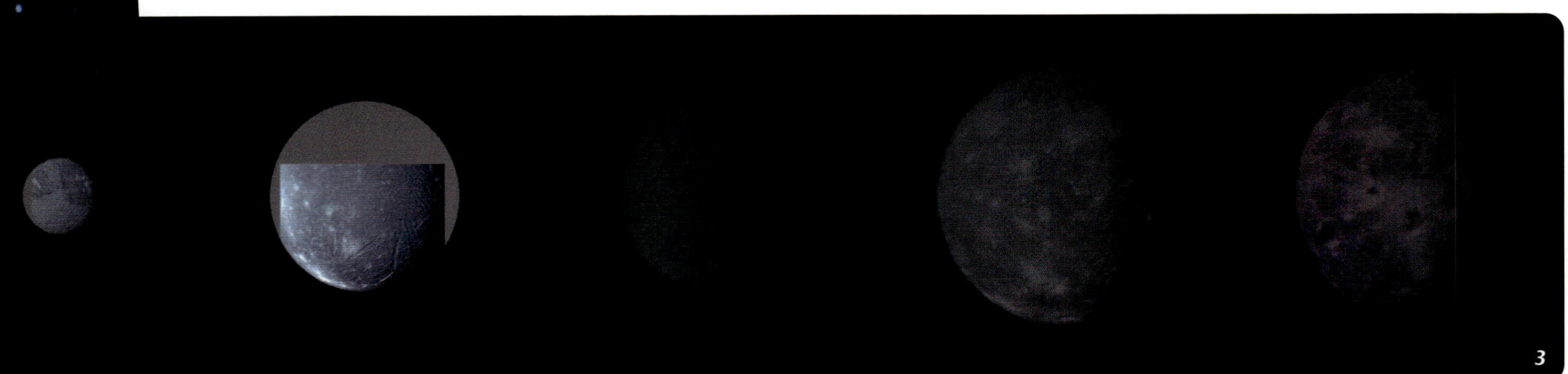

3

1 Les nuages d'Uranus sont obscurcis par l'atmosphère dominante. ***2*** *La grille des méridiens et des parallèles superposée à cette image en couleur d'Uranus montre que l'atmosphère « circule » dans le même sens que le mouvement de rotation de la planète.* ***3*** *Les cinq satellites d'Uranus : de gauche à droite : Miranda, Ariel, Umbriel, Titania et Obéron.*

métallique liquide à l'intérieur de la planète. Au-dessous d'une couche plus externe composée d'hydrogène et d'hélium se trouve une région riche en ammoniac, méthane et autres composés de carbone et d'azote, de l'hydrogène et de l'hélium moléculaires. Au centre de la planète il y aurait un noyau rocheux.

L'atmosphère

Pour un observateur, le disque d'Uranus apparaît uniforme, vert bleu pâle, traversé de temps en temps par des nuages blanchâtres. C'est le phénomène d'absorption de la lumière solaire par l'hydrogène et le méthane dans les longueurs d'onde du rouge et de l'infrarouge qui détermine la couleur, ne laissant, en revanche, filtrer que le vert et le bleu. Les quelques formations nuageuses et les vents présents à des altitudes moyennes évoluent à un peu plus de 600 km/h dans la direction des parallèles, suivant ainsi le sens de rotation de la planète.

Un système d'anneaux peu évident

Le système d'anneaux autour d'Uranus a été découvert par hasard en 1977, en étudiant l'occultation par Uranus d'une étoile brillante.

La présence des anneaux a été confirmée par la suite par la sonde spatiale *Voyager 2*, qui a découvert deux anneaux supplémentaires en plus des neuf déjà connus de la Terre. La capacité des anneaux d'Uranus à refléter la lumière est extrêmement faible. Ils sont, par conséquent, difficilement visibles ; c'est pourquoi, ils n'ont été découverts que récemment.

Les particules de poussière qui composent les anneaux d'Uranus ont des dimensions de l'ordre du centimètre et une surface irrégulière. Ces anneaux remontent vraisemblablement à moins de 100 millions d'années et pourraient s'être formés suite à la fragmentation d'une petite lune après collision avec une météorite ou une comète. Deux autres anneaux moins visibles ont été découverts en 2005 en analysant les images prises par le télescope spatial *Hubble*.

Au total, Uranus possède 13 anneaux distincts, 11 dans le système interne et 2 dans le système externe. Ils sont classés, communément, pas ordre de distance croissante de la planète et appelés : Zeta, 6, 5, 4, Alpha, Bêta, Êta, Gamma, Delta, Lambda, Epsilon, Nu et Mu. Leur éloignement de la planète est compris entre 38 000 et 97 000 km.

4

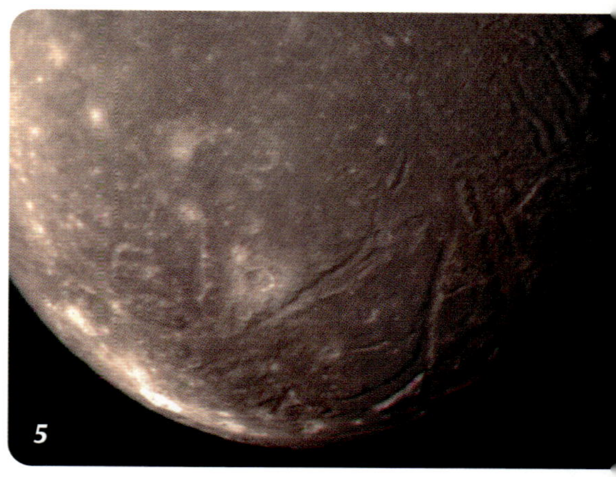

5

4 *Cette image, prise par le télescope spatial* Hubble, *met en évidence les quatre anneaux principaux d'Uranus et le système de ses satellites.* ***5*** *La structure complexe de la surface d'Ariel est mise en lumière par cette photo de l'hémisphère Sud : on peut y voir très nettement des indications d'une forte activité géologique.*

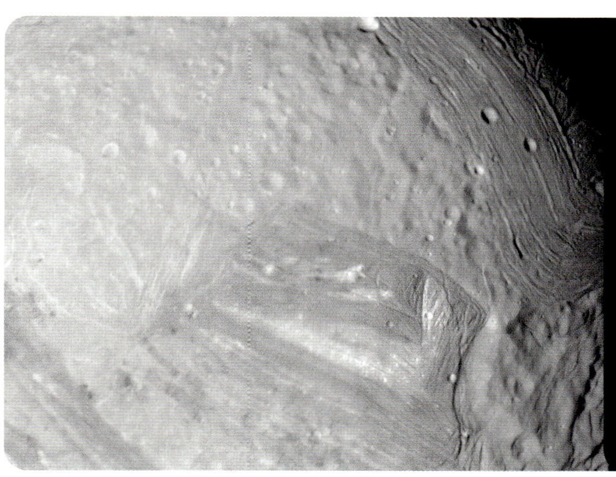

Miranda

Miranda, cinquième satellite d'Uranus en taille, est l'un des mondes les plus étranges rencontrés jusqu'ici. Sa surface montre des formations géologiques complexes et particulières. La partie la plus ancienne est composée de plaines cratérisées relativement récemment. Trois énormes régions ovales, entre 200 et 300 km de diamètre, se superposent à ces plaines et sont beaucoup plus jeunes. Ces régions sont formées de bandes parallèles de crêtes et de talus, où on peut voir des matières à la fois foncées et claires. Les régions ovoïdes et les plaines sont sillonnées de fosses tectoniques hautes d'une vingtaine de kilomètres qui parcourent tout le satellite. Des traces de coulées de lave ont également été identifiées, même si elles sont moins importantes que celles présentes sur Ariel.

Neptune

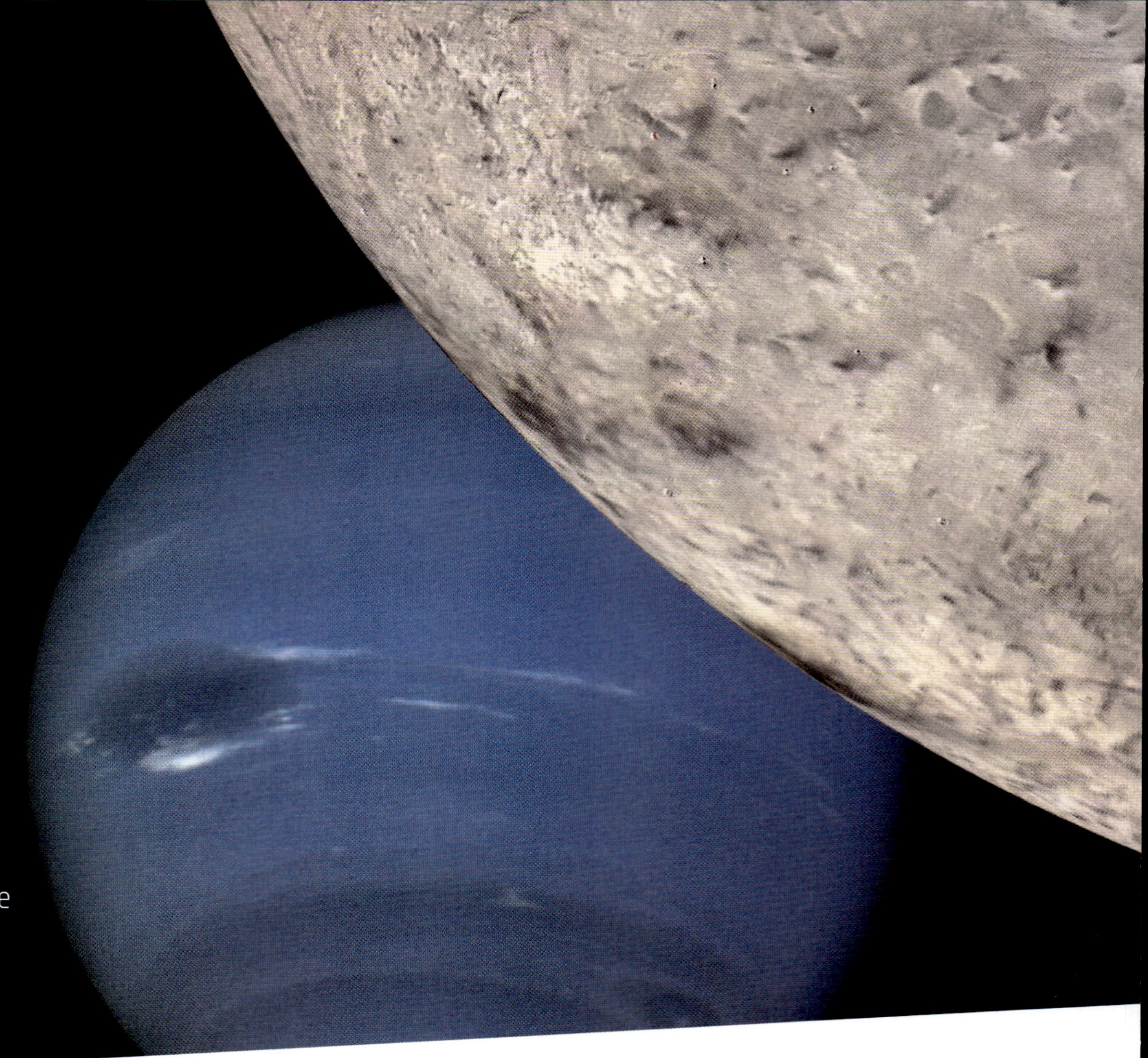

Après la découverte d'Uranus, les astronomes se sont aperçus que son mouvement présentait des anomalies qui pouvaient être expliquées par l'existence potentielle d'une autre planète plus lointaine qui en perturbait l'orbite. Les premières études dans ce sens ont été effectuées en 1821 par Alexis Bouvard. Neptune a été ainsi officiellement découverte en 1846.

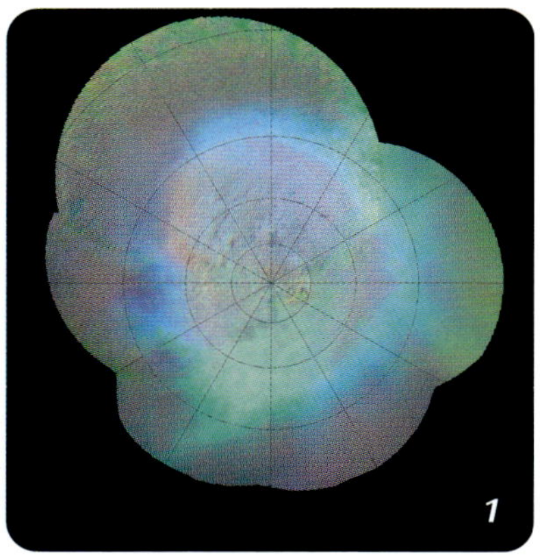

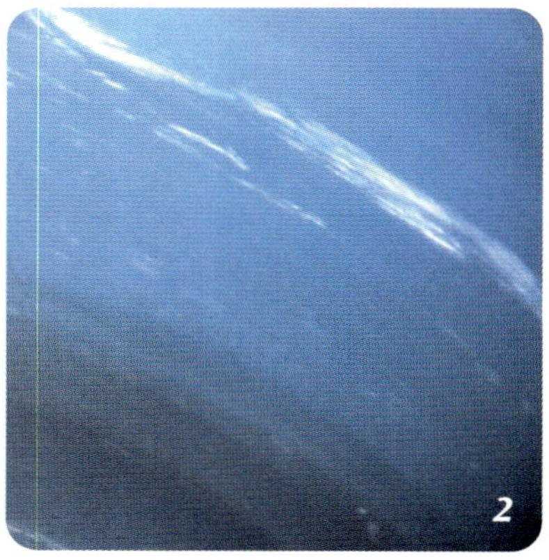

1 *Cette projection de l'hémisphère Nord de Triton, un des satellites les plus éloignés de Neptune, met en évidence les formations d'azote glacé le long des bords de la calotte polaire.* **2** *Formations nuageuses à l'est de la grande tache obscure de Neptune immortalisées par la sonde* Voyager 2 *à une distance d'environ 590 000 km.* **3** *Gazeuse comme les autres planètes géantes, la structure de Neptune ressemble notamment à celle d'Uranus.*

Une planète gazeuse

Voyager 2 a été l'unique sonde à atteindre Neptune en août 1989.
La sonde est passée à seulement 4 500 km du pôle nord, identifiant ainsi six nouveaux satellites.
Neptune, comme Uranus, est une planète gazeuse particulière : contrairement à Jupiter et Saturne, son noyau solide est, en fait, plus grand par rapport à la masse totale.
Sous les couches superficielles de l'atmosphère, les principaux composés, eau, ammoniac et méthane, se condensent et forment des cristaux, et plus en profondeur, des glaces. Le point de congélation du méthane étant plus bas, il entre donc dans la composition des nuages les plus élevés. La couche de nuage de méthane masque les formations nuageuses inférieures d'ammoniac et d'eau.

L'atmosphère de la planète azur

L'atmosphère de Neptune est caractérisée par une activité faible, des vents très forts (plus de 2 000 km/h) et de grandes taches qui persistent sur de longues périodes. La « grande tache sombre » en est un exemple : elle a été observée par *Voyager 2* à une latitude de 31 ° sud et est grande comme la Terre. En effet, cette formation cyclonique s'étendait sur quelque 10 000 km et mettait presque dix jours pour réaliser une rotation complète dans le sens inverse des aiguilles d'une montre. Cependant, des observations récentes, réalisées grâce au télescope spatial *Hubble*, ont révélé que cette tache avait désormais disparu, vraisemblablement dissipée ou masquée par d'autres formations.
La couleur azur de la planète est due à la présence de méthane dans son atmosphère qui absorbe les radiations rouges, ne laissant filtrer que le bleu. En dehors du méthane, on trouve également de l'hydrogène et de l'hélium. Des cirrus argentés, qui s'étendent sur des milliers de kilomètres, évoluent également dans l'atmosphère à près de 50 km d'altitude.
Neptune possède une source de chaleur interne très intense. En effet, la sonde *Voyager 2* a confirmé que Neptune émet une quantité d'énergie équivalant à trois fois celle reçue du Soleil.

Les anneaux

C'est au milieu des années quatre-vingts que, pour la première fois, des anneaux en arc incomplet (qui apparemment ne forment pas un cercle complet mais seulement des « morceaux ») ont été repérés

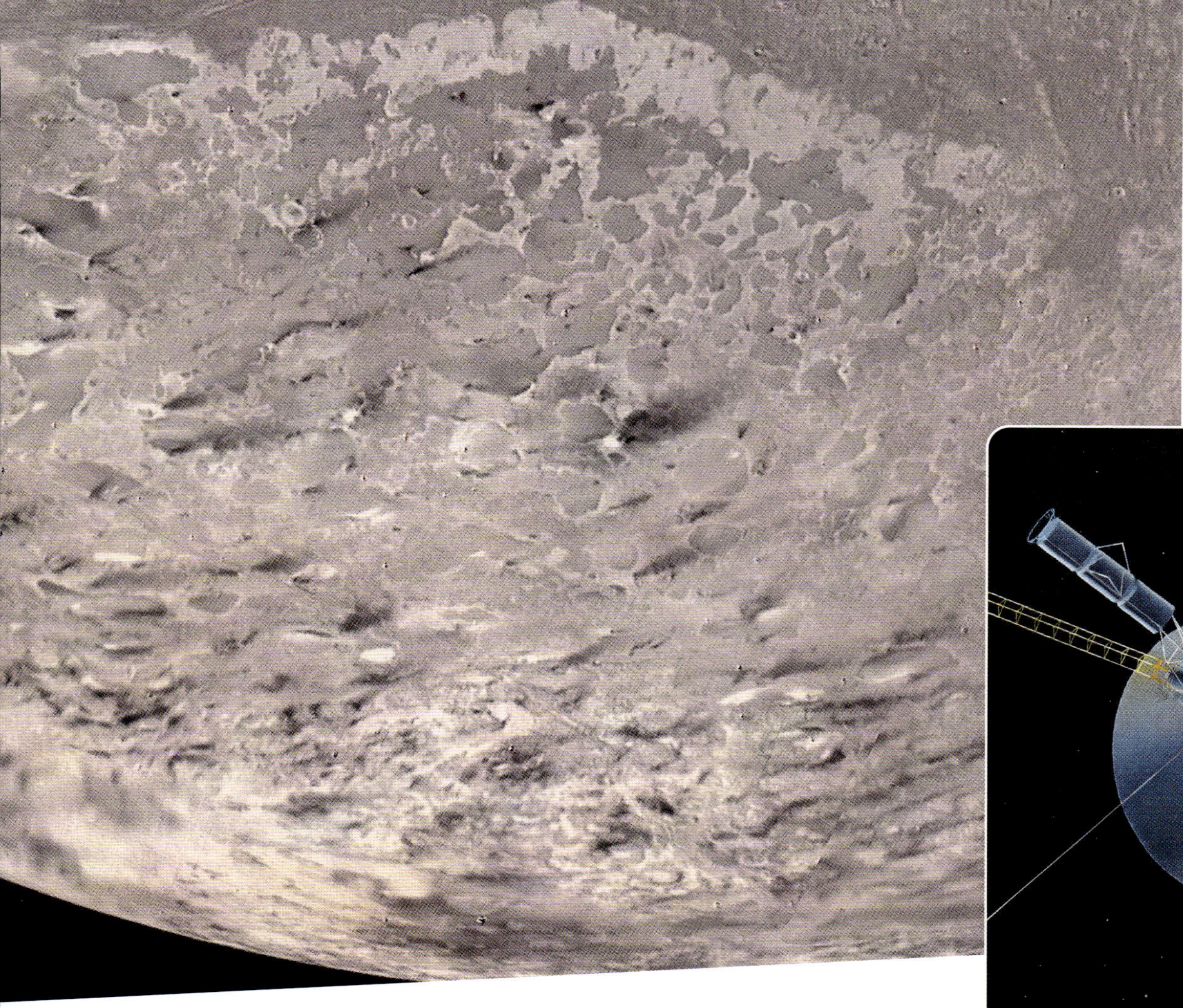

autour de Neptune. Des observations d'occultation d'étoiles ont alors été réalisées, révélant quelques brèves étincelles avant et tout de suite après que la planète occulte l'étoile. L'explication a été donnée en 1989 par les images de la sonde *Voyager 2*, qui ont montré un système d'anneaux peu lumineux. L'anneau le plus externe, appelé Adams, est composé de trois arcs proéminents : Liberté, Égalité et Fraternité. L'existence des arcs est difficile à expliquer, car les lois du mouvement prévoient une répartition uniforme le long de toute la circonférence. Les effets gravitationnels de Galatée, une lune située à l'intérieur de l'anneau, ne semblent pas suffisants pour isoler les arcs. Les caméras de *Voyager* ont découvert d'autres anneaux en plus de l'étroit anneau Adams : l'anneau Le Verrier, et le moins visible, Galle. Un prolongement externe de l'anneau Le Verrier, appelé Lassel, est délimité à l'extérieur par l'anneau Arago.

Les satellites de Neptune

Avant le passage de *Voyager 2*, on ne connaissait que deux satellites à la planète : Triton et Néréide, avec des orbites inclinées respectivement de 20 ° et de 30 ° sur le plan équatorial de la planète. En outre, Triton est l'unique grand satellite du système solaire à mouvement rétrograde. La sonde a découvert six autres lunes, avec des diamètres compris entre 60 et 400 km, situées, quant à elles, sur un plan coïncidant quasiment au plan équatorial de Neptune et avec un mouvement de révolution directe. Six autres lunes ont été mises au jour ces dernières années.

Les images de Triton, le plus grand des satellites de Neptune, sont parmi les plus intéressantes que la sonde *Voyager 2* ait prises lors de son voyage : des canyons, des cratères, des pics avec des lacs de glace et d'ammoniac, de très longues fissures qui ressemblent à des autoroutes forment un paysage étrange et fascinant. La découverte la plus surprenante a été celle de volcans très étranges à sa surface : à la différence des volcans terrestres, qui rejettent du magma à haute température, ceux de Triton ressemblent à des geysers qui émettent des jets de gaz (azote évaporé à partir de l'état liquide), mais également des composés sombres de carbone en provenance du sous-sol. Les matières rejetées sont éjectées à des dizaines de kilomètres au-dessus de la fine atmosphère.

Les quatre lunes les plus internes du système de Neptune sont Naïade, Thalassa, Despina, et Galatée découvertes par *Voyager* en 1989. Il existe beaucoup d'autres lunes bien plus petites ressemblant à des astéroïdes à cause de leur forme irrégulière. Larissa est le cinquième satellite de Neptune. Bien que découverte officiellement en 1989 avec les autres, cette lune avait déjà été observée en 1981 grâce à la méthode d'occultation d'étoiles. Elle est fortement cratérisée.

Protée est la sixième lune de Neptune. C'est un petit monde de seulement 200 km de diamètre dont la surface grise et sombre reflète seulement 6 % de la lumière solaire reçue. L'abondance de cratères pourrait indiquer une histoire géologique marquée par des collisions répétées avec de petits astéroïdes. Protée a une forme irrégulière, ce qui explique qu'elle ait toujours été froide et solide au cours de sa période géologique. La lune la plus externe est Néréide, découverte en 1994 par Kuiper. Son orbite excentrique indique qu'elle pourrait, en fait, être un astéroïde capturé par la force de gravité de Neptune.

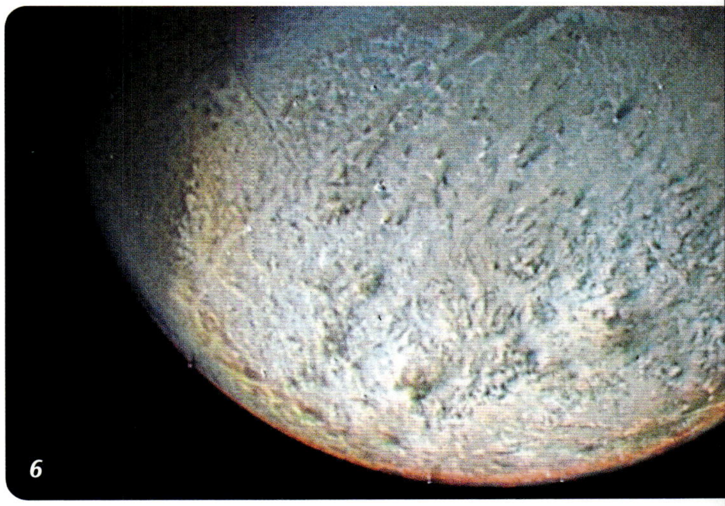

4 *Reconstruction de l'approche de la sonde Voyager 2 de Neptune et Triton en août 1989.* ***5*** *Sur cette image numérique, Neptune se détache à l'horizon de Triton, montrant la formation cyclonique, connue sous le nom de grande tache obscure.* ***6*** *Autre image de Triton prise avec des filtres ultraviolets.*

Le système de Pluton

Encore récemment, Pluton était considérée comme la neuvième planète du système solaire. Mais, en 2006, l'Union astronomique internationale l'a reclassée dans la catégorie des « planètes naines », dont elle est observée comme étant le prototype.

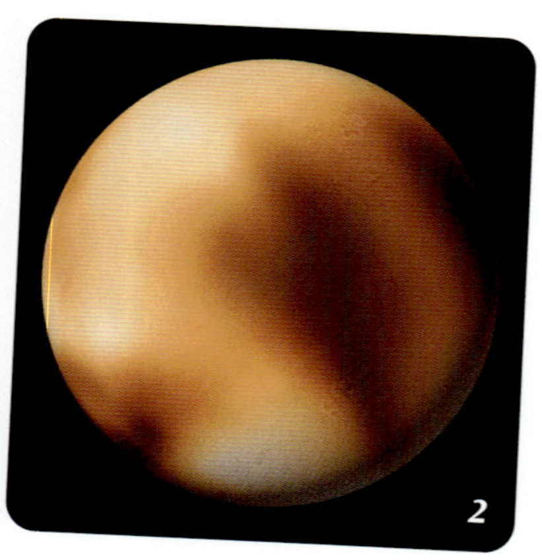

1 Sur cette image prise par le télescope spatial Hubble, on peut voir Pluton au centre, avec Charon à droite et les deux petites lunes Nix et Hydra.
2 L'énorme variation de réflexivité de Pluton est due à d'importants écarts de température à la surface.

L'orbite du « système »
Grâce à des techniques spéciales d'observation, Pluton est aujourd'hui mieux connue : il est désormais certain que Pluton, avec son satellite Charon, forme une sorte de « système binaire » dont le centre de gravité est extérieur à la planète elle-même. En 2005, deux petits satellites furent découverts. Ce fut le cas de deux autres entre 2011 et 2012. En 2015, la sonde *New Horizons* de la NASA compléta le tableau. Nous savons aujourd'hui que Pluton et Charon sont éloignés du Soleil de près de 39,4 unités astronomiques, soit environ 5 900 millions de kilomètres. À cause de cette distance énorme, le temps qu'il leur faut pour tourner autour du Soleil, correspondant à une année pour elles, représente près de 248 années terrestres. Pluton, encore récemment considérée comme la planète la plus éloignée et aujourd'hui reclassée parmi les « planètes naines », se déplace à certaines périodes à l'intérieur de l'orbite de Neptune à cause de la forme elliptique très marquée de son orbite (*en violet sur le schéma ci-dessous*). Cela s'est produit pour la dernière fois entre 1979 et 1998.

Une brillance variable
Il y a déjà quelques années, les variations de brillance de la surface de Pluton ont été mises en évidence lors de sa rotation, à cause de la présence de zones claires et d'autres plus foncées. Aujourd'hui, on pense que la matière la plus brillante est constituée principalement d'azote solide. Des études spectroscopiques menées à partir de la Terre indiquent que le méthane représente environ 1 % de sa masse. L'oxyde de carbone pourrait être un autre composant de la surface à des quantités inférieures à 1 %. Périodiquement, on assiste à une

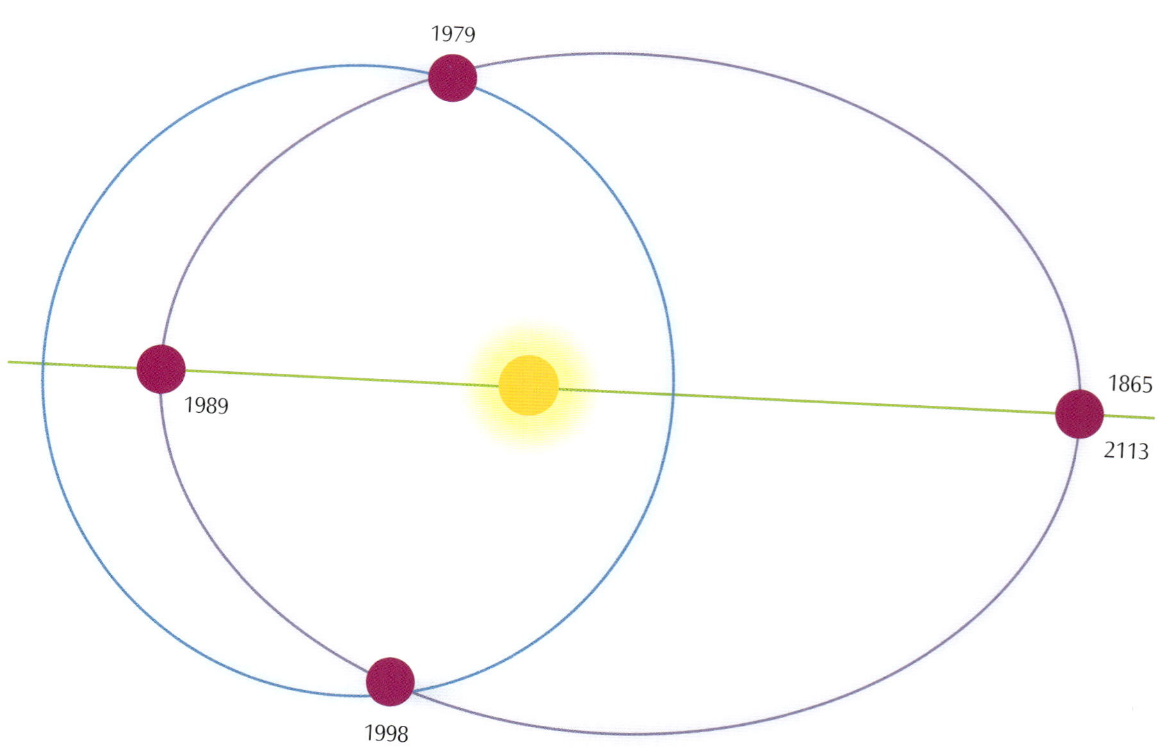

ORBITES DE PLUTON ET NEPTUNE

modification des structures cristallines de l'azote à forte ou faible densité, ce qui contribuerait à modifier la luminosité que l'on peut observer à la surface de Pluton. Par ailleurs, l'azote, le méthane et l'oxyde de carbone ne sont probablement pas les seuls éléments présents. D'après les observations spectroscopiques, la présence importante d'eau gelée et d'autres composés non encore identifiés, à l'origine des taches grisâtres, a été détectée.

Deux hypothèses de structure interne

Deux types de structures internes pour la planète ont été proposés. Le premier suppose qu'au-dessous d'une surface recouverte d'éléments divers, principalement d'azote, de méthane et d'oxyde de carbone, on trouve une couche d'environ 230 km d'épaisseur composée de glace, avec une discontinuité à environ 130 km de profondeur. Au-dessous de tout cela, il y aurait un noyau de roches silicatées. Le deuxième type de structure décrit également un premier niveau de glace d'environ 250 km, mais ensuite, avant le noyau silicaté central, une couche d'environ 100 km d'épaisseur de matière organique.

La présence de glace peut s'expliquer par le fait qu'elle se serait détachée des roches primordiales qui formaient la planète lors d'impact avec plusieurs astéroïdes qui en ont réchauffé l'intérieur.

L'atmosphère

Étant donné les amples variations de réflexivité de la surface, on pense qu'il doit y avoir d'importantes variations horizontales de températures qui influenceraient l'atmosphère au-dessus. Sur la base de certains modèles, il y a probablement une variation latérale d'un facteur 2, unique en son genre dans le système solaire. Il semble que les variations verticales de la température pourraient être de l'ordre de 20 à 30 degrés kelvin tous les kilomètres. L'ensemble des recherches sur les systèmes décrits ci-dessus permettraient de diviser verticalement l'atmosphère en deux parties : la partie la plus externe, au-dessus de 1 215 km, et la plus interne au-dessous.

À 1 215 km, la pression atmosphérique serait de l'ordre de 2,33 microbars, et la limite entre les deux niveaux serait matérialisée par une couche d'aérosols. Le composant principal de l'atmosphère est l'azote moléculaire, dans la mesure où on pense que celui-ci aurait évolué à partir de la matière qui compose la surface de la planète. Au début des années 2000, la NASA initie la mission *New Horizons* dont le but est Pluton, aux confins du système solaire, dans la ceinture de Kuiper, région encore jamais explorée. La sonde qui porte le même nom, lancée en janvier 2006, atteint cette planète naine le 14 juillet 2015. Elle découvre des montagnes hautes de 3 500 mètres, d'immense plaine de glace et une atmosphère faite principalement d'azote.

3

4

3 New Horizons, *la sonde spatiale développée par la NASA pour l'exploration de Pluton. Elle a atteint la planète en juillet 2015.* **4** *Reconstruction artistique du sol de Pluton avec Charon en rotation.* **5** *Image rapprochée de Pluton et Charon. La différence de luminosité est due à la composition différente de leur surface.*

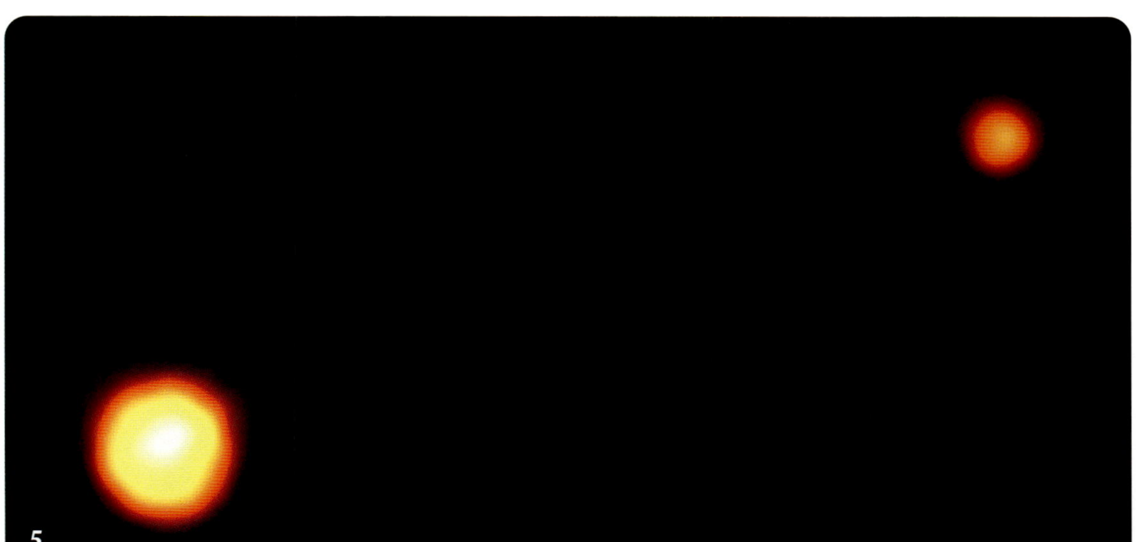

5

Les comètes

Les peuples anciens considéraient les comètes comme des manifestations de la colère divine. C'est à la Renaissance et grâce à Tycho Brahe qu'elles ont acquis le statut d'objets célestes. Johannes Kepler a découvert que leurs mouvements pouvaient être calculés puis, grâce aux recherches d'Isaac Newton, on a déterminé que les comètes avaient une orbite elliptique et hyperbolique.

L'origine des comètes

Parmi les restes de la nébuleuse protosolaire, c'est-à-dire le disque de gaz et de poussière dont sont issus le Soleil et les planètes, se trouvent également de nombreux corps de petite taille éparpillés soit entre les orbites planétaires (les astéroïdes), soit bien au-delà de la planète la plus lointaine : les comètes. Une énorme quantité de ces petits objets rocheux, de quelques kilomètres de diamètre et de forme très irrégulière, riches de composés gazeux et de glace, se déplace sur une orbite comprise entre 30 000 et 50 000 unités astronomiques.
Les comètes sont des corps composés d'une tête qui comprend un petit noyau entouré d'une chevelure lumineuse de gaz. Elles se singularisent cependant, lorsque leur orbite se rapproche du Soleil, par la présence d'une queue visible qui s'étend souvent dans l'espace sur des dizaines de millions de kilomètres, toujours dans la direction opposée au Soleil.
L'influence gravitationnelle des planètes, à laquelle vient vraisemblablement s'ajouter celle des étoiles les plus proches, modifie l'orbite de certaines comètes, les repoussant à proximité des grosses planètes où elles deviennent alors visibles. L'astrophysicien néerlandais Han Oort (1900-1992) a été le premier à émettre l'hypothèse de l'existence de ce « nuage » de comètes aux confins de notre système planétaire. Le nombre de noyaux cométaires présents à l'intérieur de ce nuage de Oort est probablement de l'ordre de quelques centaines de milliards, même si, ces dernières années, l'hypothèse a été avancée que le « réservoir » des comètes à courte période est une bande d'un milliard d'objets située au-delà de l'orbite de Neptune. Ce sont les astronomes Kenneth Edgeworth et Gerard Kuiper qui ont émis cette hypothèse en 1951. Aujourd'hui, cette bande est effectivement observée et est connue sous le nom de « ceinture d'Edgeworth-Kuiper ».

1 La comète 65P/Gunn est une comète de courte période découverte en 1970 ; il lui faut un peu moins de sept ans pour tourner autour du Soleil. 2 La comète 73P/Schwassmann-Wachmann est une comète périodique du système solaire. Depuis 1995 elle se fragmente progressivement en morceaux toujours plus petits.

Orbites différentes

Certaines comètes se déplacent sur une orbite hyperbolique qui les emmène une seule fois à proximité du Soleil, pour ensuite les renvoyer pour toujours dans l'espace interstellaire. D'autres, en revanche, se stabilisent sur une orbite elliptique qui les emmène à plusieurs reprises à proximité du Soleil, les rendant périodiquement visibles.
La révolution des comètes à courte période se produit en moins d'une centaine d'années. Généralement, elles suivent une orbite à inclinaison réduite sur le plan de l'écliptique identique à celle des planètes. Éloignée du Soleil, une comète est invisible comme tant d'autres petits corps célestes. Mais chaque fois qu'elle se rapproche des régions internes du système solaire, la chaleur produite par le Soleil sublime une partie de la glace présente dans le noyau qui, avec les autres gaz, forme la chevelure et la queue. Avec le temps, et après des centaines de passages, la matière dont est composée la comète à courte période a tendance à s'épuiser, transformant la comète en un corps minuscule parmi d'autres.
Parfois, la Terre, au cours de sa propre rotation autour du Soleil, croise les matières (poussière et gaz) abandonnées par une comète, lesquelles, en traversant notre atmosphère, créent de splendides essaims de météores, connus également sous le nom d'étoiles filantes.

La chevelure

Lorsque la chevelure de la comète se forme, le monoxyde de carbone et le dioxyde de carbone s'évaporent en premier puis, lorsque la comète atteint la région située entre Jupiter et Mars, c'est la glace qui s'évapore. Étant donné la faible gravité exercée par le noyau, le gaz émis se disperse dans l'espace et est remplacé en permanence par de la matière nouvelle. La vaporisation se produit seulement du côté tourné vers le Soleil où la comète est active.
Les principaux éléments, en dehors de ceux déjà cités, sont le formaldéhyde et le méthane, même si, dans la chevelure, il y a également une grande quantité de particules solides et de grains de poussière de diamètre inférieur à une dizaine de microns.
La matière émise par le noyau en jets très violents peut s'étendre dans l'espace sur des centaines de milliers de kilomètres de long. Ces jets sont rectilignes, mais à cause de la pression exercée par les radiations solaires, la matière est éjectée dans la direction opposée par rapport au Soleil.

La queue de la comète

Lorsqu'une comète devient brillante et donc visible, la principale caractéristique qu'on observe est sa queue provenant des gaz de la chevelure.

En réalité, une comète possède en général au moins deux queues : une de gaz ionisé et une de poussières. Les queues de poussières, de couleur jaunâtre, ont généralement une forme incurvée et sont composées de particules solides émises lors de l'expulsion des gaz par le noyau. Ces queues subissent l'influence aussi bien de la force gravitationnelle que de la force de la pression des radiations du Soleil. Comme celle-ci possède la plus grande quantité de petites particules, elle provoque une séparation des poussières en fonction de leur dimension. Les gros grains restent, en effet, à proximité de la chevelure tandis que les particules de quelques micromètres sont poussées à l'opposé du Soleil. Cette queue n'est pas toujours visible. La queue de gaz, bleuâtre à cause du monoxyde de carbone et formée de molécules expulsées du noyau, est la plus longue (jusqu'à plusieurs centaines de millions de kilomètres). Contrairement aux queues de poussières, les queues gazeuses sont toujours rectilignes. Ces queues sont composées de structures, de nœuds et de condensations qui changent en permanence, mais l'un des phénomènes les plus spectaculaires est sans aucun doute leur séparation soudaine de la chevelure, avec substitution de l'ancienne queue par une nouvelle.

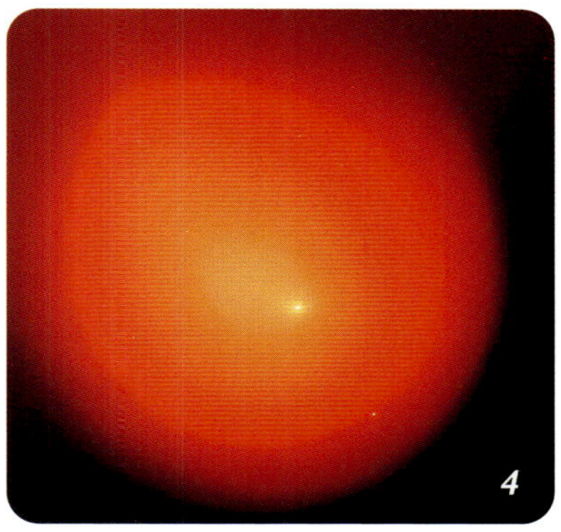

__3__ Le système planétaire Epsilon Eridani, dont on peut voir une reconstruction artistique, est entouré d'une ceinture d'astéroïdes et d'un anneau externe formé de comètes qui se dirigent vers l'étoile centrale.
__4__ La comète 17P/Holes est une comète périodique découverte en 1982. En octobre 2007, en quelques heures, sa luminosité a considérablement augmenté.

Le noyau

L'astronome américain Fred Whipple a lancé l'idée que le noyau des comètes était semblable à « une boule de neige sale ». Cela a été confirmé par les images envoyées par la sonde *Giotto* de l'Agence spatiale européenne, qui, en 1986, s'est approchée de la comète de *Halley*. De la glace d'eau, des poussières et d'autres gaz congelés ont été identifiés dans le noyau rocheux de cette comète ainsi que d'autres composés solides organiques.
Les noyaux peuvent présenter des colorations différentes qui vont du noir au gris en passant par le rouge en fonction des rapports entre les poussières et la glace à la surface. Le noyau est composé d'un silicate commun, élément sous forme d'atomes, mais également de molécules composées de carbone, d'oxygène, d'hydrogène et d'azote en plus des radicaux OH.

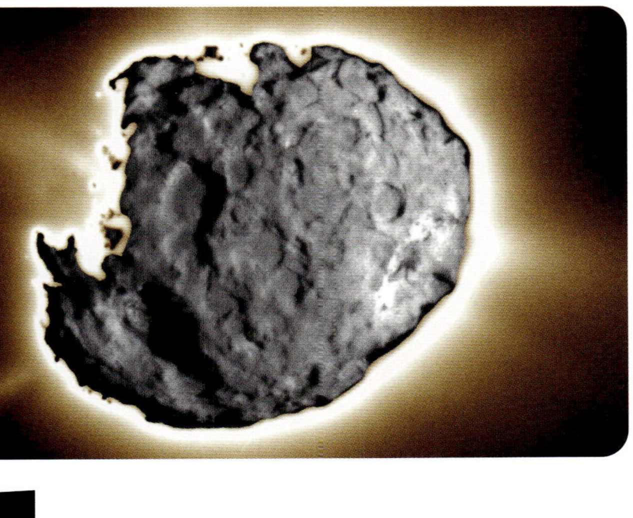

Météores et météorites

Les météores sont visibles toute l'année à des fréquences variables et ont des caractéristiques différentes. L'appellation « étoile filante » vient du fait que, à l'œil nu, ces objets semblent punctiformes comme les étoiles. En réalité, il s'agit de particules de poussière cosmique qui, à proximité de l'atmosphère terrestre, s'échauffent par frottement, laissant derrière elles une traînée lumineuse.

1

2

Traînée dans le ciel

Comment est-il possible que de si minuscules grains de poussière, de quelques millimètres, puissent former des traînées aussi lumineuses, visibles à des dizaines de kilomètres de distance ? Il faut d'abord souligner que ce que nous voyons n'est pas la particule de poussière qui s'échauffe, mais bien la traînée qu'elle laisse derrière elle.
À partir du moment où un objet entre en contact avec l'atmosphère, le fort frottement avec les couches toujours plus denses de gaz provoque un échauffement important. Lors de ce processus, l'objet convertit son énergie cinétique en énergie thermique, qui se répartit entre le corps lui-même et les atomes de l'atmosphère. Ces atomes, en recevant de l'énergie, s'ionisent en grande quantité, formant ainsi une longue traînée. Les ions et les électrons produits, étant de charges opposées, ont tendance à s'attirer.

Forte luminosité

C'est justement cette nouvelle combinaison qui est responsable de la production simultanée de lumière. Lorsque la traînée est particulièrement « profonde », il est possible de la voir de très loin. Dans certains cas, la luminosité des météores est telle qu'elle dépasse celle des étoiles et des planètes les plus lumineuses : on parle, dans ce cas-là, de bolides. La lumière produite par un bolide peut arriver à se frayer un passage le jour. Ces bolides parcourent de longues distances dans la voûte céleste, se brisant parfois en fragments et produisant souvent des détonations. Bien sûr, ces phénomènes ne sont provoqués que par des météores de grande taille, dont les fragments peuvent retomber sur le sol.

Comètes et « larmes »

Tandis que la Terre parcourt son trajet autour du Soleil, elle nettoie le cosmos des poussières qu'elle rencontre sur son chemin, les attirants par sa force gravitationnelle. Face à ce travail de « nettoyage », les comètes dispersent leur matière et continuent ainsi à approvisionner l'espace sidéral en particules de poussières.
La matière « semée » est disposée sur des orbites très proches de celle de la comète dont elle a été expulsée. Si la Terre passe à proximité de ces orbites, la matière sera vraisemblablement aspirée et une grande quantité de météores sera donc attirée.

Comment observer les météores

La première condition pour observer les météores est que l'horizon soit le plus vaste possible : dans ce cas, en effet, on peut voir en un coup d'œil une grande partie de la voûte céleste. Deuxièmement, il faut se fier à son œil, puisqu'un instrument quel qu'il soit, même des jumelles à large champ de vision, réduit la partie observable du ciel à quelques degrés, alors que l'œil humain à un champ de vision d'une dizaine de degrés.
L'heure à laquelle il faut observer les météores est tout particulièrement importante. En effet, ces objets lumineux ne sont autres que des poussières cosmiques recueillies par la Terre sur son chemin céleste autour du Soleil. En conséquence, le meilleur moment pour aller à la pêche aux « étoiles filantes » est la deuxième moitié de la nuit, c'est-à-dire après minuit. À ce moment-là, nous nous trouvons sur la partie de la Terre qui « avance » le long de l'orbite.

Ainsi s'explique la genèse de ce qu'on appelle « les essaims de météorites », c'est-à-dire de ces familles de météores, qui à certaines périodes de l'année, sont visibles à cause de leur activité plus ou moins intense.

Le cas le plus connu est celui des « larmes de saint Laurent » provenant de la comète Swift-Tuttle. Par effet de perspective, le météore semble venir d'un point unique appelé « radiant ». La situation des radiants par rapport aux constellations donne leur nom aux essaims. Les météores du mois d'août, par exemple, s'appellent Perséide, car leur radiant se trouve dans la constellation de Persée. Certains essaims peuvent, dans des cas exceptionnels, présenter des pics d'activité relativement intense. On parle alors de véritable pluie de météorites.

Les météorites

Comme il a été dit, les météores peuvent ne pas se désintégrer complètement et atteindre la surface terrestre. Dans ce cas-là, l'objet qui atteint la Terre s'appelle météorite.

En fonction de leur composition chimique, les météorites sont classées en trois catégories : les sidérites (météorites métalliques composées presque uniquement d'alliage de fer et de nickel), les aérolithes (météorites rocheuses composées essentiellement de silicates) et les sidérolithes (composées aussi bien de silicate que d'alliage métallique). Les aérolithes sont les plus nombreux, près de 65 % des météorites connues, les sidérites représentent 30 % et les 5 % restant sont des sidérolithes.

Les grands impacts sur la Terre

Les cratères d'impact sont provoqués par la chute de grosses météorites sur Terre, comme le célèbre *Meteor Crater* en Arizona. Il existe d'autres cratères : au Québec (70 km de diamètre, 210 millions d'années), à Obolon en Sibérie (15 km, 180 millions d'années), à Alberta au Canada (25 km, 95 millions d'années), à Ries en Allemagne (25 km, 15 millions d'années).

1 *La météorite Hoba, en Namibie, est la plus grande météorite présente sur Terre. Composée de fer et de nickel, on pense qu'elle est tombée il y a environ 80 000 ans.*
2 *Sur Mimas, satellite de la planète Saturne, le cratère Herschel est clairement visible : gigantesque cratère d'impact de près de 140 km de diamètre creusé par une météorite.*
3 *Le 15 février 2013, une météorite d'un diamètre de 15 mètres et d'un poids de 10 000 tonnes environ, baptisée KEF-2013, s'est désintégrée au-dessus de la ville de Tcheliabinsk en Russie, laissant apparaître une longue traînée et provocant une onde de choc qui fit voler en éclat des milliers de fenêtres et blessa plus de 900 personnes. Le plus gros fragment (soit plus de 500 kg) fut récupéré dans le lac Chebarkul, à 70 km au nord-est du centre urbain.* ***4*** *Sur le sol de Mars, on trouve également des résidus de météorites, comme la roche claire au premier plan photographiée par le rover* Spirit *en 2006.* ***5*** *Cette fine section d'une mésosidérite tombée dans le Missouri montre, par sa structure, qu'elle proviendrait de la cristallisation de magma volcanique. Les cristaux colorés sont des pyroxènes.*
6 *Le* Meteor crater*, en Arizona, a été creusé par une météorite qui, en tombant, a généré une énergie équivalant à quatre fois la bombe d'Hiroshima. Son diamètre est d'environ 1 200 km.*

Les étoiles

Les yeux du dragon

Les yeux du dragon

Cette image à infrarouge, prise par le télescope spatial *Spitzer* de la NASA, montre la nébuleuse de l'Hippocampe, du nom des poissons vivants dans les abysses de la famille des Stomiidés, caractérisés par des yeux globuleux et par une grande bouche avec des dents pointues. Les « yeux » sont probablement deux nouvelles étoiles en phase de formation. Cette nébuleuse est le berceau des étoiles les plus lumineuses de la Voie lactée.

Naissances des étoiles dans Rho Ophiuchi

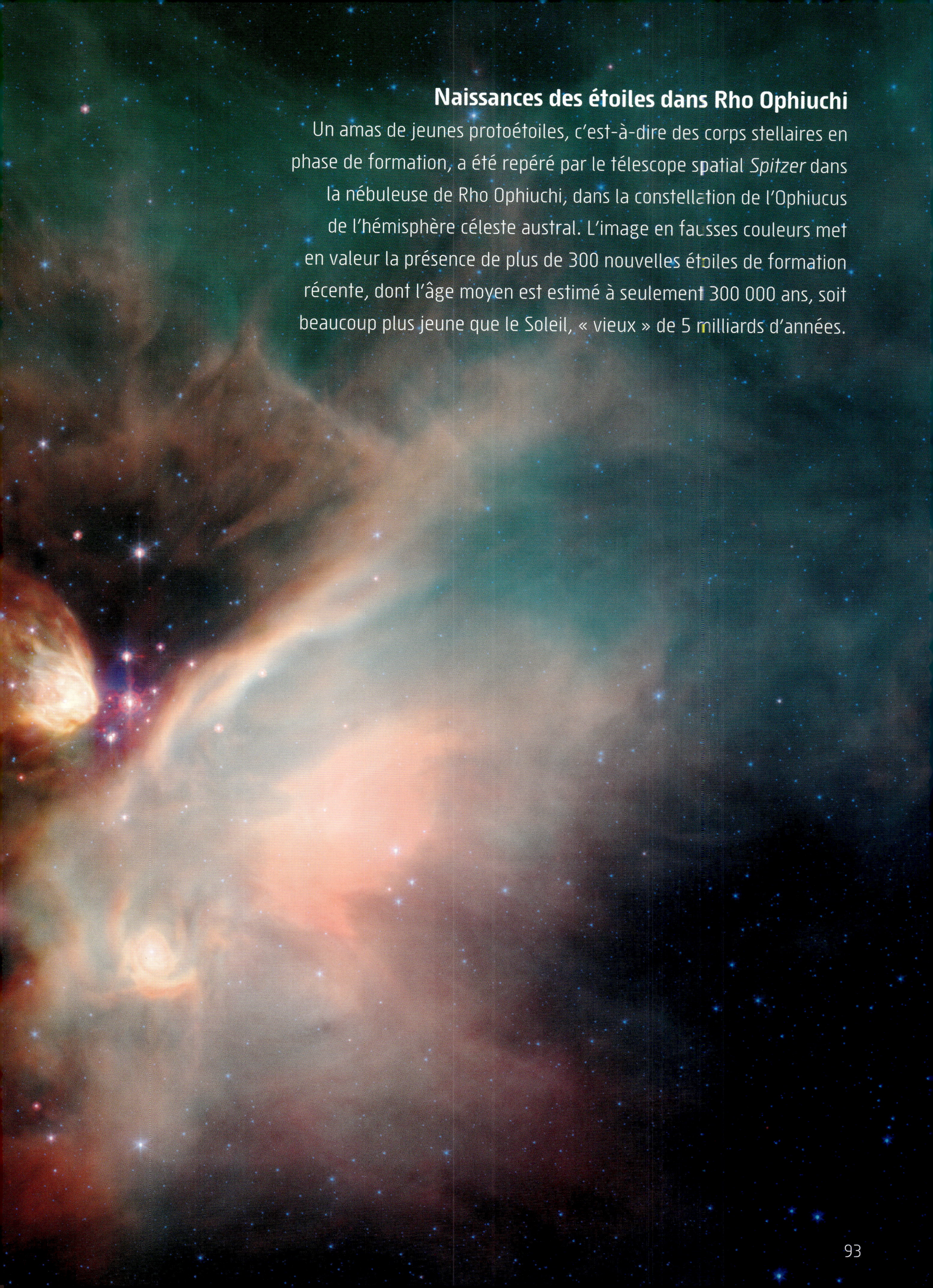

Naissances des étoiles dans Rho Ophiuchi

Un amas de jeunes protoétoiles, c'est-à-dire des corps stellaires en phase de formation, a été repéré par le télescope spatial *Spitzer* dans la nébuleuse de Rho Ophiuchi, dans la constellation de l'Ophiucus de l'hémisphère céleste austral. L'image en fausses couleurs met en valeur la présence de plus de 300 nouvelles étoiles de formation récente, dont l'âge moyen est estimé à seulement 300 000 ans, soit beaucoup plus jeune que le Soleil, « vieux » de 5 milliards d'années.

Nébuleuse de l'Hélice

Nébuleuse de l'Hélice

La nébuleuse de l'Hélice, ou NGC 7293, est une des nébuleuses planétaires les plus proches de la Terre et une des plus observées par les passionnés d'astronomie. Découverte au cours de la première moitié du XIXe siècle dans la constellation du Verseau, elle s'est formée suite à la fin du cycle d'existence d'une étoile de type solaire. Entourée d'un disque de poussière rouge, la naine blanche qui se trouve au centre rend fluorescent tous les gaz qui l'entourent.

Découverte d’exoplanètes

Kepler-16b est une planète géante gazeuse qui tourne autour d’une étoile double. Elle a été découverte en 2011 dans la constellation du Cygne par le télescope spatial *Kepler*. Depuis, en août 2016, la plus proche exoplanète identifiée à ce jour a été repérée en orbite autour de Proxima du Centaure (seulement à 4,24 années-lumière). Située dans la zone d’habitabilité autour de son étoile, elle pourrait abriter de l’eau à sa surface. En 2019, de la vapeur d’eau est détectée dans l’atmosphère de la planète K2-18 b, huit fois plus massive que la Terre et située dans la zone habitable de son étoile. La même année, les deux astronomes suisses Michel Mayor et Didier Queloz reçoivent le prix Nobel de physique pour la première découverte, en 1995, à l’observatoire de Haute-Provence, d’une exoplanète, 51 Pegasi b, en orbite autour d’une étoile de type solaire.

Reste de supernova

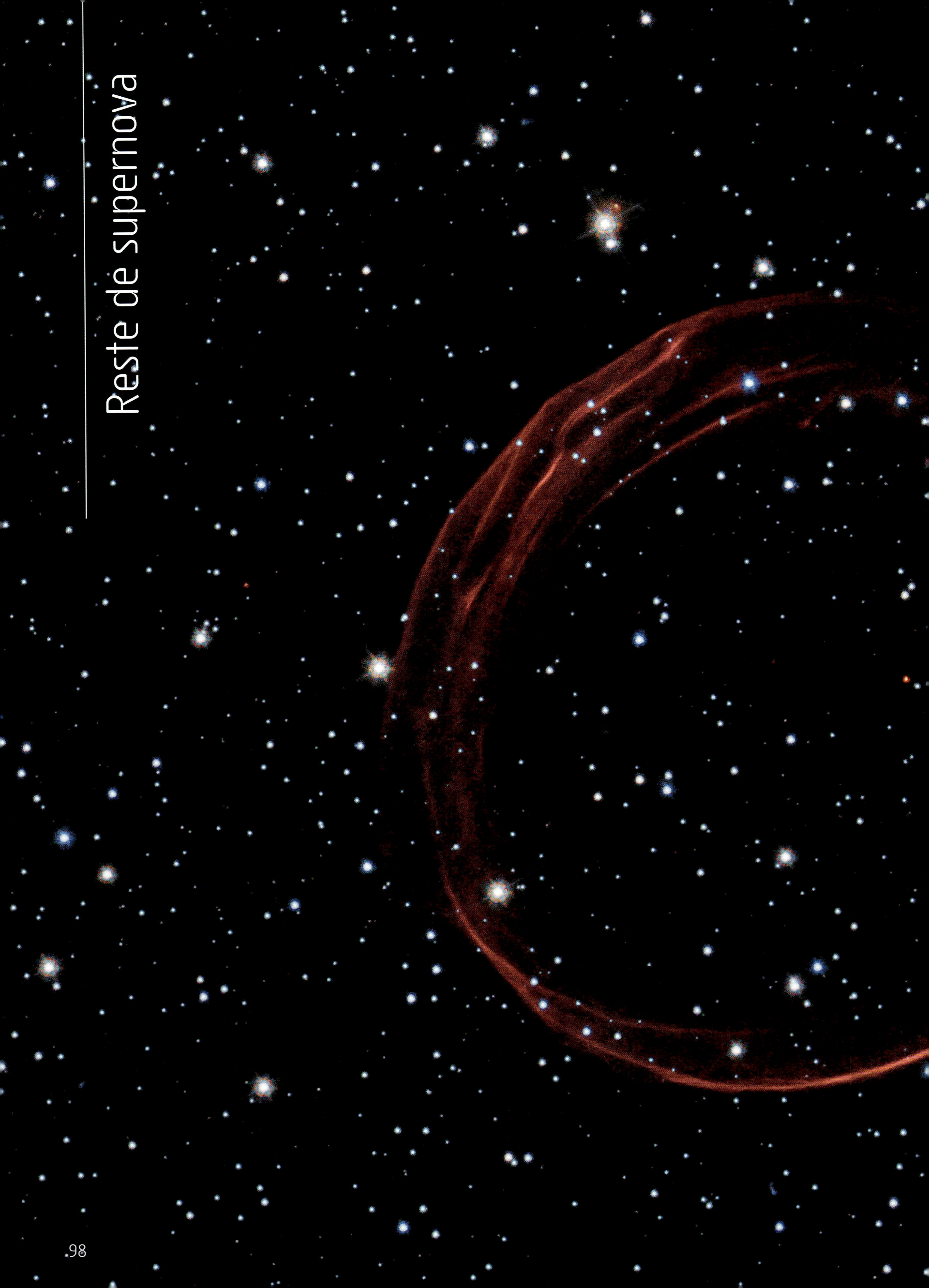

Reste de supernova

Le reste de supernova thermonucléaire SNR 0509-67.5 dans le Grand Nuage de Magellan, situé à 160 000 années-lumière dans la constellation de la Dorade. L'onde de choc (en rouge), en forme de bulle d'un rayon de 25 années-lumière et se propageant à près de 5 000 km par seconde, a été créée par la supernova qui a détruit intégralement une naine blanche, il y a environ 400 ans.

Le rémanent de Cassiopée A

Un autre reste d'étoile qui s'est formé au XVIIe siècle lors de la supernova qui a marqué la fin de la vie d'une supergéante rouge, une étoile d'une dizaine de masses solaire. Situé à 11 000 années-lumière de nous, il recèlerait en son sein une étoile à neutrons.

Fusion de deux trous noirs

Fusion de deux trous noirs

Les détecteurs LIGO et Virgo ont depuis 2015 observé le signal en ondes gravitationnelles de plusieurs fusions de deux trous noirs. L'image représente une simulation numérique du premier événement détecté par LIGO en 2015 sur lequel la courbure de l'espace-temps induite par la gravitation énorme des deux trous noirs est bien visible.

Un dragon « générateur » d'étoiles

Un nuage de poussières obscur en forme de dragon semble prendre son envol d'une explosion lumineuse sur cette image à infrarouge prise par le télescope spatial *Spitzer*. La nébuleuse obscure découpée qui apparaît à droite de l'image, dite M17 SWex, se révèle être d'une importance extrême : en effet, il s'agit d'un véritable incubateur d'étoile, c'est-à-dire un endroit où se forment des étoiles à un rythme très élevé. Les astronomes pensent que le nombre d'étoiles en formation dans M17 SWex est supérieur à 10 000. Le « dragon », qui s'étend sur près de 160 années-lumière pourra fournir des informations intéressantes sur les dynamiques de formation des astres, et notamment des étoiles massives. La nébuleuse lumineuse, visible dans la partie gauche de l'image, est la nébuleuse M17. Nous sommes dans la constellation du Sagittaire.

Découverte d'exoplanètes

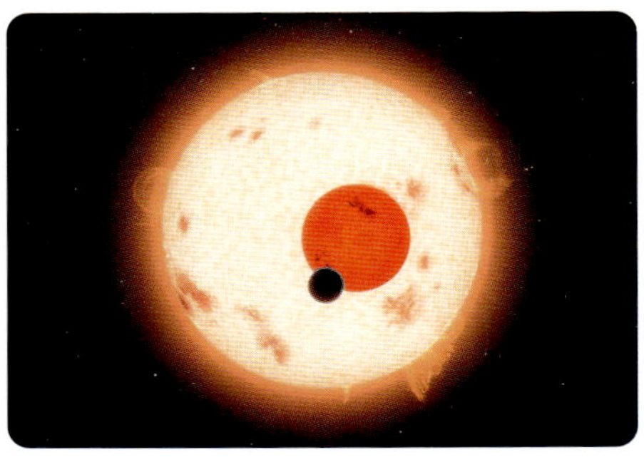

Cette image reconstituée représente Kepler-16b grâce à la superposition de deux photos prises par « les yeux » gauche et droit de l'imageur fonctionnant dans l'ultraviolet extrême (EUVI) SECHI installé sur la sonde spatiale *STEREO-B* lancée en 2006 de Cap Canaveral.

En février 2017, la NASA annonce la découverte d'un système de sept planètes rocheuses en orbite autour d'une étoile naine, Trappist-1. De même taille que la Terre, trois sont en zone habitable. La zone d'habitabilité autour d'une étoile est une région théorique où les conditions physiques sont compatibles avec l'existence de la vie : c'est-à-dire que la température à la surface de la planète permet à l'eau d'y rester liquide. Pour que les conditions soient réunies, la distance entre la planète et l'étoile, la stabilité de l'orbite, l'énergie lumineuse produite par l'étoile, ou encore l'atmosphère de la planète doivent coïncider. Situé à près de 40 années-lumière de la Terre, ce système planétaire est l'un des premiers objets d'étude du télescope spatial *James Webb*, qui a succédé à *Hubble* fin 2021. La configuration du système laissant tous les espoirs permis, les observations nous diront, dans les années à venir, si certaines de ces planètes abritent de l'eau.

Le rémanent de Cassiopée A

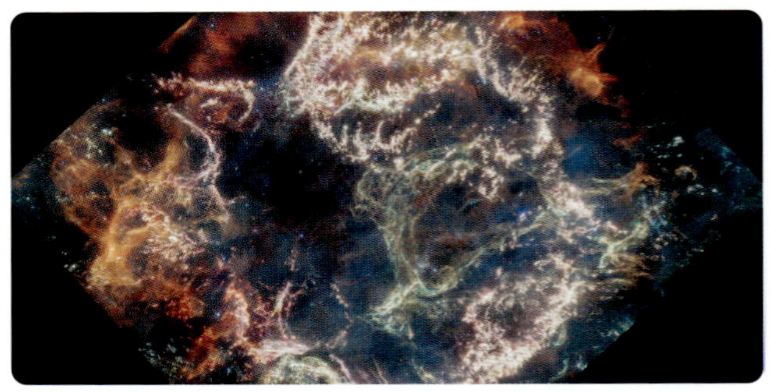

Cette nouvelle photographie obtenue par le télescope spatial James Webb dans la gamme infrarouge révèle avec une précision jamais atteinte la structure du rémanent Cassiopée A, qui s'étend sur une dizaine d'années-lumière. L'un des plus jeunes rémanents de supernova dans notre galaxie, l'explosion qui lui a donné naissance a peut-être été observée par l'astronome royal britannique John Flamsteed en 1680. Le rémanent fut en tout cas l'une des premières sources observées dans le domaine radio à la fin des années 1950. En haut et à gauche de l'image, les voiles de matière orange et rouge marquent l'endroit où la matière éjectée par la supergéante rouge lors de son explosion se heurte au gaz interstellaire qui l'entoure. Plus au centre, les filaments roses sont créés par des éléments lourds comme l'oxygène, le néon et l'argon formés au cœur de l'étoile avant sa mort. L'origine de la boucle verte à droite de l'image intrigue les scientifiques. Ces derniers espèrent grâce à l'étude de ce rémanent mieux comprendre l'origine des éléments qui forment les planètes et nous-mêmes.

Naissance d'étoiles dans Rho Ophiuchi

La nébuleuse de Rho Ophiuchi, dont le nom provient de l'étoile principale de la constellation d'Ophiuchus, Alfa Ophiuchi ou Ras Alhague, est techniquement une nébuleuse géante. Elle est composée de poussières obscures mélangées à de grandes quantités d'hydrogène ionisé et lumineux. C'est une des régions de formation d'étoiles les plus proches de nous, et elle est donc très importante pour l'étude de l'évolution des étoiles de faible masse et de la formation d'étoile « en chaîne ». En effet, les étoiles naissent lorsqu'une nébuleuse interstellaire s'écroule sous l'effet de la force gravitationnelle. Ces zones se détachent comme des taches obscures sur un fond lumineux et peuvent avoir un diamètre jusqu'à 300 années-lumière. Les nébuleuses interstellaires représentent une discontinuité dans la répartition de la matière dans l'univers et sont une pièce fondamentale de l'architecture des galaxies dont elles font partie.

Les yeux du dragon

Ce qui, au départ, avait été perçu par le satellite *WMAP* de la NASA comme une lointaine tache faiblement lumineuse est, en fait, une nébuleuse gazeuse où se sont formées des centaines de milliers d'étoiles, comme l'ont prouvé les observations réalisées à l'infrarouge par le télescope spatial *Spitzer* puis par le Technologie Telescope de l'ESO au Chili. Dans la zone obscure comprise entre les deux yeux lumineux du « dragon des mers » (hippocampe) s'étend ce qui, pour les astronomes, semble être un des plus importants amas d'étoiles supermassives jamais identifiés jusqu'à présent dans notre galaxie.
Ces étoiles ont poussé vers l'extérieur un nuage de gaz et de poussières qui délimite le périmètre supérieur de la « bouche ». Les points lumineux externes, dont les deux « yeux », sont vraisemblablement des régions d'étoiles jeunes, extrêmement instables et turbulentes, formées suite à la compression des gaz et des poussières. On entend par étoiles supermassives des astres des milliards de fois plus lumineux que le Soleil et dont la masse est des centaines de fois supérieure.

La nébuleuse de l'Hélice

Cette image à infrarouge, prise par le télescope spatial *Spitzer* de la NASA, montre la nébuleuse de l'Hélice, un des objets les plus photographiés par les astronomes amateurs pour ses couleurs vives et sa ressemblance à un œil géant. La nébuleuse, qui se trouve à près de 700 années-lumière dans la constellation du Verseau, appartient à une classe d'objets appelés « nébuleuses planétaires ». Celles-ci sont composées de résidus d'étoiles comparables par leur masse et leurs dimensions à notre Soleil. Lorsqu'une étoile de type solaire meurt, ses couches externes se dispersent violemment, et elle se transforme en naine blanche (sur l'image, on voit comme un petit point lumineux juste au centre). Les gaz expulsés, en revanche, forment une espèce de nuage de matières qui s'étend rapidement, donnant naissance à un rideau circulaire (c'est ce que, techniquement, on appelle « nébuleuse planétaire »). La radiation ultraviolette produite par la naine blanche excite les atomes de la nébuleuse, leur donnant des couleurs différentes, du rouge au vert en passant par le bleu.

Fusion de deux trous noirs

Les deux trous noirs ont chacun une masse d'environ 30 fois celle du Soleil, l'un étant légèrement plus massif que l'autre. Les images des étoiles à proximité des deux trous noirs apparaissent déformées car les rayons lumineux passant près des trous noirs sont déviés par un phénomène appelé « lentille gravitationnelle ».
Cet effet de lentille gravitationnelle a d'ailleurs permis récemment d'identifier une étoile située à neuf milliards d'années-lumière, surnommée Icarus, en multipliant la lumière émise par un facteur 2000, la rendant ainsi visible pour le télescope *Hubble*.

Étoiles variables et étoiles dou

Les étoiles dites « variables » sont des étoiles qui présentent une variation importante de couleur et de luminosité sur des périodes très brèves, de l'ordre de quelques mois ou même de quelques jours et fractions de jours. Les étoiles doubles, en revanche, sont liées par un centre de masse commun autour duquel elles tournent, formant ce qu'on appelle les systèmes binaires dans lesquels l'évolution d'une des étoiles influence l'évolution de l'autre.

__1__ Delta Cephei au centre de son champ stellaire. On parle de cette étoile comme d'un prototype pour la définition des étoiles variables aux caractéristiques semblables (Céphéides). __2__ Dans les amas stellaires, comme celui-ci, appelé également M80, on trouve souvent des étoiles variables. __3__ L'étoile variable intrinsèque Mira est une géante pulsante « munie » d'une queue de gaz stellaire.

Variables intrinsèques ou pas

Les étoiles dont la magnitude (c'est-à-dire la luminosité perçue de la Terre) n'est pas constante, sont dites « variables ». Pour quelques-unes d'entre elles, la variabilité n'est pas réelle, mais simplement apparente. Il s'agit, dans la plupart des cas, d'étoiles qui font partie de systèmes binaires. Dans ces cas, en effet, lorsque le plan orbital du système est plus ou moins aligné avec la ligne de vue de l'observateur, l'une des étoiles peut être éclipsée partiellement ou totalement par sa compagne, et apparaît donc moins brillante. Ces étoiles sont également qualifiées de « variables à éclipse ».
À côté de ces étoiles variables, on trouve également « les variables intrinsèques » dont les variations de luminosité sont dues aux modifications des paramètres physiques, comme par exemple le rayon et la température. Les astronomes ont observé une grande variété d'étoiles variables. À l'heure actuelle, environ 30 000 ont été répertoriées uniquement dans notre galaxie.
On observe, pour certaines d'entre elles, des variations de magnitude épisodiques, qui peuvent se répéter à intervalles irréguliers. Ces étoiles correspondent à la catégorie des « variables éruptives » ou cataclysmiques dont font partie les novas et les supernovas (cas limites).

Les céphéides

Pour d'autres étoiles, en revanche, la magnitude peut varier de manière extrêmement régulière et les modulations observées peuvent également être périodiques. La différence de magnitude enregistrée entre un maximum et un minimum successifs détermine l'amplitude de la courbe de lumière, tandis que l'intervalle de temps entre deux maximums successifs définit la période de variabilité de l'étoile. Les étoiles de ce type sont appelées « variables pulsantes ».
La comparaison entre les caractéristiques des courbes de lumière de ces étoiles variables (forme, amplitude) et la longueur de leurs périodes fournit, en outre, un critère supplémentaire de classification. Selon ce critère, les étoiles variables sont divisées en différentes catégories selon leur lien de parenté avec une étoile prototype, laquelle donne son nom à chaque catégorie. On parle ainsi des étoiles céphéides pour indiquer la catégorie d'étoiles variables qui a les mêmes caractéristiques que l'étoile Delta Cephei.

bles

L'effet Doppler

Il s'agit d'un phénomène physique bien connu selon lequel un observateur en mouvement par rapport à une source qui émet des ondes (sonores, lumineuses...) perçoit un changement apparent dans la fréquence de ces ondes.
En astronomie, l'effet Doppler appliqué aux ondes lumineuses a été extrêmement important dans la formulation de la théorie de l'expansion de l'univers, démontrée par les spectres électromagnétiques des étoiles et des galaxies, qui, plus elles sont éloignées de nous, plus elles tournent autour des fréquences du rouge (grandes longueurs d'ondes), c'est-à-dire qu'elles s'éloignent toujours plus rapidement.

Classification des étoiles doubles

Les étoiles doubles sont divisées en trois catégories principales : les binaires visuelles, les photométriques et les spectroscopiques. Cette classification n'est pas le reflet des différences intrinsèques particulières entre les différentes catégories d'étoiles, mais fait référence à la façon dont elles se sont associées.
Les étoiles binaires visuelles sont appelées ainsi à cause de leur mouvement par rapport à une autre étoile supposée être sa compagne. Environ 70 000 étoiles binaires visuelles sont identifiées à ce jour, mais il a été possible de déterminer avec précision l'orbite pour seulement 1 % d'entre elles.

Les étoiles binaires photométriques

On appelle étoiles binaires photométriques les étoiles dont le caractère binaire est déterminé seulement par l'observation des variations périodiques de la luminosité induite par les éclipses réciproques d'une étoile sur l'autre. C'est pourquoi, ces étoiles sont également appelées « variables à éclipse ».
Naturellement, pour que l'éclipse d'une étoile par sa compagne se produise, il faut que le plan orbital coupe la ligne de vue. Plus le plan orbital est aligné avec l'observateur, plus l'éclipse sera totale, et donc plus la variation de luminosité sera marquée. En étudiant la courbe de lumière d'une étoile binaire photométrique, il est par conséquent possible d'estimer l'inclinaison du plan orbital. À partir de la courbe de lumière, on peut, en outre, remonter à la période orbitale du système. Comme deux éclipses se produisent lors d'une orbite complète, la courbe de lumière sera caractérisée par la présence de deux minimums d'intensité. L'intervalle de temps entre deux minimums successifs de la courbe de lumière coïncide donc avec la période orbitale.

Les étoiles binaires spectroscopiques

La spectroscopie stellaire permet de vérifier, grâce à l'effet Doppler des raies spectrales, si deux étoiles proches sont effectivement liées ou si leur proximité est purement un effet de perspective.
Par ailleurs, grâce à cette technique, il est possible d'identifier des étoiles binaires trop proches l'une de l'autre pour pouvoir être détectées comme étoiles binaires visuelles par les télescopes.
Les étoiles binaires qui présentent la « signature » caractéristique de l'effet Doppler dans les spectres sont appelées « binaires spectroscopiques ».

3

4

5

4 Cette illustration artistique reproduit un système binaire entouré d'anneaux de poussières spatiales. Les anneaux ont été générés par une collision planétaire.
5 Les observations du télescope spatial Spitzer ont démontré que les systèmes planétaires composés de deux étoiles sont beaucoup plus diffus que nous le pensions. Sur une planète appartenant à ce système, on pourrait donc observer un « double » coucher de Soleil.

Novas et supernovas

Les étoiles variables cataclysmiques sont des étoiles binaires composées d'une naine blanche et d'une étoile « normale » qui cède du gaz à sa compagne. Les novas sont des variables cataclysmiques avec éclairs optiques non répétitifs, tandis que les supernovas sont des explosions spectaculaires d'étoiles massives qui terminent leur existence.

Les variables cataclysmiques

Les variables cataclysmiques sont des étoiles binaires composées d'une étoile de séquence principale, comme le Soleil, ou de post-séquence principale, comme une géante rouge, et d'une naine blanche. Les naines blanches sont des étoiles de masse solaire qui, arrivées à la fin de leur existence, se sont contractées jusqu'à avoir les dimensions d'une planète. Les deux étoiles du système suivent des orbites très proches, avec des périodes orbitales de quelques heures. Leur distance orbitale étant donc réduite, elles interagissent, donnant ainsi naissance à des phénomènes spectaculaires.

Dans les variables cataclysmiques, la naine blanche est liée gravitationnellement à son étoile compagne, extrayant du gaz de ses couches superficielles (*comme illustré sur le schéma ci-dessous*). En migrant, le gaz se réchauffe et atteint une température de l'ordre de 100 millions de degrés à proximité de la surface de la naine blanche où la force gravitationnelle est à son maximum.

Les variables cataclysmiques sont connues depuis le milieu du XIXe siècle grâce aux violentes variations de brillance sur des périodes relativement brèves, qui sont signalées par des pics sur les courbes de luminosité. Appelées novas, elles sont classées en fonction des caractéristiques de leur courbe de lumière pendant la phase de variabilité.

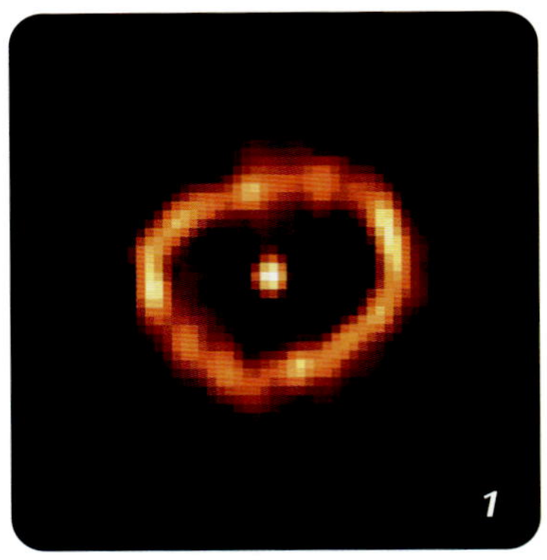

Les novas classiques

Les novas classiques se distinguent des autres variables cataclysmiques par le fait que leurs éclairs optiques ne sont pas répétitifs. L'amplitude de la courbe de lumière, par ailleurs, est beaucoup plus marquée et l'augmentation vers le maximum plus rapide que dans les autres systèmes. Normalement, le pic de luminosité est atteint en quelques heures. La nova reste au maximum de luminosité pendant une période allant de quelques jours à quelques mois, après quoi la luminosité diminue. Cette phase dure quelques années. Dans les novas classiques, ces phénomènes sont associés à des réactions de fusion incontrôlées qui se produisent dans les couches superficielles de la naine blanche, riche en hydrogène « volé » à l'étoile compagne. Au fur et à mesure que la masse de la compagne se transfère vers la naine blanche, la couche d'hydrogène a tendance à se comprimer et à se réchauffer, et des explosions en forme d'éclairs de lumière se produisent.

Novas naines et récurrentes

Les novas naines sont un type de nova dont le prototype est U Geminorum. Leurs éclairs optiques ressemblent à ceux observés sur les autres novas, à la différence que leur courbe de lumière a une amplitude moins importante et qu'ils se répètent à des intervalles plus ou moins réguliers (entre 120 jours et quelques années). Les éclairs optiques se produisent en quelques jours ou quelques heures, après quoi la luminosité de la nova diminue en quelques semaines pour revenir à sa luminosité initiale.

Ce comportement s'explique par les différents mécanismes physiques qui provoquent les éclairs optiques. En effet, pour les novas naines,

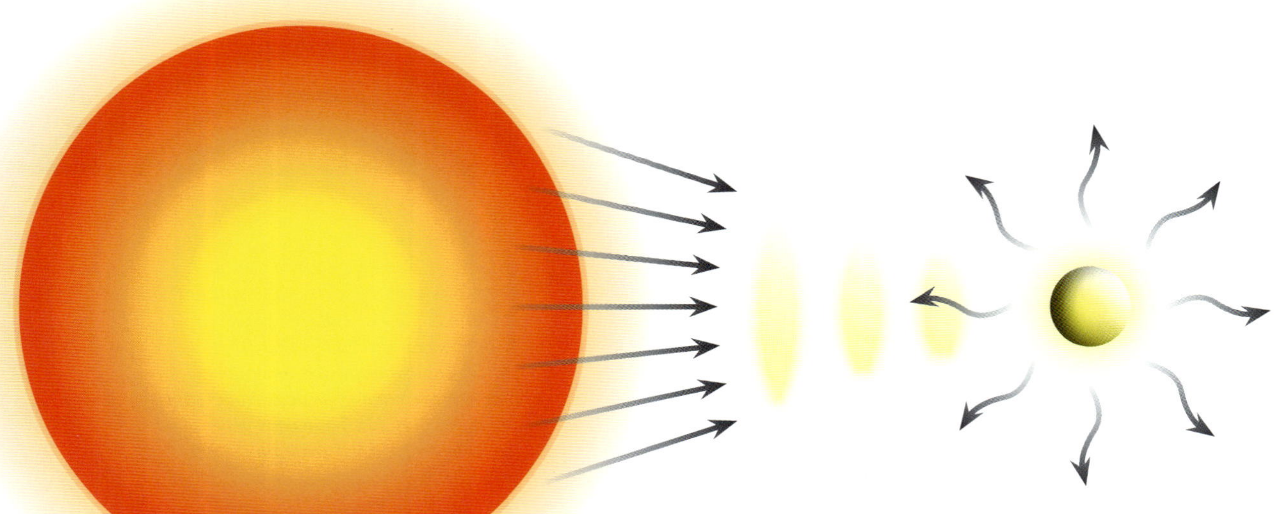

ÉCHANGE DE MATIÈRE ENTRE ÉTOILES VARIABLES

1 Image de l'enveloppe en expansion de la nova du Cygne 1992, prise par le télescope spatial Hubble.
2 Représentation artistique de la variable cataclysmique Z Cameleopardalis. La naine blanche se trouve au centre du disque.

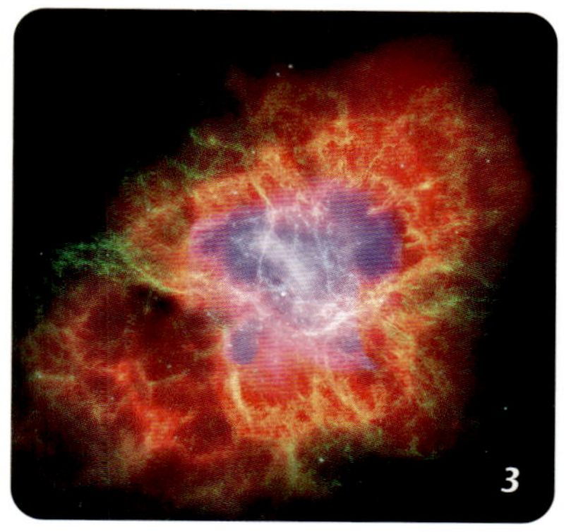

3

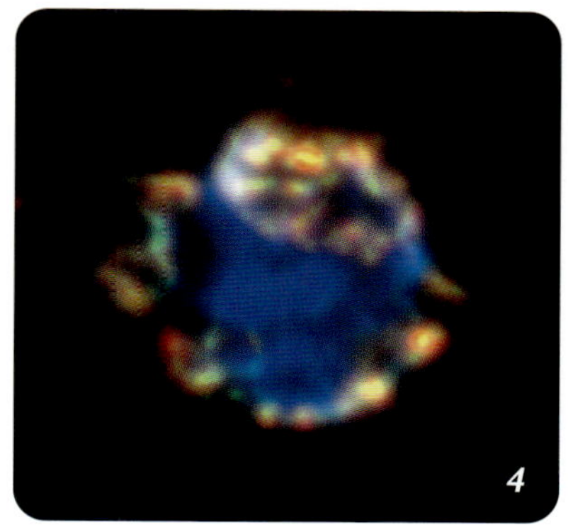

4

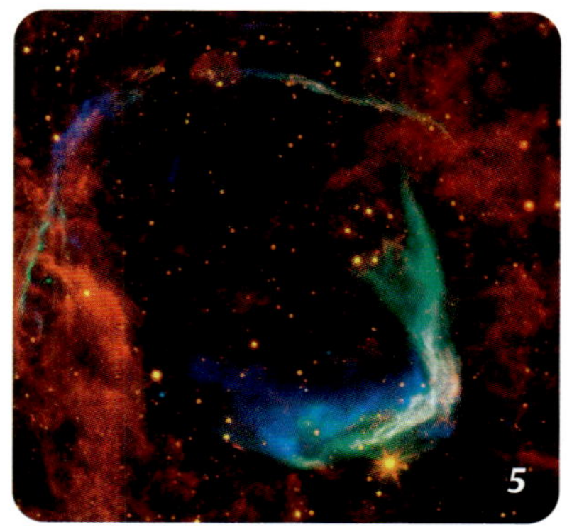

5

3 La nébuleuse du Crabe, composée des résidus de la supernova qui a explosé en 1054. 4 Cassiopée A, résidu de supernova dans la constellation du même nom. 5 RCW 86 est le nom d'un des plus anciens exemples de supernova qui a explosé il y a près de 2 000 ans.

ce comportement est dû à une variation impromptue du taux d'accrétion de matière sur la naine blanche, libérant ainsi une forte quantité d'énergie. L'observation de certaines novas naines en phase d'éclipse, c'est-à-dire lorsque la naine blanche et le disque qui l'entoure sont occultés par l'étoile compagne, indique que la source de lumière dominante n'est pas l'étoile compagne mais le disque. Elle est, par conséquent, en quelque sorte, liée au processus d'accrétion.

Les novas récurrentes sont un intermédiaire entre les novas classiques et les novas naines. Comme l'indique leur nom, en effet, les éclairs optiques se répètent, ce qui les rend semblables aux novas naines, à la différence que l'intervalle entre deux événements est de l'ordre de quelques dizaines d'années. L'augmentation de brillance durant un éclair est toutefois plus marquée, ce qui les fait davantage ressembler aux novas classiques.

Qu'est-ce qu'une supernova ?

Les supernovas sont des événements spectaculaires, visibles à l'œil nu dans notre galaxie. Au cours de ces explosions violentes, une quantité d'énergie comparable à celle émise par une étoile tout au long de son existence est libérée en quelques secondes. Les mécanismes qui provoquent ces explosions varient selon que l'étoile à l'origine est une naine blanche ou une étoile en séquence principale en fin de vie. Dans le premier cas, l'explosion en supernova se produit lorsque la naine blanche a capturé suffisamment de matière, soit par accrétion depuis une étoile compagnon dans un système binaire, soit par fusion de deux étoiles, pour chauffer son noyau interne au-delà d'une température critique pour déclencher, dans le noyau, des réactions nucléaires incontrôlées qui libèrent de l'énergie sous forme d'explosion, provoquant la destruction de l'étoile. L'explosion laisse derrière elle un nuage de gaz en expansion appelé « vestige de supernova ». Les supernovas de ce type sont dénommées « thermonucléaires ».

Dans le deuxième cas, l'étoile explose après que tous les cycles de fusion nucléaire interne ont eu lieu. À ce stade, la gravité a le dessus et l'étoile se contracte rapidement jusqu'à atteindre la densité du noyau atomique au centre. Les forces nucléaires deviennent alors répulsives et la matière rebondit. C'est le début de l'explosion, dont l'aboutissement est un processus très complexe que les scientifiques cherchent encore à bien comprendre. Ce type de supernova, dénommée « supernova gravitationnelle » ou « supernova à effondrement de cœur », laisse derrière elle, en dehors du gaz en expansion, une étoile à neutrons ou un trou noir au centre.

Caractéristiques des supernovas

Les supernovas sont facilement identifiées grâce à leur courbe de lumière caractéristique. La supernova est, en effet, caractérisée par une augmentation rapide de la luminosité, qui dure quelques jours jusqu'à atteindre un maximum pour se stabiliser à ce niveau pendant une dizaine de jours. Puis sa luminosité diminue de manière discontinue pour ensuite décroître régulièrement. En interprétant de manière appropriée la courbe de lumière, il est possible de remonter à la dynamique de l'explosion et d'en étudier l'évolution.

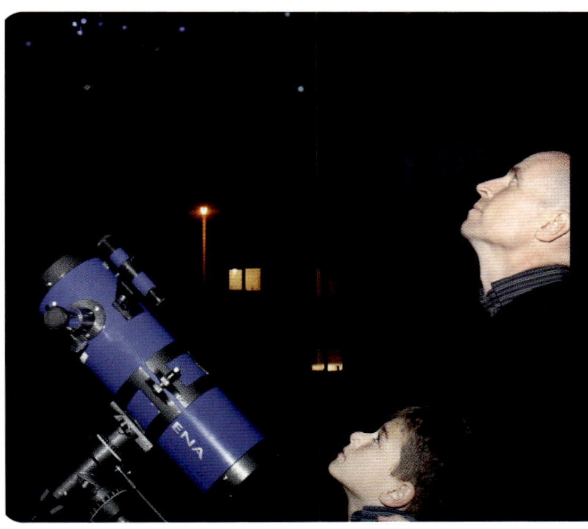

Les amateurs d'astronomie et les supernovas

Les supernovas sont un des objets préférés des amateurs d'astronomie du monde entier, car il s'agit d'objets extrêmement brillants et donc facilement observables, y compris avec de petits télescopes. La chasse aux supernovas nécessite un dévouement permanent et patient, dont les amateurs font plus souvent preuve que les astronomes professionnels. La contribution des amateurs s'est révélée être fondamentale : depuis 1990, au moins une cinquantaine de supernovas ont été découvertes chaque année par des passionnés d'astronomie.

Amas ouverts et globulaires

Les systèmes stellaires les plus reconnaissables sont les amas ouverts, ou galactiques, qui sont composés de quelques dizaines à quelques milliers d'étoiles. Une douzaine d'entre elles sont visibles à l'œil nu. Les amas globulaires, en revanche, sont des ensembles de centaines de milliers voire millions d'étoiles. Elles sont de forme sphérique et leur concentration est tellement dense que même les télescopes les plus puissants ont du mal à les individualiser.

Les amas ouverts

Lorsqu'on les observe, les amas se présentent comme des régions du ciel où les étoiles sont plus denses que ce qu'on peut voir en général sur la voûte céleste. Dans certains cas, une telle densité est tout à fait évidente, et dans d'autres cas moins, ce qui rend certains amas difficiles à dissocier des étoiles de l'arrière-plan.
Pour savoir alors si certaines étoiles appartiennent à un même amas, et donc s'il s'agit d'astres qui sont effectivement proches dans l'espace et qui n'apparaissent pas proches simplement par un effet de perspective, il faut en étudier le mouvement et mesurer leur distance par rapport à notre planète. Les étoiles appartenant à un même amas ont, en effet, tendance à se déplacer dans une même direction. Par ailleurs, si certaines étoiles, apparemment proches les unes des autres, se trouvent également à la même distance du système solaire, on peut penser qu'elles sont reliées par la force de gravité formant ainsi un amas ouvert.

Classifier les amas ouverts

Les dimensions de ces systèmes varient généralement de près de six à plus de trente années-lumière, avec une dimension moyenne d'environ une dizaine d'années-lumière. À l'intérieur, les étoiles sont réparties de manière irrégulière sans prendre de forme précise. Pour pouvoir les classer, on prend en compte les dimensions angulaires (qui dépendent soit des dimensions réelles de l'amas soit de sa distance d'avec la Terre), le nombre total et la concentration des étoiles, et la différence de luminosité entre elles.

1 Un des amas ouverts les plus connus, celui des Pléiades, dit aussi M45.
2 Dans la petite nébuleuse de Magellan, on peut voir l'amas ouvert NGC 290, à 200 000 années-lumière de la Terre.

Familles homogènes d'étoiles

Toutes les étoiles appartenant à un même amas ouvert sont « homogènes ». En effet, elles sont toutes nées de la même nébuleuse de gaz et avaient donc, à l'origine, la même composition chimique. Par ailleurs, on pense qu'elles sont nées à la même période et que, par conséquent, elles ont le même âge. En général, les amas ouverts sont des objets composés d'étoiles relativement jeunes et sont, en grande partie, déployés dans les bras spiraux de la Voie lactée.
Les étoiles des amas ouverts sont liées entre elles par la force de gravité. Ce lien n'étant pas très fort, les amas ouverts se désagrègent lentement.

Les amas globulaires

Les amas globulaires sont nés au départ de la formation de notre galaxie et sont distribués dans une sphère autour de la Voie lactée. Les régions centrales des amas globulaires sont extrêmement denses, environ mille fois plus que la région proche du Soleil. Ce n'est qu'au cours de la dernière décennie qu'on a résolu la question des noyaux, c'est-à-dire qu'on a pu observer distinctement les objets qui s'y trouvent. Observer l'intérieur

Amas globulaire « capturé »

Ces dernières années, la dynamique des amas globulaires de notre galaxie est mieux comprise. L'étude des différentes familles dynamiques des amas a permis de déterminer que certains d'entre eux, qui aujourd'hui « gravitent » dans le halo galactique, notamment sur le halo externe, ne sont pas nés en même temps que tous les autres amas globulaires. En réalité ceux-ci auraient été capturés par le champ gravitationnel de la Voie lactée. Il s'agirait notamment de Pal 12, Terzan 7 (sur la photo), de Ruprecht 106, d'Arp 2 et d'IC 4499.

des amas globulaires permet de mieux étudier la dynamique des étoiles qui en font partie. Cela est important pour obtenir des informations sur les corps liés par la force de gravité, comme c'est le cas pour les amas, et pour étudier les interactions entre les étoiles qui les composent.

Familles d'amas globulaires

En réalité, les amas globulaires ne sont pas répartis de manière homogène dans notre galaxie. On distingue quatre familles dynamiques en fonction de leur distance du centre galactique et de leur composition chimique. Il existe, en effet, des amas globulaires contenant beaucoup ou peu de métal (c'est-à-dire des éléments autres que l'hydrogène et l'hélium). Les moins métalliques occupent le halo de la galaxie (région périphérique qui entoure la galaxie en spirale, comme la Voie lactée) et sont les plus anciens. Ceux fortement métalliques sont un peu plus jeunes, car ils se sont formés à partir de matière enrichie de métal expulsé hors du milieu interstellaire par les explosions de supernovas. On les appelle « amas de disques », et ils se situent sur le disque galactique (zone centrale la plus dense de matière d'une galaxie en spirale).

Par ailleurs, sur le halo, on distingue les « amas du halo interne », dont la distance du centre galactique est inférieure à la distance du Soleil, les « amas du halo externe », dont la distance est supérieure à la distance du Soleil mais inférieure à 200 000 années-lumière, et les amas « du halo extrême », dont la distance du centre galactique est supérieure à 200 000 années-lumière.

Effets sur l'environnement

L'étude des propriétés des amas et leur répartition en familles sont importantes pour comprendre les effets de l'environnement sur l'évolution d'un amas. Dans ce cas, l'environnement est composé du reste de la galaxie. Le champ gravitationnel du disque de la Voie lactée semble notamment jouer un rôle important sur la vie d'un amas. En effet, les amas globulaires se déplacent autour du centre galactique le long d'une orbite fortement elliptique, qui les fait périodiquement traverser (environ tous les 100 millions d'années) le disque galactique.
Le champ gravitationnel et les forces de marée exercés par le plan galactique sur les amas qui le traversent sont tellement forts qu'ils peuvent, à la longue, les détruire.

4

5

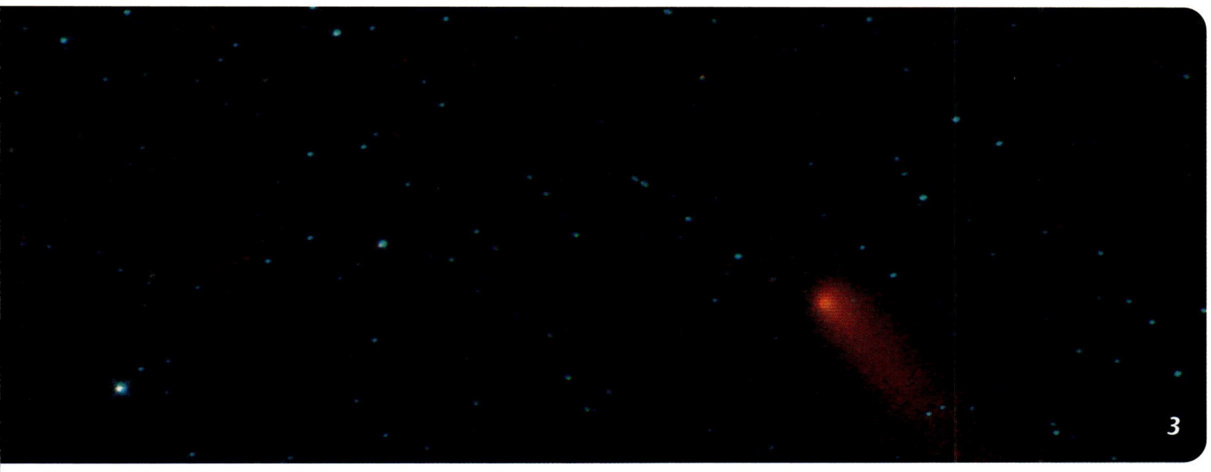

3

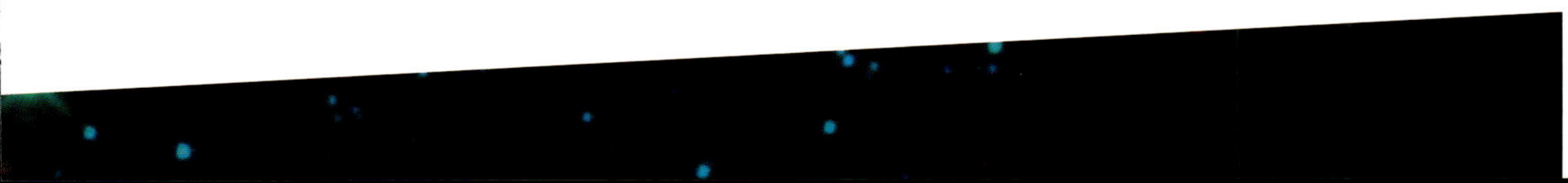

__3__ L'amas globulaire Messier 3, en haut à gauche, et en bas à droite, la comète Garrad, photographiés par la sonde WISE en janvier 2010. __4__ L'amas globulaire Omega Centauri est le plus grand et le plus lumineux de notre galaxie. Il est composé d'environ dix millions d'étoiles. __5__ L'amas globulaire 47 Tucanae peut être observé à l'œil nu.

Les nébuleuses

Parmi les « ingrédients » de l'univers, en dehors des étoiles, des planètes et des galaxies, se trouvent les nébuleuses diffuses. Celles-ci jouent un rôle fondamental dans l'histoire du cosmos. En effet, c'est en leur sein que se forment de nouveaux astres. Les nébuleuses sont principalement composées de gaz et de poussière.

NÉBULEUSE EN ÉMISSION

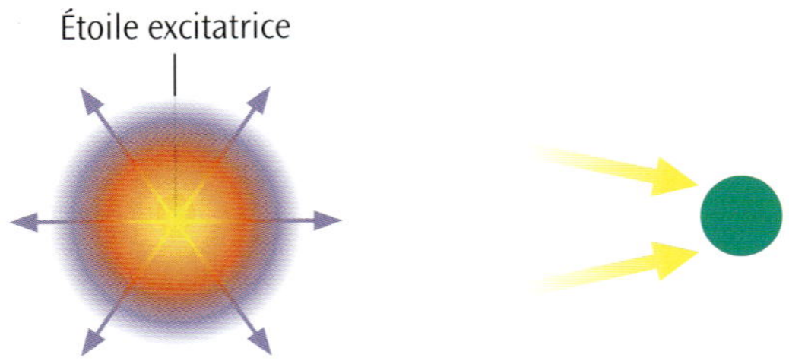

Nébuleuse de gaz stimulée à l'émission

NÉBULEUSE PAR RÉFLEXION

Nuage de poussière qui réfléchit la lumière

NÉBULEUSE OBSCURE

Nébuleuse distante, amas stellaire…

Gaz et poussière

Le gaz est en partie d'origine primordiale, c'est-à-dire qu'il s'est formé dès le début de l'histoire de l'univers lorsque l'hydrogène et l'hélium, qui constituent les premières étoiles, se sont formés. Les éléments les plus lourds, en revanche, sont plus récents, puisqu'ils se sont formés à l'intérieur des étoiles à la fin de leur existence, et ont ensuite été relâchés dans le milieu interstellaire.

Les poussières présentes dans les nébuleuses sont composées d'un mélange de carbone à différents niveaux d'agrégation et de silicates, avec des traces d'autres matières organiques.

Le gaz, en revanche, est essentiellement de l'hydrogène. De fait, les nébuleuses sont des régions où le milieu interstellaire ténu s'est densifié à cause de la gravité, formant ainsi des nuages qui, lorsque leur masse et leur dimension ont aug-menté, ont attiré la matière environnante. Dans certains cas, de tels nuages deviennent visibles, car les étoiles formées récemment en leur sein excitent les atomes, les rendant ainsi lumineux.

Trois types de nébuleuse

Les nébuleuses peuvent se diviser en trois catégories : les nébuleuses en émission, par réflexion et obscures (*voir schéma ci-contre*). Les premières brillent, car leurs atomes sont excités par les radiations ultraviolettes émises par des étoiles jeunes à proximité et deviennent à leur tour une source de radiations. Les deuxièmes, en revanche, n'émettent elles-mêmes, aucune radiation, mais reflètent celles des étoiles les plus proches, en prenant même la couleur. Un exemple type est celui de la petite nébuleuses azur qui entoure l'amas ouvert des Pléiades. Les nébuleuses obscures, quant à elles, sont des concentrations denses de poussières qui absorbent la lumière et qui ne sont visibles que lorsque, derrière elles, se trouve une source lumineuse sur laquelle elles peuvent se détacher. Nombre d'entre elles s'observent facilement, et dans certains cas même à l'œil nu.

La nébuleuse la plus brillante de l'hémisphère septentrional est celle d'Orion, dite M42. C'est généralement le premier objet vers lequel les amoureux du ciel tournent leurs instruments lors des longues nuits d'hiver. Il existe toutefois beaucoup d'autres nébuleuses magnifiques, que nous allons citer en exemple.

Les nébuleuses du Sagittaire

La nébuleuse de la Lagune, appelée M8, se trouve dans la constellation du Sagittaire, zone du ciel où ce type d'objet est le plus nombreux. En effet, c'est dans cette direction que se trouve la région la plus riche de la Voie lactée (celle tournée vers le centre de la galaxie), et les nuages de poussière se trouvent pratiquement toujours sur le plan galactique. M8 est associée à un amas ouvert, comme c'est souvent le cas. Comme nous l'avons dit, en effet, les nébuleuses sont des zones de formation d'étoiles souvent accompagnées d'amas d'étoiles jeunes et particulièrement brillantes. Dans l'amas ouvert M8, identifié par le sigle NGC 6530, il est possible d'observer une quarantaine d'étoiles de magnitude comprise entre 8 et 13. Leur lumière excite les atomes de la nébuleuse, le rendant ainsi visible. Au sein de M8, on peut voir également différents globules de Bok, c'est-à-dire des nuages obscurs formés de gaz et de poussières très denses où se forment les étoiles. La distance de M8 varie entre 3 000 et 4 000 années-lumière.

Toujours dans la constellation du Sagittaire, M20 nébuleuse en émission typique. Il s'agit de la nébuleuse Trifide, appelée ainsi à cause de sa forme caractéristique en trois « volets ». Sa partie lumineuse se voit parfaitement aux jumelles et a la forme d'une tache ronde d'environ 10′ de diamètre. Les zones obscures qui divisent la nébuleuse en volets sont dues à la présence de poussières et de gaz froids. La distance de M20 est d'environ 3 200 années-lumière.

L'Aigle dans le Serpent

M16, la nébuleuse de l'Aigle, a été découverte par Jean-Philippe de Chéseaux en 1746, et, de manière complètement indépendante par Messier, presque vingt ans plus tard. Elle se trouve en bordure de la constellation du Bouclier, proche de la constellation du Serpent. On remarque, à l'intérieur de M16, une région obscure qui, au nord, s'allonge vers le centre de la nébuleuse. L'amas associé est composé de plusieurs dizaines d'étoiles, dont quelques-unes sont très peu visibles et rouges. M16 est une nébuleuse en émission, mais elle présente quelques éléments de réflexion. Sa distance est estimée entre 5 000 et 11 000 années-lumière, probablement aux alentours de 7 500.

Les nébuleuses planétaires

Outre les nébuleuses diffuses, il existe une autre catégorie de nébuleuses dites « planétaires ». Leur nom vient du fait que les premiers observateurs les prirent pour des planètes, étant donné leur forme circulaire. En réalité, elles se forment suite à l'émission d'une enveloppe de gaz de la part d'étoiles à un stade avancé de leur évolution.

La nébuleuse planétaire la plus connue est probablement M57, dans la constellation de la Lyre, bien qu'elle ne soit pas facilement identifiable à cause de sa faible luminosité superficielle. Il y a ensuite M27, la nébuleuse Dumbbell (ou nébuleuse de l'Haltère) dans la constellation du Petit Renard. Il est possible de distinguer sa forme caractéristique de « sablier » grâce à de petits télescopes amateurs.

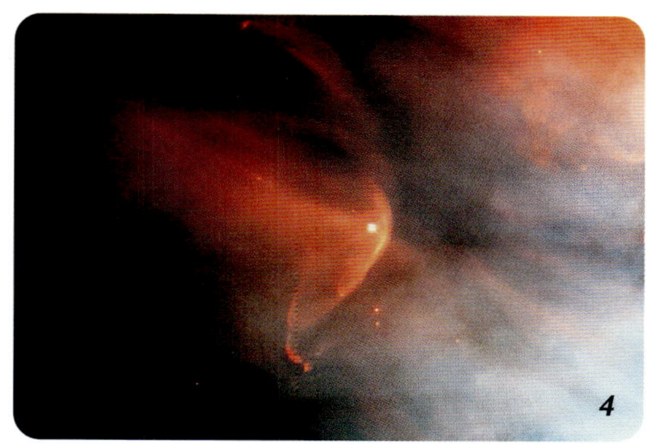

1 La nébuleuse de Messier 27 est également appelée nébuleuse de l'Haltère à cause de sa forme caractéristique. 2 Cette image en fausses couleurs de la nébuleuse de l'Aigle met en évidence la zone ou les processus de formation d'étoiles sont les plus intenses. 3 Cette séquence montre, à gauche, une photo réelle de la nébuleuse M20, ou nébuleuse Trifide, et à droite quelques clichés obtenus à l'infrarouge. 4 Dans la nébuleuse d'Orion, on peut voir l'étoile LL Ori en partie entourée d'un arc de gaz et de poussières stellaires. 5 La nébuleuse de la Lagune, M8, peut s'observer simplement avec des jumelles.

Naines blanches et pulsars

Il existe d'innombrables types d'étoiles de toutes dimensions, couleurs et luminosité. Ce sont, toutefois, les étoiles « mortes » (sans réaction nucléaire), dont la structure interne est différente de celles des étoiles dites « normales », qui fascinent le plus. Ces astres, qui forment la catégorie des « étoiles compactes », sont, par ordre croissant de masse, les naines blanches, les étoiles à neutrons et les trous noirs.

Naines, blanches et compactes

Comme le dit clairement le nom, les naines blanches sont des étoiles de petites dimensions. Même si leur masse est comparable à celle d'une étoile comme le Soleil, leurs dimensions sont, en fait, typiquement celles d'une planète comme la Terre. Leur rayon est de l'ordre de seulement 6 000 km, soit à peu près un centième du rayon du Soleil. Étant donné leur masse et leurs dimensions, il s'agit donc d'étoiles présentant une densité extrêmement élevée.

Un centimètre cube de matière provenant d'une naine blanche pèse environ une tonne. Cette densité élevée signifie également que le champ gravitationnel de l'étoile est considérablement plus important, soit environ 100 fois celui du Soleil à masse égale.

Les naines blanches, ainsi que les autres étoiles compactes, ne présentent plus d'activité nucléaire. Elles sont notamment le résultat de l'effondrement gravitationnel des étoiles de masse inférieure à environ huit à dix masses solaires après que celles-ci ont épuisé toutes les possibilités de réactions de fusion nucléaire.

Lorsque c'est le cas, l'étoile a un ultime sursaut de vie en passant par le stade de géante rouge, pendant lequel se produit la fusion de l'hélium dans le noyau. Lorsque l'hélium est également épuisé, l'étoile traverse différentes phases d'instabilité et se contracte lentement sur elle-même. C'est probablement pendant ces phases qu'elle libère de la matière en excès qui est rejetée dans l'espace sous la forme de vent stellaire. Ces masses énormes de gaz forment des nébuleuses appelées « nébuleuses planétaires ».

Même si, à l'intérieur des naines blanches, il n'y a plus aucune réaction nucléaire, la température du noyau est très élevée à cause de la pression. Cette chaleur se diffuse vers la surface de l'étoile d'où elle irradie dans l'espace. Ces températures tendent à se refroidir progressivement jusqu'à ce que la naine blanche devienne invisible.

Les naines blanches « jeunes » présentent des températures de surface de l'ordre de 20 000 à 30 000 °C, c'est pourquoi elles paraissent blanches, tandis qu'une étoile comme le Soleil (7 000 °C) paraît jaune. Malgré la température de surface élevée, les petites dimensions font que la luminosité est très modérée et que les naines blanches sont donc des étoiles très peu visibles, avec une magnitude absolue de l'ordre de 12 à 16 : de 10 millions à 100 milliards de fois plus faible que le Soleil. L'existence des

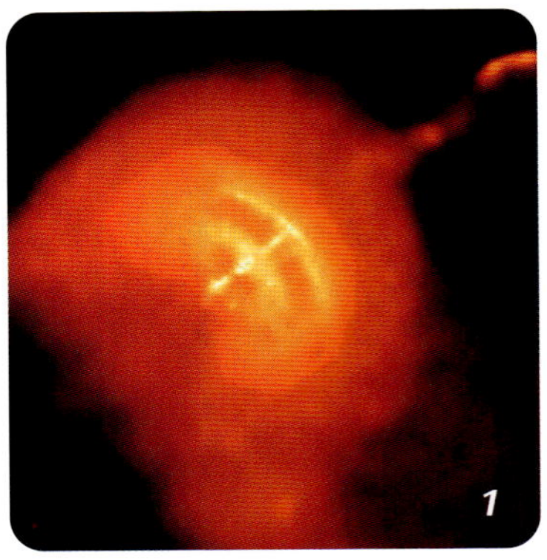

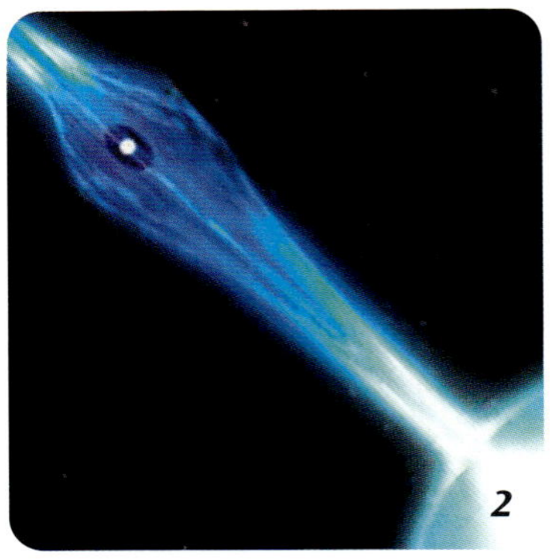

1 Les lignes du champ magnétique et l'émission du pulsar de Vela, obtenus en combinant plusieurs images prises par le télescope en orbite Chandra.
2 Sur cette illustration, on peut voir le flux d'accrétion qui, dans un système binaire, part de l'étoile compagne la plus grande vers l'étoile à neutrons la plus compacte.
3 Autre nébuleuse planétaire, NGC 2440 avec, au centre, la naine blanche entourée de matière gazeuse émise.

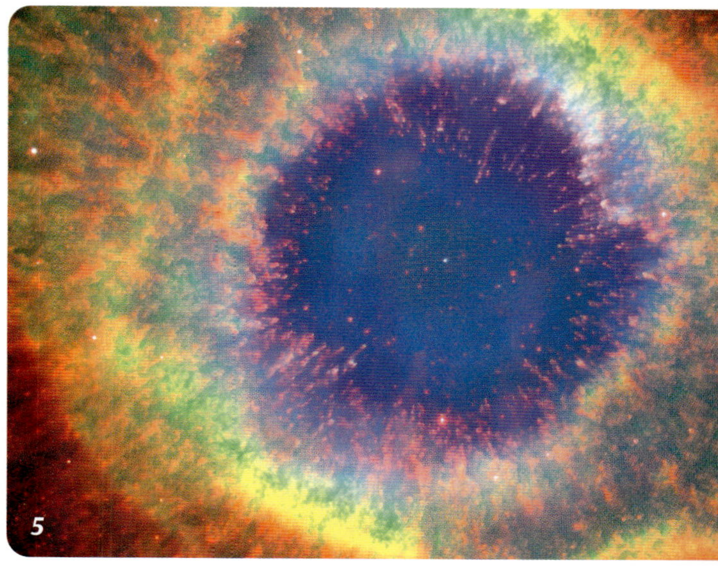

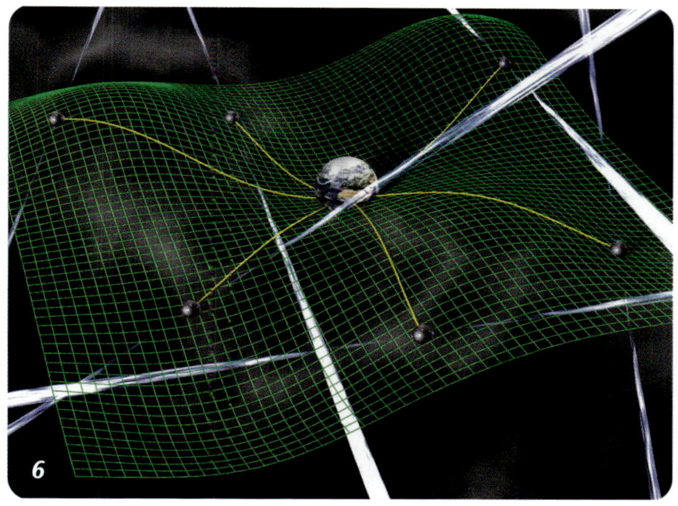

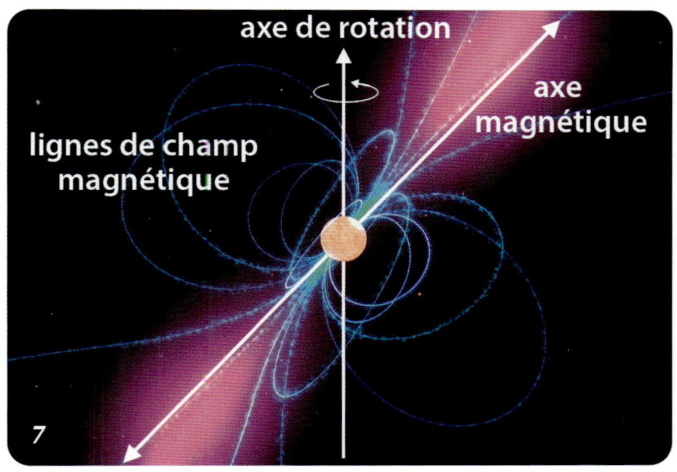

naines blanches est très longue, et il est donc possible d'en voir un grand nombre. Ce qui permet d'en étudier les propriétés d'un point de vue statistique.

Les étoiles à neutrons et pulsars

Ces étoiles sont des objets dont la masse est 1 à 2 fois celle du Soleil ; elles sont concentrées sur un rayon de seulement 10 km. Comme le nom l'indique, elles sont essentiellement formées de neutrons, particules élémentaires privées de charge électrique, et regroupées avec les protons dans les noyaux des atomes. Étant donné la température élevée à l'intérieur de l'étoile, la matière est ionisée, ce qui veut dire que les électrons sont libres. Alors que la surface est composée essentiellement de noyaux ordinaires ionisés, plus on va vers l'intérieur de l'étoile, plus le pourcentage de neutrons augmente.

Les étoiles à neutrons sont le résultat de l'évolution des étoiles de grande masse (supérieure à 8-10 masses solaires). Lorsqu'une étoile de grande masse arrive à la fin de tous les cycles possibles de fusion nucléaire, elle explose violemment en supernova. Tandis que les couches les plus externes de l'étoile sont rejetées dans l'espace, le noyau, quant à lui, subit un fort effondrement gravitationnel, atteignant une densité très élevée et se transformant en étoile à neutrons. Suite à l'effondrement, le mouvement de rotation de l'étoile peut s'accélérer jusqu'à quelques dizaines de millisecondes. C'est l'une des caractéristiques du pulsar. Le nom « pulsar » est l'abréviation de l'anglais *pulsating star*, qui veut dire « étoile pulsante ». La principale caractéristique de ces objets, en effet, est que leur radiation nous arrive de manière « pulsée ». La raison en est que l'émission, même si elle est continue, est extrêmement collimatée et nous ne pouvons la voir que si le faisceau est tourné vers nous. Donc, comme pour un phare, nous détectons l'émission de l'étoile en rotation avec une période des pulses grâce au balayage de nos détecteurs par le faisceau qui traduit la fréquence de rotation de l'étoile. Par ailleurs, ces pulses sont extrêmement rythmés, montrant ainsi la rotation extrêmement rapide de l'étoile. La durée d'un seul pulse ou « période » peut aller de quelques dizaines de millisecondes à quelques dizaines ou centaines de secondes au maximum.

Même si la forme d'un pulse et sa période varient d'un pulsar à un autre, elles sont plus ou moins constantes pour chacun d'entre eux, et les variations ne peuvent se détecter que sur des périodes très longues. Étant donné la régularité de leurs « pulsations », les pulsars peuvent être comparés à de véritables chronomètres cosmiques. Cette énorme précision permet aussi de les utiliser comme détecteurs d'ondes gravitationnelles : une onde qui passe, déforme l'espace-temps et change ainsi le temps d'arrivée du signal du pulsar. Détecter des ondes gravitationnelles de cette manière est le but de la collaboration internationale *Pulsar Timing Array*.

__4__ Dans le système binaire Circinus X-1, l'étoile à neutrons émet des jets de particules après avoir extrait la matière de l'étoile bleue géante dans le fond. __5__ Au centre de la nébuleuse planétaire Hélix, on peut voir l'étoile naine blanche qui a généré la nébuleuse elle-même. __6__ Illustration montrant comment l'extrême précision dans la mesure des temps d'arrivée des pulses peut-être utilisée dans un réseau de pulsars pour détecter le passage d'une onde gravitationnelle. __7__ Modèle d'un pulsar. L'étoile en rotation fortement magnétisée émet du rayonnement que nous voyons, comme pour un phare, seulement quand le détecteur est balayé par le faisceau, d'où l'impression de voir des pulses. __8__ En 2004, une étoile à neutrons a produit une explosion d'énergie qui a généré un champ magnétique équivalent à des millions de milliards de fois celui de la Terre. Ce type particulier d'étoile à neutrons s'appelle un « magnétar ».

Détections d'ondes gravitationnelles

Réussie pour la première fois en 2015 par le détecteur *LIGO* aux États-Unis, la détection des ondes gravitationnelles est un véritable exploit technologique, promesse de l'ouverture d'une nouvelle voie en astronomie et surtout la possibilité offerte de révolutionner nos connaissances des objets compacts.

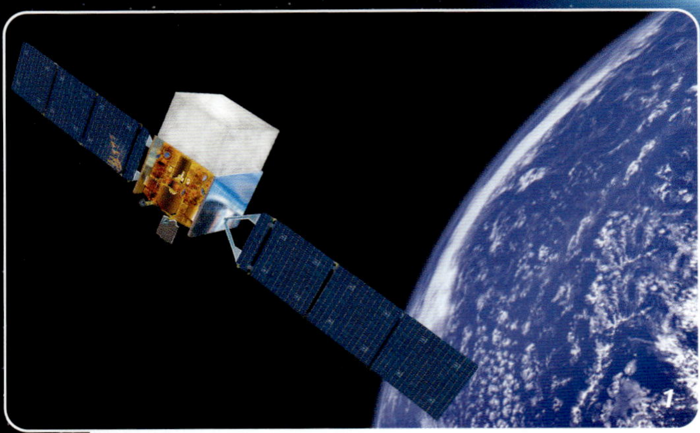

1 Le satelite FERMI *contient des instruments pour détecter des rayons gamma et plus particulièrement des sursauts gamma. 2 Vue aérienne du détecteur d'ondes gravitationnelles* LIGO *à Livingston aux États-Unis. 3 Vue aérienne du détecteur d'ondes gravitationnelles* VIRGO *près de Pise en Italie.*

Une nouvelle ère en astronomie

À l'image des ondes électromagnétiques produites par des charges électriques accélérées, des masses accélérées sont à l'origine des ondes gravitationnelles : elles peuvent créer des déformations de l'espace-temps qui se propagent. Depuis les années 1960, les scientifiques cherchent à capter les ondes gravitationnelles et à fournir ainsi la preuve expérimentale de leur existence. Ce n'est pas une tâche facile : il faut arriver à détecter de minuscules déplacements, plus petits que la taille d'un atome.

Le 17 août 2017 marque de la naissance d'une nouvelle ère en astronomie : l'astronomie multimessager combinant observation électromagnétique grâce à des télescopes classiques et détection d'ondes gravitationnelles. Ce jour-là, près de deux ans après la première observation directe d'ondes gravitationnelles, émises par la fusion d'une paire de trous noirs, les deux détecteurs d'ondes gravitationnelles *LIGO* aux États-Unis observent pour la première fois un signal provenant de la fusion de deux étoiles à neutrons. À l'aide du détecteur franco-italien *VIRGO*, les chercheurs arrivent à bien localiser l'événement dans le ciel à une distance d'environ 130 millions d'années-lumière de la Terre. Le satellite *FERMI* a pu observer un sursaut en rayons gamma moins de deux secondes après la fusion, provenant de la même région dans le ciel. Un sursaut gamma est une bouffée de photons à très haute énergie (rayons gamma) observée sur une durée de quelques secondes à quelques minutes. On s'attend à ce que ce phénomène, d'une courte durée, se produise lors de la fusion de deux étoiles à neutrons, hypothèse confirmée par les détections du 17 août 2017 ! À la suite de cela, d'autres télescopes (électromagnétiques) couvrant une large gamme de longueurs d'onde ont cherché des signaux dans la même direction. Ainsi, il a été possible d'identifier la galaxie dans laquelle s'est produit l'événement avec l'apparition d'une nouvelle source éphémère : NGC4993, et d'observer un phénomène dénommé kilonova. Le nom vient du fait que la luminosité maximale est environ mille fois supérieure à celle d'une nova classique. Le rayonnement de l'objet dans NGC4993 devient moins intense et moins énergétique avec le temps. Au total, les scientifiques ont pu observer cette source pendant plusieurs semaines. Le croisement réalisé pour la première fois des informations captées par les détecteurs d'ondes gravitationnelles et par les détecteurs électromagnétiques, a permis des avancées spectaculaires pour la compréhension de la nucléosynthèse des éléments lourds (par exemple l'or) et pour la vérification de la théorie de la gravitation. Pour cela, les scientifiques ont construit ce que l'on appelle des interféromètres de très grande taille et haute technicité. La lumière émise par un laser est divisée en deux faisceaux qui se propagent séparément dans deux bras différents. Chacun de ces faisceaux est ensuite réfléchi sur un miroir au bout de chaque bras avant d'être enfin combinés l'un avec l'autre. Les propriétés du signal lumineux ainsi obtenu indiquent alors si les deux faisceaux se sont propagés de la même façon ou si la propagation de l'un d'entre eux a été perturbée, par exemple, par le passage d'une onde gravitationnelle.

Les kilonovas et le mystère de l'or

Les alchimistes du Moyen Âge rêvaient de trouver la formule magique pour produire de l'or, élément rare sur Terre et très convoité. Les avancées en physique nucléaire et en astrophysique au siècle dernier, ont permis de comprendre pourquoi il est si difficile d'en créer : il faut fournir une quantité colossale d'énergie.

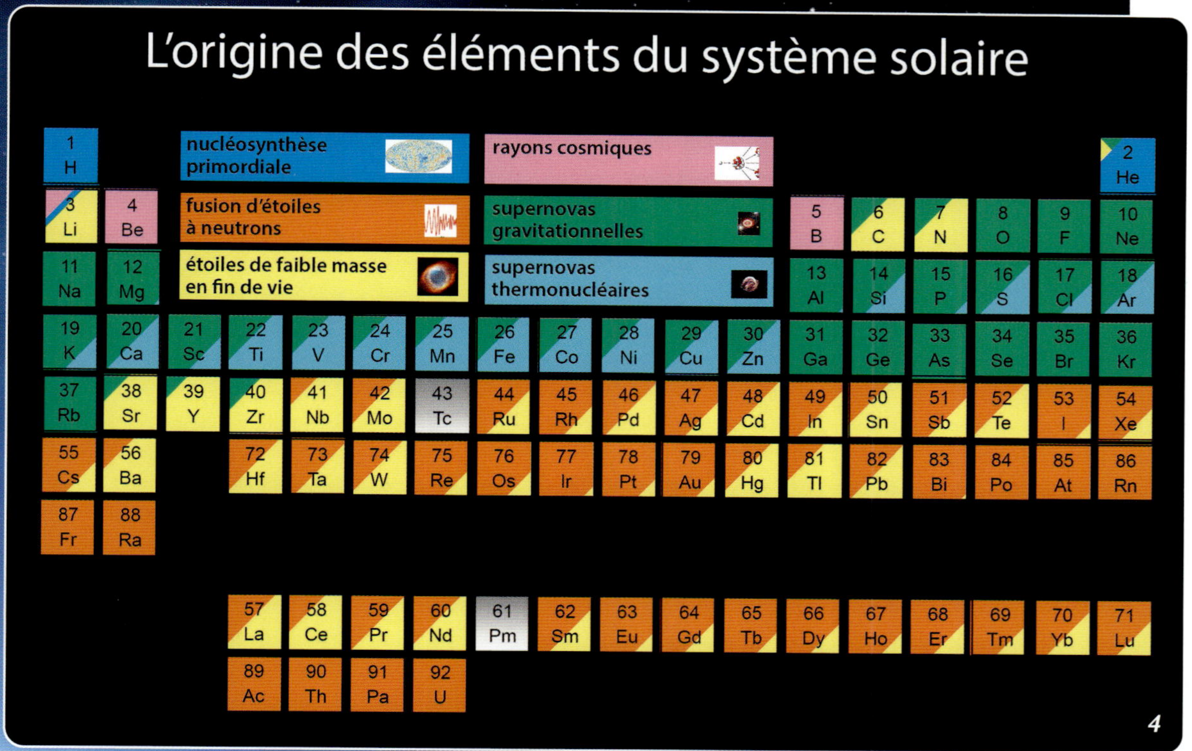

4

4 Tableau des éléments avec leurs origines cosmiques. 5 Image d'artiste d'une fusion de deux étoiles à neutrons. Les ondulations de l'espace-temps représentent des ondes gravitationnelles qui s'éloignent de l'endroit de rencontre des deux étoiles. Les faisceaux étroits montrent des sursauts de rayons gamma, émis quelques secondes après la fusion. 6 Observation de la kilonova dans NGC 4993 par Hubble pendant six jours en août 2017. 7 Simulation numérique des différentes étapes dans la fusion de deux étoiles à neutrons. 8 Spectrogramme par les deux détecteurs LIGO qui voient le signal en ondes gravitationnelles des deux étoiles à neutrons en train de s'approcher. La fréquence du signal augmente avec le temps comme les deux étoiles spiralent de plus en plus vite l'une autour de l'autre, visible par la ligne verte qui dérive vers le haut.

5

Il en est de même pour les autres éléments « lourds » tels que l'argent, le plomb ou l'uranium. C'est différent pour les éléments légers jusqu'au fer, dont la fusion libère de l'énergie : c'est la fournaise nucléaire à l'intérieur des étoiles qui permet de les synthétiser de manière abondante. Donc bien que l'on se doutât que l'or sur Terre était d'origine cosmique, son « site » de production restait depuis longtemps un mystère. Deux phénomènes parmi les plus violents dans notre Univers semblent apporter une réponse : les supernovas gravitationnelles et la fusion de deux étoiles à neutrons. Après des décennies d'efforts dans les simulations numériques et les observations, on pense aujourd'hui que la matière éjectée lors de l'explosion d'une étoile en supernova ne contient pas de neutrons permettant de synthétiser les noyaux les plus lourds. Au contraire, l'observation d'une kilonova dans la suite d'une fusion de deux étoiles à neutrons le 17 août 2017, a confirmé de manière impressionnante les modèles de production de noyaux lourds lors de ces fusions. Le signal électromagnétique de la kilonova, détecté par plusieurs instruments dans les jours qui ont suivi l'observation en ondes gravitationnelles de la fusion, provient de la désintégration de noyaux lourds et instables, donc radioactifs, produits dans la matière éjectée dans ce genre d'événement. Les estimations de la quantité d'éléments synthétisés est compatible avec l'abondance d'éléments lourds dans notre galaxie, indiquant ainsi que ces fusions représentent le site majeur de production d'éléments lourds. Ainsi, le mystère est enfin résolu.

La théorie de la gravitation

En 1915, Einstein établit sa théorie de la gravitation, la Relativité générale. Jusqu'à ce jour cette théorie ingénieuse a passé à merveille tous les tests expérimentaux et observationnels qui lui ont été imposés, aussi bien en champ gravitationnel « faible » dans notre système solaire, qu'en champ beaucoup plus fort dans les systèmes binaires de pulsars. Le but de l'interféromètre *GRAVITY* installé au *Very Large Telescope* depuis 2016, est de sonder les effets de la gravitation à proximité immédiate de l'objet central de notre galaxie, Sagittarius A pour infirmer ou confirmer sa nature de trou noir en Relativité générale. Malgré ce succès indéniable, les scientifiques pensent que la Relativité générale ne représente pas la théorie ultime de la gravitation, et ce pour deux raisons principales : d'une part la contradiction avec les données astrophysiques et cosmologiques qui pourrait s'expliquer par une modification de la théorie de la gravitation à grandes distances. D'autre part, l'impossibilité de construire une théorie quantique de la gravitation, comme celles que l'on connaît des autres forces fondamentales : électromagnétiques et nucléaires (forte et faible). D'après certaines théories de la gravitation autre que la Relativité générale, les ondes gravitationnelles se diffusent à une vitesse différente de la lumière. Or, en observant pour le même événement un signal électromagnétique – se propageant à la vitesse de la lumière – et un signal en ondes gravitationnelles, on a pu constater que les ondes gravitationnelles, elles aussi, se propagent à la vitesse de la lumière. Ainsi, c'en est fini d'un grand nombre de théories alternatives de la gravitation !

6

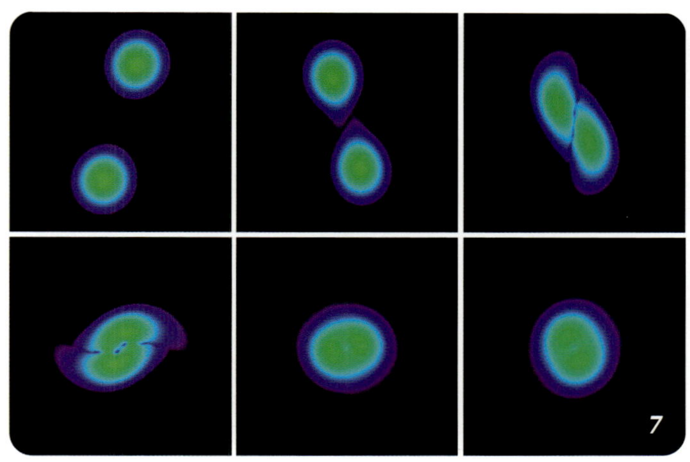

7

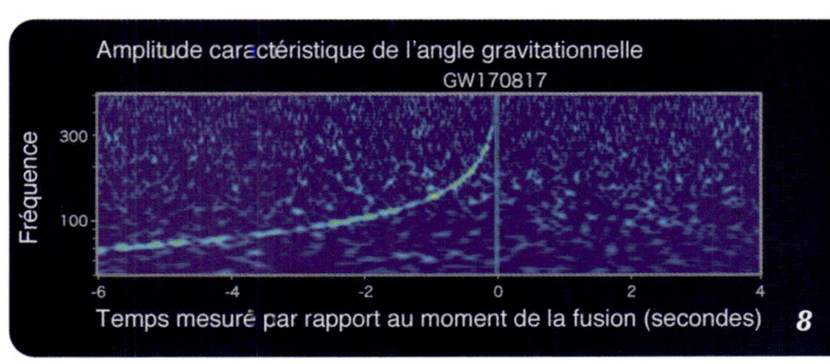

8

Des découvertes exceptionnelles

Depuis les premières détections historiques d'ondes gravitationnelles en 2015 par les trois interféromètres de la collaboration LIGO-Virgo, celle-ci a observé près d'une centaine d'évènements source d'ondes gravitationnelles. La plupart d'entre eux ont été émis lors de la fusion de deux trous noirs. Deux observations correspondent à la fusion de deux étoiles à neutrons et au moins trois autres d'un trou noir et d'une étoile à neutrons.
La campagne d'observations d'ondes gravitationnelles de la collaboration LIGO-Virgo s'est achevée en mars 2020, afin de permettre d'améliorer encore les détecteurs pour augmenter leur sensibilité. Parmi les premiers résultats obtenus, les scientifiques sont parvenus à observer avec certitude, en janvier 2020, la fusion de deux systèmes formés d'un trou noir d'une masse d'un peu moins de dix fois celle du Soleil et d'une étoile à neutrons. De plus la construction d'un nouveau détecteur d'ondes gravitationnelles équipé de deux bras de 3 kilomètres de long, le japonais KAGRA, le premier à être souterrain et dont les miroirs de l'interféromètre sont refroidis à -250 °C pour augmenter sa sensibilité, s'est achevée à l'automne 2019. Il a depuis rejoint la collaboration internationale de détections d'ondes gravitationnelles avec les observatoires LIGO-Virgo. Une nouvelle campagne d'observations a eu lieu en mars 2023. La construction d'un nouveau détecteur d'ondes gravitationnelles en Inde, LIGO-India, similaire aux deux observatoires américains est attendue dans les quelques années à venir.
À plus long terme, les scientifiques européens ont proposé de construire un détecteur d'ondes gravitationnelles de nouvelle génération, le Einstein Telescope. Celui-ci se composerait de trois bras de 10 km de longueur chacun (contre deux bras de 3-4 km pour les détecteurs actuels) formant un triangle, situé à une centaine de mètres sous terre. L'Agence spatiale européenne, en collaboration avec la NASA, a également sélectionné le projet LISA de détecteur interférométrique d'ondes gravitationnelles dans l'espace pour un lancement prévu dans les années 2030. Il sera composé de trois satellites éloignés de 2,5 millions de kilomètres l'un de l'autre (presque dix fois la distance Terre-Lune) et formant un triangle qui suivra la Terre à plus de cent fois la distance Terre-Lune, dans sa course autour du Soleil. Une mission test LISA-Pathfinder a été lancée en 2015 et, à 1,5 million de kilomètres de la Terre, a testé avec succès certaines des nouvelles technologies qui seront à l'œuvre pour LISA, en particulier celles destinées à maintenir une distance constante entre les trois différents satellites. Un projet chinois nommé TAI-JI semblable à LISA est également à l'étude. Côté américain, la collaboration LIGO projette d'améliorer à nouveau leurs deux détecteurs, voire d'en rallonger les bras jusqu'à 40 km.
Tous ces interféromètres promettent un futur riche en observation d'ondes électromagnétiques et gravitationnelles, potentiellement combinées avec des détections de neutrinos de haute énergie. Ces particules, dont on s'attend à ce qu'elles soient émises en nombre lors de divers événements astrophysiques comme la fusion d'un système binaire contenant une étoile à neutrons, interagissent peu avec la matière,

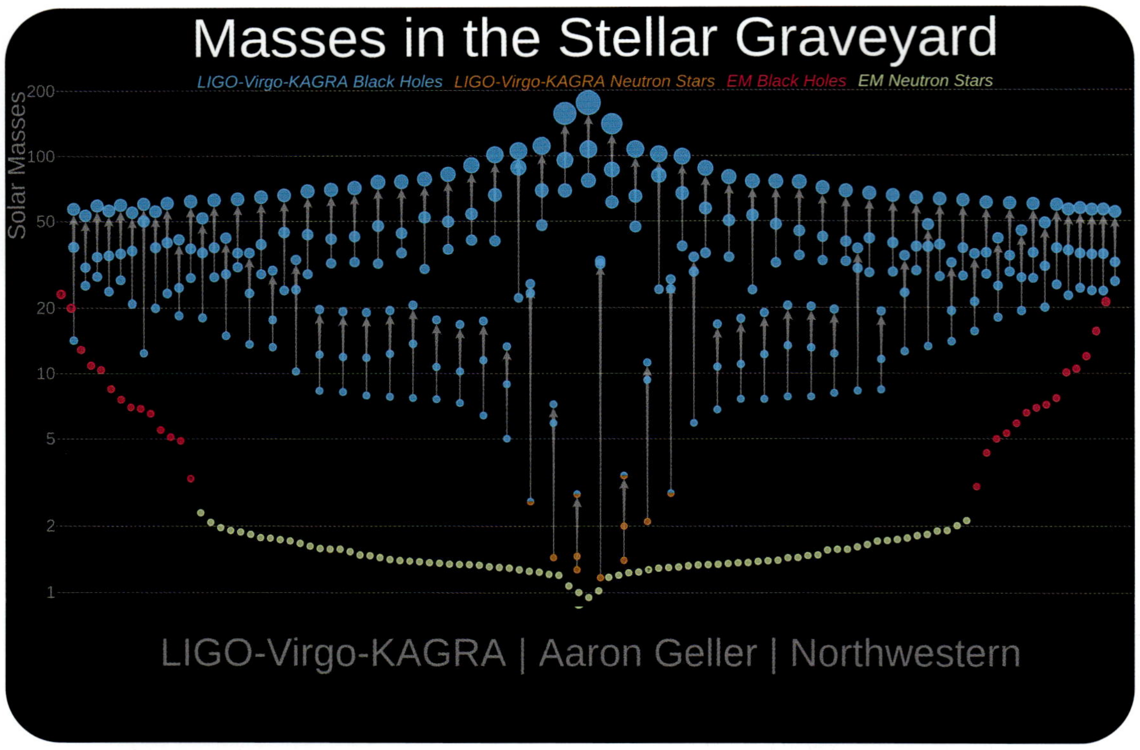

Masses des différents systèmes de deux astres dont la fusion a été observée en ondes gravitationnelles par la collaboration LIGO-Virgo. Les trous noirs sont en bleu, les étoiles à neutrons en orange et les astres dont la nature est inconnue, soit étoile à neutrons soit trou noir, en gris. Pour chaque système, les deux astres qui ont fusionné et le trou noir, plus massif, ainsi formé sont reliés par des courbes grises dans le graphique (novembre 2021).

Image d'artiste de la mission LISA Pathfinder.

mais des installations comme Antares ou Ice-Cube situées à environ 2 500 m de profondeur, l'une dans la Méditerranée au large de Toulon et l'autre sous le pôle Sud en Antarctique, cherchent à les détecter. Les découvertes à venir permettront peut-être de comprendre, entre autres, les propriétés de la matière dans des étoiles à neutrons, la physique des trous noirs, la cosmologie et de possibles détections de nouveaux objets et phénomènes astrophysiques encore inconnus...

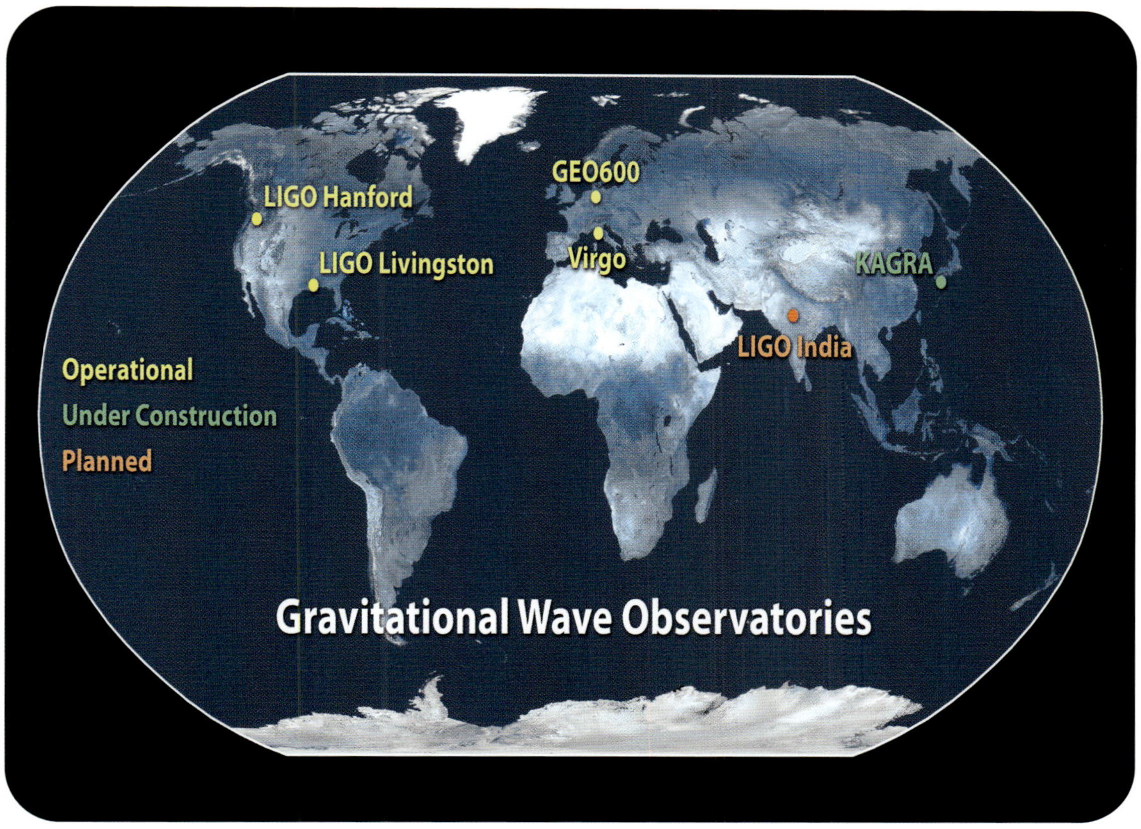

Les cinq détecteurs d'ondes gravitationnelles opérant à l'heure actuelle : les deux LIGO aux États-Unis, et en Europe Virgo et GEO600 (en Allemagne, qui sert principalement de banc d'essai pour les technologies mises en œuvre par LIGO) et le nouveau détecteur japonais KAGRA. Un autre détecteur sera construit en Inde.

Des systèmes binaires d'étoiles à neutrons

Beaucoup d'astres se trouvent dans des systèmes binaires, c'est-à-dire des systèmes avec deux étoiles liées par la gravitation, tournant l'une autour de l'autre. Il en est de même pour les objets compacts qui souvent ont une étoile parente. Les systèmes formés de deux objets compacts sont particulièrement intéressants car le champ gravitationnel y est très important. Une observation précise d'un tel système permet de tester la théorie de la gravitation. De plus, ils sont de très bons émetteurs d'ondes gravitationnelles. Ainsi, la première évidence d'ondes gravitationnelles provenait d'un système binaire d'étoiles à neutrons : PSR 1913+16, découvert en 1974 par les radioastronomes et astrophysiciens américains Hulse et Taylor. Le changement d'orbite observé précisément depuis 1974 est en parfait accord avec l'émission d'ondes gravitationnelles prédite par la Relativité générale, ce qui a valu le prix Nobel à Hulse et Taylor en 1993. Aujourd'hui, plus de quinze systèmes binaires d'étoiles à neutrons sont connus et on s'attend à en trouver bien d'autres avec le projet de radiotélescope *SKA* et les détecteurs d'ondes gravitationnelles *LIGO/VIRGO*.

Les trous noirs

Ils font partie des corps célestes les plus mystérieux et les plus difficiles à observer, et leur nature n'est pas encore parfaitement connue. Provenant d'étoiles mortes selon certains, les trous noirs pourraient constituer des « galeries » à travers l'espace-temps.

Comment naissent les trous noirs ?

Les trous noirs, baptisés ainsi par l'astrophysicien américain John Wheeler en 1967, sont le stade ultime de l'évolution d'étoiles de grandes masses, c'est-à-dire supérieur à 8-10 masses solaires. Une fois que l'étoile a épuisé ses réserves de combustible nucléaire et qu'il n'y a plus de réactions, et que la masse est supérieure à celle qu'une étoile à neutrons peut supporter, celle-ci se contracte complètement et définitivement. Ce stade signe concrètement la mort de l'étoile.

Selon les caractéristiques de l'étoile d'origine, la formation d'un trou noir peut apparaître après une explosion de supernova, ou bien l'étoile en fin de vie se contracte simplement jusqu'à s'éteindre. Cette dernière hypothèse qui semble toutefois peu probable d'après les connaissances actuelles, est un effondrement direct en trou noir sans laisser de trace et sans matière éjectée, l'étoile disparaissant tout simplement.

On pense aujourd'hui que la supernova 1987A dans le grand nuage de Magellan est un exemple de trou noir s'étant formé après explosion en supernova : peu de temps après cette explosion, l'étoile au centre que l'on appelle « proto-étoile à neutrons » s'est effondrée en trou noir.

1

Effets relativistes

Les trous noirs et les pulsars sont des laboratoires naturels où on peut vérifier les hypothèses les plus avancées dans le champ de la physique théorique. La théorie de la Relativité générale formulée par Albert Einstein, en effet, déclare que les lois de la physique sont influencées par le champ gravitationnel local. En substance, le temps passe à des rythmes différents en présence de champs gravitationnels d'intensités différentes (le temps passe plus lentement à proximité d'un trou noir et beaucoup plus vite à proximité d'une étoile comme le Soleil). Par ailleurs, l'espace autour d'un objet compact a également une structure différente. D'après la théorie de la Relativité générale, la présence d'un champ gravitationnel puissant généré par un corps massif comme un trou noir déformerait la structure de l'espace-temps alentour, et sa géométrie serait différente. Ce qui veut dire que, à proximité d'un trou noir, le chemin le plus court pour aller d'un point à un autre ne serait plus la ligne droite mais la ligne courbe, dont la forme est déterminée par le type de déformation spatiale, et donc par la masse même de l'objet compact.

Mais qu'y a-t-il exactement à l'intérieur d'un trou noir ?

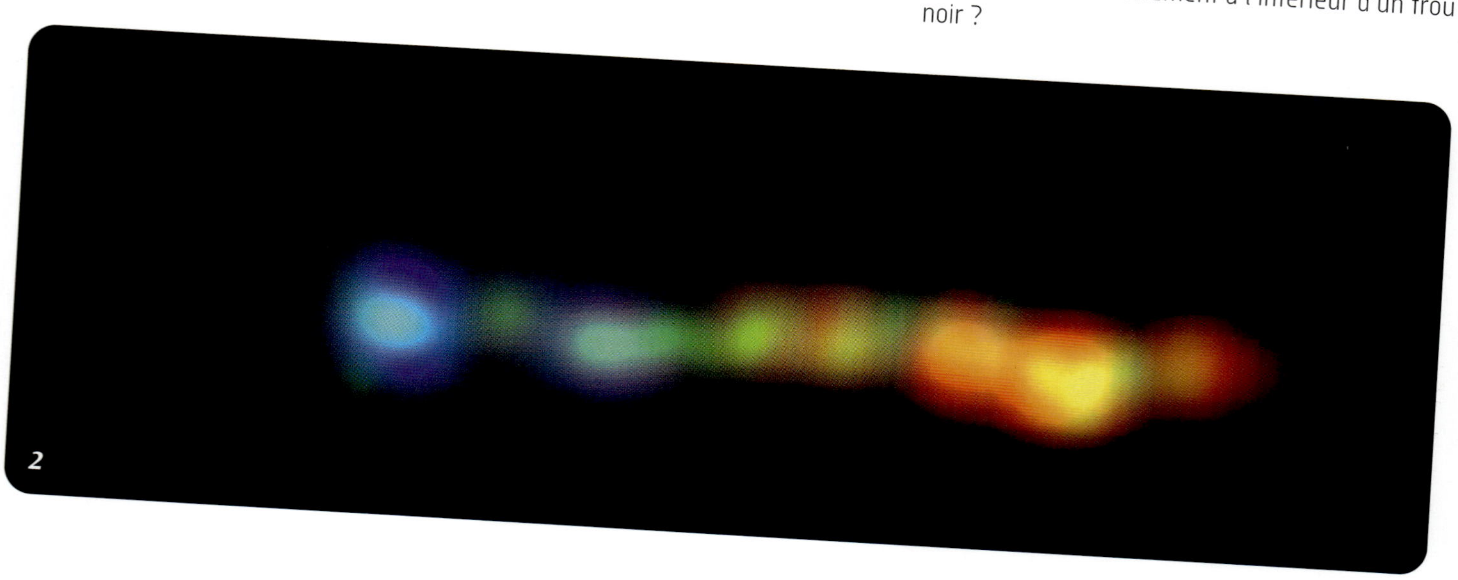

2

1 *Reconstruction artistique de ce que devrait être le trou noir GX 339-4, avec des disques d'accrétion et des jets de matière.*
2 *Jet de particules expulsées par un trou noir photographié en fausses couleurs par le télescope spatial* Hubble. *Les dimensions de cette traînée sont considérables : environ 100 000 années-lumière, c'est-à-dire la taille de notre galaxie.*

Les conditions physiques sont tellement différentes de tout ce qu'on peut reproduire expérimentalement qu'il est difficile de faire de quelconques prévisions. C'est pourquoi il existe une multitude de théories. Parmi les plus audacieuses, l'hypothèse selon laquelle les trous noirs seraient une sorte de « porte » entre différentes dimensions, justement parce qu'ils déforment l'espace et le temps de manière aussi sensible. En entrant dans un trou noir, il serait possible de ressortir par un autre, et donc à un endroit différent de l'espace et peut être également du temps. L'éventualité la plus crédible, en revanche, qui repose sur la physique que nous connaissons, est que tout objet, et donc un éventuel vaisseau spatial, qui pénétrerait dans un trou noir serait immédiatement broyé par l'immense champ gravitationnel.

Différents types de trous noirs

Combien de trous noirs y a-t-il dans l'univers ? Les théories sur l'évolution des étoiles indiquent que les étoiles de grande masse sont majoritaires. Par conséquent, les trous noirs ou les candidats trous noirs dans notre galaxie sont plutôt nombreux. Outre les trous noirs de type stellaire, qui apparaissent suite à l'effondrement gravitationnel d'étoiles de grande masse, il existe également une famille que nous pourrions appeler « grands frères ». Ces derniers se formeraient à l'intérieur du noyau des galaxies suite à l'effondrement gravitationnel de la matière qui s'accumule dans le centre galactique au cours de milliards d'années. Dans ce cas-là, il s'agit de trous noirs géants, dont la masse correspond à quelques centaines de millions de masses solaires et à environ 1 % de la masse totale de la galaxie hôte. C'est pourquoi on les appelle « trous noirs supermassifs ». Selon les théories les plus récentes, toutes les galaxies, y compris notre Voie lactée, auraient, en leur centre, un gigantesque trou noir, et ce serait justement à cause de son action gravitationnelle qu'une grande partie de la matière lumineuse se concentrerait dans les régions centrales. Cela signifierait, par conséquent, que les trous noirs, considérés pendant très longtemps par les physiciens comme une simple abstraction théorique, ou comme un phénomène imaginaire, seraient, en fait, parmi les objets les plus répandus dans l'univers.

3 *Disque de poussière autour d'un trou noir dans la galaxie NGC 7052 photographié par le télescope spatial* Hubble. **4** *Reconstruction artistique d'une galaxie à l'intérieur de laquelle se trouve un trou noir supermassif qui émet des jets d'ondes radio puissants.*
5 *Trou noir supermassif dans une galaxie riche d'étoiles, reconstruit artistiquement sur la base d'informations transmises par le télescope spatial* Spitzer.

La collision de trous noirs

Des ondes gravitationnelles créées par la collision de trous noirs ont été détectées, pour la première fois, le 14 septembre 2015. Un événement majeur, théorisé cent ans auparavant par la relativité générale d'Einstein. Celle-ci prédit que l'espace est déformé par la matière qui s'y trouve et que toute accélération de masse se manifeste par une ondulation parcourant le cosmos. Lorsque deux astres aussi massifs et compacts que des trous noirs entrent en collision à une vitesse de l'ordre de la moitié de celle de la lumière, ils fusionnent en un seul trou noir, plus léger que la somme des deux trous noirs initiaux : une partie de leur masse s'est convertie en ondes gravitationnelles. C'est une telle bouffée d'ondes gravitationnelles – l'équivalent en énergie de trois Soleils – qui a été repérée par les détecteurs de *LIGO* (*Laser Interferometer Gravitational-Wave Observatory*), situés aux États-Unis.

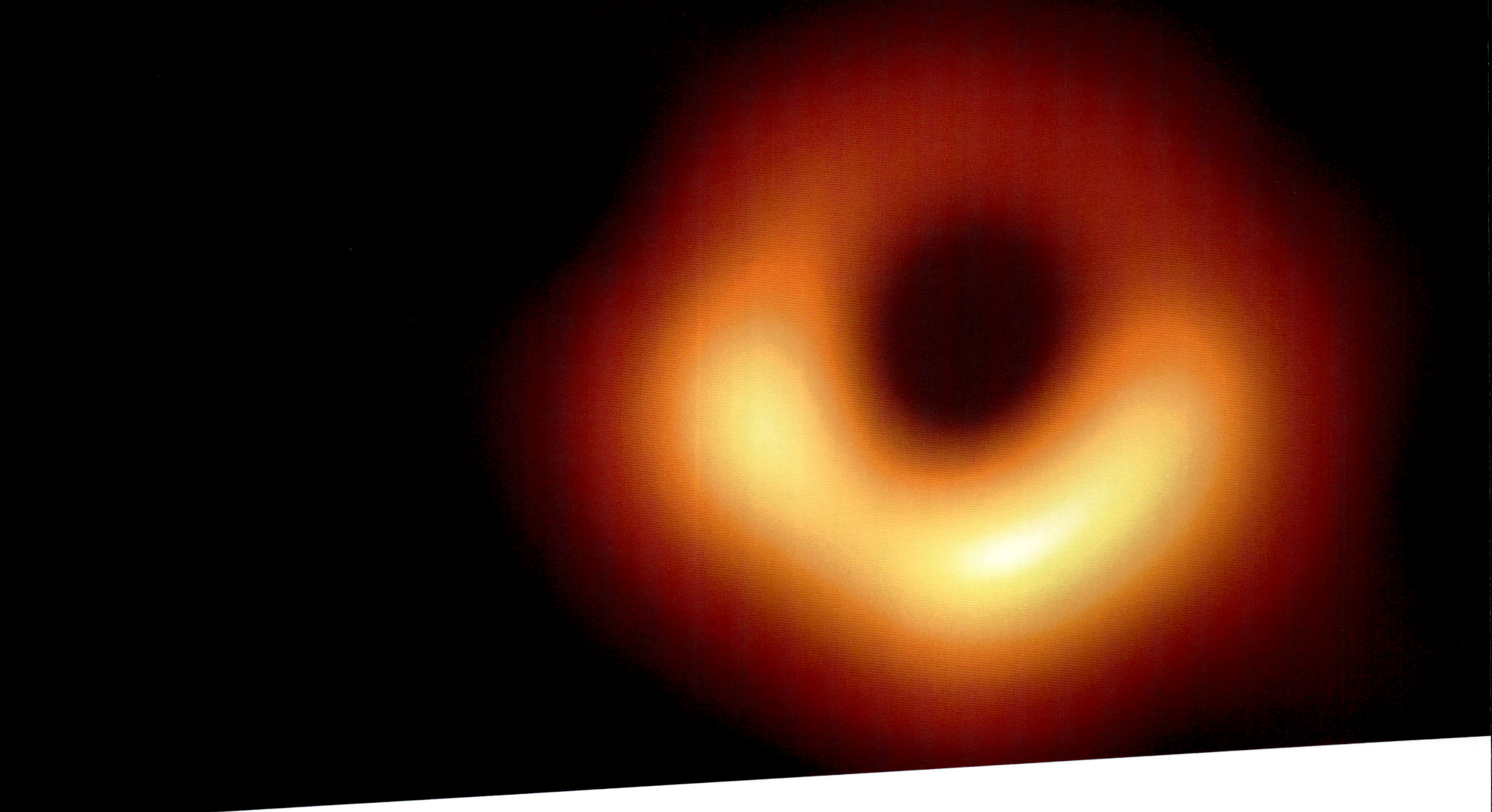

La première image d'un trou noir

En avril 2019, les scientifiques de la collaboration Event Horizon Telescope dévoilent la toute première image d'un trou noir. Celui-ci, nommé M87*, est situé dans la constellation de la Vierge, au centre de la galaxie elliptique supergéante Messier 87 à 53 millions d'années-lumière de la Terre.

Cette observation est un véritable exploit, puisque, à cause de leur immense force de gravité, rien, ni matière ni lumière, ne peut s'échapper d'un trou noir. On appelle horizon des événements la limite au-delà de laquelle la matière comme la lumière se déplaçant en direction du trou noir se retrouvent piégées et ne peuvent ressortir : c'est donc une frontière immatérielle qui sépare le trou noir du reste de l'univers. Ce que les scientifiques sont parvenus à observer, c'est l'ombre de cet horizon.

Les trous noirs au centre des galaxies sont en fait situés dans des régions riches en étoiles, en poussières et en gaz. Toute cette matière forme un disque d'accrétion très lumineux autour du trou noir, s'en rapproche dans un mouvement en forme de spirale et à terme passe l'horizon des événements. Ce phénomène crée une région sombre, d'où même la lumière émise par la matière qui se dirige vers le trou noir ne peut s'échapper, sur le fond lumineux du disque d'accrétion. On observe ainsi l'ombre du trou noir !

L'horizon des événements est si petit qu'il est très difficile à observer. C'est pour cette raison que les astronomes ont choisi de se concentrer sur les trous noirs les plus massifs les plus proches de nous : le trou noir au centre de notre Voie lactée à 26 000 années-lumière de nous et M87*, d'une masse de l'ordre de 6,5 milliards de fois celle du Soleil. L'horizon des événements de ce dernier a un rayon d'une centaine d'unités astronomiques seulement, que les astronomes situés à 50 millions d'années-lumière sont néanmoins parvenus à observer ! Ils ont pour cela utilisé une technique appelée interférométrie pour combiner avec une très grande précision les observations de huit radiotélescopes répartis à la surface du globe, permettant ainsi d'obtenir une résolution équivalente à celle d'un radiotélescope de 10 000 kilomètres de diamètre. Les chercheurs ont ensuite observé pendant quatre jours en avril 2017 le trou noir de M87* et ont recueilli une quantité de données telle qu'il leur fallut près de deux ans pour obtenir la première image d'un trou noir.

La zone sombre au centre de l'image contient l'horizon des événements du trou noir et les différentes teintes d'orange représentent l'intensité de la lumière émise par la matière du disque d'accrétion en spiralant autour du trou noir. Quand elle se déplace dans notre direction, elle apparaît plus lumineuse à cause d'effets relativistes, et c'est l'inverse quand elle s'éloigne de nous. C'est pour cette raison que la partie inférieure du disque est plus brillante que l'autre.

En mai 2022, la collaboration Event Horizon Telescope dévoile la première image de

Le télescope de 30 mètres de l'IRAM.

*Le trou noir M87**

Sagittarius A*, le trou noir central de notre galaxie la Voie lactée, à environ 27 000 années lumière de la Terre. Situé dans la constellation du Sagittaire d'où il tire son nom, il est des milliers de fois plus léger, seulement 4 millions de fois la masse du soleil, et petit que M87*.

Néanmoins les images des deux noirs sont en fait très similaires, du fait que leur dynamique est régie par les mêmes lois physiques, celles de la Relativité Générale.

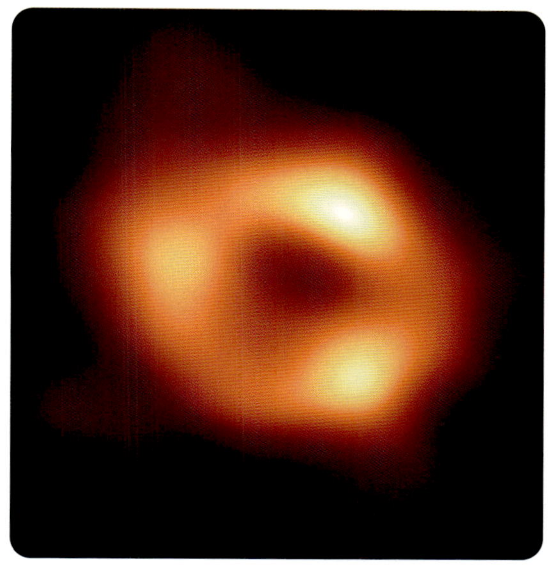

EHT Collaboration

*Première image de Sagittarius A**

Les huit radiotélescopes participant à la collaboration
Event Horizon Telescope.

Le centre de notre Galaxie avec une vue rapprochée de Sagittarius A, son trou noir central supermassif.*

L'observatoire La Silla de l'ESO au Chili, dans le désert d'Atacama, devant la Voie lactée. Sagittarius A, invisible sur cette image, est situé au centre de notre Galaxie, au milieu de l'image en haut, dans la région la plus lumineuse parce que riche en étoiles.*

De la théorie à l'observation

Alors qu'Einstein lui-même ne croyait pas en leur existence, Roger Penrose, en 1965, apporte la preuve mathématique que les trous noirs peuvent exister dans le cadre de la théorie de la Relativité générale. Il décrit également de manière précise les conditions aboutissant à leur formation, lorsque que la matière s'effondre sur elle-même. Ces travaux théoriques ont accéléré le développement de technologies et d'instruments qui ont ensuite permis d'observer des trous noirs, en particulier au centre des galaxies. Ainsi, Reinhard Genzel et Andrea Ghez ont observé, pendant plus d'une vingtaine d'années, le mouvement des étoiles autour de Sagittarius A*, le centre de notre galaxie la Voie lactée, situé à 26 000 années-lumière, avec des télescopes de l'Observatoire européen austral (ESO) au Chili et à Hawaï. Ils observent en particulier une étoile nommée S2 qui est très proche du centre de notre Galaxie et en fait un tour complet en un peu moins de 16 ans contre 200 millions d'années pour notre Soleil. En modélisant le mouvement de S2, Genzel, Ghez et leurs équipes déduisent, en 2002, que Sagittarius A* a une masse de quatre millions de masses solaires concentrées dans un rayon plus petit que la distance entre la Terre et le Soleil. Ils confirment ainsi que le centre de notre Galaxie contient un trou noir supermassif et apportent la preuve observationnelle de l'existence des trous noirs. Penrose, Genzel et Ghez ont reçu le prix Nobel de physique pour leurs travaux en 2020. Des observations de Sagittarius A* sont toujours en cours, en particulier avec l'instrument *GRAVITY* de l'ESO, dont la résolution exceptionnelle permet de suivre avec détail le mouvement des étoiles autour du trou noir. Ils ont ainsi pu montrer que l'étoile S2 est passée au plus près du trou noir en suivant un mouvement conforme aux prédictions de la Relativité générale.

L'amas globulaire 47 Tucanae, appartenant à notre Galaxie est situé dans la constellation du Toucan à 15 000 années-lumière de la Terre. Il est l'un des amas les plus lumineux visibles à l'œil nu depuis l'hémisphère Sud.

Les trous noirs sont également observés avec les détecteurs d'ondes gravitationnelles de la collaboration LIGO-Virgo. En 2019, ils ont découvert le système de trous noirs le plus massif jamais détecté en ondes gravitationnelles. Les deux trous noirs avaient une masse d'environ 66 fois la masse du Soleil pour l'un et 88 pour l'autre ; leur fusion a créé un trou noir de 142 masses solaires en émettant huit masses solaires sous forme d'ondes gravitationnelles. Ce système est exceptionnel pour deux raisons. D'une part, le trou noir final est le tout premier trou noir dit de « masse intermédiaire » jamais détecté, avec une masse comprise entre 100 et 100 000 fois celle du Soleil. Jusqu'à présent, seuls des trous noirs stellaires d'une masse inférieure à 10 fois celle du Soleil et issus de l'effondrement d'étoiles massives et des trous noirs supermassifs au centre des galaxies avaient été observés. D'autre part, la formation de deux trous noirs initiaux demeure un mystère. Si les théories actuelles peuvent marginalement expliquer la formation du trou noir le plus léger, créé à la mort d'une étoile gigantesque, l'existence de l'autre trou noir plus massif est difficile à comprendre. De nombreuses hypothèses ont été proposées par les scientifiques : par exemple, les deux trous noirs pourraient être primordiaux, c'est-à-dire qu'ils pourraient avoir été créés peu après la naissance de l'Univers, avant la formation des premières étoiles. Ou, plus probablement, ils pourraient être issus d'une série de fusions de trous noirs plus petits dans un amas globulaire. Ces amas sont des zones très denses dont la taille varie d'une vingtaine à quelques centaines d'années-lumière, riches de centaines de milliers d'étoiles âgées. Ils sont en orbite autour du centre d'une galaxie, dans le halo, la zone qui s'étend au-delà de la partie principale visible d'une galaxie. On en dénombre à l'heure actuelle environ 150 dans notre Galaxie, 500 dans la galaxie d'Andromède et plus de 10 000 autour de galaxies elliptiques. À mesure qu'ils s'y forment, les trous noirs se concentreraient au centre des amas, favorisant d'autant plus leur collision et fusion et créant ainsi des trous noirs de plus en plus massifs. Plus d'observations de fusions de trous noirs de masse intermédiaire par les détecteurs d'ondes gravitationnelles permettront de mieux comprendre le processus qui conduit à leur formation. La collaboration LIGO-Virgo a aussi observé la fusion de deux trous noirs dont les masses sont les plus différentes jamais mesurées : environ 10 et 30 fois la masse du Soleil, respectivement.

En 2022, le satellite Gaia de l'Agence Spatiale Européenne a observé, grâce à sa précision exceptionnelle, de minuscules oscillations dans le mouvement d'une étoile révélant ainsi qu'elle fait partie d'un système binaire avec un trou noir d'une dizaine de masses solaires. En 2023, un autre trou noir de masse similaire est découvert grâce à la même technique. Ces trous noirs sont exceptionnels à deux égards. D'une part ils sont les plus proches de la Terre jamais observés, à seulement environ 1 500 et 3 800 années-lumière de la Terre, respectivement. D'autre part, ce sont les premiers représentants d'un nouveau type de systèmes binaires où les étoiles sont très éloignées de leur trou noir, à une à deux fois la distance Terre-Soleil.

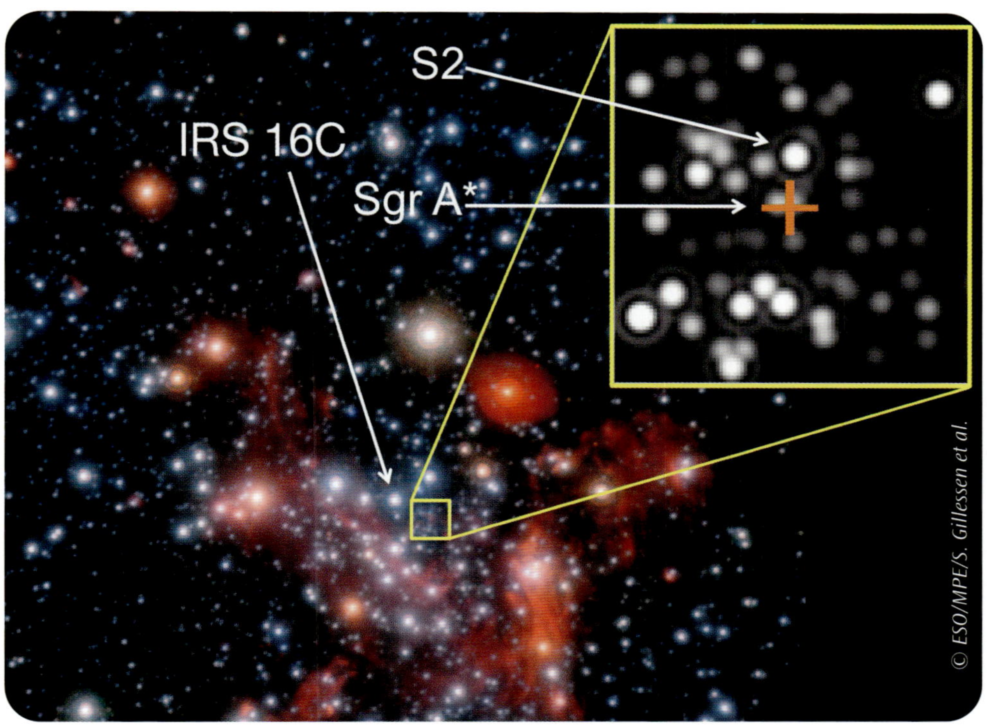

Image du centre de notre Galaxie. IRS 16C et S2 sont deux étoiles qui tournent autour du trou noir super-massif Sagittarius A (Sgr A*). C'est en observant S2 pendant près de vingt ans que les astronomes sont parvenus à mesurer la masse du trou noir au centre de notre Galaxie.*

Les galaxies

La galaxie d'Andromède

La galaxie d'Andromède

Voici l'immense galaxie d'Andromède, également connue sous le nom de Messier 31, ou tout simplement M31. La photo a été prise depuis le télescope spatial *WISE* (*Wide-Field Infrared Survey Explorer*) de la NASA. Cette image, élaborée grâce à des détecteurs infrarouges sophistiqués, fait ressortir en bleu les étoiles matures. Les nuages de gaz à haute température, où se forment de nouvelles étoiles massives, apparaissent en jaune et rouge.

Les bras de la Voie lactée

Les bras de la Voie lactée

À l'instar des premiers explorateurs qui tentèrent de dessiner la carte des continents terrestres sans avoir le recul spatial nécessaire pour les observer, les astronomes se sont engagés à retracer la structure spirale de notre galaxie, bien qu'il soit impossible de la voir de l'extérieur. Les images à infrarouges fournies par le télescope spatial *Spitzer* ont permis d'établir que la Voie lactée est dominée par deux bras uniquement. Ceux-ci entourent un noyau central composé d'étoiles. Par le passé, on croyait que notre galaxie était formée de quatre bras principaux.

La galaxie du Cigare

La galaxie du Cigare

Moins représentée que les autres galaxies, la galaxie du Cigare (M82) tire son nom de sa composition typique allongée et de la présence d'épaisses couches de gaz et de nuages qui la recouvrent partiellement tout en délimitant sa forme. Elle était, encore récemment, considérée comme une galaxie irrégulière, mais les dernières images à infrarouges semblent avoir mis au jour deux bras spiraux symétriques en son sein.

Les galaxies des Antennes

Les galaxies des Antennes

Les observateurs de la NASA ont fourni de nouvelles images des deux galaxies à spirales en interaction, que l'on peut observer sur la constellation du Corbeau. Il s'agit des galaxies des Antennes, ainsi nommées pour leurs bras filamenteux caractéristiques, qui se développent vers l'extérieur. Situées à près de 62 millions d'années-lumière de la Terre, elles sont le fruit d'une collision qui engendra un intense phénomène de formation stellaire.

La galaxie du Sombrero

La galaxie du Sombrero

Ainsi dénommée pour sa ressemblance avec le plus connu des chapeaux mexicains, la galaxie du Sombrero (également représentée par les sigles M104 ou NGC4594) doit sa célébrité à sa surprenante bande de poussières, probablement mélangées à des gaz moléculaires, qui entoure son noyau central. Située dans la constellation de la Vierge, la galaxie du Sombrero est l'un des objets les plus observés par les passionnés d'astronomie. En 1990, un trou noir supermassif a été découvert au cœur de la galaxie.

La quintette de Stephan dans le Pégase

La quintette de Stephan dans le Pégase

Au milieu de l'image à droite se trouve, en fait, une paire de galaxies. Seules quatre des cinq galaxies sont situées dans la même région de l'espace, à 340 millions d'années-lumière. La cinquième en haut à gauche est sept fois plus proche de nous. On observe des galaxies de différentes morphologies, certaines déformées avec des bras spiraux allongés, résultats d'interactions entre elles, qui causèrent une bouffée de formation d'étoiles.

La galaxie Messier 101

La galaxie Messier 101, ou galaxie de la roue de feu, se trouve dans la constellation de la Grande Ourse. C'est une spirale tourbillonnante composée d'étoiles, de gaz et de poussières. Presque deux fois plus grande que la Voie lactée, elle révèle de nouveaux détails intéressants sur cette image composée prise par les télescopes spatiaux *Spitzer*, *Hubble* et *Chandra*. La couleur rouge correspond aux clichés infrarouges pris par *Spitzer*.
Elle représente la chaleur dégagée par les filaments de poussière, où de nouvelles étoiles semblent se former. La couleur jaune correspond à la lumière visible à l'œil nu, capturée par *Hubble*. Cette lumière provient des étoiles et délimite la structure spirale de la galaxie, avec ses traînées de poussière. La couleur bleue, enfin, indique les rayons X, immortalisés par le télescope orbital *Chandra*.
Les sources de ces rayons sont liées à des nuages de gaz de température extrêmement élevée, à des étoiles ayant explosé et à de la matière en collision autour de trous noirs. Cette illustration permet aux astronomes de superposer les attributs observés sur différentes longueurs d'onde. Ce qui revient, en pratique, à observer simultanément un objet avec un appareil photo, des lunettes pour la vision nocturne et des rayons X.

La galaxie d'Andromède

Andromède (que l'on a appelé aussi grande nébuleuse d'Andromède) est la plus grande galaxie se trouvant à proximité de la Voie lactée. Elle se situe à près de 2,5 millions d'années-lumière de notre Soleil, en direction de la constellation boréale d'Andromède. Sur cette image, outre les étoiles matures bleues et les nuages de gaz jaunes, où de nouvelles étoiles se créent, on peut apercevoir deux galaxies satellites : M32, qui se trouve juste au-dessus d'Andromède au centre gauche, et M110, lumière bleue sous les grands bras spiraux. La masse de la galaxie d'Andromède est semblable à celle que représenteraient 250 milliards de soleils ; elle apparaît donc deux fois plus massive que la Voie lactée. La galaxie d'Andromède et notre Voie lactée ont le même âge et possèdent une dynamique et une composition similaires : si on pouvait les observer de loin, on verrait qu'elles se ressemblent. Enfin, toutes deux, ainsi que les nuages de Magellan et d'autres galaxies très proches de M31, font partie de ce que l'on appelle « le groupe local des galaxies » (les plus rapprochées et physiquement liées à la nôtre).

Les bras de la Voie lactée

Les recherches à infrarouges menées par divers satellites astronomiques, parmi lesquels *IRAS* et *COBE*, ainsi que les instruments offrant une observation infrarouge installés au sommet du Mauna Kea (Hawaï), ont permis d'acquérir une bonne connaissance des structures internes de notre galaxie. Il est notamment quasi certain que son bulbe est telle une « barre ». Cette illustration artistique offre une nouvelle vision de la Voie lactée. Elle n'a que deux bras principaux, le bras *Scutum-Centaurus* (de l'Écu ou du Centaure) et le bras *Perseus* (Persée) reliés à une barre centrale (d'où l'appellation de « spirale barrée »). Les autres bras, auparavant considérés comme principaux, ont été « déclassés » à l'état de bras secondaires : *Norma* (la règle) et *Sagittarius* (Sagittaire). Les bras principaux recèlent des étoiles jeunes et vieilles, alors que les bras secondaires sont principalement composés de gaz et contiennent de nombreuses formations stellaires. Notre Soleil se trouve à proximité d'un petit bras partiel, appelé bras d'Orion, situé entre Sagittaire et Persée.

La galaxie du Cigare

Localisée à 12 millions d'années-lumière de distance, la galaxie M82 apparaît sur la constellation de la Grande Ourse de janvier à août, mais surtout au printemps.
On l'appelle également galaxie du Cigare, du fait de sa forme elliptique, due à l'inclinaison de son disque stellaire depuis notre point de vue. Elle fait partie des galaxies *starbust*, celles dont le processus de formation stellaire est particulièrement violent et intense, comparativement à l'activité habituellement constatée dans la majeure partie des galaxies.
De tels phénomènes semblent imputés à la force gravitationnelle de la plus grande et plus proche galaxie, Bode, ou galaxie M81. Sa luminosité est partiellement occultée par un ensemble de filaments nébuleux composés de gaz et de poussières. Les astronomes ont récemment observé la formation d'un épais et dense nuage de fumée rosâtre autour de la galaxie, s'étendant sur près de 20 000 années-lumières. Signe, peut-être, de la naissance de nouvelles étoiles.

Les galaxies des Antennes

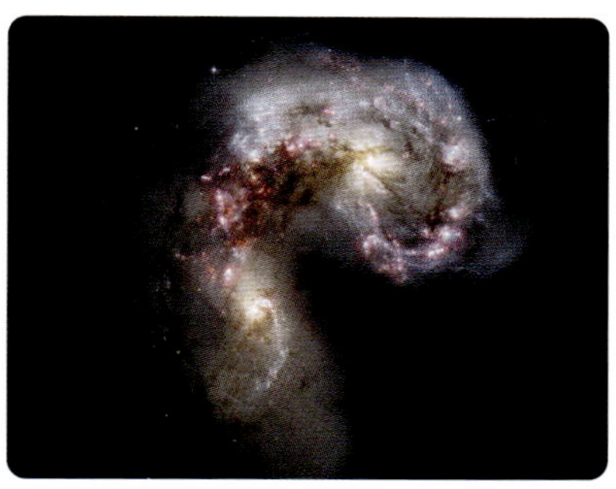

Ces deux galaxies, désignées par les sigles NGC 4038/4039 et C 60/31, sont entrées en collision il y a plus de cent millions d'années. Leur interaction, encore actuelle, a engendré la formation de millions d'étoiles au sein des nuages de gaz et de poussières. Cette image montre d'énormes nuages de gaz interstellaire à très haute température, enrichis d'éléments provenant de l'explosion d'une supernova. Ce gaz enrichi contient de l'oxygène, du fer, du magnésium, du silicium et entrera dans la composition de nouvelles étoiles et planètes. Les zones bleues lumineuses correspondent à de massifs amas stellaires ouverts, parfois regroupés en amas d'amas. L'intersection des deux galaxies possède une définition irrégulière, où se glissent de nombreux nuages obscurs denses et chaotiques.
Les données récoltées par *Hubble* révèlent la présence d'anciennes étoiles et de régions de formation stellaire en jaune et noir, alors que les filaments de poussière apparaissent en marron. Les galaxies sont enveloppées de deux enveloppes externes, composées de poussières interstellaires.

La galaxie du Sombrero

Considérée comme l'un des objets les plus photogéniques de l'univers, la galaxie du Sombréro se trouve à près de 28 millions d'années-lumière de la Terre, possède un diamètre d'environ 50 000 années-lumière et une masse équivalente à 800 milliards de masse solaire. Inscrite par Charles Messier dans son catalogue astronomique à la fin du XVIIIe siècle, elle se présente, vue de la Terre, telle une représentation en coupe qui en souligne la forme caractéristique, tout en masquant sa structure interne à spirale. Au XIXe siècle, on croyait que le noyau interne était constitué d'un amas de gaz lumineux enveloppant une jeune étoile.
En réalité, la lumière diffuse émise par le gonflement central est due à des milliards d'anciennes étoiles et amas globulaires, soit des ensembles sphériques de centaines de milliers (ou millions) d'étoiles. L'image qui vous est proposée est composée. C'est le fruit d'une double observation à la lumière visible et à la lumière infrarouge. La première a été obtenue par le télescope *Hubble* et la seconde par *Spitzer*.

Naissance des galaxies

Immédiatement après le big bang, l'univers était probablement très uniforme, dépourvu d'étoiles, de galaxies ou de tout autre type de structure. Comment un univers aussi plat et homogène s'est-il transformé en un spectacle de formes et de couleurs, regorgeant d'étoiles regroupées en amas, de galaxies et d'amas galactiques ?

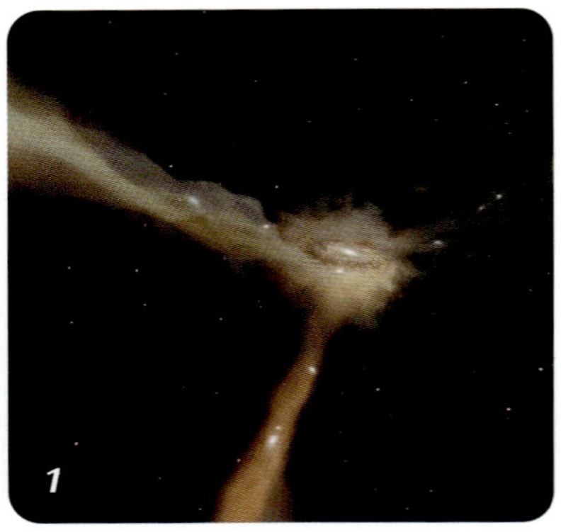

Perturbations et gravité

La densité de l'univers primordial ne connaissait que de petits écarts d'homogénéité dus à l'incessant mouvement des particules agitées par le rayonnement : un gaz en bouillonnement permanent, telles les vagues montantes et descendantes de la mer. Mais l'eau de mer se soulève puis retombe, portée par son propre poids : c'est la gravité qui atténue toutes les perturbations à l'intérieur du fluide. Au contraire, dans l'univers, les perturbations de densité qui se créaient continuellement se servaient de la gravitation : elles grossissaient et la force d'attraction exercée par leur propre masse leur permettait d'attirer la matière environnante, créant dans l'univers ces écarts d'homogénéité qui subsistent aujourd'hui encore.

Différentes hypothèses

Deux scénarii sous entendent les théories les plus avancées ces dernières décennies sur la formation des galaxies. Selon la théorie « hiérarchique », les premières structures à s'être formées étaient celles possédant une masse d'environ un million de fois le Soleil. Les structures plus grandes, telles que les galaxies, se formèrent par agrégat des plus petites. Puis, la réunion de ces galaxies en groupes et amas... galaxies a abouti à des structures les plus importantes de l'univers : les superamas, reliés par la force de gravité. Un point de vue contraire soutient que les plus petites structures proviendraient de la fragmentation des plus grosses. Ainsi, les superamas auraient été créés les premiers : des millions de milliards de masses solaires se seraient effondrées, cédant à la pression des gaz et du rayonnement. Les masses de cette entité auraient donc occupé, à l'époque, d'immenses espaces, pâtissant par la suite de l'expansion de l'univers, elle-même amorcée avec le big bang. Cette expansion aurait contraint la grande structure en formation à s'aplatir dans une certaine direction, produisant de fait une « feuille » de matière dense. Celle-ci, à peine créée, a dû se contracter sous une autre forme, donnant ainsi naissance à des filaments étendus sur des millions d'années-lumière. Avec le temps, ces filaments se seraient scindés en entités plus petites, engendrant amas galactiques puis simples galaxies.

***1** Dans cette illustration artistique, les colonnes de gaz froids alimentent la croissance massique d'une galaxie : les mesures effectuées par le télescope spatial* Herschel *ont démontré que les nouvelles étoiles ne naissent pas forcément de collisions intergalactiques.*
***2** Les astronomes ont découvert que la galaxie à spirale NGC4622 tourne dans le sens horaire, alors que ses bras semblent indiquer le contraire ; les régions bleues externes mettent en lumière les nouvelles étoiles.*
***3** Un masque aux yeux menaçants : voici le fruit de l'interaction entre les galaxies NGC2207 et IC2163 situées dans la constellation du Grand Chien.*

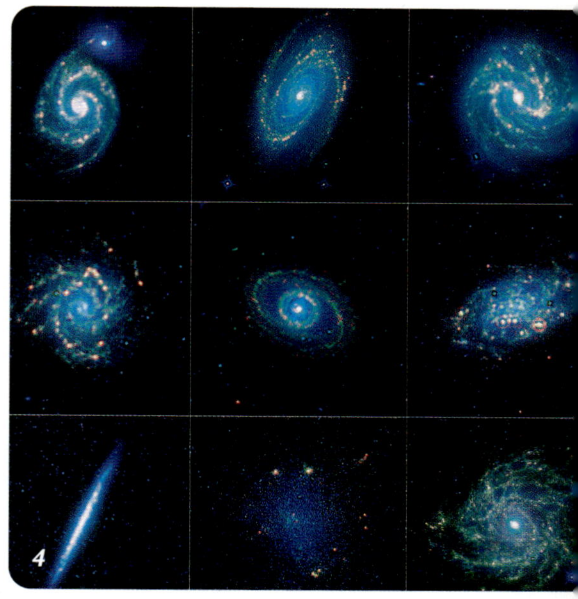

Théories à l'essai

L'observation directe des galaxies les plus jeunes a permis, ces dernières décennies, d'étayer notamment ces deux théories. En 1980, l'astronome américain Dressler établit une relation entre le type de galaxie (elliptique ou à spirale) et leur localisation : c'est ce qu'on appelle la relation « morphologie-densité[1] ». Les galaxies elliptiques sont plus nombreuses à l'intérieur des amas qu'à l'extérieur, alors que le reste de l'espace est dominé par les galaxies spirales et irrégulières. Dans le scénario de la fragmentation, une galaxie est issue d'un amas ; il est donc possible que l'environnement ait une influence sur le type de galaxie en formation. En outre, les filaments prévus par cette théorie apparaissent effectivement sur les cartes des galaxies établies après étude.

Ces arguments en faveur de la fragmentation ont pourtant été démentis par une simple observation depuis le télescope spatial *Hubble*. Celui-ci a photographié des galaxies elliptiques en tout point semblables à celles se trouvant proches de nous, mais formées seulement deux milliards d'années après le big bang. Pour qu'une galaxie soit visible, un milliard d'années au moins doit s'être écoulé depuis sa naissance. Cela suppose que les elliptiques observées par *Hubble* se sont formées un milliard d'années seulement après le big bang. Mais cela est trop court pour valider la théorie de la fragmentation. Cependant, aucune preuve n'a formellement établi la théorie hiérarchique. En dépit des récentes découvertes relatives à la matière obscure, l'origine des galaxies reste donc un chapitre ouvert.

Les populations stellaires

La diversité constatée entre les divers types de galaxies ne porte pas uniquement sur leur aspect extérieur. Les astronomes désignent habituellement comme « populations stellaires » les groupes d'étoiles formés au même moment. Il existe la population I, de constitution récente et qui produit encore de nouvelles étoiles, et la population II, dont les étoiles sont très anciennes, probablement formées un milliard d'années après le big bang. On trouve donc, dans toutes ces galaxies, des étoiles de près de 14 milliards d'années et des étoiles plus jeunes. Les deux familles se différencient par leur couleur (les étoiles anciennes sont généralement plus rouges que les jeunes) et par leur composition chimique. Un ensemble d'étoiles nées peu après le big bang, alors qu'il n'existait pas d'éléments lourds, est nécessairement composé de la même matière que celui-ci. Mais les grandes étoiles meurent rapidement et peuvent exploser en phase finale de leur vie, formant des éléments lourds qui se retrouvent dans l'espace. Ainsi, depuis des milliards d'années, les étoiles se créent à partir de matière qui intègre également ces nouveaux éléments.

4 Un catalogue des différents types de galaxies : spirale simple (avec deux bras ou plus), spirale barrée, lenticulaire, naine. Sur cette image, il s'agit, de gauche à droite et du haut vers le bas, des galaxies suivantes : M51, M81, M83, NGC 628, NGC 1398, NGC 2403, NGC 5907, NGC 6822 et IC 342.
5 On notera, sur cette image de la galaxie à spirale M 106, la présence de deux bras inhabituels, qui ressortent en bleu et violet.

Galaxies jeunes et vieilles

Les observations ont démontré que les galaxies elliptiques (*sur cette photo, la galaxie du Centaure A*) sont composées d'étoiles appartenant à la population II, vieilles et rouges, alors que le disque des galaxies à spirale foisonne d'étoiles de population I, encore jeunes ou naissantes. On retient donc que les premières sont, en moyenne, de constitution plus ancienne que les secondes, même si, au centre des galaxies à spirale ainsi que dans le halo externe, on trouve un grand nombre d'étoiles de population II. De ce point de vue, une galaxie elliptique ressemble fortement au noyau galactique d'une spirale, sans le disque environnant formé de gaz et poussières, composants nécessaires à la formation de nouvelles étoiles.

---

[1] Ou effet de ségrégation morphologique.

La Voie lactée

Impossible d'ignorer, lorsqu'on observe le ciel nocturne, la bande blanchâtre et fondue qui traverse la sphère céleste et qui porte le nom de Voie lactée. Visible quelle que soit sa position sur la surface terrestre, elle revêt la forme d'un anneau, dont seule une partie est dévoilée. La Voie lactée n'est, à nos yeux, qu'une faible et diffuse luminosité. Mais il s'agit, en réalité, du disque galactique vu de côté, formé d'une kyrielle d'étoiles que l'œil humain ne saurait distinguer.

1

Le disque de la galaxie

La Voie lactée est une galaxie « à spirale » constituée d'un grand corps principal plat en forme de disque possédant un diamètre de plus de 100 000 années-lumière, qui renferme la majeure partie des étoiles. Ce disque n'est pas de formation compacte et contient des structures courbes issues du noyau, qui s'étendent jusqu'aux confins de la galaxie. Elles s'appellent « bras spiraux », zones de matière à forte densité où, aujourd'hui encore, des nuages de gaz et de poussières interstellaires donnent le jour à de nouvelles étoiles. Le noyau galactique se situe au centre de cette structure aplatie qu'est le disque.

À l'intérieur de celui-ci se trouve le halo, coque à symétrie sphérique peuplée des plus vieilles étoiles et d'amas globulaires représentant les plus anciens systèmes stellaires de notre galaxie. Ces derniers sont de forme circulaire caractéristique et de densité stellaire extrêmement élevée. Les amas globulaires comptent parmi les objets les plus extraordinaires que l'on peut contempler au télescope.

Le soleil se trouve sur le plan médian à une distance d'environ 28 000 années-lumière du cœur de la galaxie. Cela signifie qu'il est en périphérie, environ aux deux tiers du rayon galactique en partant du centre. Dans la mesure où nous sommes littéralement immergés dans la galaxie et que nous l'observons depuis l'intérieur, son disque nous apparaît telle une bande étoilée (la Voie lactée) projetée sur la sphère terrestre.

Les mouvements de la Voie lactée

Il est difficile, confortablement installé à son bureau, de croire que nous voyageons dans l'espace et que nous prenons part aux mouvements propres à notre planète, à ceux qu'elle effectue avec tout le système solaire à l'intérieur de la Voie lactée, ou encore au sein de l'univers en expansion. Nous faisons, à chaque instant, une course folle, parcourant une centaine de kilomètres par seconde ; ces mouvements sont imperceptibles, car ils sont réguliers et semblent se produire à une vitesse toujours constante.

Notre galaxie tourne sur elle-même en près de 240 millions d'années, et le Soleil est en orbite autour de son centre à une vitesse d'environ 220 km par seconde, soit 800 000 km/heure. Aussi peut-on aisément imaginer que le ciel étoilé illuminant les nuits sur Terre au temps des dinosaures était très différent du ciel actuel, puisque le soleil a parcouru au moins un tiers de sa révolution pendant ce laps de temps. Les constellations telles que nous les connaissons aujourd'hui n'existaient pas à l'époque et, de la même manière, n'existeront plus dans un

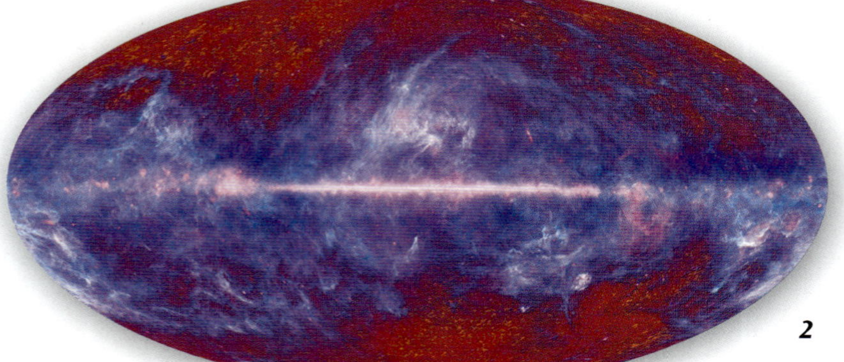

2

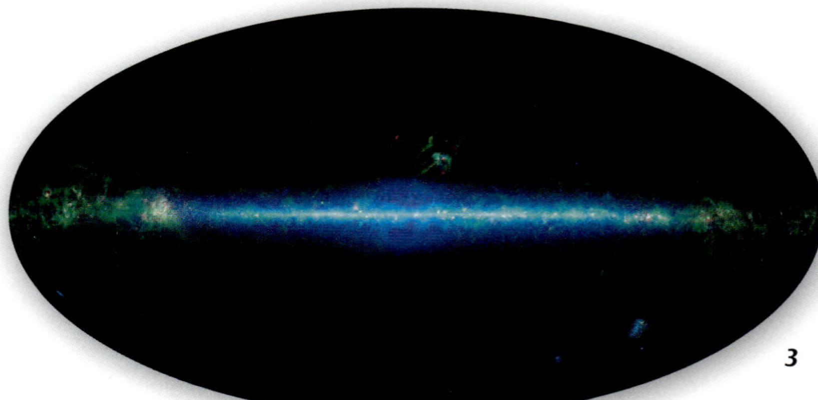

3

Herschel et le décompte des étoiles

William Herschel (1783-1822) fut le premier astronome à étudier de manière scientifique la répartition des étoiles sur la sphère céleste. À partir de 1780, il lança un programme de comptage systématique des étoiles apparentes. Au fur et à mesure qu'il répertoriait les parties du ciel se rapprochant de la Voie lactée, le nombre d'étoiles tendait à augmenter. Se fondant sur la cartographie bidimensionnelle du ciel, Herschel parvint à reconstituer la constitution tridimensionnelle de la Voie lactée, établissant que les étoiles se trouvaient, en majeure partie, sur une structure aplanie, à l'intérieur de laquelle se trouvait le Soleil (*sur l'illustration, le télescope spatial baptisé d'après Herschel, entré en orbite par l'ESA en 2009*).

futur très lointain. La rotation de la Voie lactée et de toutes les autres galaxies à spirale se produit de manière différenciée ; ce qui signifie que les étoiles et les objets célestes centraux ont une période de révolution plus courte que les plus éloignés.

Les autres mouvements

Nombreux sont les autres mouvements au sein de la Voie lactée. À titre d'exemple, le Soleil possède un mouvement propre qui se superpose à la révolution autour du centre galactique. Il se déplace en direction de l'étoile Mu de la constellation d'Hercule à une vitesse d'environ 17 km/seconde, soit près de 60 000 km/heure. Afin d'appréhender un tel mouvement, les astronomes observent des étoiles de référence en direction opposée. Si, d'un côté, les étoiles semblent s'éloigner de nous d'un bloc, celles se trouvant de l'autre côté paraissent, au contraire, se rapprocher ; ce qui signifie que le Soleil se déplace dans l'espace. C'est comme si on empruntait en voiture une route droite et longue, bordée d'arbres : ceux se trouvant devant la voiture avancent, alors que ceux derrière s'éloignent de manière uniforme.

De même, les étoiles possèdent leurs propres mouvements, dus, en général, à l'attraction locale exercée par des étoiles à proximité. En conséquence, elles « se promènent » à travers la galaxie.

Le mouvement des amas

Les étoiles ne sont, bien sûr, pas les seules à se mouvoir ; il en est ainsi pour tous les autres objets qui peuplent la Voie lactée : amas ouverts et globulaires, nébuleuses, etc. Le mouvement des amas globulaires est particulièrement intéressant. Ce sont des ensembles très denses composés de centaine de milliers de vieilles étoiles, qui peuplent par centaines une région sphérique autour du noyau et du disque de la galaxie. Les amas globulaires se comportent tels de véritables satellites, tournant autour du centre galactique selon des orbites elliptiques beaucoup plus allongées et inclinées que le disque. Ils se déplacent à une vitesse d'environ 200 km / seconde, passant régulièrement à travers le disque à une fréquence de quelques millions d'années. Leur densité extrême leur assure une stabilité. Néanmoins, l'interaction avec le plan de la Voie lactée entraîne leur désagrégation.

Il en est très différemment des amas ouverts, qui contiennent à peine quelques centaines ou milliers d'étoiles, et se disloquent généralement dans les bras spiraux. Les étoiles qui les peuplent sont moins épaisses que celles des amas globulaires. Aussi tendent-elles à se désagréger généralement sur des dizaines de millions d'années. En effet, il existe de nombreux amas globulaires extrêmement anciens, de plus de dix milliards d'années, alors que les amas ouverts sont généralement beaucoup plus jeunes.

5

4

1 *La nébuleuse SH 2-235, sur le bras de Persée de la Voie lactée ; on notera, en son sein, une activité de formation stellaire.*
2 *Une image aux rayons X de tout le ciel obtenue par le satellite* Planck *de l'Agence spatiale européenne ; les régions rougeâtres en haut et en bas représentent le rayonnement primordial émis avec le big bang ; notre galaxie est le disque blanc qui traverse le planisphère.*
3 *Cartographie du ciel aux infrarouges réalisée par le télescope spatial* WISE *de la NASA, avec la Voie lactée au centre.*
4 *Voici le relief photométrique de l'univers obtenu par deux télescopes depuis la Terre, respectivement situés en Arizona et au Chili ; en bas à droite, on peut apercevoir les deux nuages de Magellan.*
5 *Une image à infrarouge du cœur de la Voie lactée ; les nuages de poussières interstellaires d'où émergent de jeunes étoiles massives se distinguent nettement.*

Le Groupe local

Les seules galaxies externes à notre Voie lactée et visibles à l'œil nu sont la galaxie d'Andromède, dans le ciel boréal, et les deux Nuages de Magellan, dans le ciel austral. Toutes trois font partie d'un grand ensemble que la gravité maintient en équilibre, appelé « Groupe local ». Celui-ci compte quelque trente ou quarante galaxies au total.

Une famille de 30 à 40 membres

Les galaxies du Groupe local constituent un laboratoire d'observation unique, grâce à leur proximité de la Voie lactée. Les objets qu'il nous est donné de contempler sont aussi divers que ceux étudiés aux quatre coins du cosmos grâce aux télescopes les plus puissants. Mais, dans ce cas précis, chaque étoile peut être minutieusement détaillée, afin d'en découvrir la composition.
Deux critères déterminent l'appartenance ou non d'une galaxie au Groupe local. Si on considère toutes celles se trouvant à une distance conventionnelle, par exemple 4 millions d'années-lumière, on en dénombrera alors une trentaine. Si, au contraire, on considère la vitesse à laquelle les galaxies se rapprochent ou s'éloignent de la nôtre, alors le groupe s'agrandira peu à peu, incluant de fait des objets plus lointains. En outre, il est parfois difficile d'observer les galaxies les plus faibles, en dépit, voire même à cause, de cette proximité. Constamment, des études mettent au jour de nouvelles galaxies naines appartenant au Groupe local.

1

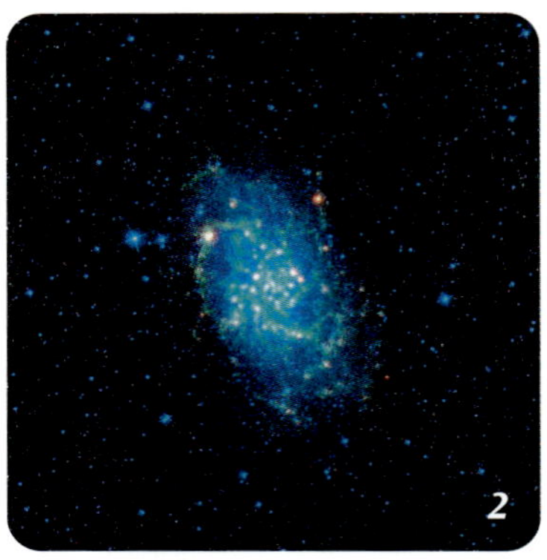

2

Spirales et elliptiques

Les objets les plus éloignés et lumineux du Groupe Local sont la Voie lactée et les deux galaxies M31 et M33. Notre galaxie possède un diamètre d'environ 130 000 années-lumière, largement inférieur à celui de la galaxie d'Andromède (M31) de près de 200 000 années-lumière. Dans les deux cas, il s'agit de galaxies à spirale, même si la Voie lactée possède des bras un peu plus prononcés. M33, qui se situe dans la constellation du Triangle, est de type similaire, mais possède une taille résolument plus modeste et un diamètre d'environ 45 000 années-lumière.
Les deux galaxies principales, la Voie lactée et M31, sont entourées de nombreuses autres galaxies plus petites, irrégulières ou galactiques naines, qui elles-mêmes forment des sous-ensembles. Près de la Voie lactée se trouvent les Nuages de Magellan : le petit, appelé SMC (*Small Magellanic Cloud*), et le grand LMC (*Large Magellanic Cloud*) se trouvent à près de 200 000 années-lumière. Puis il y a les galaxies naines : Sagittaire, Petite Ourse, Dragon, Sextant, Sculpteur, Fourneau, Léo I et Léo II. Même les petites galaxies sphéroïdales que sont le Sculpteur,

3

1 Le noyau, dense, de la galaxie elliptique M32 dans le groupe d'Andromède. 2 La galaxie M33, l'un des objets les plus lumineux visibles du Groupe local. 3 La galaxie naine irrégulière IC 1613, observée aux ultraviolets (à gauche) et à la lumière visible (à droite) ; elle se situe à la frontière externe du Groupe local.

le Dragon et la Petite Ourse, comme d'ailleurs les Nuages de Magellan, sont des satellites de notre galaxie. Le groupe d'Andromède inclut les galaxies M32 et M110 (deux galaxies elliptiques en orbite satellite autour d'Andromède), NGC 147 et NGC 185, et les systèmes d'Andromède I, II, III et probablement IV. Il n'est pas exclu que M33 appartienne également au groupe d'Andromède et possède un compagnon : LGS 3. À l'exception des grandes galaxies à spirale comme la Voie lactée, M31 et M33, tous les autres membres du Groupe local sont des galaxies irrégulières ou elliptiques naines. Ce modèle de répartition est similaire à celui des autres ensembles galactiques.

La plus proche et la plus éloignée

Les astronomes ont longtemps pensé que les Nuages de Magellan étaient les galaxies externes les plus proches. Aujourd'hui, cependant, le record de proximité est détenu par la galaxie elliptique naine du Grand Chien, distante de 42 000 années-lumière du centre de la Voie lactée, contre près de 200 000 années-lumière pour les Nuages de Magellan. Le Grand Chien a été découvert en 2003 seulement, du fait de sa faible luminosité. Dans le sous-groupe de la Voie lactée, la galaxie la plus reculée identifiée est Léo I. Il s'agit d'une galaxie naine sphéroïdale, et c'est probablement le satellite le plus éloigné de notre galaxie, à 600 000 années-lumière.

Un halo invisible

La cosmologie possède, avec le Groupe local, un laboratoire d'exception. Les courbes de rotation des galaxies sont les premiers instruments ayant permis de découvrir la « matière obscure », c'est-à-dire cette partie de la matière qui n'émet aucune lumière visible, mais dont les effets gravitationnels sont similaires à la masse des étoiles normales. L'étude ainsi menée principalement sur les galaxies à spirale a révélé l'existence d'un halo de masse invisible dans les coins les plus reculés.

Ce phénomène est généralisé, car cette même masse obscure a été observée dans de vastes régions intergalactiques, vides en apparence. Il semblerait même que l'univers soit constitué à plus de 90 % de matière invisible et d'énergie obscure dont la nature physique reste inconnue.

4 Le petit Nuage de Magellan est une galaxie satellite de notre Voie lactée ; les étoiles les plus anciennes apparaissent en bleu.
5 L'un des amas globulaires les plus lumineux du Groupe local est appelé G1 dans la galaxie M31 ; il s'agit d'une sphère lumineuse grande et brillante comportant plus de 300 000 étoiles.
6 La galaxie irrégulière à spirale NGC 55 est caractérisée par la position excentrée (vers la droite) de son noyau ; elle appartient au groupe du Sculpteur, l'amas galactique le plus proche du Groupe local.

Les amas galactiques

Les plus vastes structures organisées de l'univers observables sont les amas galactiques. Ils se composent de centaines, voire de milliers de galaxies confinées dans un espace sphérique, dont l'évolution n'est pas achevée.

1 Le superamas Abell 901/902 est composé d'une centaine de galaxies « immergées » dans des halos de matière obscure, mises en évidence en magenta sur cette illustration.
2 Un autre amas particulièrement riche est Abell 1689, se trouvant dans la constellation de la Vierge ; il contient près de mille galaxies ainsi que plusieurs millions d'étoiles.
3 Une précision concernant le double amas de Persée : chaque point lumineux flou sur cette image est une galaxie.

La classification des amas

Les amas galactiques sont des structures tellement énormes que leur phase de construction, menant à une configuration stable, n'est pas encore achevée. En d'autres termes, de nombreux objets n'ont pas encore atteint leur point d'équilibre dynamique ; leur forme est destinée à varier sur une échelle temporelle qui s'exprime, bien évidemment, en milliards d'années. Partant de cette diversité morphologique apparente, les astronomes ont classé les amas selon un possible scénario évolutif, en commançant par les amas irréguliers (et probablement plus jeunes) pour arriver aux amas réguliers ayant une densité centrale galactique sphéroïdale très élevée (ces amas sont peut-être les plus anciens ; leur forme n'évoluera plus, sauf fusions catastrophiques avec d'autres grands amas).

Pauvres et superriches

Divers amas de tailles très différentes ont été identifiés. En astronomie, ces dimensions variables se mesurent à la richesse d'un amas, à savoir les galaxies brillantes dénombrées sur une distance de 1,5 Mpc depuis le centre (1 Mpc, ou mégaparsec, correspond à un million de parsecs ; un parsec est égal à 3,26 années-lumière). Les amas les plus riches sont également les plus rares. Au contraire, plus on descend sur l'échelle de richesse, plus grand est le nombre d'amas observables.
S'appuyant sur cette classification, la distance moyenne calculée entre deux amas est de 42 Mpc, quels que soient les amas, et même s'ils renferment un nombre limité de galaxies. En revanche, pour passer d'un amas super-riche à un autre, il faut parcourir en moyenne une distance de 188 Mpc. On a constaté que la richesse d'un amas conditionne le type de galaxies contenues. Ainsi, plus un amas est riche, plus il renferme de galaxies elliptiques. Ceci tient au fait qu'une plus grande richesse implique une plus grande densité galactique dans les zones internes de l'amas. Par conséquent, les amas les plus riches sont généralement les plus réguliers. Si on suppose que les plus réguliers sont aussi les plus vieux, on en conclura alors que les galaxies tendent naturellement à passer de la forme spirale à la forme elliptique ou lenticulaire. Ce phénomène vaut pour les amas les plus éloignés, qui possèdent un grand nombre de galaxies de couleur bleue, typique des galaxies à spirale.

Le phénomène des amas

Les images récemment révélées par le télescope spatial *Hubble* ont mis au jour des amas galactiques situés à des milliards d'années-lumière de

distance (et pourtant observées jeunes). Il s'agit de galaxies à spirale et même irrégulières, qu'on ne dénombre plus aujourd'hui (c'est-à-dire à une période proche de la nôtre). Les phénomènes qui peuvent avoir engendré leur disparition sont de deux types : la fusion de deux ou plusieurs galaxies et l'arrêt de la formation de nouvelles étoiles au sein des galaxies. Le premier induit un changement morphologique inévitable des objets concernés, du fait des interactions gravitationnelles qui se produisent lors de la fusion : des simulations effectuées par ordinateur ont démontré que le fruit d'une fusion est toujours une galaxie sphéroïdale elliptique.
La formation d'étoiles, en revanche, peut cesser si le gaz contenu à l'intérieur d'une galaxie est entièrement consommé ou dispersé. Des interactions gravitationnelles intenses, comme cela se produit lors de rencontres rapprochées, peuvent provoquer l'échappement du gaz contenu dans le disque d'une galaxie à spirale, la transformant ainsi en galaxie lenticulaire, ou en galaxie possédant un disque mais ne produisant plus d'étoiles et portant les couleurs d'une galaxie elliptique.

Les superamas

La tendance à l'agrégation des galaxies ne se limite pas à l'échelle du Mpc, représentative des amas galactiques. Notre Groupe local forme, avec tant d'autres, une superstructure, en position quasi centrale au sein de l'amas de la Vierge. Celui-ci ressemble à une vaste et plane étendue, avec un petit gonflement central (le fameux amas de la Vierge), que l'on appelle superamas Local.
Notre superamas compte parmi les dizaines répertoriées lors de la cartographie tridimensionnelle des galaxies à travers l'univers observable. L'Hydre, le Centaure, Persée-Poissons, le Paon Indien et la Chevelure de Bérénice font partie des plus proches.
En revanche, la plus grande structure de l'univers visible est le gigantesque amas connu sous le nom de Sloan Great Wall.

4

5

4 Le quintette de Stephan est un groupe compact de galaxies près de la constellation de Pégase ; l'arc de couleur verte, qui apparaît au centre, est l'onde de choc provoquée par le déplacement de la galaxie centrale NGC 7318b.
5 La galaxie NGC 4319 e et le quasar Markarian 205 en haut à droite ; certains scientifiques soutiennent qu'il existe un lien entre eux, à savoir de la matière qui témoignerait de l'expulsion du noyau galactique active (le quasar).

Les noyaux galactiques actifs

Jusqu'à la moitié du XXe siècle, on partait du principe que les galaxies étaient des objets relativement tranquilles. Cependant, à partir de 1943, l'astronome Carl Keenan Seyfert a attiré l'attention sur d'étranges phénomènes se produisant à l'intérieur des noyaux de certaines galaxies à spirale : une émission élevée et anormale d'ondes radio mais aussi de lumière bleue depuis les régions centrales, ou encore de notables variations de luminosité. Depuis lors, les astronomes ont démontré à plusieurs reprises l'activité des noyaux des divers types de galaxies. Des noms ont été trouvés pour les caractériser : radiogalaxies, galaxies de Markarian, de Seyfert (*comme la galaxie Circinus sur cette image*), objets BL Lacertae, quasar. En réalité on pense aujourd'hui qu'il s'agit de manifestations d'objets appartenant à une seule et même famille : celle des noyaux galactiques actifs ou AGN (*Active Galactic Nucleus*). En outre, on s'accorde à croire que le « moteur » de ces AGN est un trou noir possédant une masse propre à un noyau galactique (comprise entre cent millions et un milliard de masses solaires).

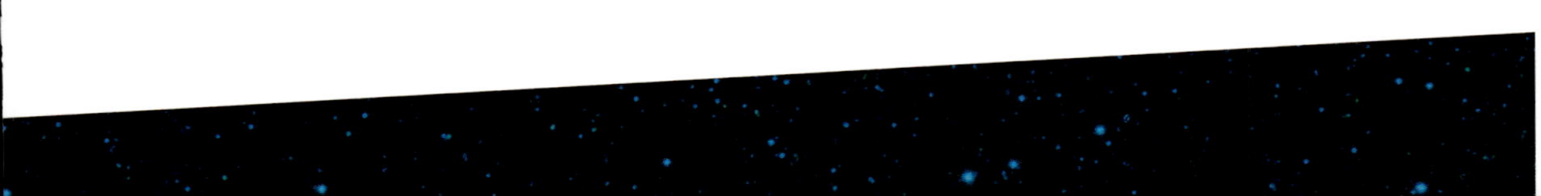

Les constellations

Le nuage A d'Orion

Cette image composée représente une partie de la constellation d'Orion. La région choisie permet de visualiser le nuage A d'Orion, à l'intérieur duquel il existe une intense activité de formation stellaire, avec près de 1 800 étoiles jeunes. Ce nuage géant abrite la célèbre M42 ou nébuleuse d'Orion (*zone circulaire très lumineuse sur la partie inclinée à droite de l'image*), visible à l'œil nu telle une étoile floue dans la fameuse « épée d'Orion ».

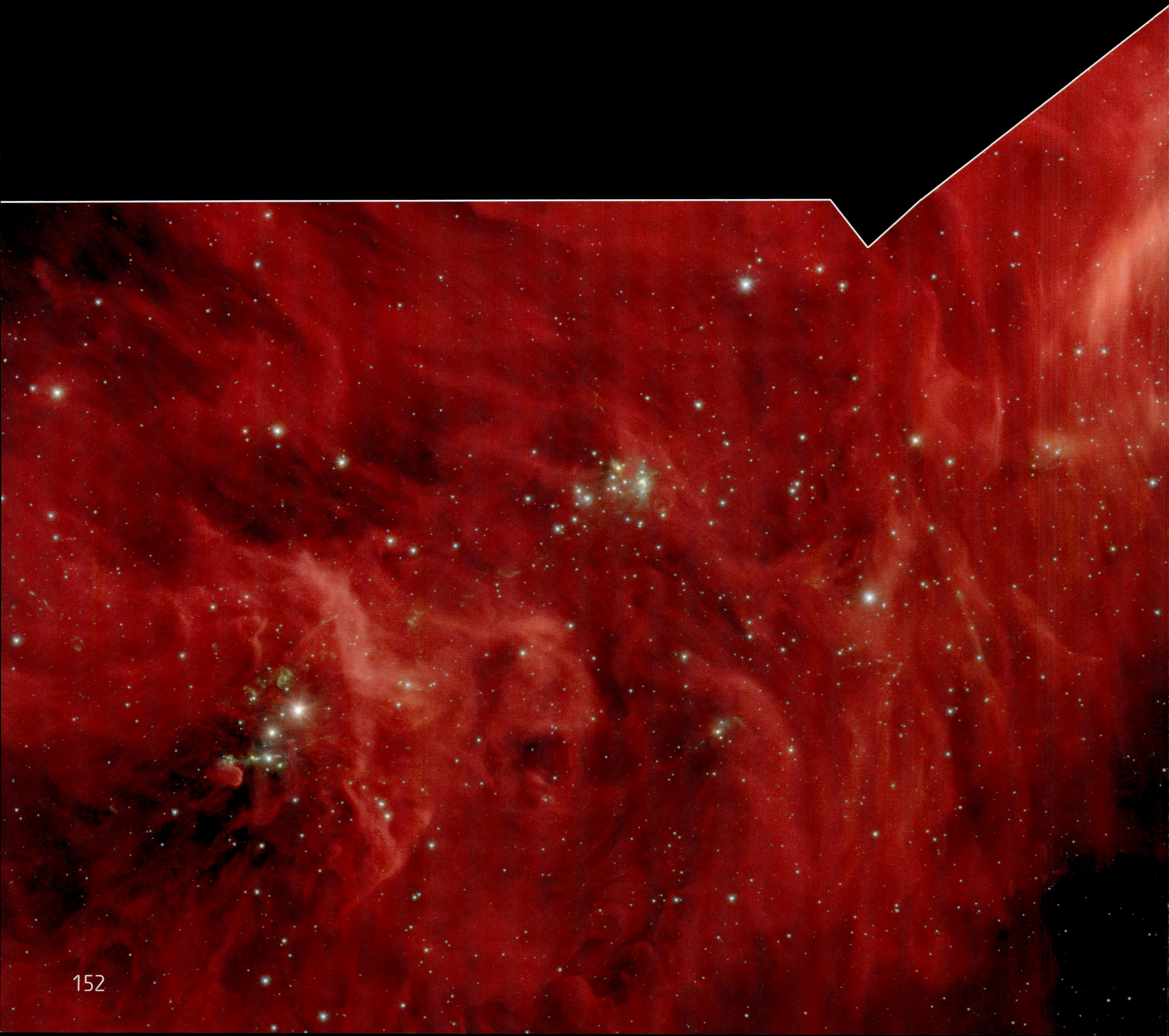

Les éclipses d’Epsilon Aurigae

Les éclipses d’Epsilon Aurigae

Grâce au télescope spatial *Spitzer*, les astronomes sont parvenus à formuler une hypothèse plausible au sujet d’une énigme séculaire du ciel nocturne. Tous les 27 ans, une étoile lumineuse dénommée Epsilon Aurigae disparaît pendant près de deux ans, puis s’illumine à nouveau. Ainsi que le montre cette illustration artistique, Epsilon Aurigae est, en réalité, un système composé de deux étoiles : un anneau de poussières entoure l’une d’entre elle et provoque régulièrement l’éclipse de l’autre.

Jabbah dans Scorpius

Jabbah dans Scorpius

Jabbah est l'objet lumineux entouré d'un halo de poussières rougeâtre que l'on voit apparaître sur cette image. Son nom arabe signifie « l'œil du Scorpion ». Jabbah se trouve, en fait, dans la constellation Scorpius (Scorpion) et fait partie de l'association stellaire Scorpius-Centaurus, visible dans l'hémisphère austral. En réalité, il ne s'agit pas d'une étoile, mais plutôt d'un système stellaire multiple qui inclut au moins sept composantes, toutes plus massives, grandes, chaudes et lumineuses que notre Soleil.

NGC 2818 dans Pyxis

NGC 2818 dans Pyxis

NGC 2818 est une belle et scénographique nébuleuse planétaire située dans la constellation Pyxis (Boussole) du ciel austral. Les couches multicolores externes, mises en lumière par le télescope spatial *Hubble*, sont générées par l'appauvrissement du gaz et de l'hélium en fusion dans le noyau d'une étoile mourante, distante de plus de 10 000 années-lumière de la Terre. L'étoile a ainsi relâché de l'azote (en rouge), de l'hydrogène (en vert) et de l'oxygène (en bleu) autour d'elle.

Étoiles dans Cygnus X

Le télescope spatial *Spitzer* a mis en lumière dans la constellation Cygnus (Cygne), visible dans l'hémisphère boréal, un « gros chaudron bouillonnant », où de nouvelles étoiles prennent vie. Cette image infrarouge a été élaborée de manière à faire ressortir les plus courtes longueurs d'ondes en bleu, les plus longues en rouges et celles intermédiaires en vert. On remarquera les cavités provoquées par les étoiles massives dans les couches de gaz et poussières interstellaires.

Hydrocarbures dans le Trapèze

Les télescopes spatiaux *Spitzer* et *Hubble* ont mis en lumière, grâce à ces images aux couleurs artificielles, les incroyables variations de luminosité des jeunes étoiles au sein de la nébuleuse d'Orion (M42). Les étoiles du Trapèze apparaissent au centre, positionnées au sommet d'un quadrilatère irrégulier. Leur luminosité est transmise aux gaz environnants par ionisation. Les structures filamenteuses jaunes et orangées sont probablement constituées de molécules de carbone sous forme d'hydrocarbures aromatiques polycycliques (ceux-là mêmes obtenus par combustion des dérivés du pétrole). Les points de mêmes couleurs sont, en revanche, des étoiles naissantes enfermées dans des poches de poussières et de gaz. Orion, constellation située à proximité de l'équateur céleste, compte parmi les plus connues des passionnés d'astronomie, du fait de sa forme particulière et de sa facilité d'observation. Elle foisonne d'étoiles brillantes, qu'elles soient chaudes, supergéantes rouges (comme Bételgeuse), bleues (Comme Bellatrix), et contient également des nébuleuses (notamment M42 déjà mentionnée, mais également M43, M78 et IC 434).

Le nuage A d'Orion

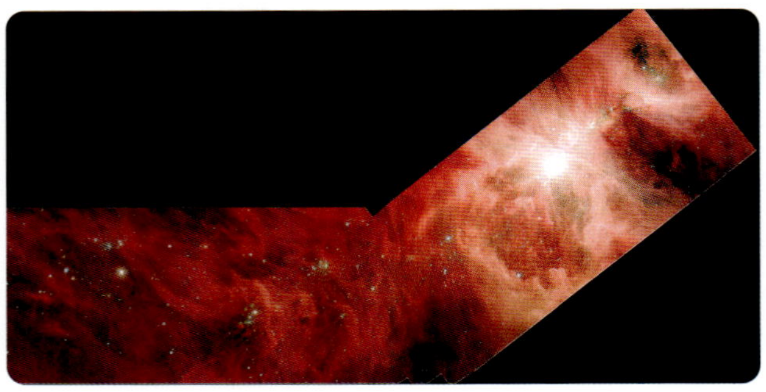

Visible à droite de l'image composée prise du télescope spatial *Spitzer*, le nuage A d'Orion est une région des plus intéressantes pour étudier les étoiles en formation. Ce système de nuages est composé d'hydrogène ionisé avec d'intenses mouvements de gaz et de poussières. La partie horizontale de cette photo s'étend sur plus de 70 années-lumière, au-delà de la nébuleuse d'Orion. Cette région particulière ne renferme pas d'étoiles jeunes et massives comme celles de la nébuleuse. Mais on n'y dénombre pas moins de 800 étoiles dont la masse est égale à celle de notre Soleil. Celles-ci se regroupent en petits nombres ou sont relativement isolées à gauche de l'image. Comme la radiation infrarouge pénètre les nuages de poussières, on peut également apercevoir des étoiles qui, en réalité, se situent à des années-lumière de distance et qui, par conséquent, n'appartiennent pas à la nébuleuse d'Orion.

Les éclipses d'Epsilon Aurigae

Pendant longtemps, les astronomes amateurs et professionnels ont observé le double système d'Epsilon Aurigae, situé dans la constellation du Cocher à plus de 2 000 années-lumière de notre planète. Il s'agit d'une étoile binaire à éclipses, avec une composante visible formée d'une supergéante jaune et une composante invisible de taille plus réduite. Les astronomes pensent que, au vu de sa taille, ce système devrait être résolument plus lumineux. Autre fait anormal : sa luminosité décroît pendant près de deux années tous les 27 ans.
Les astronomes ont pu vérifier, lors de la dernière éclipse observée (2009-2011), que l'étoile compagne est entourée d'un disque de gaz et de poussières, fin mais dense, qui tourne sur le même plan que l'orbite de l'objet principal. Les données fournies par *Spitzer* montrent l'extension progressive de l'ombre du disque sur l'étoile ; parallèlement, l'alignement particulier par rapport à la Terre pourrait expliquer les variations lumineuses observées. Il n'est pas difficile de localiser Epsilon Aurigae : elle constitue l'apex du triangle isocèle connu sous le nom de « nez du Cocher », visible durant la saison hivernale dans tout l'hémisphère boréal, près de Capella, étoile géante, jaune et brillante.

Jabbah dans Scorpius

Le système stellaire de Jabbah se situe à près de 440 années-lumière de nous. Sa luminosité est telle que malgré sa magnitude relativement faible, elle « éclaire » l'immense nuage de poussières et de gaz qui l'enveloppe. Le nuage près de Jabbah est la nébuleuse par réflexion IC 4592, alors qu'on aperçoit, à l'extrême gauche de l'image, IC 4601, autre nébuleuse de même type jouxtant la constellation de l'Ophiuchus. Les autres étoiles brillantes sur cette photo font généralement partie du Scorpion supérieur, qui comprend les étoiles situées sur la tête du Scorpion, provenant probablement du même amas il y a près de cinq millions d'années. Autre étoile intéressante en bas à droite sur la grande image colorée : 9 Scorpii. Elle est partiellement entourée d'un nuage de poussière rouge lumineux, dans la partie inférieure. 9 Scorpii est une étoile massive appartenant au Scorpion supérieur et se déplace dans l'espace à l'incroyable vitesse de 1 000 km par seconde. Une telle rapidité semble indiquer qu'il s'agit d'une étoile fugitive expulsée suite à l'explosion d'une supernova. Le petit nuage rouge à proximité pourrait être un *bow shock*, c'est-à-dire l'onde de choc qui s'ensuivit.

NGC 2818 dans Pyxis

Pyxis (Boussole) est une constellation australe mineure. On pensait, auparavant, qu'elle appartenait à la constellation Navire Argo. Comprise entre 8 h 30 min et 9 h 30 min d'ascension droite et entre -20 ° et -35 ° de déclinaison, elle est traversée par la Voie lactée et contient de nombreux amas ouverts, tous observables uniquement au moyen de puissants télescopes. Son étoile T Pyx est une nova récurrente, dont les explosions se sont succédé en 1890, 1902, 1920, 1944 et 1967 et ont eu pour conséquence d'en augmenter la luminosité d'environ six magnitudes. La nébuleuse NGC 2818, sur cette image, est l'un des objets galactiques les plus importants de la constellation. Sa forme particulière et son histoire lui ont valu d'être surnommée « suaire » gazeux enveloppant une étoile mourante par les astronomes. En réalité, les couches externes se sont formées en fin de vie d'une étoile qui se trouve en son sein. Dans la mesure où cette étoile ressemble au Soleil, on pense que NGC 2818 est une projection de l'avenir réservé à notre astre dans près de cinq milliards d'années.

Étoiles dans Cygnus X

Le Cygne est une imposante constellation qui se dessine très nettement dans le ciel estival. Son corps principal est composé de cinq étoiles, souvent appelées « Croix du Nord » du fait de leur disposition sur la voûte céleste. Le Cygne est facilement identifiable, grâce à son étoile la plus brillante, Deneb, située à l'ouest du « W » de Cassiopée, qui constitue la « queue » de la constellation.

Le Cygne se situe sur le plan de la Voie lactée. De nombreux objets peuplent la région qu'il occupe, tels les deux amas ouverts M29 et M39 ainsi que la nébuleuse NGC 7000. La région Cygnus X est, en revanche, une zone d'intense activité de formation stellaire, avec de très jeunes étoiles enveloppées de poussières. Les régions blanches et jaunes sont des zones de formation stellaire. Les filaments de poudres apparaissent en vert alors que le rouge représente les nuages de poussière les plus froids mélangés à des gaz ionisés provenant d'étoiles massives environnantes (points bleus).

Le ciel boréal

Lorsque l'on observe la voûte étoilée, le ciel apparaît telle une coupole.

Voici la carte de l'hémisphère Nord, comprenant l'ensemble des constellations qui le peuplent.

Pour les découvrir, l'étoile Polaire, ainsi que les trois principales constellations

– la Grande Ourse, Orion et Cassiopée –, demeurent les principaux points d'ancrage.

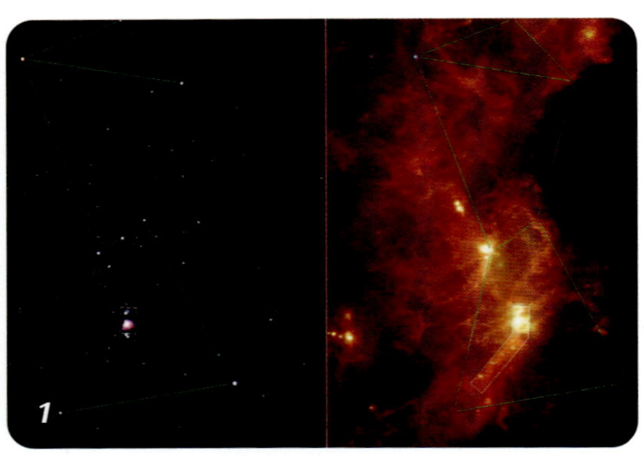

1 La constellation d'Orion à la lumière visible (à gauche) et aux infrarouges (à droite). La nébuleuse d'Orion est la tâche lumineuse centrale.

Les cartes saisonnières présentées ci-dessous se rapportent au ciel aperçu par un observateur situé dans l'hémisphère Nord à une latitude de 40° nord aux dates et heures mentionnées. Il y a quatre ensembles constitués de deux cartes : chaque fois, la première carte se réfère à la région du ciel tournée vers l'horizon sud, alors que la seconde est orientée vers l'horizon nord. Le zénith, c'est-à-dire le point à l'aplomb de la tête de l'observateur, se trouve au sommet de chaque carte.

Ces pages représentent l'hémisphère céleste Nord, ou boréal. La grande carte l'illustre entièrement, avec en son centre le pôle Nord céleste, qui correspond presque exactement à l'étoile Polaire, ou *Alpha Ursae Minoris*. Du fait de la déformation inhérente à la projection de l'hémisphère sur une surface plane, la carte est particulièrement précise au centre, c'est-à-dire qu'elle correspond à la réalité, alors qu'elle est légèrement moins réaliste sur la périphérie.

Vous trouverez également huit petites représentations du ciel à différents moments de l'année et heures de la nuit, aussi bien pour l'horizon nord que pour l'horizon sud. Plusieurs considérations ont été retenues pour en faciliter la lecture. Du fait de la rotation terrestre d'ouest en est, les objets célestes semblent voyager en sens inverse. Aussi, l'aspect du ciel change, même partiellement, en l'espace d'une nuit : à l'est, des étoiles préalablement invisibles se révèlent au fil des heures. À l'inverse à l'ouest, les étoiles les plus proches de l'horizon déclinent, se soustrayant à notre vision. En outre, tout objet céleste culmine (il atteint sa hauteur maximale sur l'horizon) lorsqu'il passe au-dessus du point cardinal sud.

Au mouvement de rotation se superpose celui de la révolution terrestre, selon lequel le Soleil semble se déplacer vers l'est au fil des jours, changeant de position par rapport aux autres étoiles. C'est la raison pour laquelle ces cartes sont valables à certaines périodes de l'année, à condition de tenir compte des horaires nocturnes, comme indiqué dans la légende.

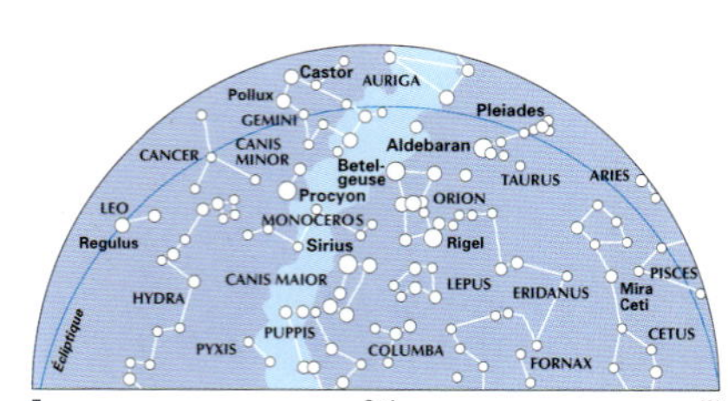

30/11 – 1 h 30 • 15/12 – 0 h 30 • 1/1 – 23 h 30

HIVER

15/1 – 22 h 30 • 30/1 – 21 h 30

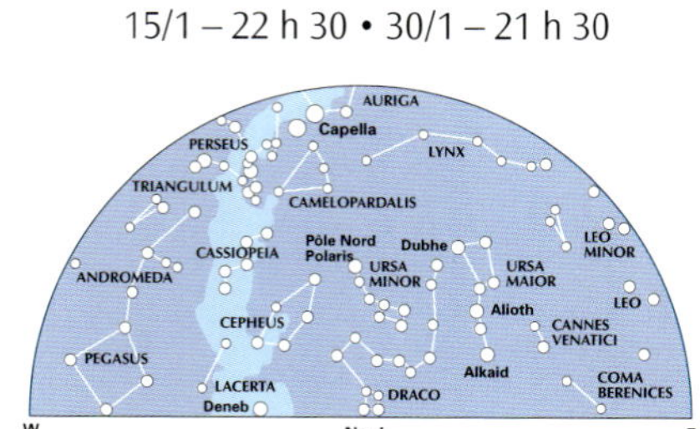

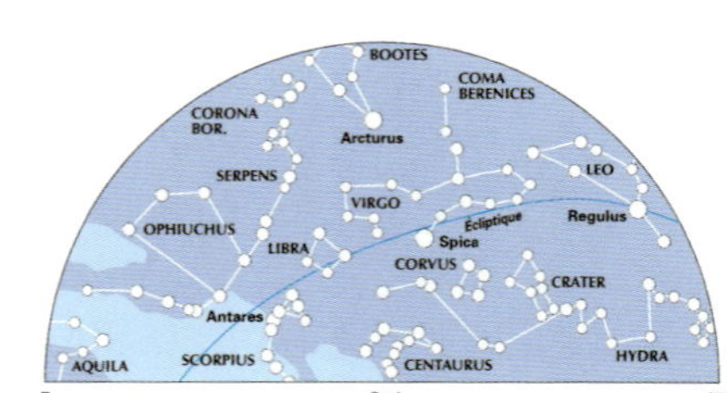

1/4 – 1 h 30 • 15/4 – 0 h 30 • 1/5 – 23 h 30

PRINTEMPS

15/5 – 22 h 30 • 30/5 – 21 h 30

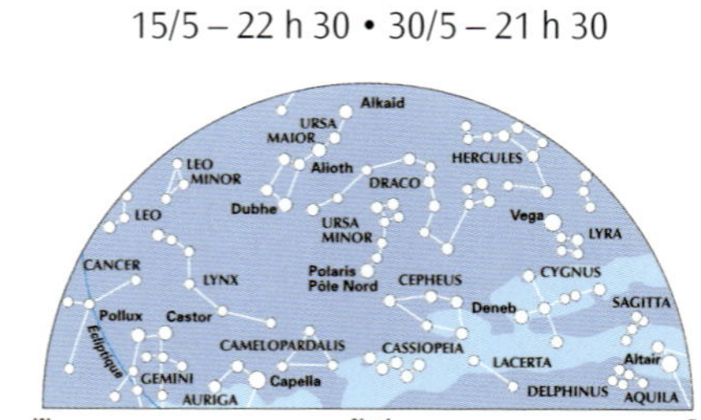

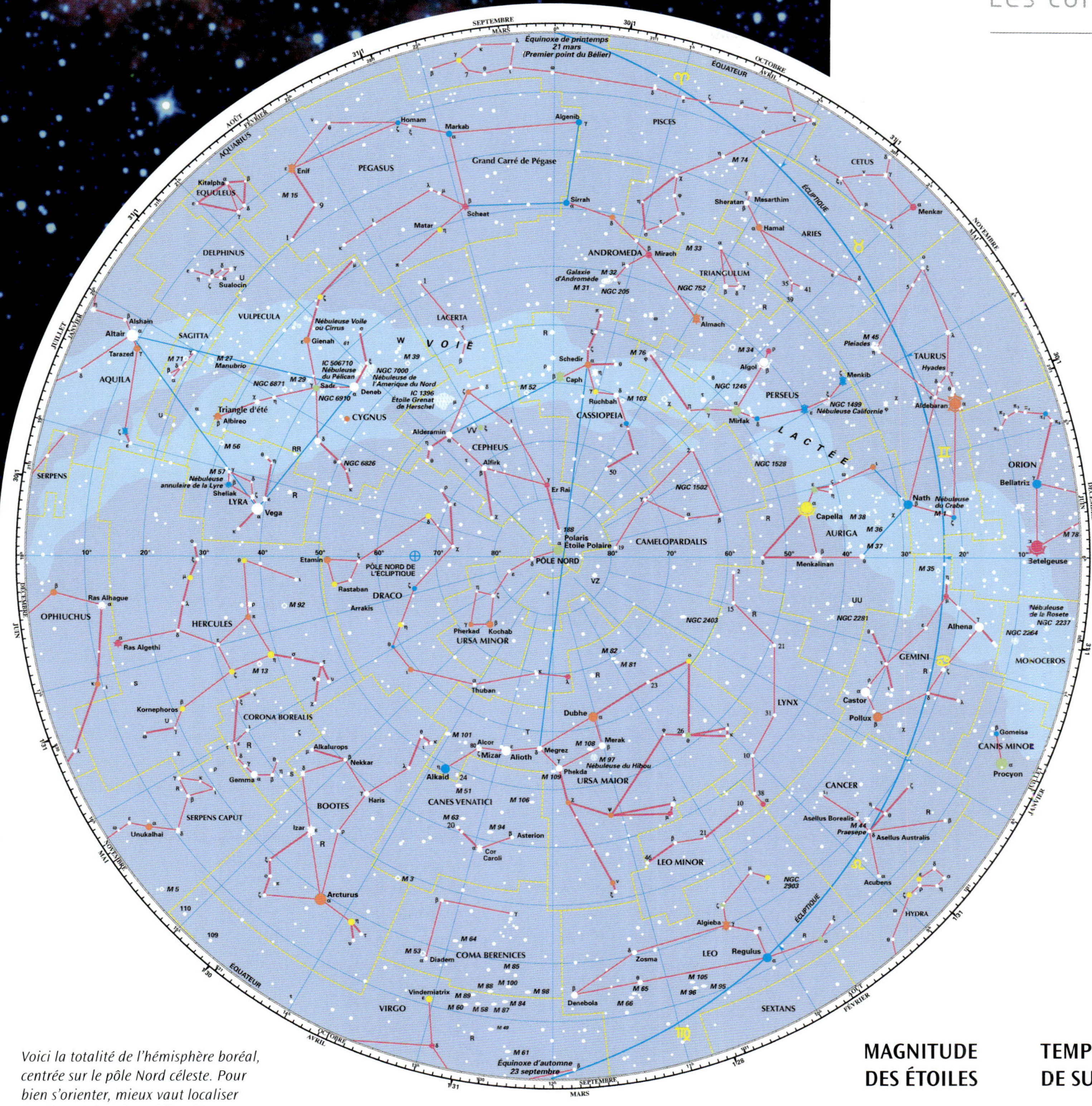

Voici la totalité de l'hémisphère boréal, centrée sur le pôle Nord céleste. Pour bien s'orienter, mieux vaut localiser l'étoile Polaire : immobile, elle se trouve à mi-chemin entre l'horizon et le zénith, parce qu'elle est pratiquement dans le prolongement vers le nord de l'axe de rotation terrestre. Ainsi, l'étoile Polaire demeure un point de référence immuable, quelles que soient l'heure de la nuit et la nuit de l'année.

MAGNITUDE DES ÉTOILES

- de -1,6 à 1
- de 1 à 2
- de 2 à 3
- de 3 à 4
- de 4 à 5
- de 5 à 6
- Étoiles doubles et multiples
- Étoiles variables
- Nébuleuses
- Galaxies
- Amas ouverts
- Amas globulaires

TEMPÉRATURES DE SURFACE

- de 20 000 à 35 000 K (Kelvin)
- 10 000 K
- 7 000 K
- 6 000 K
- 4 500 K
- 3 000 K
- Frontières des constellations
- Tracés conventionnels de 1er ordre relatifs aux étoiles d'une même constellation
- Tracés conventionnels de 10e ordre
- Alignements des étoiles appartenant à des constellations différentes

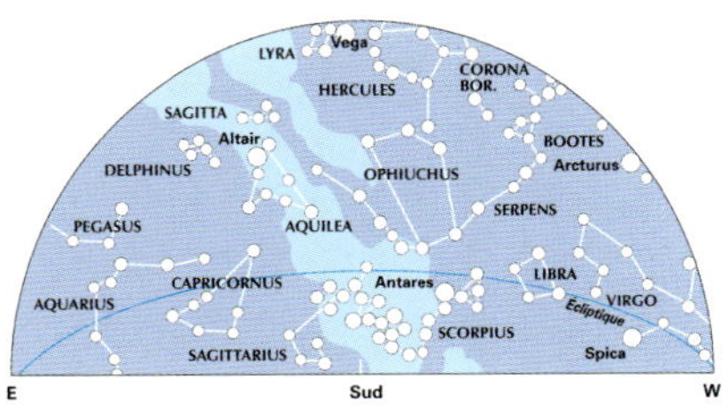

1/6 – 1 h 30 • 15/6 – 0 h 30 • 1/7 – 23 h 30

ÉTÉ

15/7 – 22 h 30 • 30/7 – 21 h 30

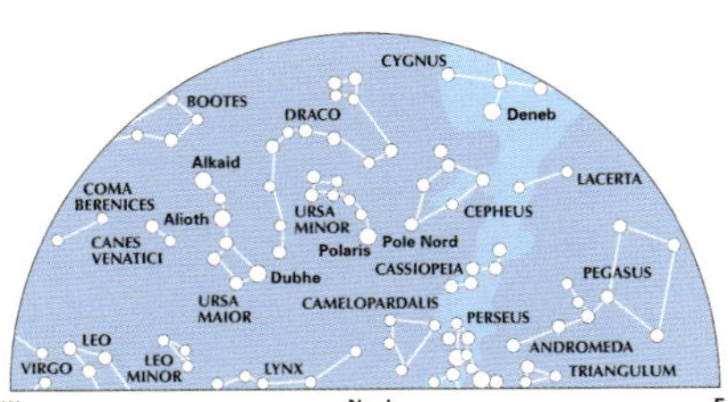

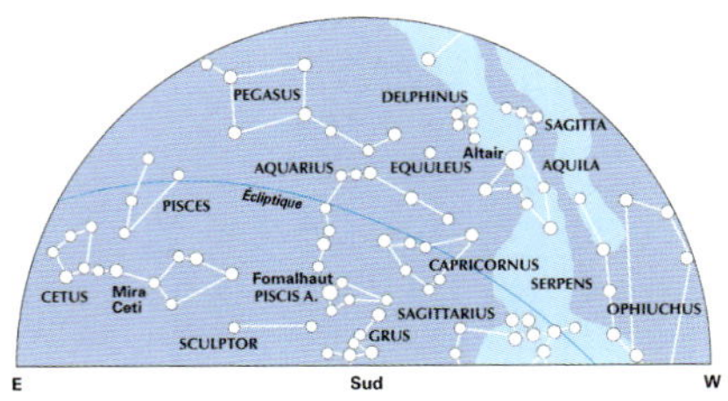

1/9 – 23 h 30 • 15/9 – 22 h 30 • 1/10 – 21 h 30

AUTOMNE

15/10 – 20 h 30 • 1/11 – 19 h 30

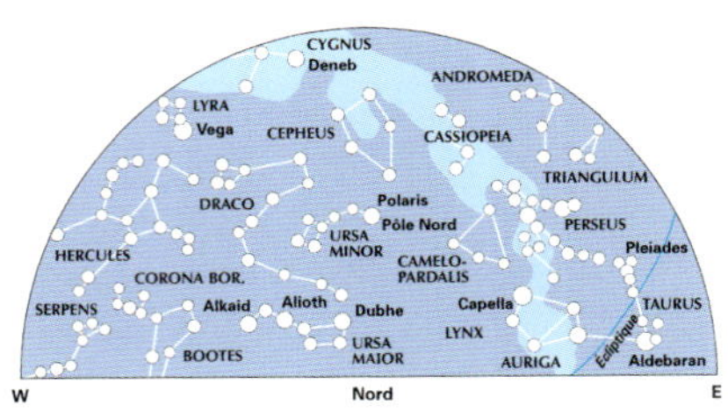

ALPHABET GREC

alpha	α	ν	nu
bêta	β	ξ	xi
gamma	γ	ο	omicron
delta	δ	π	pi
epsilon	ε	ρ	rhô
zêta	ζ	σ	sigma
êta	η	τ	tau
thêta	θ	υ	upsilon
iota	ι	φ	phi
kappa	κ	χ	khi
lambda	λ	ψ	psi
mu	μ	ω	oméga

SIGNES DU ZODIAQUE

- ♈ Bélier
- ♉ Taureau
- ♊ Gémeaux
- ♋ Cancer
- ♌ Lion
- ♍ Vierge
- ♎ Balance
- ♏ Scorpion
- ♐ Sagittaire
- ♑ Capricorne
- ♒ Verseau
- ♓ Poissons

Le ciel austral

La carte de l'hémisphère Sud révèle des étoiles en abondance, comparativement à l'hémisphère Nord. Le Grand Chien qui abrite Sirius, l'étoile la plus brillante de toute la voûte céleste, et la Croix du Sud, comptent parmi les constellations les plus connues. Les deux Nuages de Magellan – Grand et Petit – ne sont pas moins importants et se trouvent dans la région circumpolaire.

1 La constellation de la Couronne australe abrite, en son centre, l'amas stellaire Coronet.

Les cartes des saisons ci-dessous font référence au ciel visible par un observateur situé dans l'hémisphère sud aux dates et heures indiquées, situé à une latitude d'environ 25 ° sud, c'est-à-dire juste au-dessous du tropique du Capricorne. Sur chaque couple de carte, la première représente la région du ciel tournée vers l'horizon nord et la seconde celle tournée vers le sud. Le zénith, c'est-à-dire le point à la perpendiculaire exacte de l'observateur, est toujours sur le bord supérieur de chacune des cartes.

Ces pages présentent la carte intégrale de l'hémisphère céleste Sud, ou austral. À l'instar de son pendant boréal, l'hémisphère Sud est centré sur le pôle Sud céleste, près duquel ne se trouve en revanche aucune étoile particulièrement brillante. Les huit petites cartes reflètent l'aspect du ciel austral à différents jours de l'année et diverses heures nocturnes, aussi bien pour l'horizon nord que pour l'horizon sud.

La principale différence avec l'hémisphère boréal, relative au mouvement de la sphère en 24 heures, relève des objets célestes australs qui culminent sur l'horizon à proximité du point cardinal nord. Ainsi, la partie du ciel la plus intéressante, du point de vue de l'observation, est dans ce cas précis la région septentrionale.

Soulignons également qu'une partie de l'hémisphère céleste austral reste accessible depuis les latitudes européennes. Pour connaître les valeurs de déclinaisons observables depuis une latitude dite « L », il suffit d'appliquer la formule suivante : D = L – 90°, D étant la déclinaison minimale visible. Prenons l'exemple d'un observateur situé à Rome (dont la latitude est 42°N) : sa vision ira jusqu'à – 48° (42° – 90° = – 48°), c'est-à-dire jusqu'à 48° de déclinaison sud. Les constellations situées au sud de cette valeur seront par conséquent invisibles.

Enfin, souvenons-nous que seuls les observateurs se trouvant précisément sur l'équateur terrestre (c'est-à-dire à 0° de latitude) bénéficieront d'un angle de vision allant d'un pôle à l'autre, selon le jour et l'heure nocturne, et seront donc privilégiés puisqu'embrassant la totalité de la sphère céleste.

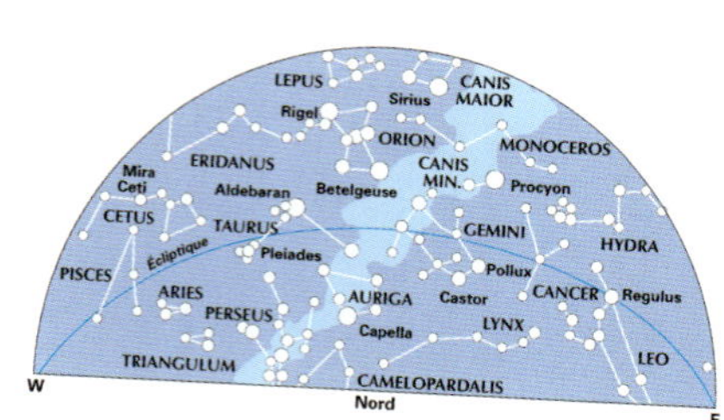

15/12 – 0 h 30 • 1/1 – 23 h 30 • 15/1 – 22 h 30

HIVER

30/1 – 21 h 30 • 15/2 – 20 h 30

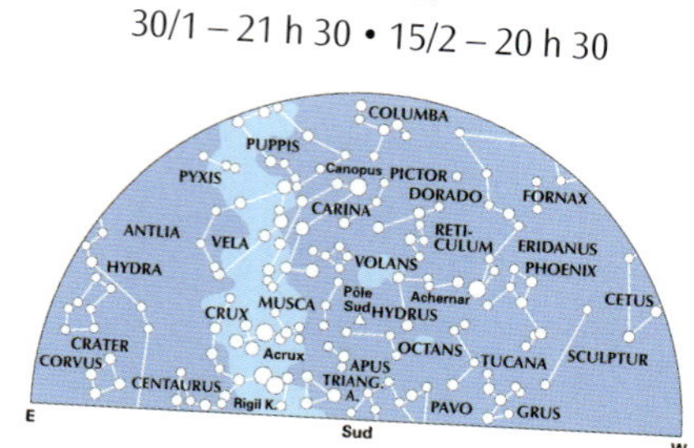

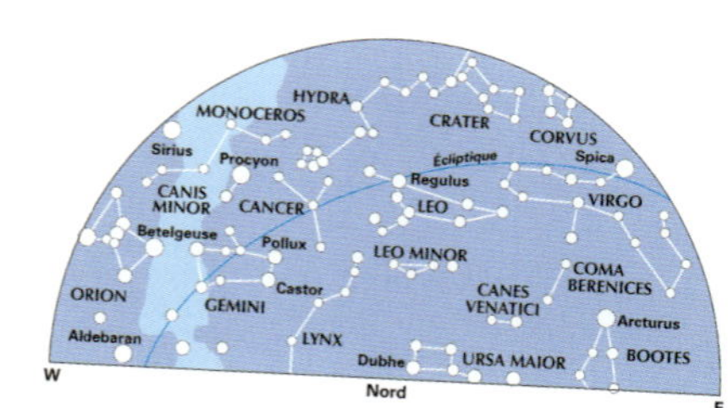

30/1 – 1 h 30 • 15/2 – 0 h 30 • 1/3 – 23 h 30

PRINTEMPS

15/3 – 22 h 30 • 30/3 – 21 h 30

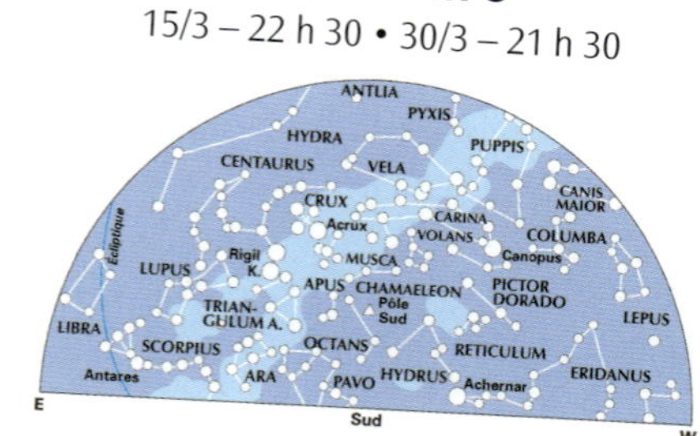

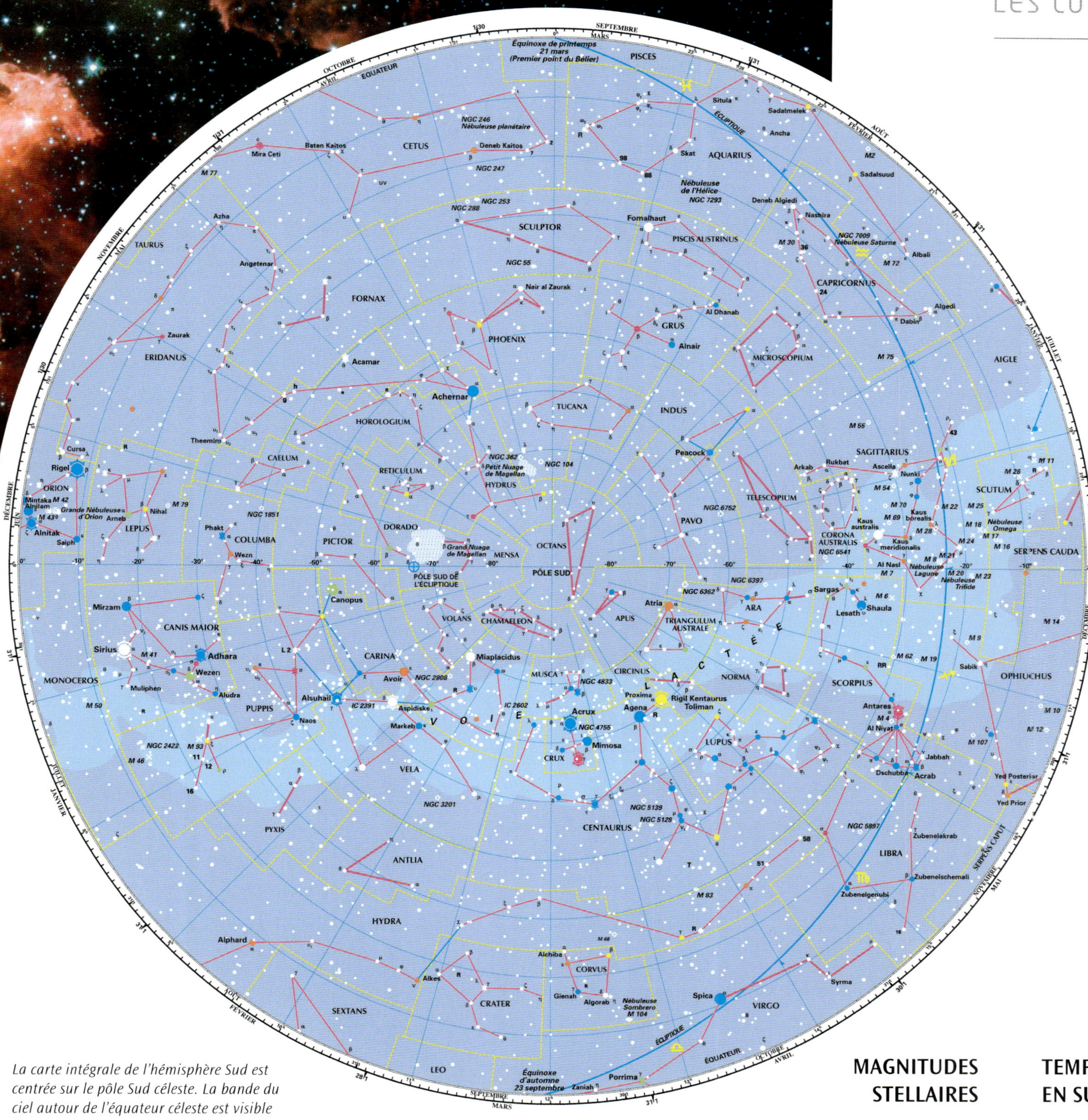

La carte intégrale de l'hémisphère Sud est centrée sur le pôle Sud céleste. La bande du ciel autour de l'équateur céleste est visible depuis les deux hémisphères, y compris donc depuis l'hémisphère Nord. Cette partie de la sphère se trouve à une hauteur moyenne de 45° - 50° sur les horizons d'Europe centrale et méridionale lorsque l'on se déplace vers le sud, c'est-à-dire lors de la culmination (point le plus élevé par rapport à l'horizon).

MAGNITUDES STELLAIRES

- de -1,6 à 1
- de 1 à 2
- de 2 à 3
- de 3 à 4
- de 4 à 5
- de 5 à 6

- Étoiles doubles et multiples
- Étoiles variables
- Nébuleuses
- Galaxies
- Amas ouverts
- Amas globulaires

TEMPÉRATURES EN SURFACE

- de 20 000 à 35 000 K (Kelvin)
- 10 000 K
- 7 000 K
- 6 000 K
- 4 500 K
- 3 000 K

- Frontières des constellations
- Tracés conventionnels de 1er ordre relatifs aux étoiles d'une même constellation
- Tracés conventionnels de 10e ordre
- Alignements des étoiles appartenant à des constellations différentes

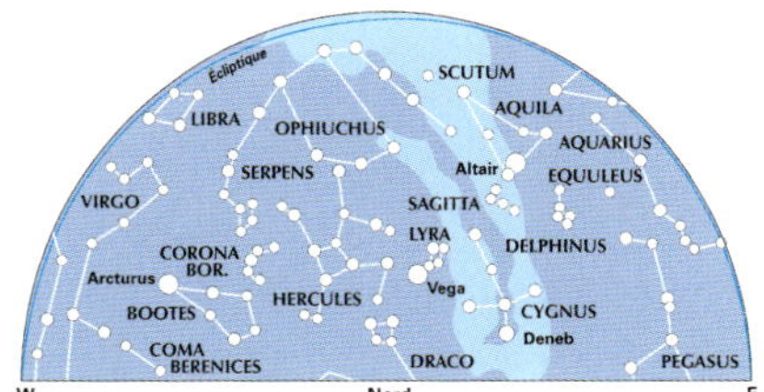

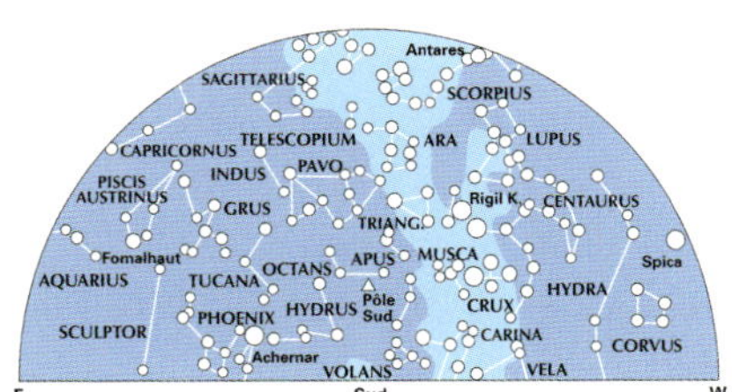

1/6 – 1 h 30 • 15/6 – 0 h 30 • 1/7 – 23 h 30

ÉTÉ

15/7 – 22 h 30 • 30/7 – 21 h 30

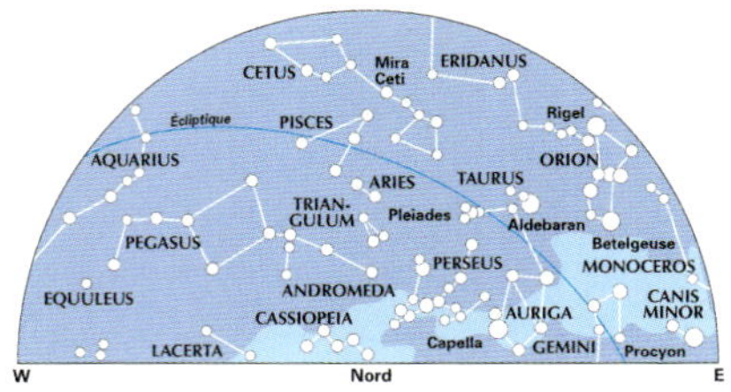

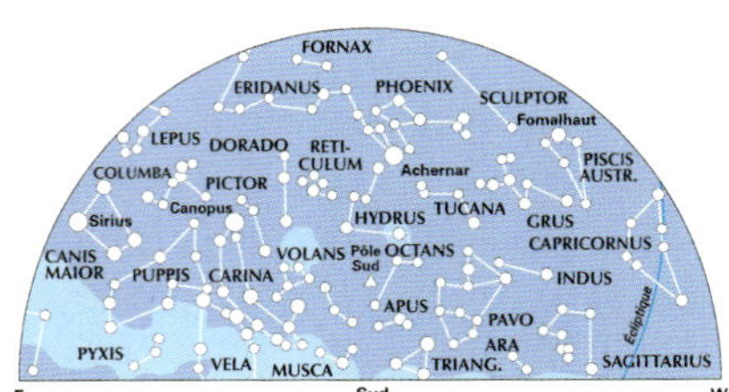

1/10 – 1 h 30 • 15/10 – 0 h 30 • 1/11 – 23 h 30

AUTOMNE

15/11 – 22 h 30 • 1/12 – 21 h 30

ALPHABET GREC

alpha	α	ν	nu
bêta	β	ξ	xi
gamma	γ	ο	omicron
delta	δ	π	pi
epsilon	ε	ρ	rhô
zêta	ζ	σ	sigma
êta	η	τ	tau
thêta	θ	υ	upsilon
iota	ι	φ	phi
kappa	κ	χ	khi
lambda	λ	ψ	psi
mu	μ	ω	oméga

SIGNES DU ZODIAQUE

♈	Bélier
♉	Taureau
♊	Gémeaux
♋	Cancer
♌	Lion
♍	Vierge
♎	Balance
♏	Scorpion
♐	Sagittaire
♑	Capricorne
♒	Verseau
♓	Poissons

Andromeda

Andromède

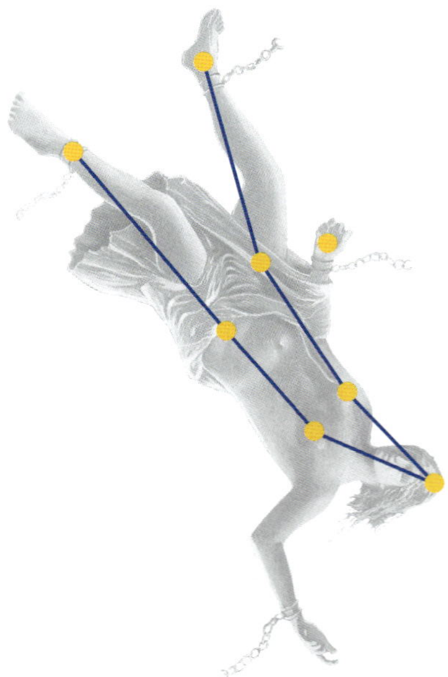

Andromède incarne l'héroïne grecque enchaînée à un rocher. Dans le ciel, elle apparaît tête renversée.

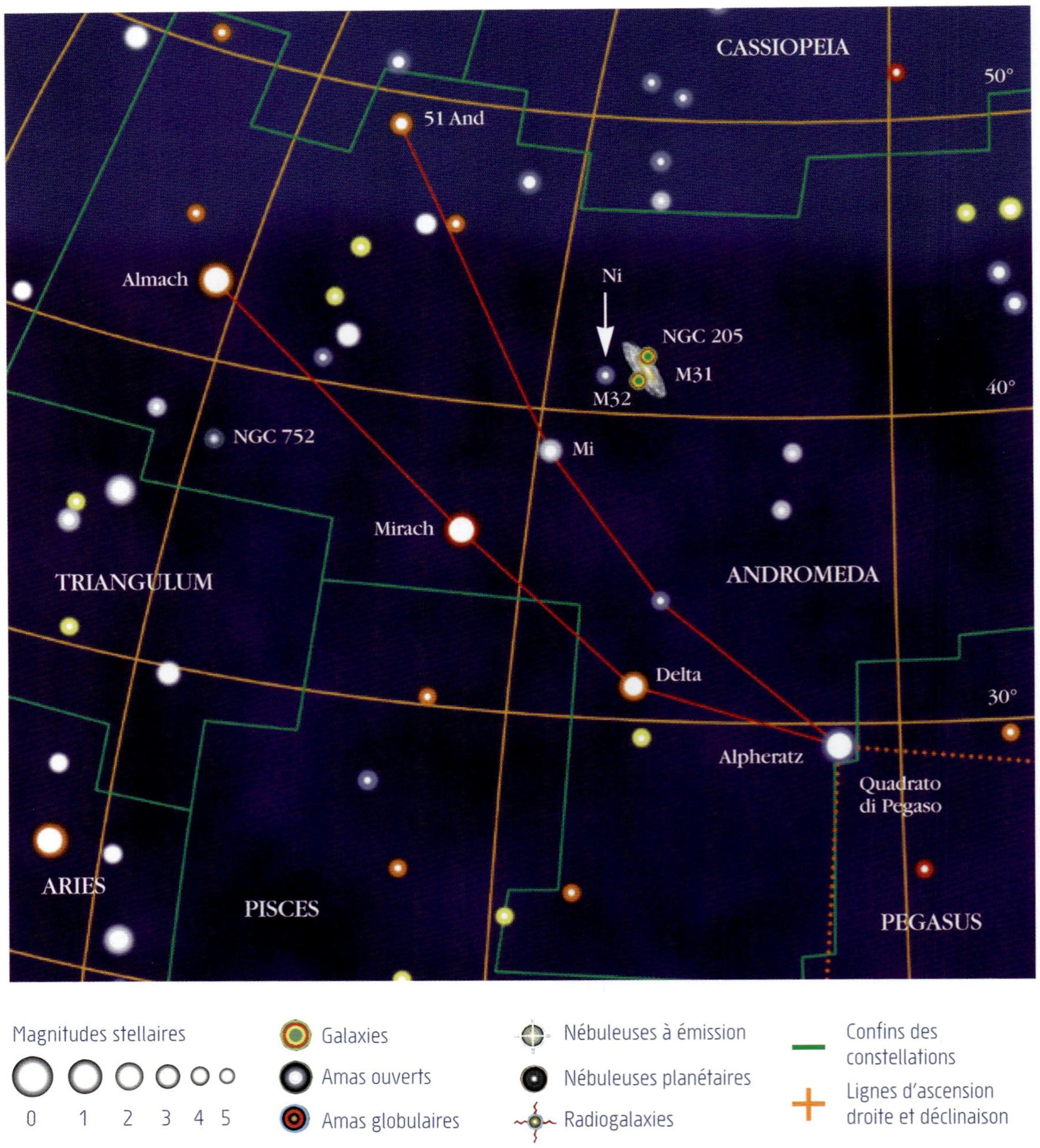

La galaxie d'Andromède est l'objet le plus éloigné de la Terre visible à l'œil nu.

OÙ LA RECHERCHER ?

Génitif : *Andromedae*
Abréviation : *And*

Automne et hiver

Hémisphère Nord

Nord : + 53° - Sud : + 21°
Ouest : 22 h 55' - Est : 2 h 35'

Andromède est une constellation très ancienne, qui s'inscrit parmi les 48 décrites au IIe siècle après J.-C. par l'astronome grec Ptolémée. La légende raconte qu'Andromède était la fille du roi Céphée et de la reine Cassiopée. Cette dernière offensa Poséidon, roi de la mer, se vantant que la beauté de sa fille surpassait celle des Nymphes. Afin de calmer la fureur de Poséidon, Céphée sacrifia sa fille en l'enchaînant à un rocher, la jetant ainsi en pâture à la Baleine. Mais elle fut sauvée par Persée, apparu sur son destrier ailé Pégase.

Comment repérer la constellation

Andromède est visible depuis nos latitudes en direction du nord pendant une bonne partie de l'année (surtout en automne et au début de l'hiver). Si l'on part du Carré de Pégase, Andromède, qui se trouve légèrement au nord-est, est identifiable à ses quatre étoiles alignées en direction de Persée : Alpha, Delta, Bêta et Gamma.

Étoiles dominantes

Alpha And (Alpheratz ou Sirrah) représente la tête d'Andromède. Il s'agit d'une étoile de magnitude 2 et de couleur bleu-blanc, qui constitue aussi l'un des sommets du Carré de Pégase.

Gamma (Almach ou Sadachbia) est un système triple, dont la composante la plus brillante est une étoile jaune de magnitude 2. Elle possède un compagnon bleu de magnitude 5, lui-même à proximité d'un astre bleu de magnitude 6.

Enfin Delta est orangée et de magnitude 3. Outre Delta And, il existe au sein de cette constellation trois autres étoiles de magnitude 3 : la blanche Mi And, la jaune 51 And et Omicron, une variable touchant les confins de la constellation du Lézard.

Objets célestes

La grande galaxie à spirale M31 est, sans aucun doute, l'objet le plus caractéristique de cette constellation et l'un des plus célèbres de la voûte céleste. Plus connu sous le nom de galaxie d'Andromède, ce système se trouve hors de la Voie lactée et est constitué d'environ 300 milliards d'étoiles. La distance le séparant de notre galaxie est de plus de deux millions d'années-lumière.

M31 apparaît à l'œil nu telle une petite tache floue et constitue l'objet le plus éloigné observable depuis la Terre sans l'aide d'instruments. Des jumelles ou un petit télescope en amélioreront nettement la vision, mais il est nécessaire de la photographier pour en percevoir tous les détails.

Pour repérer la galaxie, l'on peut se référer à Mirach, au nord-ouest de laquelle se trouvent deux étoiles de plus faible intensité : Mu et Nu And. Si l'on suit la ligne allant de Mirach à Nu And en passant par Mu, on aperçoit alors M31 légèrement à l'ouest.

D'autres objets se distinguent au moyen d'un télescope, à l'instar de l'amas stellaire NGC 752 et de la nébuleuse planétaire NGC 7662.

Antlia – Pyxis

Machine pneumatique
Boussole

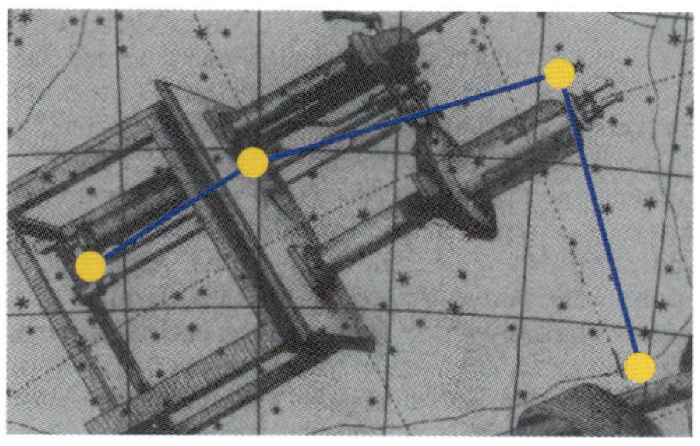

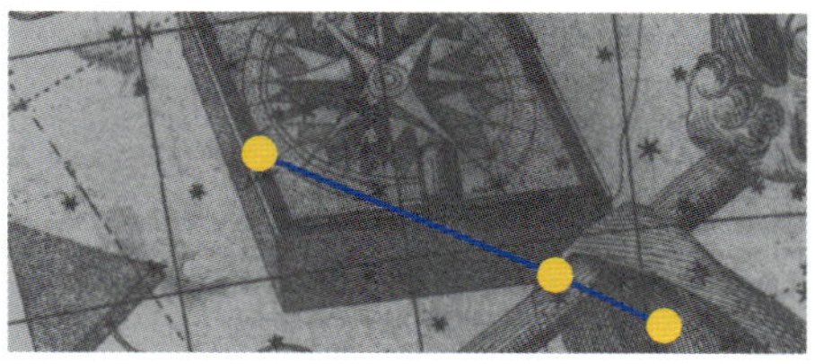

La Machine Pneumatique et la Boussole représentent respectivement une pompe à air et un instrument de navigation.

Ces constellations du ciel austral furent baptisées par l'astronome français Nicolas-Louis de Lacaille au XVIIIe siècle. La seconde est liée à l'énorme Navire Argo, étant l'une de ses composantes, avant qu'il ne soit divisé par le même Lacaille. La première constellation, en revanche, rappelle la pompe à air.

Comment repérer les constellations

Il est assez difficile de donner des points de repère permettant de les identifier aisément. Les étoiles les plus lumineuses de la Boussole se trouvent dans le prolongement de la Ceinture d'Orion vers le sud-est, au-delà du Grand Chien et de la Poupe.

Le passage de ces deux constellations en opposition avec le Soleil se fait fin janvier-début mars. C'est pourquoi leur observation est facilitée en saison hivernale.

Principales étoiles

L'astre le plus brillant des deux constellations est Alpha Pyx, d'une magnitude de 3,7 (peut-être variable). Il s'agit d'une étoile blanc-bleu de forte température de surface, située à 1 300 années-lumière. La deuxième étoile en termes de luminosité est Bêta, de magnitude 4 et de couleur jaune, à 180 années-lumière. Gamma, une orangée de même magnitude, est plus proche de Bêta, à une petite centaine d'années-lumière.

Alpha Ant est de type spectral K4, de magnitude 4,3 et de couleur orangée. Non loin de là, se trouvent deux petites étoiles (de magnitudes respectives 6 et 9,5), composantes du système de Delta et séparées par un angle de 11''. Zêta est un système plus complexe ; une observation à la jumelle permettra de distinguer deux astres, Zêta 1 et Zêta 2, de magnitudes respectives 5,8 et 5,9. Un petit télescope mettra en évidence le compagnon de Zêta 1, de 7,2 de magnitude.

Objets célestes

Il est rare de relever la présence d'objets télescopiques au sein de ces deux constellations. Néanmoins, la Machine Pneumatique renferme la nébuleuse planétaire NGC 3132 qui, vue d'un télescope, apparaît telle une tache lumineuse de huitième magnitude, avec une étoile centrale (magnitude 10). Signalons en outre dans la Boussole une galaxie de magnitude 11 : NGC 2613.

Magnitudes stellaires
0 1 2 3 4 5

Galaxies
Amas ouverts
Amas globulaires

Nébuleuses à émission
Nébuleuses planétaires
Radiogalaxies

Confins des constellations
Lignes d'ascension droite et déclinaison

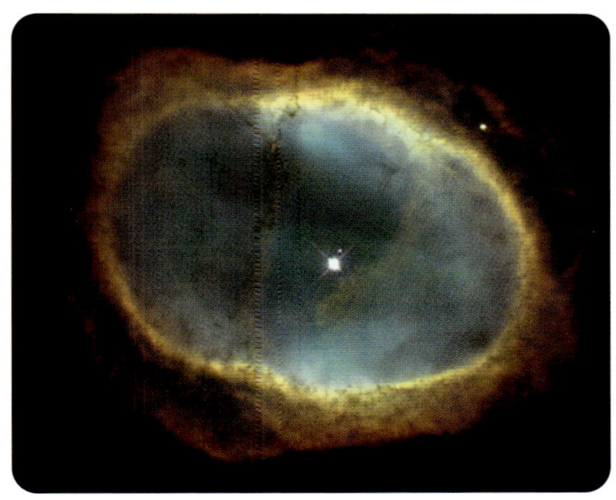

La nébuleuse planétaire NGC 3132 se trouve dans la constellation de la Machine Pneumatique.

OÙ LA RECHERCHER ?

Génitif : *Antliae - Pyxidis*
Abréviation : *Ant - Pyx*

Hiver

Hémisphère Sud

Nord : - 17° - Sud : - 40°
Ouest : 11 h 05' - Est : 8 h 30'

Apus - Musca

Oiseau de paradis - Mouche

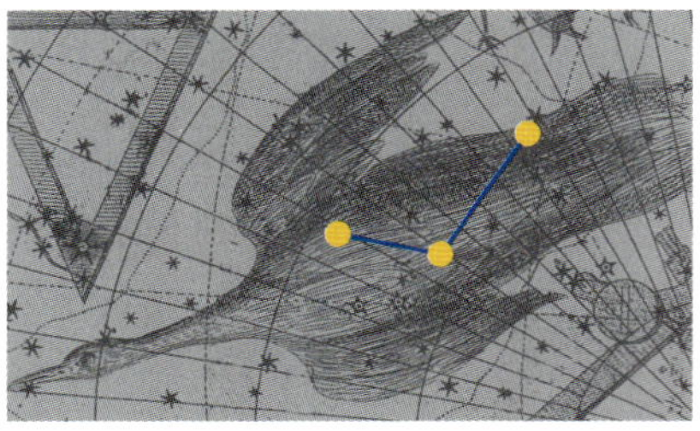

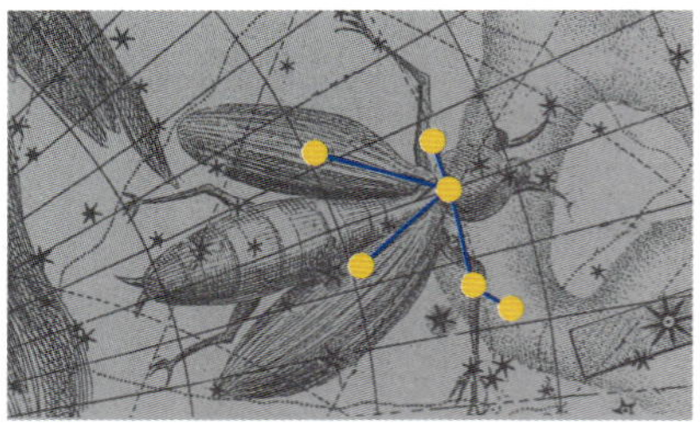

L'Oiseau de paradis et la Mouche se trouvent non loin du pôle Sud céleste. À l'origine, la seconde était connue sous le nom de « constellation de l'Abeille ».

L'amas globulaire NGC 4372 dans la constellation de la Mouche. Pour entrevoir cet objet de magnitude 7,8, de bonnes jumelles suffisent.

OÙ LA RECHERCHER ?

Génitif : *Apodis - Muscae*
Abréviation : *Aps - Mus*

Automne et hiver

Hémisphère Sud

Nord : - 65° - Sud : - 83°
Ouest : 18 h 10′ - Est : 11 h 20′

La Mouche et l'Oiseau de paradis ne sont associés à aucune légende : Bayer sanctionna leur invention en les intégrant à son atlas, *Uranometria*, en 1603. Ces constellations avaient toutefois été introduites à la fin du XVIe siècle par les navigateurs hollandais Frederick de Houtman et Pieter Dirkszoon Keyser.
À l'origine, la Mouche fut baptisée « Abeille », pour être ensuite « transformée en cet autre insecte ».

Comment repérer les constellations

Pour localiser ces deux constellations, considérons, au sud d'Acrux, un groupe d'étoiles de magnitude 3 ou plus, nommé Alpha Crucis ; celles-ci dessinent les contours de la Mouche. L'Oiseau de paradis, en revanche, est plus près du pôle Sud céleste mais est plus difficile à apercevoir, ses astres étant plus épars et moins lumineux.
La Mouche et l'Oiseau de paradis ne sont pas visibles à des latitudes au-delà des 35° N. Pour les apercevoir en intégralité, il faut pousser jusqu'à l'équateur. Depuis l'hémisphère Sud, elles se laissent admirer en automne et en hiver.

Étoiles dominantes

L'étoile la plus brillante de la Mouche, Alpha, est une variable bleue située à 350 années-lumière de la Terre. Sa magnitude varie de quelques centièmes autour de 2,7 en l'espace de deux heures. Bêta en revanche est une étoile double, formée d'astres de magnitudes respectives 3,7 et 4, actuellement séparés d'à peine plus d'une seconde d'arc. L'ordre habituel d'attribution des lettres de Bayer a été modifié dans le cas de Gamma et de Delta, de magnitudes respectives 3,9 et 3,6.
L'astre le plus brillant de l'Oiseau de paradis est Alpha (magnitude 3,8), distante de 220 années-lumière et de couleur orangée. Delta est une étoile double par pur effet de perspective ; elle se détache à l'œil nu en deux astres : l'un de couleur rouge (magnitude 4,8) et l'autre orangée (magnitude 5,3). La principale composante est une variable dont la magnitude oscille entre 4,7 et 4,9.

Objets célestes

NGC 4372 se situe à près d'un degré au sud-est de Gamma Mus. Il s'agit d'un amas globulaire de magnitude totale de 7,8, à environ 17 000 années-lumière. À un degré au nord de Delta Mus se trouve, l'amas globulaire NGC 4833, d'une magnitude totale de 7,4.

Aquarius
Verseau

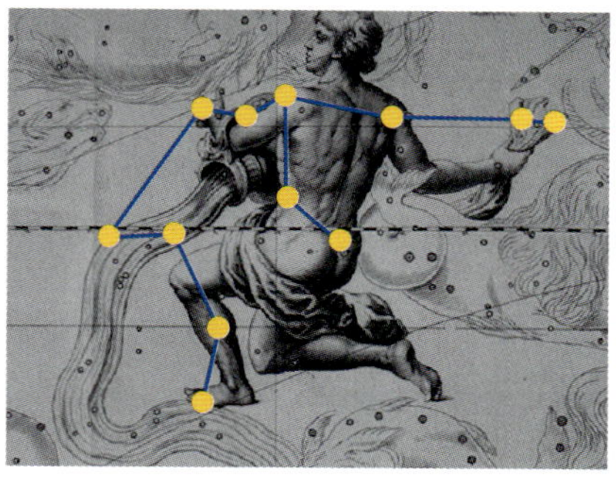

Le Verseau représente un homme déversant l'eau d'une amphore.

Bien que le Verseau soit d'origine ancienne, sa légende reste incertaine. L'homme déversant l'eau dans la bouche du proche Poisson austral, ainsi que représenté depuis l'Antiquité, a été associé à divers personnages.
Mais le mythe le plus courant reste celui de Ganymède : fils de Tros, roi de Troie, doté d'une grande beauté, Ganymède fut enlevé par un aigle, messager de Jupiter ; ce dernier le voulait sur l'Olympe comme échanson des dieux.

Comment repérer la constellation

Le Verseau est une constellation très étendue, pourtant constituée d'étoiles peu lumineuses. La partie la plus facilement identifiable se compose de quatre étoiles aux confins nord. L'alignement entre Bêta et Delta Cap permet de localiser l'un des astres les plus brillants du Verseau, Delta, à partir duquel l'on peut alors retracer toute la forme de la constellation.
Le Verseau s'observe à la fin de l'été et au début de l'automne. À nos latitudes, il reste relativement bas sur l'horizon, même lorsque les conditions d'observation sont optimales. En fait, la partie la plus septentrionale de la constellation, posée sur l'équateur céleste, ne s'élève pas de plus de 50° en moyenne.

Étoiles dominantes

Bêta (magnitude 2,9) est l'astre le plus brillant en Verseau ; sa luminosité dépasse à peine celle d'Alpha (magnitude 3). Toutes deux sont des géantes jaunes se trouvant respectivement à 610 et 760 années-lumière de nous. Elles se déplacent dans la même direction, à des vitesses similaires. Alpha porte également le nom de Sadal Melik, « la bonne étoile du roi ». Quant à Bêta, elle est connue sous le nom de Sadal Suud, « la plus chanceuse des chanceuses ». Zêta est une belle étoile double, formée de deux astres blancs (magnitudes 4,3 et 4,5). Ils tournent l'un autour de l'autre en 856 ans et sont actuellement séparés d'environ 2″.

Objets célestes

Le Verseau héberge deux belles nébuleuses. La première est l'Hélice (NGC 7293), l'une des nébuleuses planétaires les plus proches de nous, située à une distance comprise entre 150 et 450 années-lumière. Si l'on considère son diamètre apparent, c'est même le plus gros objet de ce type.
La deuxième est la nébuleuse de Saturne (NGC 7009), d'une magnitude de 8 et aux dimensions apparentes très réduites par rapport à la précédente, soit seulement 40″ x 25″. En son centre se trouve l'étoile de magnitude 12 dont elle est issue.
On trouve également deux amas globulaires figurant au catalogue de Messier : M2 et M72. Le premier est de magnitude 6,5 et se situe à près de 40 000 années-lumière ; on peut l'apercevoir à la jumelle. Le second, de magnitude 9,3, est séparé de la Terre par environ 55 000 années-lumière.

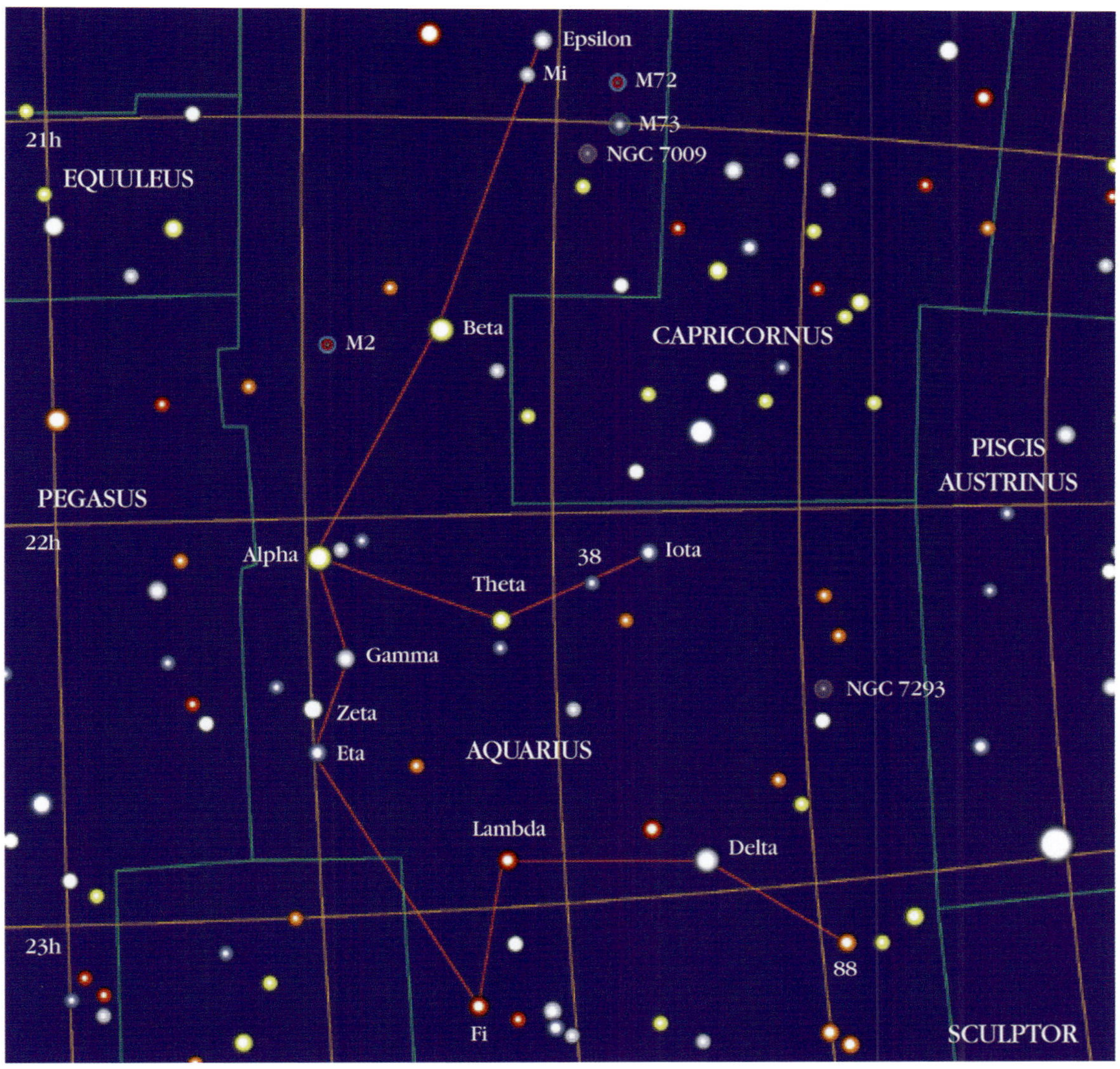

Magnitudes stellaires 0 1 2 3 4 5
Galaxies
Amas ouverts
Amas globulaires
Nébuleuses à émission
Nébuleuses planétaires
Radiogalaxies
Confins des constellations
Lignes d'ascension droite et déclinaison

La nébuleuse planétaire NGC 7293 est connue sous le nom de nébuleuse de l'Hélice, parce qu'observée au télescope, elle ressemble l'élément propulseur des navires.

OÙ LA RECHERCHER ?

Génitif : *Aquarii*
Abréviation : *Aqr*

Été et automne

Hémisphère Sud

Nord : + 3° - Sud : - 25°
Ouest : 23 h 55′ - Est : 20 h 40′

Aquila

Aigle

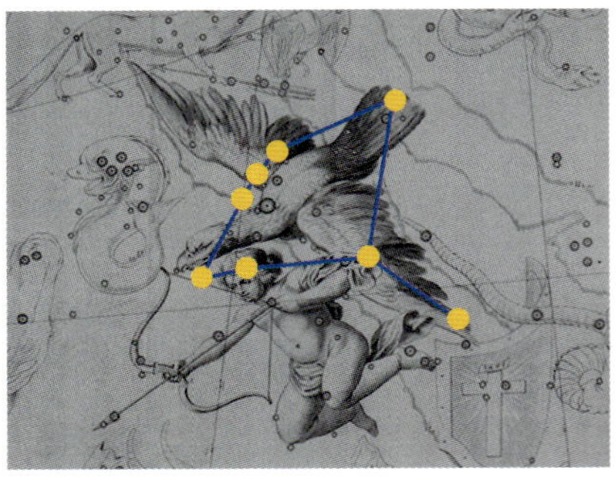

La légende raconte que Jupiter se transforma en aigle afin d'enlever Ganymède et l'amener parmi les dieux.

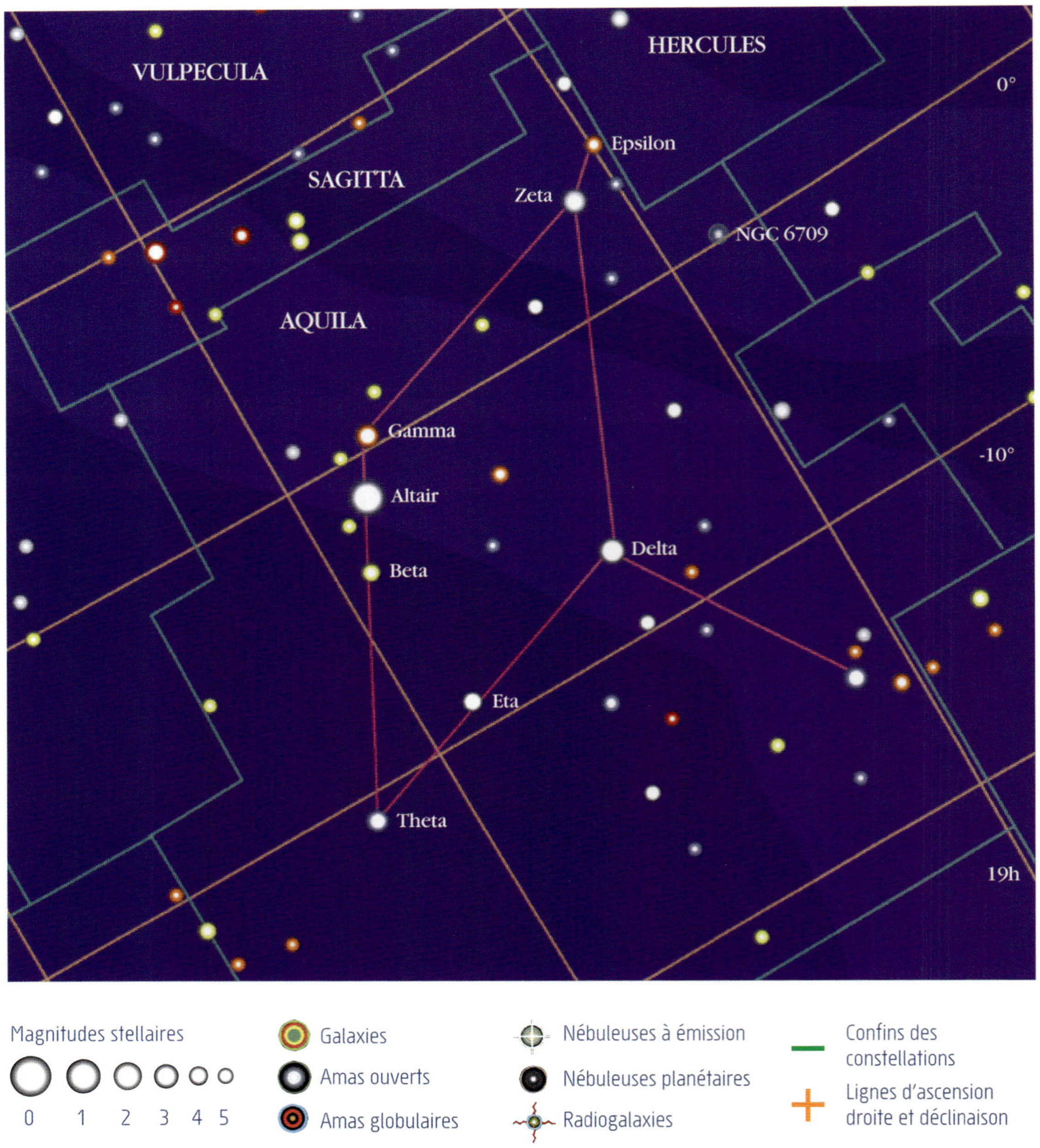

NGC 6709 est un amas ouvert dans la constellation de l'Aigle, situé à près de 15° à l'ouest de Gamma.

OÙ LA RECHERCHER ?

Génitif : *Aquilae*
Abréviation : *Aql*

Été

Hémisphère Nord-Sud

Nord : +19° - Sud : - 12°
Ouest : 20 h 40'- Est : 18 h 40'

L'Aigle trouve ses origines dans l'Antiquité. Pendant de nombreux siècles, cette constellation vécut aux côtés de sa voisine Antinoüs, supprimée par l'astronome Argelander au XIXe siècle. Dans la mythologie, l'Aigle est associé à Jupiter, roi des dieux, auquel il apportait la foudre. Il eut en outre le mérite d'enlever Ganymède pour que celui-ci devienne l'échanson des dieux.

Comment repérer les constellations

Pour localiser l'Aigle, suivons la Voie lactée, le long du cou tendu du Cygne céleste. Une étoile très lumineuse sous la constellation de la Flèche, à l'ouest du Dauphin, nous indiquera que nous avons bien trouvé la constellation recherchée. Celle-ci est clairement visible pendant une majeure partie de la belle saison, l'opposition avec le Soleil se faisant vers la mi-juillet. Cette constellation est équatoriale et se laisse apercevoir peu importe l'endroit du globe terrestre où l'on se trouve.

Étoiles dominantes

Altaïr, ou Alpha, domine la constellation : elle compte parmi les astres les plus proches de nous (16,8 années-lumière) et les plus brillants (magnitude 0,8). Son nom signifie « aigle volant ». Il est l'un des apex du fameux Triangle d'été, également formé par les étoiles Véga et Deneb, qui se trouvent respectivement dans les constellations de la Lyre et du Cygne. Sa rotation est particulière, ne nécessitant que six heures et demie, si bien que sous l'effet de la force centrifuge, l'étoile s'en trouve aplatie.

Altaïr se repère facilement par la présence de deux étoiles brillantes à proximité : Bêta, ou Alshain (magnitude 3,7), et Gamma, ou Tarazed (magnitude 2,7). La première des deux possède également un compagnon de magnitude 11,6 situé à 13''.

Êta Aql, en revanche, est une céphéide. Ces étoiles permettent d'évaluer la distance à laquelle se trouvent les amas ou galaxies auxquels elles appartiennent. Il existe en effet une relation bien définie entre leur phase de pulsation et leur luminosité absolue. La magnitude d'Êta oscille entre 3,5 et 4,4 en près de 7j et 4,25 h, passant du minimum au maximum de luminosité en deux jours environ, pour retrouver progressivement sa valeur la plus élevée. Elle se situe à 1 600 années-lumière de la Terre.

Objets célestes

Bien que se trouvant en pleine Voie lactée, la constellation de l'Aigle ne contient que peu d'objets télescopiques. Il est néanmoins possible d'admirer certains amas ouverts, comme NGC 6709, objet constitué d'une quarantaine d'étoiles à près de 2 500 années-lumière.

Ara - Pavo

Autel - Paon

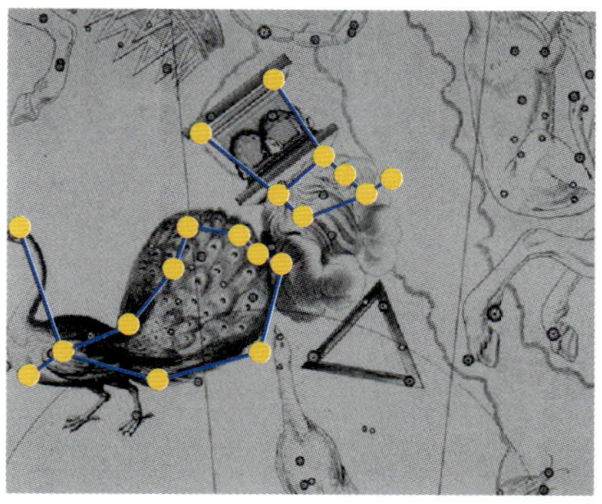

Les constellations contiguës de l'Autel et du Paon, bien que créées à des époques totalement différentes, sont toutes deux associées à des légendes classiques.

Contrairement au Paon introduit au XVIe siècle, l'Autel trouve ses origines dans l'Antiquité classique. Selon une tradition, il s'agit de l'Autel sur lequel le Centaure sacrifia le Loup. Mais une autre légende parle du lieu où la première alliance entre les dieux fut scellée, avant qu'ils n'engagent leur dure lutte contre les Titans.

Le Paon, en revanche, incarne l'oiseau sur la queue duquel reposaient les cent yeux d'Argos, serpent de Junon. La femme de Jupiter, jalouse, avait mis sous surveillance la nymphe Io, héroïne de l'une des escapades du roi des dieux, qui fut transformée en génisse pour échapper à la colère de Junon.

Comment repérer les constellations

L'Autel occupe la partie céleste au sud de la queue du Scorpion. L'alignement entre les étoiles Zêta et Gamma de cette constellation indique la position d'Alpha dans la constellation du Paon, à l'est.

L'Autel se trouve en opposition avec le Soleil à la mi-juin, se rendant ainsi visible en direction du sud au milieu de la nuit, alors que les mêmes conditions se reproduisent pour le Paon un peu plus tard. Pour voir Peacock (Alpha Pav) affleurer l'horizon sud, il faut être sur une latitude de 33° S.

Étoiles dominantes

L'astre le plus brillant de l'Autel est Bêta (magnitude 2,9), étoile jaune-orangé de grandes dimensions située à près de 600 années-lumière. Bêta dépasse Alpha de peu, avec seulement 0,1 magnitude de plus. Cette dernière possède cependant une température plus élevée, ainsi qu'une couleur bleue.

Alpha Pavonis (magnitude 1,9) est connue sous le nom de Peacock, qui signifie paon en anglais ; c'est une étoile de lumière légèrement bleutée, située à 183 années-lumière. Kappa Pav est en revanche une céphéide variable, dont la luminosité oscille régulièrement entre les magnitudes 3,9 et 4,8. Ksi Pav, étoile double, se trouve dans cette constellation (magnitudes 4,4 et 8,6).

Objets célestes

Les deux constellations abritent certains amas stellaires. Le premier, NGC 6397, situé dans l'Autel, est un amas globulaire brillant de magnitude 7, à la portée des petits instruments. Toujours dans cette même constellation se trouve NGC 6193, amas ouvert où l'étoile la plus brillante atteint la limite de visibilité à œil nu. On peut apercevoir, non loin de cet objet, la nébuleuse gazeuse NGC 6188.

Dans la constellation du Paon de petites jumelles permettront d'admirer l'amas globulaire NGC 6752. Il possède un diamètre apparent d'environ 15′, soit la moitié du disque lunaire.

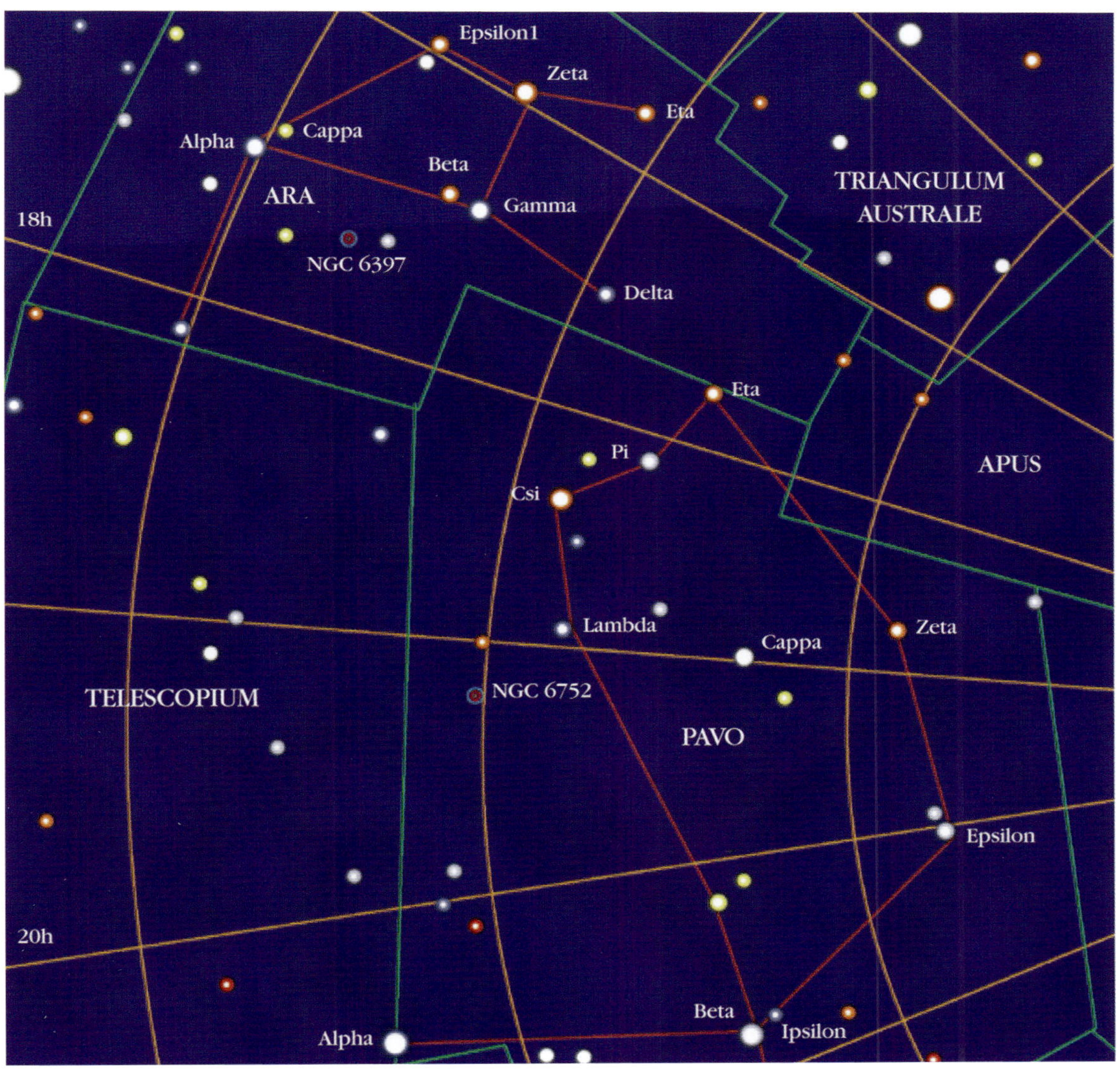

Magnitudes stellaires
0 1 2 3 4 5

Galaxies
Amas ouverts
Amas globulaires
Nébuleuses à émission
Nébuleuses planétaires
Radiogalaxies
Confins des constellations
Lignes d'ascension droite et déclinaison

NGC 6397 est un amas globulaire appartenant à la constellation de l'Autel. Le Paon en héberge un autre, que l'on peut observer à la jumelle : NGC 6752.

OÙ LA RECHERCHER ?

Génitif : *Arae - Pavonis*
Abréviation : *Ara - Pav*

Printemps et été

Hémisphère Sud
(partiellement depuis l'Europe du Sud)

Nord : - 43,5° - Sud : - 74°
Ouest : 21 h 30′ - Est : 16 h 35′

Aries
Bélier

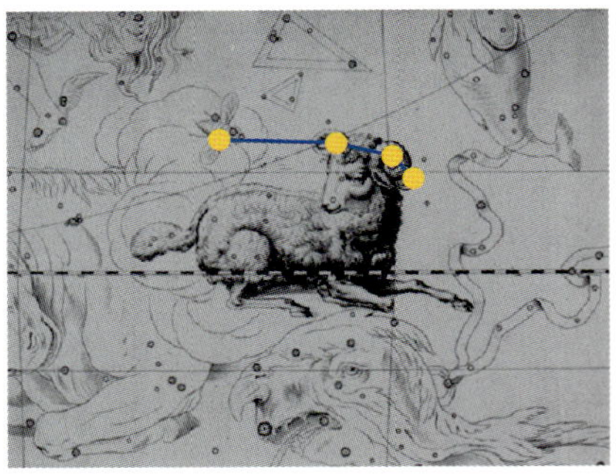

Dans les anciens atlas du ciel, contrairement à ce que raconte la légende, le Bélier était représenté sans ailes.

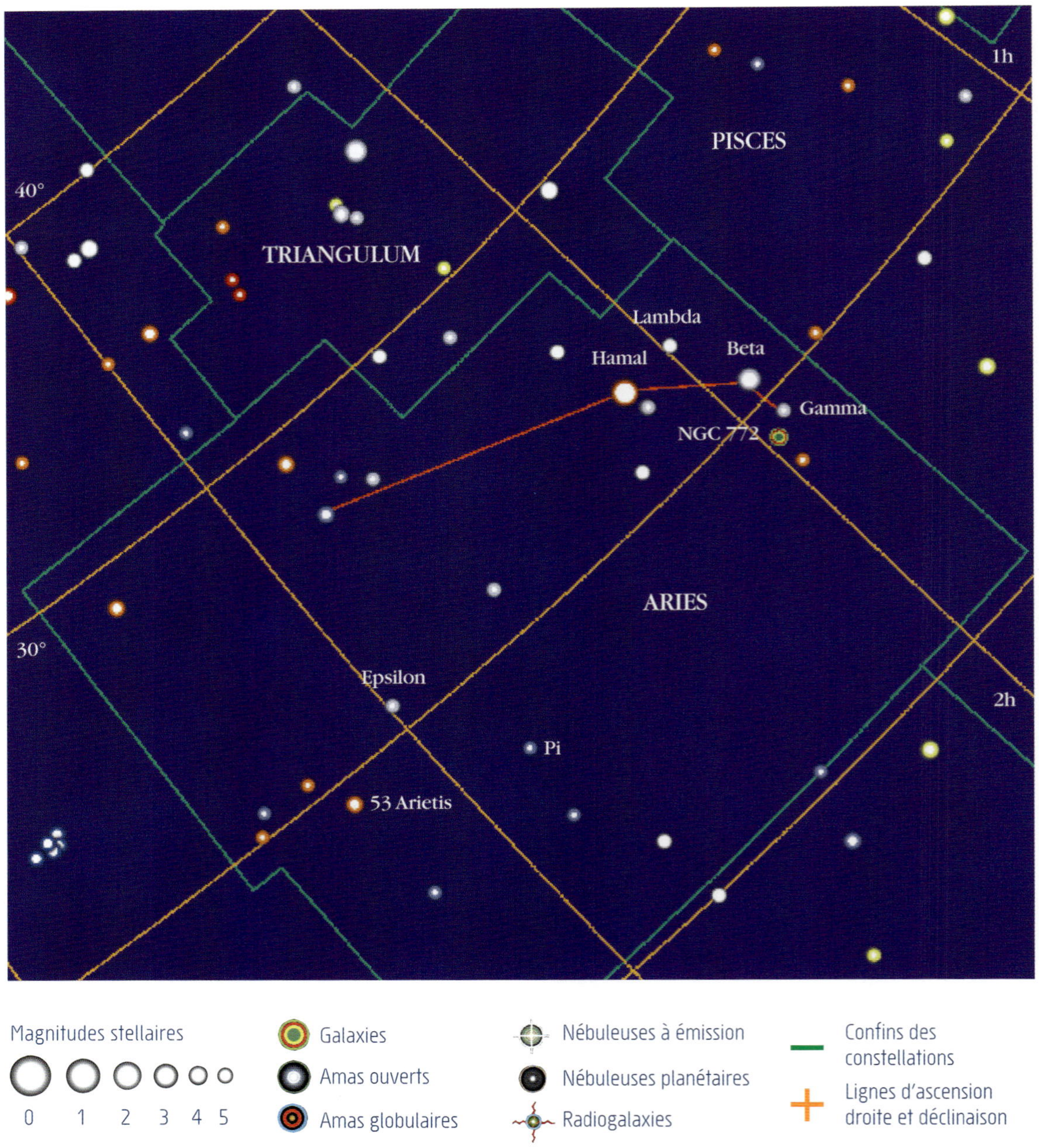

La galaxie NGC 772 est l'objet le plus brillant de la constellation ; mais étant de magnitude 11, un télescope de 25 cm de diamètre sera requis pour l'entrevoir.

OÙ LA RECHERCHER ?

Génitif : *Arietis*
Abréviation : *Ari*

Automne

Hémisphère Nord

Nord : + 31° - Sud : + 10°
Ouest : 3 h 30′ - Est : 1 h 45′

À l'instar de toutes les constellations du Zodiaque, le Bélier possède des origines très anciennes. Selon la légende, il s'agirait du bélier ailé la Toison d'or que Néphélé, reine de Béotie délaissée par son mari Athamas, envoya sur Terre afin de sauver ses enfants Phrixos et Hellé, que leur père entendait sacrifier. Par la suite, le Bélier fut consacré à Zeus et sa toison fut conquise par Jason et les Argonautes. Le Bélier est considéré comme la première constellation du zodiaque puisque à l'origine, c'est en son sein que se trouvait le point Gamma, c'est-à-dire l'équinoxe de printemps.

Comment repérer la constellation

Le Bélier se trouve au sud du Triangle. Son étoile la plus lumineuse, Alpha, se situe à environ 20° au sud de Gamma And. La constellation est en opposition avec le Soleil entre fin octobre et début novembre, offrant une bonne visibilité pendant toute la durée de l'automne. On peut la rechercher, à cette époque de l'année à minuit, haut dans le ciel en direction du sud. Étant donné son positionnement à hautes déclinaisons septentrionales, elle est en réalité déjà visible pendant une bonne partie de l'été, dans la seconde moitié de la nuit, ainsi que durant tout l'hiver, se couchant néanmoins de plus en plus tôt au fil du temps.

Étoiles principales

Alpha Arietis (magnitude 2), également connue sous le nom de Hamal, ne possède pas d'attraits spécifiques, si ce n'est la plus forte luminosité de toute la constellation. C'est une étoile jaune se trouvant à 66 années-lumière de nous.
Gamma est une étoile double intéressante, découverte par Robert Hooke au XVIIe siècle. Elle est constituée de deux astres de même luminosité (magnitude 4,8). Lambda est également double et l'on peut distinguer ses composantes blanches de magnitudes 4,9 et 7,7 au moyen de petits instruments.
53 Arietis, de magnitude égale à 6,1, atteint donc le seuil de visibilité à l'œil nu. Cette étoile s'est rapidement éloignée de sa région d'origine, la grande nébuleuse d'Orion.

Objets célestes

Le Bélier ne contient pas d'objets faciles à cerner avec de petits instruments, ses galaxies les plus lumineuses étant de magnitude 11. Il est donc nécessaire d'utiliser un télescope ayant une ouverture supérieure à 25 cm pour pouvoir observer la constellation avec une relative facilité. Néanmoins, n'oublions pas NGC 772, la plus lumineuse de toutes, galaxie à spirale située non loin de l'étoile Gamma. Ses dimensions apparentes dans le ciel sont de 7′ x 5′.

Auriga

Cocher

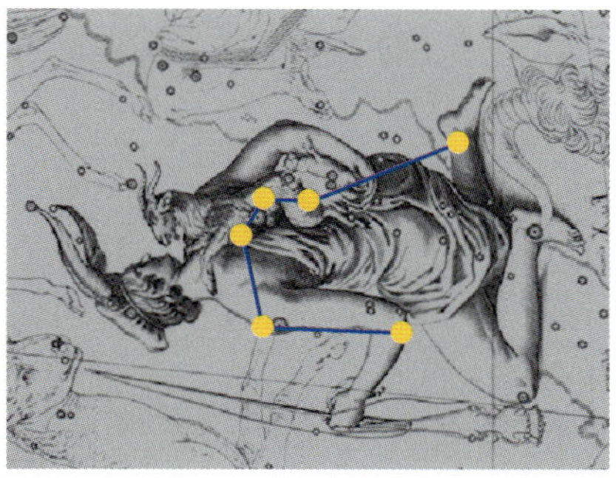

Le Cocher est représenté portant une chevrette sur son dos. Il s'agirait du roi d'Athènes, Érichthonios, avec la chèvre qui nourrit Jupiter dans son enfance.

Cet astérisme est célèbre depuis l'Antiquité. Selon la tradition, Capella (l'étoile la plus brillante de la constellation) serait Amalthée, la nymphe qui vivait auprès de bergers sur le mont Ida et qui prit soin de Jupiter enfant. La mère de celui-ci, Rhéa, l'y cacha, afin qu'il échappe à la voracité de son père Saturne, qui dévorait ses nouveau-nés.

Comment repérer la constellation

Afin d'identifier le Cocher, l'on peut suivre la longue succession d'étoiles brillantes, au nord du Carré de Pégase. On poursuit ensuite avec Bêta et Gamma And. Après avoir dépassé Alpha Per, on atteint Capella, qui marque l'apex nord d'un pentagone lumineux. Début décembre, Capella atteint le zénith à minuit dans les pays se situant autour de 45° de latitude nord. L'observation du Cocher est ainsi facilitée pendant une bonne partie de l'automne, tout l'hiver, jusqu'au printemps bien avancé.

Étoiles dominantes

De Capella, la « chevrette » (magnitude 0,1 ; 42 années-lumière de distance), nous savons qu'elle est double. Ses composantes sont des géantes jaunes en orbite mutuelle pendant 104 jours. En termes de luminosité, Capella est la sixième étoile de la voûte céleste.

Bêta (magnitude 1,9), ou Menkalinan, est également formée de deux étoiles proches que l'on ne peut distinguer au télescope ; elles s'éclipsent régulièrement à tour de rôle, faisant varier leur magnitude d'un dixième en près de quatre jours. Mais la plus intéressante de toutes est Epsilon, autre binaire à éclipse, dont les magnitudes varient entre 2,9 et 3,8 en 27 ans. Les éclipses durent environ un an. Les hausses puis les baisses de luminosité se produisent très lentement, ce qui signifie que l'une des étoiles au moins possède un anneau de poussière dissipée, sorte d'atmosphère, qui vient progressivement masquer son compagnon.

Objets célestes

Étant donné sa position près de la Voie lactée, le Cocher abrite un grand nombre d'amas ouverts. Le premier d'entre eux est M36, que l'on peut observer à la jumelle. De petits instruments révéleront quelques dizaines d'étoiles blanches de formation récente. Les plus brillantes de l'amas sont circonscrites dans un espace d'environ 10′. Plus grand et plus lumineux que le précédent, M37 est formé de 150 étoiles lui conférant une magnitude de 6. Déjà observable aux jumelles, un instrument d'environ 10 cm d'ouverture permettra néanmoins de distinguer les astres les plus brillants. M38 est un troisième objet du même type visible à la jumelle ; une centaine d'étoiles, situées dans une zone d'environ 20′ de diamètre, le composent.
Outre ces objets de Messier, la constellation héberge d'autres amas ouverts inscrits au catalogue NGC.

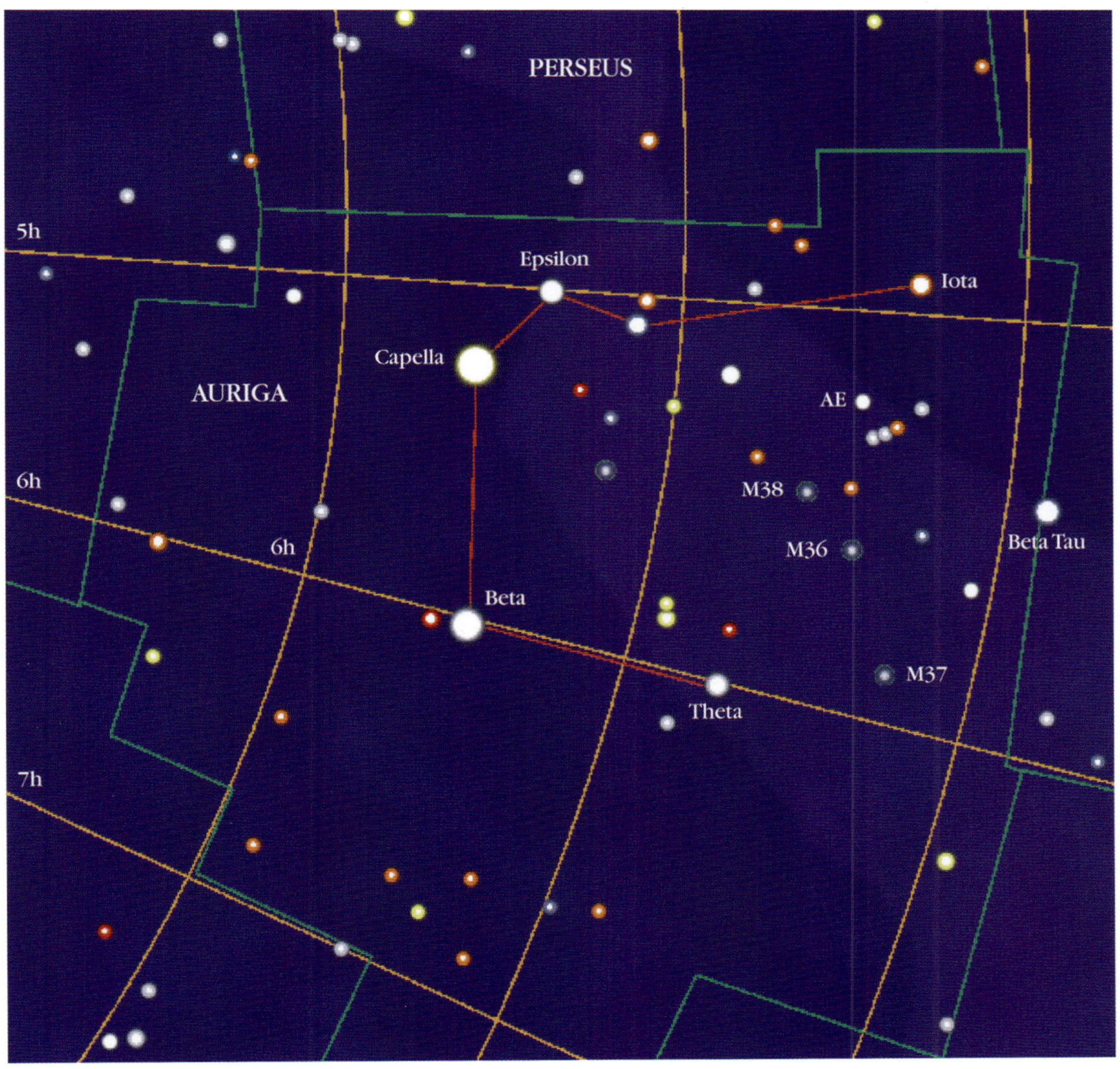

Magnitudes stellaires : 0 1 2 3 4 5
Galaxies
Amas ouverts
Amas globulaires
Nébuleuses à émission
Nébuleuses planétaires
Radiogalaxies
Confins des constellations
Lignes d'ascension droite et déclinaison

De tous les amas ouverts présents dans la constellation du Cocher, M37 est sans aucun doute le plus beau et le plus brillant de tous.

OÙ LA RECHERCHER ?

Génitif : *Aurigae*
Abréviation : *Aur*

Hiver

Hémisphère Nord

Nord : + 56° – Sud : + 28°
Ouest : 7 h 30′ – Est : 4 h 35′

Bootes

Bouvier

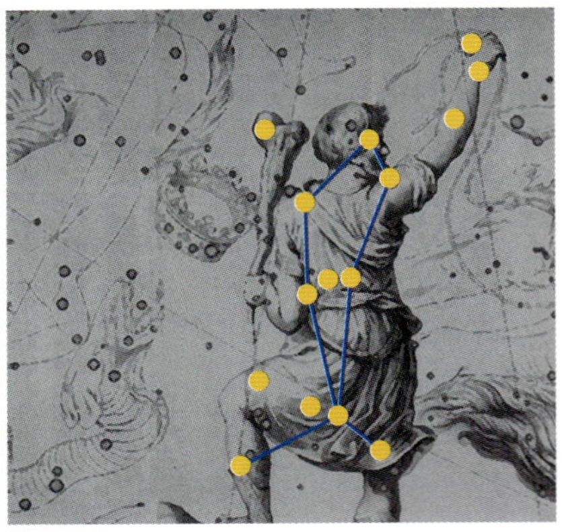

Selon la légende, le Bouvier était le gardien de l'Ourse.

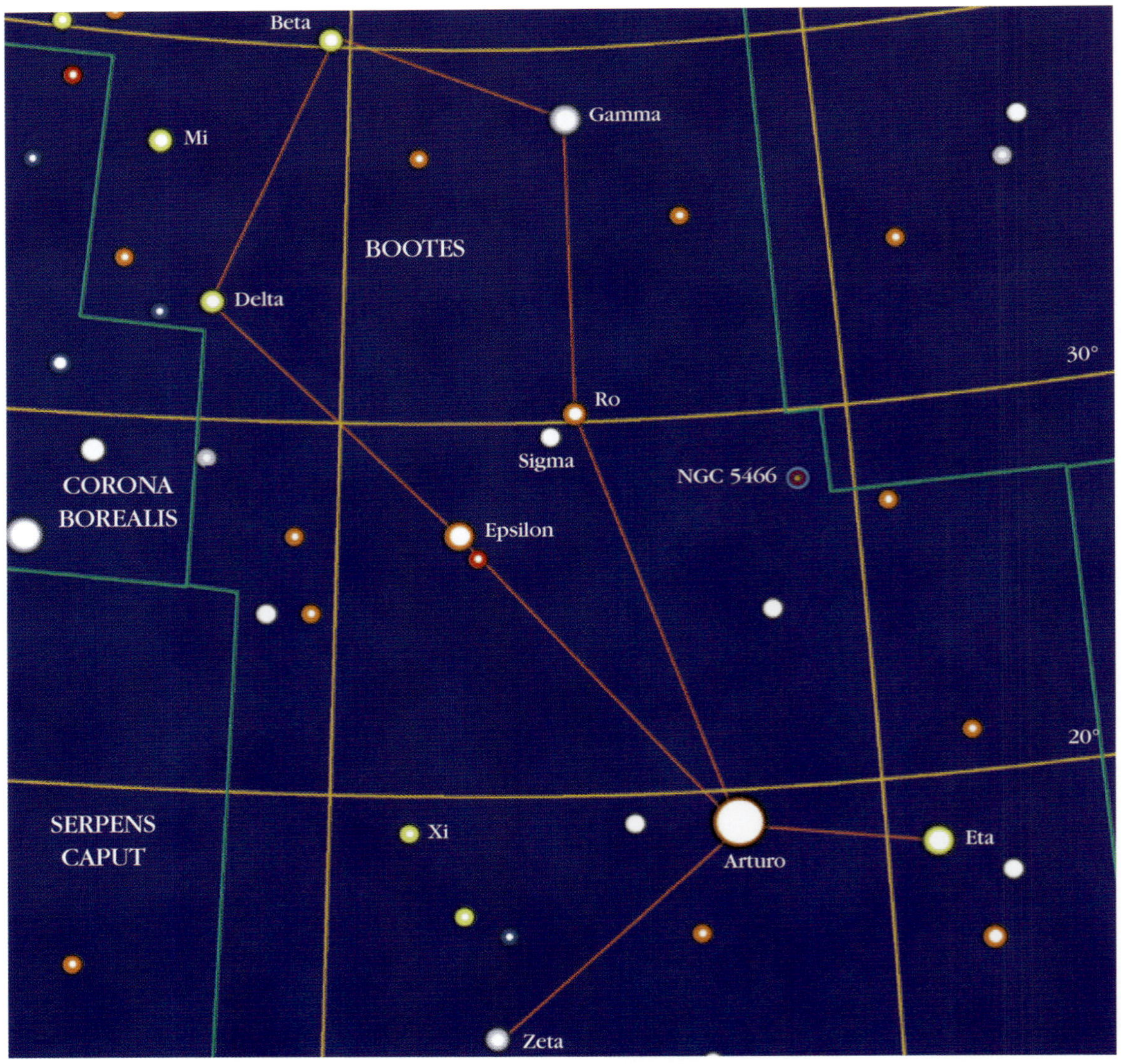

Magnitudes stellaires : 0 1 2 3 4 5

Galaxies

Amas ouverts

Amas globulaires

Nébuleuses à émission

Nébuleuses planétaires

Radiogalaxies

Confins des constellations

Lignes d'ascension droite et déclinaison

La constellation Quadrans Muralis, qui n'existe plus aujourd'hui, occupait une zone appartenant à la constellation du Bouvier.

OÙ LA RECHERCHER ?

Génitif : *Bootis*
Abréviation : *Boo*

Printemps

Hémisphère Nord

Nord : + 55° - Sud : + 7°
Ouest : 15 h 45' - Est : 13 h 35'

D'origine antique, la constellation du Bouvier, ou Bootes, est liée à la Grande Ourse. Elle représente le gardien de l'Ourse. C'est aussi la signification du nom Arcturus, principale étoile de la constellation.

Comment repérer la constellation

Le Bouvier se situe derrière la queue de la Grande Ourse : il suffit de suivre la courbe décrite par les trois étoiles du manche de cette dernière pour atteindre Arcturus, l'étoile la plus lumineuse de l'hémisphère Nord céleste. Le reste de la constellation s'étend au nord de cette étoile.

Le Bouvier se trouve presque intégralement au nord de la déclinaison + 20° et reste visible une bonne partie de l'année à nos latitudes. Le moment le plus propice à l'observation est le printemps. La position de la constellation dans le ciel, et surtout son développement en direction nord-sud, la rendent facilement visible un peu partout sur Terre. Elle est cependant totalement invisible à des latitudes plus méridionales que 80° S.

Étoiles dominantes

Alpha, ou Arcturus, est une étoile de magnitude -0,05, la quatrième plus brillante de la voûte céleste. C'est une géante rouge qui apparaît orangée à l'œil nu. Son mouvement propre est très important, de plus de 2" par an. À cette allure, elle se déplace sur la voûte stellaire en décrivant un angle équivalent au diamètre de la pleine lune en à peine plus de 800 ans.

Epsilon est connue sous le nom de Pulcherrima, ce qui en latin signifie « la plus belle ». C'est en réalité une étoile double, dont les composantes sont de couleur et luminosité diverses. La principale (magnitude 2,5) est une étoile jaune-orangé, alors que la secondaire, de magnitude 4,9, est blanc-bleu. Pour en apprécier la beauté, il faut des télescopes de très grande ouverture (8 cm), afin d'obtenir des images agrandies cent fois.

Deux autres systèmes multiples méritent notre attention : Mu Boo, étoile de magnitude 4, formée en réalité de trois astres très rapprochés que l'on ne peut distinguer qu'avec un télescope d'au moins 8 cm d'ouverture ; et celui de Ksi comportant deux étoiles en orbite mutuelle pendant près de 150 ans, séparées de 7". Ces deux composantes sont de magnitudes respectives 4,7 et 7.

Objets célestes

Le Bouvier ne contient pas d'objets célestes d'importance particulière. Signalons néanmoins que cette constellation renferme les Quadrantides, essaim météorique annuel comptant parmi les plus riches, ainsi dénommé car son radiant se situe dans une région céleste autrefois appelée Quadrans Muralis.

Caelum – Columba

Burin – Colombe

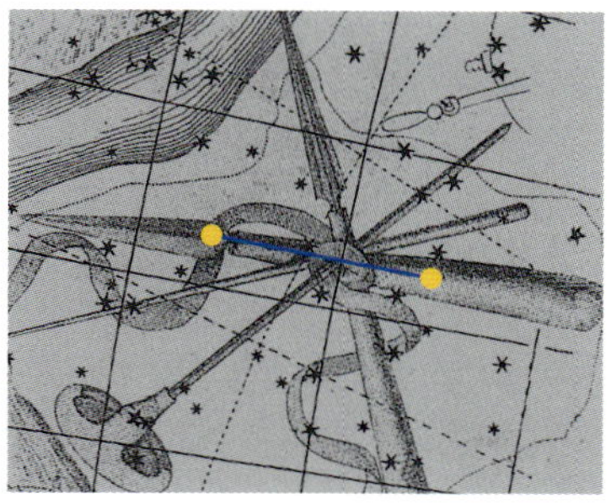

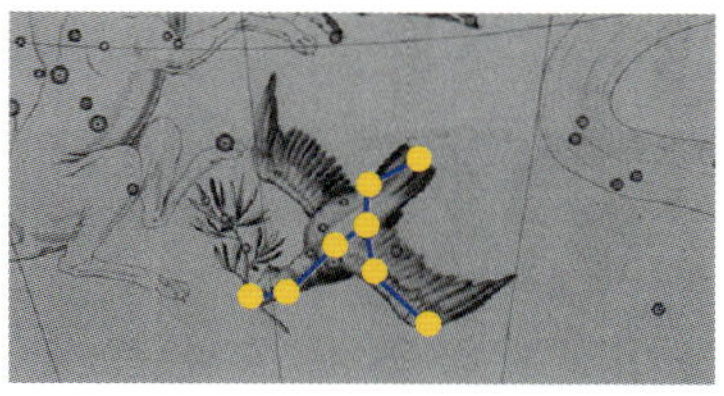

Le Burin et la Colombe ne contiennent pas d'astérismes brillants et sont difficiles à distinguer.

Le Burin et la Colombe sont des constellations d'origines différentes : alors que la première fut inventée par l'abbé de Lacaille, la seconde apparut pour la première fois dans l'atlas de Bayer en 1603, bien que Plancius, astronome hollandais, l'ait introduite en 1592.
Le Burin du graveur n'est associé à aucune légende. La Colombe en revanche rappelle l'oiseau envoyé par les Argonautes pour leur ouvrir une voie sûre à travers les Roches Vacillantes.

Comment repérer les constellations

Bien que toutes deux soient limitrophes, il est plus aisé de commencer par la Colombe, dont les étoiles sont plus brillantes.
Partant de Sirius dans le Grand Chien, l'on descend vers le sud-ouest d'une vingtaine de degrés. Souvenons-nous : quand on observe le ciel en direction du sud, l'occident se trouve à droite. On arrive ainsi à proximité d'Alpha Col, l'étoile la plus lumineuse des deux constellations réunies.
Situées près du Grand Chien, elles sont visibles en hiver. La Colombe passe au méridien à minuit vers la mi-décembre ; et le Burin fait de même quelques jours auparavant, en début de mois. C'est donc la période la plus favorable pour les observer.

Étoiles dominantes

L'étoile la plus brillante est Alpha Col, d'une magnitude de 2,6. C'est une étoile bleue située à 268 années-lumière. Bêta Col occupe la deuxième position, avec une magnitude de 3,1 ; elle est plus froide qu'Alpha et possède une teinte jaunâtre.
Mu Col (magnitude 5,2) est, à l'instar de 53 Ari, une étoile au mouvement propre rapide, soit 0,025″ par an. Ce qui, pour nous, correspond à une vitesse de 120 km/s. Cette étoile s'est rapidement éloignée de sa zone d'origine, la nébuleuse d'Orion.
Le Burin renferme des étoiles de magnitudes 4 ou supérieures et sa principale étoile est Alpha Caeli, de magnitude 4,4 et de lumière blanche.

Objets célestes

NGC 1851 est l'un des amas globulaires de la Colombe, de magnitude 8. Observé à l'aide d'instruments non-professionnels, il apparaît telle une tache lumineuse ronde aux contours flous, possédant un diamètre apparent de 11′. La même constellation héberge une galaxie de magnitude 13, difficile à entrevoir.

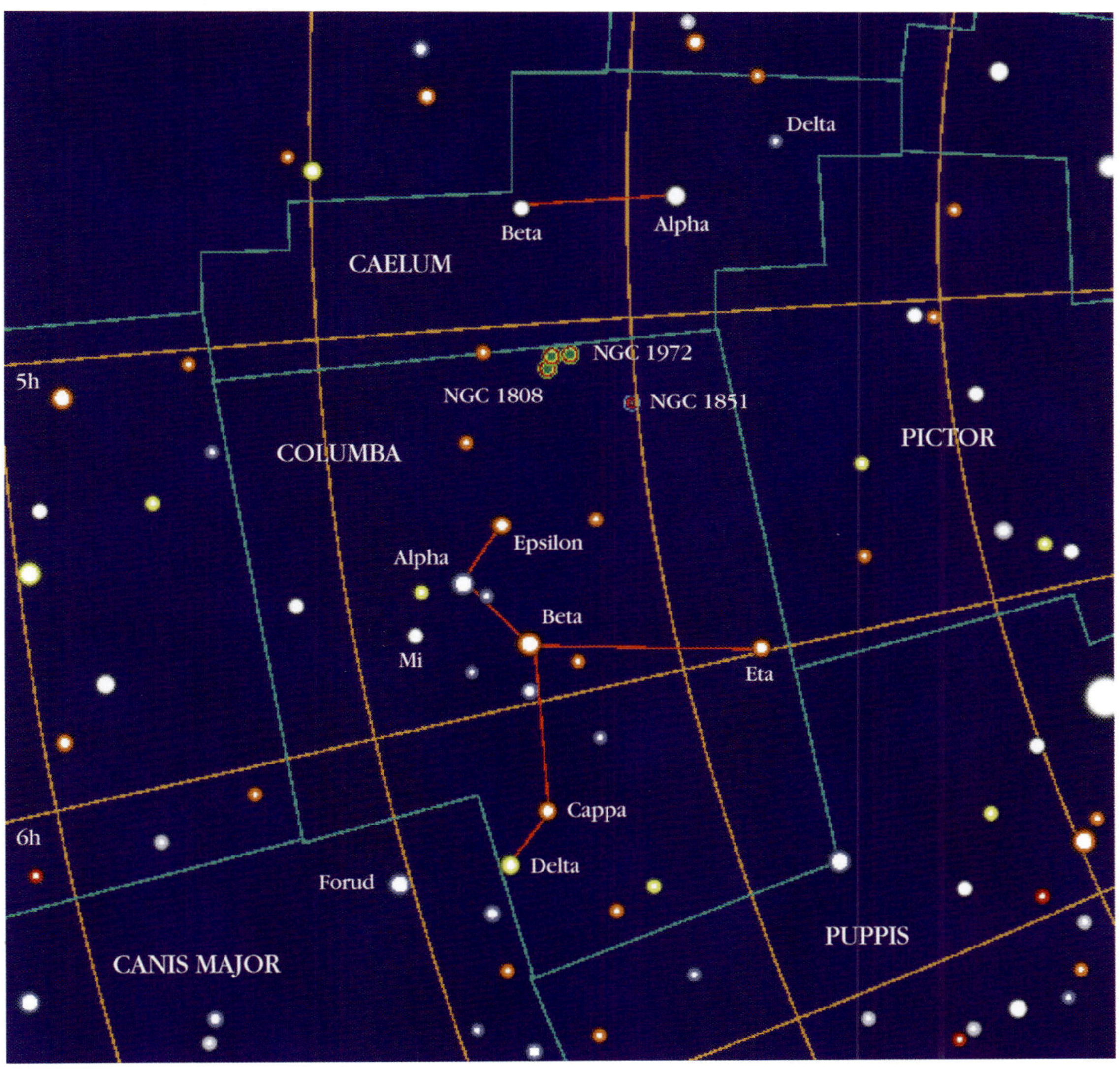

Magnitudes stellaires
0 1 2 3 4 5

Galaxies
Amas ouverts
Amas globulaires

Nébuleuses à émission
Nébuleuses planétaires
Radiogalaxies

Confins des constellations
Lignes d'ascension droite et déclinaison

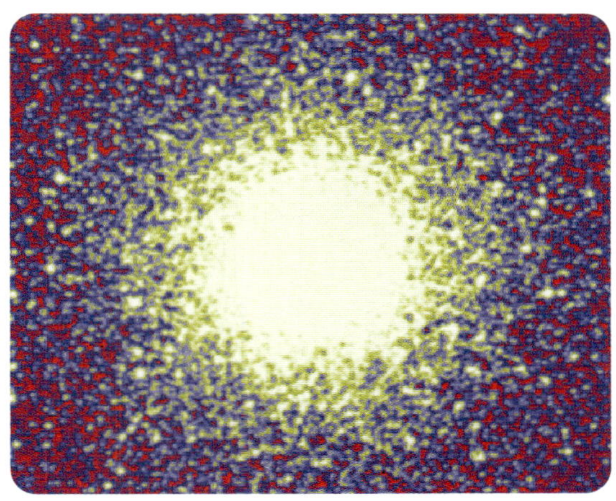

L'amas globulaire NGC 1851 de la Colombe est l'objet le plus intéressant des deux constellations.

OÙ LA RECHERCHER ?

Génitif : *Caeli – Columbae*
Abréviation : *Cae – Col*

Automne et hiver (partiellement depuis l'Europe du Sud)

Hémisphère Sud

Nord : - 27° - Sud : - 49°
Ouest : 6 H 40′ - Est : 4 H 20′

Camelopardalis

Girafe

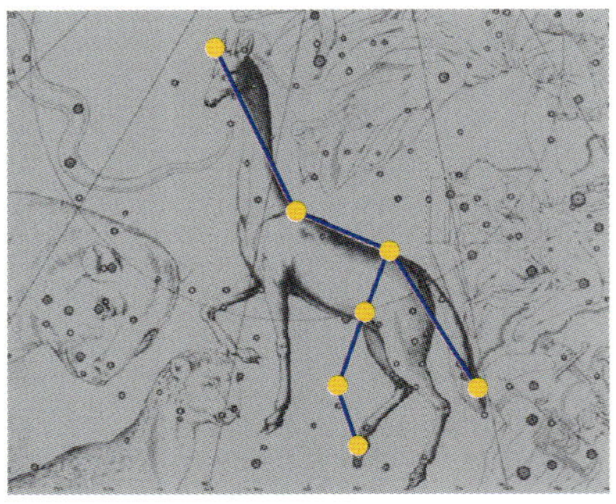

Contrairement à la majeure partie des constellations de l'hémisphère boréal introduites dans l'Antiquité classique, la Girafe naquit il y a seulement quatre siècles.

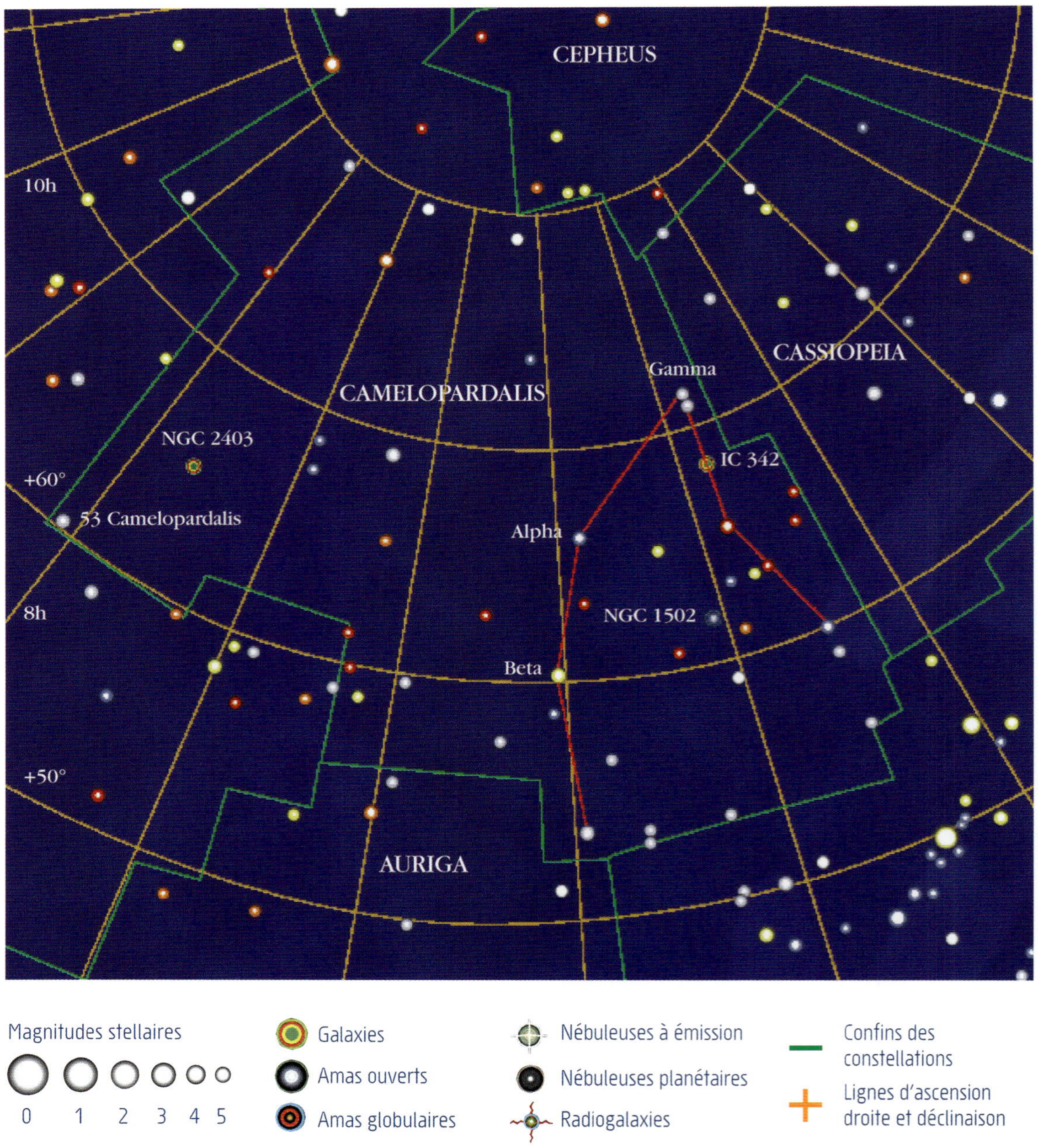

NGC 2403 est une galaxie du Groupe local, famille à laquelle appartient la Voie lactée, et qui en est l'un des membres dominants.

OÙ LA RECHERCHER ?

Génitif : *Camelopardalis*
Abréviation : *Cam*

Automne

Hémisphère Nord

Nord : + 86° - Sud : + 53°
Ouest : 14 h 30′ - Est : 3 h 15′

Constellation d'origine récente – elle apparaît en fait dans le planisphère de Jakob Bartsch, gendre de Johannes Kepler, en 1624 – la Girafe symbolise son homonyme animal au long cou. Elle rappelle les noces d'Isaac et Rebecca : la mariée rejoignit Canaan pour la cérémonie à dos de girafe. Le mérite revient à l'astronome hollandais Plancius, qui compléta cette partie du ciel, autrement restée vide.

Comment repérer la constellation

Afin de localiser la Girafe, considérons la zone située entre les étoiles Alpha et Bêta UMa, ainsi que le W propre à Cassiopée. La Girafe occupe la vaste partie céleste qui sépare ces deux constellations. À l'instar de ses voisines la Grande Ourse et Cassiopée, la Girafe est circumpolaire à nos latitudes ; elle reste par conséquent visible quelle que soit sa distance au-dessus de l'horizon.
Sa région la plus importante, c'est-à-dire celle abritant les étoiles les plus brillantes Alpha et Bêta, est en opposition avec le Soleil vers la fin novembre. C'est pourquoi nous la rechercherons, à cette époque, proche du zénith en regardant vers le sud à minuit. Six mois plus tard elle sera, à la même heure, basse sur l'horizon opposé, c'est à dire l'horizon septentrional.

Étoiles dominantes

Alpha, supergéante bleue de magnitude 4,3, n'est pas l'astre le plus lumineux de la constellation : Bêta (magnitude 4,0) la dépasse, de peu il est vrai. Cette dernière est une étoile double, que l'on peut distinguer au moyen de petits télescopes, ainsi que son compagnon de 7,4 de magnitude situé à 81″.
Autre système binaire, Sigma 1694 fut ainsi baptisé du fait de sa position dans le catalogue de l'astronome Struve qui, le premier, l'étudia. Il se compose de deux astres de lumière blanche (magnitudes 5,3 et 5,8) séparés du système solaire de quelques centaines d'années-lumière.
53 Cam est une étoile à la limite de la visibilité à l'œil nu ; elle se caractérise par des champs magnétiques extrêmement forts, un millier de fois supérieurs à celui de la Terre.

Objets célestes

La Girafe nous offre d'observer au moins deux galaxies au télescope : NGC 2403 et IC 342. La première appartient au Groupe local et se trouve à seulement 11 millions d'années-lumière, apparaissant comme un flocon lumineux de magnitude 9. Des télescopes de plus de 15 cm de diamètre seront en revanche requis pour observer la deuxième galaxie de magnitude 12, qui fait partie du même groupe. L'amas ouvert NGC 1502, à 4 000 années-lumière de la Terre, est beaucoup plus proche et d'observation aisée.

Cancer
Cancer

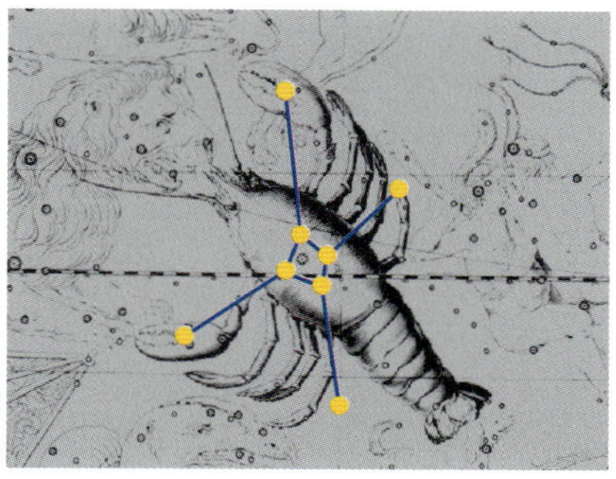

La constellation du Cancer représente un crabe céleste situé entre le Lion et les Gémeaux.

Le Cancer fait partie des 48 constellations de l'Antiquité classique. La légende l'associe au crabe de l'un des travaux d'Hercule. Le héros grec luttait dans les marécages de Lerne contre la terrible Hydre, monstre aux têtes multiples, lorsqu'il fut pincé par un crabe. Hercule l'écrasa sans pitié mais Junon décida de transformer le petit crustacé en constellation.

Comment repérer la constellation

Le Cancer occupe l'espace situé entre le Lion et les Gémeaux. Pour la localiser, il faut donc considérer la zone circonscrite par Castor et Pollux, les plus brillantes étoiles en Gémeaux, Procyon dans le Petit Chien et Regulus en Lion.
Le passage de la constellation au méridien à minuit survient vers la mi-janvier. Dans l'Antiquité, en revanche, le soleil atteignait son solstice en Cancer et brillait donc en plein sur le tropique du même nom. Suite à la précession de l'axe terrestre, ce point s'est déplacé pour sortir du Cancer et se retrouve aujourd'hui en Gémeaux.

Étoiles dominantes

L'étoile la plus brillante de la constellation est Bêta, orangée et de magnitude 3,5, située à 190 années-lumière. Elle est suivie de Delta, de même couleur et de 3,9 de magnitude. Cette dernière est également connue sous le nom d'Asellus australis (littéralement « petit âne méridional »), ou Delta Cancri. L'Asellus borealis est Gamma (magnitude 4,7), étoile blanche à 160 années-lumière. Alpha, ou Acubens (la pince), possède une magnitude de 4,3 ainsi qu'une une teinte blanche.
Pourtant, l'astre le plus intéressant est Zêta, un système triple. De petits instruments permettent de distinguer deux astres de magnitudes respectives 5,0 et 6,2, avec une séparation d'environ 6″. La composante seconcaire orbite autour de la principale en près de 1 200 ans. Mais un télescope plus puissant révélera qu'en réalité, la composante la plus lumineuse est formée de deux étoiles (magnitudes 5,4 et 6,0) en orbite mutuelle effectuée en 60 ans. Leur séparation varie entre un minimum de 0,6″ et un maximum de 1,2″.

Objets célestes

Le plus bel objet du Cancer est l'amas ouvert M44, également connu sous les noms de Alveare ou encore Praesepe, qui signifie aussi bien « mangeoire » que « ruche ». Il est facilement visible à l'œil nu, mais une jumelle permettra de le décomposer en plusieurs étoiles. Les dimensions angulaires de cet amas représentent environ trois fois le diamètre de la pleine Lune, alors que sa magnitude dépasse à peine 4. Sa distance à la Terre n'est que de 577 années-lumière.
Autre grand amas ouvert, M67 nécessite au moins une jumelle pour être entrevu. Il est de magnitude 7 et possède un diamètre de 0,5°.

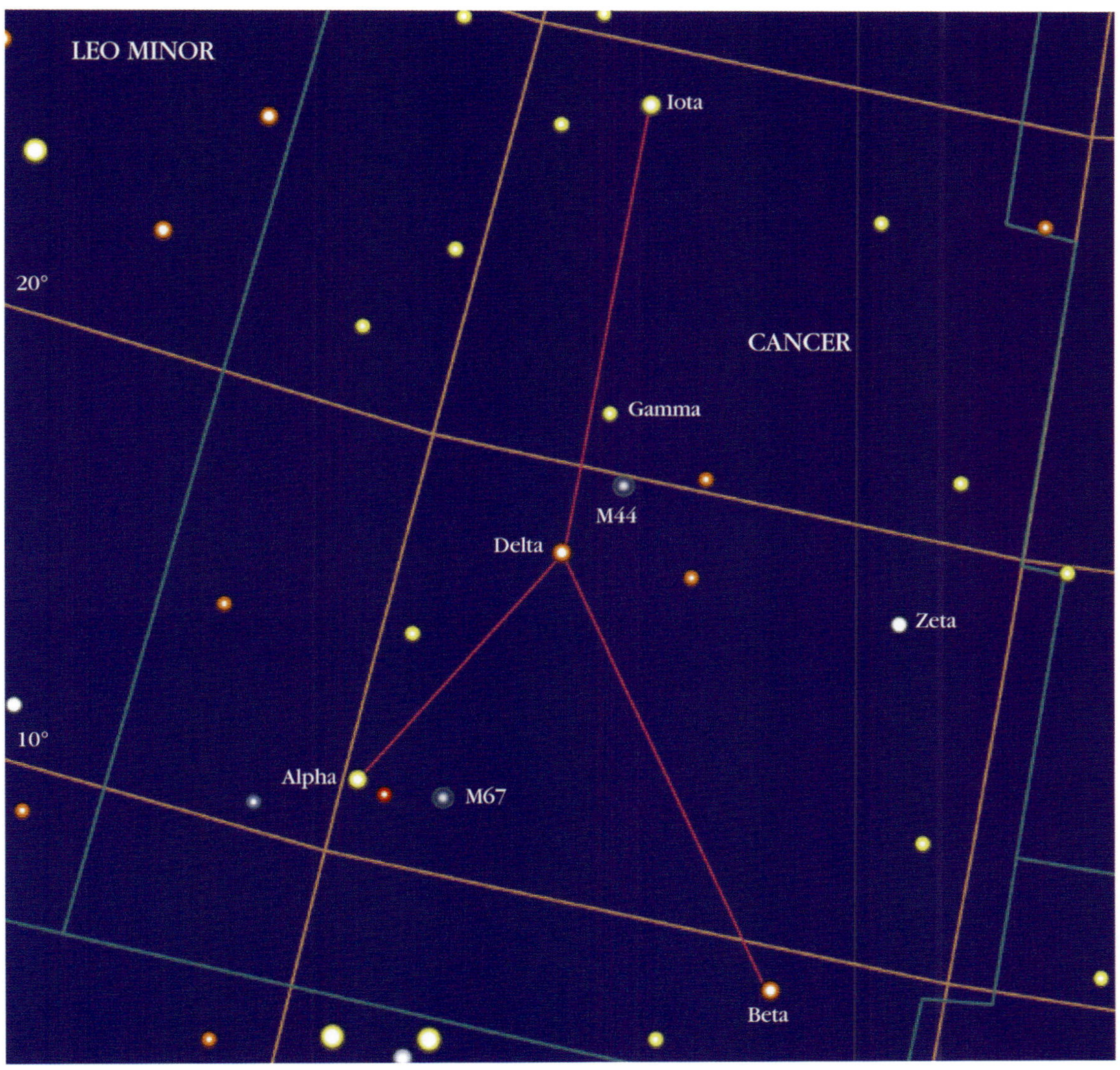

Magnitudes stellaires 0 1 2 3 4 5 — Galaxies — Amas ouverts — Amas globulaires — Nébuleuses à émission — Nébuleuses planétaires — Radiogalaxies — Confins des constellations — Lignes d'ascension droite et déclinaison

L'amas ouvert M44 est pratiquement serti de deux étoiles, connues sous les noms d'Asellus australis et Asellus borealis.

OÙ LA RECHERCHER ?

Génitif : *Cancri*
Abréviation : *Cnc*

Hiver

Hémisphère Nord

Nord : + 33° – Sud : + 6°
Ouest : 9 h 20′ – Est : 7 h 55′

Canes Venatici

Chiens de chasse

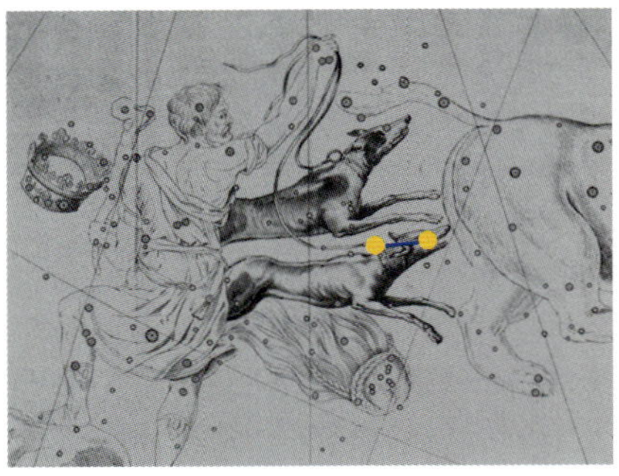

La constellation des Chiens de chasse représente deux lévriers poursuivant la Grande Ourse.

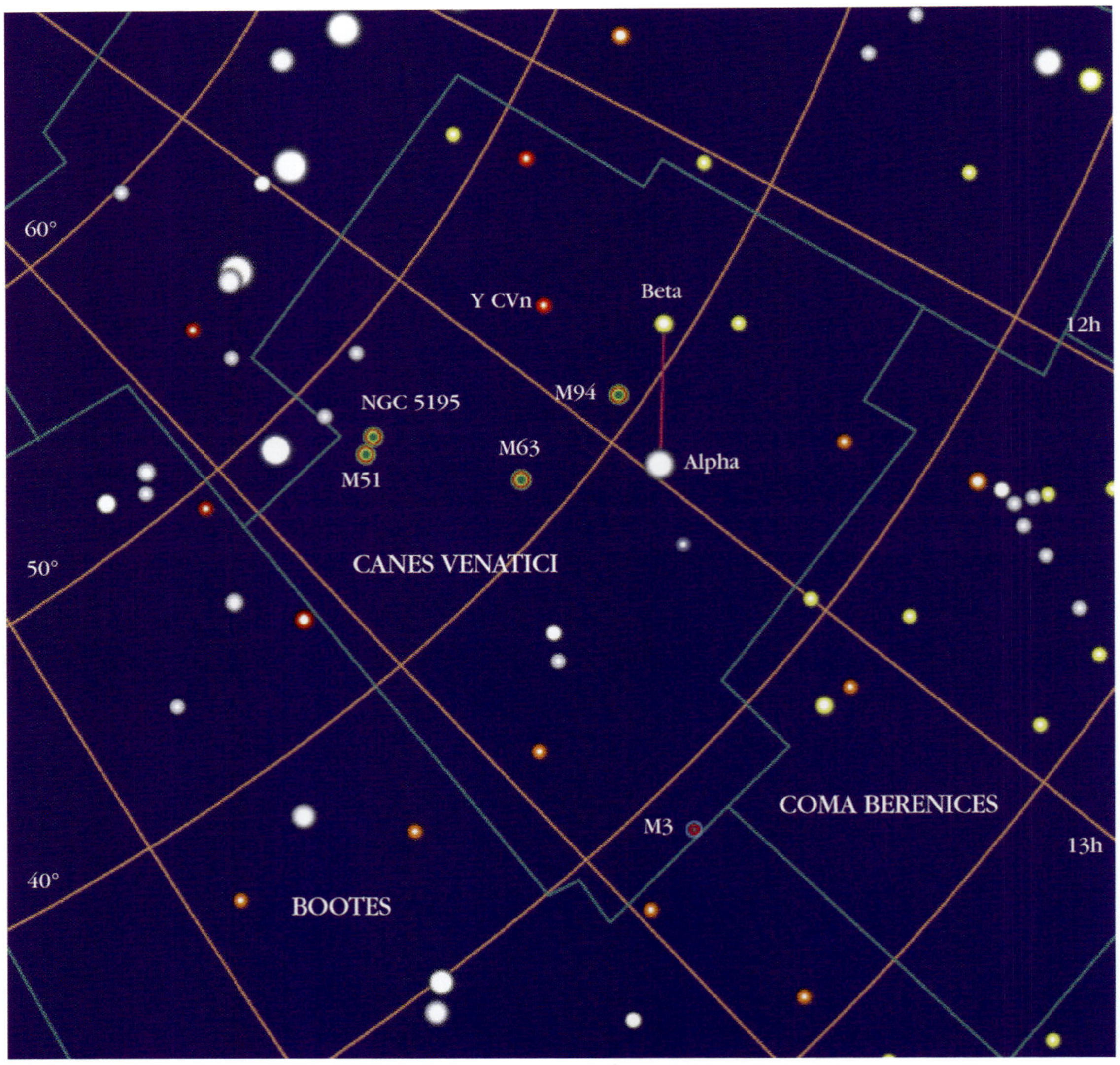

Magnitudes stellaires
0 1 2 3 4 5

Galaxies
Amas ouverts
Amas globulaires

Nébuleuses à émission
Nébuleuses planétaires
Radiogalaxies

Confins des constellations
Lignes d'ascension droite et déclinaison

Les galaxies M51 et NGC 5195 font partie des objets les plus photographiés de toute la voûte céleste.

OÙ LA RECHERCHER ?

Génitif : *Canum Venaticorum*
Abréviation : *CVn*

Printemps

Hémisphère Nord

Nord : + 52° - Sud : + 28°
Ouest : 14 h 10′ - Est : 12 h 05′

Johannes Hevelius introduisit plusieurs constellations au XVIIe siècle, afin de combler un vide localisé entre le Bouvier et la Grande Ourse. La constellation des Chiens de chasse naquit bien après l'invention de la plupart des constellations du ciel septentrional. Mais ses deux étoiles les plus brillantes étaient toutefois connues dès l'Antiquité sous les noms de Chara et Astérion, deux chiens légendaires. Peut-être Hevelius s'en inspira-t-il pour introduire ce nouvel objet.

Comment repérer la constellation

La constellation des Chiens de chasse se situe entre la Grande Ourse et le Bouvier. L'astre le plus saillant, Alpha, est à mi-chemin entre Arcturus dans la constellation du Bouvier et Bêta UMa. Les autres étoiles sont à proximité, presque toutes éparpillées dans une zone d'environ 20° de diamètre.
La période la plus propice à l'observation est le début du printemps, puisque la constellation est à l'opposition entre la fin du mois de mars et le début avril.

Étoiles dominantes

Alpha est une étoile double à la portée de petits instruments ; elle est formée de deux astres (magnitudes 2,9 et 5,6) séparés de 20″. Elle est connue sous le nom de Cor Caroli, « le cœur de Charles », à savoir le roi Charles II d'Angleterre, ainsi qu'elle fut baptisée par Halley au XVIIe siècle. Ce nom supplanta celui de Chara, plus ancien. Sa composante la plus lumineuse, Alpha 2, est le prototype des variables dominées par des champs magnétiques d'une extrême intensité. Bêta, ou Astérion, de magnitude 4,3 est à près de 30 années-lumière de la Terre.
Y est un astre bien plus intéressant : variable semi-régulière, l'étoile oscille entre les magnitudes 5,0 et 6,5 en 160 jours. Le père Secchi la surnomma la « Superbe » pour sa couleur rouge foncé.

Objets célestes

La constellation des Chiens de chasse renferme l'un des objets les plus célèbres de la voûte céleste : la galaxie M51, de magnitude 8, également connue sous le nom de galaxie du Tourbillon, du fait de sa spirale rappelant un gouffre. Sa forme montre qu'elle est fortement soumise à l'interaction gravitationnelle de sa voisine, la galaxie NGC 5195. On trouve également deux autres galaxies à spirale du catalogue de Messier : M63 et M94, de magnitudes respectives 10 et 8.
À la frontière sud de la constellation se trouve l'un des plus beaux amas globulaires de la voûte céleste : M3. Cet objet, situé à près de 34 000 années-lumière, possède une magnitude de 6. Des jumelles le montrent comme une étoile diffuse ; des instruments plus puissants d'une ouverture de 12 cm, permettront d'en saisir les nombreux détails en la décomposant en étoiles.

Canis Major
Grand Chien

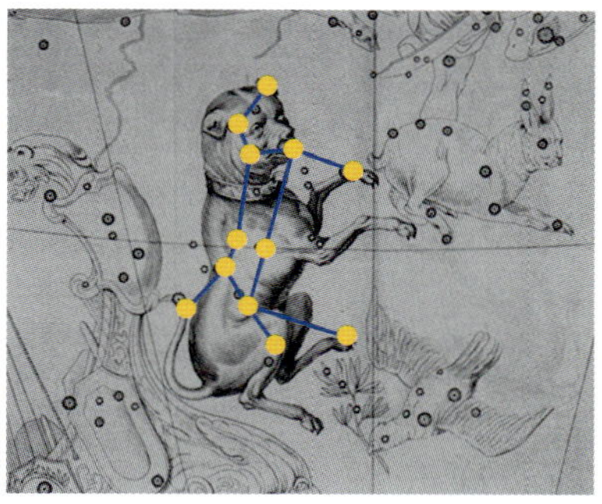

Le Grand Chien, fidèle compagnon d'Orion, infaillible chasseur qui suscita la colère de Diane.

Le Grand Chien est une constellation très ancienne. Selon plusieurs légendes, elle représenterait l'un des deux chiens qui assistaient Orion, chasseur légendaire. D'autres histoires racontent qu'il s'agit du fameux chien de Céphale, chassant en vain une renarde qui terrorisait les campagnes environnant la ville de Thèbes.

Comment repérer la constellation

Partons d'Orion pour la localiser : les trois étoiles de la ceinture du géant pointent vers le sud-est, précisément en direction de Sirius, dont la luminosité est telle qu'elle s'imposera au regard de l'observateur le plus distrait.

La constellation du Grand Chien est visible tout au long de la saison hivernale, lorsqu'elle est basse sur l'horizon méridional. Le passage au méridien à minuit intervient entre fin décembre et début janvier. Simple coïncidence, Sirius transite sur le point cardinal sud à minuit le jour du nouvel an.

Étoiles dominantes

L'étoile la plus importante de la constellation, Alpha, est également la plus lumineuse de toute la voûte céleste : il s'agit de Sirius, la resplendissante (magnitude -1,4). Les télescopes les plus puissants révéleront à ses côtés un petit astre beaucoup plus faible (magnitude 8.7), difficilement perceptible dans la lumière de son volumineux compagnon. Dénommée Sirius B, c'est l'une des premières naines blanches qui aient été découvertes. Cependant, son existence théorique fut supposée en observant les variations régulières de Sirius sur une période de 50 ans. Cette dernière n'est pas seulement l'astre le plus brillant du ciel ; c'est aussi l'un des plus proches de nous, situé à près de 8,6 années-lumière.

Bêta CMa (magnitude 2) est aussi appelée Mirzam, ce qui signifie « l'annonciateur », car au lever de la constellation, c'est elle qui précède la resplendissante Sirius. C'est une étoile bleue de température extrêmement élevée, dont la luminosité oscille imperceptiblement pour l'œil humain. Elle est bien plus distante de la Terre qu'Alpha, à près de 750 années-lumière.

Objets célestes

Le Grand Chien abrite deux objets remarquables et facilement observables au moyen de télescopes amateurs : les amas ouverts M41 et NGC 2362. Le premier peut s'apercevoir à l'œil nu si les conditions sont bonnes. On raconte qu'il était déjà connu dans l'Antiquité. Il se compose d'une centaine d'étoiles se trouvant à plus de 2 000 années-lumière de la Terre. NGC 2362 requiert en revanche un télescope pour se révéler. Il se trouve proche de l'étoile Tau qui, semble-t-il, ferait partie de l'amas. Il est moins riche et plus éloigné que M41, étant constitué d'une quarantaine d'étoiles situées à 4 000 années-lumière.

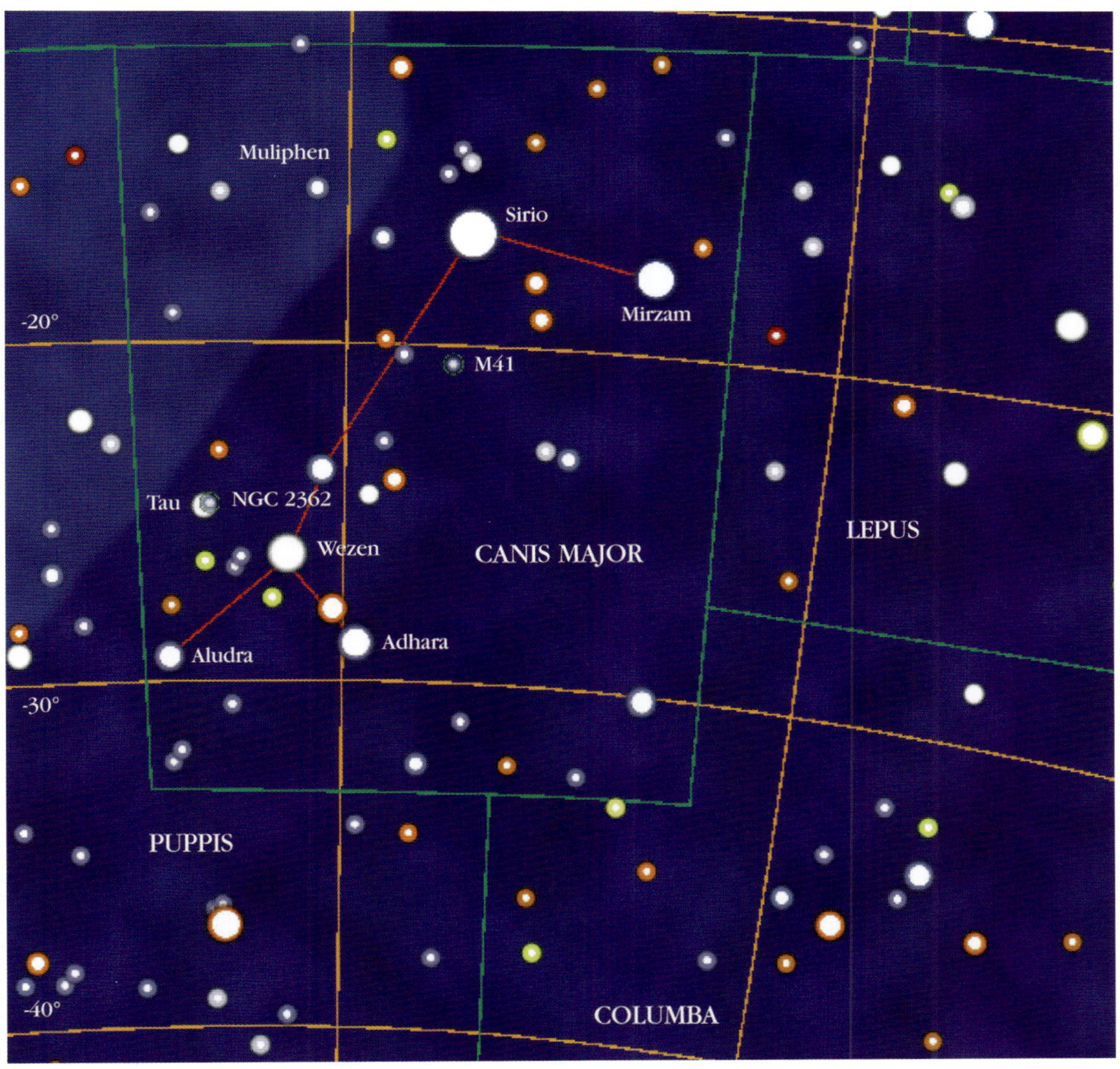

Magnitudes stellaires : 0 1 2 3 4 5
Galaxies
Amas ouverts
Amas globulaires
Nébuleuses à émission
Nébuleuses planétaires
Radiogalaxies
Confins des constellations
Lignes d'ascension droite et déclinaison

Cette image de Sirius, très agrandie, révèle également son compagnon, Sirius B : c'est le renflement sur l'un des rayons qui se détachent de l'étoile principale.

OÙ LA RECHERCHER ?

Génitif : *Canis majoris*
Abréviation : *CMa*

Hiver

Hémisphère Nord

Nord : - 11° - Sud : - 33°
Ouest : 7 h 30' - Est : 6 h 10'

Canis Minor
Petit Chien

Le Petit Chien accompagne le chasseur Orion, avec le Grand Chien à proximité.

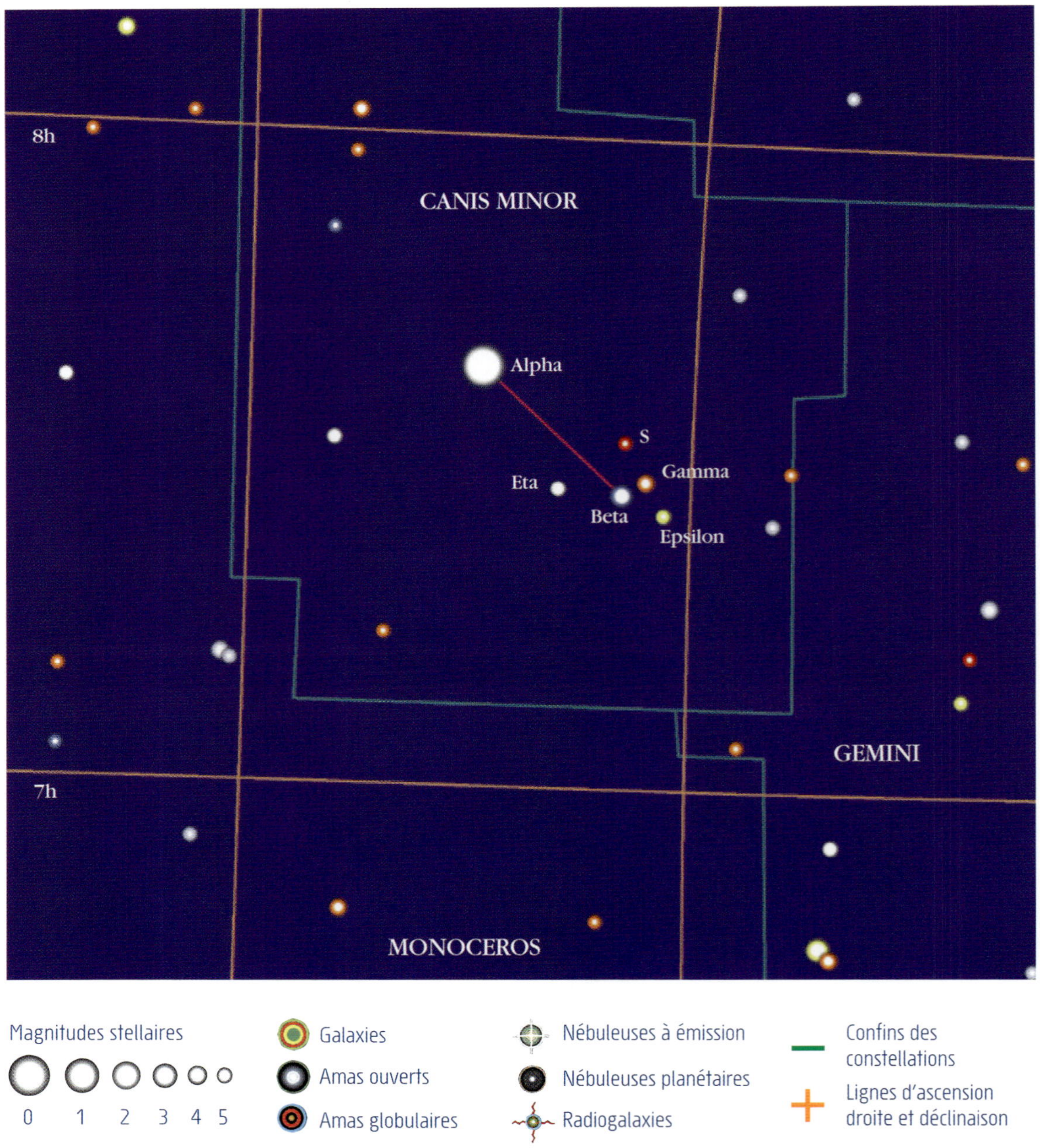

L'étoile Procyon est la plus brillante de la constellation. Comme Sirius, elle est accompagnée d'une naine blanche.

OÙ LA RECHERCHER ?

Génitif : *Canis minoris*
Abréviation : *CMi*

Hiver

Hémisphère Nord

Nord : + 13° - Sud : 0°
Ouest : 8 h 10′ - Est : 7 h 05′

En plus de représenter l'un des chiens de chasse d'Orion, le Petit Chien raconte la légende d'Icare. Non pas le fils de Décale, mais l'homme qui, le premier, partagea le secret de Dionysos sur la fabrication du vin.

Icare fit boire des bergers, qui apprécièrent le breuvage jusqu'à en devenir saouls.

Croyant qu'Icare avait tenté de les empoisonner, ils le tuèrent. Son fidèle chien courut alors auprès de sa fille et la traîna jusqu'au cadavre de son père. Totalement désespérée, elle se donna la mort et le chien en fit autant.

Pris de pitié, les dieux firent du chien et de son maître deux constellations, Icare empruntant la forme du Bouvier sur la voûte étoilée.

Comment repérer la constellation

Ce petit astérisme est facilement localisable en regardant au sud des Gémeaux. L'astre le plus brillant, Procyon, se trouve à 25° environ au sud de Castor. L'on peut aussi emprunter une autre voie, à partir du petit groupe d'étoiles formant la tête de l'Hydre, et se déplacer d'une quinzaine de degrés à l'ouest. Ou encore porter son regard à 30° vers l'est à partir de Bételgeuse, dans la constellation d'Orion.

Le passage de Procyon en opposition avec le Soleil se fait autour du 20 janvier ; c'est à cette époque que l'observation de la constellation est la plus aisée. Celle-ci est visible de tous les points du globe, puisqu'elle se situe près de l'équateur céleste.

Étoiles dominantes

Ainsi que nous l'avons dit, l'astre le plus lumineux est Procyon, ou Alpha CMi, de magnitude 0,4. Contrairement à ce que l'on pourrait penser, cette étoile n'est en rien liée à son homonyme animal, Procyon signifiant en grec « celui qui précède le chien ». Cette constellation apparut avant celle du Grand Chien à proximité.

Curieusement Procyon, tout comme Sirius, possède un compagnon, une naine blanche de 10,8 de magnitude. L'existence de cet astre a été déduite par analogie à Sirius, bien avant sa découverte effective, grâce au mouvement de Procyon. Ce mouvement montrait que l'étoile subissait l'effet d'un compagnon invisible, de masse correspondant aux trois cinquièmes du Soleil, dont la révolution s'effectuait en près de 40 ans, et qui ne fut découvert qu'en 1896. Bêta, également connue sous le nom traditionnel de Gomeisa, est une étoile à la lumière blanc-bleu, dont la magnitude oscille entre 2,8 et 2,9. Outre ces astres, mentionnons une autre variable, comme Gomeisa, qui présente cependant des caractéristiques différentes : il s'agit de S CMi qui, en l'espace de 333 jours, fluctue entre 6,6 et 13,2 de magnitude. Elle reste donc invisible à l'œil nu mais s'observe à la jumelle lorsqu'elle atteint sa magnitude la plus forte.

Objets célestes

Le Petit Chien ne regorge pas d'objets particulièrement intéressants observables avec un télescope amateur.

Capricornus

Capricorne

Le Capricorne est un animal hybride à tête de chèvre et corps de poisson. Les Grecs voyaient en lui Pan, dieu des forêts.

La constellation zodiacale du Capricorne possède des origines très anciennes remontant à la Chaldée. Elle se situe aux confins d'une région connue jusqu'à la fin de l'Antiquité sous le nom « d'eaux célestes » parce que visible à la saison des pluies.

Le Capricorne est lié au dieu grec Pan qui avait une forme humaine, des cornes et des sabots de chèvre. La légende raconte que Pan avertit les dieux de l'arrivée du monstre Typhon, envoyé par la déesse Gaïa pour les combattre. Les dieux décidèrent de tromper Typhon en se transformant en poissons ; mais Pan ne parvint pas à parfaire sa mutation. C'est pourquoi le Capricorne est représenté comme un animal hybride, moitié chèvre, moitié poisson.

Comment repérer la constellation

Pour localiser le Capricorne, partons de Bêta Sco, dans les pinces du Scorpion, et déplaçons-nous d'une soixantaine de degrés vers l'est. L'on rejoint alors deux étoiles comptant parmi les plus brillantes de la constellation : Alpha et Bêta. La meilleure période pour observer le Capricorne se situe entre la fin de l'été et le début de l'automne ; il passe au méridien à minuit vers la fin août. Situé entre les déclinaisons - 10° et - 30°, il est visible depuis une bonne partie des lieux terrestres habités.

Étoiles dominantes

Alpha Giedi ou Algiedi, qui signifie « chèvre », est un système multiple : facilement séparables, ses deux composantes sont Alpha 1 et Alpha 2, de magnitudes 4,2 et 3.6, trop distantes l'une de l'autre pour être reliées. Elles aussi sont doubles : Alpha 1 a un compagnon (magnitude 9,2) qui ne lui est pas physiquement lié. Alpha 2 en revanche possède une secondaire (magnitude 11) qui décrit un mouvement orbital autour d'elle. Bêta (magnitude 3,1) ou Dabih, est également une étoile double. Un télescope révèlera un astre jaune accompagné d'une petite étoile de magnitude 6 et de couleur azur. L'astre le plus brillant du Capricorne est Delta, de magnitude 2,9. Il est également connu sous le nom de Deneb Algiedi, la « queue de la chèvre ». C'est une variable à éclipse qui, en l'espace de quelques jours à peine, varie entre les magnitudes 2,8 et 3,1.

Objets célestes

Le Capricorne contient peu d'objets télescopiques remarquables ; au sein de la constellation se trouve M30, amas globulaire du catalogue de Messier, à la portée des télescopes non professionnels puisque de magnitude 8. On estime sa distance à la Terre à 40 000 années-lumière. À l'aide de télescopes de diamètre supérieur à 100 mm, il devient possible de distinguer certaines étoiles en périphérie de cet amas, qui apparaîtraient autrement comme une tache lumineuse diffuse.

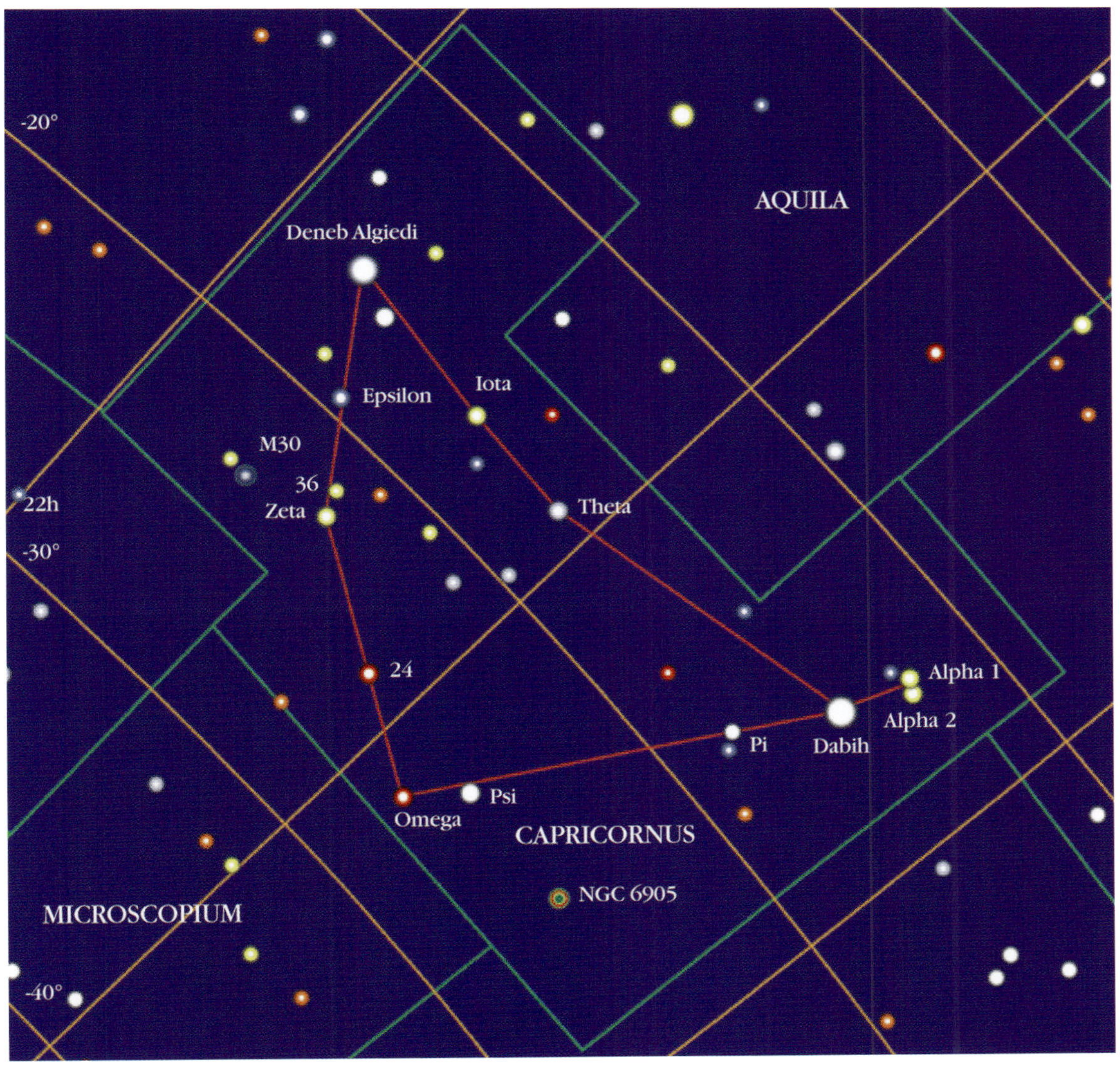

Magnitudes stellaires 0 1 2 3 4 5 — Galaxies — Amas ouverts — Amas globulaires — Nébuleuses à émission — Nébuleuses planétaires — Radiogalaxies — Confins des constellations — Lignes d'ascension droite et déclinaison

M30 est un amas globulaire de magnitude 8 découvert par Messier dans la seconde moitié du XVIIIe siècle.

OÙ LA RECHERCHER ?

Génitif : *Capricorni*
Abréviation : *Cap*

Hiver

Hémisphère Nord

Nord : - 11° - Sud : - 33°
Ouest : 7 h 30' - Est : 6 h 10'

Carina

Carène

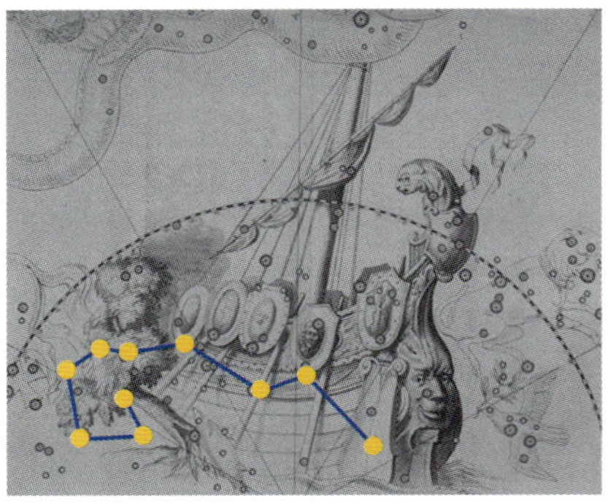

La constellation de la Carène constitue la quille du mythique Navire Argo, sur lequel embarquèrent Jason et les Argonautes, partis à la conquête de la Toison d'or.

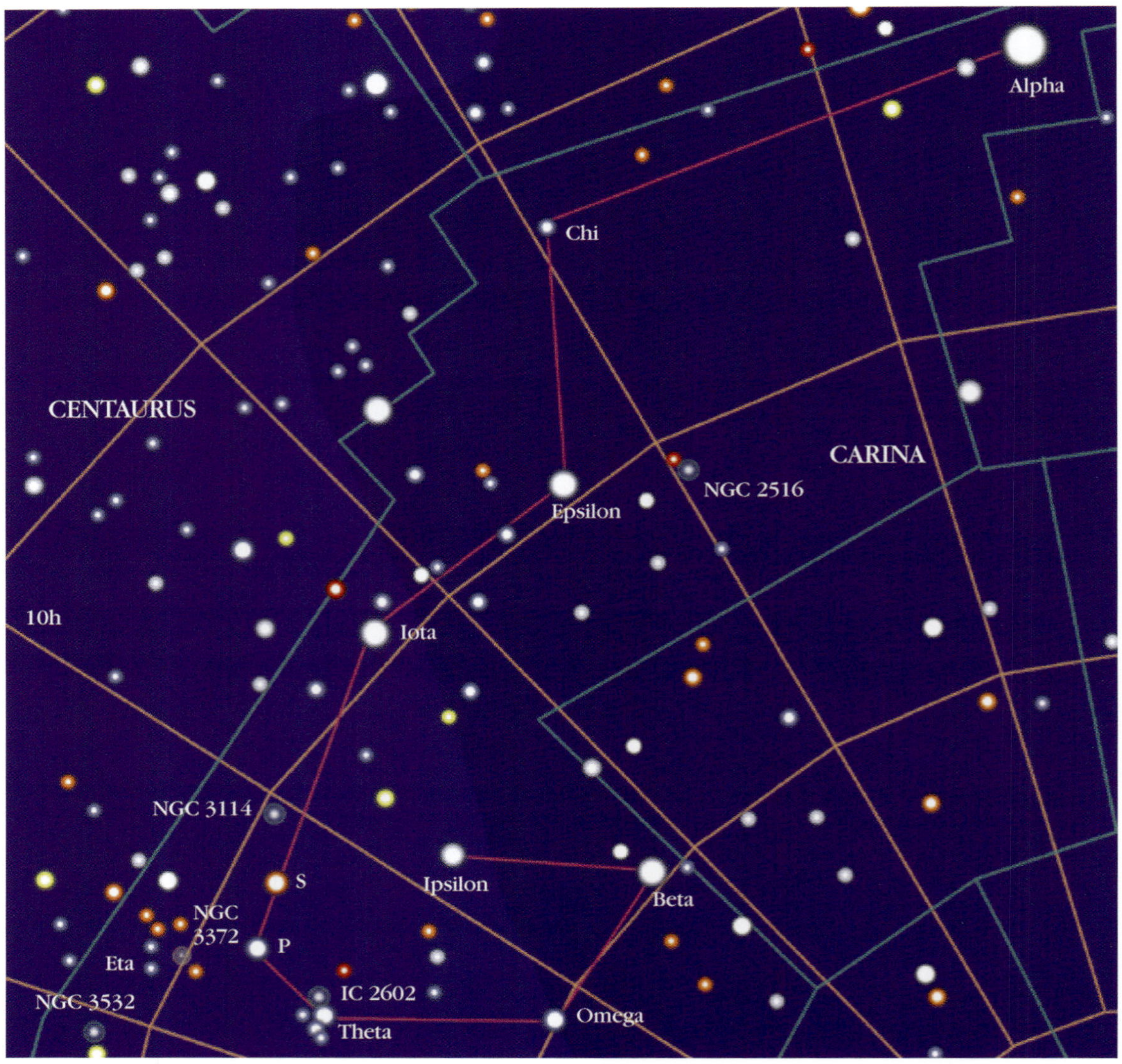

Magnitudes stellaires
0 1 2 3 4 5

Galaxies
Amas ouverts
Amas globulaires
Nébuleuses à émission
Nébuleuses planétaires
Radiogalaxies
Confins des constellations
Lignes d'ascension droite et déclinaison

La nébuleuse qui renferme l'étoile Êta est une vaste surface d'hydrogène ionisé, au centre de laquelle se situe l'un des astres les plus étranges du firmament.

OÙ LA RECHERCHER ?

Génitif : *Carinae*
Abréviation : *Car*

Hiver

Hémisphère Sud

Nord : - 51° - Sud : - 76°
Ouest : 11 h 20′ - Est : 6 h 05′

La Carène fait partie de l'ancienne constellation du Navire Argo. Elle est associée au mythe de la conquête de la Toison d'or. Son étoile la plus lumineuse, Canopus, raconte cependant une autre histoire : celle de son homonyme, pilote de la flotte de Ménélas qui, mordu par un serpent alors qu'il débarquait en Égypte de retour de la guerre de Troie, succomba aux effets du venin.

Comment repérer la constellation

La Carène se découvre en partant des autres constellations qui représentent la mythique embarcation des Argonautes : elle se niche en fait au sud de la Voile et de la Poupe. La Carène est très étendue, sur près de cinq heures d'ascension droite. Ainsi, son passage au méridien se produit entre fin décembre et mi-mars. Son positionnement est définitivement méridional : sa frontière nord se trouve environ à - 50° de déclinaison.

Étoiles dominantes

Alpha Car, ou Canopus (magnitude -0,62), est la deuxième étoile de la voûte céleste en termes de luminosité, précédée seulement par Sirius. Elle se trouve à près de 310 années-lumière de nous.
Bêta (magnitude 1,7) est Miaplacidus, le vaisseau.
On ne trouvera pas d'étoiles Gamma ou Delta dans la Carène, car le navire Argo a été divisé en plusieurs constellations.
Le troisième astre le plus brillant de la constellation est Epsilon (magnitude 1,9).

Mais une autre étoile mérite toute notre attention : Êta. Elle atteint aujourd'hui le seuil de visibilité à l'œil nu, puisqu'elle varie entre 5,9 et 7,9 de magnitude. Par le passé cependant, sa brillance était résolument plus forte, au point qu'elle disputait la première place à d'autres étoiles, avec une magnitude de - 0,8 en 1843 ; elle surpassait donc Canopus. Puis sa luminosité commença à décliner. Mais s'agissant d'un astre très instable, il est possible qu'il engendre à l'avenir de nouveaux phénomènes explosifs. De récentes observations au télescope spatial ont montré qu'Êta expulsait de la matière, créant une petite nébuleuse autour d'elle.

Objets célestes

L'on peut apercevoir, autour d'Êta, une nébuleuse composée d'hydrogène ionisé : il s'agit du nuage qui engendra cette étoile si particulière. Outre cette nébuleuse, également baptisée Trou de serrure du fait de sa forme, on peut observer quelques amas ouverts riches et brillants comme IC 2602 de magnitude 2, et NGC 3532 de magnitude 3.
D'autres objets sont visibles à l'œil nu : les amas ouverts NGC 2516, d'un diamètre apparent de 1°, et NGC3114, moitié moins large et de magnitude 4.

Cassiopeia

Cassiopée

Les étoiles en forme de W représentent la reine Cassiopée assise sur son trône.

Cassiopée était l'épouse du roi d'Éthiopie, Céphée. C'était une femme jalouse et orgueilleuse, autant de sa propre grande beauté que de celle de sa fille Andromède. Sa vanité irrita les Néréides, créatures marines, qui s'en remirent à Neptune. Il balaya les côtes du royaume de Cassiopée. Mais seul le sacrifice d'Andromède, finalement déjoué par Persée, put mettre un terme à la colère des dieux.

Comment repérer la constellation

Quittons le Grand Carré et dépassons le pôle Nord céleste. On aperçoit alors, dans la même direction, cinq étoiles lumineuses formant un « W » ou un « M » : Cassiopée. Cette constellation est circumpolaire à nos latitudes et reste donc toujours visible. À la mi-avril à minuit, elle se trouve en direction du nord ; alors qu'au cours de la première quinzaine du mois d'octobre, elle se situe vers le sud.

Étoiles dominantes

Alpha (magnitude 2,2) ou Schedar, la poitrine, est une étoile orangée qui possède un compagnon légèrement bleuté de magnitude 9, observable à l'aide d'un petit télescope. Bêta (magnitude 2,3) ou Caph, est blanche, positionnée à près de 50 années-lumière. Gamma est l'exemple type d'une classe de variables irrégulières ; sa luminosité oscille entre les magnitudes 1,6 et 3, avec une moyenne de 2,5. Il semblerait que cet astre bleu et extrêmement chaud soit sujet à des explosions régulières de matières, formant un disque. Ceci serait dû à la rotation très rapide de l'étoile.
Delta Cas (magnitude 2,7), Ruchbah, est une autre étoile blanc-bleu située à 88 années-lumière de nous. Sa luminosité décroît de 0,1 magnitude en 759 jours. Êta (magnitude 3,4) est double ; son compagnon (de magnitude 7,5) fut découvert par Herschel en 1779. Sa révolution s'effectue en 480 ans.

Objets célestes

Cassiopée regorge d'amas ouverts. Souvenons-nous notamment de M52, observable à la jumelle, et de M103 qui abrite une petite centaine d'étoiles dans une zone céleste s'étendant sur une dizaine de minutes d'arc. NGC 7789 est un objet qui vaut d'être mentionné ; c'est un amas ouvert pratiquement situé à mi-chemin entre les étoiles Rhô et Sigma, étendu sur un demi-degré. Il est particulièrement riche, puisqu'il contient environ 1 000 étoiles. Il se trouve à quelque 6 000 années-lumière de la Terre. Cassiopée renferme également quelques galaxies, telles NGC 147 et NGC 185. Ce sont deux elliptiques du Groupe local, de magnitudes respectives 10 et 9. Tycho Brahe distingua également une supernova, qui explosa en 1572 et resta visible jusqu'en 1574.

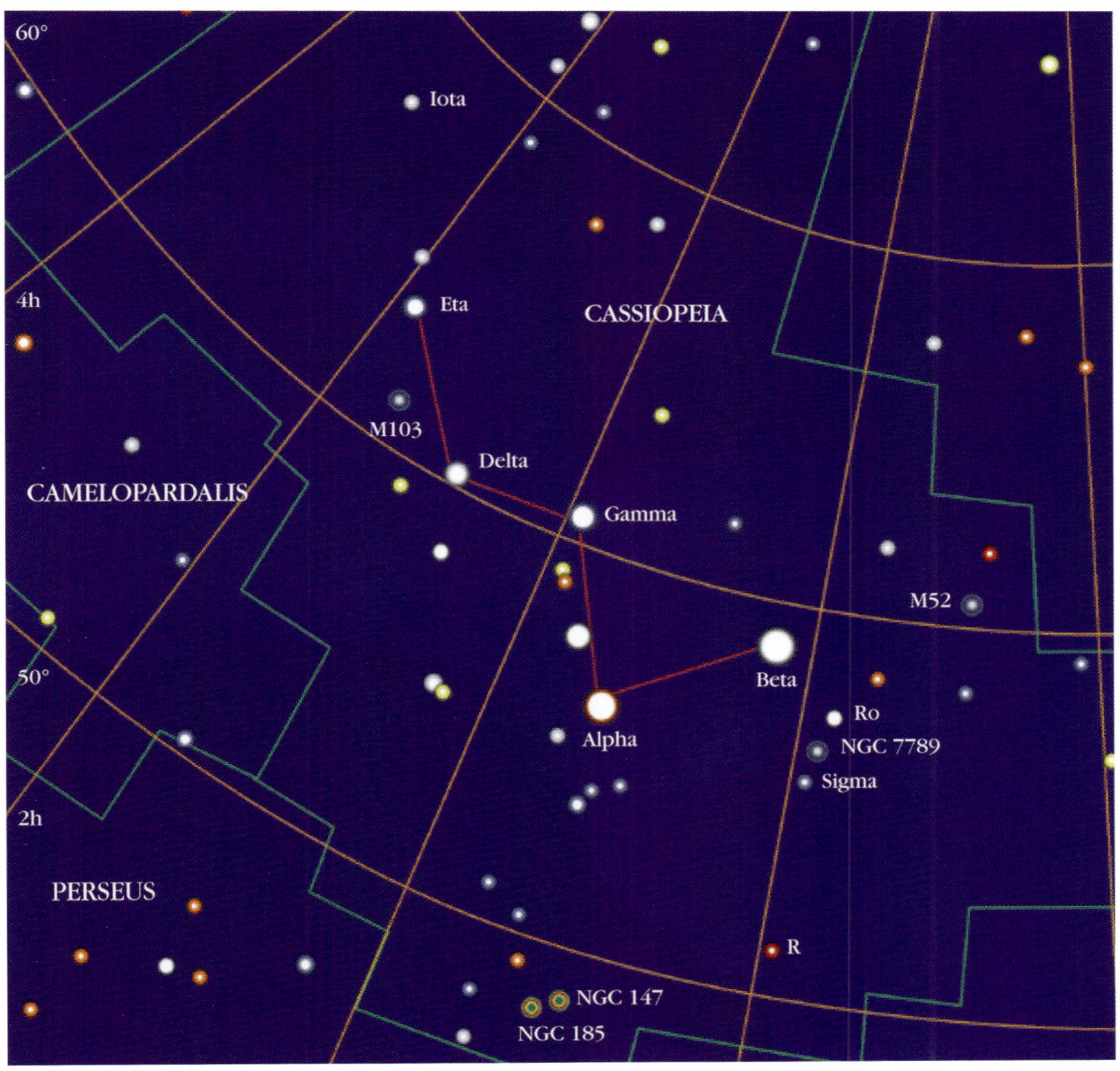

Magnitudes stellaires
0 1 2 3 4 5

Galaxies
Amas ouverts
Amas globulaires
Nébuleuses à émission
Nébuleuses planétaires
Radiogalaxies
Confins des constellations
Lignes d'ascension droite et déclinaison

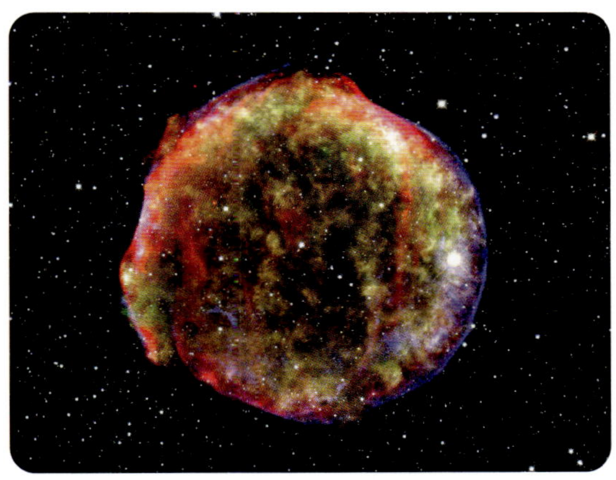

Cette image, obtenue au radiotélescope Very Large Array dans le désert du Nouveau-Mexique, montre les résidus de l'explosion d'une supernova qui eut lieu en 1572 ; cet objet fut observé par Tycho Brahe.

OÙ LA RECHERCHER ?

Génitif : *Cassiopeiae*
Abréviation : *Cas*

Circumpolaire

Hémisphère Nord

Nord : + 78° - Sud : + 46°
Ouest : 3 h 40' - Est : 22 h 55'

Centaurus

Centaure

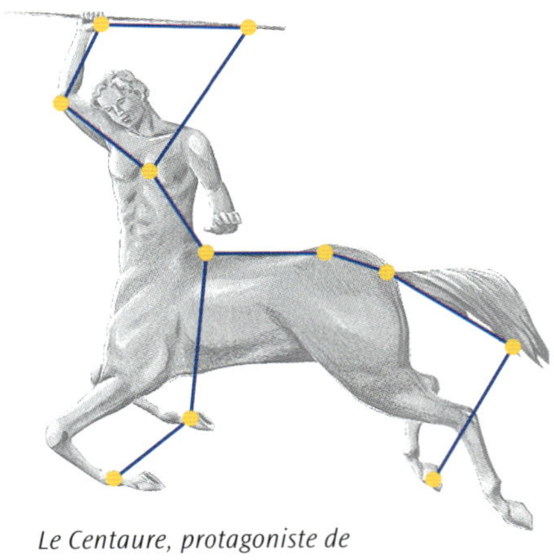

Le Centaure, protagoniste de la mythologie grecque, est une étrange et sage créature moitié homme, moitié cheval.

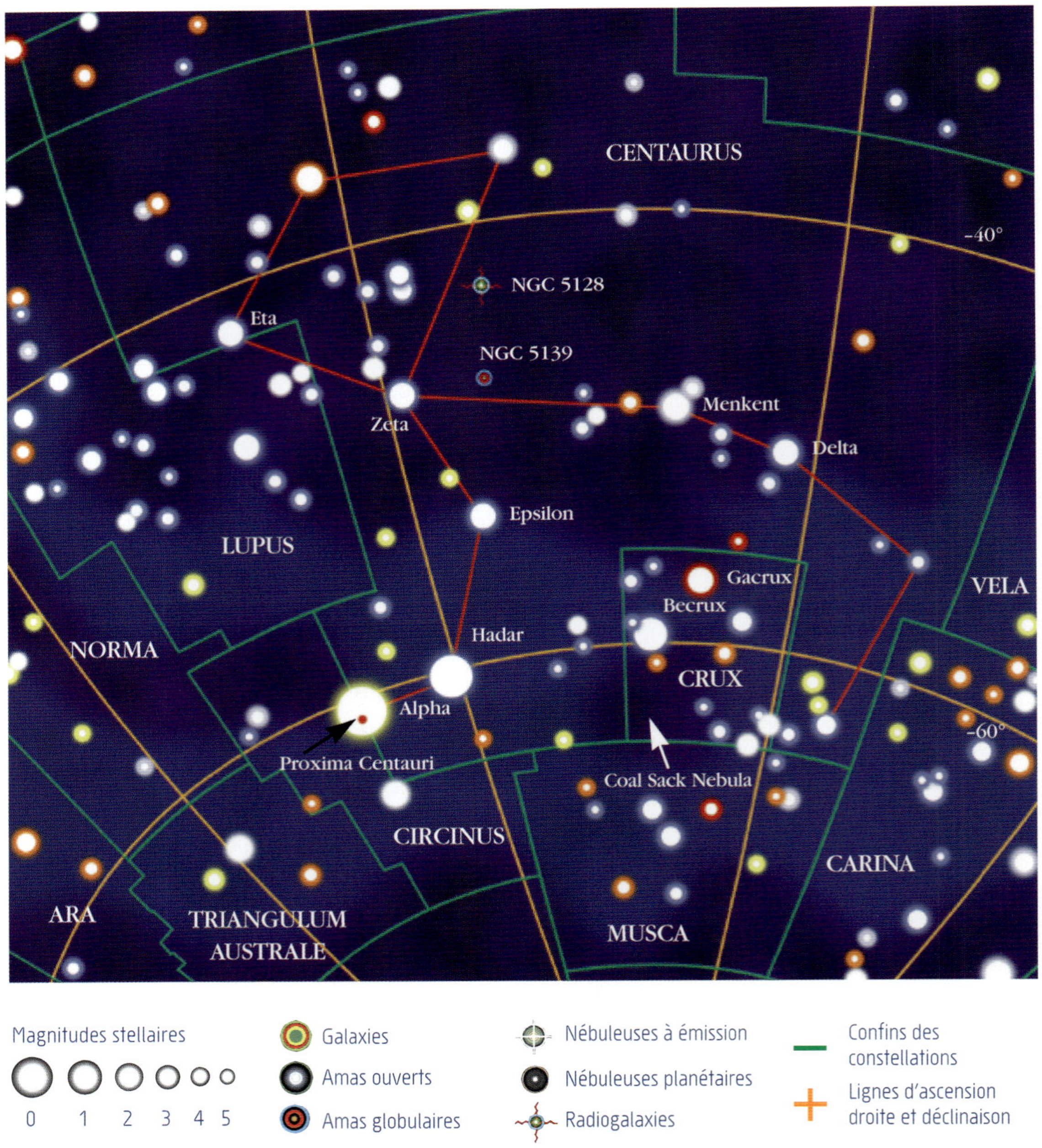

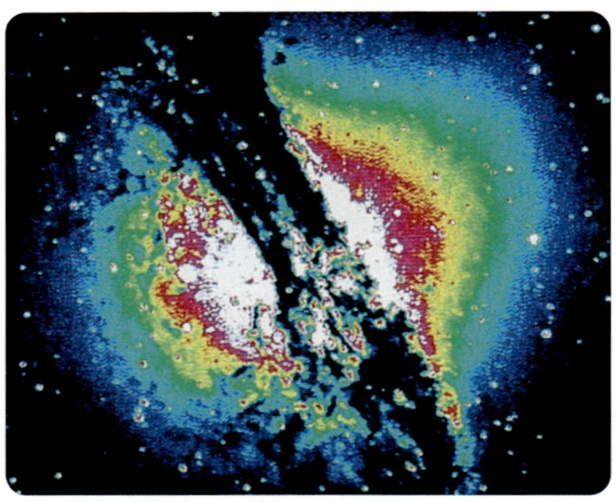

La galaxie NGC 5128 se situe à près de 15 millions d'années-lumière de la Terre. Elle est traversée par une grande bande de poussière obscure.

OÙ LA RECHERCHER ?

Génitif : *Centauri*
Abréviation : *Cen*

Printemps

Hémisphère Sud

Nord : - 30° - Sud : - 65°
Ouest : 15 h 05' - Est : 11 h 05'

Le Centaure fait partie des constellations de l'hémisphère Sud. Il incarne Chiron, l'être au corps de cheval mais au buste et à la tête humains. Il fut le précepteur d'Achille, ainsi que d'autres héros.

Comment repérer la constellation

Le Centaure peut se trouver en reliant Arcturus en Bouvier à Spica en Vierge, puis en prolongeant cet alignement vers le sud. Sa déclinaison est basse (comprise entre - 30° et - 65°). Pour ce faire, il faut se trouver à une latitude d'environ 25° N. Si l'on souhaite l'observer en début de soirée, vers 22h, la période de l'année la plus propice est le printemps, début mai, lorsque la constellation s'élève au-dessus de l'horizon méridional.

Étoiles dominantes

Alpha (magnitude 0,3), ou Rigel Kentaurus, le pied du Centaure, est un système triple. L'astre le plus brillant est similaire au Soleil, aussi bien en termes de dimensions que de températures. Il est accompagné d'une étoile de magnitude 1,3, qui décrit une orbite autour de lui en approximativement 80 ans. Le troisième membre est une naine rouge de magnitude 11, dont l'importance tient au fait qu'elle est la plus proche de notre système solaire. Proxima Centauri, de son nom, se situe à 4 249 années-lumière et tourne autour d'Alpha Centauri en quelques millions d'années. Bêta ou Hadar, de magnitude 0,6, est une étoile extrêmement chaude possédant un compagnon bien plus faible.

Objets célestes

La constellation du Centaure abrite le plus brillant, bien que peu visible à l'œil nu, des amas globulaires : Oméga Centauri. La lettre grecque qui le qualifie reflète, à elle seule, tout son éclat : il apparaît comme une étoile de magnitude 3. En outre, c'est également l'un des amas globulaires les plus riches, avec plus de cent mille étoiles. Un télescope de petite ouverture nous montrera comment les étoiles qui le composent sont concentrées en son centre, se dirigeant vers l'extérieur.

NGC 5128 (Centaurus A) est un autre objet intéressant. Cette galaxie révèle, sur les photos, une épaisse couche de poussière la traversant. Elle émet des ondes radio en nombre, dont l'étude a mis en lumière de gros nuages de gaz qui s'étendent bien au-delà de la zone lumineuse apparaissant sur les images. Cette galaxie héberge très probablement un trou noir en son centre, responsable de ces importants rejets de matière.

Cepheus
Céphée

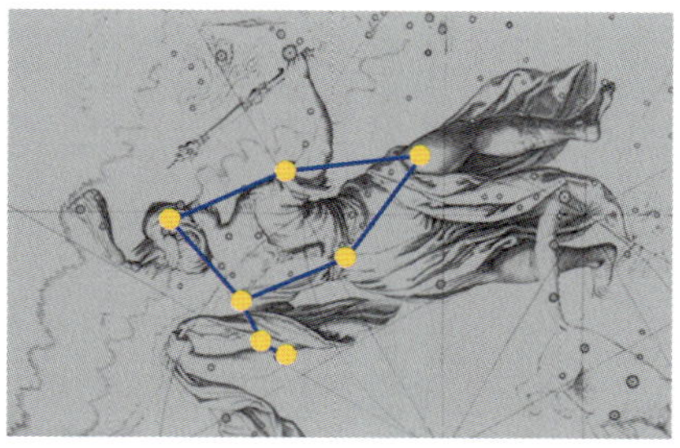

Le légendaire roi d'Éthiopie Céphée est uni à son épouse Cassiopée sur la voûte étoilée.

La légende de Céphée associe d'autres protagonistes, comme son épouse Cassiopée, leur fille Andromède, mais aussi Persée. Après qu'Andromède eut échappé à son destin et fut libérée du monstre marin, un grand banquet fut donné pour célébrer son mariage avec Persée. C'est alors qu'arriva le promis d'Andromède, Phinée, dont la colère éclata alors que Céphée s'opposait à leur union. Une lutte s'ensuivit ; Persée en sortit vainqueur et put ainsi épouser Andromède.

Comment repérer la constellation

Afin de localiser Céphée, tournons les yeux vers la région du ciel circonscrite par la constellation de Cassiopée, l'étoile Deneb en Cygne et l'étoile Polaire. En prenant position d'observation au nord des 45° N de latitude, Céphée sera toujours au-dessus de l'horizon. Sa frontière méridionale se trouve autour de + 55° de déclinaison, alors que sa limite nord est tout près du pôle Nord céleste. La fin de l'été est la période la plus propice à son observation ; pendant l'hiver en revanche, la constellation affleure l'horizon nord.

Étoiles dominantes

Alpha est l'astre le plus lumineux, avec une magnitude de 2,4. C'est une étoile blanche située à 51 années-lumière. Elle porte aussi le nom d'Alderamin, ce qui signifie « l'épaule droite ». Bêta, ou Alfirk (le troupeau) est moins brillante ; la luminosité de cette étoile bleue varie entre 3,2 et 3,3 de magnitude en 4 heures et 34 minutes.

Delta est le prototype d'une classe de variables appelées céphéides, du nom même de la constellation. Il s'agit d'étoiles à pulsation, dont la brillance varie régulièrement sur une période liée à leur magnitude absolue. C'est pourquoi les céphéides font office de chandelle standard, c'est-à-dire qu'elles servent de référence pour mesurer la distance des autres galaxies. La magnitude de Delta varie entre 3,5 et 4,4 en 5,4 jours. Elle possède deux compagnons : l'un, très faible, de magnitude 13 situé à 20″, alors que l'autre (magnitude 7,5) se trouve à 41″ de la principale. Mu est l'astre rouge qui, selon certains, ressort le plus à l'œil nu dans l'hémisphère Nord, ce qui lui a valu le nom de « Grenat ». Cette étoile est aussi variable, sa magnitude oscillant entre 3,4 et 5,1 en l'espace de 730 jours.

Objets célestes

On peut localiser, dans la constellation de Céphée, un grand nombre d'amas stellaires ouverts et même quelques galaxies. NGC 188 est un amas distant d'environ 5 000 années-lumière de la Terre. Il aurait une douzaine de milliards d'années, ce qui est considérable pour un objet de ce type. NGC 6946 est en revanche une galaxie à spirale de magnitude 11 et de diamètre apparent 8″. Nombreuses sont les supernovas qui ont explosé en son sein. Sa distance à la Terre est d'environ 10 millions d'années-lumière.

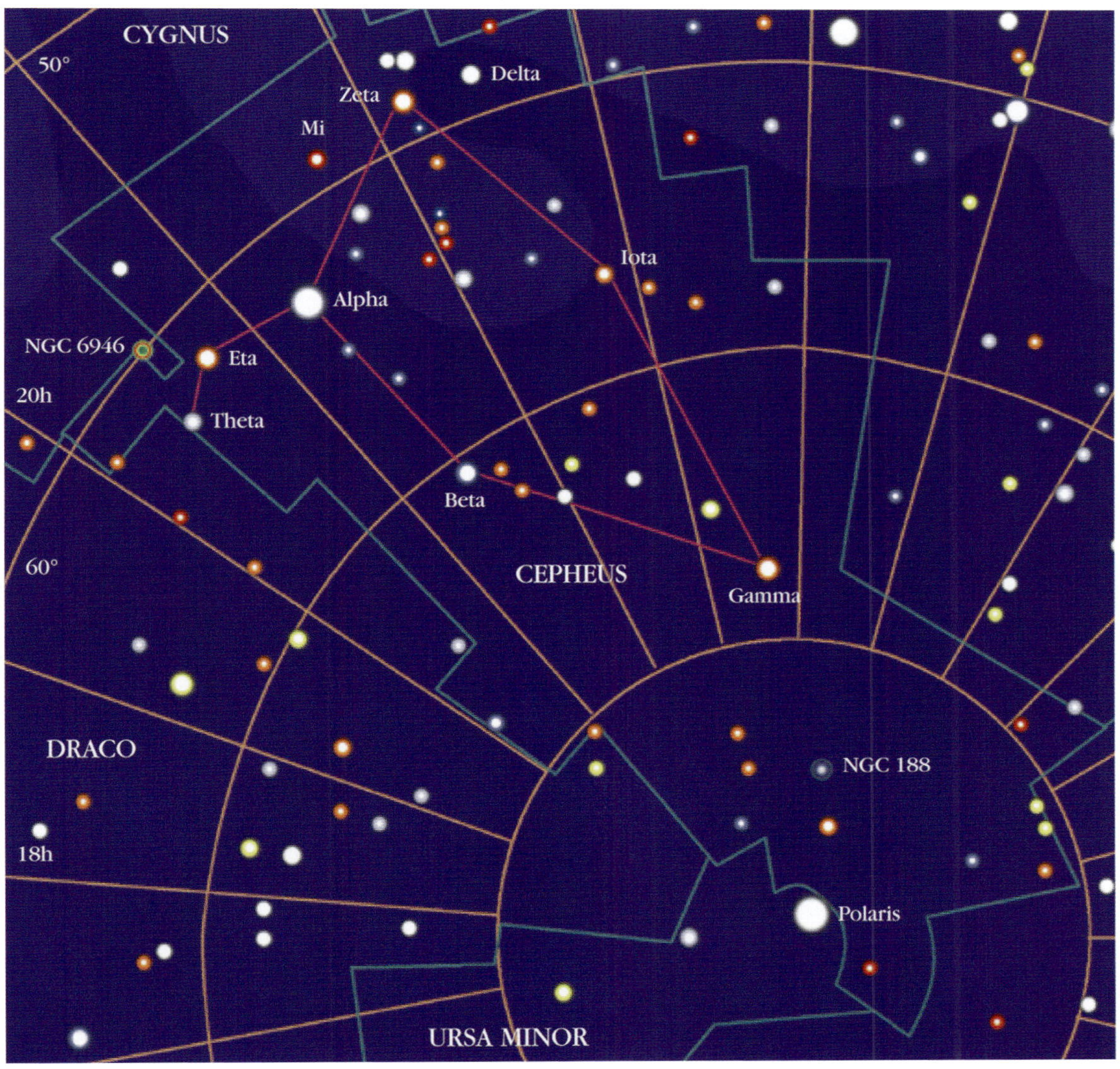

Magnitudes stellaires 0 1 2 3 4 5
Galaxies
Amas ouverts
Amas globulaires
Nébuleuses à émission
Nébuleuses planétaires
Radiogalaxies
Confins des constellations
Lignes d'ascension droite et déclinaison

M30 est un amas globulaire de magnitude 8 découvert par Messier dans la seconde moitié du XVIIIe siècle.

OÙ LA RECHERCHER ?

Génitif : *Cephei*
Abréviation : *Cep*

Circumpolaire

Hémisphère Nord

Nord : + 88° – Sud : + 53°
Ouest : 8 h 05′ – Est : 20 h 00′

Cetus

Baleine

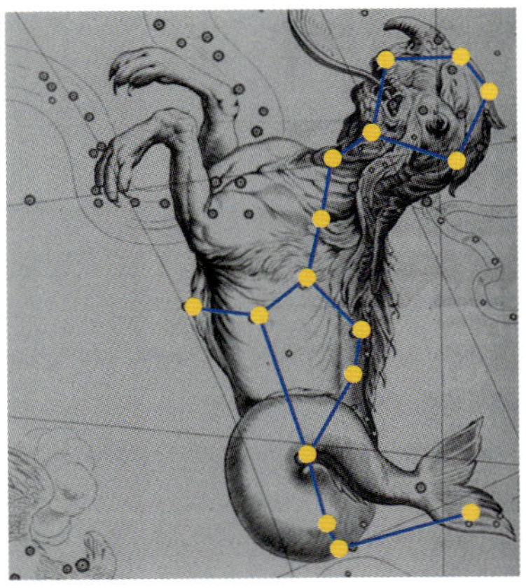

Selon les descriptions de l'époque classique, le monstre marin supposé dévorer Andromède ressemble très peu au cétacé qui donna son nom à la constellation.

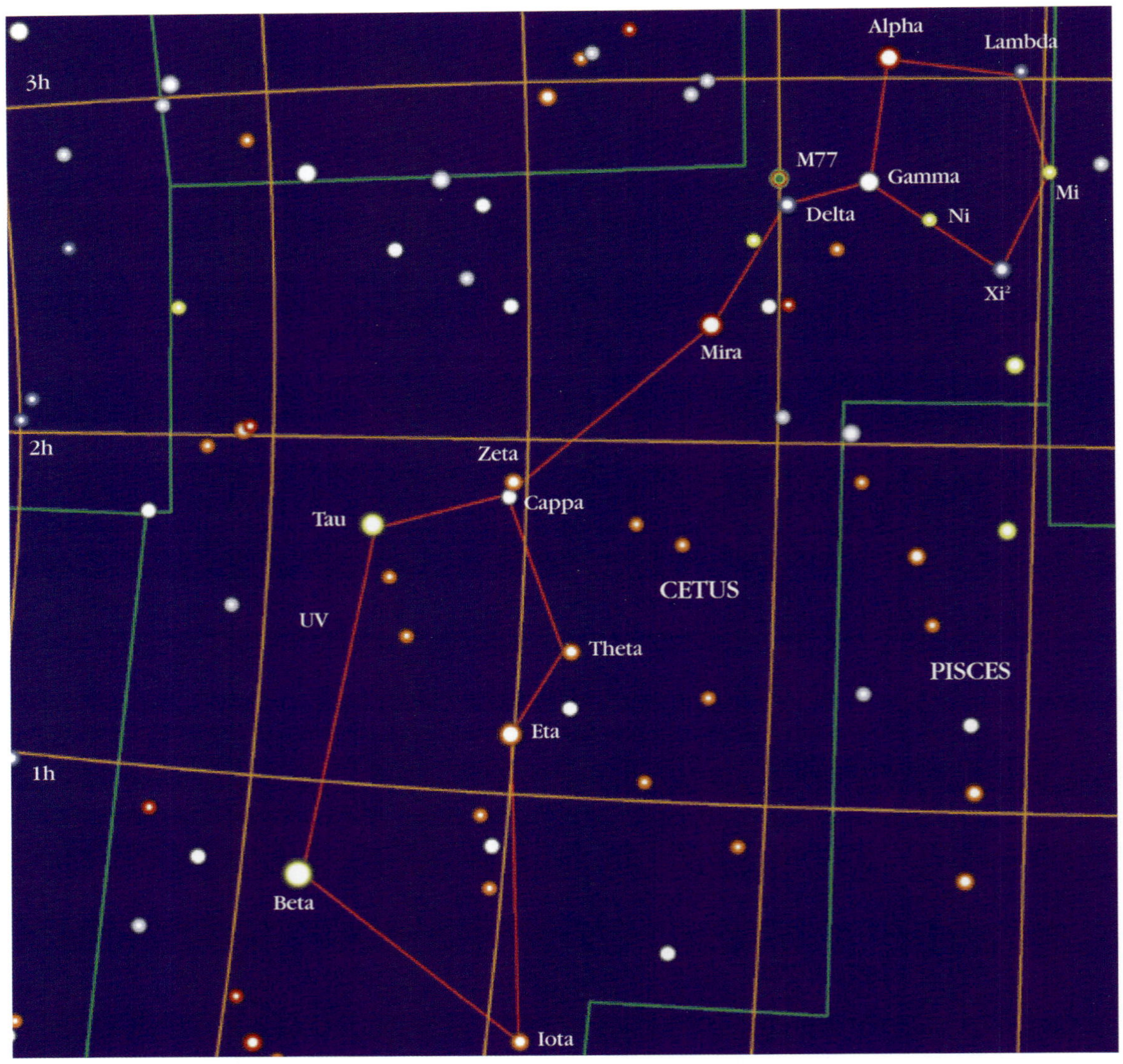

Magnitudes stellaires
0 1 2 3 4 5

Galaxies
Amas ouverts
Amas globulaires

Nébuleuses à émission
Nébuleuses planétaires
Radiogalaxies

Confins des constellations
Lignes d'ascension droite et déclinaison

M77 est une galaxie située à près de 50 millions d'années-lumière.

La Baleine est le légendaire monstre marin envoyé par Poséidon, dieu de la mer, pour dévorer Andromède, la très belle fille de Cassiopée. Persée eut grand mal à tuer cette horrible créature, plantant à plusieurs reprises son épée dans le corps squameux du monstre. Mais il finit par le vaincre et libérer Andromède, qui devint sa femme.
Selon une autre légende, la tâche de Persée fut beaucoup plus simple : notre héros pétrifia le monstre en brandissant la tête de Méduse.

Comment repérer la constellation

L'alignement constitué par Beta And et Alpha Ari nous amène en direction du sud-est jusqu'à Alpha Ceti, l'un des astres les plus lumineux de la constellation.
La Baleine fait partie des constellations d'automne, bien qu'observable aussi à d'autres saisons. L'opposition avec le Soleil advient entre fin septembre et la première semaine de novembre, période à laquelle la Baleine est basse sur l'horizon sud vers minuit. Si l'automne est la saison la plus propice à l'observation, notons que la constellation est visible jusqu'en février et à partir du mois de juillet.

Étoiles dominantes

Alpha (magnitude 2,5), ou Menkar, marque le nez du monstre marin. C'est une étoile double qui apparaît avec son compagnon de 5,6 de magnitude. Bêta, ou Deneb Kaitos, est l'astre le plus lumineux de tous, avec une magnitude de 2, et se trouve sur la queue de la Baleine. Gamma est un autre système double, formé d'une étoile jaune (magnitude 3,5) et d'une bleue (magnitude 6,2).
Mais la plus célèbre est Omicron, plus connue sous le nom de « Mira la merveilleuse ». Cette étoile resta longtemps un mystère : certains astronomes l'avaient incluse dans leurs atlas, quand d'autres n'en faisaient aucune mention. Holwarda fut le seul astronome du XVIIe siècle à découvrir qu'il s'agissait d'une variable dont les magnitudes oscillaient entre 2 et 10 en à peu près 331 jours, disparaissant donc de notre vue. Omicron devint le prototype d'une classe de variables aux fortes variations de luminosité en quelques centaines de jours ; il s'agit de géantes à pulsations de basse température.

Objets célestes

M77 est une galaxie à spirale au côté de Delta. Cet objet de magnitude 10 émet un grand nombre d'ondes radio et possède un noyau lumineux dans le spectre duquel apparaissent des longueurs d'onde, signe de la libération d'une grande quantité d'énergie. Des galaxies de ce type sont dites « de Seyfert » et comptent parmi celles dont le noyau est actif.

OÙ LA RECHERCHER ?

Génitif : *Ceti*
Abréviation : *Cet*

Automne

Hémisphère Nord-Sud

Nord : + 10° - Sud : - 25°
Ouest : 3 h 25' - Est : 23 h 55'

Chamaeleon – Volans

Caméléon – Poisson Volant

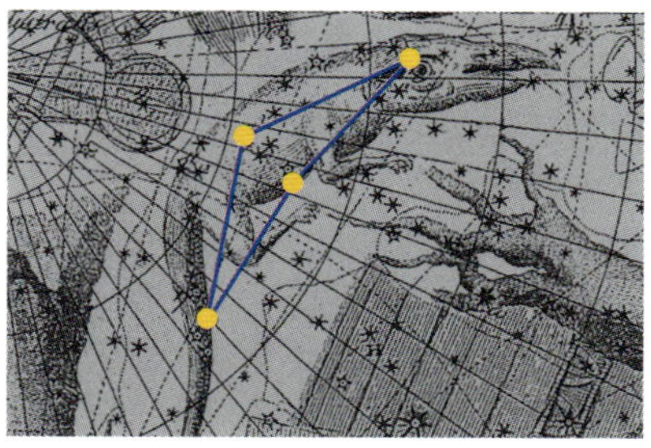

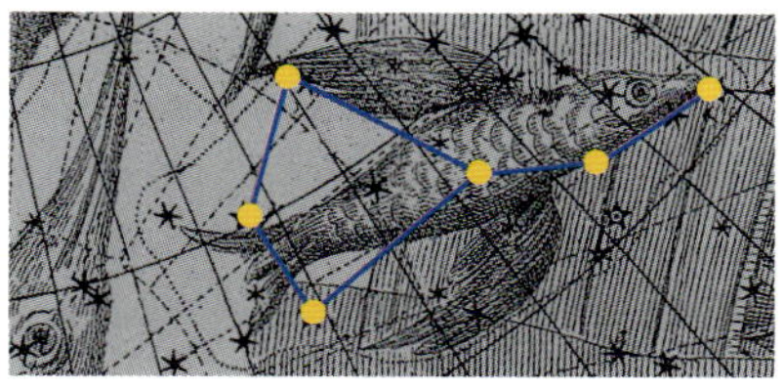

Le Caméléon et le Poisson volant sont deux animaux terrestres des plus particuliers. Le premier est connu pour ses propriétés mimétiques et le second pour sa capacité à voler hors de l'eau.

Le Poisson volant et le Caméléon sont deux petites constellations introduites par les Hollandais Frederick de Houtman et Pieter Dirkszoon Keyser à la fin du XVIe siècle. Le premier atlas céleste à les représenter fut celui de Bayer en 1603. Peu voyantes, elles ne sont associées à aucun mythe. À l'origine, le Poisson volant portait le nom latin de « Piscis Volans », dont il ne reste aujourd'hui plus que la seconde partie.

Comment repérer les constellations

Les étoiles qui peuplent ces deux astérismes sont toutes de magnitudes 4 ou supérieures, ce qui rend leur localisation difficile. Pour ce faire, partons de la plus aisément identifiable : la Croix du Sud. En suivant le tracé formé par Alpha et Gamma et en se déplaçant vers le pôle Sud céleste, on rejoindra alors Bêta Cha. Le Poisson volant se trouve au nord-ouest de cette dernière.

La frontière la plus au nord du Poisson, qui est d'ailleurs la constellation la plus septentrionale, se trouve à – 65°. La limite sud du Caméléon, en revanche, est à quelques degrés du pôle Sud céleste. Par conséquent, toutes deux ne se laissent admirer dans leur intégralité que depuis les régions équatoriales.

Étoiles dominantes

L'étoile la plus lumineuse des deux constellations est Bêta Vol, une orangée de magnitude 3,8 distante d'une centaine d'années-lumière. Alpha Vol, de magnitude 4,0, est blanche. Toujours dans cette même constellation, se trouve un système double : Gamma. Ses composantes, de magnitudes 3,9 et 5,8, sont facilement dissociables avec de petits instruments, car séparées d'environ 13''.

Les étoiles du Caméléon sont tout aussi faibles : Alpha, la plus brillante (magnitude 4,1), est de lumière blanche. Gamma est pratiquement de même luminosité : c'est une orangée située à 410 années-lumière de la Terre.

La constellation abrite une autre étoile double : Delta. Elle est formée d'objets nommés Delta 1 (magnitude 5,5) et Delta 2 (magnitude 4,5), qui ne semblent pourtant pas liés gravitationnellement, puisque leurs positions respectives sont à 370 et 550 années-lumière.

Objets célestes

L'unique objet des deux constellations méritant d'être signalé est NGC 3195, nébuleuse planétaire située entre les étoiles Delta et Zêta Cha, vers la frontière sud du Caméléon.

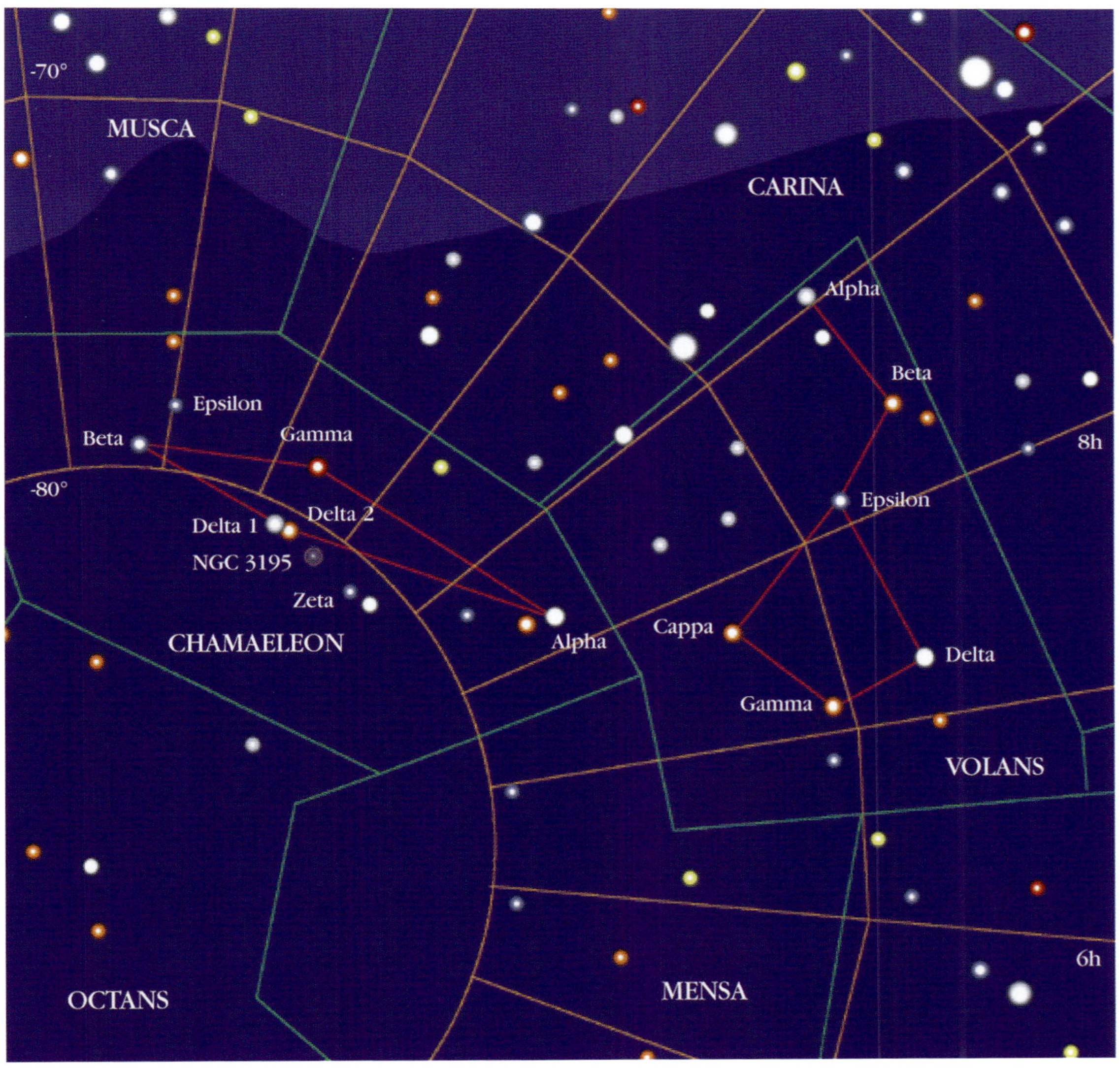

Magnitudes stellaires : 0 1 2 3 4 5

Galaxies — Amas ouverts — Amas globulaires — Nébuleuses à émission — Nébuleuses planétaires — Radiogalaxies — Confins des constellations — Lignes d'ascension droite et déclinaison

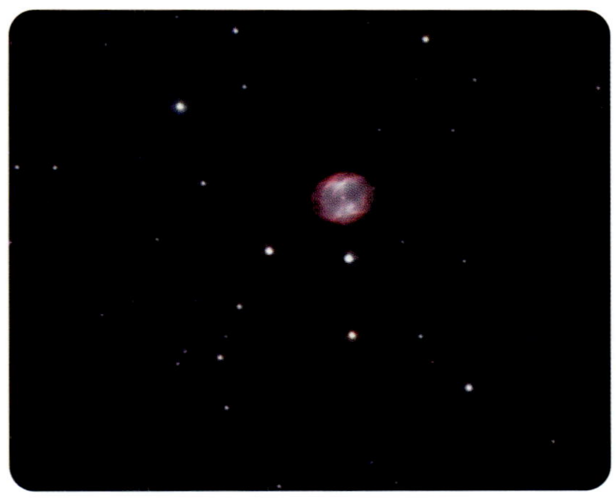

La nébuleuse planétaire NGC 3195 dans la constellation du Caméléon possède des dimensions apparentes équivalant à une petite quarantaine de secondes d'arc.

OÙ LA RECHERCHER ?

Génitif : *Chamaeleontis – Volantis*
Abréviation : *Cha – Vol*

Automne et été

Hémisphère Sud

Nord : – 64° – Sud : – 76°
Ouest : 13 h 50' – Est : 6 h 35'

Circinus – Triangulum Australe

Compas – Triangle Austral

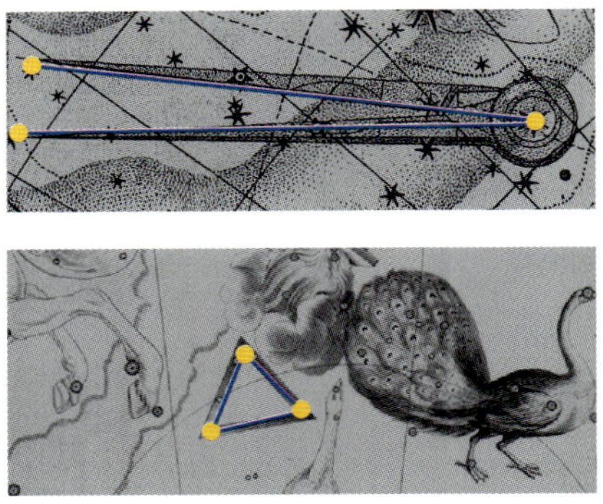

Les constellations du Compas et du Triangle austral furent respectivement introduites aux XVIIIe et XVIe siècles.

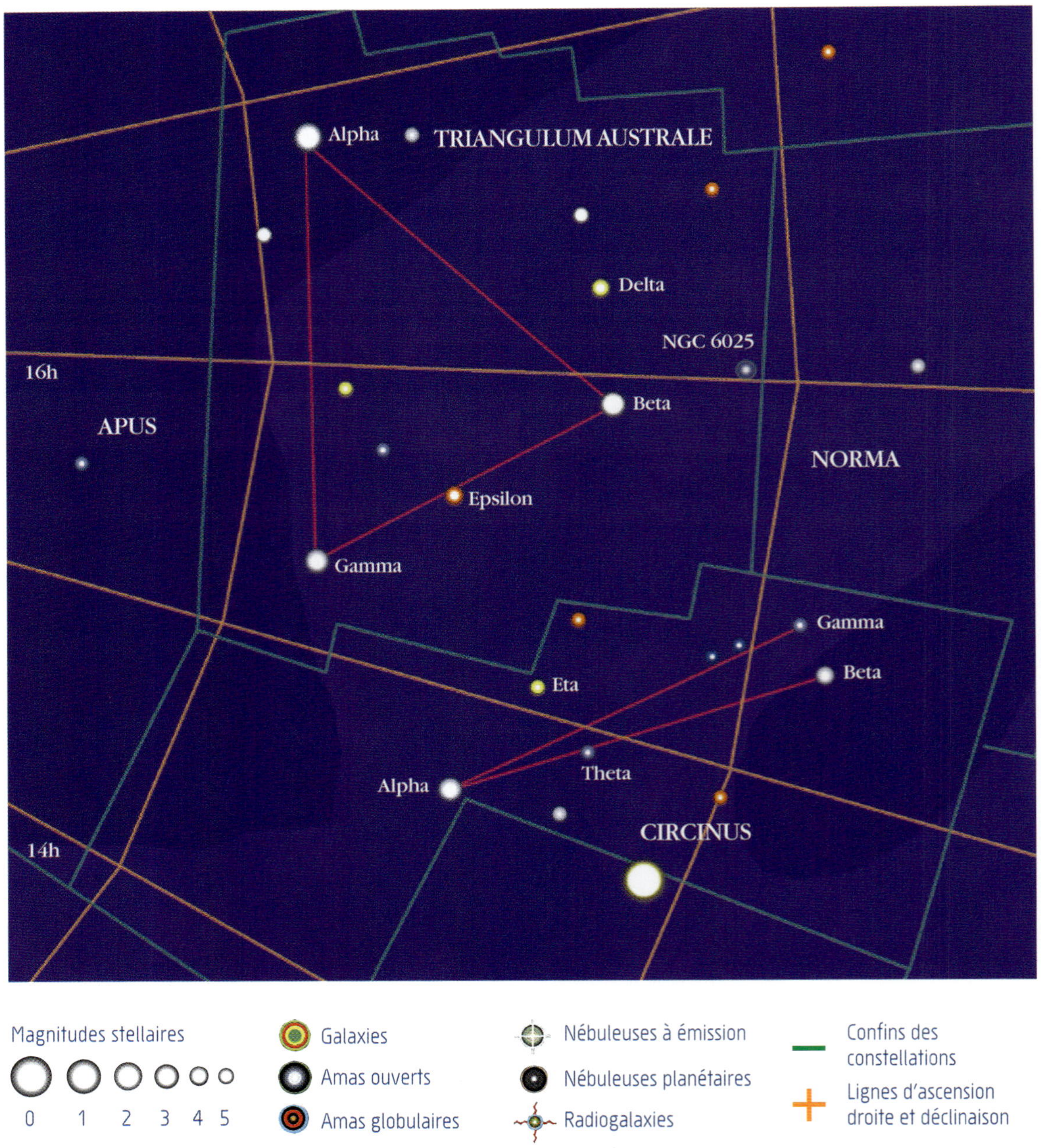

L'objet le plus intéressant du Triangle austral est l'amas ouvert NGC 6025, aux confins de la Règle.

OÙ LA RECHERCHER ?

Génitif : *Circini – Trianguli Australis*
Abréviation : *Cir – TrA*

Printemps

Hémisphère Sud

Nord : - 55° - Sud : - 70°
Ouest : 17 h 15' - Est : 13 h 40'

Les constellations du Compas et du Triangle austral ont des origines remontant à des époques différentes. Alors que la première fut introduite par l'abbé de Lacaille au siècle des Lumières, la seconde lui est antérieure et fut inventée par des navigateurs hollandais vers la fin du XVIe siècle. Cette dernière apparut pour la première fois dans l'atlas de Bayer, *Uranometria*, en 1603.

Comment repérer les constellations

Le Compas se situe immédiatement à l'est d'Alpha Centauri, alors que le Triangle austral est décalé vers l'ouest. Ces deux constellations sont en opposition avec le Soleil vers la mi-mai : on peut donc pleinement les observer au printemps. Si l'on souhaite les admirer dans leur intégralité, il faut se trouver à une latitude d'environ 20° N.

Étoiles dominantes

L'astre le plus lumineux des deux constellations est Alpha TrA, qui marque l'un des apex du Triangle. C'est une géante de lumière orangée et de magnitude 1,9. Elle est parfois appelée « Atria », qui est la contraction d'*Alpha Trianguli Australis*. Les deux autres sommets sont la blanche Bêta de magnitude 2,9 et Gamma, astre blanc-bleu de même magnitude. Au sein du Compas, l'étoile dominante est Alpha, variable similaire à Alpha CVn, de magnitude 3,2. Ses variations, de l'ordre de 3 centièmes de magnitude, sont uniquement observables à l'aide d'instruments électroniques. L'œil humain peut tout au plus percevoir des variations de 0.1 magnitude. En outre, Alpha possède un compagnon de magnitude 8,6, situé à une quinzaine de secondes d'arc et visible avec un petit télescope. Gamma est une autre étoile double (magnitude 4,5), dont la secondaire est de magnitude 5. Proches l'une de l'autre, ces composantes ne se détacheront qu'avec des instruments d'au moins 15 cm d'ouverture.

Objets célestes

Ces deux constellations ne regorgent malheureusement pas d'objets lumineux. L'amas ouvert NGC 6025 est le plus facilement observable. Pour le localiser à la jumelle, il faut partir de Gamma et déplacer son regard au-delà de Bêta. C'est le long de cette ligne, à seulement 3° de l'étoile, que l'on identifiera l'amas en question, formé d'une petite trentaine d'astres.

Coma Berenices

Chevelure de Bérénice

La chevelure de la reine d'Égypte Bérénice, sacrifiée pour sauver son mari, devint une constellation.

La légende raconte que Bérénice, qui régna sur l'Égypte au IIIe siècle avant J.-C., craignait pour la vie de son mari Ptolémée III, en guerre contre le roi de Syrie. Elle adressa une prière aux dieux, promettant de sacrifier sa splendide chevelure et de leur en faire l'offrande si son mari rentrait sain et sauf. Les dieux exaucèrent son souhait et Bérénice, fidèle à sa promesse, coupa ses cheveux. Pour ne jamais oublier leur beauté, les dieux en firent une constellation céleste.

Comment repérer la constellation

La Chevelure de Bérénice se trouve entre le Lion et le Bouvier. À mi-chemin entre Arcturus et Dénébola (la Queue du Lion), l'on retrouve, légèrement au nord, un petit groupes d'étoiles peu brillantes en forme de « V » renversé : il s'agit de l'amas stellaire de la Chevelure. La Chevelure de Bérénice est une constellation de printemps, à l'instar du Lion et du Bouvier. Le passage au méridien à minuit se produit vers la fin du mois d'avril. Se situant à des déclinaisons comprises entre + 13° et + 33°, elle est donc visible d'un peu partout sur Terre.

Étoiles dominantes

L'astre le plus lumineux est Bêta : de magnitude 4,3, il est de couleur jaune et situé à environ 30 années-lumière. La blanche Alpha, ou Diadem, est légèrement moins brillante (magnitude 4,3) ; cet écart de luminosité n'est d'ailleurs pas perceptible à l'œil nu. Alpha est une étoile double formée d'astres extrêmement rapprochés. Leur orbite s'effectue en quelque 26 années et le mouvement s'observe sur la tranche depuis la Terre. Autre beau système binaire, 24 Com se compose de deux étoiles (magnitudes 5,2 et 6,7) de couleurs très différentes, orangée et bleue. Étant situées à 20″ l'une de l'autre, elles se distinguent au moyen de petits instruments. Comme nous l'avons dit, la majeure partie des étoiles de cette constellation appartiennent à un amas stellaire connu sous le nom de Melotte 111. Il se situe à 290 années-lumière et est constitué d'environ quatre-vingts membres.

Objets célestes

La Chevelure est riche en galaxies et autres objets télescopiques. Les galaxies M85, M88, M99 et M100 font partie de l'amas de la Vierge. À l'instar des autres membres du groupe, elles se situent à près de 65 millions d'années-lumière et sont d'une magnitude comprise entre 9 et 10. M64 (magnitude 8) est plus proche de nous, à une distance estimée entre 25 et 50 millions d'années-lumière, et se révèle à des télescopes d'un diamètre supérieur à 15 cm d'ouverture. NGC 4565 est l'un des plus beaux exemples de galaxies positionnées de profil ; les télescopes les plus puissants montrent une bande de poussière qui en traverse le plan équatorial, la coupant en deux. Elle se trouve à une petite trentaine d'années-lumière de nous. Il y a également M53, amas globulaire de magnitude 8. Enfin, cette constellation héberge le pôle Nord galactique.

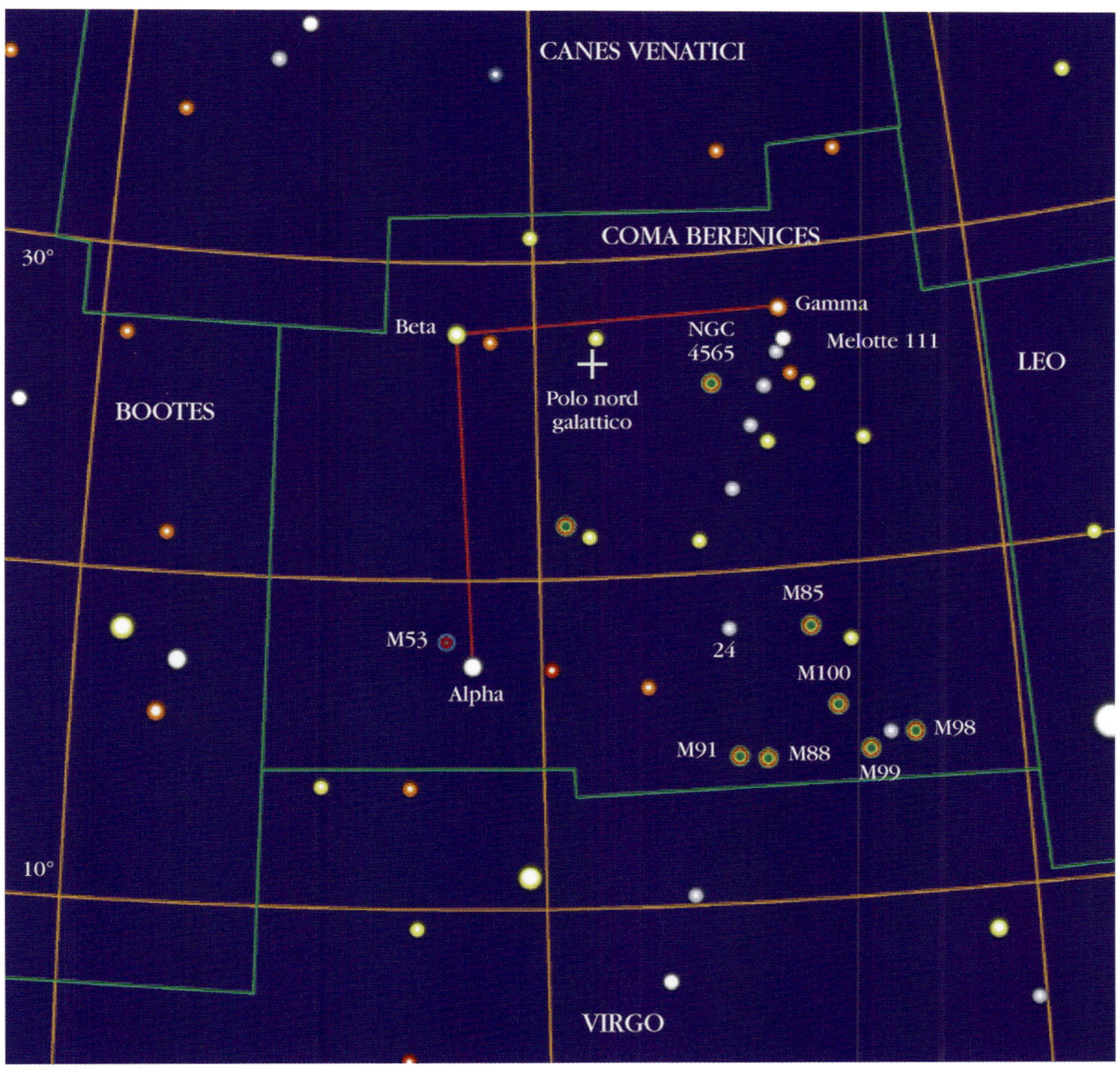

Magnitudes stellaires
0 1 2 3 4 5

Galaxies
Amas ouverts
Amas globulaires
Nébuleuses à émission
Nébuleuses planétaires
Radiogalaxies
Confins des constellations
Lignes d'ascension droite et déclinaison

NGC 4565 est une célèbre galaxie qui s'affiche de profil par rapport à notre angle de vision.

OÙ LA RECHERCHER ?

Génitif : *Comae Berenices*
Abréviation : *Com*

Printemps

Hémisphère Nord

Nord : + 33° - Sud : + 13°
Ouest : 13 h 35′ - Est : 12 h 00′

Corona Australis - Telescopium

Couronne Australe - Télescope

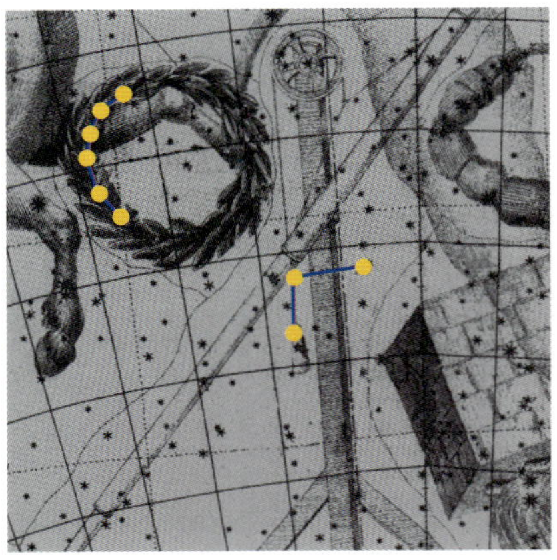

La Couronne Australe et le Télescope furent symbolisées par une couronne de myrte et un long télescope réfracteur.

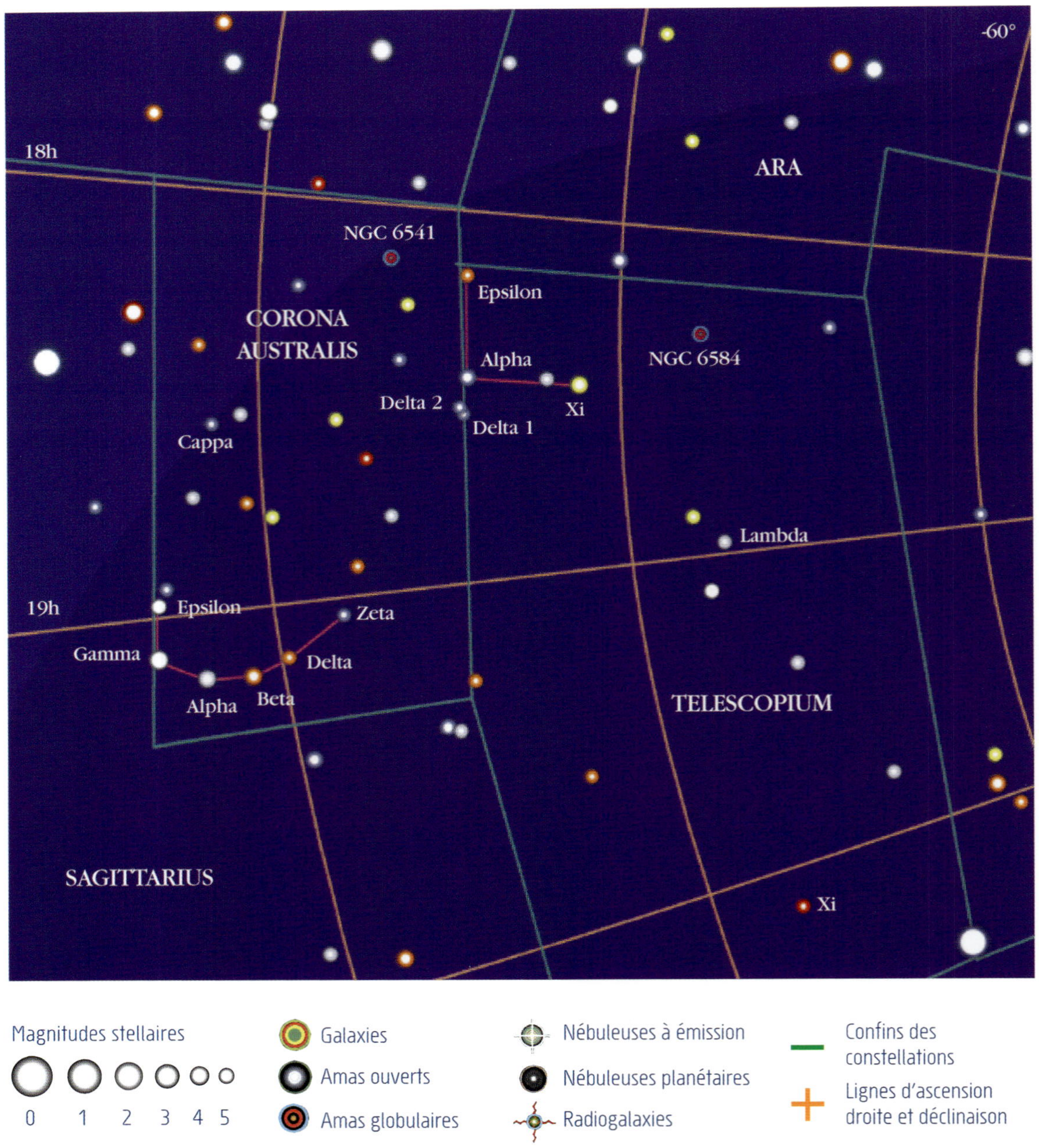

Située aux confins de la Voie lactée, la Couronne australe abrite l'amas globulaire NGC 6541.

OÙ LA RECHERCHER ?

Génitif : *Coronae Australis - Telescopii*
Abréviation : *CrA - Tel*

Été

Hémisphère Sud

Nord : - 33° - Sud : - 57°
Ouest : 20 h 30′ - Est : 18 h 00′

La Couronne australe remonte à l'Antiquité, étant citée par de nombreux auteurs classiques. Il ne semble pas, cependant, que des mythes y soient associés. Elle serait identifiée à un arc de feuilles, plutôt qu'à une véritable couronne.
Les origines du Télescope sont totalement différentes. La constellation fut introduite par l'abbé de Lacaille sous le nom de « Tubus Astronomicus », rappelant les télescopes réfracteurs du XVIIIe siècle. Ses dimensions d'origine furent ensuite revues à la baisse.

Comment repérer les constellations

Bien qu'elles ne soient pas extrêmement lumineuses, ces deux constellations sont facilement identifiables au sud du Sagittaire. L'on aperçoit, sous l'arc brillant de l'archer céleste, un demi-cercle de petites étoiles de magnitudes 4 et 5 : la Couronne australe. Immédiatement au sud de cette Couronne se situe le Télescope, dont les étoiles éparses se retrouvent entre la queue du Scorpion et Peacock, dans la constellation du Paon. En se déplaçant vers des latitudes permettant de voir les deux constellations, c'est-à-dire autour de 30° N, l'on observera le Télescope et la Couronne australe en été. Leur passage en opposition avec le Soleil se produit au mois de juillet.

Étoiles dominantes

L'astre blanc-bleu Alpha Tel (magnitude 3.5) est le plus lumineux des deux constellations. Delta est double, constituée de composantes de couleur blanc-bleu qui semblent proches l'une de l'autre par pur effet d'optique. Le système est composé de Delta 1 (à 580 années-lumière) et Delta 2 (à 700 années-lumière), de magnitudes respectives 5 et 5,1. L'étoile la plus brillante de la Couronne est Alpha, de magnitude 4,1 et de lumière blanche. Bêta rivalise avec Alpha ; elle est de même magnitude mais jaune-orangée. Gamma est plus intéressante, système binaire dont les membres de magnitude 5 orbitent en 120 ans l'un autour de l'autre. Pour les distinguer lorsqu'ils sont le plus rapprochés, il faut des instruments d'au moins 10 cm d'ouverture. Kappa 1 (magnitude 6,3) et Kappa 2 (magnitude 5,7) forment un autre couple. Ces étoiles ne sont pas liées gravitationnellement et se différencient à l'aide de petits télescopes, puisqu'elles sont éloignées de 20″.

Objets célestes

Deux amas globulaires méritent d'être mentionnés. Le premier est NGC 6541, dans la Couronne australe, de magnitude 6 et de diamètre équivalent au cinquième du disque lunaire. Le second est NGC 6584, qui se trouve dans la constellation du Télescope.

Corona Borealis
Couronne Boréale

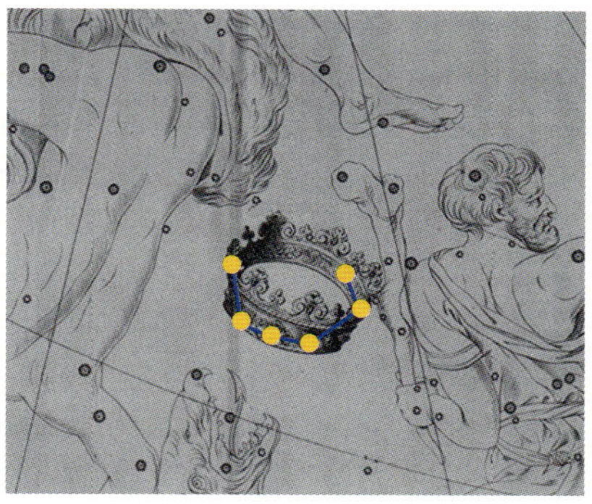

La Couronne boréale est l'un des rares exemples où la disposition des étoiles rappelle effectivement l'objet représenté.

La forme de cette constellation lie irrémédiablement ce petit astérisme à une histoire de couronnes. Selon une légende, Bacchus offrit une couronne à Ariane comme cadeau de noces. Lorsque celle-ci décéda, le dieu lança la couronne dans les cieux pour former une constellation. Un autre mythe associe cette constellation à Thésée et à sa mésaventure avec le Minotaure, monstre qui habitait le Labyrinthe en Crète. Thésée parvint à sortir du Labyrinthe grâce à Ariane. À la suite de ces vicissitudes, il offrit une couronne dorée à celle qui l'avait aidé.

Comment repérer la constellation

À une vingtaine de degrés d'Arcturus (Alpha Boo) en direction nord-est se trouve un petit groupe d'étoiles formant une couronne. Cette constellation porte, depuis l'Antiquité, le nom de Couronne boréale, par opposition à la Couronne australe. La Couronne boréale se laisse admirer une bonne partie du printemps et de l'été. Mais elle reste invisible à des latitudes au sud des 65° S.

Étoiles dominantes

Alpha (magnitude 2,2) ou Gemma, est la plus brillante. Elle possède un compagnon, générant ainsi des éclipses réciproques. Sa variation de magnitude est trop fine pour être appréciée par l'œil humain.

L'étoile R est l'archétype d'une classe de variables aux caractéristiques étranges. Cette étoile est normalement à la limite de visibilité à l'œil nu, étant de magnitude 5,7. Cependant, elle pourrait devenir imprévisible et perdre en luminosité, atteignant une magnitude de 14,8 ; elle accuserait donc un recul de l'ordre de neuf magnitudes. Généralement, les diminutions vers les valeurs minimales sont très rapides, alors que les augmentations maximales peuvent prendre plusieurs mois. La raison de ces variations si marquées n'est pas encore clairement identifiée ; mais un tel phénomène pourrait être associé à l'émission de poussière de carbone par l'étoile.

L'étoile T adopte un comportement totalement opposé, avec une magnitude habituelle de 10. Elle pourrait néanmoins être sujette à des explosions inattendues qui lui feraient atteindre une magnitude de 2, rivalisant ainsi de brillance avec Gemma. Les explosions de T ne semblent concerner que ses couches superficielles.

Objets célestes

La constellation ne renferme pas d'objets observables avec des télescopes amateurs. Mais elle abrite un amas galactique situé à un milliard d'années-lumière, dont les membres sont de magnitude 15 ou plus.

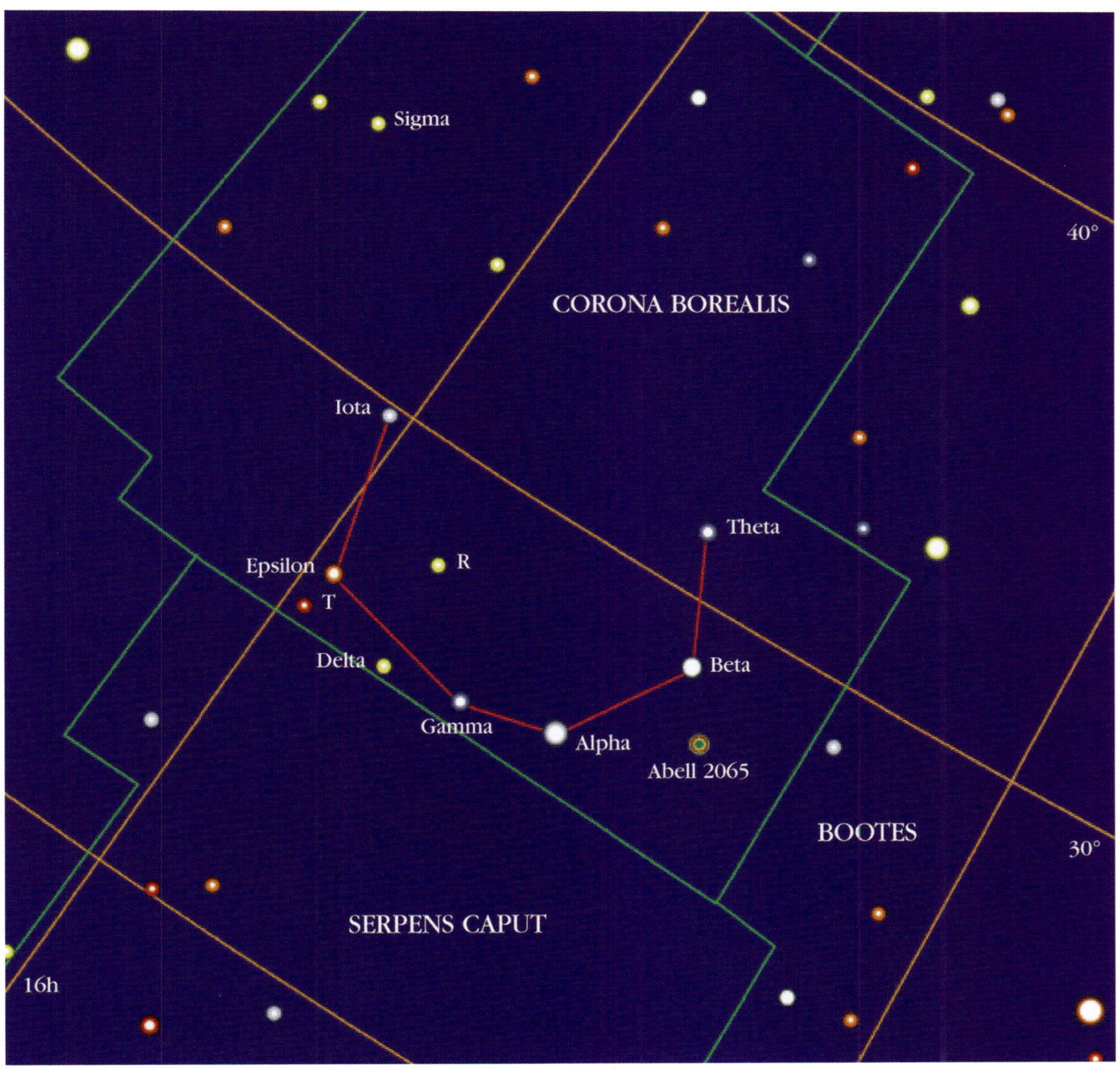

Magnitudes stellaires : 0 1 2 3 4 5
Galaxies
Amas ouverts
Amas globulaires
Nébuleuses à émission
Nébuleuses planétaires
Radiogalaxies
Confins des constellations
Lignes d'ascension droite et déclinaison

Voici le cœur de l'amas galactique de la Couronne boréale, photographié par Monte Wilson (USA).

OÙ LA RECHERCHER ?

Génitif : *Coronae Borealis*
Abréviation : *CrB*

Printemps et été

Hémisphère Nord

Nord : + 40° – Sud : + 26°
Ouest : 16 h 25′ – Est : 15 h 15′

Corvus - Crater - Sextans

Corbeau - Coupe - Sextant

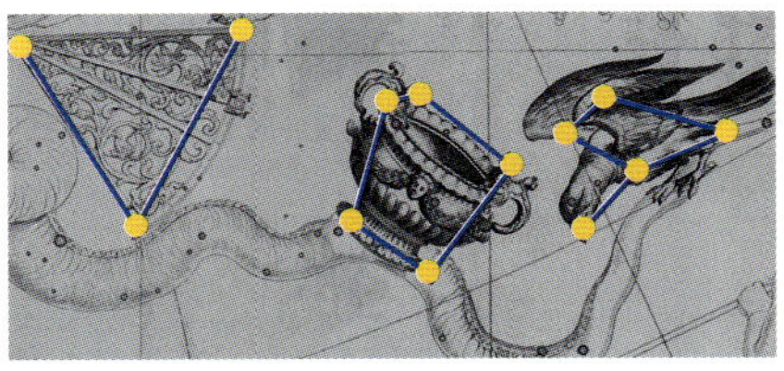

Le Corbeau, chargé par Apollon de lui apporter de l'eau, se trouve proche de la Coupe qui servait de réservoir, et du Sextant.

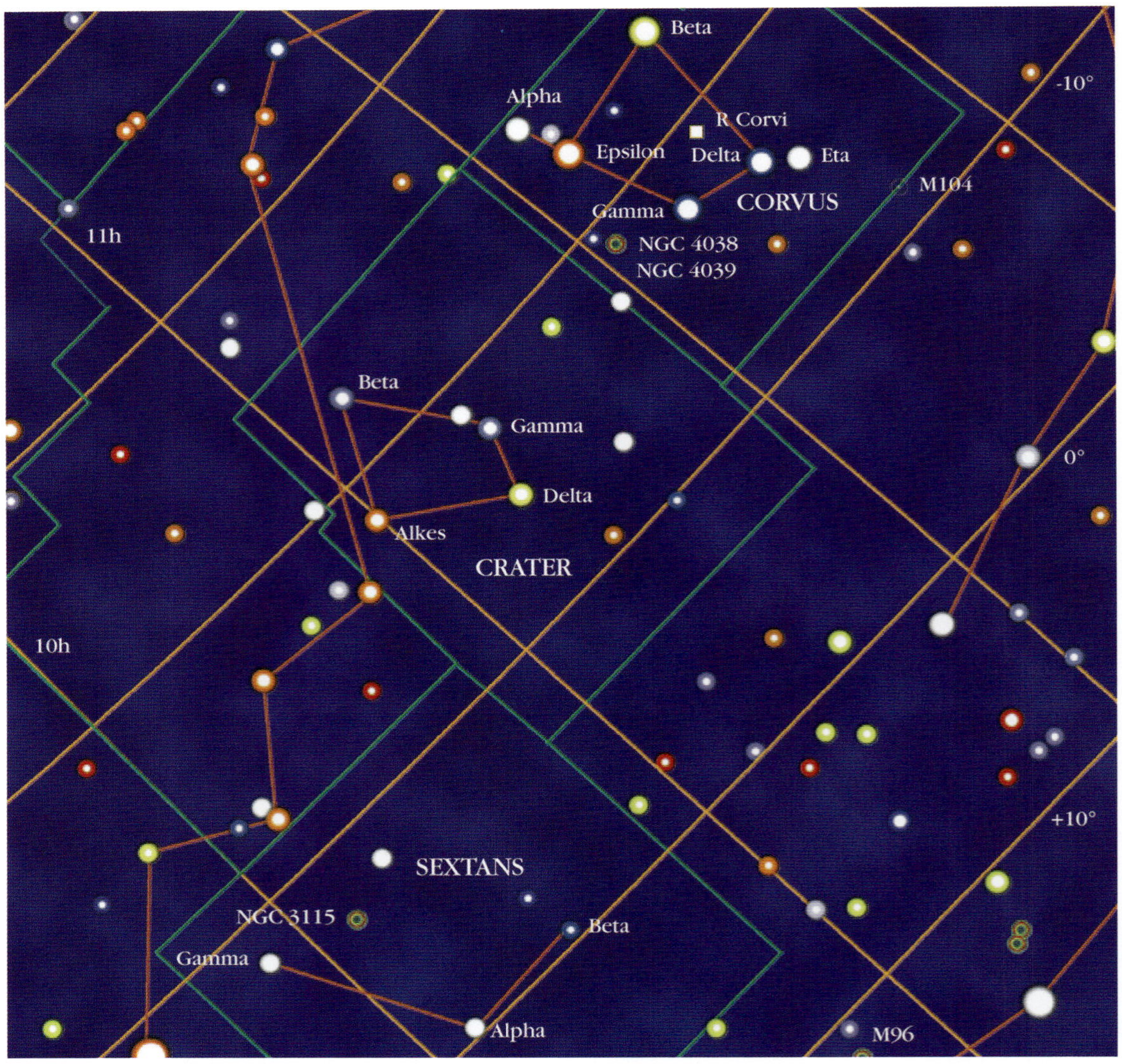

Magnitudes stellaires 0 1 2 3 4 5 — Galaxies — Amas ouverts — Amas globulaires — Nébuleuses à émission — Nébuleuses planétaires — Radiogalaxies — Confins des constellations — Lignes d'ascension droite et déclinaison

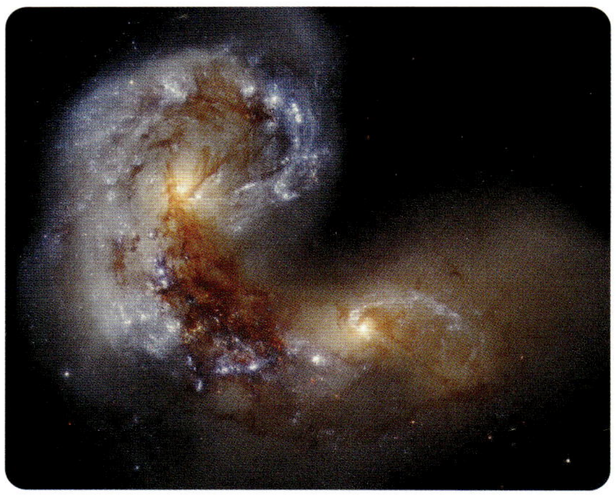

NGC 4038-9 est un ensemble de deux galaxies connues sous le nom d'Antennes, du fait de leurs formes altérées.

OÙ LA RECHERCHER ?

Génitif : *Corvi - Crateris - Sextantis*
Abréviation : *Crv - Crt- Sex*

Printemps

Hémisphère Nord-Sud

Nord : + 6,5° - Sud : - 25°
Ouest : 12 h 55′ - Est : 9 h 40′

Le Corbeau, la Coupe (ou Cratère) et le Sextant sont trois petites constellations proches de la Vierge. Le Corbeau apparaît dans diverses légendes de la Grèce Antique.
Selon l'une d'elles, Apollon envoya le corbeau chercher de l'eau, mais l'oiseau s'attarda en route pour manger des figues. Pour excuser son retard, il inventa un prétexte. Mais son mensonge fut découvert. Furieux, Apollon décida de le punir, le reléguant au ciel avec la coupe qui lui servit à collecter l'eau. L'origine du Sextant est, en revanche, plus prosaïque : Hevelius souhaita immortaliser son instrument, perdu dans un incendie.

Comment repérer les constellations

Les trois constellations sont immédiatement au sud du Lion et de la Vierge.
Avec le nord dans le dos, l'on aperçoit, d'est en ouest, le Corbeau, la Coupe et le Sextant. On peut repérer ce dernier en partant de Régulus, ou Alpha Leo, et en se déplaçant vers le sud d'une douzaine de degrés. Ses étoiles les moins brillantes sont cependant difficiles à percevoir. Mieux vaut donc rechercher la Coupe à une vingtaine de degrés en direction du sud-est.
À l'instar du Lion, ces trois constellations s'observent facilement au printemps, étant basses sur l'horizon méridional. Elles passent au-dessus du point cardinal sud à minuit et sont donc en opposition avec le Soleil sur la sphère céleste entre fin février et fin mars.

Étoiles dominantes

Ces constellations abritent peu d'étoiles lumineuses : les plus brillantes sont la bleue Gamma Crv (magnitude 2,6), la jaune Bêta (magnitude 2,7), ainsi que Delta et Epsilon (toutes deux de magnitude 3). Alpha Crv n'est que de quatrième magnitude. Delta Crt, l'astre le plus éclatant de la Coupe, est de magnitude 3,6. Les autres sont toutes de magnitude 4 ou supérieure. Dans le Sextant, l'étoile la plus lumineuse est même de magnitude 4,5. Parmi les plus intéressantes, citons Delta Crv, une double qui se laissera détailler au télescope. La plus brillante est une étoile blanche de magnitude 3, alors que la secondaire est rouge et de magnitude 9,2. Bien qu'elle reste invisible à l'œil nu, R Corvi vaut également d'être mentionnée : en près d'une année, elle fluctue entre les magnitudes 6,7 et 14,4, enregistrant une variation de presque huit magnitudes.

Objets célestes

Peu d'objets lumineux ont trouvé refuge dans ces constellations. Le plus voyant est NGC 3115, galaxie elliptique de magnitude 9 en Sextant.
Les deux galaxies de magnitude 11 en Corbeau, connues sous les sigles NGC 4038 et NGC 4039, sont plus singulières. Elles sont pratiquement collées l'une à l'autre, tant leurs forces d'attraction réciproque les ont modifiées, leur donnant une forme étrange, ce qui explique pourquoi les astronomes les dénommèrent « galaxies des Antennes ».

Crux

Croix du Sud

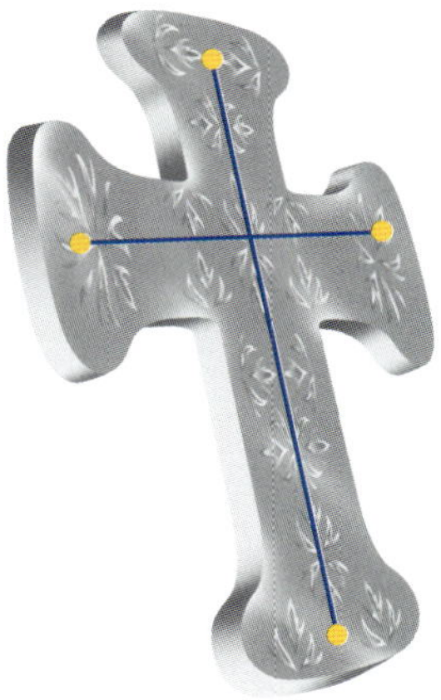

Les quatre étoiles les plus éclatantes de la Croix forment un astérisme facilement identifiable dans le ciel austral. Par le passé, cette constellation appartenait au Centaure.

Bien que connue depuis l'Antiquité, la Croix du Sud avait toujours été intégrée à la constellation voisine du Centaure. Ce ne fut qu'après les premières expéditions en mer qu'elle devint une constellation à part entière. On ne sait précisément si elle fut introduite par l'abbé de Lacaille ou par le navigateur Royer. Elle figure sur le drapeau de certains États d'Océanie, comme l'Australie ou la Nouvelle-Zélande.

Comment repérer la constellation

La Croix du Sud est à proximité du Centaure, dont elle faisait partie jusqu'en 500. L'alignement d'Alpha et Bêta Centauri mène à la Croix.

Contrairement à l'hémisphère boréal, où l'étoile Polaire indique, avec une certaine précision, l'emplacement du pôle Nord céleste, il n'existe pas dans l'hémisphère Sud un tel point de référence. Mais en suivant les étoiles Alpha et Gamma Cru, l'on devine la direction du pôle Sud céleste.

Le moment de l'année le plus propice à son observation, dans l'hémisphère Sud, est le printemps, alors qu'elle passe au méridien à minuit vers la fin mars.

Étoiles dominantes

La constellation de la Croix du Sud occupe une région céleste de seulement 70° carrés et abrite peu d'étoiles. La plus brillante est Alpha, ou Acrux (magnitude 0,9). Observée à la jumelle, elle révèle un compagnon de magnitude 4,9. Mais un télescope montrera que sa composante la plus lumineuse est elle-même composée de deux étoiles blanc-bleu, de magnitudes respectives 1,4 et 1,9. Gamma est double également, avec des astres de magnitudes 1,6 et 6,7.

Objets célestes

La Croix du Sud se trouve en pleine Voie lactée ; ainsi la constellation contient deux objets intéressants, en dépit de ses petites dimensions. Lorsque la nuit est particulièrement obscure, il est possible d'apercevoir une région noire à l'intérieur de la Voie lactée, proche de la Croix : il s'agit du Sac de Charbon, vaste nuage sombre qui s'interpose entre les étoiles de la Voie lactée et nous. Ce Sac de Charbon est composé de gaz et de poussière qui donneront naissance à des étoiles, ainsi que l'ont confirmé des observations techniques sophistiquées.

Le second objet remarquable est l'amas ouvert appelé Boîte à bijoux, ou NGC 4755. Il se laisse entrevoir à l'œil nu grâce à une étoile de magnitude 5, mais un petit télescope permettra d'en distinguer quelques dizaines de couleurs variées. Son nom fut trouvé par John Herschel, qui tint à en souligner la beauté en comparant les étoiles aux parures d'une femme. L'amas est également connu sous le nom d'amas de Kappa Crucis, du nom de l'étoile qui lui est proche.

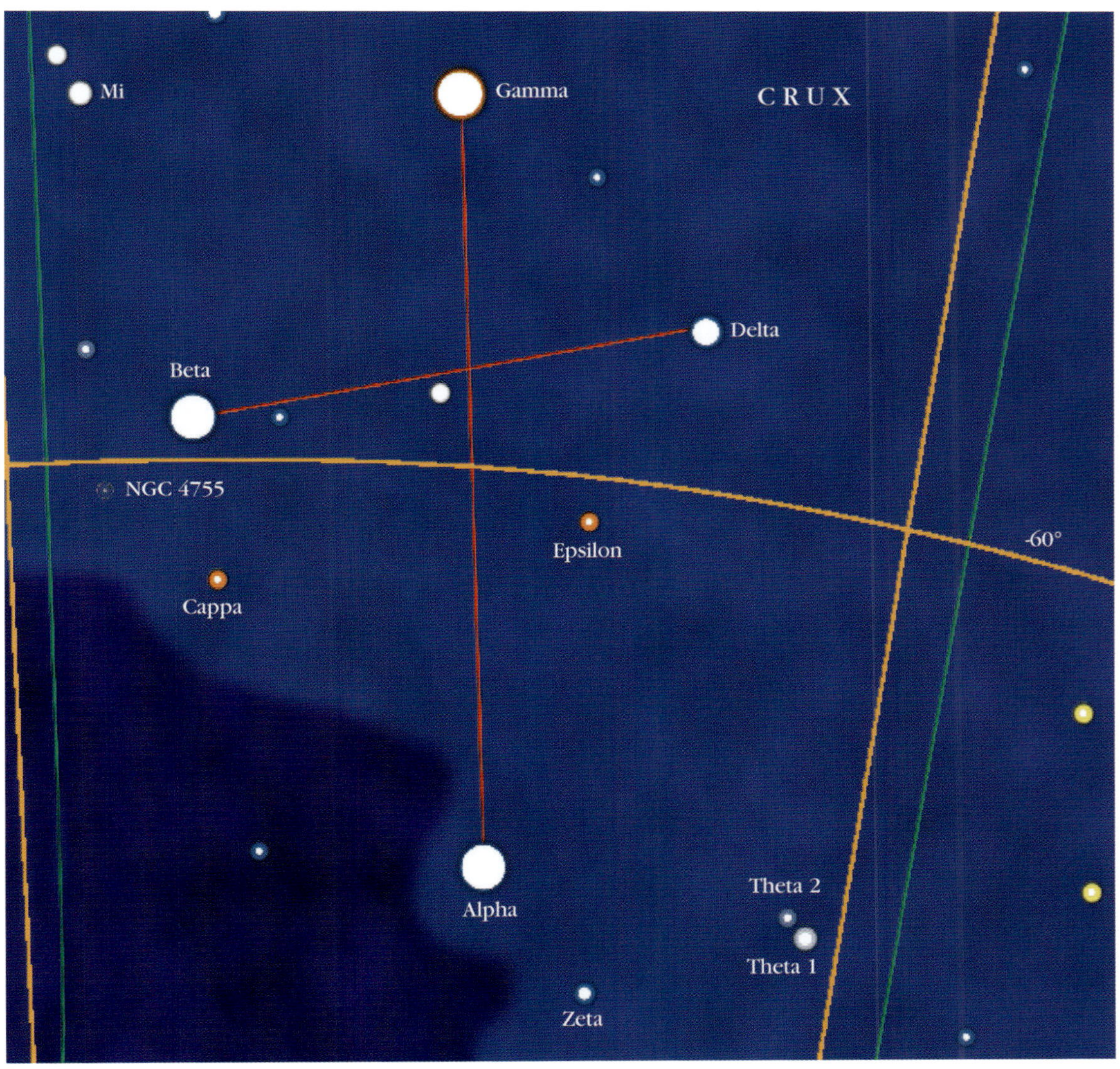

Magnitudes stellaires: 0 1 2 3 4 5

Galaxies
Amas ouverts
Amas globulaires
Nébuleuses à émission
Nébuleuses planétaires
Radiogalaxies
Confins des constellations
Lignes d'ascension droite et déclinaison

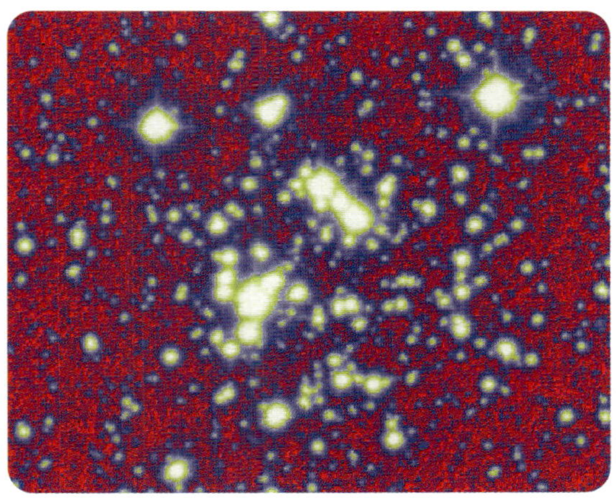

Voici une représentation aux couleurs artificielles de l'amas ouvert NGC 4755, appelé Boîte à bijoux en hommage à la beauté des étoiles qui le composent.

OÙ LA RECHERCHER ?

Génitif : *Crucis*
Abréviation : *Cru*

Printemps

Hémisphère Sud

Nord : - 56° - Sud : - 65°
Ouest : 12 h 55′ - Est : 11 h 55′

Cygnus

Cygne

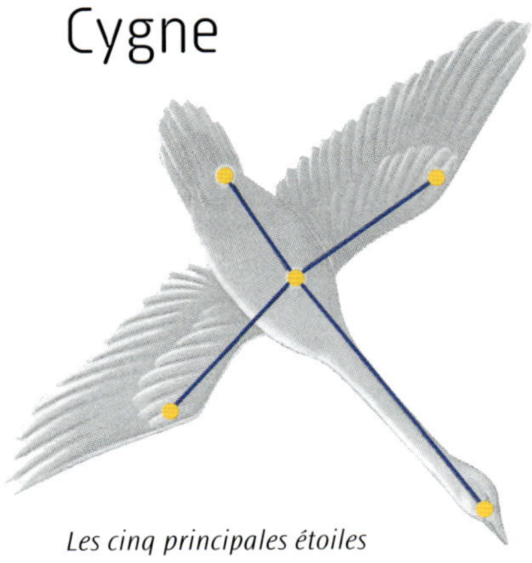

Les cinq principales étoiles du Cygne forment la Croix du Nord.

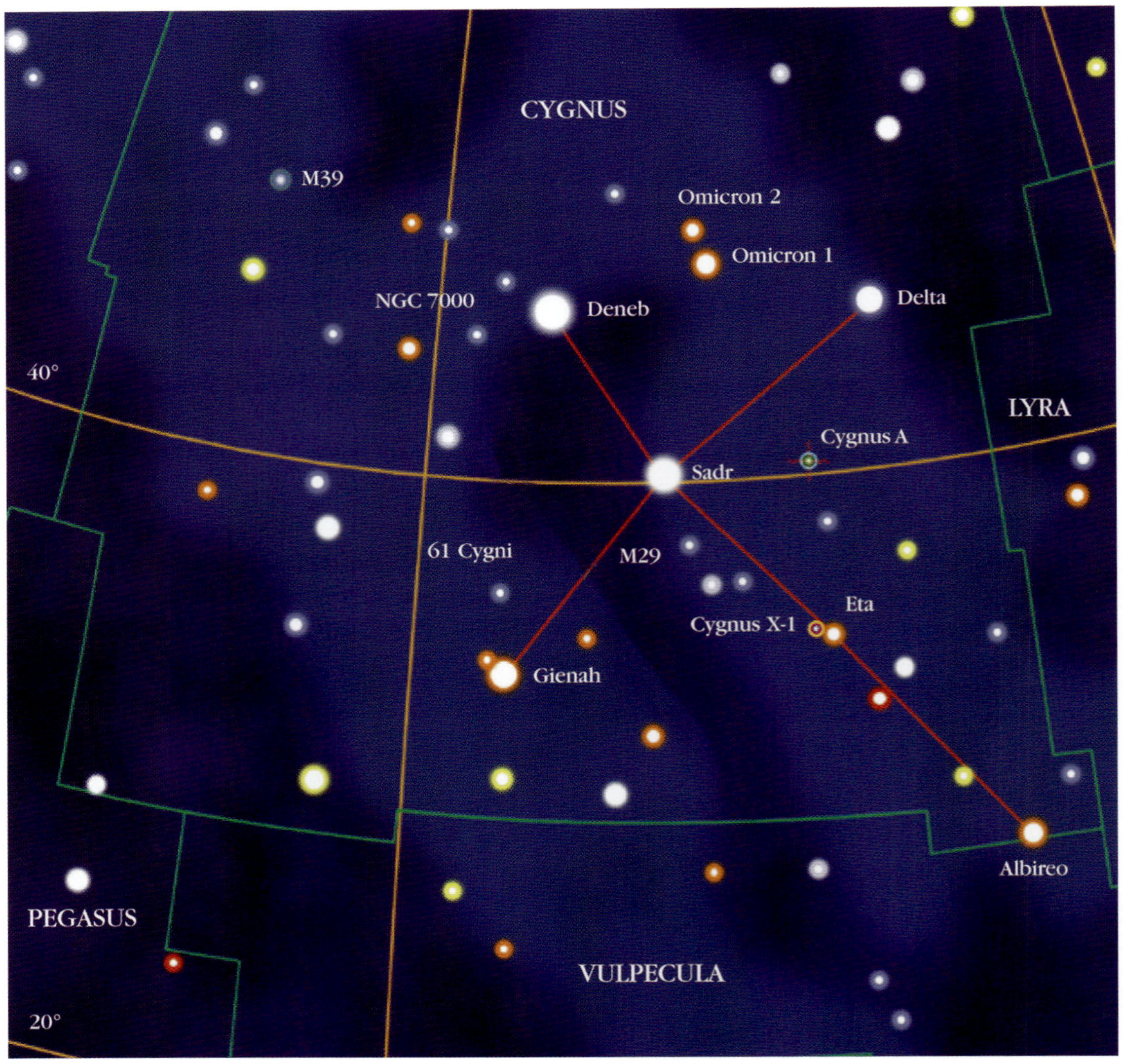

Magnitudes stellaires: 0 1 2 3 4 5
Galaxies
Amas ouverts
Amas globulaires
Nébuleuses à émission
Nébuleuses planétaires
Radiogalaxies
Confins des constellations
Lignes d'ascension droite et déclinaison

La nébuleuse Amérique du Nord en Cygne doit son nom à sa forme caractéristique.

OÙ LA RECHERCHER ?

Génitif : *Cygni*
Abréviation : *Cyg*

Été

Hémisphère Nord

Nord : + 61° - Sud : + 28°
Ouest : 22 h 05' - Est : 19 h 10'

Le Cygne est une imposante constellation qui resplendit dans le ciel estival. Sa partie principale est composée de cinq étoiles, souvent appelées Croix du Nord pour leur positionnement sur la voûte céleste. Le Cygne est associé à la légende de Jupiter et Léda. Le dieu, connu pour ses fréquentes escapades, s'éprit un jour de Léda, la magnifique épouse de Tyndare, roi de Sparte. Voyant ses avances repoussées, Jupiter décida de vaincre ses résistances en se transformant en cygne. De cette union naquirent quatre enfants issus de deux œufs : Castor et Clytemnestre, puis Pollux et Hélène, future épouse de Ménélas et cause de la guerre de Troie.

Comment repérer la constellation

Le Cygne est facilement identifiable grâce à son étoile la plus brillante, Deneb, située à l'ouest du W de Cassiopée, qu'on trouve en suivant la ligne tracée par Bêta et Gamma Cas. Une fois Deneb repérée, l'on peut aisément compléter la Croix du Nord ainsi que le reste de la constellation. Deneb marque aussi l'un des angles du Triangle d'été avec Véga en Lyre et Altaïr en Aigle ; ce triangle est ainsi dénommé car il domine les nuits estivales.

Étoiles dominantes

Alpha (magnitude 1,2), ou Deneb, la queue, est l'astre blanc le plus lumineux. Bêta (magnitude 3,1) ou Albireo, est une magnifique étoile double, dont la composante principale est jaune alors que la secondaire (magnitude 5,1) est légèrement bleutée.

Le beau système double d'Omicron est facilement repérable à la jumelle, formé d'une orangée (magnitude 3,8) et d'une bleue (magnitude 4,8). Un télescope révélera en outre le compagnon bleu de magnitude 7 de la composante la plus lumineuse. 61 Cygni est double également (magnitudes 5,2 et 6,1), mais son importance tient au fait qu'elle est la première étoile dont on mesura l'éloignement de la Terre, soit 11,4 années-lumière. Ce calcul fut réalisé en 1838 par F.W. Bessel grâce à la technique de la parallaxe.

Objets célestes

Le Cygne se situe sur le plan de la Voie lactée, et de nombreux objets intéressants apparaissent dans la région céleste qu'il occupe. Le plus remarquable est Cygnus-X1, source de rayons X au sein duquel se trouve probablement un trou noir. M29 et M39 sont en revanche deux amas ouverts observables à la jumelle, le premier situé près de Gamma et le second une dizaine de degrés à l'est de Deneb. Néanmoins, l'objet peut-être le plus célèbre de la constellation est la nébuleuse NGC 7000 ou Amérique du Nord, à proximité de Deneb. Elle doit son nom à sa forme particulière. Il s'agit d'une faible masse d'hydrogène ionisé, plus connue pour son extension que pour sa luminosité. Mieux vaut, pour l'apercevoir, une bonne paire de jumelles et un ciel obscur.

Delphinus
Dauphin

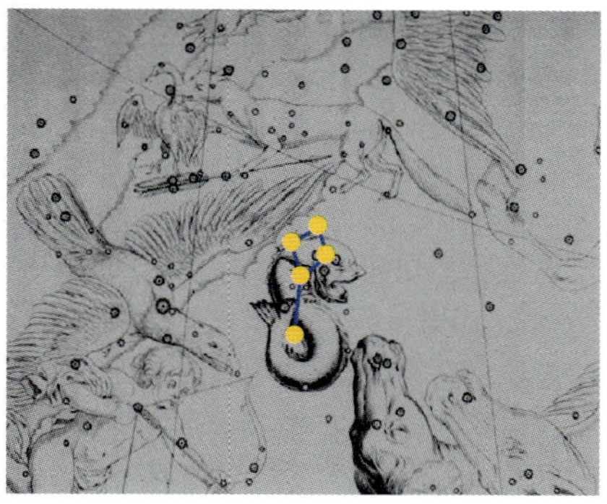

Le Dauphin est représenté par le mammifère aquatique qui accompagne les navires en mer ; on le considère, depuis la nuit des temps, comme une figure bienveillante.

Selon la légende, Poséidon, dieu de la mer, souffrait de solitude. Aussi, décida-t-il de prendre femme. Il porta son choix sur la Néréide Amphitrite, l'une des nymphes marines. Mais celle-ci l'éconduisit. C'est pourquoi Poséidon lui envoya un messager, un dauphin, qui parvint à la convaincre. L'animal fut récompensé pour avoir mené à bien sa mission, d'ailleurs consacrée par les noces du dieu et d'Amphitrite, en devenant constellation.

Comment repérer la constellation

À l'ouest de Pégase, en prolongeant le côté sud de son fameux Carré d'une trentaine de degrés, l'on atteint le petit groupe d'étoiles formant le Dauphin céleste. Celui-ci est en opposition avec le Soleil à la fin du mois de juillet. On peut donc le rechercher, à cette période de l'année, en direction du sud à minuit. Si l'on se trouve une dizaine de degrés au nord de l'équateur céleste, la constellation est considérée comme équatoriale et se laisse donc admirer depuis une bonne partie de la planète.

Étoiles dominantes

Les deux étoiles les plus lumineuses du Dauphin sont, dans l'ordre, Bêta (magnitude 3,6) et Alpha (magnitude 3,8). Une anecdote quelque peu singulière est associée à leurs noms : Alpha, aussi appelée « Sualocin », et Bêta ou « Rotanev » furent ainsi baptisées par le père Giuseppe Piazzi, astronome qui dirigea l'observatoire de Palerme et qui découvrit le premier astéroïde Cérès. Celui-ci souhaitait conserver le souvenir de son collaborateur Niccolo Cacciatore ; il traduisit donc son nom en latin, Nicolaus Venator, et l'écrivit à l'envers.
Bêta est double et difficile à distinguer car l'angle de séparation entre ses deux composantes (de magnitudes respectives 4,8 et 4,9) varie entre 0″,2 et 0″,7. Sa période orbitale s'étend sur près de 26 années et demie.
Gamma est double également ; ses composantes sont de magnitudes 4,5 et 5,5 et sont espacées de 10″ ; c'est pourquoi elles sont à la portée des petits instruments amateurs.
R est une variable de type Mira Ceti ; sa magnitude oscille entre 7,6 et 13,8 en 285 jours. Lorsque sa brillance est à son apogée, elle est observable avec de simples jumelles. Dans le cas contraire, il faut des instruments d'au moins 15 cm de diamètre.

Objets célestes

La constellation du Dauphin ne contient pas d'objets très voyants. Citons simplement l'amas globulaire NGC 7006 de magnitude 12, situé à quelque 180 000 années-lumière. Des télescopes d'au moins 15 cm de diamètre sont nécessaires pour l'observer.

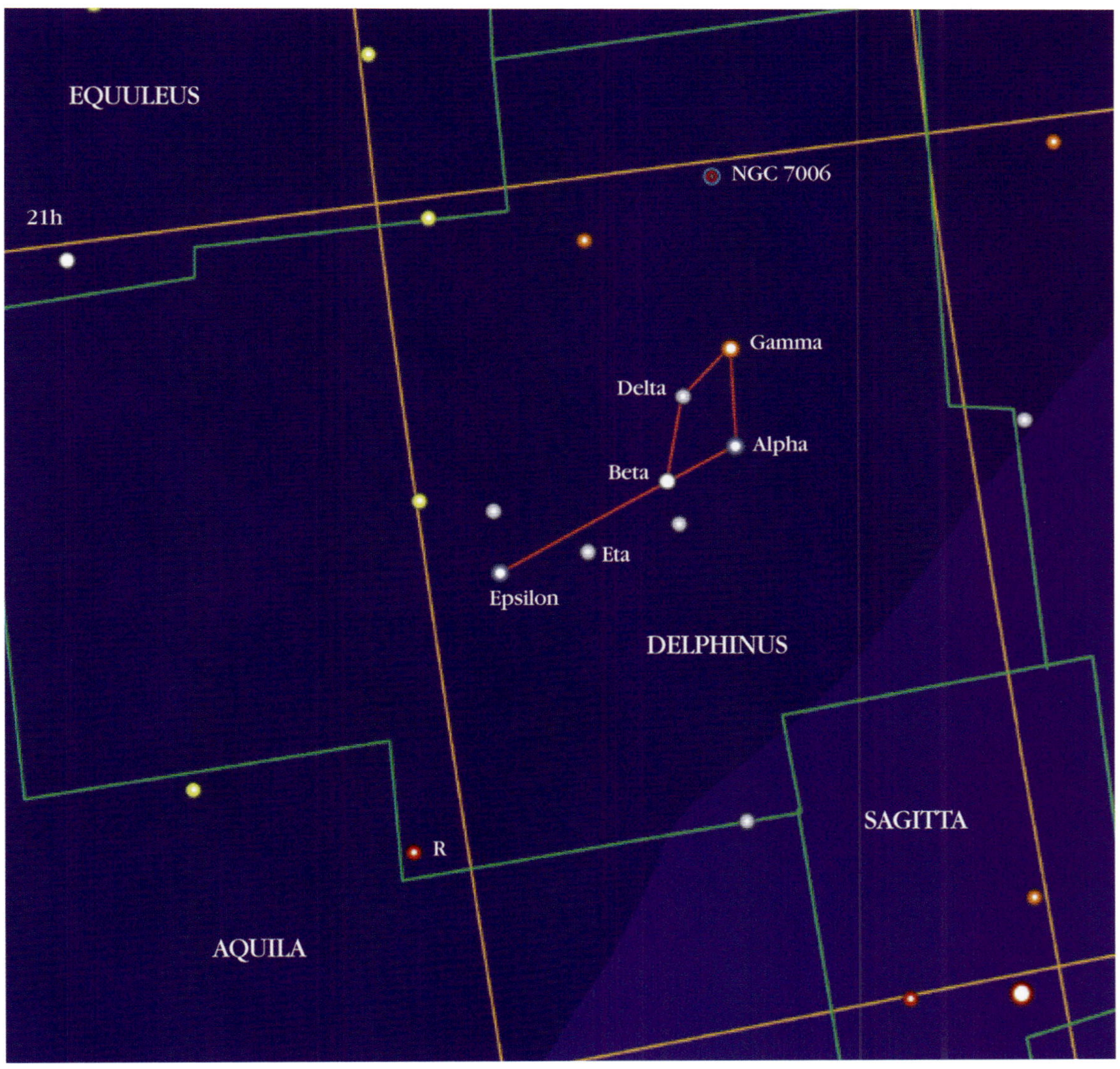

Magnitudes stellaires : 0 1 2 3 4 5
Galaxies
Amas ouverts
Amas globulaires
Nébuleuses à émission
Nébuleuses planétaires
Radiogalaxies
Confins des constellations
Lignes d'ascension droite et déclinaison

L'amas globulaire NGC 7006 est un objet discret de magnitude 12 et de petit diamètre apparent, du fait de sa grande distance de la Terre.

OÙ LA RECHERCHER ?

Génitif : *Delphini*
Abréviation : *Del*

Été

Hémisphère Nord

Nord : + 21° – Sud : + 2°
Ouest : 21 h 10′ – Est : 20 h 20′

Dorado - Mensa

Dorade - Table

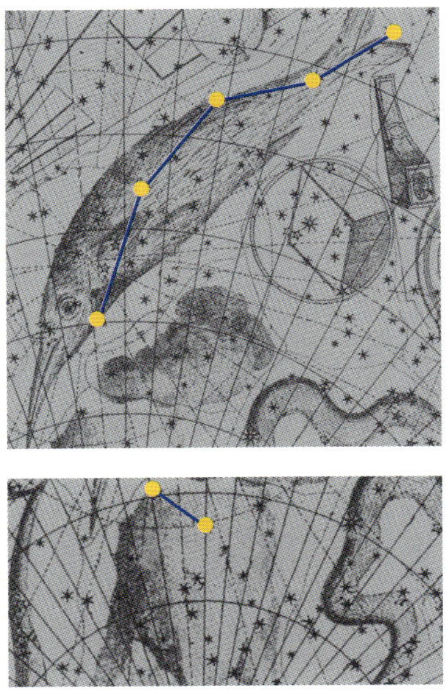

La Dorade et la Table sont deux constellations introduites entre les XVIe et XVIIe siècles.

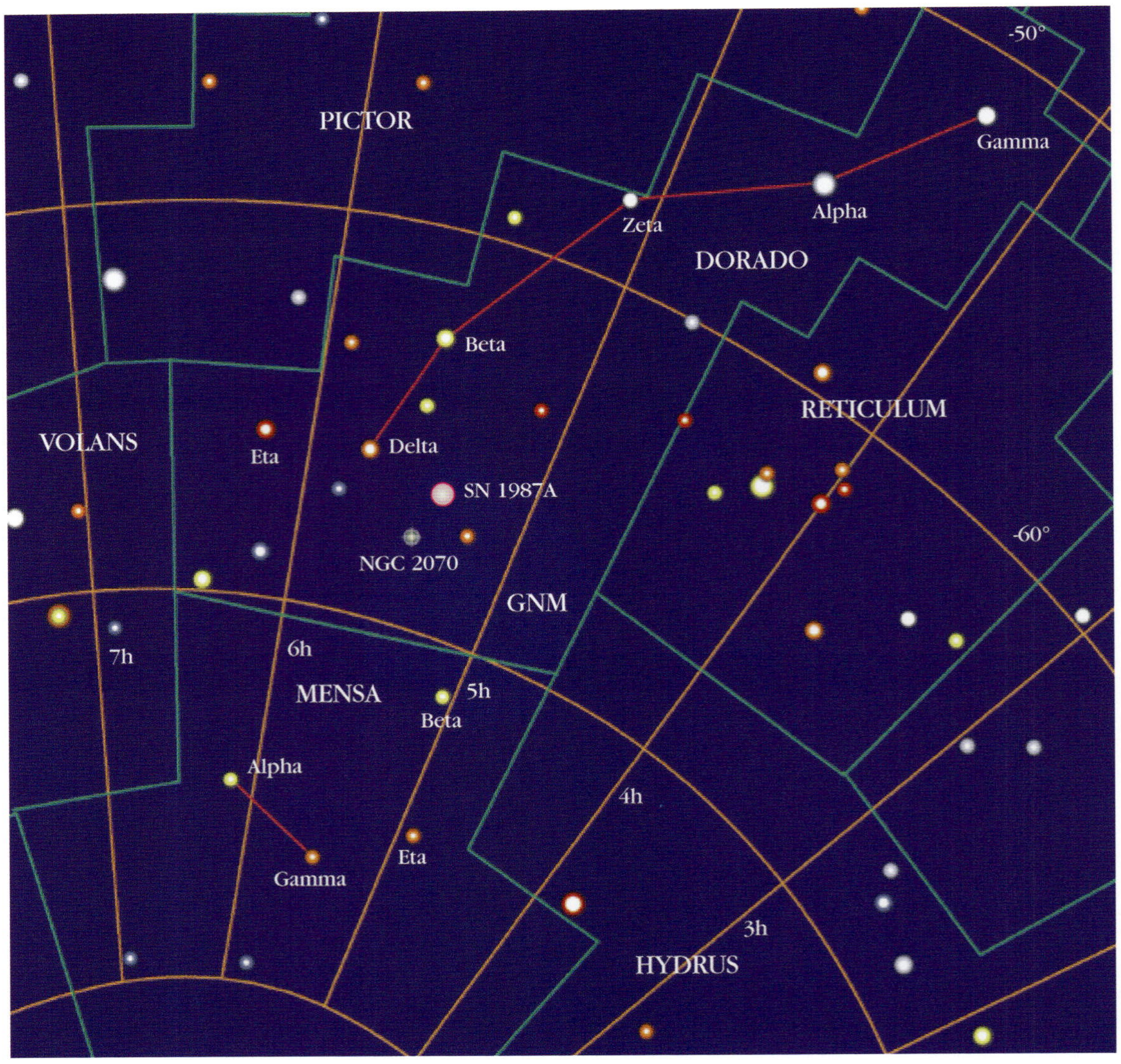

Magnitudes stellaires
0 1 2 3 4 5

Galaxies
Amas ouverts
Amas globulaires

Nébuleuses à émission
Nébuleuses planétaires
Radiogalaxies

Confins des constellations
Lignes d'ascension droite et déclinaison

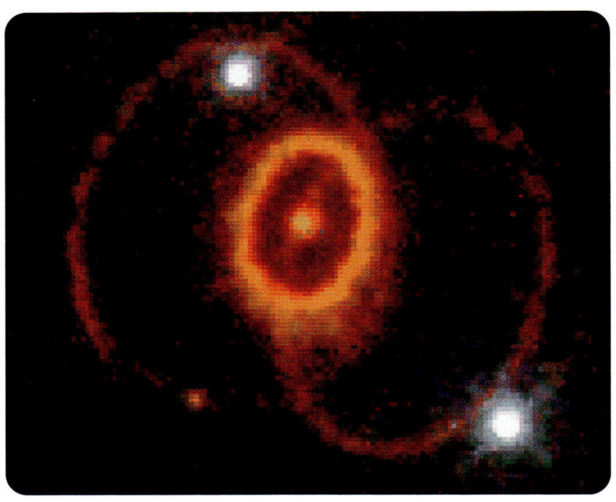

La région de la supernova 1987A récemment photographiée par le télescope spatial Hubble.

OÙ LA RECHERCHER ?

Génitif : *Doradus - Mensae*
Abréviation : *Dor - Men*

Automne et hiver

Hémisphère Sud

Nord : - 49° - Sud : - 85°
Ouest : 7 h 40' - Est : 3 h 30'

Les constellations de la Dorade, ou Poisson-Epée, et de la Table, ou Montagne Table, ne sont associées à aucun mythe, du fait de leur introduction relativement récente. La Dorade est représentée par un espadon dans certains atlas historiques. La Montagne Table, en revanche, fut créée par l'abbé de Lacaille en souvenir de la montagne surplombant la ville du Cap en Afrique du Sud, du sommet duquel il contempla le ciel austral.

Comment repérer les constellations

Ces deux constellations ne sont pas faciles à identifier : l'on peut partir de Kappa et Delta Vel et dessiner un arc de cercle de près de 90° en direction de l'ouest, afin de localiser Alpha Dor après avoir dépassé Canopus en Carène. L'on peut également se référer à Aldébaran, ou Alpha Tau, et parcourir 70° vers le sud. Ces deux constellations s'observent à minuit en direction du sud en décembre.

Étoiles dominantes

Alpha Dor est le plus brillant de ces deux astérismes : de magnitude 3,3, l'étoile est de lumière blanc-bleu. Bêta en revanche est une variable de type céphéide, qui oscille entre 3,5 et 4,1 de magnitude en un peu moins de dix jours. L'astre le plus lumineux de la Table est Alpha, de couleur jaune et de magnitude 5,1, atteignant le seuil de visibilité à l'œil nu. Bêta, de même couleur et de magnitude 5,3, et Gamma, de lumière orangée et de magnitude 5,2, appartiennent à la même constellation.

Objets célestes

À cheval entre la Dorade et la Table se trouve le Grand Nuage de Magellan (GNM), une galaxie satellite de la nôtre. Elle est à près de 180 000 années-lumière et possède une masse équivalente à près d'un dixième de la Voie Lactée. Selon différentes études, elle est soit de forme irrégulière, soit à spirale barrée. Bien visible à l'œil nu, elle renferme une grande quantité d'étoiles, d'amas et même de nébuleuses d'hydrogène ionisé, qu'on peut observer avec un télescope de large diamètre. L'une de ses nébuleuses, appelée la Tarentule, est particulièrement lumineuse et porte le sigle NGC 2070, ou encore 30 Doradus. Elle abrite un riche amas ouvert composé de jeunes étoiles bleues de température extrêmement élevée.
Le GNM abrite de nombreuses céphéides faisant office de « chandelles standard », qui permettent de calculer les distances intergalactiques. Au sein de cette galaxie explosa en 1987 la supernova la plus proche de nous depuis l'invention du télescope ; ce phénomène est encore aujourd'hui à l'étude.

Draco
Dragon

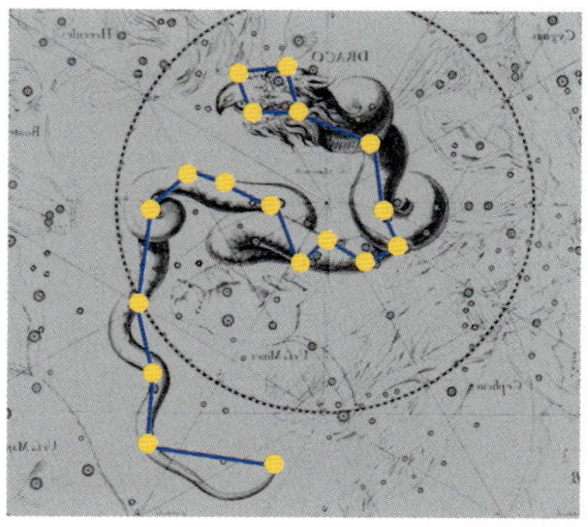

L'ancienne constellation du Dragon étend ses spires entre les deux Ourses, à proximité du pôle Nord céleste.

Tout comme sa voisine la Petite Ourse abrite le pôle Nord céleste, le Dragon héberge un autre point important en astronomie : le pôle Nord de l'écliptique. Il s'agit du centre de la circonférence décrite par le pôle Nord céleste en 26 000 ans, du fait de la précession de l'axe de rotation terrestre. Dans la mythologie, le Dragon représente le monstre gardien du jardin des Hespérides, célèbre pour son précieux pommier aux fruits d'or, offert en cadeau de noces à Junon lors de son union avec Jupiter.

Comment repérer la constellation

Bien que très étendue, la constellation du Dragon ne contient pas d'étoiles très brillantes. La partie la plus reconnaissable est la tête, formée par un quadrilatère situé entre Hercule et la Petite Ourse. Le reste de la constellation se niche à l'ouest de cet astérisme, précisément entre les constellations des deux Ourses. La tête du Dragon culmine, ou encore passe au méridien, à minuit pendant les dix derniers jours de juin ; il est alors possible de l'observer pratiquement au zénith. A contrario, elle est basse sur l'horizon nord six mois plus tard.

Étoiles dominantes

Alpha (magnitude 3,7), ou Thuban, ne compte pas parmi les plus brillantes de la constellation. Mais en 2700 avant J.-C., elle se situait à proximité du pôle Nord céleste et était donc l'étoile Polaire. Puis la précession des équinoxes déplaça le pôle pour atteindre l'emplacement actuel d'Alpha UMi. Dans près de 21 000 ans, Thuban retrouvera sa position d'étoile Polaire.

L'astre le plus lumineux de la constellation est Gamma (magnitude 2,2) ou Eltanin, la tête du Dragon. Lui aussi est d'une importance historique : c'est précisément en observant cette étoile que James Bradley découvrit le phénomène d'aberration de la lumière en 1795.

Mu est un système composé de deux étoiles, toutes deux de magnitude 5,8, en orbite mutuelle en quelques centaines d'années.

Le système double Nu est d'observation plus aisée. Il est composé de deux étoiles blanches de luminosités similaires (magnitude 4,9) distantes de 62''. En scrutant à la jumelle l'étoile 39 Dra, l'on apercevra un couple formé d'une étoile jaune de magnitude 5 et d'une bleue de magnitude 7 ; un télescope révélera en outre la présence d'un troisième membre de magnitude 7,7 à proximité de l'astre le plus lumineux.

Objets célestes

Le Dragon contient un seul objet digne d'intérêt : la nébuleuse planétaire NGC 6543. L'astre, de magnitude 9,6 en son centre, est tout ce qui reste de l'étoile qui engendra cette nébuleuse.

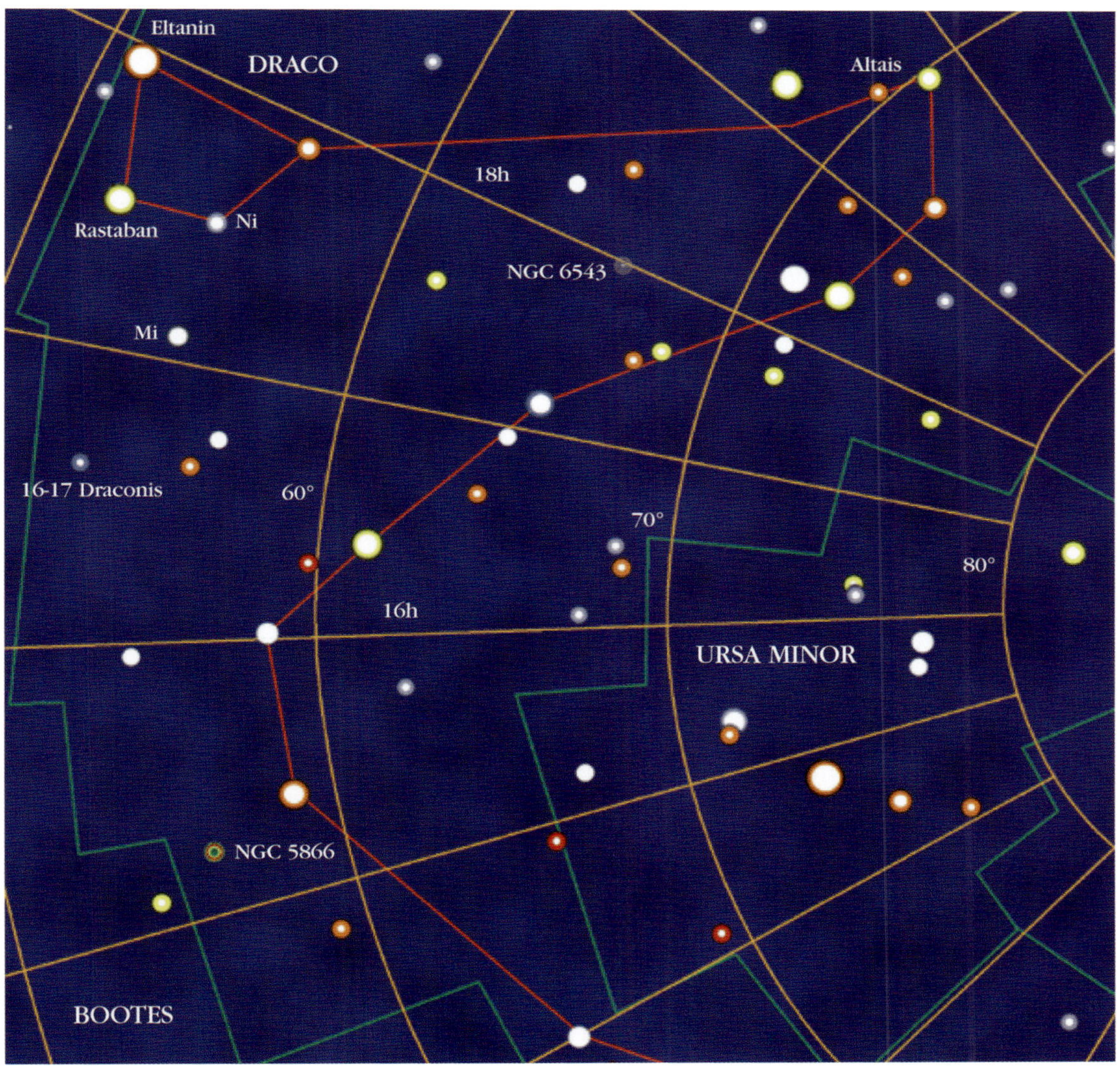

Magnitudes stellaires: 0 1 2 3 4 5
Galaxies
Amas ouverts
Amas globulaires
Nébuleuses à émission
Nébuleuses planétaires
Radiogalaxies
Confins des constellations
Lignes d'ascension droite et déclinaison

La galaxie à spirale NGC 5866 correspond peut-être aussi au 102e objet de Messier.

OÙ LA RECHERCHER ?

Génitif : *Draconis*
Abréviation : *Dra*

Circumpolaire

Hémisphère Nord

Nord : + 86° – Sud : + 48°
Ouest : 20 h 40' – Est : 9 h 20'

Equuleus
Petit Cheval

La constellation du Petit Cheval est également associée à Celeris, le frère de Pégase.

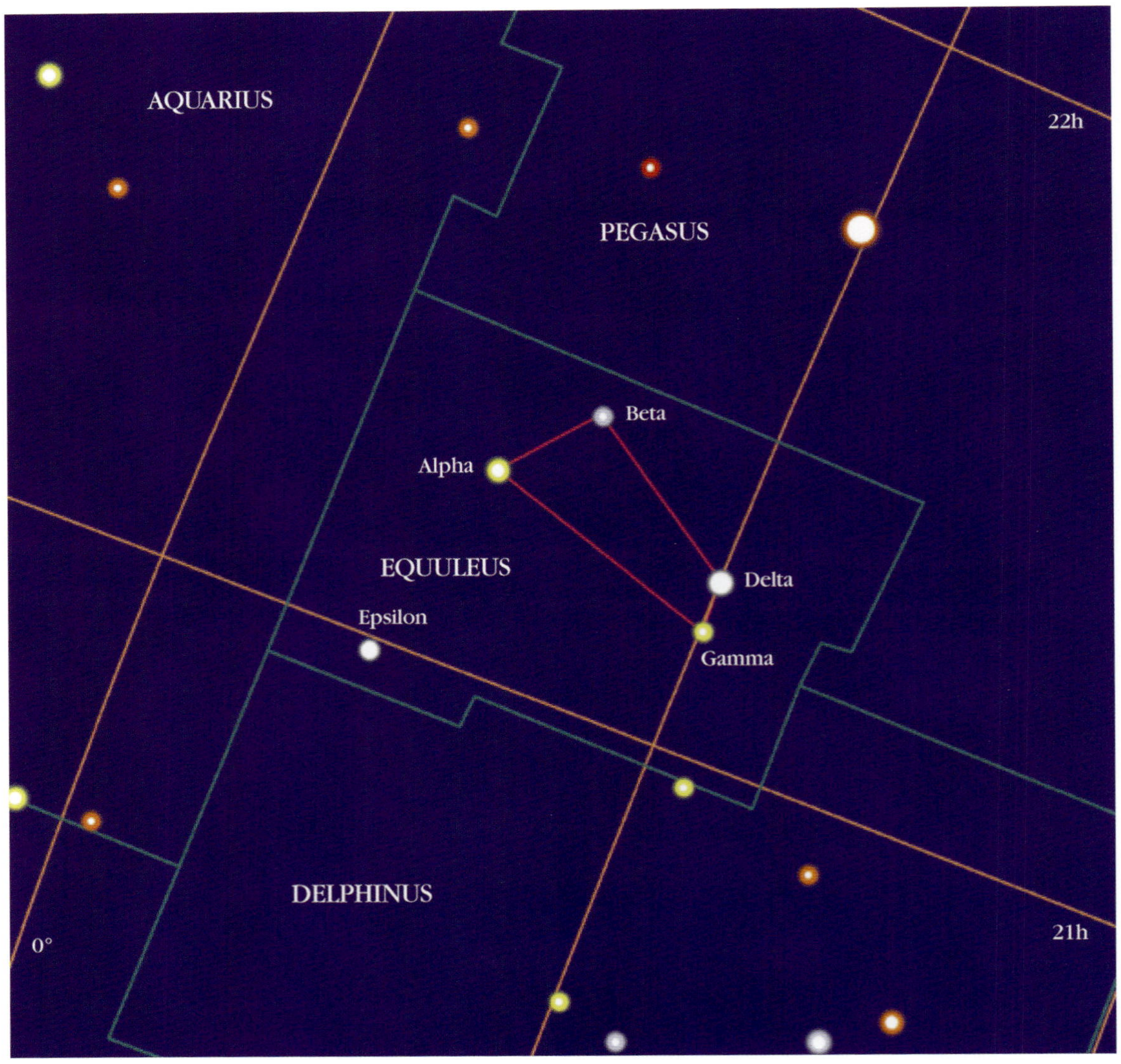

Magnitudes stellaires
0 1 2 3 4 5

Galaxies
Amas ouverts
Amas globulaires

Nébuleuses à émission
Nébuleuses planétaires
Radiogalaxies

Confins des constellations
Lignes d'ascension droite et déclinaison

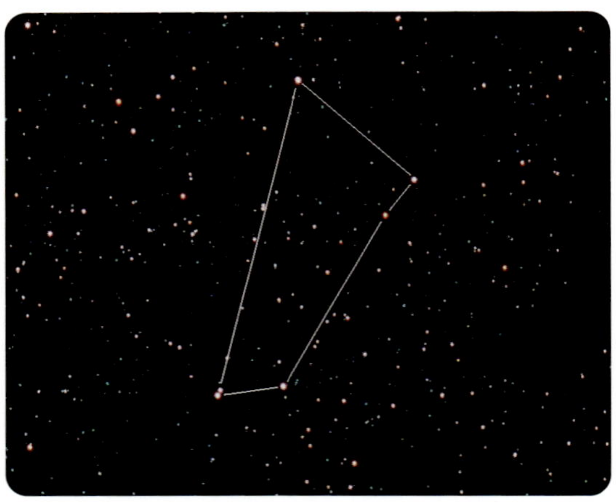

Voici la zone céleste abritant les constellations du Petit Cheval et du Dauphin. Ces deux astérismes se révèlent clairement à la fin de l'été.

OÙ LA RECHERCHER ?

Génitif : *Equulei*
Abréviation : *Equ*

Été et automne

Hémisphère Nord

Nord : + 13° - Sud : + 2,5°
Ouest : 21 h 25′ - Est : 20 h 55′

Bien que remontant à l'Antiquité classique, l'origine du Petit Cheval n'est pas clairement définie. La constellation est mentionnée avec certitude pour la première fois dans l'œuvre de Ptolémée. Le Petit Cheval raconte l'histoire d'Hippe, fille de Chiron le Centaure. Séduite par Éole, elle échappa aux foudres paternelles en trouvant refuge dans les montagnes, où elle enfanta. Mais Chiron parvint à retrouver sa trace. Ainsi découverte, Hippe décida de s'en remettre aux dieux qui, dans leur bonté, la transformèrent en jument. Artémis en fit par la suite une constellation céleste.

Comment repérer la constellation

Le Petit Cheval se trouve à proximité d'un autre petit astérisme : le Dauphin. Afin de localiser la constellation sur la voûte céleste, contemplons les cieux à l'est du losange du Dauphin. L'on découvre alors un pentagone irrégulier formé de petites étoiles de magnitudes 4 ou supérieures : c'est la constellation recherchée.
Elle est plus visible à la fin de l'été et pendant l'automne, lorsqu'elle passe en opposition avec le Soleil vers le 10 août. La constellation se laisse observer d'un peu partout sur Terre : elle s'étend sur une dizaine de degrés de déclinaison seulement, juste au nord de l'équateur céleste.

Étoiles dominantes

Commençons notre exploration par l'astre le plus lumineux, Alpha, de magnitude 3,9. On l'appelle également Kitel Phard, « l'avant du cheval ». C'est une étoile double spectroscopique éloignée de 150 années-lumière de la Terre.
Gamma est énigmatique : variable, sa magnitude oscille entre 4,6 et 4,8. Difficile de définir une période de variabilité univoque pour cet astre : il fait partie des objets dont le fort champ magnétique et le spectre fluctuent avec le temps. La période habituellement considérée est de 314 jours. Mais si l'on tient compte de l'irrégularité des deux autres paramètres, les périodes vont alors d'un peu plus de deux semaines à près de 72 ans.
Delta est un système triple beaucoup moins complexe, situé à 59 années-lumière. Deux composantes sont de magnitudes 5,2 et 5,3 ; leur orbite dure 5,7 années et leur séparation est comprise entre 0,37″ et 0,1″. Cette binaire possède l'une des plus courtes périodes connues. À près de 48″ de l'astre le plus brillant se trouve une troisième étoile de magnitude 9,4.
Epsilon est un autre système triple : deux étoiles (magnitudes 6 et 6,3) sont en orbite mutuelle en 101 ans et sont séparées de 0,1″ à 1″ ; la troisième est de magnitude 7 et se trouve à environ 11″.

Objets célestes

La constellation du Petit Cheval ne contient pas d'objets télescopiques d'importance particulière.

Eridanus
Éridan

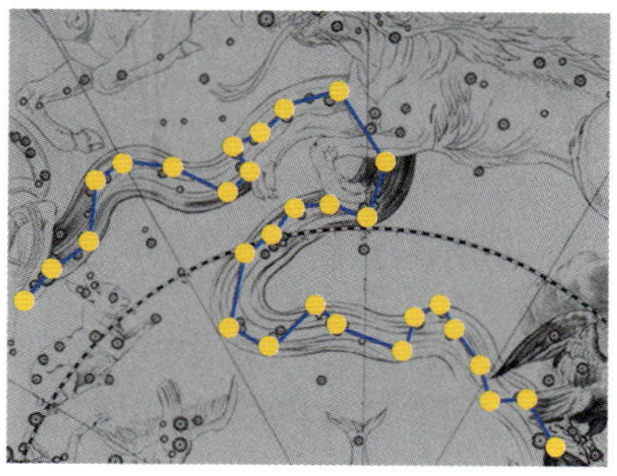

Éridan représente un fleuve parcourant le ciel à travers les constellations.

La constellation de l'Éridan est l'une des plus longues de la voûte céleste, s'étendant sur près de soixante degrés de déclinaison et suivant un itinéraire tortueux qui rappelle celui d'un fleuve. D'aucuns prétendent qu'il s'agit du Nil ou du Pô. Pour d'autres, ce serait un célèbre cours d'eau débouchant dans l'Océan. Une légende raconte que l'Éridan était le fleuve dans lequel tomba Phaéton, malheureux fils d'Apollon, qui voulut conduire le char du Soleil. Dans son inexpérience, il perdit le contrôle du char qui, roulant sans guide, sema le désordre sur la Terre et dans les cieux. Jupiter mit fin à cette course folle en foudroyant Phaéton, qui se précipita dans l'Éridan.

Comment repérer la constellation

Afin de localiser l'Éridan, on peut aisément partir de Rigel en Orion. Juste au nord-ouest de cette étoile s'affiche l'un des astres les plus éclatants de l'Éridan, qui dérive d'abord vers l'ouest avant de se diriger vers le sud. L'étoile Alpha, ou Achernar, se trouve aux abords de l'Hydre mâle.

L'Éridan passe au méridien à minuit en novembre, jusqu'à début décembre. La période la plus propice à l'observation est donc la saison froide. Étant donné son parcours partant de l'équateur céleste vers le sud, la constellation se dévoile parfaitement à des latitudes méridionales.

Étoiles dominantes

De couleur blanc-bleu, Achernar (magnitude 0,5) marque l'embouchure du fleuve, comme l'indique son nom. Bêta (magnitude 2,8) ou Cursa, est proche de Rigel et pointe la source du cours d'eau. Son nom signifie « trône » ou « tabouret », car elle est aux pieds d'Orion. Epsilon Eridani (magnitude 3,7) est l'une des étoiles connues pour avoir une planète en orbite autour d'elle.

Thêta, ou Acamar, se décompose à l'aide d'un petit télescope en deux astres blancs de magnitudes 3,2 et 4,4. Omicron forme un système complexe : l'œil distingue clairement deux astres voisins : Omicron 1 (magnitude 4) et Omicron 2 (magnitude 4,4). Ce dernier, observé avec un petit instrument, se décompose en deux étoiles de magnitudes 4,5 et 9,9, séparées d'un angle d'environ 83''. Un télescope d'au moins 8 cm d'ouverture révèle que la plus faible, une naine blanche, possède une naine rouge comme compagnon de onzième magnitude.

Objets célestes

Trois objets non stellaires sont à signaler dans la constellation de l'Éridan : une nébuleuse planétaire et deux galaxies. La première est NGC 1535, de magnitude 9 et d'un diamètre d'une vingtaine de secondes d'arc. Les deux galaxies sont NGC 1232 et NGC 1300, toutes deux à spirales et de magnitude 10. La première possède une région centrale extrêmement brillante qui peut induire des doutes sur la nature même de l'objet, ses bras étant masqués par cette lumière.

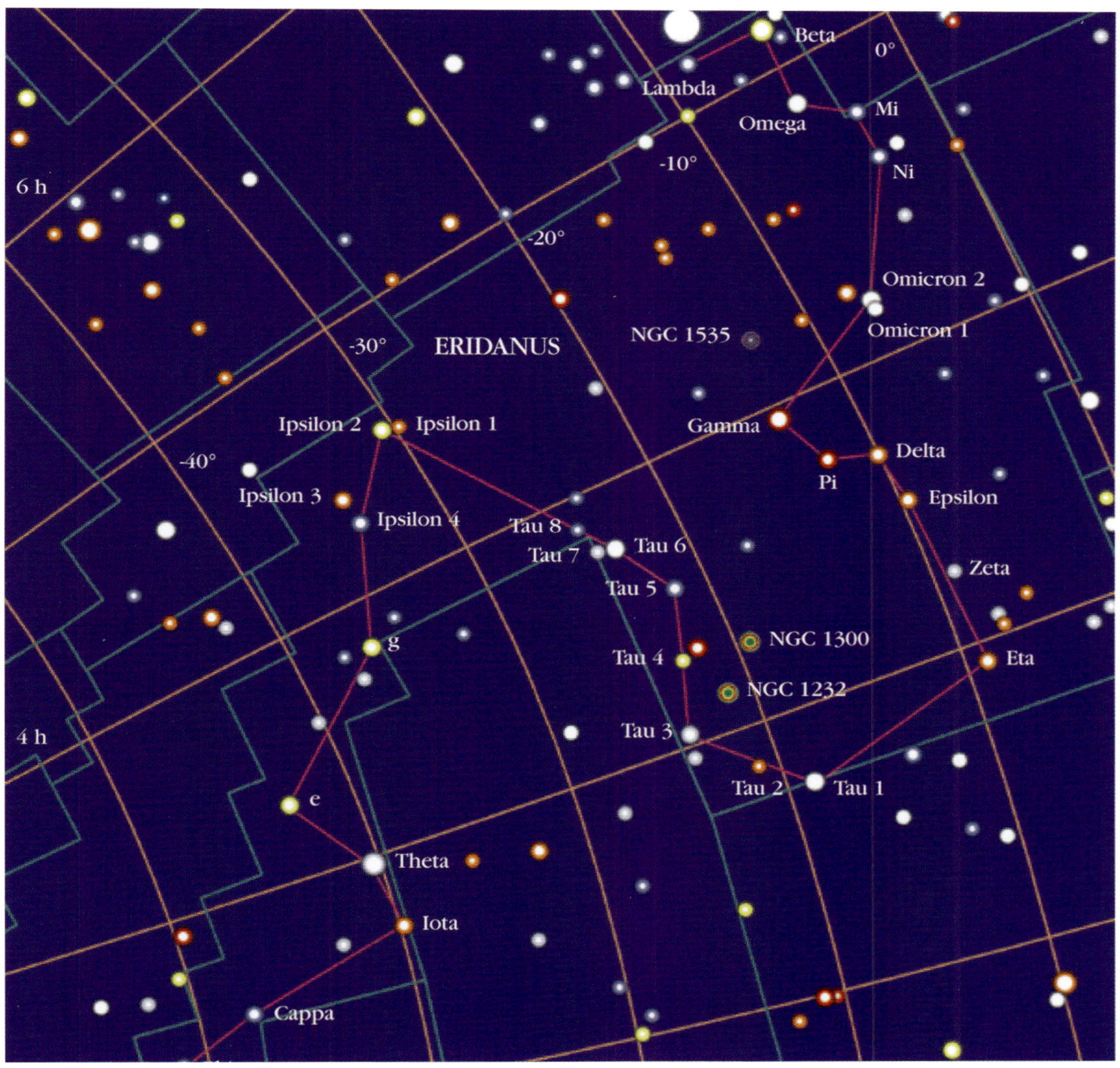

Magnitudes stellaires: 0 1 2 3 4 5

Galaxies · Amas ouverts · Amas globulaires · Nébuleuses à émission · Nébuleuses planétaires · Radiogalaxies · Confins des constellations · Lignes d'ascension droite et déclinaison

NGC 1300 est une galaxie de magnitude 10 dans la constellation de l'Éridan.

OÙ LA RECHERCHER ?

Génitif : *Eridani*
Abréviation : *Eri*

Automne et hiver

Hémisphère Sud

Nord : 0° - Sud : - 58°
Ouest : 5 h 10' - Est : 1 h 25'

Fornax

Fourneau

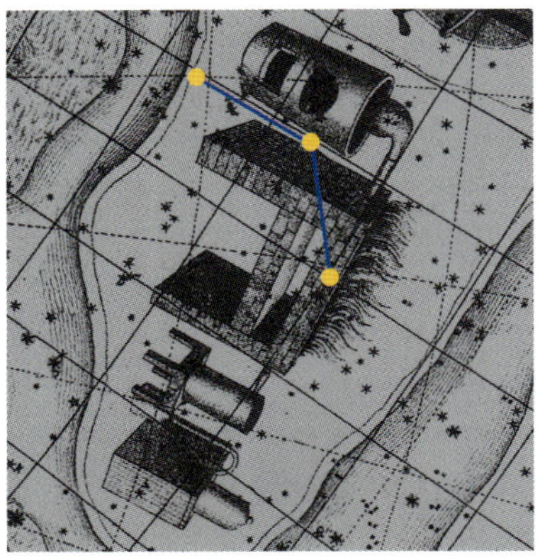

Le Fourneau représente le petit four du chimiste.

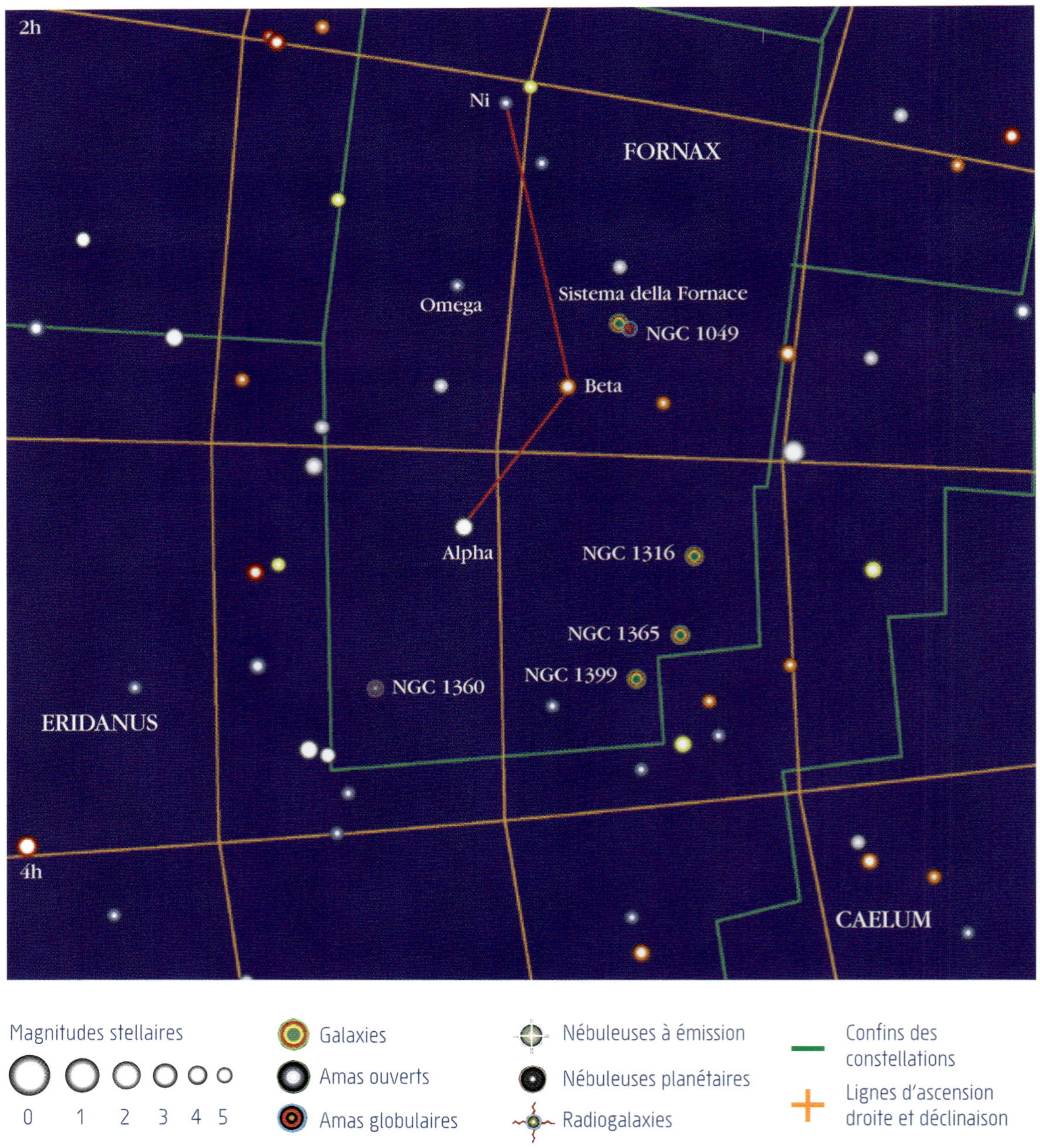

La galaxie naine dans la constellation du Fourneau fait partie du Groupe local, auquel appartient également la Voie lactée.

OÙ LA RECHERCHER ?

Génitif : *Fornacis*
Abréviation : *For*

Automne

Hémisphère Sud

Nord : - 24° - Sud : - 39,5°
Ouest : 3 h 50′ - Est : 1 h 45′

Le Fourneau fut introduit par l'abbé de Lacaille à la moitié du XVIIIe siècle pour rendre hommage à la chimie. La constellation représente le fourneau du chimiste. À l'origine, son nom était d'ailleurs Fornax Chemica, avant d'être simplifié.

Comment repérer la constellation

Les pâles étoiles du Fourneau peuvent être localisées en partant de l'alignement entre Alpha et Bêta Ori, c'est-à-dire entre Bételgeuse et Rigel. En suivant ce tracé en direction du sud-ouest et en bifurquant légèrement vers le nord, l'on trouve la constellation du Fourneau à une quarantaine de degrés de Rigel. La constellation est en opposition avec le Soleil entre fin octobre et début novembre ; c'est à cette période qu'elle passe au méridien à minuit et reste visible sur l'horizon sud.

Étoiles dominantes

L'astre le plus lumineux de la constellation est Alpha (magnitude 3,8), de couleur jaune avec un compagnon (magnitude 6,5) situé à près de 4″ de distance. Le temps nécessaire à l'étoile secondaire pour effectuer son orbite autour de la principale est de plus de 300 ans. Ayant été découverte en 1835, l'on en déduit qu'elle n'a effectué depuis que la moitié de la révolution. Oméga est un autre système double, formé de deux étoiles de magnitudes 5 et 7,7, distantes d'un peu plus de 10″. Les autres astres de la constellation sont de magnitude 5 ou plus.

Objets célestes

La constellation du Fourneau, bien que parée de peu d'étoiles, renferme néanmoins de nombreuses galaxies. Elle abrite un amas situé à une centaine de millions d'années-lumière, dont la galaxie la plus lumineuse est NGC 1316 : de magnitude 10, ses dimensions sont d'environ 3,5′ x 2,5′. Elle émet également de nombreuses ondes radio ; c'est pourquoi elle porte aussi le nom de radiogalaxie du Fourneau A. Deux autres galaxies relativement brillantes sont NGC 1365 et NGC 1399, de magnitudes respectives 10 et 11. La première est une spirale barrée alors que la seconde est elliptique.
L'on trouve également une autre faible galaxie naine appartenant au Groupe local, située à près de 630 000 années-lumière et composée de quelques millions d'étoiles. Un télescope de plus de 20 cm d'ouverture ne permettra pas de l'apercevoir mais révélera en revanche NGC 1049, un amas globulaire de magnitude 13 en orbite autour de cette galaxie naine, dite Système du Fourneau.
La constellation abrite enfin une nébuleuse planétaire, NGC 1360, de 5′ de diamètre avec, en son centre, une petite étoile de magnitude 9.

Gemini

Gémeaux

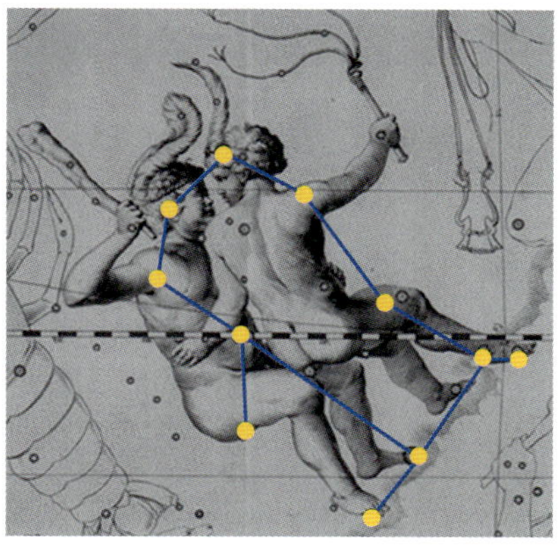

Castor et Pollux, inséparables jumeaux, sont également réunis dans les cieux.

Les Gémeaux font partie des douze signes zodiacaux. Castor et Pollux, les jumeaux célestes, sont d'inséparables frères légendaires. Une histoire raconte qu'ils disputèrent un troupeau de bœufs à Idas et Lyncée, fils d'Apharée, roi de Messénie. Pendant la lutte, Castor périt de la main d'Idas, qui fut ensuite foudroyé par Jupiter. Pollux vengea son frère en tuant Lyncée. Immortel, il supplia Jupiter de lui permettre de rejoindre Castor dont il ne pouvait se séparer. C'est ainsi que le dieu réunit la fratrie sous forme de constellation céleste.

Comment repérer la constellation

Les Gémeaux sont pratiquement à mi-chemin entre Régulus en Lion et Aldébaran, l'œil du Taureau. L'on peut également localiser Castor et Pollux en portant son regard à près d'une trentaine de degrés au nord-est d'Orion. La constellation des Gémeaux resplendit pendant les nuits d'hiver. C'est aussi l'une des plus faciles à observer depuis nos latitudes, du fait de sa déclinaison. La période d'observation la plus propice s'étend du mois d'août, alors que la constellation entame son ascension vers l'ouest avant l'aube, jusqu'en mai, quand elle se couche à l'ouest juste après le Soleil. Le passage vers le sud à minuit se produit début janvier : c'est à cette époque que les Gémeaux restent visibles toute la nuit durant.

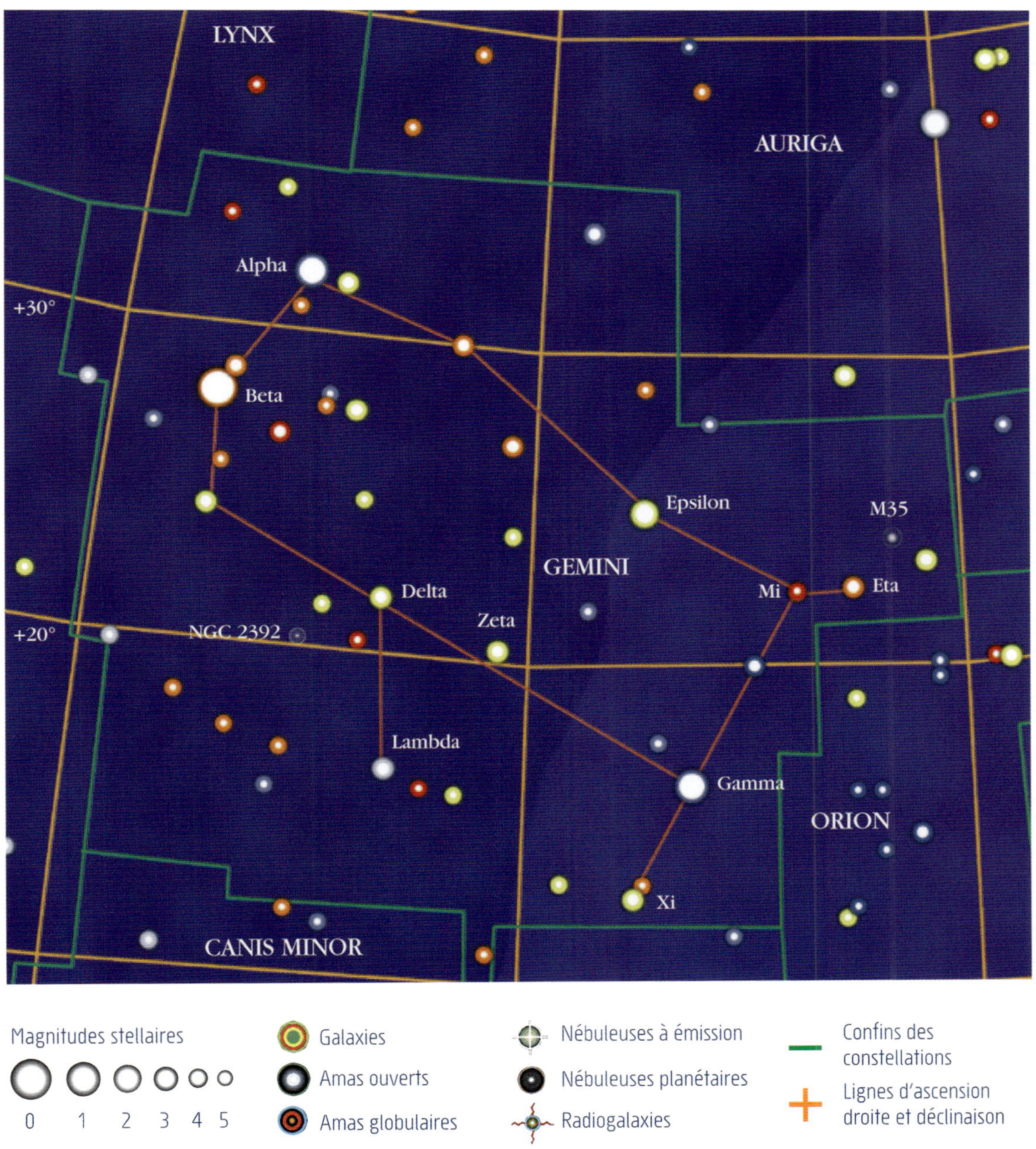

Étoiles dominantes

Les deux astres les plus brillants, Castor et Pollux, portent les noms d'Alpha (magnitude 1,6) et Bêta (magnitude 1,2). Ils échappent à la règle introduite par Bayer concernant l'attribution des lettres grecques, selon laquelle l'étoile la plus éclatante d'une constellation porte la lettre Alpha ; la deuxième est baptisée Bêta, et ainsi de suite. Il est impossible de dire si cet écart de luminosité est dû à une erreur de Bayer ou si, au contraire, Castor était véritablement plus puissante que Pollux à l'époque où elles furent nommées. Castor est double et nécessite un télescope de 6 cm d'ouverture pour révéler ses deux composantes, de magnitudes 1,9 et 2,9. Zêta, également connue sous le nom de Mekbuda, est variable et oscille entre 3,7 et 4,2 de magnitude en 10 jours. Non loin se trouve une étoile de magnitude 8, qui se laissera apercevoir avec un télescope de grande ouverture, du fait de sa proximité avec l'astre principal.

Objets célestes

La constellation des Gémeaux abrite l'amas ouvert M35, dont les dimensions apparentes dépassent celles de la pleine Lune et qui contient environ 120 étoiles. Il sera plus facile à observer à la jumelle, même s'il apparaît à l'œil nu comme une pâle tache lumineuse. Sa distance de la Terre est d'environ 2 800 années-lumière. NGC 2392 est en revanche une nébuleuse planétaire observable au télescope comme une petite zone de lumière de magnitude 8. L'étoile dont elle est issue, en son centre, est de dixième magnitude.

M35 est un amas ouvert déjà perceptible à l'œil nu.

OÙ LA RECHERCHER ?

Génitif : *Geminorum*
Abréviation : *Gem*

Automne et hiver

Hémisphère Nord

Nord : + 35° – Sud : + 10°
Ouest : 8 h 10′ – Est : 6 h 00′

Grus – Indus

Grue – Indien

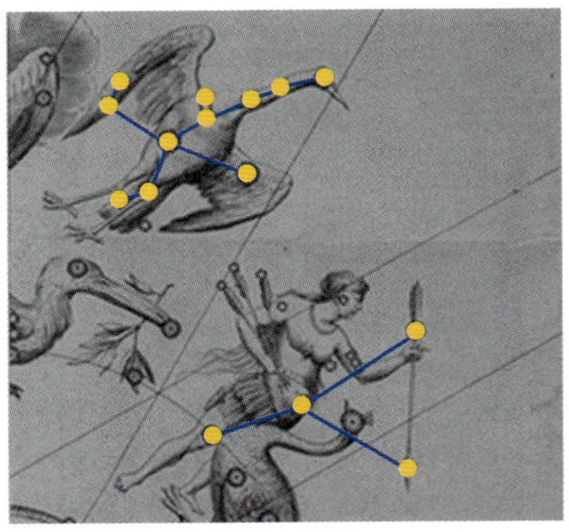

Les constellations de la Grue et de l'Indien contribuent à peupler le ciel austral.

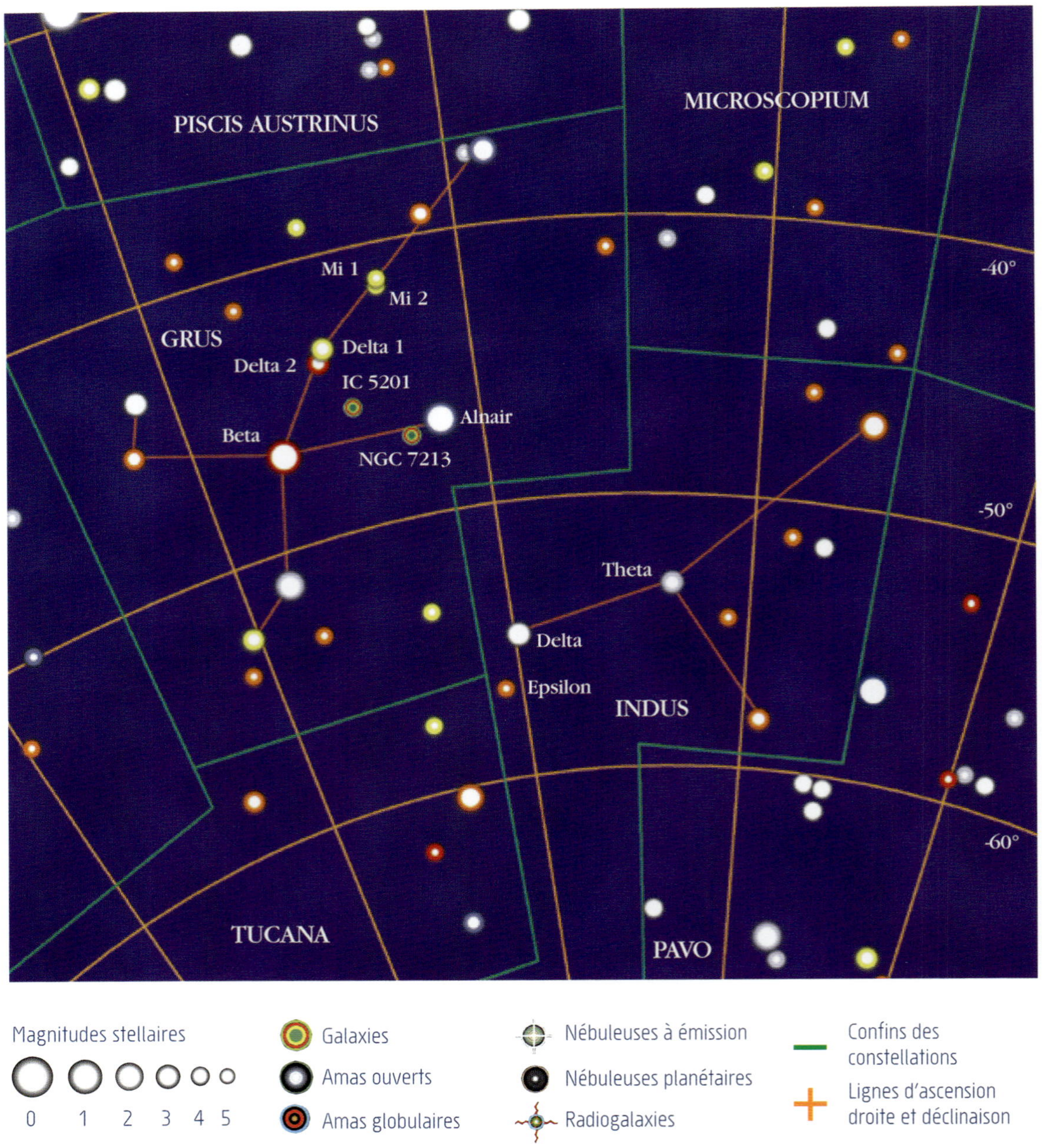

La constellation de la Grue et la région céleste limitrophe.

OÙ LA RECHERCHER ?

Génitif : *Gruis – Indi*
Abréviation : *Gru – Ind*

Été et automne

Hémisphère Sud

Nord : - 36° - Sud : - 74°
Ouest : 23 h 25' - Est : 20 h 30'

La Grue et l'Indien sont deux constellations peu voyantes apparues pour la première fois dans l'atlas stellaire de Bayer en 1603. Elles évoquent l'élégant oiseau aux longues pattes, ainsi que les Indiens d'Amérique. En réalité, la grue avait déjà intégré le planisphère de Plancius en 1598. À l'instar de toutes les constellations récemment introduites, elles ne sont associées à aucune légende.

Comment repérer les constellations

En plus de renfermer des étoiles de faible luminosité, ces deux constellations sont relativement difficiles à repérer. Le meilleur moyen de procéder est probablement de se référer au grand Carré de Pégase, en prolongeant son côté occidental d'une soixantaine de degrés vers le sud. L'on arrive ainsi à proximité de Bêta Gruis, l'une des deux plus brillantes étoiles de la constellation éponyme.
L'Indien et la Grue se laissent admirer entre la fin de l'été et le début de l'automne. Elles culminent à minuit entre la fin août et la première quinzaine de septembre.

Étoiles dominantes

Beta Gruis (magnitude 2,1) est une étoile rouge, dont la température avoisine les 3 500° C. Alpha Gruis, ou Alnaïr, (magnitude 1,7) est, contrairement à Bêta, extrêmement chaude et beaucoup plus proche (101 années-lumière, soit près d'un tiers de la distance de Bêta). Le couple formé par Delta 1 (magnitude 4) et Delta 2 (magnitude 4,1), détachables à l'œil nu, est composé d'astres qui ne semblent rapprochés que par effet d'optique. Mu 1 et Mu 2 constituent un autre ensemble qu'aucun lien physique ne relie. La première étoile (magnitude 4,8) se trouve à 260 années-lumière, alors qu'il faut parcourir 40 années-lumière supplémentaires pour atteindre la seconde (magnitude 5,1).
Notons deux systèmes doubles dans la constellation de l'Indien : Delta, formée d'étoiles de magnitudes 5,3 et Thêta, dont les membres sont de magnitudes 4,5 et 7. Epsilon (magnitude 4,7) est en revanche l'une des étoiles les plus proches de nous, éloignée de seulement 11 années-lumière du système solaire.

Objets célestes

La constellation de l'Indien n'abrite pas d'objets particulièrement remarquables. En revanche, la Grue renferme un petit ensemble de galaxies : parmi elles se trouve NGC 7213, une petite spirale de magnitude 10, pratiquement visible de face.
La galaxie IC 5201, spirale barrée, est un peu plus grande, soit environ 8,5' x 4,3'. Bien que plus étendue que NGC 7213, elle est moins lumineuse, avec une magnitude d'environ 11.

Hercules

Hercule

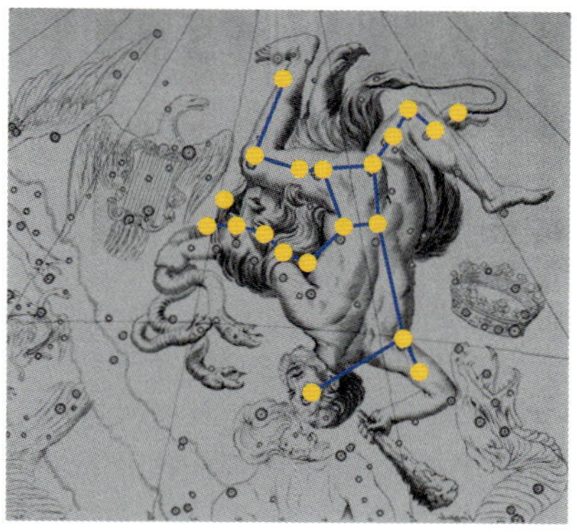

La constellation d'Hercule nous rappelle le héros de la mythologie grecque connu pour sa force légendaire.

Hercule est le héros national grec par excellence. Homme d'une très grande force, il fut contraint par Eurysthée, roi de Tyrinthe, à accomplir les fameux douze travaux. Un jour, Hercule tua Nessos, un Centaure qui tentait d'abuser de sa femme Déjanire. À l'article de la mort, Nessos conseilla à cette dernière de donner sa chemise à Hercule, de manière à s'assurer l'amour éternel de son mari. Mais le sang du Centaure, répandu sur la chemise, agit tel un poison fatal au héros. Jupiter, connu selon la légende pour être le père d'Hercule, fit monter son fils sur l'Olympe parmi les dieux.

Comment repérer la constellation

La partie principale de la constellation se situe entre Arcturus en Bouvier et Véga en Lyre. L'on peut également suivre l'alignement des étoiles Delta, Epsilon et Zêta UMa pour atteindre Hercule. Cette constellation se présente en direction du sud à minuit pendant la première quinzaine de juin. C'est donc à cette période qu'elle est le plus facilement observable, car en opposition avec le Soleil. Elle est pratiquement circumpolaire et reste visible, bien que difficilement, une bonne partie de l'année.

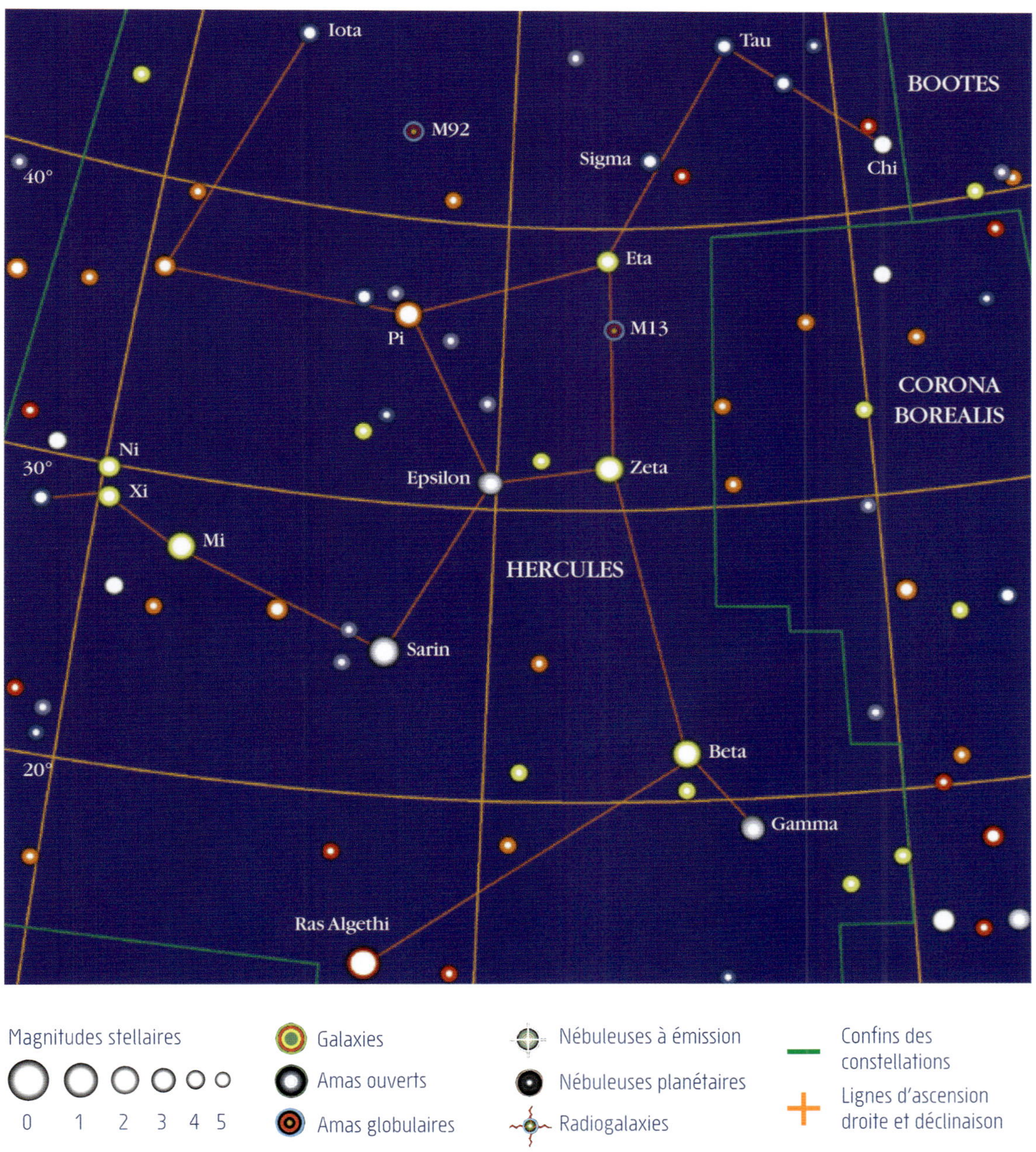

Étoiles dominantes

Alpha, ou Ras Algethi, est à la fois double et variable. La magnitude de sa composante principale varie irrégulièrement entre 3,0 et 4,0. C'est une supergéante rouge, d'un diamètre représentant 400 à 600 fois celui du Soleil. La composante secondaire de Ras Algethi est en revanche une étoile vert-bleu qui orbite autour de son compagnon en quelque 4 000 ans. L'ensemble des astres constituant le système de Zêta est en revanche beaucoup plus difficile à distinguer : plus de 34 années sont nécessaires à la petite étoile rouge de magnitude 5,5 pour effectuer une orbite autour de la principale, de magnitude 2,8. Lorsque leur éloignement est maximal, un télescope de 10 cm d'ouverture permet de les différencier ; lorsqu'au contraire elles sont rapprochées, un instrument de 25 cm de diamètre est requis.

Objets célestes

L'attraction principale de la constellation est M13, l'amas globulaire le plus brillant de tout l'hémisphère Nord, visible à l'œil nu. Il compte parmi les rares objets de ce type qui se laissent admirer sans instrument. Il se situe entre les étoiles Êta et Zêta. Observé à la jumelle, il apparaît comme une minuscule tache de lumière ronde. Des télescopes à plus large ouverture permettront d'en apercevoir les zones les plus externes, tout en distinguant mieux le noyau. Notons que M13 abrite quelques centaines de milliers d'étoiles.
M92 est un autre amas globulaire possédant des caractéristiques similaires à celles de M13, même s'il apparaît plus compact au télescope.

M13 est le plus bel amas globulaire de l'hémisphère Nord, apparaissant à l'œil nu comme une étoile à la lumière diffuse.

OÙ LA RECHERCHER ?

Génitif : *Herculis*
Abréviation : *Her*

Printemps et été

Hémisphère Nord

Nord : + 51° – Sud : + 4°
Ouest : 19 h 00' – Est : 15 h 50'

Horologium – Reticulum

Horloge – Réticule

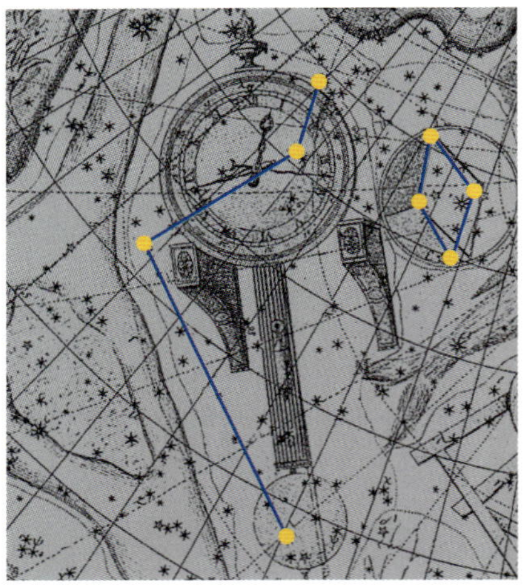

L'horloge à pendule et le réticule astronomique ont été immortalisés dans les cieux par le Français de Lacaille.

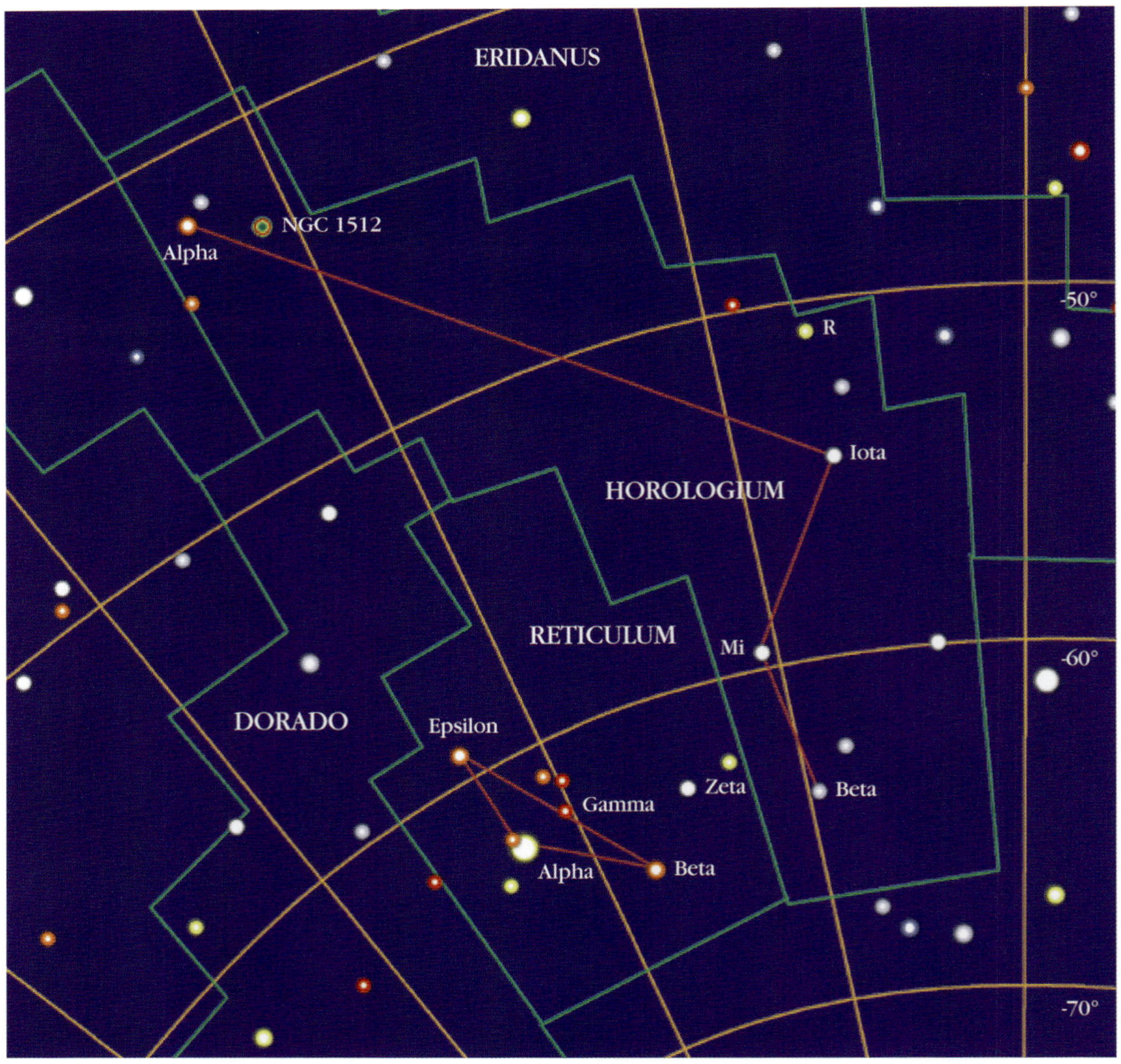

Magnitudes stellaires: 0 1 2 3 4 5

Galaxies
Amas ouverts
Amas globulaires
Nébuleuses à émission
Nébuleuses planétaires
Radiogalaxies
Confins des constellations
Lignes d'ascension droite et déclinaison

NGC 1512, spirale barrée observable dans l'Horloge, se trouve à une cinquantaine de millions d'années-lumière.

OÙ LA RECHERCHER ?

Génitif : *Horologii – Reticuli*
Abréviation : *Hor – Ret*

Automne et hiver

Hémisphère Nord

Nord : – 40° – Sud : – 67°
Ouest : 4 h 20′ – Est : 2 h 15′

Ces constellations australes sont deux regroupements stellaires évanescents créés par l'abbé de Lacaille. À l'instar de nombreuses constellations récemment introduites, il s'agit d'astérismes peu intéressants constitués d'astres de faible luminosité. L'Horloge nous rappelle l'invention de la pendule ; le réticule est l'un des instruments utilisés en astronomie afin de repérer les étoiles sur la voûte céleste. Leur origine récente ne les associe à aucun mythe.

Comment repérer les constellations

Elles se situent à l'ouest de la Dorade, du Peintre et du Burin. Une fois celles-ci localisées, regardons sur leur droite en contemplant le ciel avec le nord en haut. Leurs déclinaisons étant résolument négatives, mieux vaudra les observer depuis des latitudes méridionales où le nord céleste se trouve sous l'horizon. Nous pourrons alors rechercher l'Horloge et le Réticule à gauche des constellations mentionnées ci-dessus.

L'opposition avec le Soleil d'Alpha Hor se produit vers la fin novembre. Pour l'hémisphère boréal, ce sont donc deux constellations de fin d'automne. Pour l'hémisphère austral, en revanche, elles comptent parmi celles visibles au printemps et en été.

Étoiles dominantes

Alpha Ret (magnitude 3,4) est l'étoile plus lumineuse de ces deux astérismes : elle est jaune, à 163 années-lumière de la Terre. Gamma est rouge et sa magnitude varie semi-régulièrement entre 4,4 et 4,6 en 25 jours. Zêta est un système double facilement décomposable en deux objets éloignés de 310″. Zêta 1 et Zêta 2 sont de magnitudes respectives 5,2 et 5,5.

L'étoile la plus brillante en Horloge est Alpha (magnitude 3,9), située à 117 années-lumière. R Hor est une variable de type Mira Ceti. À l'instar de cette dernière, elle pulse sur de longues périodes, soit 407,5 jours dans ce cas précis, passant de 5,0 à 14,0 de magnitude.

Objets célestes

Ces deux constellations sont pauvres en objets télescopiques. Le seul qui vaille d'être mentionné se trouve en Horloge : il s'agit de la galaxie à spirale barrée NGC 1512, dont la bande lumineuse centrale traverse le noyau.

Hydra
Hydre

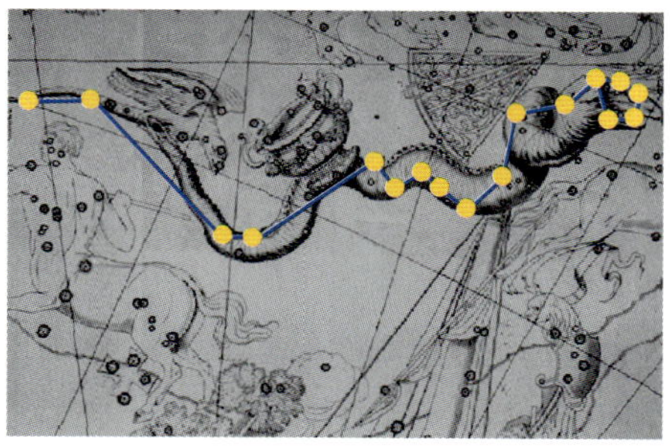

L'Hydre, ou Serpent marin, telle qu'elle apparaît sur les anciens atlas du ciel.

Bien que peu connue, l'Hydre est l'une des constellations les plus étendues de la voûte céleste et certainement la plus longue : elle se sonde sur plus de six heures d'ascension droite, embrassant un arc de plus de 100°. La constellation est liée à la mythique Hydre aux têtes multiples, qu'Hercule affronta lors de ses douze travaux. Cette redoutable créature voyait chacune de ses têtes tranchées remplacée par deux autres. Hercule réussit néanmoins à la tuer : il brûla le cou du monstre après lui avoir coupé la tête, empêchant ainsi toute repousse.

Comment repérer la constellation

La partie la plus facilement identifiable de l'Hydre est sa tête, formée d'un ensemble de six petits astres situés à près de 20° au sud-ouest de Régulus dans le Lion voisin. Étant donné sa longue ascension droite, la constellation reste visible durant une longue période de l'année. Proche de l'équateur céleste, elle est observable, totalement ou en partie, quel que soit l'endroit où l'on se situe sur Terre, alors même que la tête est à des déclinaisons positives et le reste de ses étoiles à des déclinaisons principalement négatives.

Étoiles dominantes

Le principal astre de l'Hydre est Alpha (magnitude 2,0), connue sous le nom d'Alphard, ou « la solitaire ». Il représente le cœur de l'hydre céleste, est de lumière orangée et se situe à 177 années-lumière. Deux belles étoiles aux couleurs jaune et bleue constituent le système d'Epsilon. Elles sont de magnitudes 3,8 et 5,3 et accomplissent leur orbite mutuelle en 15 ans et demi. Malheureusement, elles ne sont séparées que de 0,2″ et ne peuvent donc être distinguées qu'à l'aide de télescopes professionnels. Il existe cependant une troisième composante (magnitude 7,8) à la portée d'instruments amateur, qui se trouve à 2,7″ du couple principal ; sa période est de 890 ans. Un quatrième membre très faible est à près de 20″. L'Hydre abrite également une variable semblable à Mira en Baleine. Il s'agit de R Hya, géante rouge dont la magnitude oscille entre 4,0 et 10,0 en 389 jours.

Objets célestes

M48 est un amas ouvert de magnitude 5,5 composé de quelques dizaines d'étoiles, à une distance d'environ 2 000 années-lumière. M68 est un amas globulaire de magnitude 8. M83 est une magnifique galaxie à spirale de même magnitude pratiquement visible de face à près de 12 millions d'années-lumière. La nébuleuse planétaire NGC 3242 mérite d'être observée au télescope : c'est un disque lumineux de magnitude 9, d'une quarantaine de secondes d'arc de diamètre et de couleur verdâtre. Même intérêt pour NGC 5694, amas globulaire de magnitude 11. Celui-ci est extrêmement éloigné, à près de 120 000 années-lumière.

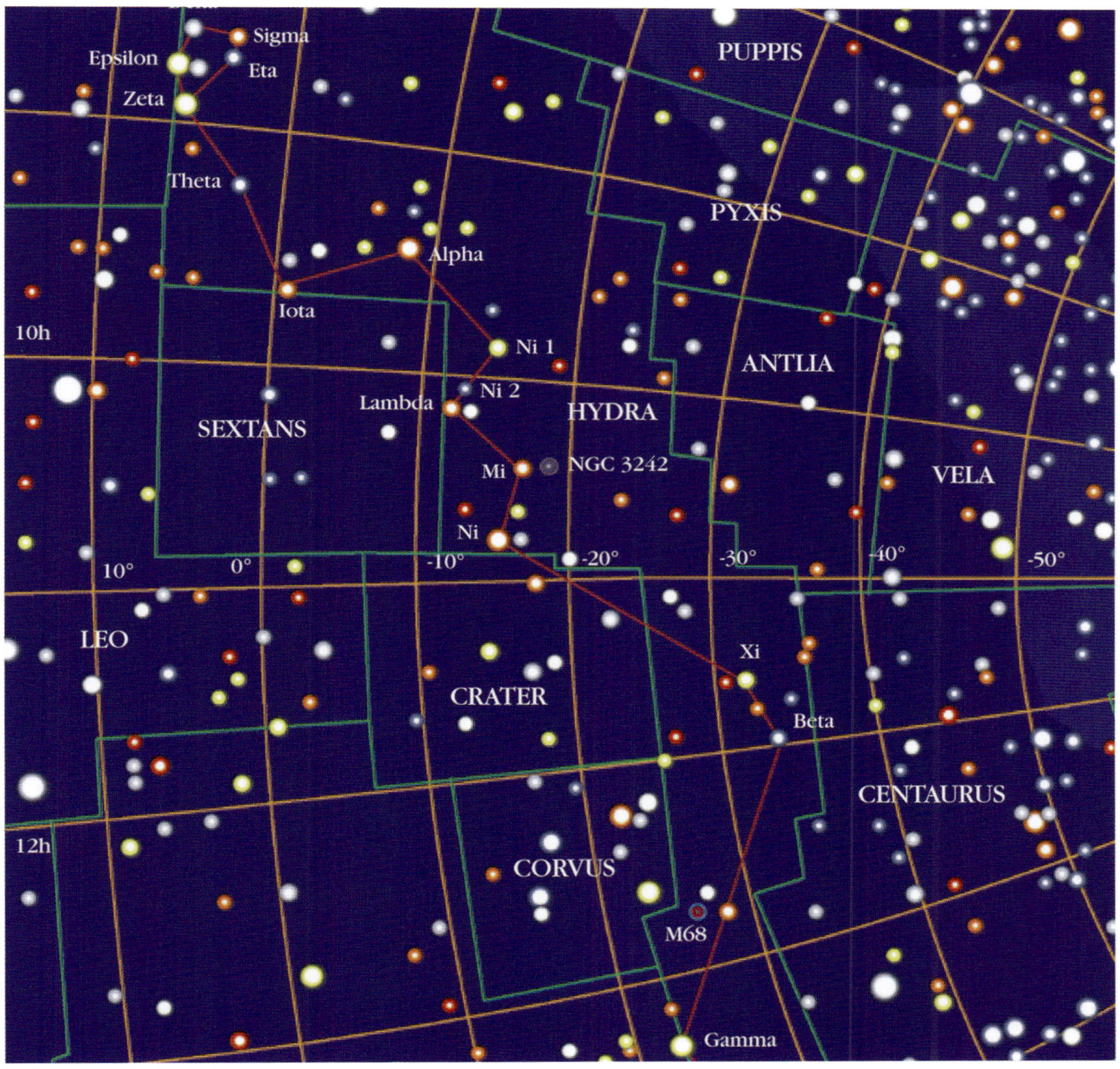

Magnitudes stellaires
0 1 2 3 4 5

Galaxies
Amas ouverts
Amas globulaires

Nébuleuses à émission
Nébuleuses planétaires
Radiogalaxies

Confins des constellations
Lignes d'ascension droite et déclinaison

M83 est une galaxie à spirale qui compte parmi les plus proches de la Voie lactée.

OÙ LA RECHERCHER ?

Génitif : *Hydrae*
Abréviation : *Hya*

Hiver

Hémisphère Nord-Sud

Nord : + 6° - Sud : - 36°
Ouest : 15 h 00′ - Est : 8 h 10′

Hydrus - Tucana

Hydre mâle - Toucan

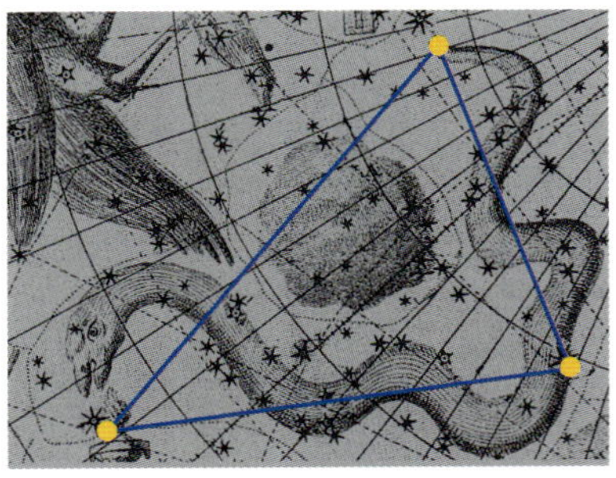

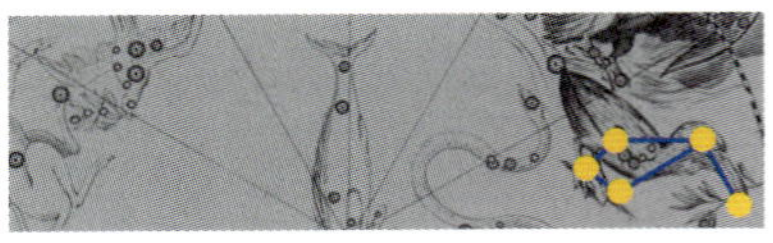

L'Hydre mâle et le Toucan ne furent introduits qu'après le début des grandes expéditions en mer.

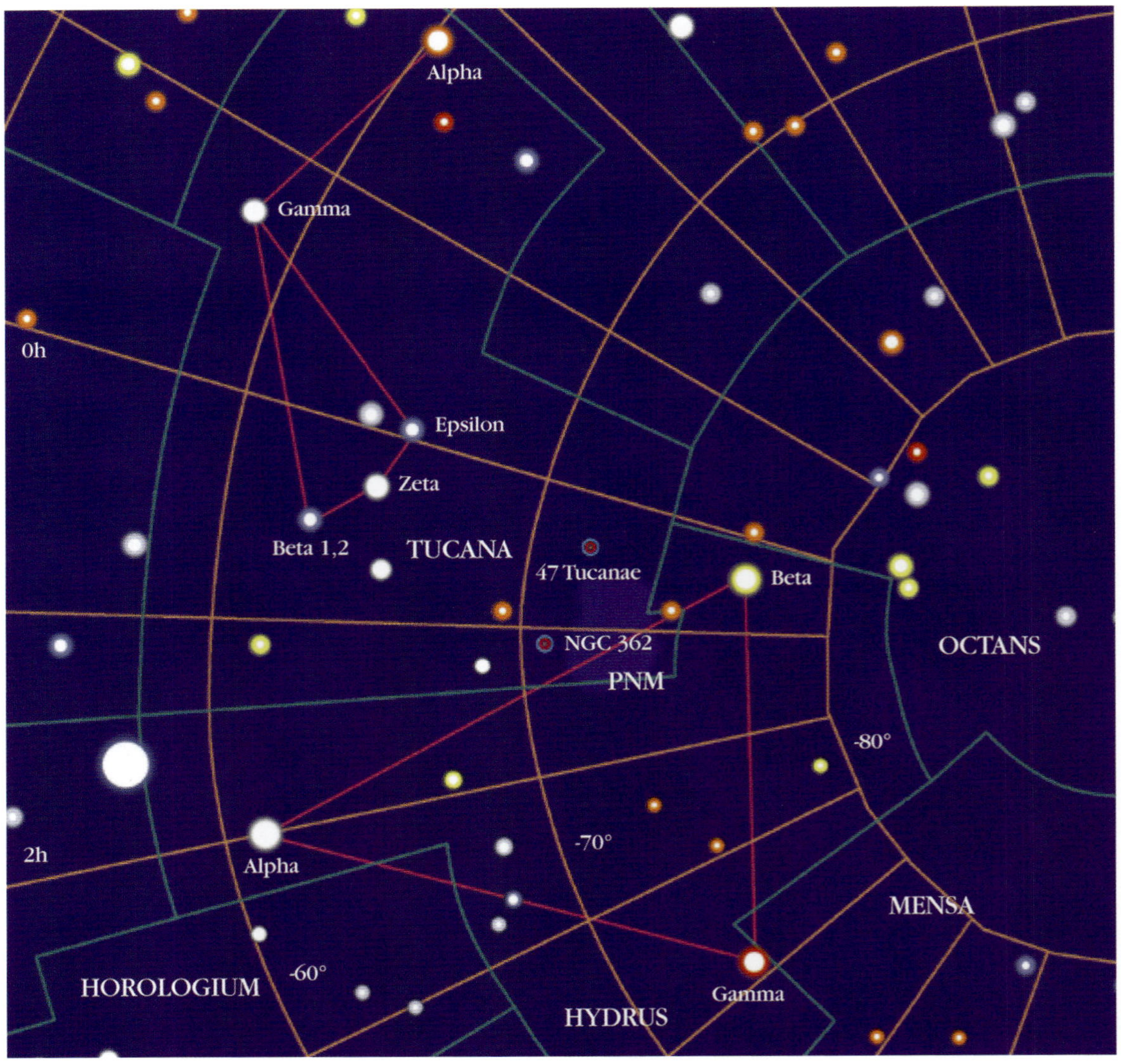

Magnitudes stellaires: 0 1 2 3 4 5
Galaxies
Amas ouverts
Amas globulaires
Nébuleuses à émission
Nébuleuses planétaires
Radiogalaxies
Confins des constellations
Lignes d'ascension droite et déclinaison

Le Petit Nuage de Magellan est une galaxie satellite de la nôtre. Visible à l'œil nu, il se trouve à un peu moins de 200 000 années-lumière.

OÙ LA RECHERCHER ?

Génitif : *Hydri - Tucanae*
Abréviation : *Hyi - Tuc*

Automne

Hémisphère Sud

Nord : - 56° - Sud : - 82°
Ouest : 4 h 35′ - Est : 22 h 10′

L'Hydre mâle et le Toucan furent introduits par Johann Bayer en 1603. La première constellation se trouve à l'opposé de l'Hydre, qui est adossée à l'équateur céleste, alors que la seconde représente l'oiseau au large bec. Leur genèse relativement récente les exclut des légendes classiques.

Comment repérer les constellations

Les trois étoiles les plus brillantes de l'Hydre mâle forment un triangle à l'ouest de la Table ; le Toucan se trouve à l'ouest de l'Hydre mâle et aux abords du Phénix et de la Grue au nord et de l'Indien à l'ouest. Le passage en opposition avec le Soleil de ces deux constellations se produit sur une longue période, entre fin août et fin novembre, dans la mesure où elles s'étendent sur plus de six heures d'ascension droite. Dans les régions proches de l'équateur, l'époque de l'année indiquée ci-dessus est la plus propice à l'observation.
Pour apercevoir les premières étoiles du Toucan, mieux vaut se trouver à 30° de latitude Nord. Cependant, les deux constellations ne se révéleront dans leur intégralité que près de l'équateur.

Étoiles dominantes

L'astre le plus lumineux de l'Hydre mâle est Bêta (magnitude 2,8), alors qu'Alpha est de magnitude 2,9. Ces deux étoiles, de lumières respectives jaune et blanche, se trouvent à 24 et 71 années-lumière de la Terre. Gamma (magnitude 3,2) est la troisième étoile du triangle qui constitue la principale partie de cette constellation. L'astre le plus brillant du Toucan est Alpha (magnitude 2,9), de couleur orangée, située à 130 années-lumière. Bêta constitue un intéressant système multiple : il se compose des étoiles Bêta 1 (magnitude 4,4) et Bêta 2 (magnitude 4,5), liées physiquement et séparables à la jumelle, ainsi que d'une troisième composante Bêta 3 (magnitude 5,1), qui semble proche par pur effet de perspective.

Objets célestes

Alors que l'Hydre mâle n'abrite pas d'objets significatifs, le Toucan renferme deux merveilles de la voûte céleste : le Petit Nuage de Magellan et un amas globulaire visible à l'œil nu, 47 Tucanae. Le premier objet est une galaxie satellite de la nôtre, située à près de 200 000 années-lumière ; elle apparaît à l'œil nu telle une tache lumineuse de 3,5° de diamètre environ. 47 Tucanae est en revanche beaucoup plus proche, soit à 15 000 à 20 000 années-lumière, et appartient donc à la Voie lactée. Elle ressemble à une étoile floue de magnitude 4 qui ne révélera ses différentes étoiles qu'à des instruments d'au moins 10 cm d'ouverture.
NGC 362 est un autre amas globulaire, à proximité du Petit Nuage de Magellan. C'est un objet de magnitude 7 éloigné d'environ 32 000 années-lumière.

Lacerta
Lézard

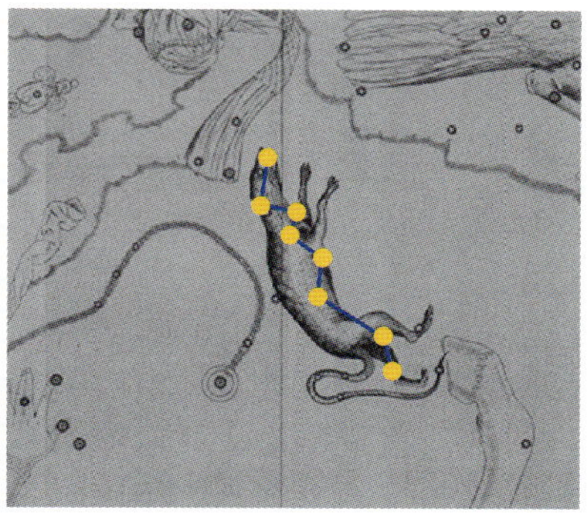

La constellation du Lézard fut introduite au XVIIe siècle, afin de combler une région céleste comprise entre le Cygne et Andromède.

Mentionné pour la première fois dans l'atlas de Hevelius en 1690, le Lézard n'est associé à aucune légende ancienne. La constellation a cependant suscité l'intérêt de nombreux personnages à des époques successives. Parmi ceux-ci, Augustin Royer, architecte du roi de France Louis XIV. En 1697, il souhaita créer une constellation baptisée Sceptre et Main de la Justice pour occuper cette partie du ciel, afin que le souvenir du Roi-Soleil soit aussi impérissable que les étoiles. De ce projet, il ne reste que quelques documents d'époque. L'astronome allemand Bode voulut également rendre hommage à Frédéric II de Prusse avec la constellation Gloire de Frédéric en 1787. Mais cette entreprise connut le même sort que celle de Royer.

Comment repérer les constellations
Elle se situe à une vingtaine de degrés à l'est de Deneb, l'étoile qui marque la queue du Cygne. Le corps du Lézard, façonné par les astres, se trouve dans un alignement nord-sud. La constellation passe au méridien à minuit fin août et s'avère facilement observable en été et en automne, alors qu'au printemps elle se situe vers l'horizon nord. Le Lézard est circumpolaire pour les latitudes au nord de 54°N. Il reste cependant invisible toute l'année à des latitudes au sud de 33°S.

Étoiles dominantes
Alpha (magnitude 3,8) est blanche et se trouve à 102 années-lumière. Elle ne possède pas d'autre intérêt que d'être l'étoile la plus brillante de l'astérisme. Bêta (magnitude 4,4), astre jaunâtre deux fois plus éloigné qu'Alpha, n'est pas non plus des plus intéressants. Afin de compléter le corps du Lézard du nord vers le sud, suivons le petit serpentin formé, outre Alpha et Bêta, par les étoiles portant les numéros Flamsteed 4, 5, 2, 6 et 1.
Enfin 8 Lac est double, formée d'étoiles bleues de magnitudes 5,7 et 6,4, séparées d'environ 20''.

Objets célestes
Deux amas ouverts valent d'être mentionnés : NGC 7209 et NGC 7243. Le premier, de magnitude 9, s'étend sur une vingtaine de minutes d'arc. Le second, de mêmes dimensions, est plus lumineux, car ses dizaines d'étoiles de magnitudes 8 et 9 en font un objet de magnitude 6 observable à la jumelle.
L'objet le plus remarquable est cependant BL Lacertae. Il n'est pas variable, comme son nom pourrait le laisser supposer, mais cette galaxie elliptique de magnitude 13, située à un milliard d'années-lumière, varie de trois magnitudes de manière irrégulière. C'est le prototype d'une classe de galaxies émettant de grandes quantités d'énergie sous forme de lumière et d'ondes radio.

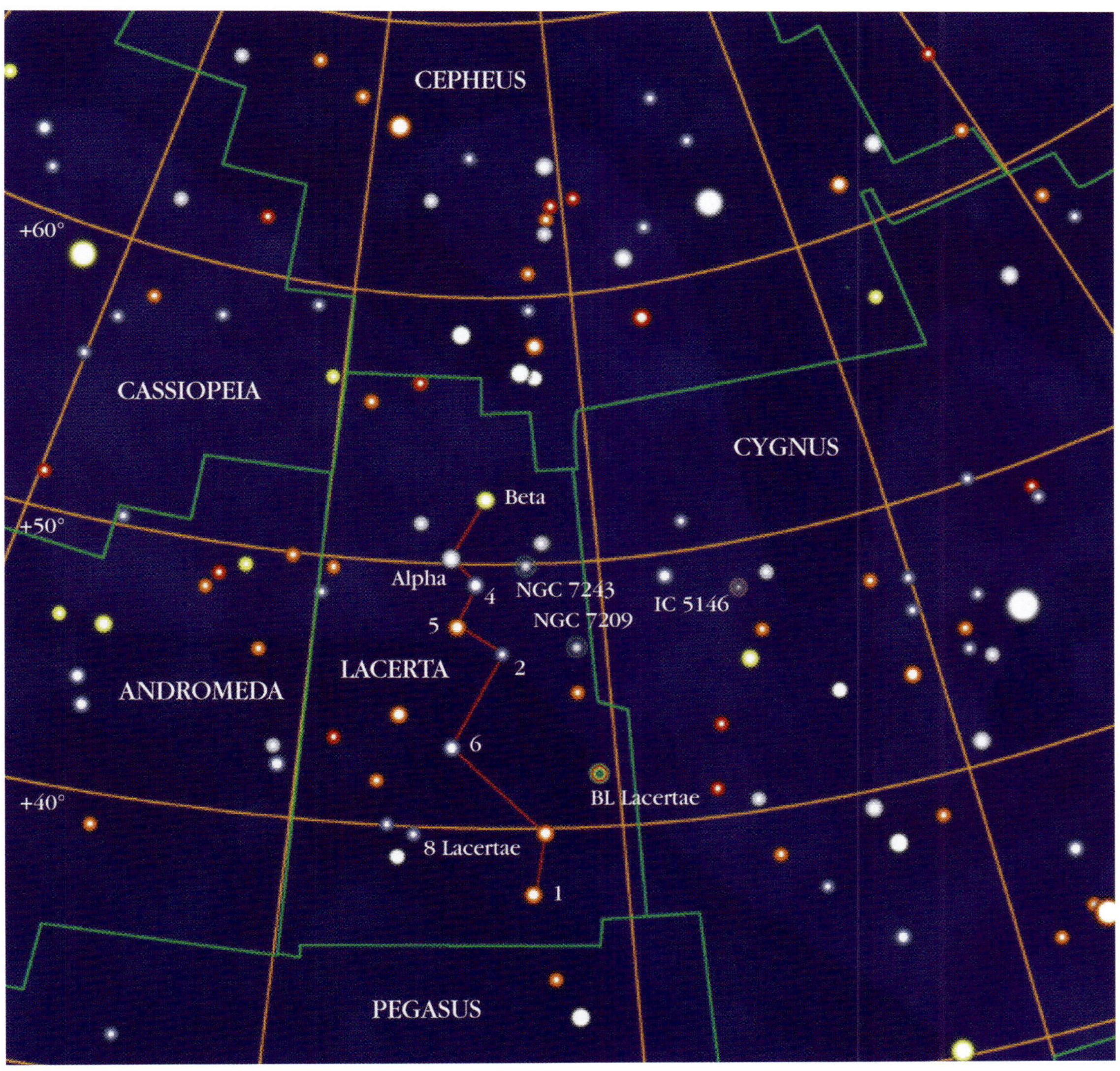

Magnitudes stellaires: 0 1 2 3 4 5
Galaxies
Amas ouverts
Amas globulaires
Nébuleuses à émission
Nébuleuses planétaires
Radiogalaxies
Confins des constellations
Lignes d'ascension droite et déclinaison

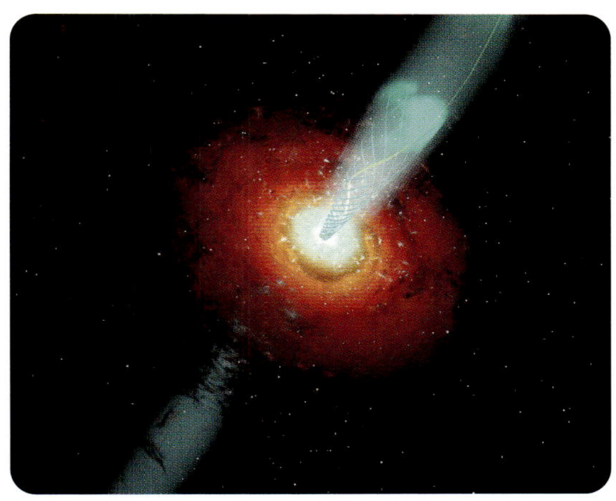

Voici les confins du Lézard et du Cygne.

OÙ LA RECHERCHER ?

Génitif : *Lacertae*
Abréviation : *Lac*

Été et automne

Hémisphère Nord

Nord : + 57° – Sud : + 36°
Ouest : 22 h 55′ – Est : 21 h 55′

Leo

Lion

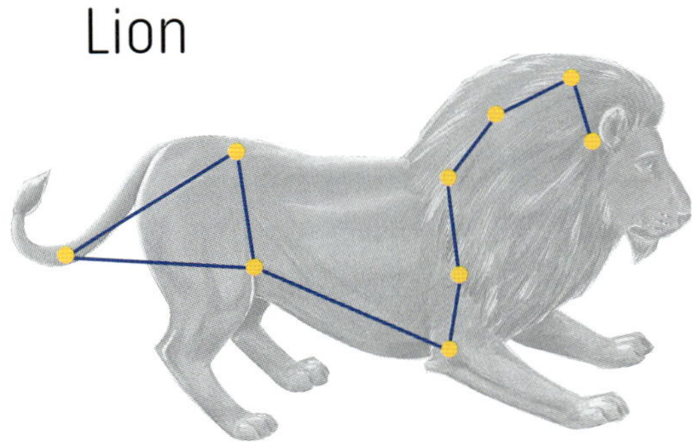

La constellation du Lion représente l'animal tué par Hercule, blotti dans les cieux.

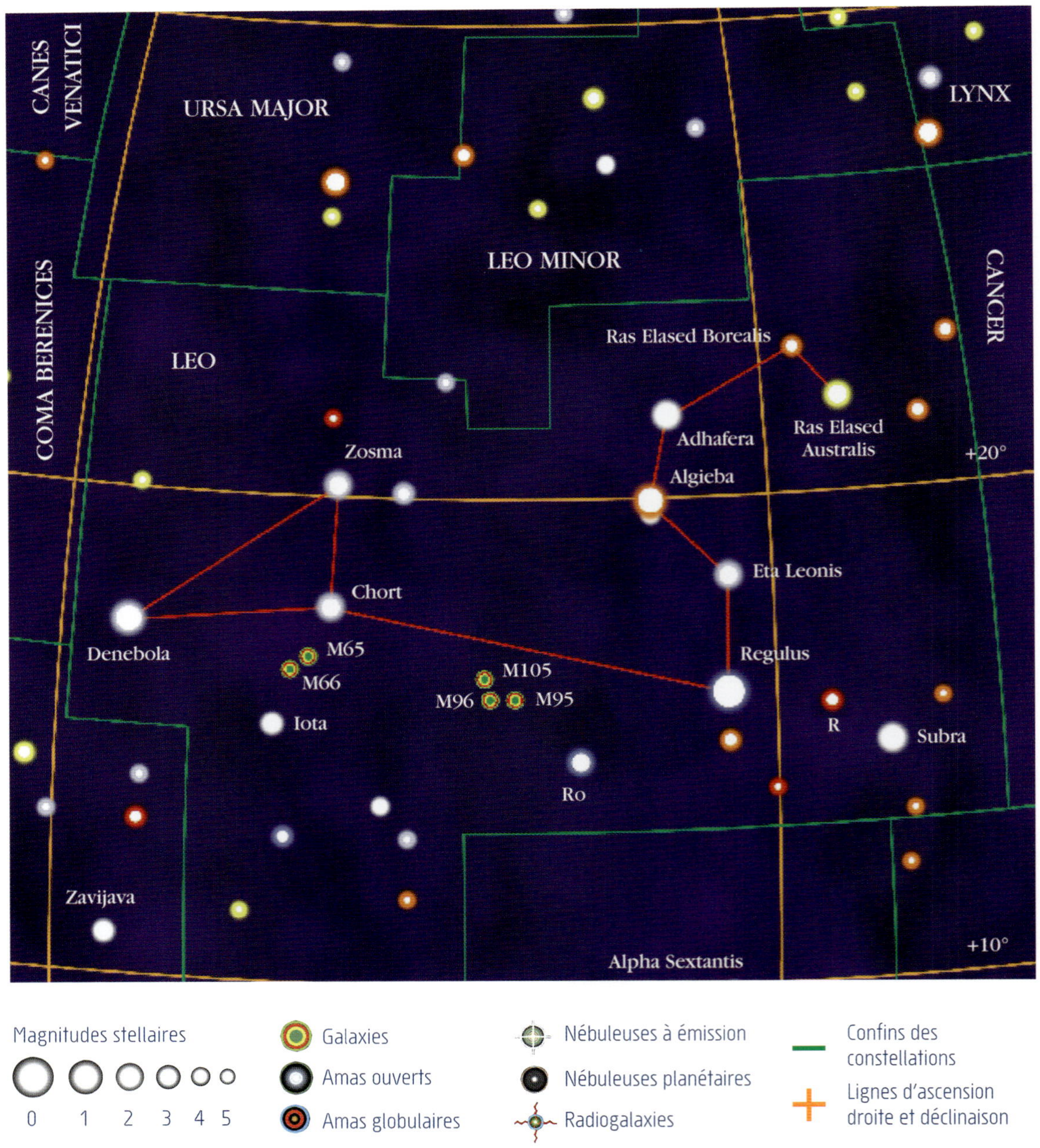

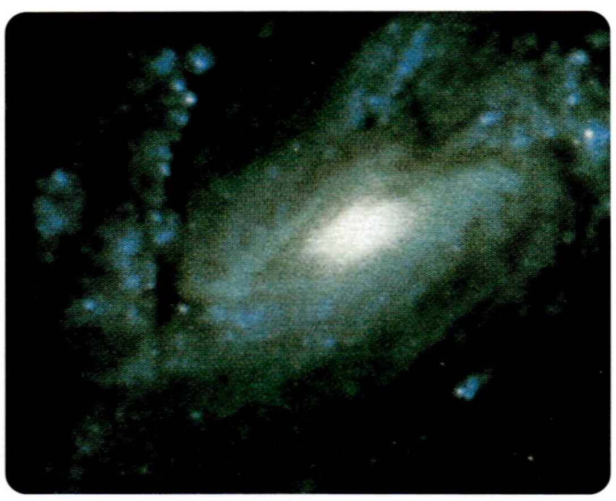

La galaxie à spirale M66, de magnitude 8, se trouve à près de 40 millions d'années-lumière de la Voie Lactée et s'observe à la jumelle.

OÙ LA RECHERCHER ?

Génitif : *Leonis*
Abréviation : *Leo*

Printemps

Hémisphères Nord-Sud

Nord : + 33° - Sud : - 6.5°
Ouest : 12 h 00' - Est : 9 h 20'

Le Lion, comme toutes les constellations zodiacales, possède des origines anciennes. Le mot « canicule », qui signifie époque la plus chaude de l'année, se réfère à son nom car à l'époque des Babyloniens, le Soleil se trouvait en Lion durant le solstice d'été, faisant ainsi la démonstration de la puissance du dieu Soleil. Selon la mythologie grecque, elle est liée à l'invulnérable et terrifiant Lion de Némée, tué par Hercule.

Comment repérer la constellation

La constellation du Lion se localise à une quarantaine de degrés au sud de la Grande Ourse. Partant de son étoile la plus lumineuse, Régulus, qui marque l'extrémité inférieure de sa poitrine, l'on remonte vers le nord pour délimiter la tête et la crinière, ou vers l'est jusqu'à sa queue. Le Lion est typiquement une constellation de printemps lorsqu'elle domine, haute sur l'horizon sud, les soirées d'avril. Avec l'arrivée de l'été, elle se rapproche de l'horizon pour décliner immédiatement après le Soleil début juillet. En hiver, pendant la seconde moitié de la nuit, elle s'élève au-dessus de l'horizon est.

Étoiles dominantes

L'étoile Alpha du Lion (magnitude 1.4) est Régulus, dont la signification latine est « petit roi » ; son nom tient probablement au fait que cette étoile est proche de l'écliptique, trajet parcouru par le Soleil chaque année. Avec une telle position, il arrive souvent que les planètes et la Lune, passant à proximité, viennent en quelque sorte lui rendre hommage. Régulus possède un compagnon de magnitude 8, observable à la jumelle. Contrairement à la principale de couleur bleue, celle-ci est froide et rouge ; ce contraste chromatique est un véritable spectacle au télescope.

La deuxième étoile en termes de luminosité est Bêta Leo, ou Denebola (magnitude 2,1) qui représente la queue du Lion. Gamma, ou Algieba, est double et particulièrement intéressante : ses membres sont jaunes, de magnitudes 2,4 et 3,6 et sont en orbites mutuelles sur plusieurs siècles ; d'ici cent ans, elles atteindront leur écart maximal, soit environ 5''.

R Leo, à l'ouest de Régulus, est une étoile à pulsations qui varie entre 4,4 et 11,3 de magnitude en près d'un an.

Objets célestes

La constellation du Lion renferme de nombreuses galaxies. Les plus importantes forment deux couples : M65-66 et M95-96. Elles se trouvent sous le corps du Lion et se révèlent à un télescope d'au moins 10 cm d'ouverture. La plus brillante des quatre est M66, de magnitude 8. M65 et M96 sont de neuvième magnitude ; alors que M95, la plus faible, atteint les 10 de magnitude. Ce quatuor est à près de 40 millions d'années-lumière de la Terre. Autre galaxie de magnitude 9, M105, n'est pas trop éloignée du couple M95-96.

Leo Minor
Petit Lion

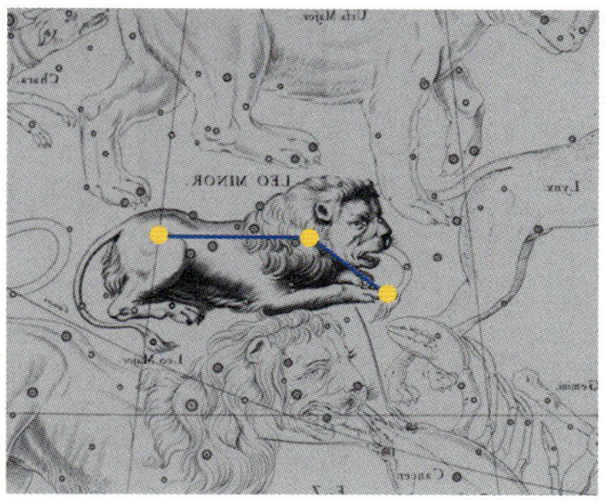

Le Petit Lion fut introduit au XVIIe siècle afin de remplir une zone dépourvue de constellation.

Introduite par l'astronome Johannes Hevelius en 1690 seulement, la constellation du Petit Lion n'est associée à aucune légende classique. L'astronome du XVIIe siècle pensa tout naturellement à accompagner le Lion d'un lionceau, représenté par ce petit astérisme.

Comment repérer la constellation

Il est, théoriquement, peu compliqué d'identifier le Petit Lion si l'on se situe à mi-chemin entre le Lion et les pattes arrières de la Grande Ourse. Ses étoiles, faiblement brillantes, représentent toutefois un véritable défi pour l'œil humain. La constellation n'abrite pas d'étoile Alpha, à l'instar de la Règle, de la Poupe et des Voiles. Cela tient au fait que ces dernières faisaient partie d'autres constellations plus étendues, qui furent démembrées par la suite. Mais il n'existe aucune explication précise dans le cas du Petit Lion. La période la plus favorable à l'observation est identique à celle du Lion. Mieux vaut donc partir à la recherche de ses faibles étoiles à la fin de l'hiver, alors que la constellation passe au méridien entre fin février et début mars. Par rapport au Lion, le Petit Lion est légèrement mieux placé pour les localités de l'hémisphère Nord, puisqu'il se trouve à des latitudes un peu plus élevées. Cette constellation n'est cependant pas circumpolaire.

Étoiles dominantes

L'astre le plus lumineux est Flamsteed 46. De magnitude 3,8 et de couleur orangée, il se situe à 140 années-lumière de la Terre. Bêta est deuxième pour son éclat (magnitude 4,2) ; elle est jaune et distante de 146 années-lumière. Le Petit Lion abrite également une variable de type Mira Ceti – géante rouge à pulsations qui se trouve dans la constellation de la Baleine. Cette étoile porte la lettre R et est invisible à l'œil nu car même au sommet de son éclat, sa magnitude reste supérieure à 5. En l'espace de 372 jours, sa magnitude passe d'un maximum de 6,3 à un minimum de 13,2.

Objets célestes

Bien que dépourvu d'étoiles voyantes, le Petit Lion nous permet d'observer certains objets de ciel profond, notamment des galaxies appartenant au catalogue NGC : 3344, 3430 et 3486. Ces objets sont plutôt diffus et de magnitudes respectives 10, 12 et 11.

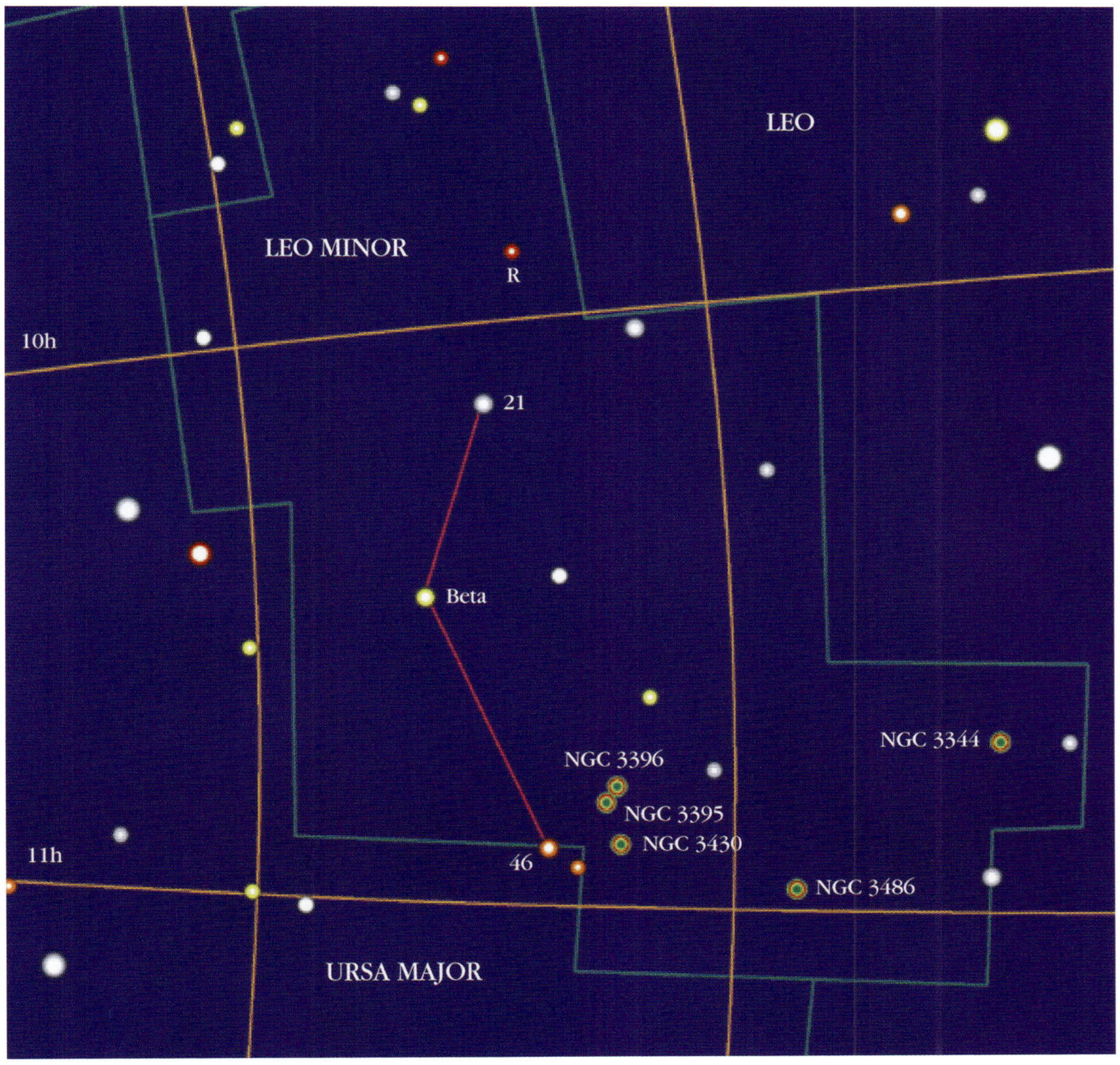

Magnitudes stellaires 0 1 2 3 4 5
Galaxies
Amas ouverts
Amas globulaires
Nébuleuses à émission
Nébuleuses planétaires
Radiogalaxies
Confins des constellations
Lignes d'ascension droite et déclinaison

La galaxie NGC 3395 et sa voisine NGC 3396 constituent un système en interaction.

OÙ LA RECHERCHER ?

Génitif : *Leonis Minoris*
Abréviation : *LMi*

Hiver et printemps

Hémisphère Nord

Nord : + 41.5° – Sud : + 23°
Ouest : 11 h 05' – Est : 9 h 20'

Lepus

Lièvre

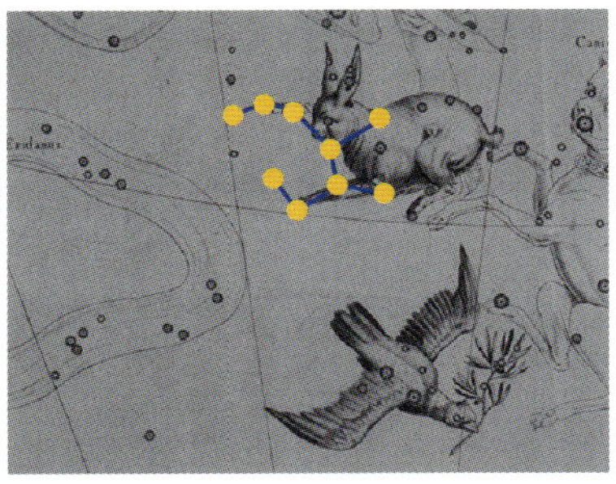

Le Lièvre est proche du chasseur Orion et de ses chiens, constellations auxquelles il est vraisemblablement lié.

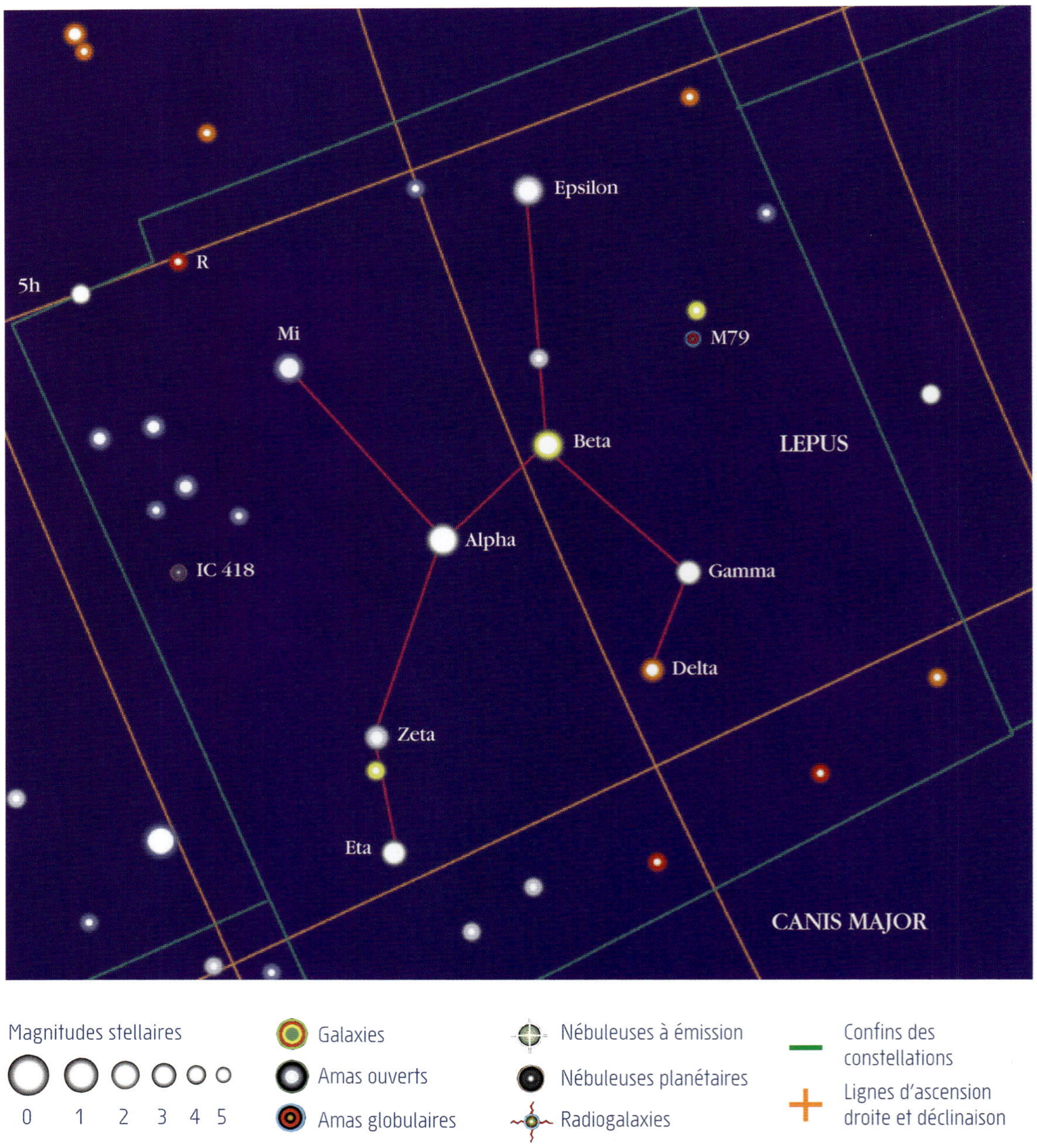

L'amas globulaire M79 regorge d'étoiles.

OÙ LA RECHERCHER ?

Génitif : *Leporis*
Abréviation : *Lep*

Automne et hiver

Hémisphère Sud

Nord : - 11° - Sud : - 27°
Ouest : 6 h 10′ - Est : 4 h 55′

La petite constellation du Lièvre remonte à l'Antiquité classique, bien que déjà connue par les Grecs anciens.
Plusieurs légendes lui sont associées. Un jour, un homme introduisit un lièvre sur l'île de Leros, avec l'intention d'en faire l'élevage. Mais rapidement, l'entreprise se révéla tellement prolifique que les lièvres envahirent toute l'île, ravageant les récoltes au point d'engendrer une famine. La population décida donc de les exterminer et y parvint à grand-peine.
L'image de l'animal fut toutefois imprimée sur la voûte céleste, afin de ne jamais l'oublier. Une autre histoire raconte que le Lièvre se réfugierait derrière les jambes d'Orion.

Comment repérer la constellation

Orion compte parmi les constellations voisines du Lièvre et peut donc permettre de l'identifier. En dirigeant le regard sous Rigel et Saiph, les genoux du géant, l'on apercevra un ensemble de petites étoiles qui, à grand renfort d'imagination, rappelleront le museau d'un lièvre ou d'un lapin.
Le Lièvre se laisse admirer en hiver, à la même période qu'Orion.
Le passage au méridien à minuit se fait vers la mi-décembre ; la constellation reste alors observable une bonne partie de la nuit. Bien que située dans l'hémisphère Sud, sa plus petite déclinaison est d'environ - 27°. C'est pourquoi elle est visible d'un peu partout sur Terre.

Étoiles dominantes

Alpha, de magnitude 2,6, est la plus éclatante. De couleur blanche, elle se situe à plus de 1 000 années-lumière de nous. Gamma est une étoile double qui se décompose, à la jumelle, en deux astres jaune et orangé de magnitudes respectives 3,6 et 6,2.
Atteignant le seuil de visibilité à l'œil nu lorsque sa luminosité est maximale, la variable R Lep, oscille entre 6,8 et 9,2 environ de magnitude. De couleur rouge foncé, cette étoile possède un cycle de 427 jours. Elle fait partie des « étoiles carbonées », du fait de la présence en son spectre de grandes quantités de carbone absorbées. On l'appelle « l'étoile cramoisie de Hind », d'après le nom de l'astronome qui la découvrit en 1845.

Objets célestes

Des objets intéressants résident dans la constellation du Lièvre, certains étant répertoriés au catalogue de Messier, comme l'amas globulaire M79. Distant d'environ 40 000 années-lumière, il est de magnitude 8. Son diamètre apparent équivaut au dixième du disque lunaire. Pour commencer à distinguer les étoiles situées en périphérie, il est nécessaire d'utiliser des instruments d'au moins 20 cm de diamètre.
Il y a également une petite nébuleuse planétaire, connue sous le sigle IC 418, de magnitude 9.

Libra

Balance

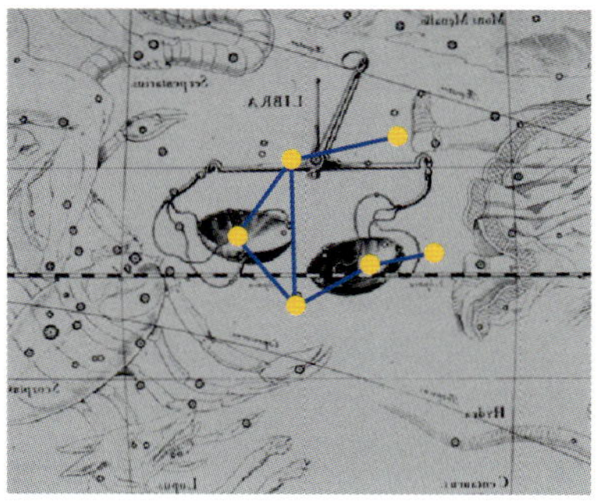

La Balance est représentée sous sa forme traditionnelle, avec deux assiettes suspendues à un pivot par des petites chaînes

Aucune légende ne se rapporte à la Balance. Ceci tient probablement au fait que, pour beaucoup, ce n'était pas une constellation à part entière, étant par le passé rattachée au voisin Scorpion. Les Grecs la connaissaient sous le nom de « Chelae », l'identifiant donc aux deux pinces de l'animal. On ne sait avec précision quand la Balance devint indépendante : seul fait établi, les Romains comme les Sumériens avaient anticipé cette scission bien avant les peuples italiques.
Pour les Romains, la Balance représentait l'instrument du même nom de la déesse de la Justice, Astrée, associée à sa proche voisine la Vierge. L'équité inhérente à la Balance était liée à la date d'équinoxe d'automne, qui s'est un temps trouvé dans cette constellation.

Comment repérer la constellation

Il est relativement facile de localiser la Balance en identifiant Spica en Vierge et Antarès en Scorpion. Pratiquement à mi-chemin entre ces deux astres se trouve l'une des étoiles les plus lumineuses de la constellation : Alpha Librae. Le passage de la Balance au méridien à minuit se produit début mai : c'est donc une constellation de printemps.
Le nom « point de la Balance » donné à l'équinoxe d'automne nous indique que la Balance était auparavant traversée par l'équateur céleste. Le mouvement de précession terrestre fait que la constellation se trouve aujourd'hui dans l'hémisphère Sud, où elle atteint une déclinaison de - 30°.

Étoiles dominantes

Bien qu'elle porte la première lettre de l'alphabet grec, Alpha n'est pas la plus brillante de la constellation ; elle n'en demeure pas moins intéressante. Son nom, Zubenelgenubi, la « pince sud » du Scorpion, nous renvoie aux origines de la constellation. L'étoile se compose de deux astres de magnitudes 5,2 et 2,8, à environ 4′ l'un de l'autre. Leur distance à la Terre est de 57 années-lumière. Ils forment probablement un système binaire physiquement lié. Bêta ou Zubeneschamali, la « pince nord » du Scorpion est plus lumineuse qu'Alpha, avec une magnitude de 2,6. Delta est un autre système variable dû aux éclipses mutuelles de ses composantes. Sa magnitude fluctue entre 4,9 et 5,9 en quelque 2,3 jours.
L'étoile S est, elle, une variable à pulsations de type Mira Ceti, en Baleine : ses magnitudes oscillent entre 7,5 et 13 en près de 193 jours.

Objets célestes

L'on retrouve en Balance un objet portant le numéro 5897 au catalogue NGC. C'est un amas stellaire globulaire de magnitude 10, peu riche et de 7′ de diamètre. La constellation de la Balance abrite également d'autres objets télescopiques ; leur luminosité est cependant trop faible pour qu'ils puissent être observés avec des instruments amateurs de diamètre moyen ou petit.

Magnitudes stellaires
0 1 2 3 4 5

Galaxies
Amas ouverts
Amas globulaires
Nébuleuses à émission
Nébuleuses planétaires
Radiogalaxies
Confins des constellations
Lignes d'ascension droite et déclinaison

L'amas globulaire NGC 5897 contient relativement peu d'étoiles ; sa distance à la Terre est de 38 500 années-lumière.

OÙ LA RECHERCHER ?

Génitif : *Librae*
Abréviation : *Lib*

Printemps

Hémisphère Sud

Nord : - 0,5° - Sud : - 30°
Ouest : 16 h 00′ - Est : 14 h 20′

Lupus – Norma

Loup – Règle

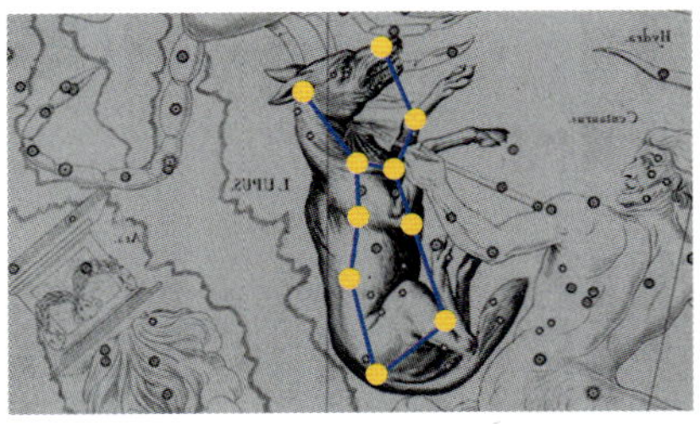

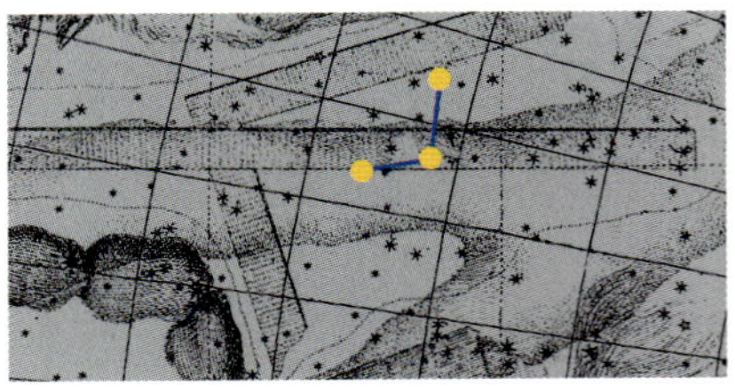

Les constellations du Loup et de la Règle, bien que célestes voisines, furent créées à des époques totalement différentes.

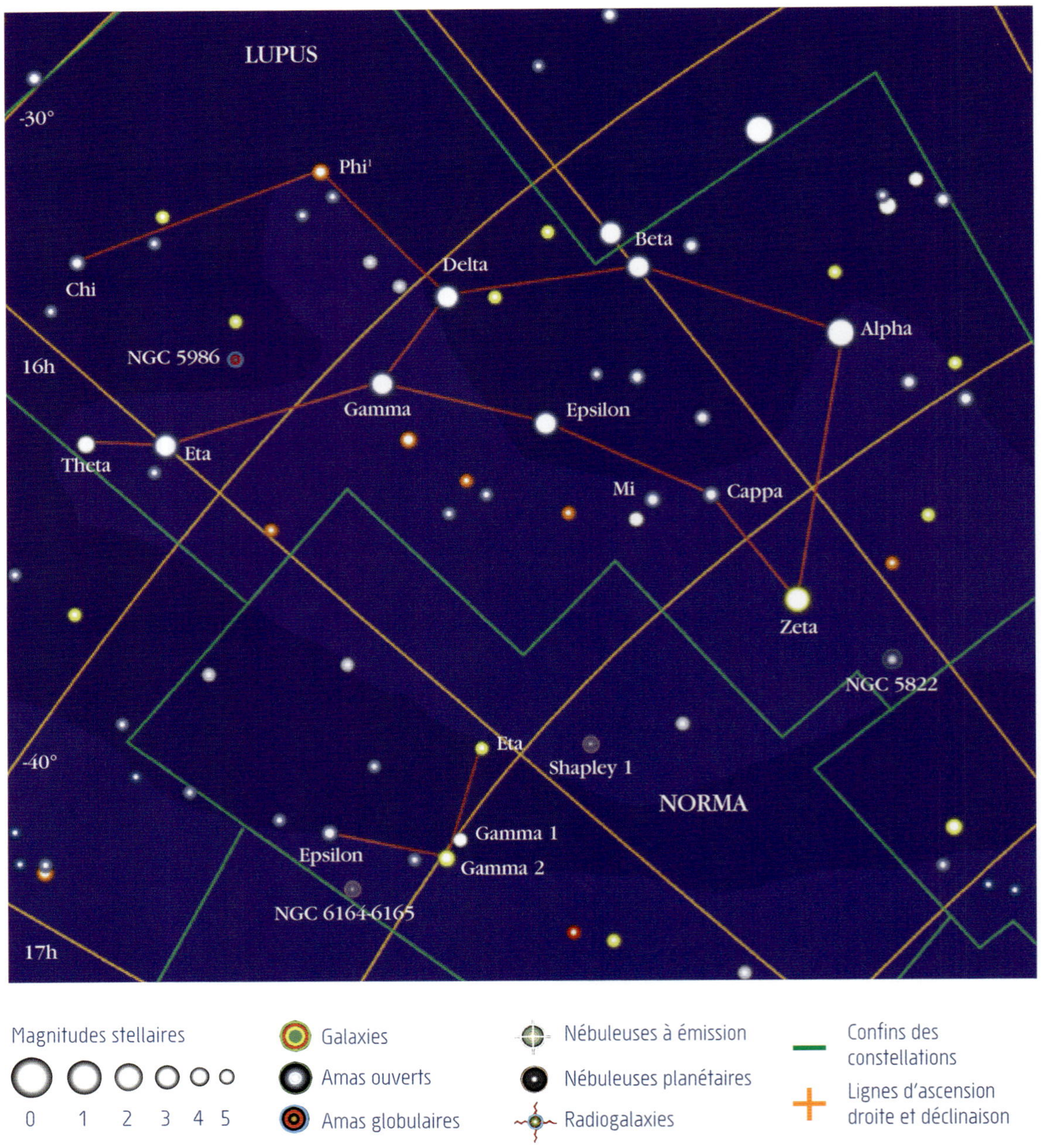

La rondeur presque parfaite de la nébuleuse planétaire Shapley 1, dans la constellation de la Règle, attire l'attention.

OÙ LA RECHERCHER ?

Génitif : *Lupi – Normae*
Abréviation : *Lup – Nor*

Printemps et été

Hémisphère Sud

Nord : - 30° - Sud : - 60°
Ouest : 16 h 35′ - Est : 14 h 20′

Alors que les origines du Loup remontent au moins à l'époque grecque, la Règle fut introduite par Lacaille. On ne connaît pas de légende associée à ces deux constellations. L'on pense que le Loup est lié au voisin Centaure, représenté sacrifiant un animal aux dieux. La Règle en revanche rappelle l'une des inventions du génie humain.

Comment repérer les constellations

Le Loup se repère une fois localisées les « pinces » du Scorpion ainsi que les étoiles Alpha et Bêta Cen. Cette constellation se trouve parmi ces astres, s'étendant du nord-est vers le sud-ouest. Après avoir identifié Alpha Lup, l'on peut alors rechercher la Règle une vingtaine de degrés à l'est de cette dernière.

Le Loup comme la Règle sont des constellations de fin de printemps ou d'été. Le passage en opposition avec le Soleil se fait vers la mi-mai. Le Loup a un temps été visible depuis l'Europe. À la suite de la précession des équinoxes, la constellation s'est soustraite à notre vue, du moins partiellement. Pour l'apercevoir en intégralité, mieux vaut se trouver à 35° de latitude nord.

Étoiles dominantes

L'étoile bleue Alpha (magnitude 2,3), dans la constellation du Loup, est la plus éclatante. Epsilon (magnitude 3,4) est cependant plus intéressante, constituant un système triple. De petits instruments permettront de distinguer deux astres de magnitudes 4 et 9,1, alors que des télescopes plus perfectionnés révéleront le compagnon (magnitude 5,5) de l'étoile la plus lumineuse, situé à 0″,6.

Dans la Règle, l'astre le plus brillant est Gamma 2 (magnitude 4). Cette constellation a vu ses frontières modifiées et n'abrite donc pas d'étoiles Alpha ou Bêta, qui se trouvent dans les astérismes voisins. Non loin de Gamma 2 se trouve Gamma 1 (magnitude 5), dont la proximité n'est qu'apparente : alors que cette dernière est à 5 900 années-lumière de nous, Gamma 2 n'est qu'à 74 années-lumière.

Objets célestes

NGC 5822, dans la constellation du Loup, est un amas ouvert formé d'environ 120 étoiles facilement observables à la jumelle. Nous trouvons également un amas globulaire de neuvième magnitude : NGC 5986.

Deux nébuleuses de la Règle méritent d'être mentionnées. L'une est répertoriée sous le numéro NGC 6164-6165 et possède deux jets asymétriques. La seconde en revanche, connue sous le nom de Shapley 1, décrit un cercle presque parfait.

Lynx

Lynx

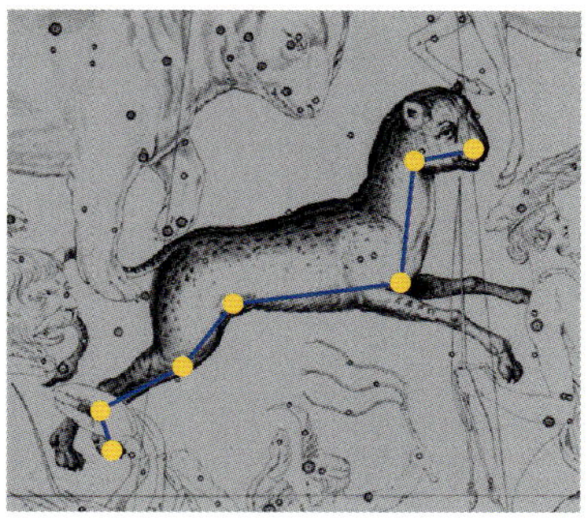

La constellation du Lynx fut introduite par Johannes Hevelius en souvenir du félin dont l'acuité visuelle est légendaire.

Le nom de cette constellation, introduite par Hevelius au XVIIe siècle, aurait été choisi pour ses étoiles de petite luminosité. Selon l'astronome, mieux valait en effet posséder un œil de lynx pour distinguer ces faibles astres.

Comment repérer la constellation

Localiser la constellation du Lynx, outre la difficulté que représente le faible éclat de ses membres, n'est pas compliqué : elle se situe entre les deux constellations, bien plus brillantes et visibles, de la Grande Ourse et du Cocher. Le Lynx nous mène au sérail des constellations hivernales, même si ses déclinaisons décidément élevées la rendent visible une bonne partie de l'année. C'est encore pour cette raison qu'elle apparaît à des endroits peu éloignés du point cardinal Nord. L'opposition avec le Soleil se fait au mois de janvier.

Étoiles dominantes

Alpha (magnitude 3,1) est la plus lumineuse des étoiles du Lynx ; de lumière rouge-orangé, elle se trouve à 170 années-lumière de la Terre. L'astre portant le numéro 12 est triple : la composante principale de magnitude 5,4 possède un compagnon de magnitude 6 en orbite autour d'elle en 699 ans. Ils sont différenciables avec un télescope de 8 cm de diamètre. À près de 9″ environ apparaît une troisième petite étoile de 7,3 de magnitude. L'étoile 15 constitue un autre système triple, tous ses membres étant facilement identifiables avec de petits instruments. Le plus brillant, de magnitude 5,6, est situé à presque 15″ d'une composante plus faible (magnitude 6,5) et à une distance pratiquement équivalente du troisième astre (magnitude 8,9). L'étoile 38, elle, est double, et ses composantes de 3,9 et 6,6 de magnitude se trouvent à 2″7 l'une de l'autre.

Le Lynx abrite aussi quelques variables. L'une d'elles est RR, variable à éclipses, dont la luminosité oscille entre 5,5 et 6 de magnitude en un peu moins de 10 jours. R, en revanche, fait partie des étoiles à pulsations de longue période, à l'instar de la célèbre Mira Ceti ; sa période orbitale est d'environ 379 jours sur un peu plus d'un an et sa magnitude fluctue entre 7,2 et 14,3.

Objets célestes

Le plus intéressant des objets du Lynx est l'amas globulaire NGC 2419, situé à 210 000 années-lumière du centre de la Voie lactée. Pour donner une idée de cette distance considérable, l'on estime le diamètre de notre galaxie à près de 100 000 années-lumière. Heureusement, nous nous trouvons dans la région de la Voie lactée la plus proche de NGC 2419, ainsi cet objet est « seulement » à 182 000 années-lumière de nous. Il est en outre plutôt lumineux, avec une magnitude de 10,4.

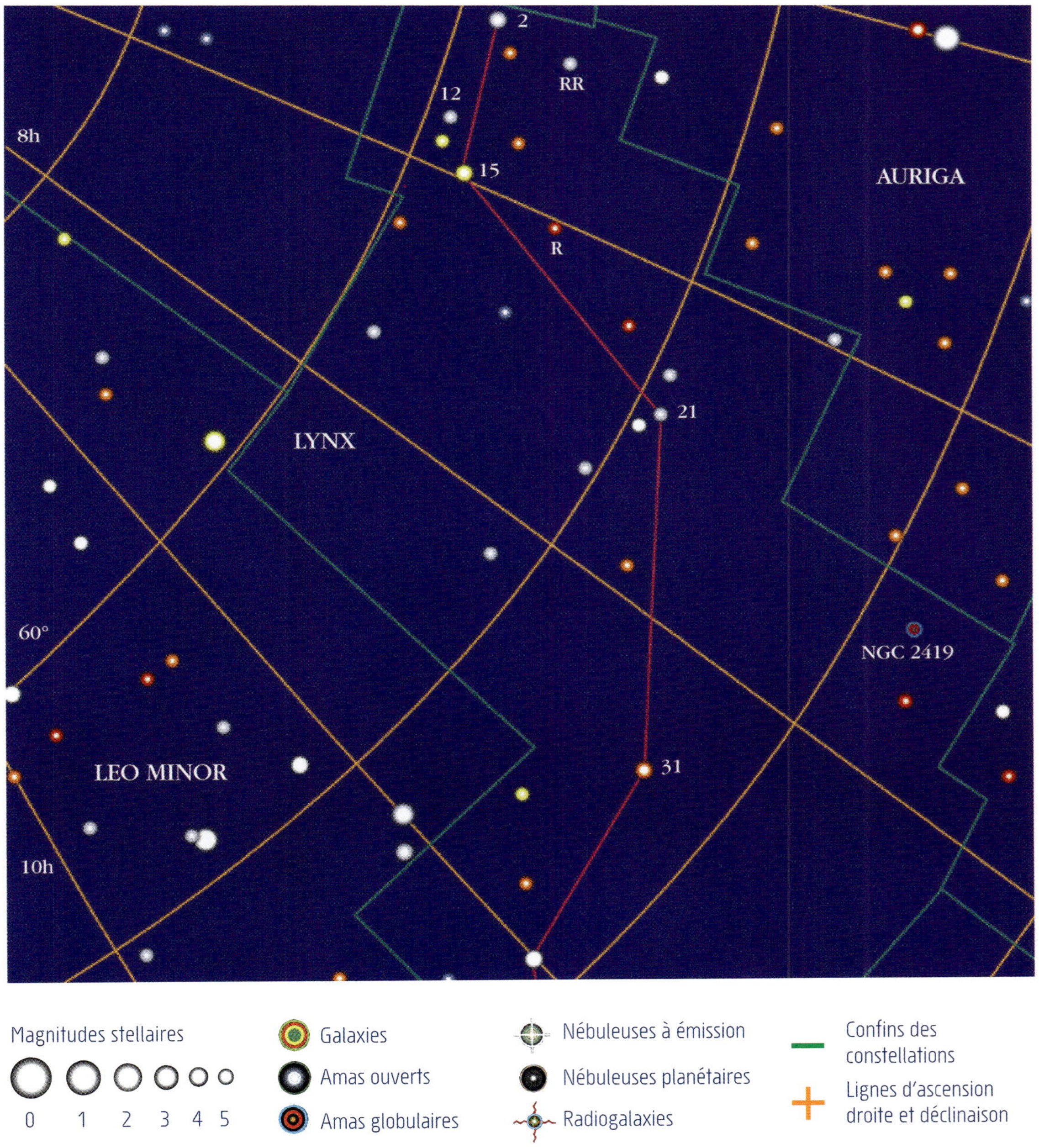

NGC 2419 est un amas globulaire de la constellation du Lynx, dont la distance au centre de notre galaxie équivaut à près de deux fois le diamètre de la Voie lactée.

OÙ LA RECHERCHER ?

Génitif : *Lyncis*
Abréviation : *Lyn*

Automne et hiver

Hémisphère Nord

Nord : + 62° - Sud : + 33°
Ouest : 9 h 45′ - Est : 6 h 15′

Lyra

Lyre

La Lyre est l'instrument de musique qui accompagnait les chants d'Orphée.

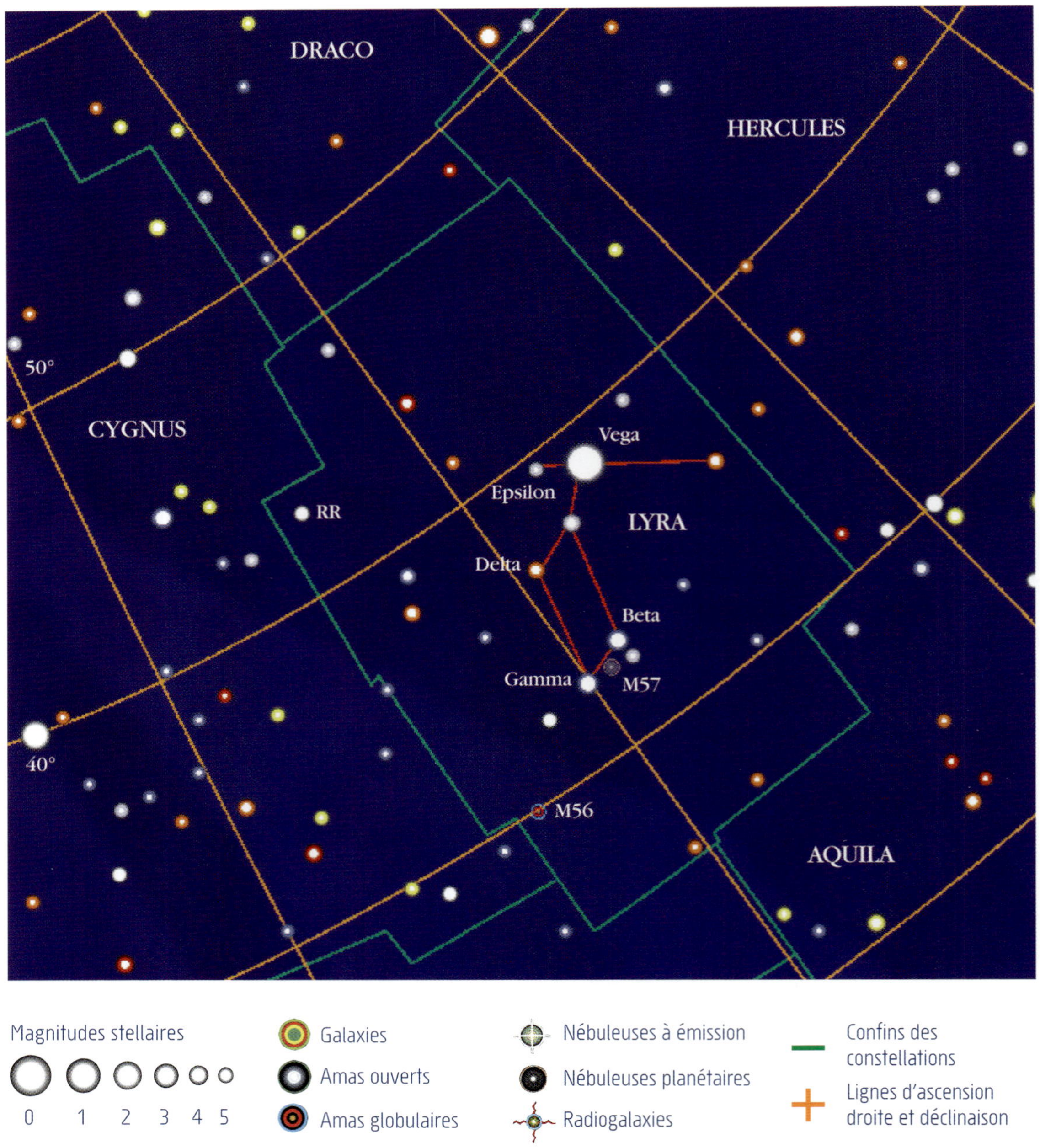

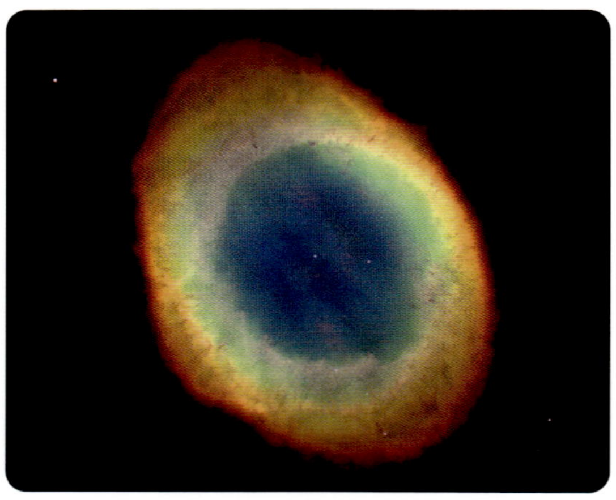

La nébuleuse planétaire M57, la plus célèbre de toute la voûte céleste, s'observe avec de petits instruments.

OÙ LA RECHERCHER ?

Génitif : *Lyrae*
Abréviation : *Lyr*

Été

Hémisphère Nord

Nord : + 47.5° - Sud : + 26°
Ouest : 19 h 30′ - Est : 18 h 15′

La Lyre représente l'instrument de musique dont jouait Orphée, l'homme aux chants mélodieux capable d'émouvoir les pierres. La légende raconte que cette petite harpe, créée par Mercure, fut la première jamais construite. Bien évidemment, le son de l'instrument était particulièrement doux car Mercure obtint, grâce à elle, la clémence d'Apollon auquel il avait dérobé du bétail ; il lui offrit cet instrument à titre de dédommagement.

Comment repérer la constellation

Véga (Alpha Lyr) se situe à quelque 20° au sud-ouest de Deneb, la queue du Cygne à proximité. Le reste de la constellation est ramassé autour de son astre le plus resplendissant. La Lyre, à l'instar de l'Aigle et du Cygne qui lui sont associées dans le « Triangle d'été », est facilement observable pendant les beaux jours. La constellation culmine à minuit au début du mois de juillet, passant à proximité du zénith à nos latitudes

Étoiles dominantes

Alpha ou Véga, ainsi que nous l'avons déjà mentionné, est une éclatante étoile de couleur blanc-bleu. Le satellite à infrarouge IRAS a mis en lumière la présence d'un anneau de poussière autour d'elle, signe de la présence éventuelle de planètes. Mais Véga est importante à un autre titre : dans 12 000 ans, elle remplacera Alpha UMi, la précession faisant d'elle la nouvelle étoile Polaire.
Bêta ou Sheliak (magnitude 3,5) est double, formée de composantes de couleurs différentes et de magnitudes 3,5 et 8,6 ; un petit télescope suffit à les distinguer. Mais la principale est aussi une variable à éclipses qui oscille régulièrement entre les magnitudes 3,3 et 4,3. Cependant, l'étoile la plus intéressante est Epsilon, de magnitude 5, la célèbre « double double ». Une bonne observation à l'œil nu montrera déjà que cet astre est composé de deux éléments extrêmement proches. Un télescope d'une dizaine de centimètres d'ouverture révèlera ensuite que ceux-ci sont également dédoublés. RR est le prototype d'une classe de variables caractérisées par des périodes d'environ un jour. Cette étoile fluctue entre les magnitudes 7,1 et 8.

Objets célestes

M57 est une célèbre nébuleuse planétaire située entre les étoiles Bêta et Gamma ; sa forme lui a valu le nom d'Anneau. Dans un petit télescope, elle apparaîtra tel un disque peu lumineux de forme elliptique. Mais pour cueillir le petit astre de magnitude 15 en son centre, il est indispensable d'utiliser des instruments plus grands. Les calculs fondés sur sa rapidité d'expansion et ses dimensions ont révélés que M57 s'est formée il y a environ 20 000 ans.
M56 est un amas globulaire de magnitude 8, situé à près de 50 000 années-lumière de la Terre.

Microscopium

Microscope

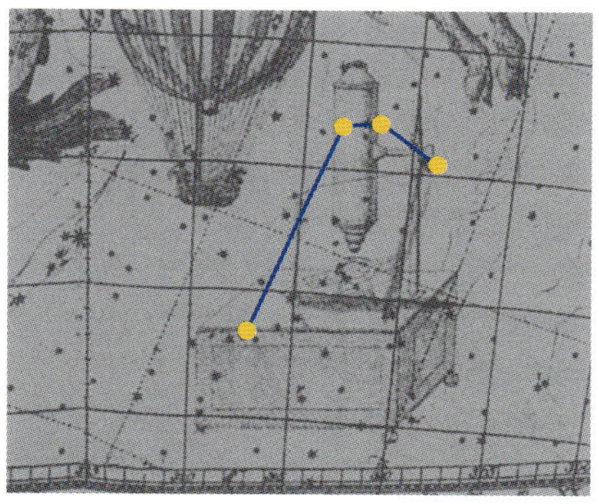

Le microscope fut l'un des instruments que l'abbé Lacaille considéra digne de figurer dans les cieux ad vitam aeternam.

Le Microscope est peut-être l'une des constellations les plus superflues de la voûte étoilée. Elle se situe dans une région où des astérismes bien plus anciens avaient déjà été localisés. Ses dimensions réduites, soit seulement 210 degrés carrés, ainsi que la pâle lumière de ses étoiles, ne permettent pas d'expliquer pourquoi Lacaille inventa ce petit astérisme en 1752, tronquant pour ce faire la queue du Poisson austral. Un excès de zèle illuminé fut vraisemblablement la seule motivation de l'abbé.

Comment repérer la constellation

Le Microscope fait partie des astérismes difficiles à capturer, du fait du faible éclat de ses étoiles. Celles-ci sont de magnitude 4 ou supérieure. Inutile cependant de se donner du mal pour localiser la constellation : en regardant à l'ouest du Poisson austral, l'on pourra identifier ce qui faisait autrefois partie de sa queue et qui désormais appartient au Microscope.

Mais on peut aussi rechercher l'espace situé au sud du Capricorne et à l'est du Sagittaire.

Le Microscope est une constellation d'été, en opposition avec le Soleil au mois d'août, sa frontière sud se situant à - 45° de déclinaison.

Étoiles dominantes

Gamma est l'astre le plus brillant de toute la constellation. Il est jaune, de magnitude 4,7 et situé à 220 années-lumière. Parce que cette étoile appartenait auparavant au Poisson austral, elle apparaît dans plusieurs atlas sous le nom de 1 Piscis Austrini. Epsilon est deuxième en luminosité, avec 4,7 de magnitude, soit quelques centièmes de moins ; elle se positionne à 165 années-lumière de la Terre et resplendit d'une lumière blanche légèrement bleutée.

Alpha (magnitude 4,9 à 380 années-lumière) n'est que troisième dans le classement des astres les plus brillants de l'astérisme, position par ailleurs également occupée par Thêta 1. C'est une variable dont les magnitudes oscillent entre 4,8 et 4,9 en à peine plus de deux jours ; mais Alpha est jaune, alors que Thêta 1 est blanc-bleu. Cette dernière est également binaire, formée de deux astres (magnitudes 5,0 et 10,0) séparés de 20,5″. L'on peut néanmoins les distinguer à l'aide de petits instruments amateurs.

Le Microscope renferme également l'une des étoiles les plus proches du système solaire : Lacaille 8760. Sa lumière est rouge mais, étant de magnitude 6,7, elle ne se laissera apercevoir qu'avec des jumelles. Son déplacement annuel est de 3,5″ et sa distance à la Terre est d'environ 13 années-lumière.

Objets célestes

La petite constellation du Microscope ne contient pas d'objets particulièrement remarquables.

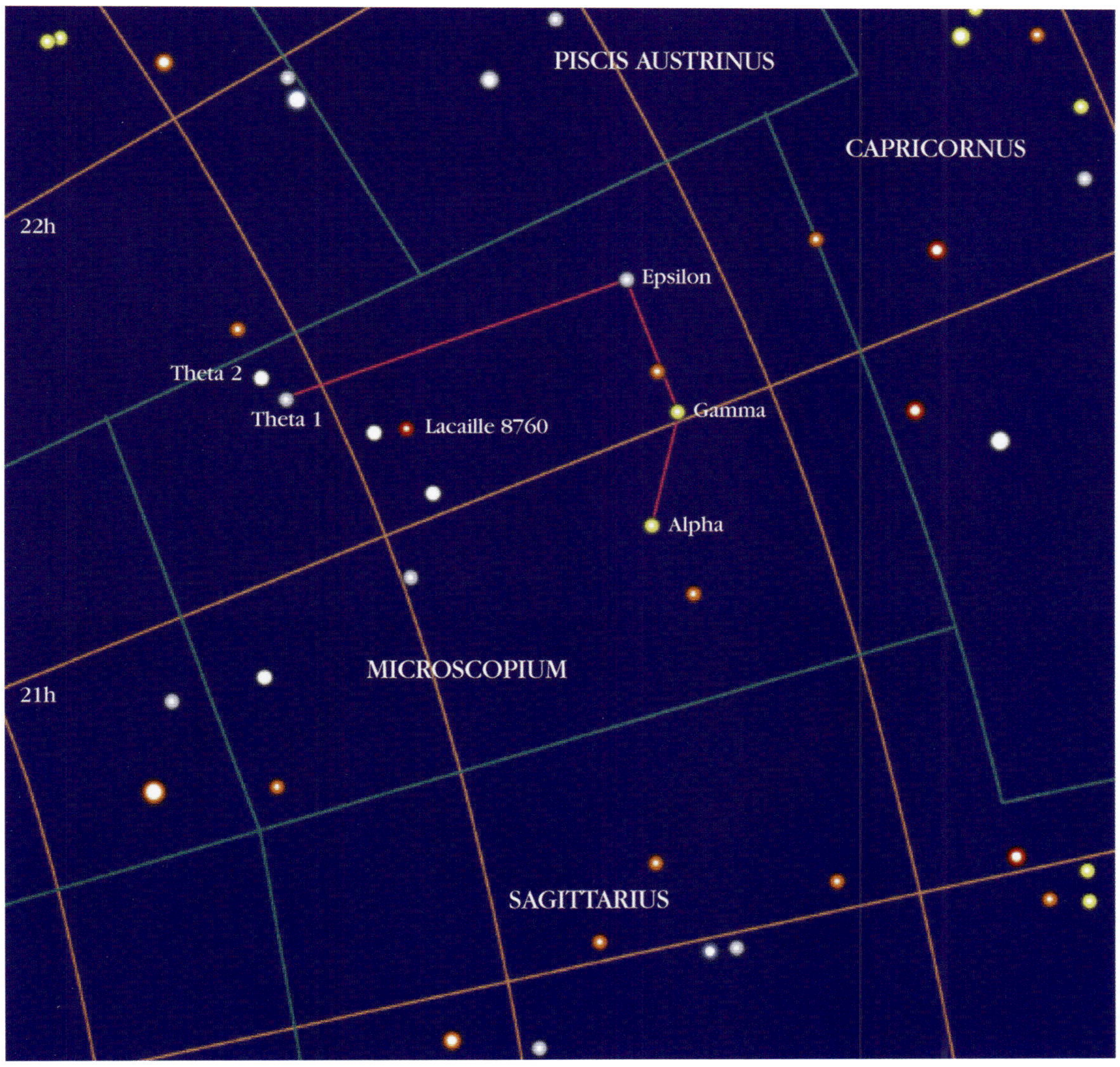

Magnitudes stellaires: 0 1 2 3 4 5

Galaxies
Amas ouverts
Amas globulaires
Nébuleuses à émission
Nébuleuses planétaires
Radiogalaxies
Confins des constellations
Lignes d'ascension droite et déclinaison

Les faibles astres du Microscope, tous de magnitude 4 ou supérieure, peuplent la région céleste située entre le Sagittaire, le Capricorne et le Poisson austral.

OÙ LA RECHERCHER ?

Génitif : *Microscopii*
Abréviation : *Mic*

Été

Hémisphère Sud

Nord : - 28° - Sud : - 45°
Ouest : 21 h 30' - Est : 20 h 30'

Monoceros

Licorne

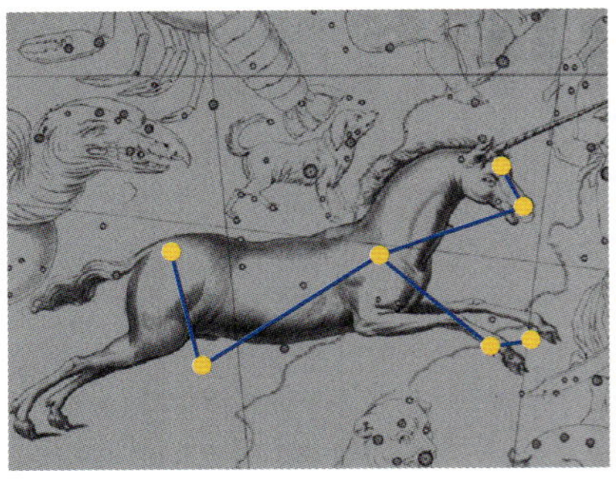

La Licorne est un animal mythologique, représenté par un cheval blanc portant une longue et fine corne sur son front.

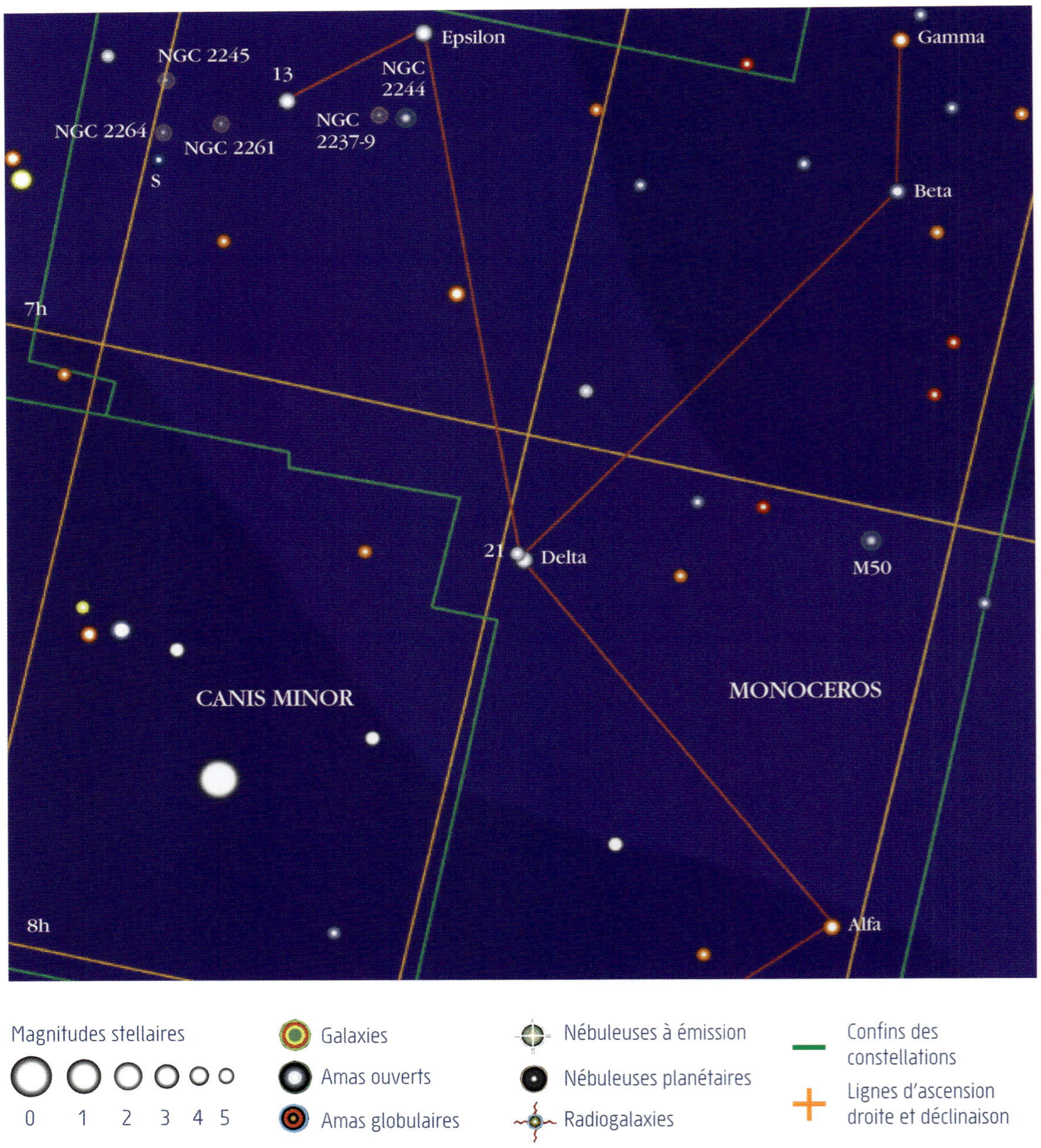

La nébuleuse de la Rosette, l'un des plus beaux objets célestes.

OÙ LA RECHERCHER ?

Génitif : *Monocerotis*
Abréviation : *Mon*

Hiver

Hémisphère Nord-Sud

Nord : + 12° - Sud : - 11°
Ouest : 8 h 10′ - Est : 5 h 55′

La constellation de la Licorne fut la première à figurer dans un atlas céleste en 1613, plus précisément dans le planisphère du Hollandais Pietro Plancius. D'autres sources indiquent que la Licorne apparut pour la première fois en 1624 dans l'atlas de Jacob Bartsch, gendre de Kepler. Plancius était aussi théologien et souhaitait porter aux cieux ce fabuleux animal doté d'une corne unique, symbole de pureté et cité dans la Bible.

Comment repérer la constellation

La Licorne est facile à identifier : elle se trouve à l'est d'Orion et immédiatement au nord du Grand Chien. C'est une constellation d'hiver, ainsi qu'en témoigne sa proximité avec Orion et la resplendissante Sirius. Le passage en méridien à minuit se produit au mois de janvier. La Licorne est traversée par l'équateur céleste, ce qui signifie que l'on peut l'observer quel que soit l'angle de vision terrestre.

Étoiles dominantes

Les astres de la Licorne sont plutôt faibles dans l'ensemble, de magnitudes 4 ou supérieures. Ceci étant, elles sont doubles ou triples pour la plupart et sont souvent d'une grande beauté. La plus éclatante est Alpha, de magnitude 3,9 et de couleur orangée. Bêta constitue un système multiple de trois éléments identifiables avec de petits instruments. Leurs magnitudes respectives sont 4,7, 5,2 et 6,1. Epsilon (magnitude 4,3) est double ; ses composantes sont jaune (magnitude 4,5) et bleue (magnitude 6,5), offrant un étonnant contraste chromatique. S Mon est une variable très intéressante. Ses oscillations irrégulières de luminosité la font passer de 4,6 à 4,7 de magnitude. Elle possède un compagnon, situé à moins de 3″, de magnitude 7,6, observable à l'aide de petits instruments.

Objets célestes

La Licorne regorge d'objets télescopiques notables. M50 est un amas ouvert de magnitude 6 qui se laisse facilement entrevoir avec de petits instruments. Mais le plus bel objet de la constellation est une nébuleuse, non loin d'Epsilon. Il s'agit de NGC 2237-9, connue sous le nom de nébuleuse de la Rosette. C'est une zone d'hydrogène ionisé au cœur de laquelle se situe un amas ouvert formé d'étoiles jeunes : NGC 2244. Celles-ci participent à l'illumination du nuage par l'émission de rayons ultraviolets. La nébuleuse de la Rosette est par conséquent une forge d'astres en pleine activité.
Se trouvent également deux autres nébuleuses : NGC 2261 et NGC 2264. La luminosité de la première n'est pas constante mais oscille rapidement, avec une variation de l'ordre d'une magnitude. C'est pourquoi on l'appelle nébuleuse variable de Hubble. La seconde en revanche porte le nom de nébuleuse du Cône, ainsi que le suggère sa forme.

Octans

Octant

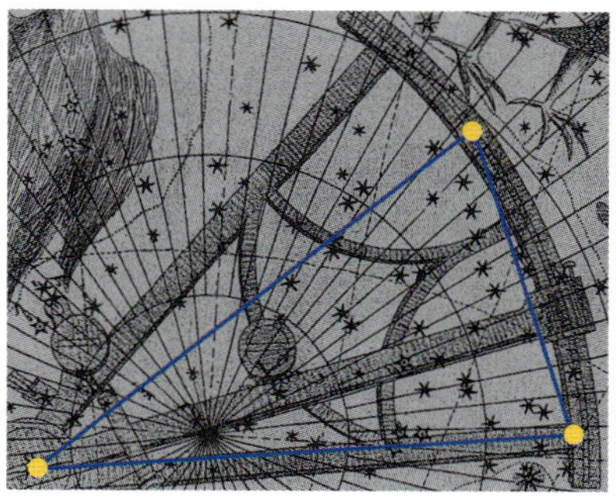

L'Octant représente un instrument utilisé par le passé afin de repérer les étoiles sur la voûte céleste.

La constellation de l'Octant est en quelque sorte le pendant méridional de la Petite Ourse, puisqu'elle abrite le pôle Sud céleste. Il n'existe cependant pas dans l'hémisphère sud une étoile aussi brillante que la Polaire, qui marque avec une précision satisfaisante ce point important en astronomie.

L'Octant fait également partie des constellations créées par l'abbé de Lacaille, de manière à combler les vides des cieux méridionaux. À l'instar des autres groupes austraux, tels le Sextant ou le Télescope, cette constellation rappelle un instrument astronomique. L'octant fut inventé par Hadley en 1731 comme aide à la navigation ; les étoiles servaient ainsi de point de référence en mer. L'outil fut par la suite remplacé par le sextant.

Comment repérer la constellation

Si l'on se trouve au pôle Sud exactement, la constellation de l'Octant se trouve alors au zénith, juste au-dessus de nos têtes. À partir d'autres latitudes en revanche, il n'est pas aisé de la localiser à cause du faible éclat de ses étoiles ; elle se trouve à mi-chemin entre le Paon et la Table. Lorsque l'on est à proximité du pôle Sud céleste, l'Octant est circumpolaire pour l'hémisphère Sud terrestre, alors qu'il se soustrait entièrement à la vision des observateurs se trouvant au nord des 15° N de latitude.

Étoiles dominantes

Étrangement, l'étoile la plus brillante est Nu, d'une magnitude de 3,8. De lumière orangée, elle se situe à 64 années-lumière de la Terre. Alpha, en revanche, n'est que de magnitude 5,2 ; elle est blanche et éloignée de nous d'environ 250 années-lumière. L'astre majeur de la constellation est certainement Sigma, qui équivaut à l'étoile Polaire dans l'hémisphère Sud. En réalité, il n'est pas spécialement proche du pôle Sud céleste, se trouvant à une distance d'1°, mais c'est l'étoile visible à l'œil nu qui en est la moins éloignée. En outre, et contrairement à la Polaire, Sigma atteint le seuil de visibilité sans instrument puisqu'elle est de magnitude 5,5. Sa luminosité est variable, oscillant de plusieurs centièmes de magnitude en quelques heures.

Mentionnons également dans la constellation de l'Octant une étoile double, Lambda (magnitude 5,4), formée de membres de magnitudes 5,5 et 7,8, de couleurs orangée et blanche et séparés d'un angle d'environ 3″. Epsilon est une autre variable, dont les oscillations sont plus ou moins régulières entre les magnitudes 4,6 et 5,3 en près de 55 jours. Il existe également des étoiles variables sur de longues périodes. Parmi elles, souvenons-nous de R, astre rouge de type Mira, dont la magnitude varie entre 6,4 et 13,2 en 405 jours.

Objets célestes

L'Octant n'abrite pas d'objets importants pour l'observation télescopique.

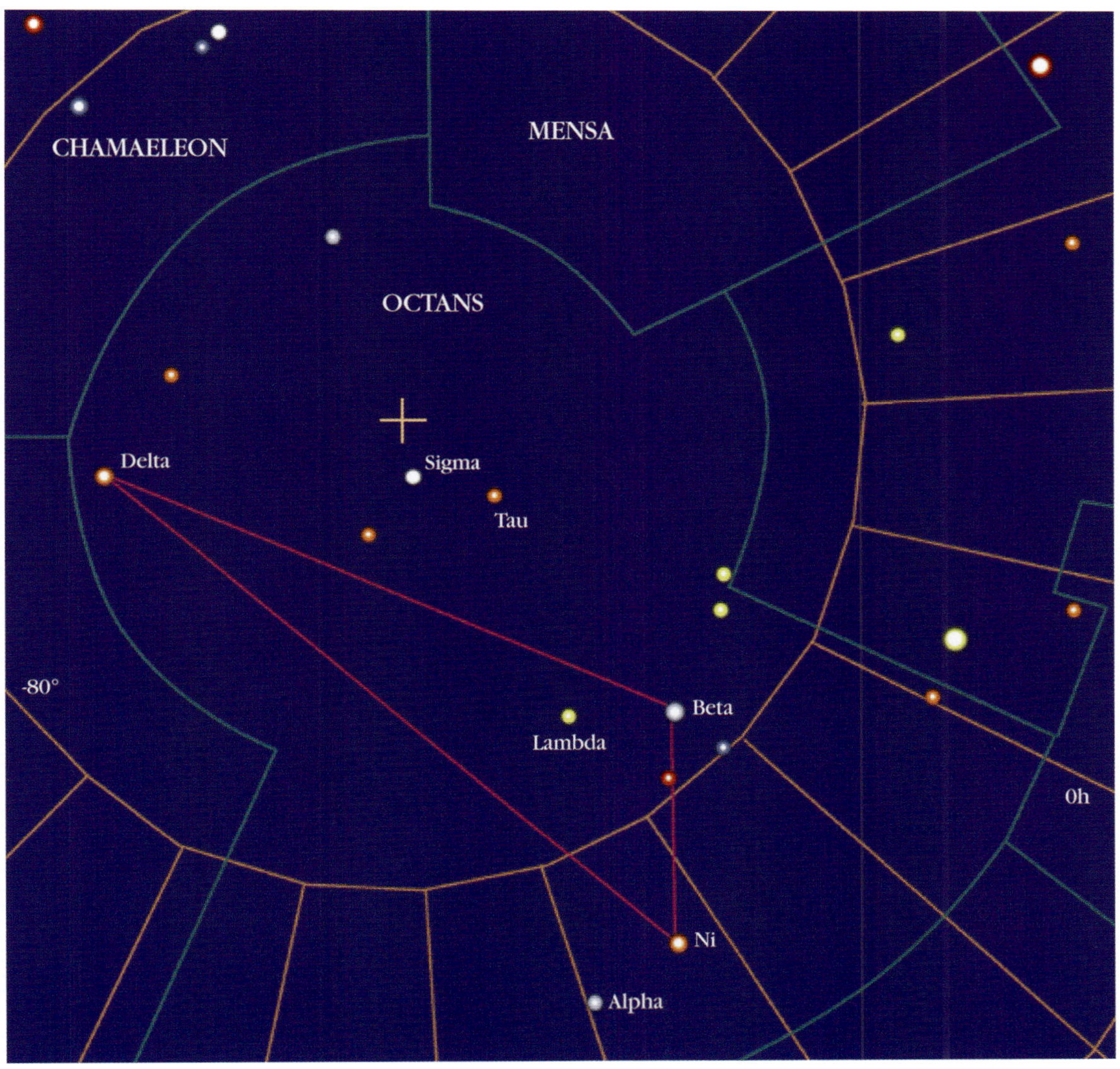

Magnitudes stellaires
0 1 2 3 4 5

Galaxies
Amas ouverts
Amas globulaires
Nébuleuses à émission
Nébuleuses planétaires
Radiogalaxies
Confins des constellations
Lignes d'ascension droite et déclinaison

La région de l'Octant n'abrite pas d'étoiles très lumineuses, uniquement des astres de magnitudes 4 ou supérieures.

OÙ LA RECHERCHER ?

Génitif : *Octantis*
Abréviation : *Oct*

Circumpolaire

Hémisphère Sud

Nord : - 75° - Sud : - 90°
Ouest et Est : circumpolaire

Ophiuchus

Ophiuchus

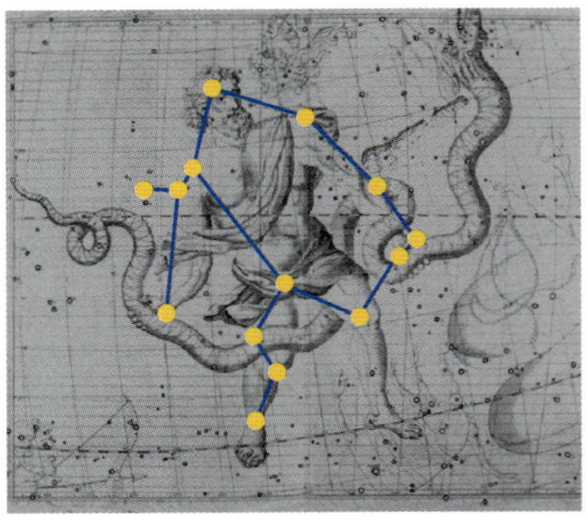

Ophiuchus est représenté un serpent à la main ; c'est pourquoi on l'appelle également le Serpentaire.

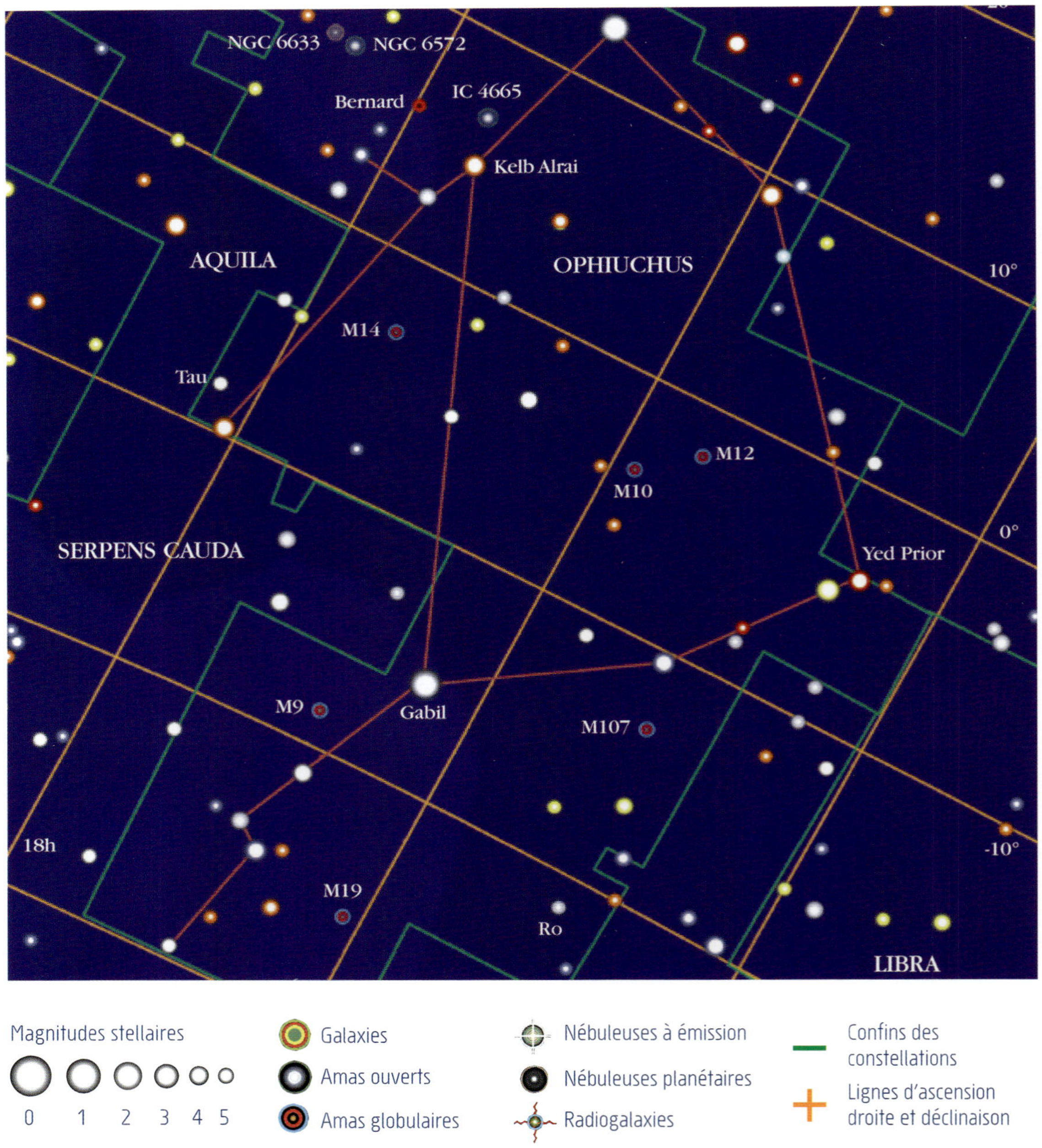

L'amas globulaire M12 distant d'environ 2 000 à 3 000 années-lumière.

OÙ LA RECHERCHER ?

Génitif : *Ophiuchi*
Abréviation : *Oph*

Printemps et été

Hémisphères Nord-Sud

Nord : + 14° - Sud : - 30°
Ouest : 18 h 45' - Est : 16 h 00'

Ophiuchus, ou Serpentaire, est l'une des plus grandes constellations de la voûte céleste. Bien que traversée par l'écliptique, elle ne compte pas parmi les constellations zodiacales. Deux légendes s'y rapportant présentent des divergences. L'une d'elles parle d'Esculape, légendaire fils d'Apollon, qui apprit du Centaure Chiron l'art de la guérison. Une autre, en revanche, associe le Serpentaire au mythique Enkidu, ami de Gilgamesh, héros de la Mésopotamie antique.

Comment repérer la constellation

Les étoiles d'Ophiuchus forment un grand anneau aux contours irréguliers, situé entre Hercule et le Scorpion. L'astre le plus brillant est Alpha, se trouvant environ à 5° à l'est - c'est-à-dire sur la gauche - d'Alpha Her ou Ras Algethi. Cette constellation fait partie de celles visibles au printemps et en été. Elle est en opposition avec le Soleil entre fin mai et mi-juin, période à laquelle elle sera en direction du sud à minuit.
Le développement d'Ophiuchus est plus important encore du point de vue de sa déclinaison, soit plus de 40°, que de son ascension droite. Ceci rend son observation possible depuis un grand nombre de régions terrestres, en plus de sa proximité avec l'équateur céleste.

Étoiles dominantes

Alpha (magnitude 2,1) ou Ras Alphague, la « tête du charmeur de serpents », est blanche et possède un compagnon invisible en orbite autour d'elle en huit ans environ. Bêta (magnitude 2,8), ou Kelb Al Rai, est plus froide qu'Alpha, ainsi qu'en témoigne sa lumière rougeâtre.
Rhô est formée de quatre étoiles que l'on peut distinguer avec de petits instruments : la principale, de magnitude 5,3, possède un compagnon (magnitude 6) situé à 4''. À proximité de ces deux astres, l'on peut en observer deux autres de magnitudes 7,9 et 7.
L'étoile de Barnard, que l'on peut apercevoir à la jumelle ou avec un petit télescope, porte le nom de l'astronome américain qui l'étudia. C'est une naine rouge de magnitude 9,5 et la deuxième étoile la plus proche du Soleil, puisqu'elle n'est qu'à 5,9 années-lumière. Sa spécificité tient au fait qu'elle possède le plus grand mouvement intrinsèque connu. Elle se déplace dans les cieux en couvrant un arc équivalent à 10'',29 par an.

Objets célestes

Ophiuchus possède quantité d'amas stellaires, aussi bien ouverts que globulaires. De nombreux objets appartiennent d'ailleurs à cette famille : M9, M10, M12, M14, M19, M62, M107. Les plus lumineux sont M10 et M12, de magnitude 7. Observés avec de petits instruments, ils apparaissent comme des taches lumineuses diffuses ; mais avec des télescopes d'ouverture minimale de 15 cm, ils laissent entrevoir chacune de leurs étoiles. L'on remarquera également les amas ouverts NGC 6633 et IC 4665, observables à la jumelle, ainsi que la nébuleuse planétaire NGC 6572, de magnitude 10.

Orion
Orion

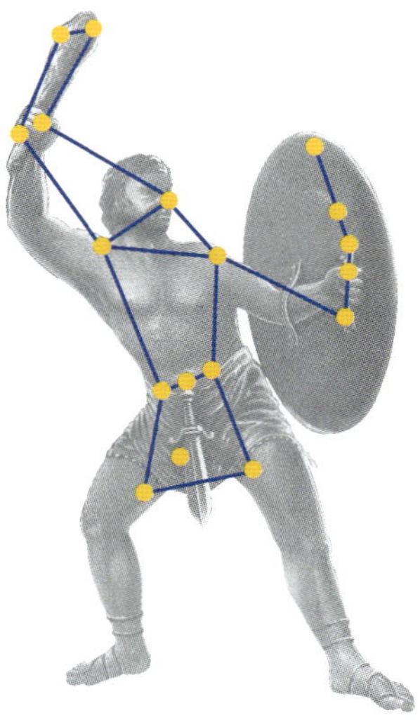

Orion incarne un géant mythologique brandissant une massue pour affronter le Taureau.

Orion, constellation ancienne, rappelle le fils de Poséidon, dieu de la mer. Il était doté d'une forte impétuosité en amour et d'une grande habileté pour la chasse. Un jour, il poursuivit les filles d'Atlas, les Pléiades, qui, pour lui échapper, demandèrent aux dieux de les transformer en étoiles ; leur souhait fut exaucé. Mais Orion avait aussi provoqué la colère de Diane, se vantant de pouvoir chasser n'importe quel animal. Aussi, la déesse lui envoya un scorpion qui le piqua mortellement. Les dieux, pris de compassion, changèrent chasseur et animal en constellations, plaçant Orion à côté des Pléiades.

Comment repérer la constellation

Orion est facilement identifiable parmi les étoiles qui forment la « ceinture » car, bien que peu éclatantes, leur alignement presque parfait attire l'attention. Elles incarnent les « trois rois » dans la tradition populaire. Elles se situent pratiquement au centre d'un quadrilatère d'astres lumineux indiquant les épaules et les genoux du géant.
Orion domine le ciel hivernal, passant au méridien à minuit à la mi-décembre.

Étoiles dominantes

Alpha, ou Bételgeuse - l'épaule orientale du chasseur - est une géante rouge variable, dont les magnitudes oscillent entre 0,3 et 0,6 en à peine plus de cinq ans. Bien qu'elle porte la première lettre de l'alphabet grec, son éclat ne surpasse pas celui de Bêta, ou Rigel - le genou occidental -, de magnitude 0,1 et de couleur blanc-bleu. Les trois astres qui composent la ceinture sont récents et de température extrêmement élevée ; l'on retrouve, d'est en ouest, Zêta ou Alnitak (magnitude 1,8), puis Epsilon ou Alnilam (magnitude 1,7) et enfin Delta ou Mintaka (magnitude 2,2).
D'autres étoiles intéressantes se situent dans « l'épée », ensemble de petites étoiles situées en dessous de la ceinture. Thêta est multiple et formée de quatre membres dénommés « Trapèze ». Ils sont immergés dans la nébuleuse dont ils sont issus et à laquelle ils apportent une luminosité fluorescente.

Objets célestes

La grande nébuleuse d'Orion est le principal objet de la constellation mais aussi l'un des plus célèbres de la voûte céleste. Elle se compose de deux objets, M42 et M43, et reste visible à l'œil nu lors des nuits très claires et sans Lune. Il s'agit d'un gigantesque nuage d'hydrogène, ionisé et resplendissant sous l'action des rayons ultraviolets de ses propres étoiles. Ses dimensions sont considérables (son diamètre est d'une trentaine d'années-lumière) ; le télescope spatial y a récemment découvert de nombreuses étoiles en formation, entourées de disques de matière obscure, qui pourraient engendrer des systèmes planétaires. Outre M42 et M43, Orion abrite également un autre objet du catalogue de Messier : la petite nébuleuse M78.

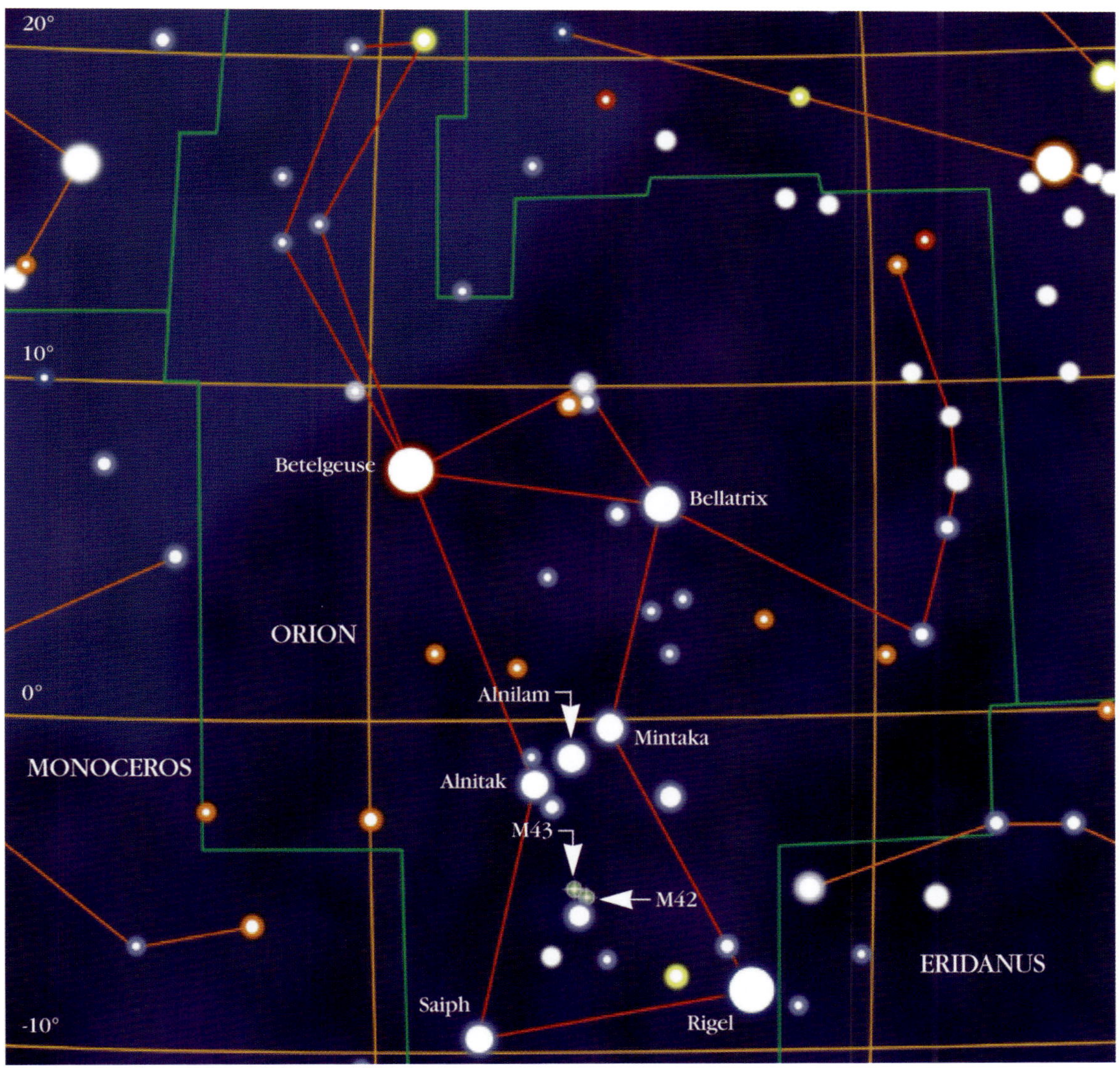

Magnitudes stellaires : 0 1 2 3 4 5
Galaxies
Amas ouverts
Amas globulaires
Nébuleuses à émission
Nébuleuses planétaires
Radiogalaxies
Confins des constellations
Lignes d'ascension droite et déclinaison

L'obscure nébuleuse dite « Tête de cheval » se trouve également dans la constellation d'Orion.

OÙ LA RECHERCHER ?

Génitif : *Orionis*
Abréviation : *Ori*

Automne et hiver

Hémisphères Nord-Sud

Nord : + 23° - Sud : - 11°
Ouest : 6 h 25' - Est : 4 h 45'

Pegasus
Pégase

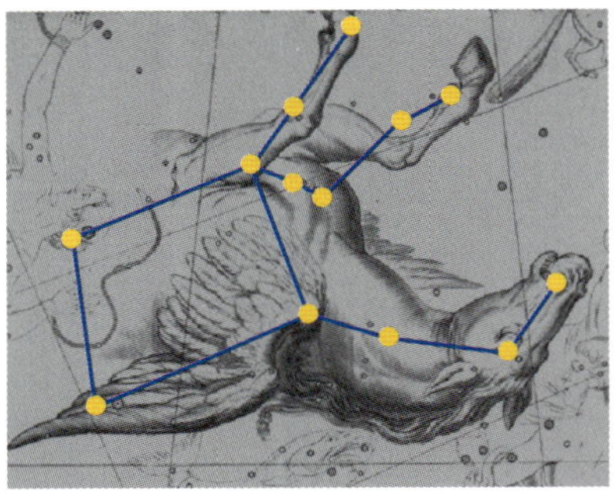

Le cheval ailé Pégase est représenté dans les cieux tête renversée.

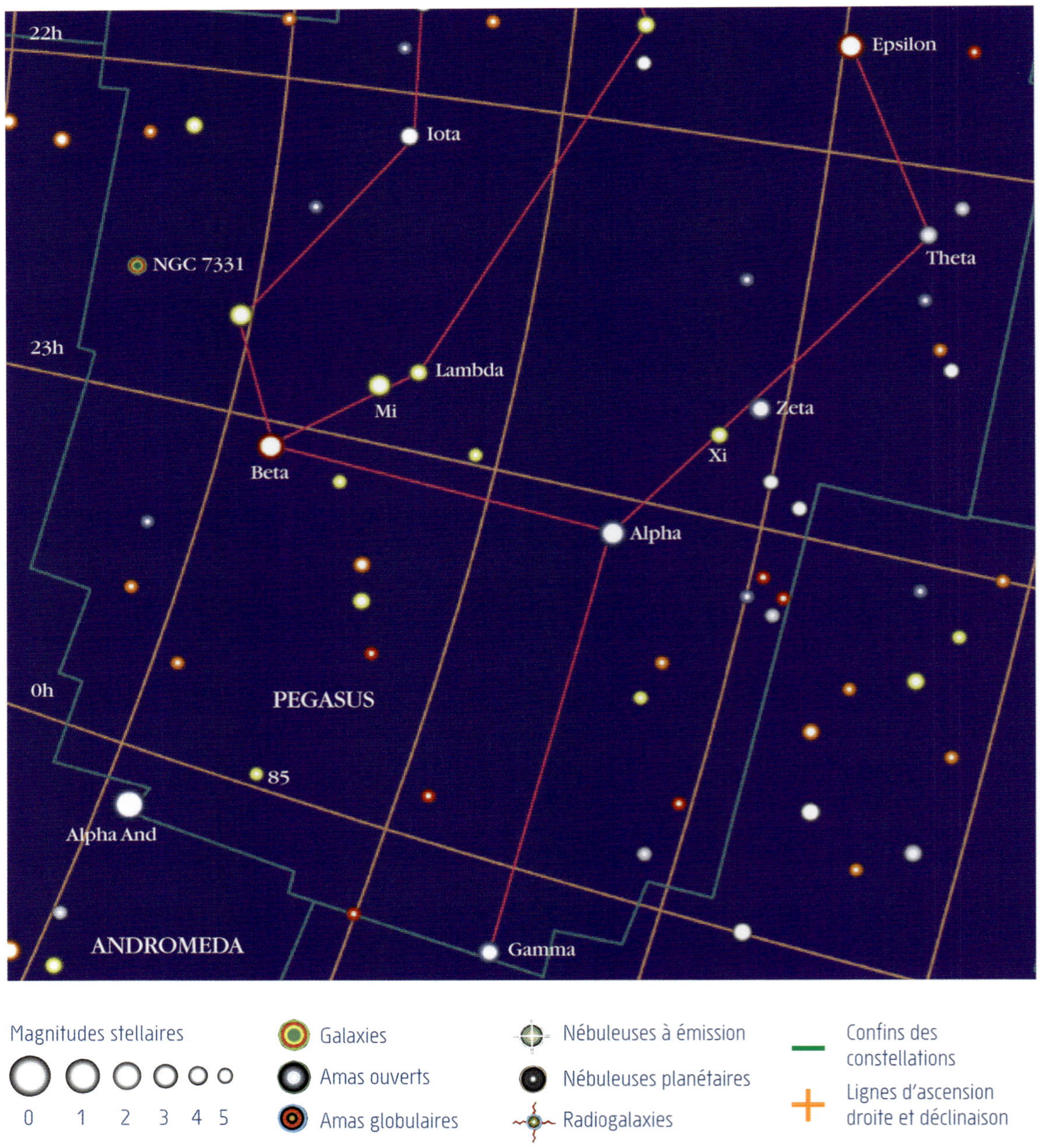

Le Quintette de Stephan comprend cinq galaxies : quatre se trouvent effectivement à proximité les unes des autres mais la cinquième leur est associée par simple effet de perspective.

OÙ LA RECHERCHER ?

Génitif : *Pegasi*
Abréviation : *Peg*

Automne

Hémisphère Nord

Nord : + 37° - Sud : + 2°
Ouest : 0 h 15′ - Est : 21 h 10′

Le cheval ailé légendaire de Persée et Andromède est représenté dans le ciel par la grande constellation de Pégase. Il naquit du sang jailli de la Méduse décapitée. D'autres interprétations proposent cependant une version divergente. Le cheval ailé aurait accompagné un autre héros, Bellérophon, dans une entreprise périlleuse : tuer la Chimère qui ravageait la région de Lycie.

Comment repérer la constellation

Pégase se repère en gardant à l'esprit qu'elle est associée à Persée, Andromède et Cassiopée. Toutes ces constellations sont par conséquent voisines. Ainsi, une fois Cassiopée localisée grâce à sa singulière forme en « W », l'on découvrira facilement Pégase et son majestueux Carré d'étoiles qui en constitue la partie principale.
Pégase domine les nuits automnales. Il passe non loin du zénith à des latitudes comprises entre l'équateur et les 40° nord vers minuit, entre fin août et début septembre.

Étoiles dominantes

Plusieurs étoiles se disputent le record de luminosité. Parmi elles se trouvent Alpha (magnitude 2,5) ou *Markab*, « la selle », et Bêta ou *Scheat*, « l'épaule ». La brillance de cette dernière varie entre les magnitudes 2,3 et 2,7. Alpha et Bêta délimitent le côté occidental du Carré de Pégase. L'apex sud-est, en revanche, est marqué par Gamma, de magnitude oscillant entre 2,8 et 2,9 en près de 3 heures et demie. Alpha And constitue le quatrième sommet. Autre étoile brillante, Epsilon, connue sous le nom d'*Enif*, « le nez », est encore une variable de magnitude comprise entre 0,7 et 3,5 ; elle surpasse donc aisément Alpha ou Bêta lorsqu'elle atteint sa brillance la plus forte.
Signalons également une étoile multiple nommée 85 Pegasi. D'une magnitude de 5,8, elle est formée de trois composantes. L'une d'elles, de magnitude 8,9, orbite autour de la principale (magnitude 5,8) en seulement 26 ans. Sa distance apparente passe d'une fraction de seconde d'arc à 2″ environ. La troisième étoile (magnitude 8,6) se situe à plus d'1′.

Objets célestes

Parmi les différents objets qui peuplent les cieux de Pégase, l'on retrouve l'amas globulaire M15 du catalogue de Messier. Il peut déjà s'observer à la jumelle, sa magnitude globale étant de 6,4. La galaxie NGC 7331, en revanche, est plus difficile à entrevoir. C'est une spirale de magnitude 10 qui se trouve à près de 50 millions d'années-lumière.
Il existe un autre groupe d'objets beaucoup plus éloignés, qui sont hors de portée des petits télescopes. Il s'agit du Quintette de Stephan composé de cinq galaxies de magnitude 14 ou plus ; quatre d'entre elles sont en interaction gravitationnelle mutuelle. La cinquième, en revanche, n'apparaît proche des autres que par effet d'optique. Elle est en réalité beaucoup plus proche de la Terre que ses compagnons.

Perseus

Persée

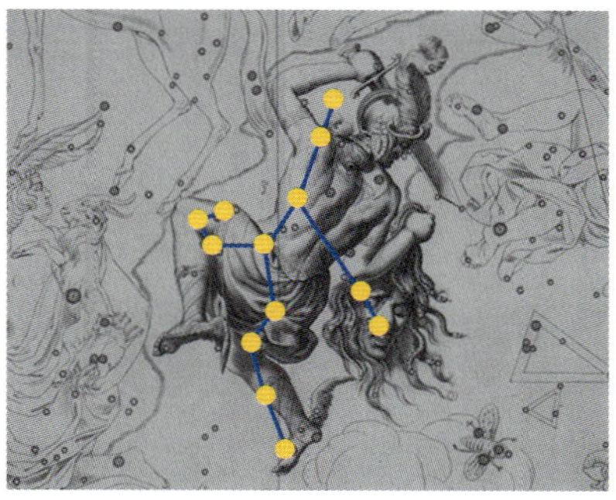

Persée est le légendaire héros grec qui sauva Andromède des griffes du monstre marin.

De toutes les entreprises de Persée, la plus passionnante l'amena face à Méduse, la Gorgone qui pétrifiait quiconque la regardait. Les Gorgones étaient gardées par leurs sœurs, les Grées, qui n'avaient qu'un seul œil qu'elles se passaient à tour de rôle. Persée s'engagea dans cette aventure tout spécialement équipé : il pouvait se rendre invisible grâce au heaume fourni par Pluton. Il pouvait aussi se protéger derrière le bouclier de bronze remis par Minerve. Enfin, il était armé d'une épée en diamants construite par Vulcain. Ainsi paré, il parvint à se débarrasser facilement des Grées ; la nuit tombée, il regarda l'image de Méduse réfléchie sur son bouclier et la décapita.

Comment repérer la constellation

En prolongeant l'alignement formé par les étoiles Alpha, Bêta et Gamma Andromedae, l'on atteint l'astre le plus brillant de Persée : Alpha. Persée apparaît pendant les nuits froides, passant au méridien à minuit vers la mi-novembre. C'est à l'époque des Perséides qu'elle s'élève au-dessus de l'horizon nord-est vers 23 h 30.

Étoiles dominantes

Alpha, ou Algenib (magnitude 1,8) est une géante située à près de 600 années-lumière de nous. Son nom est singulier, car il est aussi attribué à une étoile appartenant à la constellation de Pégase, Alpha Persei, qui s'appelle également Mirfak. Bêta, ou Algol – le démon – est véritablement diabolique : c'est la première variable à éclipse jamais découverte. Sa magnitude passe de 2,1 à 3,4 en moins de trois jours. Sa variabilité fut révélée au XVIIe siècle. Son appellation tient au fait que, par le passé, cet astre symbolisait la tête de la Gorgone tuée par Persée.

Objets célestes

L'un des attraits majeurs de Persée est son « double amas », composé de h et de Khi Persei, deux amas voisins et situés à environ 7 400 années-lumière. Observés à la jumelle, ils affichent un grand nombre de petites et jeunes étoiles bleues, rassemblées en deux groupes rapprochés. Lorsque les conditions sont favorables, il est possible de les apercevoir à l'œil nu, telles deux taches lumineuses.
M34 est un autre amas ouvert, beaucoup moins riche cependant que les deux précédents. M76 est une nébuleuse planétaire bien plus faible, de magnitude 12,5. Non loin de Ksi se situe la grande nébuleuse Californie, NGC 1499, ainsi baptisée du fait de sa forme : il s'agit d'une vaste zone d'hydrogène ionisé. Cette constellation abrite, comme nous l'avons mentionné, le radiant de la célèbre pluie de météorites des Perséides, qui tombe la nuit vers le 10 août.

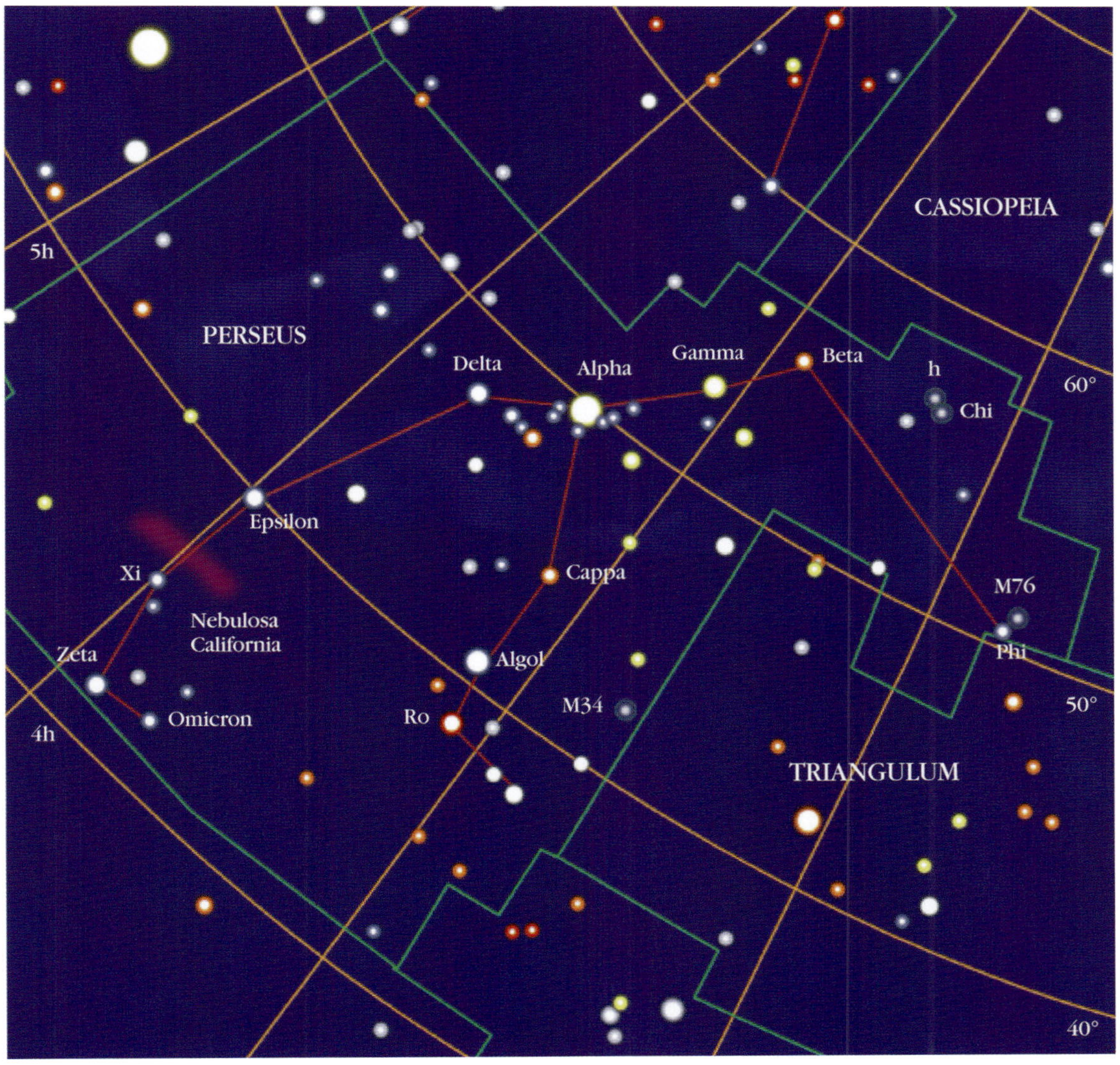

Magnitudes stellaires
0 1 2 3 4 5

Galaxies
Amas ouverts
Amas globulaires
Nébuleuses à émission
Nébuleuses planétaires
Radiogalaxies
Confins des constellations
Lignes d'ascension droite et déclinaison

Le « double amas » h et Khi Persei nécessite quelques agrandissements pour être apprécié dans toute sa splendeur.

OÙ LA RECHERCHER ?

Génitif : *Persei*
Abréviation : *Per*

Automne et hiver

Hémisphère Nord

Nord : + 59° – Sud : + 31°
Ouest : 4 h 50' – Est : 1 h 30'

Phoenix

Phénix

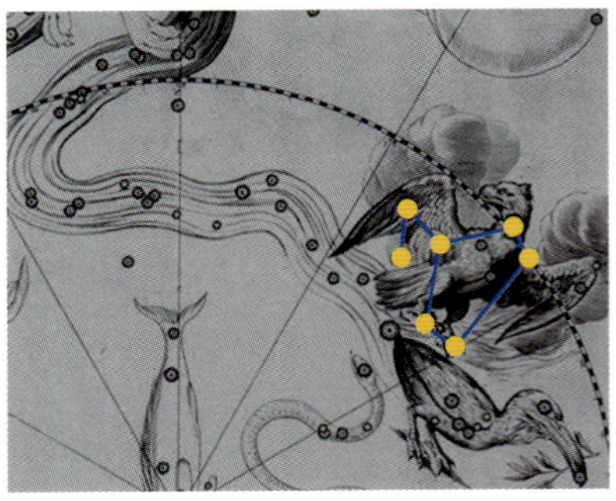

Le Phénix rappelle l'oiseau légendaire capable de renaître de ses cendres ; il devint ainsi le symbole de la résurrection dans la religion chrétienne.

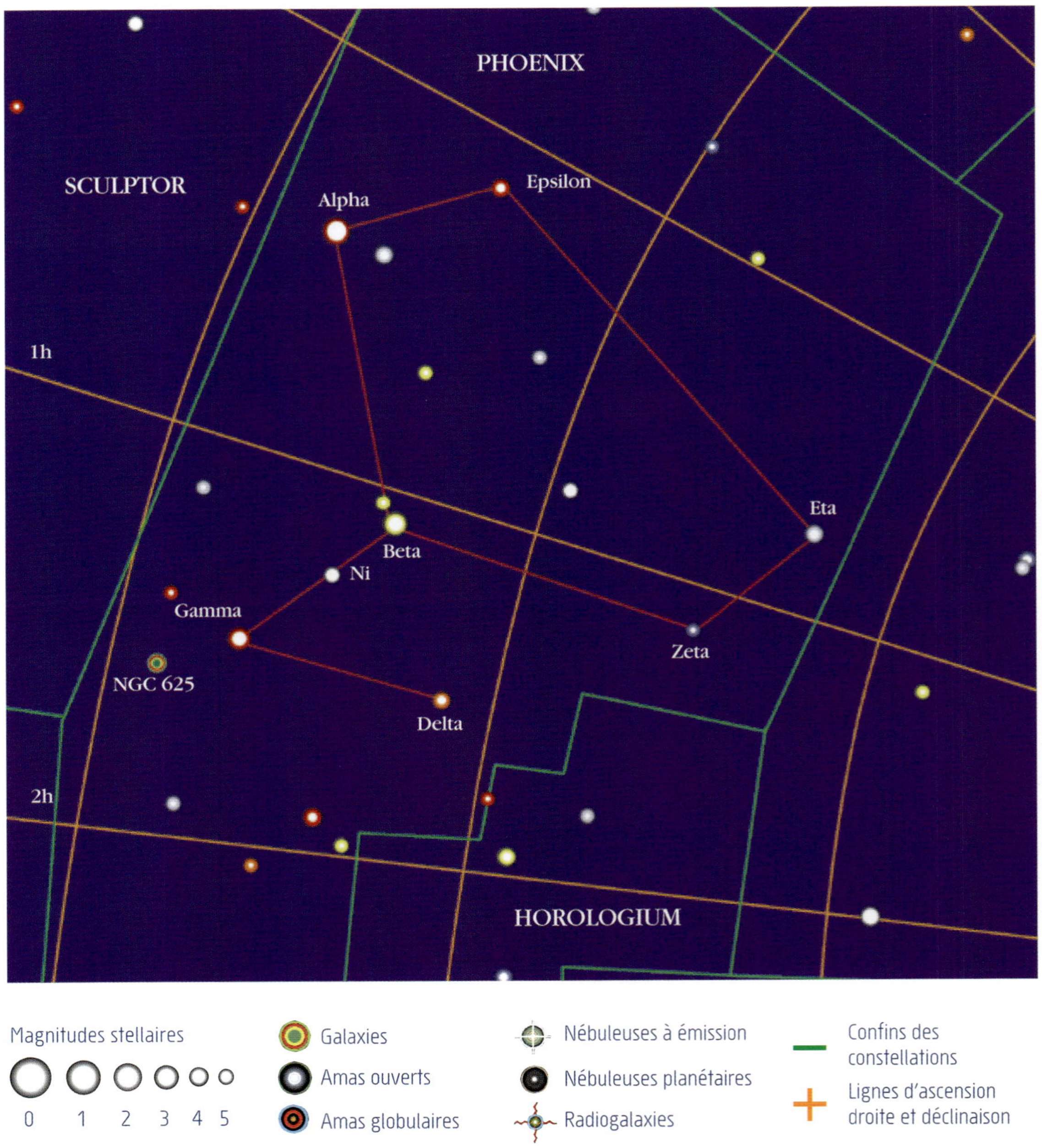

NGC 625 est une galaxie à spirale barrée de magnitude 12.

OÙ LA RECHERCHER ?

Génitif : *Phoenicis*
Abréviation : *Phe*

Automne

Hémisphère Sud

Nord : - 39° - Sud : - 58°
Ouest : 2 h 25′ - Est : 23 h 25′

Le Phénix apparaît dans l'atlas de Bayer, *Uranometria*, en 1603, mais il est associé à des mythes anciens. C'est l'oiseau qui renaît continuellement de ses cendres. Dans l'atlas historique de Bode, il est représenté sur un bûcher. Une légende raconte que le Phénix pouvait atteindre cinq cents ans et qu'à la fin de ses jours, il construisait un nid au sommet d'un palmier. Y naissait, après sa mort, un autre petit phénix qui emportait son nid au temple d'Hypérion.

Comment repérer la constellation

À près de 25° au sud de Deneb Kaitos, l'astre le plus lumineux de la Baleine, l'on trouve, légèrement à l'ouest, la plus brillante étoile en Phénix : Alpha. On peut aussi suivre, dans la constellation de la Grue, le tracé formé par Alpha et Bêta, à l'ouest desquelles se situe Bêta Phoenicis. Le passage du Phénix au méridien à minuit se produit entre mi-septembre et mi-octobre. Elle se situe en fait à des déclinaisons inférieures à 40°. Pour pouvoir l'admirer dans son intégralité, il faut se trouver à des latitudes d'au moins 33° N. Et mieux encore, descendre plus au sud pour l'apercevoir plus haute au-dessus de l'horizon.

Étoiles dominantes

Ainsi que nous l'avons dit, Alpha est l'astre le plus brillant de toute la constellation. C'est une étoile orangée de magnitude 2,4, située à 77 années-lumière de la Terre. Bêta est de magnitude 3,3 et de lumière jaune ; elle est plus éloignée qu'Alpha, positionnée à 198 années-lumière du système solaire. Elle est double, formée d'un couple d'étoiles de magnitudes 4,0 et 4,2 qui requièrent un télescope d'au moins 10 cm d'ouverture pour être distinguées.

Zêta est peut-être l'astre le plus intéressant de la constellation. Il s'agit d'un système multiple. Un petit télescope pointé sur lui révélera une étoile bleue de magnitude 4,0. Juste à côté, l'on aperçoit son compagnon, de magnitude 7,2 ; puis à 6-7″ se trouve une troisième composante, de magnitude 8. L'élément principal est lui-même une binaire à éclipse. Ce sont donc quatre étoiles au total qui composent le système de Zêta. Trois d'entre elles seulement se laissent capturer au télescope.

Objets célestes

La constellation du Phénix est totalement dépourvue d'objets télescopiques conséquents. Elle ne renferme qu'une galaxie remarquable, qui plus est d'une faible magnitude de 12 : NGC 625. Celle-ci se situe non loin de Gamma et est une galaxie à spirale barrée.

Pictor
Peintre

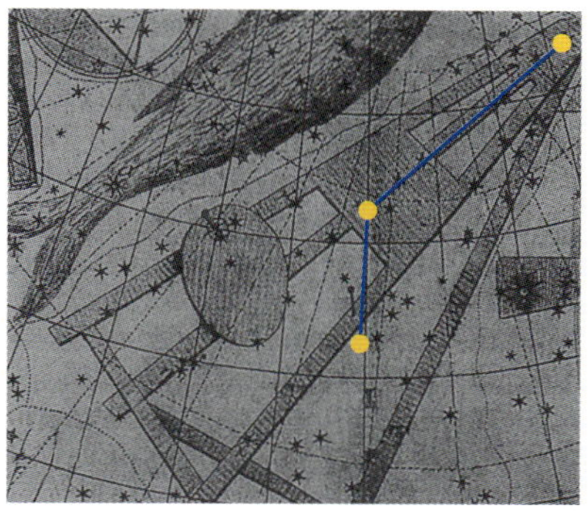

À l'origine, le Peintre portait le nom de « Chevalet du Peintre ».

À l'instar de nombreuses constellations australes introduites depuis la Renaissance, le Peintre n'est lié à aucun mythe. Il fut inventé par l'abbé de Lacaille, qui souhaita l'associer à son chevalet sur la voûte étoilée. C'est pourquoi la constellation fut initialement baptisée « Equuleus Pictoris », puis simplifiée en « Pictor ».

Comment repérer les constellations

Le Peintre se situe au nord de la Table et à l'ouest de la Dorade. L'on se souviendra que si l'on garde le nord en haut, les positions célestes de l'est et de l'ouest sont inversées par rapport à celles de la Terre. C'est pourquoi le Peintre se trouve à gauche de la Dorade. Il fait partie des constellations visibles pendant la saison hivernale de l'hémisphère boréal. Son passage au méridien à minuit s'effectue en début d'hiver. Sa position céleste, cependant, ne le rend intégralement visible qu'à des latitudes au sud des 25° N. Mieux vaut donc se trouver dans l'hémisphère austral et observer la constellation pendant l'été.

Étoiles dominantes

L'astre le plus brillant de la constellation est Alpha, de magnitude 3,3 et de lumière blanche. Sa distance au système solaire est évaluée à 99 années-lumière. Bêta (magnitude 3,9) semble une étoile peu intéressante de 3,8 de magnitude. En réalité, elle possède une lumière blanche, se situe à 63 années-lumière et est fortement suspectée de posséder un système planétaire analogue au nôtre. Des techniques de filmage spécifiques ont mis en lumière un large anneau de poussière tout autour, qui en réfléchit les lueurs. Il existe par conséquent de la matière sur le plan équatorial, résidu de la nébuleuse qui engendra cet astre et qui pourrait également donner naissance à un système planétaire, si ce n'est déjà fait.

On trouvera également une étoile double, Iota, dont les composantes (magnitudes 5,6 et 6,4) sont éloignées de 12″. Thêta est un système triple, dont seulement deux composantes peuvent facilement se détacher avec un télescope amateur. Elles sont de magnitudes respectives 6,8 et 6,9 et sont séparées d'environ 40″. La troisième étoile (magnitude 7,2) se trouve à seulement 0,2″ de l'astre de magnitude 6,9. Kapteyn est décidément peu voyante. De magnitude 8,8, elle reste invisible à l'œil nu. Elle a pour particularité d'être relativement proche de nous, à 12,8 années-lumière ; son mouvement intrinsèque est également important : il n'est inférieur qu'à celui de l'étoile de Barnard, dans la constellation d'Ophiuchus. Kapteyn parcourt près de 9″ d'arc par an, traversant une partie du ciel aussi grande que le disque lunaire en quelque 200 ans.

Objets célestes

Le Peintre n'abrite pas d'objets télescopiques, mais seulement des galaxies de magnitudes extrêmement faibles, non accessibles aux instruments amateurs.

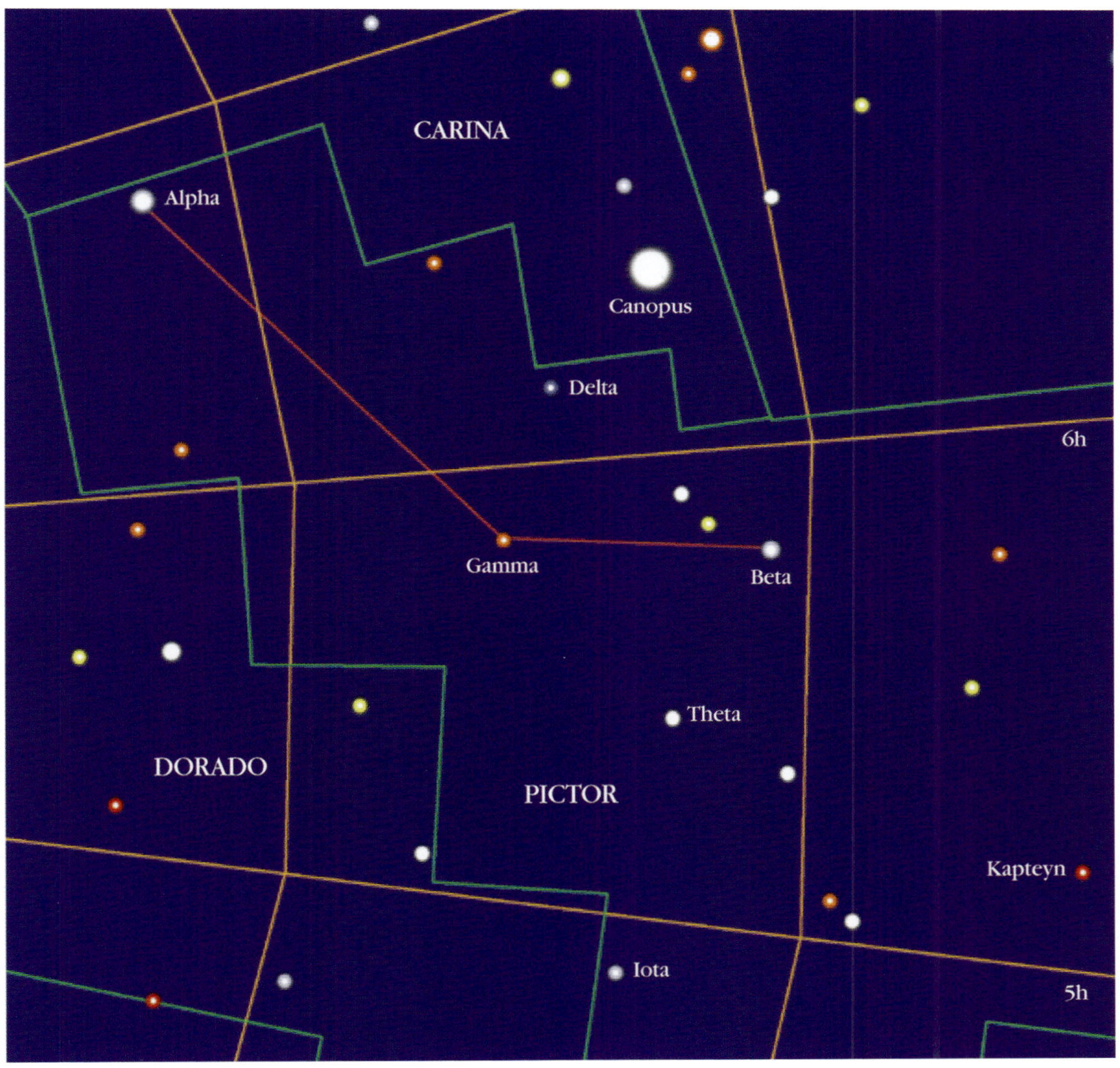

Magnitudes stellaires
0 1 2 3 4 5

Galaxies
Amas ouverts
Amas globulaires

Nébuleuses à émission
Nébuleuses planétaires
Radiogalaxies

Confins des constellations
Lignes d'ascension droite et déclinaison

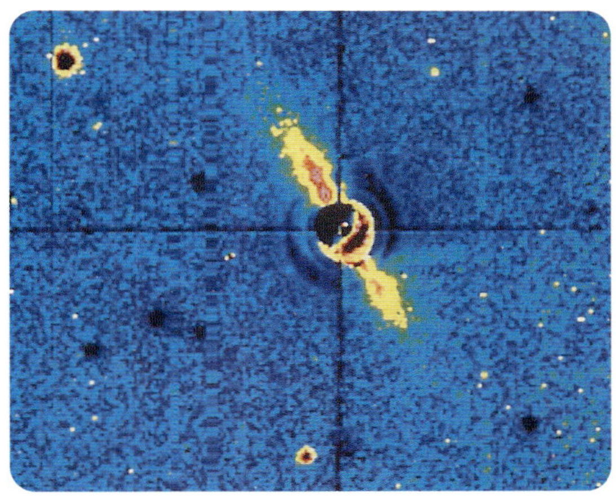

Bêta Pictoris s'entoure d'un anneau de matière circumstellaire qui en reflète la lumière.

OÙ LA RECHERCHER ?

Génitif : *Pictoris*
Abréviation : *Pic*

Hiver

Hémisphère Sud

Nord : - 43° - Sud : - 66°
Ouest : 6 h 50′ - Est : 4 h 35′

Pisces

Poissons

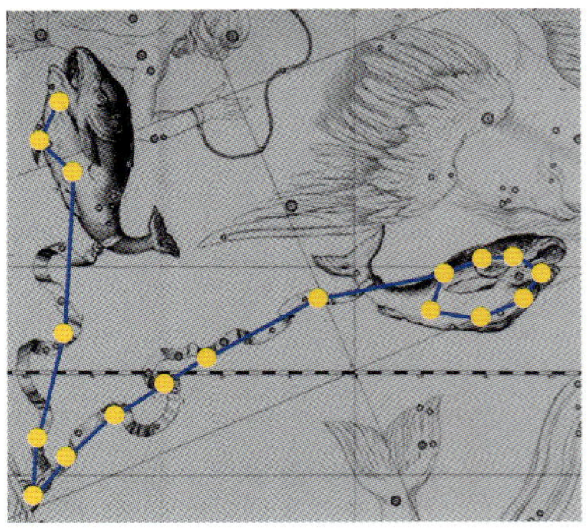

Les Poissons sont généralement représentés avec un lien les unissant par la queue.

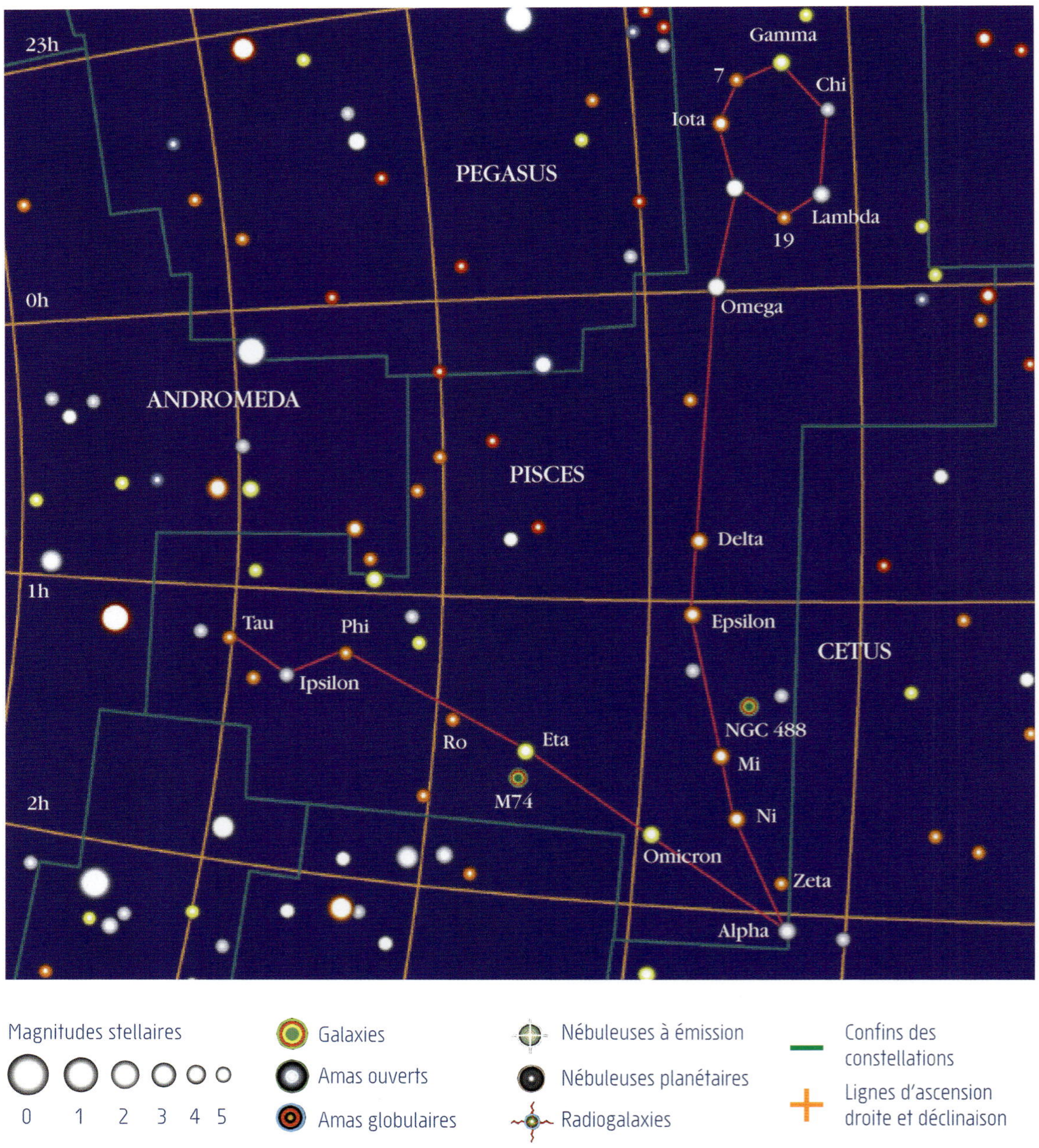

La galaxie à spirale M74 est à une distance estimée entre 25 et 42 millions d'années-lumière.

OÙ LA RECHERCHER ?

Génitif : *Piscium*
Abréviation : *Psc*

Automne

Hémisphère Nord et Sud

Nord : + 34° - Sud : - 6°
Ouest : 2 h 05′ - Est : 22 h 50′

La constellation des Poissons, où se trouve aujourd'hui l'équinoxe de printemps, possède des origines qui remontent à la haute Antiquité. Les légendes qui lui sont associées sont diverses. L'une d'elles rappelle la guerre qui opposa les dieux au monstre Typhon, engendré par Gaïa. Typhon était une horrible créature, capable d'épouvanter les dieux eux-mêmes. Lorsqu'il arriva, Aphrodite et son fils Eros trouvèrent refuge dans un fleuve. Les deux fugitifs, raconte-t-on, se changèrent en poissons. Une autre version raconte qu'ils furent sauvés par deux poissons. Typhon fut ensuite vaincu par Jupiter.

Comment repérer la constellation

Les Poissons sont sertis par les constellations d'Andromède, du Triangle, du Bélier, de la Baleine, du Verseau et de Pégase. Ils ne sont pas trop difficiles à localiser, au sud-est du grand Carré de Pégase. Ils se laissent observer une bonne partie de l'automne. La constellation se découpe au-dessus de l'horizon sud, en passant par le méridien à minuit entre mi-septembre et mi-octobre ; c'est à cette période qu'elle est en opposition avec le Soleil. Dans la mesure où l'équinoxe est le point de rencontre entre l'écliptique et l'équateur céleste, les Poissons, qui abritent ce point, sont visibles par une bonne partie de la planète. L'hémisphère boréal est néanmoins privilégié, car la constellation se développe essentiellement au-dessus de l'équateur céleste.

Étoiles dominantes

L'astre le plus lumineux de la constellation est Êta, de magnitude 3,6 et de couleur jaune. Alpha, en revanche, est une belle étoile double dont les composantes sont de magnitudes respectives 4,3 et 5,2, et séparées de moins de 2″. Sa phase orbitale s'étend sur 720 ans. Alpha est également nommée Al Rischa, ce qui signifie « la corde ». Elle apparaît, dans les atlas historiques, à mi-chemin du lien reliant les queues des deux Poissons célestes. Zêta est plus facile à distinguer, formée d'un couple d'étoiles de magnitudes 5,6 et 6,5, séparées par un angle de 23″. Flamsteed 19 semble être un petit astre insignifiant de magnitude 5. Mais en réalité, il s'agit d'une étoile « carbonée », c'est-à-dire que sa température de surface est tellement froide que son spectre contient du carbone en abondance. C'est l'un des quelques exemples visibles à l'œil nu, surtout que ce type d'étoile est assez rare. Il porte le sigle TX et se classe parmi les variables, avec une magnitude comprise entre 4,8 et 5,2.

Objets célestes

On retrouve dans la constellation des Poissons la galaxie de Messier M74, non loin d'Êta. Cette belle spirale de magnitude 9,5 est pratiquement visible de face. Il est ainsi possible d'en apprécier les grands bras. Elle apparaît dans un petit télescope comme un petit flocon vaguement brillant, qui se détache à peine du fond céleste.

Piscis Austrinus

Poisson austral

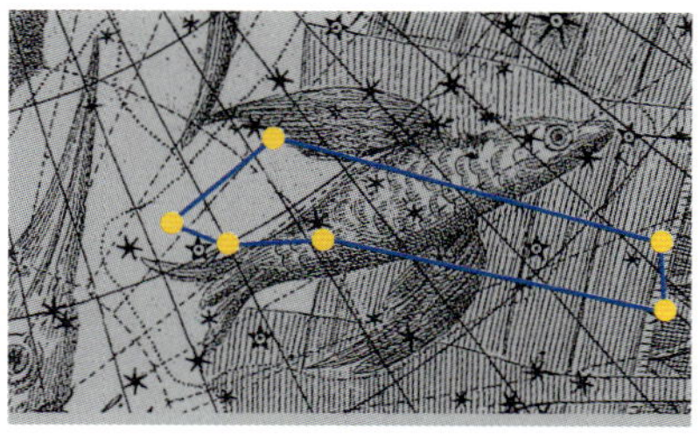

Le Poisson austral est représenté buvant l'eau qui coule de l'amphore du Verseau à proximité.

Situé à proximité de constellations plus récentes, le Poisson austral possède pourtant des origines lointaines, probablement du fait de la forte luminosité de son astre le plus brillant, Fomalhaut. Différentes légendes lui sont associées. Une première raconte le sauvetage d'un dieu par un poisson. Une deuxième parle de la chute d'une déesse dans un cours d'eau. Une troisième, probablement d'origine asiatique, raconte que Dercéto, déesse de la fertilité, se précipita dans un lac et fut sauvée par un poisson. Il existe une légère variante à cette version selon laquelle Dercéto voulut se noyer après avoir donné le jour à une fille, Sémiramis, née de sa relation amoureuse honteuse avec un mortel et destinée à régner sur Babylone. Dercéto se jeta au fond d'un lac mais fut transformée en sirène.
Les Poissons zodiacaux seraient, selon le mythe, les descendants du Poisson Austral.

Comment repérer la constellation

Le Poisson austral se localise assez facilement si l'on se réfère au grand Carré de Pégase, point de départ de nombreuses recherches sur la voûte céleste. En allongeant le côté ouest de ce polygone d'étoiles sur près de 45° vers le sud, on atteint Fomalhaut, l'astre le plus important de la constellation.
La fin de l'été est la période idéale pour observer cette dernière. Fomalhaut, qui est proche de la frontière est, culmine à minuit vers le début du mois de septembre. Sa déclinaison est d'environ - 30°.

Étoiles dominantes

Nous l'avons dit, Fomalhaut, étoile la plus brillante, est désignée par la lettre Alpha. De magnitude 1,2, son nom signifie « bouche du poisson ». Sa lumière est blanche et nous parvient après avoir parcouru une distance de 25 années-lumière.
Epsilon, deuxième étoile en termes de luminosité, est de magnitude 4,2 et de couleur blanche légèrement bleutée. Êta est une étoile double, composée de deux astres de magnitudes 5,8 et 6,8, séparés par un angle de 1,7''. Il faut donc utiliser un instrument d'au moins 7 cm de diamètre pour pouvoir les distinguer l'une de l'autre.
Signalons en outre l'étoile de magnitude 7,4, connue sous le nom de Lacaille 9352 et observable à la jumelle. Cette naine rouge est de basse température de surface et décrit un mouvement consistant de près de 7'' par an. Un tel déplacement la place en quatrième position parmi les étoiles au mouvement propre conséquent.

Objets célestes

Malheureusement, le Poisson austral fait partie des constellations peu avantagées, car situées dans des régions où les objets à la portée des télescopes amateurs sont rares.
La constellation ne propose que quelques galaxies de faible luminosité, difficiles à observer.

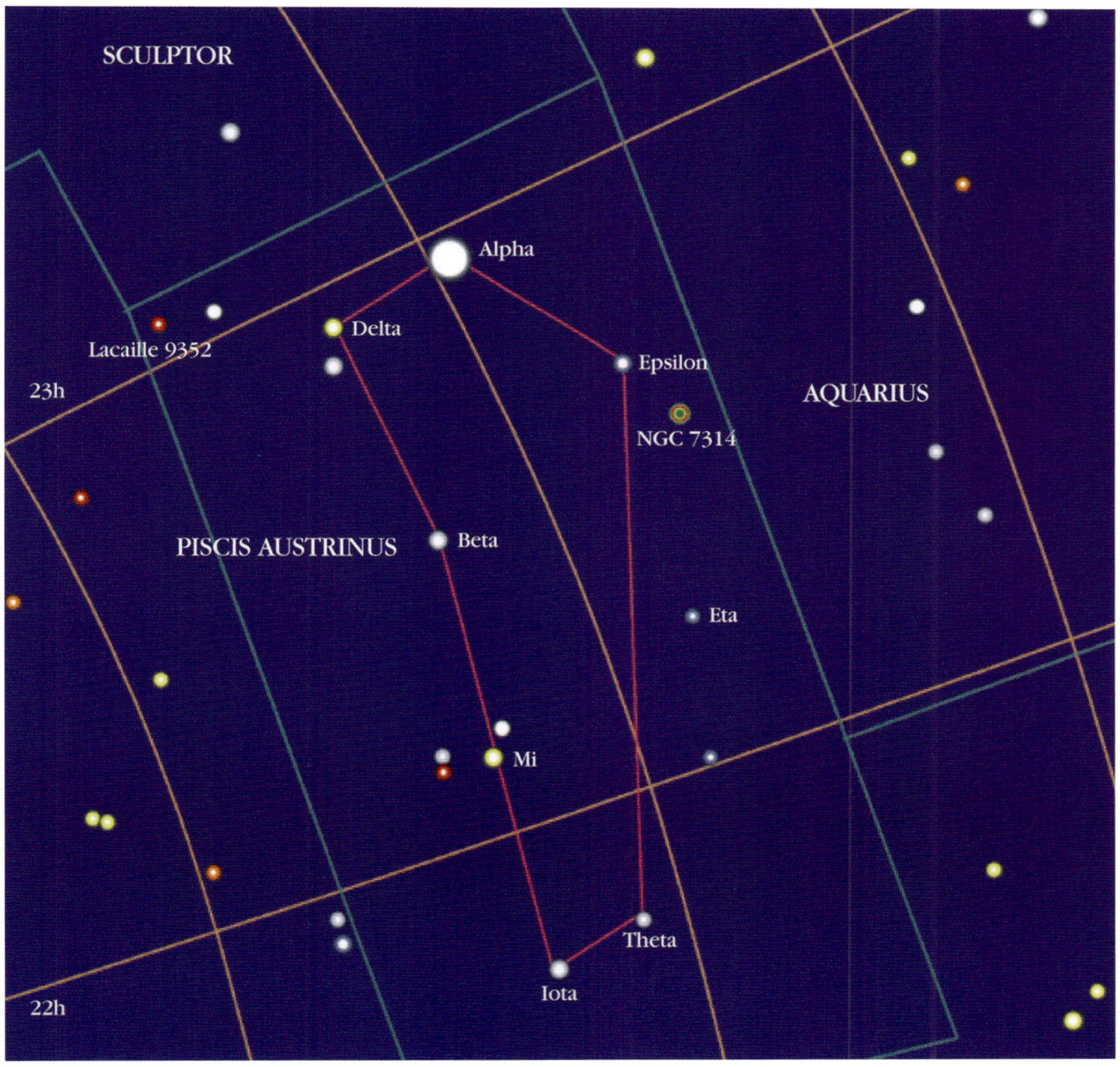

Magnitudes stellaires: 0 1 2 3 4 5
Galaxies
Amas ouverts
Amas globulaires
Nébuleuses à émission
Nébuleuses planétaires
Radiogalaxies
Confins des constellations
Lignes d'ascension droite et déclinaison

NGC 7314 est l'une des galaxies peu brillantes présentes dans la constellation.

OÙ LA RECHERCHER ?

Génitif : *Piscis Austrini*
Abréviation : *PsA*

Été et automne

Hémisphère Sud

Nord : - 25° - Sud : - 36°
Ouest : 23 h 05' - Est : 21 h 30'

Puppis

Poupe

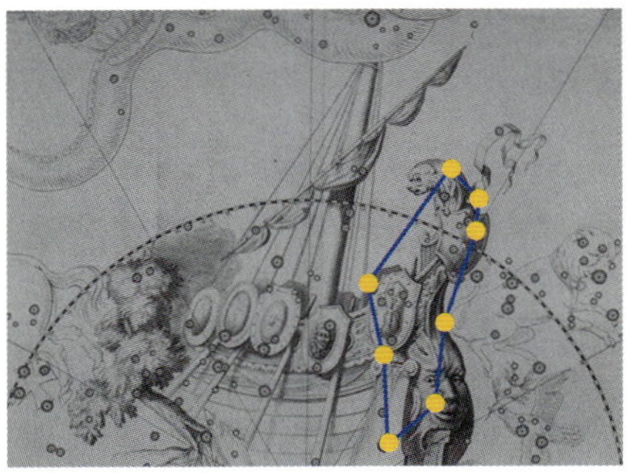

Le Navire Argo, désormais démantelé, a engendré quatre constellations, dont la Poupe.

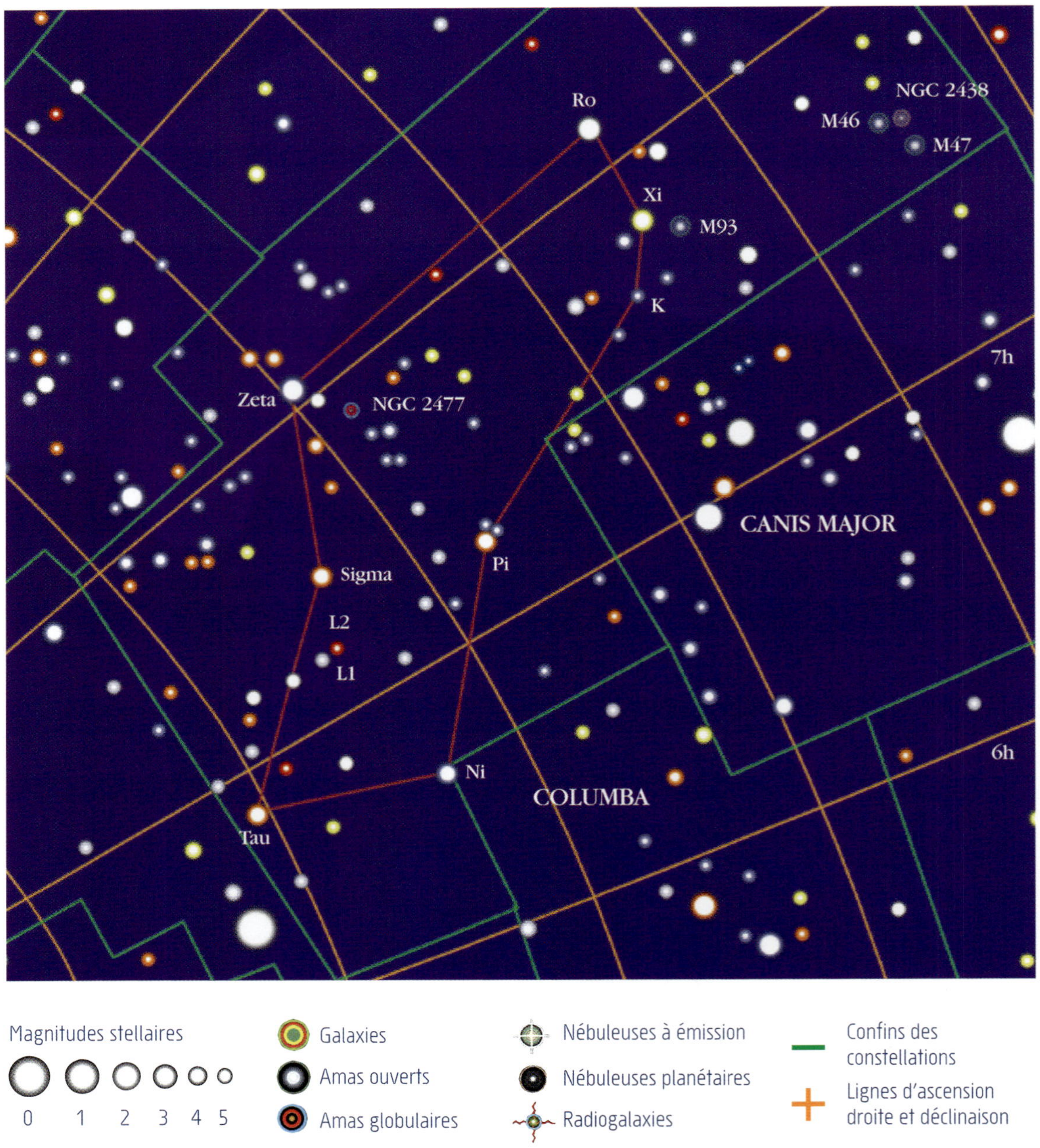

L'amas M46 semble contenir également la nébuleuse planétaire NGC 2438, qui pourtant n'en fait probablement pas partie.

OÙ LA RECHERCHER ?

Génitif : *Puppis*
Abréviation : *Pup*

Hiver

Hémisphère Sud

Nord : - 11° - Sud : - 51°
Ouest : 8 h 25′ - Est : 6 h 05′

La constellation de la Poupe est issue du démembrement du Navire Argo en quatre astérismes (Poupe, Carène, Voiles et Boussole) effectué au XVIIe siècle par l'abbé de Lacaille. Comme l'indique son nom, elle représente l'arrière de la légendaire embarcation avec laquelle Jason entreprit, accompagné de ses valeureux Argonautes, l'aventure qui le conduisit en Colchide afin de s'emparer de la Toison d'or.

Comment repérer la constellation

Le tracé parfait joignant Sirius à Delta CMa pointe en direction du sud-est vers Zêta Puppis, l'astre le plus lumineux de la Poupe. Les autres étoiles se trouvent en majorité à l'ouest de celle-ci. La constellation se laisse admirer en hiver ; elle passe au méridien vers minuit au mois de janvier, restant assez basse sur nos horizons vers le sud. La Poupe n'apparaît dans son intégralité au-dessus de l'horizon, pour seulement quelques minutes, qu'à des latitudes au sud des 39°N.

Étoiles dominantes

À l'instar des Voiles, la Poupe n'abrite pas d'étoile Alpha. Zêta (magnitude 2,3) est la plus brillante et compte parmi les plus chaudes connues : sa température de surface dépasse les 30 000 °K. Rho est une variable de type Delta Scuti. Sa magnitude oscille entre 2,7 et 2,9 en 3 heures et 23 minutes ; ce qui signifie qu'il est possible d'assister à plusieurs cycles en l'espace d'une nuit. L'étoile baptisée L est double ; l'un de ses membres est de magnitude 4,9 et de couleur bleue, alors que l'autre est variable et oscille irrégulièrement entre 2,6 et 6,2 de magnitude en 140 jours. En outre, L1 et L2 n'ont pas de lien gravitationnel.

Objets célestes

La Poupe abrite trois objets du catalogue de Messier : M46, M47 et M93, trois amas ouverts. Le premier, de magnitude 8, est formé de plusieurs centaines d'étoiles et s'observe à la jumelle. Dans la région nord de l'amas se trouve NGC 2438, nébuleuse planétaire de magnitude 11 et de diamètre de 1′ environ. Cet objet ne fait probablement pas partie de l'amas, étant donné sa distance d'environ 300 années-lumière, contre 5 400 pour M46. À proximité de ce dernier se trouve M47, plus lumineux mais moins riche, composé d'une petite cinquantaine d'étoiles et visible sans instrument. M93 se laisse entrevoir, à la jumelle, une dizaine de degrés au sud des précédents ; il est de magnitude 7. Il compte environ 60 étoiles, sur une partie de la voûte céleste légèrement inférieure au disque lunaire. Parmi les autres nombreux amas présents, mentionnons NGC 2477, de magnitude 7 et de dimensions apparentes équivalentes à celles de M93 ; il se compose d'environ 300 étoiles.

Sagitta
Flèche

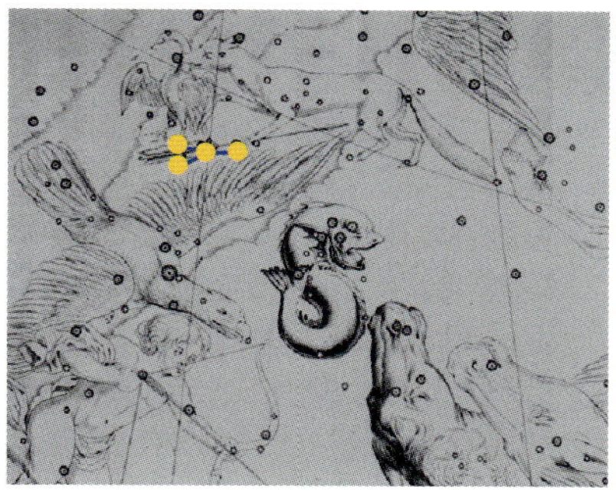

La Flèche fait partie des constellations antiques, déjà connue des Grecs anciens.

De nombreuses légendes sont associées à cette petite constellation d'origine très ancienne. La plus intéressante l'associe à la flèche tirée par Hercule afin de libérer Prométhée. Ce héros est connu pour avoir dérobé le feu à Jupiter et l'avoir remis aux hommes.

Jupiter le punit de son crime, l'enchaînant aux montagnes du Caucase où un aigle lui rongeait le foie pendant la journée. La nuit, l'organe repoussait, de manière à ce que le supplice se répète *ad vitam æternam*. Mais Hercule décida d'y mettre fin et tua l'aigle d'une flèche.

Comment repérer la constellation

Cette petite constellation se trouve dans le périmètre du Triangle d'été, grand polygone formé par les trois étoiles Deneb en Cygne, Véga en Lyre et Altaïr en Aigle.

Afin d'identifier plus précisément la Flèche, il suffit de porter son regard une dizaine de degrés au nord d'Altaïr, pratiquement parallèlement à la base du Triangle. L'on peut également partir du Dauphin à proximité et se déplacer vers le nord-ouest d'une dizaine de degrés.

La Flèche reste visible pendant toute la belle saison, passant au méridien à minuit vers la mi-juillet.

Étoiles dominantes

Les étoiles Alpha et Bêta ne sont pas les plus brillantes, leur luminosité n'excédant pas celle de Gamma ou Delta. Alpha, ou Sham, comme Bêta, sont de magnitude 4,4 et de distances à la Terre similaires (entre 600 et 700 années-lumière) ; leur type spectral est comparable à celui du Soleil. Gamma (magnitude 3,5), l'astre le plus lumineux, situé à 275 années-lumière de nous, est de couleur orangée. Delta (magnitude 3,8) est en revanche une géante rouge dont la luminosité fluctue légèrement, de huit centièmes de magnitude seulement. La variable à éclipse U est en revanche plus intéressante, oscillant entre 6,5 et 9,3 de magnitude en un peu plus de 3 jours et neuf heures. Cette variation permet de suivre l'étoile avec une bonne paire de jumelles. WZ est encore plus singulière : elle avait par le passé oscillé entre les magnitudes 15 et 7 ; ce phénomène s'étant produit trois fois en 1913, 1946 et 1978, l'on en a déduit qu'il s'agit d'une étoile jeune récurrente.

Objets célestes

La Flèche abrite un objet du catalogue de Messier, l'amas globulaire M71. L'éloignement de cet objet, dont la nature a fait couler beaucoup d'encre, d'aucuns croyant qu'il s'agissait d'un amas ouvert particulièrement riche, est de 14 500 années-lumière. Il se révèle comme une tache lumineuse diffuse de magnitude 8 perceptible à la jumelle. Ses dimensions apparentes équivalent à un cinquième du diamètre de la Lune.

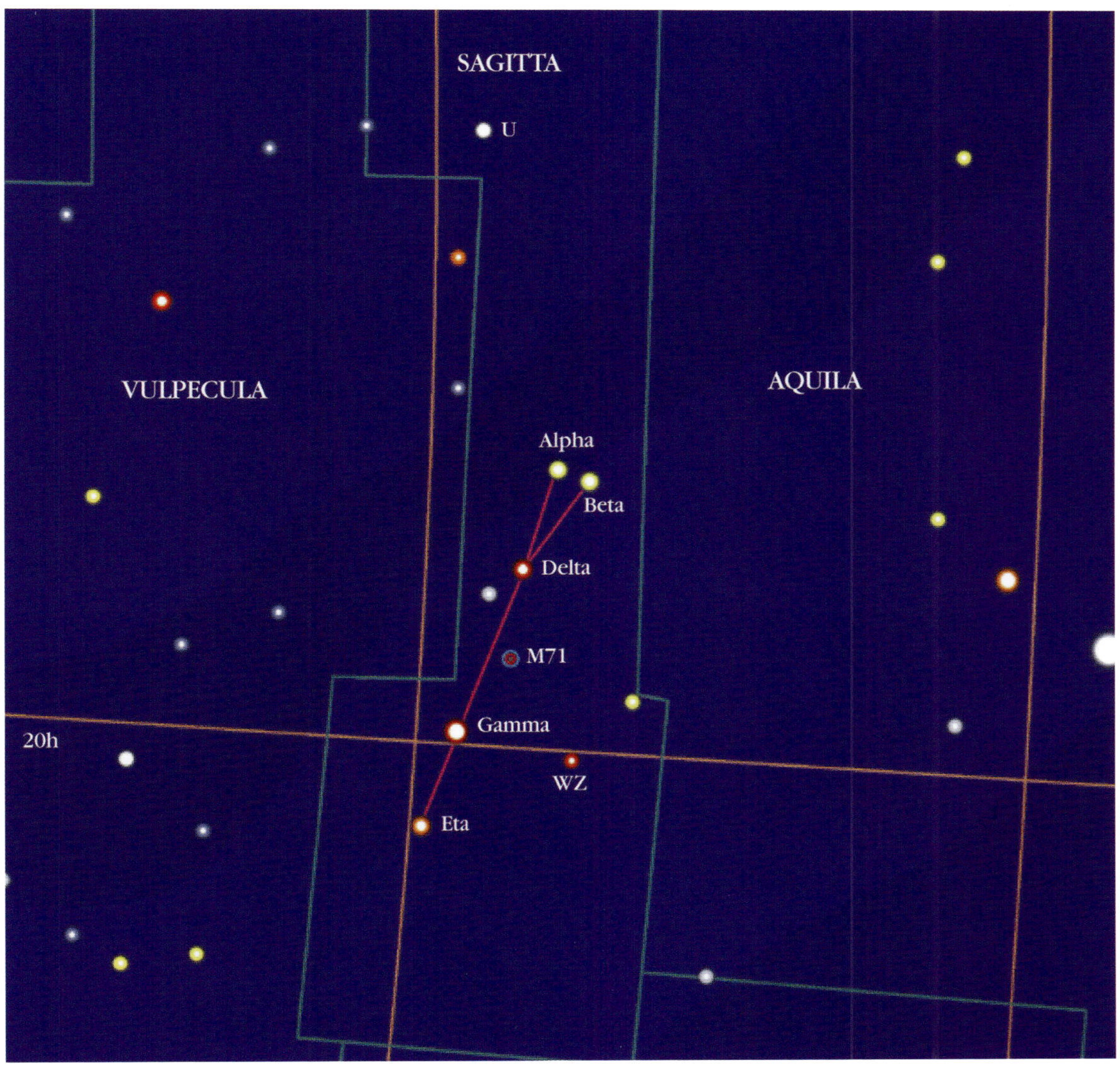

L'amas globulaire M71 est l'unique objet du catalogue de Messier situé dans la Flèche.

OÙ LA RECHERCHER ?

Génitif : *Sagittae*
Abréviation : *Sge*

Été

Hémisphère Nord

Nord : + 21,5° - Sud : + 16°
Ouest : 20 h 20' - Est : 18 h 55'

Sagittarius

Sagittaire

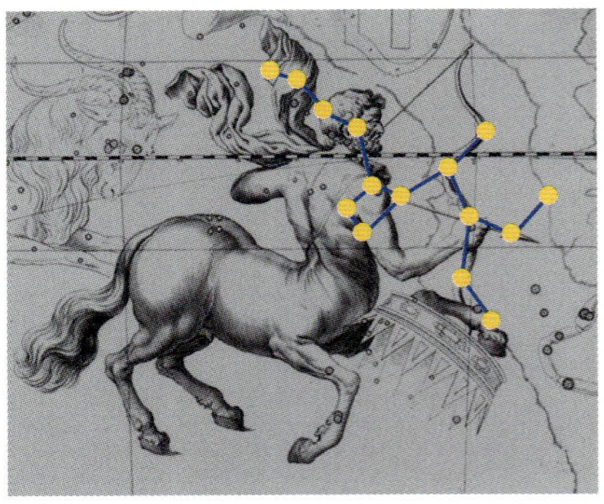

La constellation du Sagittaire représente un centaure tirant une flèche.

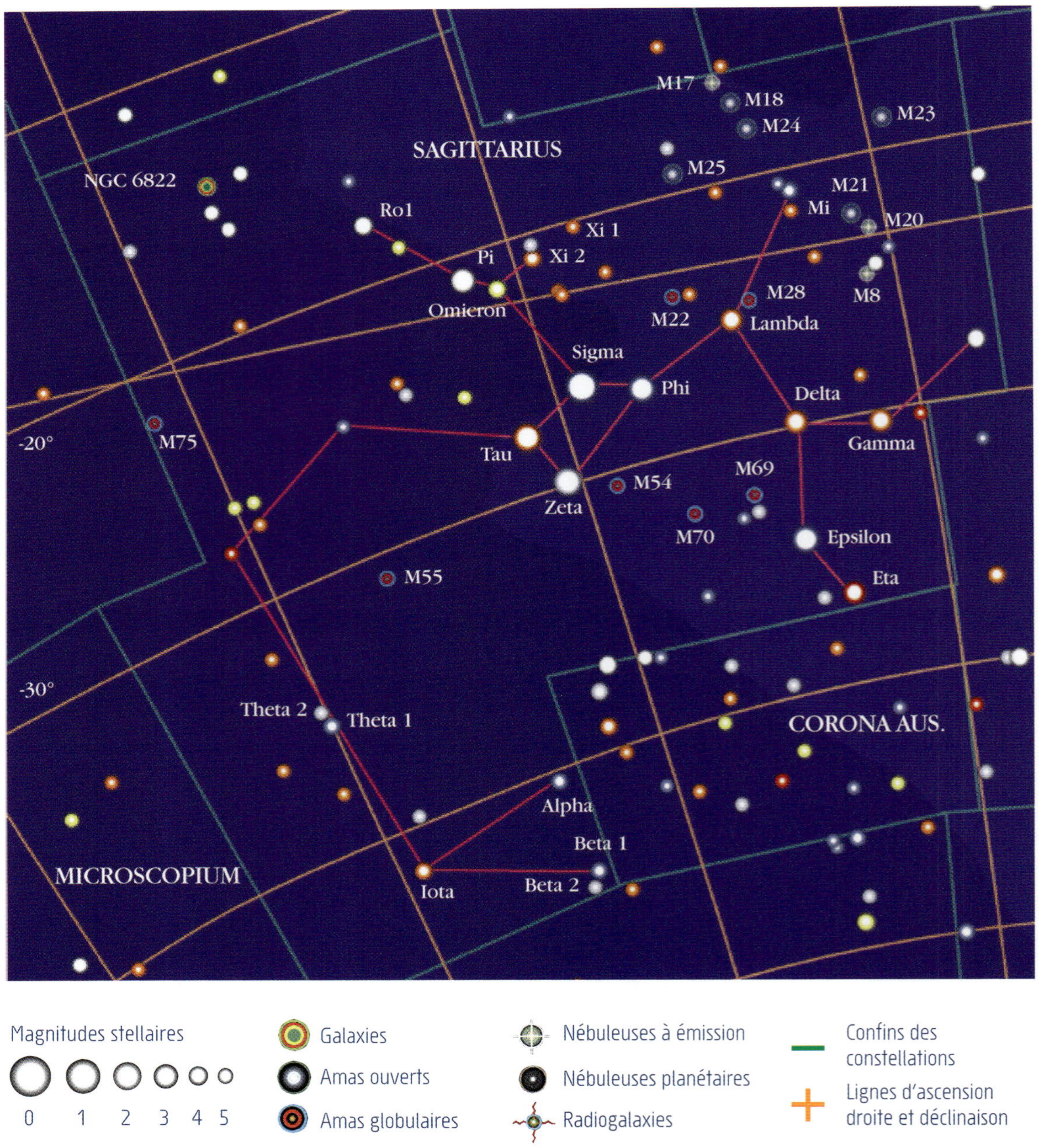

La nébuleuse de la Lagune porte le numéro M8 et est l'une des plus lumineuses de la voûte céleste.

OÙ LA RECHERCHER ?

Génitif : *Sagittarii*
Abréviation : *Sgr*

Été

Hémisphère Sud

Nord : - 12° - Sud : - 45°
Ouest : 20 h 30′ - Est : 17 h 45′

La constellation du Sagittaire, projetée vers le cœur de notre galaxie, possède des origines anciennes. Son nom signifie « Archer ». Le Sagittaire est représenté telle une créature hybride : moitié homme, moitié cheval. Une légende raconte que le Sagittaire vengea Orion, tuant d'une flèche le Scorpion qui avait mortellement blessé le chasseur géant.

Comment repérer la constellation

Afin d'identifier le Sagittaire, référons-nous à deux autres constellations du Zodiaque : le Capricorne et le Scorpion. Son astre le plus brillant, Epsilon, se situe une dizaine de degrés à l'est de la queue du Scorpion. En plus d'abriter le centre galactique, le Sagittaire accueille le Soleil le jour du solstice d'hiver. Ce qui signifie que la meilleure saison pour l'observer est l'été, lorsque la constellation transite vers le sud à minuit.

Étoiles dominantes

Alpha (magnitude 4), connue sous le nom d'Al Rami, « l'archer », ou Rukbat, « le genou », n'est pas la plus éclatante. Bêta forme un couple en apparence : Bêta 1 (magnitude 4) ou Arkab Prior, soit « l'avant de la jambe » et Bêta 2 (magnitude 4,3) ou Arkab Posterior, « l'arrière de la jambe » sont séparées d'environ 15′.
Gamma est également double d'apparence, dont les membres sont Gamma 1 et Gamma 2. La magnitude de la première oscille entre 4,3 et 5,1 en quelque 7,5 jours, alors que la seconde, Nash, est de magnitude 3. Son nom l'identifie comme la pointe de la flèche. Epsilon (magnitude 1,9) est la plus brillante, de couleur blanc-bleu et est connue sous le nom de « Kaus Australis », qui signifie « la partie sud de l'arc ».

Objets célestes

Le Sagittaire en est particulièrement riche. Ces objets sont au moins 15 à figurer dans le catalogue de Messier : les nébuleuses gazeuses M8, M17 et M20 ; les amas ouverts M18, M21, M23, M24 et M25 ; et les amas globulaires M22, M28, M54, M55, M69, M70 et M75.
Les plus célèbres sont sans aucun doute les trois nébuleuses portant, dans l'ordre, les noms de Lagune, Oméga et Trifide. La première atteint le seuil de visibilité à l'œil nu, mais toutes sont facilement observables et apparaissent, au télescope amateur, telles des taches plus ou moins lumineuses.
M22 est un amas globulaire brillant proche de l'écliptique que l'on peut observer à la jumelle tel un flocon de lumière de magnitude 6 de forme plus ou moins elliptique.
Le Sagittaire abrite également de nombreux objets classés NGC, dont NGC 6822, une galaxie petite et faible du Groupe local, plus proche de la galaxie d'Andromède.

Scorpius

Scorpion

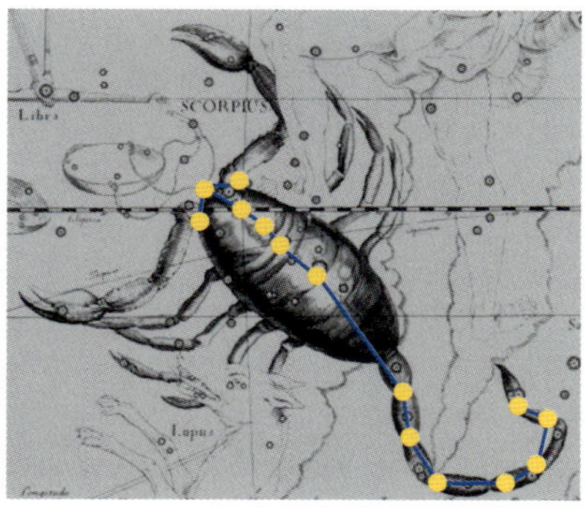

La constellation du Scorpion représente l'animal dont la piqûre venimeuse causa la perte d'Orion.

La constellation du Scorpion compte parmi les plus belles offertes par les cieux au printemps et en été. Selon la mythologie, l'animal en question blessa mortellement Orion, le chasseur géant, avant d'être lui-même victime du Sagittaire. Les confins de cette constellation zodiacale, délimités par l'Union Astronomique Internationale en 1930, font qu'elle est traversée par le Soleil en près d'une semaine.

Comment repérer la constellation

L'une des méthodes utilisées pour localiser le Scorpion est de prolonger la queue de la Grande Ourse vers le sud, en bifurquant légèrement vers l'ouest pour tomber sur deux arcs, chacun formé de trois étoiles brillantes. L'un d'eux est orienté nord-sud, alors que l'autre possède en son cœur un éclatant astre rouge.

Étoiles dominantes

Alpha Scorpii est également appelée Antarès – ce qui signifie « opposé à Mars » (Arès en grec) –, du fait de son intense lumière rouge, tout comme la planète ; elle se situe au cœur de la constellation. Elle est double et s'observe avec un télescope d'au moins 8 cm d'ouverture pour différencier ses composantes. Le contraste chromatique de ces dernières est remarquable : la principale est rouge, alors que la secondaire est bleue. Sa magnitude est irrégulière et varie entre 0,9 et 1,1.

Les deux étoiles voisines d'Antarès sont Sigma (magnitude 2,9) à l'ouest et Tau (magnitude 2,8) au sud-est.

Les trois astres longeant au nord-ouest l'autre ligne arquée sont, du nord au sud : Bêta ou Graffias (magnitude 2,6), Delta ou Dschubba (magnitude 2,3), et Pi (magnitude 2,9).

Nu, proche de Bêta, constitue un système multiple : un petit télescope le décomposera en deux astres de magnitudes 4,2 et 6,3. Un télescope de 15 cm d'ouverture révélera que ces deux membres sont doubles également.

Objets célestes

Le Scorpion est traversé par la Voie lactée ; c'est la raison pour laquelle il abrite un grand nombre d'objets intéressants.

Commençons notre observation par M4, amas globulaire à proximité d'Antarès, qui compte parmi les plus proches de nous sans être pour autant des plus spectaculaires. M6 et M7 sont deux amas ouverts localisés près de la queue du Scorpion ; le second est visible à l'œil nu alors que le premier nécessite des jumelles. M80 est un autre amas globulaire, situé entre Sigma et Bêta Scorpii.

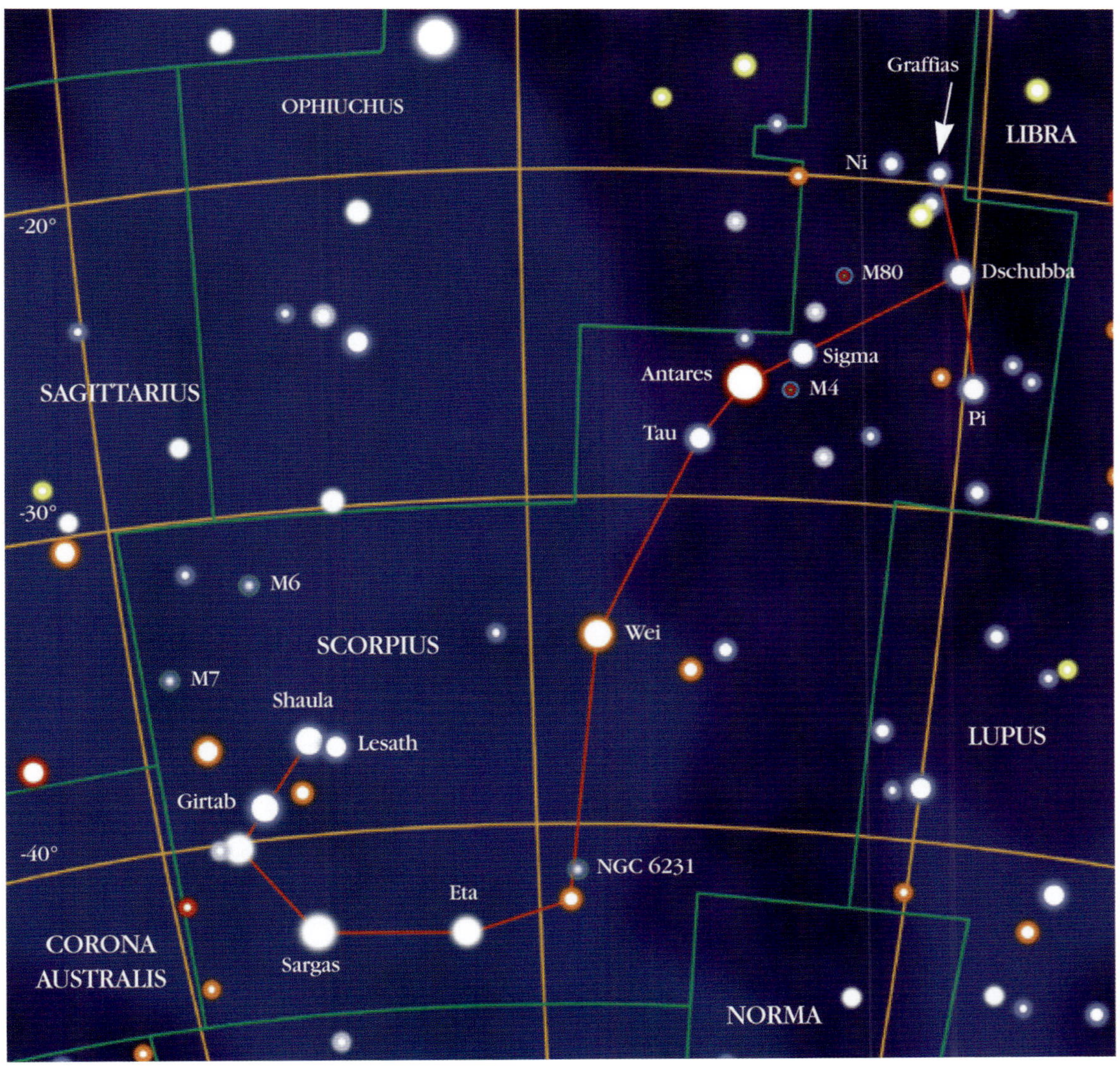

Magnitudes stellaires
0 1 2 3 4 5

Galaxies
Amas ouverts
Amas globulaires

Nébuleuses à émission
Nébuleuses planétaires
Radiogalaxies

Confins des constellations
Lignes d'ascension droite et déclinaison

L'amas globulaire M4, à côté d'Antarès, est l'un des plus proches de la Terre, à près de 8 000 années-lumière.

OÙ LA RECHERCHER ?

Génitif : *Scorpii*
Abréviation : *Sco*

Printemps

Hémisphère Sud

Nord : - 8° - Sud : - 45°
Ouest : 18 h 00' - Est : 15 h 45'

Sculptor
Sculpteur

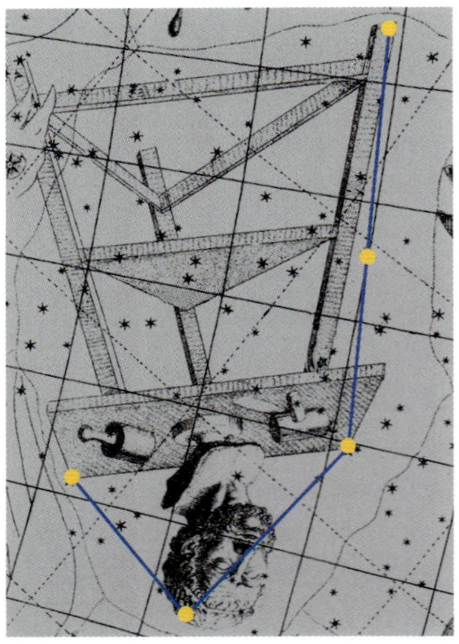

La constellation du Sculpteur fut introduite par l'abbé de Lacaille.

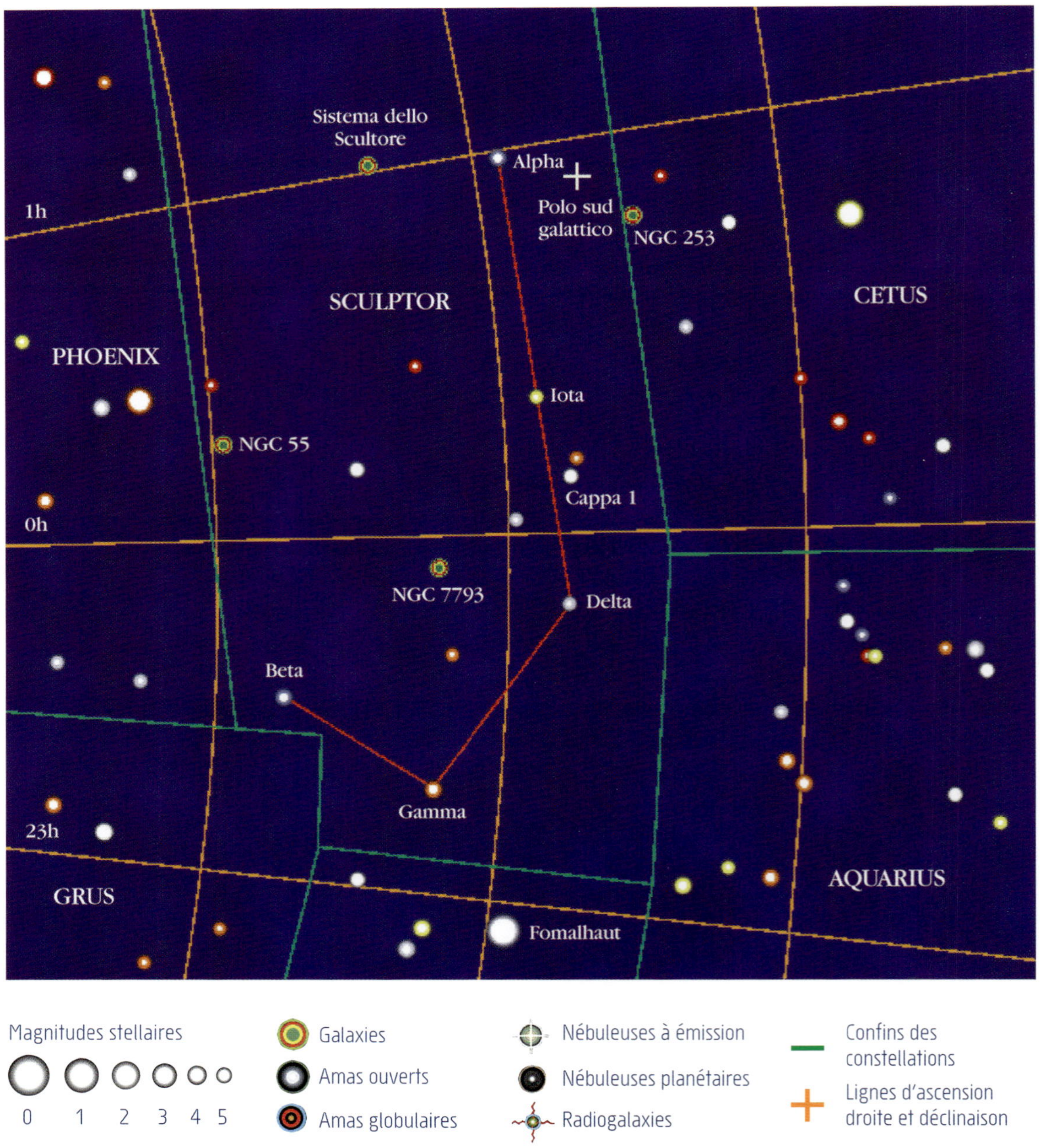

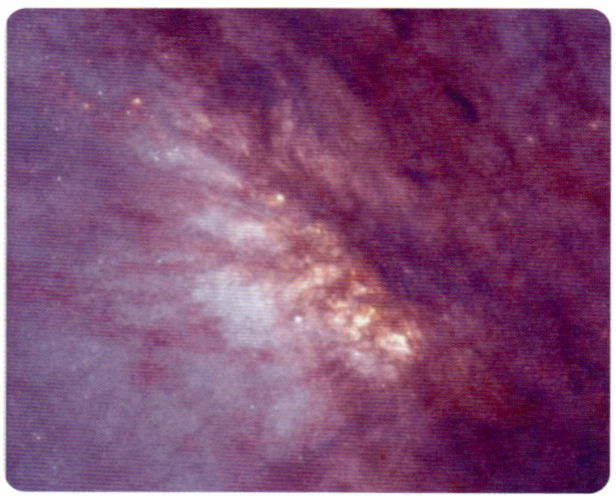

NGC 253 est le membre le plus imposant du Filament du Sculpteur : cet amas galactique compte parmi les plus proches du Groupe local.

OÙ LA RECHERCHER ?

Génitif : *Sculptoris*
Abréviation : *Scl*

Automne

Hémisphère Sud

Nord : - 25° - Sud : - 39°
Ouest : 1 h 45′ - Est : 23 h 05′

À l'instar d'autres constellations, le Sculpteur fut introduit par l'abbé Nicolas-Louis de Lacaille au XVIIIe siècle. À l'origine, son nom était « l'Atelier du Sculpteur ». Composée d'étoiles de faible luminosité, la constellation n'est associée à aucun mythe.

Comment repérer la constellation

En partant du Carré de Pégase et descendant d'une quarantaine de degrés vers le sud, l'on rejoint alors le Sculpteur. Sur sa droite, c'est-à-dire à l'ouest si l'on se tourne vers l'horizon sud, on aperçoit la lumineuse Fomalhaut, la bouche du Poisson Austral. Le Sculpteur fait partie des constellations visibles en automne. Le passage au méridien se produit mi-septembre.

Étoiles dominantes

L'astre principal de la constellation est Alpha, étoile de 4,3 de magnitude. Sa température de surface est plus élevée que celle du Soleil, au point que sa lumière nous semble bleue. Mais sa distance, d'environ 400 années-lumière, atténue grandement sa luminosité apparente. Epsilon (magnitude 5,3) est double, éloignée d'une centaine d'années-lumière de la Terre. Ses composantes, de magnitudes 6,4 et 8,6, nécessitent des petits instruments pour être différenciées. Kappa 1 est double également (magnitudes 6,1 et 6,2), mais des télescopes d'au moins 10 cm de diamètre sont indispensables pour en distinguer les membres.

Objets célestes

Cette constellation se situe près du pôle Sud galactique et abrite peu d'étoiles lumineuses. C'est en fait l'une des régions où les astres sont en moindre nombre. Ce qui facilite la recherche de galaxies. Y loge d'ailleurs un amas situé à une dizaine de millions d'années-lumière. NGC 253 est la galaxie la plus lumineuse de cet amas, connu sous le nom de Filament (ou Groupe) du Sculpteur. Il s'agit d'une spirale de magnitude 7 s'affichant de profil, découverte en 1783 par Caroline Herschel, sœur du grand astronome et elle-même de même profession. NGC 7793 fait également partie du Groupe du Sculpteur, mais de moindre brillance car de neuvième magnitude.

NGC 55, en revanche, est à 8 millions d'années-lumière et appartient au Groupe local. C'est une galaxie irrégulière de magnitude 9. Il existe également une galaxie naine de faible luminosité, comptant parmi les plus proches dans l'absolu (260 années-lumière), dite Système du Sculpteur. Elle appartient au même Groupe local.

Scutum
Écu de Sobieski

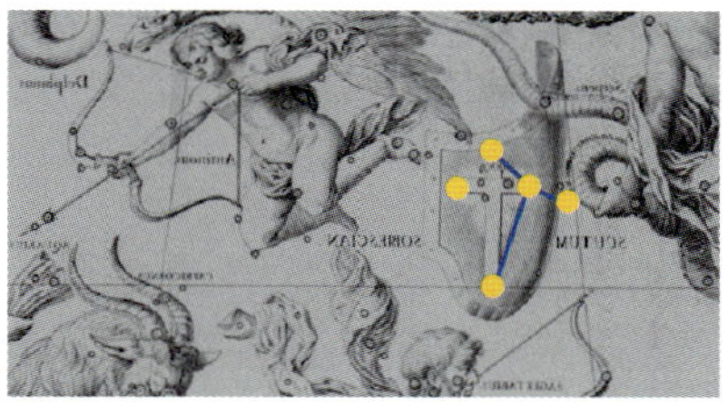

L'Écu est l'une des quelques constellations introduites avant l'Antiquité classique et visibles depuis l'hémisphère Nord.

Bien qu'observée depuis l'Antiquité et située dans un espace proche de l'équateur céleste, l'Écu de Sobieski fut introduite relativement récemment (en 1684) par Johannes Hevelius, en souvenir du roi Jean III Sobieski de Pologne qui, suite à l'incendie qui ravagea l'observatoire du grand astronome, contribua à sa reconstruction. Auparavant, les étoiles de la constellation faisaient partie de l'Aigle, mais la gratitude d'Hevelius envers son bienfaiteur fut telle que le scientifique décida de faire référence à l'écu du souverain. Ce dernier fut l'un des chefs militaires qui contint, à grand peine, l'avancée des Turcs Ottomans en Europe.

Comment repérer la constellation

La solution la plus facile pour localiser l'Écu consiste à parcourir la Voie lactée vers le sud, en prenant le Cygne comme point de référence : la direction indiquée par les étoiles Alpha (Deneb) et Bêta (Albireo) mène pratiquement à ce faible astérisme, non loin du Sagittaire.

L'Écu de Sobieski est une constellation d'été, saison qui met à l'honneur les constellations proches des zones les plus illuminées de la Voie lactée. Le passage au méridien à minuit, et par conséquent l'opposition avec le Soleil, se produisent en début de mois de juillet.

Étoiles dominantes

Il y a bien peu à dire des étoiles éparses de l'Écu, plutôt faibles dans l'ensemble. La plus brillante est Alpha (magnitude 3,8), de lumière jaune-orangé et située à quelque 175 années-lumière de la Terre. Delta est peu voyante lorsqu'elle est observée à l'œil nu ; elle n'en est pas moins importante car elle est l'archétype d'une classe particulière de variables. Celles-ci varient rapidement, affichant de petites oscillations en moins de 24 heures. Delta Scuti passe de 5,0 à 5,2 de magnitude en près de quatre heures.

Objets célestes

L'Écu regorge d'objets télescopiques, bien qu'il représente l'une des plus petites constellations de la voûte céleste. Deux de ces objets figurent au catalogue de Messier et sont remarquables ; il s'agit des amas ouverts M11 et M26. M11, de magnitude 6, est connu sous le nom d'amas du canard sauvage, pour la disposition de ses astres qui rappelle quelque peu des canards en vol. Il se compose d'une centaine de membres. M26, près de Delta, est légèrement plus petit et moins lumineux que le précédent. Il est de magnitude 9 et compte une vingtaine d'étoiles réparties sur 10 minutes d'arc de diamètre. Ces deux amas se situent à quelque 5 000 années-lumière de notre planète.

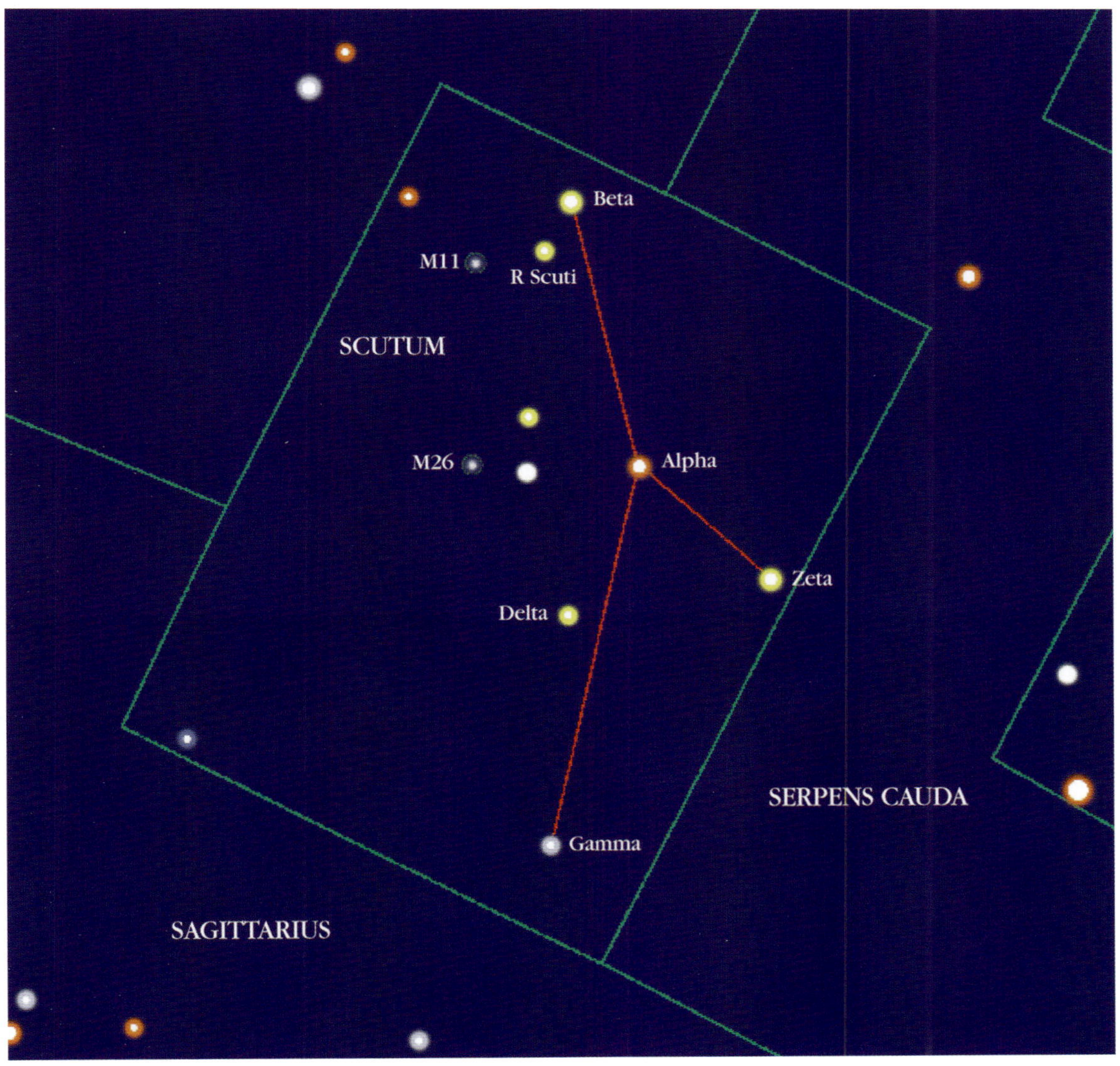

Magnitudes stellaires: 0 1 2 3 4 5
Galaxies
Amas ouverts
Amas globulaires
Nébuleuses à émission
Nébuleuses planétaires
Radiogalaxies
Confins des constellations
Lignes d'ascension droite et déclinaison

L'amas ouvert M11, proche de l'étoile Bêta Scuti, peut déjà s'apercevoir à la jumelle.

OÙ LA RECHERCHER ?

Génitif : *Scuti*
Abréviation : *Sct*

Été

Hémisphère Sud

Nord : - 4° - Sud : - 16°
Ouest : 19 h 00′ - Est : 18 h 20′

Serpens

Serpent

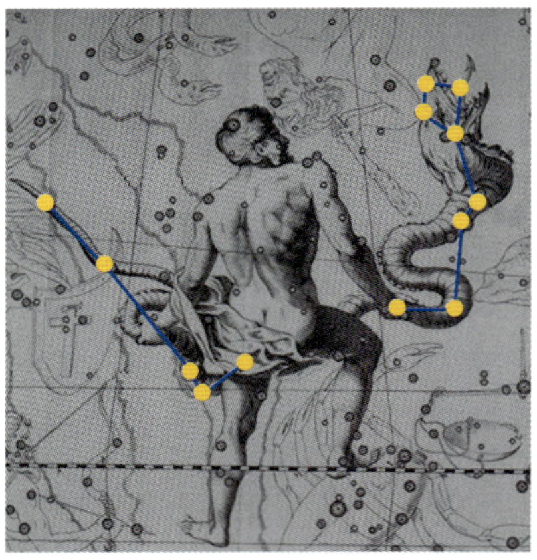

Le Serpent s'enroule autour du proche Ophiuchus.

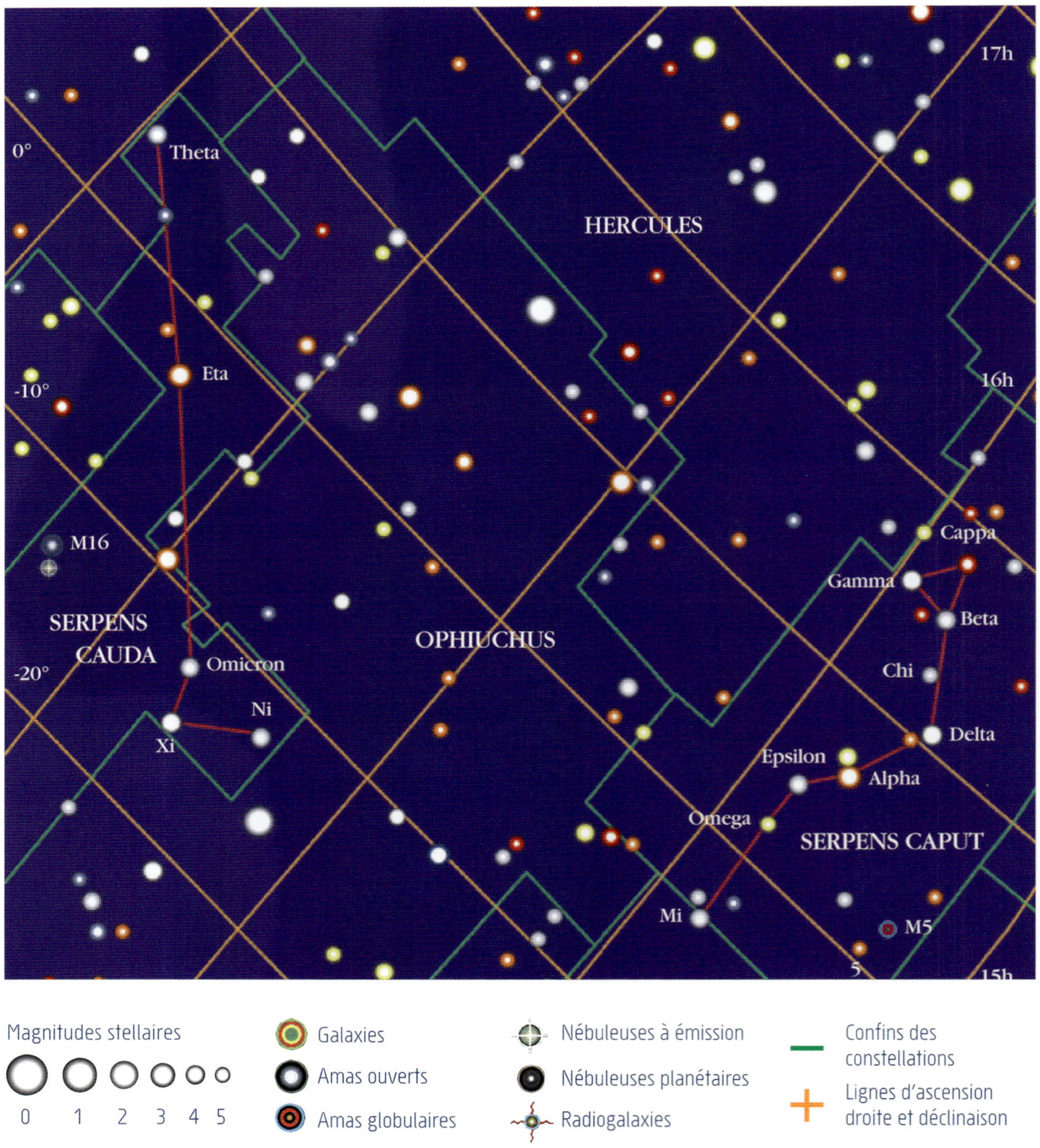

La nébuleuse de l'Aigle, M16, se situe dans la Queue du Serpent. Le télescope spatial y mit en évidence des régions d'intense formation stellaire.

OÙ LA RECHERCHER ?

Génitif : *Serpentis*
Abréviation : *Ser*

Printemps et été

Hémisphères Nord et Sud

Nord : + 26° - Sud : - 16°
Ouest : 19 h 00' - Est : 15 h 10'

Entourant presque la constellation limitrophe d'Ophiuchus (ou le Serpentaire), le Serpent se divise en deux parties distinctes : la Tête, à l'ouest, et la Queue. Le lien qui unit le Serpent à Ophiuchus remonte à l'Antiquité. Ophiuchus fut en fait associé à Asclépios ; c'est pourquoi le Serpent est considéré comme étant son symbole mythologique. Un serpent aurait révélé à Asclépios l'usage des plantes médicinales. Asclépios fut témoin de la mort d'un ami quand il entrevit, près du cadavre, un serpent qu'il tua immédiatement. C'est alors qu'un second reptile arriva et ressuscita le premier, en pansant ses plaies avec des herbes récoltées à proximité.

Comment repérer les constellations

Une fois Ophiuchus localisée, le Serpent se repère rapidement : la Tête est sur la droite, lorsque l'on observe le ciel le nord dans le dos, alors que la queue est à gauche. Ces deux parties semblent être des appendices émanant d'Ophiuchus. La tête du reptile céleste est identifiable grâce à un petit groupe d'étoiles situées entre Hercule et le Bouvier. Le Serpent se laisse largement admirer pendant la belle saison, entre le printemps et l'été, alors qu'il est pratiquement invisible en début d'hiver. Adossée à l'équateur céleste, cette constellation se voit depuis n'importe quel endroit sur Terre.

Étoiles dominantes

Alpha (magnitude 2,6) est la plus lumineuse de toutes et se trouve dans la Tête. Cette géante rouge-orangé est également connue sous le nom Unukalhai, qui signifie « cou du serpent ». Bêta est blanche et de magnitude 3,7. C'est également une étoile double. Un télescope modeste permet de distinguer son compagnon, distant d'à peine plus de 30''. Ce dernier est pourtant difficile à apercevoir, du fait de la différence notable de magnitude entre les deux astres, la secondaire étant de magnitude 9,9. Même Delta (magnitude 3,8) est binaire. C'est une étoile blanchâtre, dont le compagnon se trouve seulement à 4'' ; leurs magnitudes respectives sont 4,2 et 5,2.
5 Serpentis est un autre astre de magnitude 5,1, dont la voisine est difficile à entrevoir : sa luminosité est faible (magnitude 10,1), bien que se trouvant à plus de 11'' de séparation.
Thêta (magnitude 4,1) est particulièrement intéressante à observer dans la Queue : c'est un système binaire constitué de deux astres blancs (magnitudes 4,5 et 5,4) séparés de plus de 22''.

Objets célestes

La constellation du Serpent propose au moins deux objets remarquables. Le premier est M5, amas globulaire de magnitude 5,7, que l'on peut admirer dans la Tête du Serpent aux côtés de 5 Ser situé aux confins de la Vierge. Le second, particulièrement captivant, est M16 : amas ouvert hébergeant une centaine d'étoiles et enveloppé dans un nuage d'hydrogène appelé nébuleuse de l'Aigle.

Taurus
Taureau

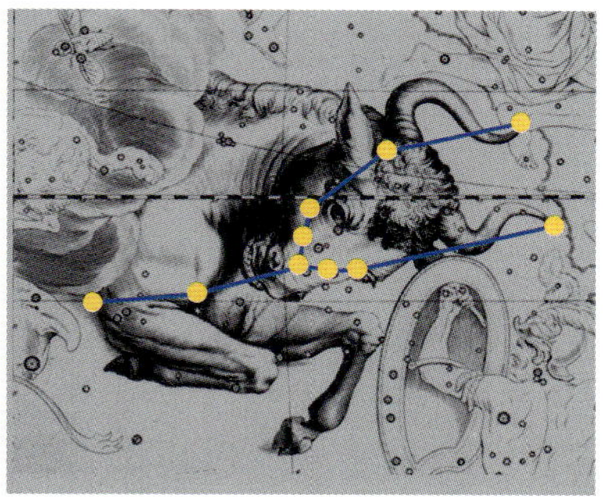

Le Taureau représentait, pour les Égyptiens, le dieu Apis.

Nombreuses sont les légendes liées au Taureau. L'une d'elles raconte que c'est la forme qu'emprunta Jupiter pour séduire Europe. La jeune fille jouait au bord de la mer lorsqu'un troupeau de bœufs s'approcha. Parmi eux se trouvait un magnifique taureau blanc, qui n'était autre que Jupiter. Attirée par le splendide animal, Europe en saisit les cornes pour y mettre des guirlandes. Il la fit alors monter sur sa croupe, puis plongea et nagea jusqu'en Crète, où il reprit son apparence divine. Jupiter parvint à séduire Europe et de leur union naquit Minos, futur roi de Crète.

Comment repérer la constellation
Il existe une méthode infaillible pour identifier la constellation du Taureau. Elle consiste à suivre l'alignement des trois étoiles de la ceinture d'Orion vers le nord-ouest : à près de 20° de distance se trouve le triangle formé par les Hyades, qui dessinent la tête du Taureau. Cette constellation zodiacale est traversée par le Soleil entre la première partie du mois de mai et la mi-juin, période à laquelle le Taureau est donc invisible. Il resplendit au contraire dans le ciel quelque six mois plus tard, entre novembre et décembre. Par le passé, c'est dans cette constellation que se trouvait l'équinoxe de printemps, aujourd'hui en Poissons du fait du mouvement de précession.

Étoiles dominantes
Aldébaran (magnitude 1,0), ou étoile Alpha, est une supergéante rouge positionnée sur l'un des apex du triangle des Hyades. Mais elle ne fait pas partie de cet amas, puisqu'elle se situe à 65 années-lumière. Bêta (magnitude 1,7), géante bleue connue sous le nom d'El Nath, est l'une des cornes du Taureau. Il est possible de distinguer, à l'aide de jumelles, des systèmes doubles comme celui de Thêta, formé de deux étoiles de magnitudes 3,4 et 3,8 ; ou encore Sigma, dont les astres sont de magnitudes 4,7 et 5,1. Les composantes de Khi, une bleue de magnitude 5,5 et une jaune de magnitude 8,2, se laissent entrevoir à l'aide d'un petit télescope. T est une variable intéressante (magnitudes 9-13), prototype d'une classe d'étoiles jeunes qui émettent de grandes quantités de matière sous forme de forts vents stellaires.

Objets célestes
M45, les Pléiades, est l'amas ouvert le plus célèbre de la voûte céleste. Il se compose d'environ 2 000 étoiles situées à près de 380 années-lumière. On peut distinguer à l'œil nu six à sept étoiles de magnitudes comprises entre 3 et 5. Les Hyades constituent un amas ouvert plus ancien, séparé de la Terre par 150 années-lumière. M1, ou nébuleuse du Crabe, est le rémanent le plus étudié d'une supernova, résidu d'une étoile qui explosa en 1054. De magnitude 8, elle ne présente visuellement aucun signe distinctif. Cependant se trouve en son sein une étoile à neutrons, qui émet régulièrement éclairs de lumière et ondes radio.

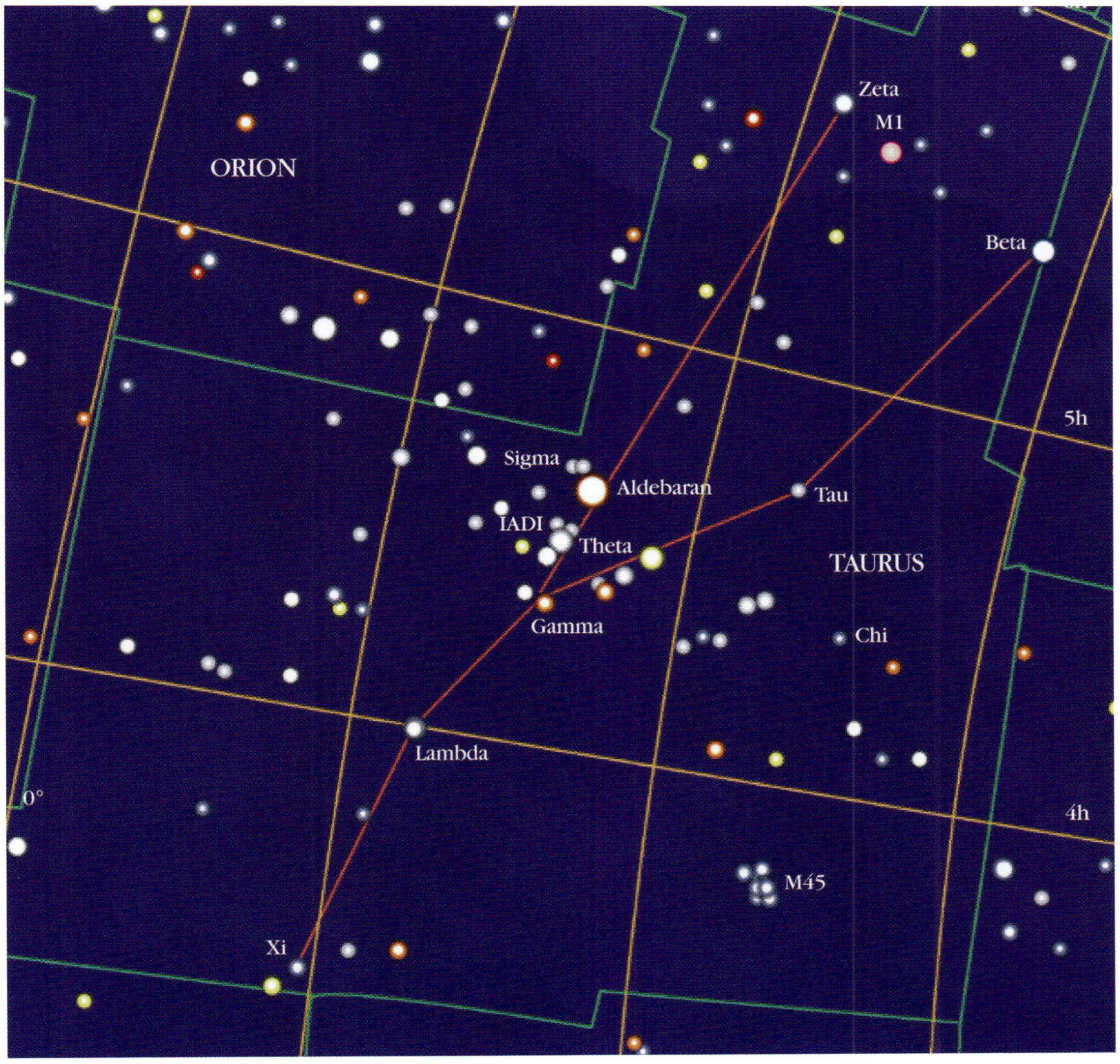

Magnitudes stellaires : 0 1 2 3 4 5

Galaxies
Amas ouverts
Amas globulaires
Nébuleuses à émission
Nébuleuses planétaires
Radiogalaxies
Confins des constellations
Lignes d'ascension droite et déclinaison

La nébuleuse du Crabe est l'un des objets les plus étudiés du ciel.

OÙ LA RECHERCHER ?
Génitif : *Tauri*
Abréviation : *Tau*

Automne et hiver

Hémisphères Nord et Sud

Nord : + 31° ; Sud : – 1,5°
Ouest : 6 h 00' – Est : 3 h 25'

Triangulum

Triangle

Depuis l'Antiquité, le Triangle est la figure géométrique dont le nombre de côtés incarne la perfection.

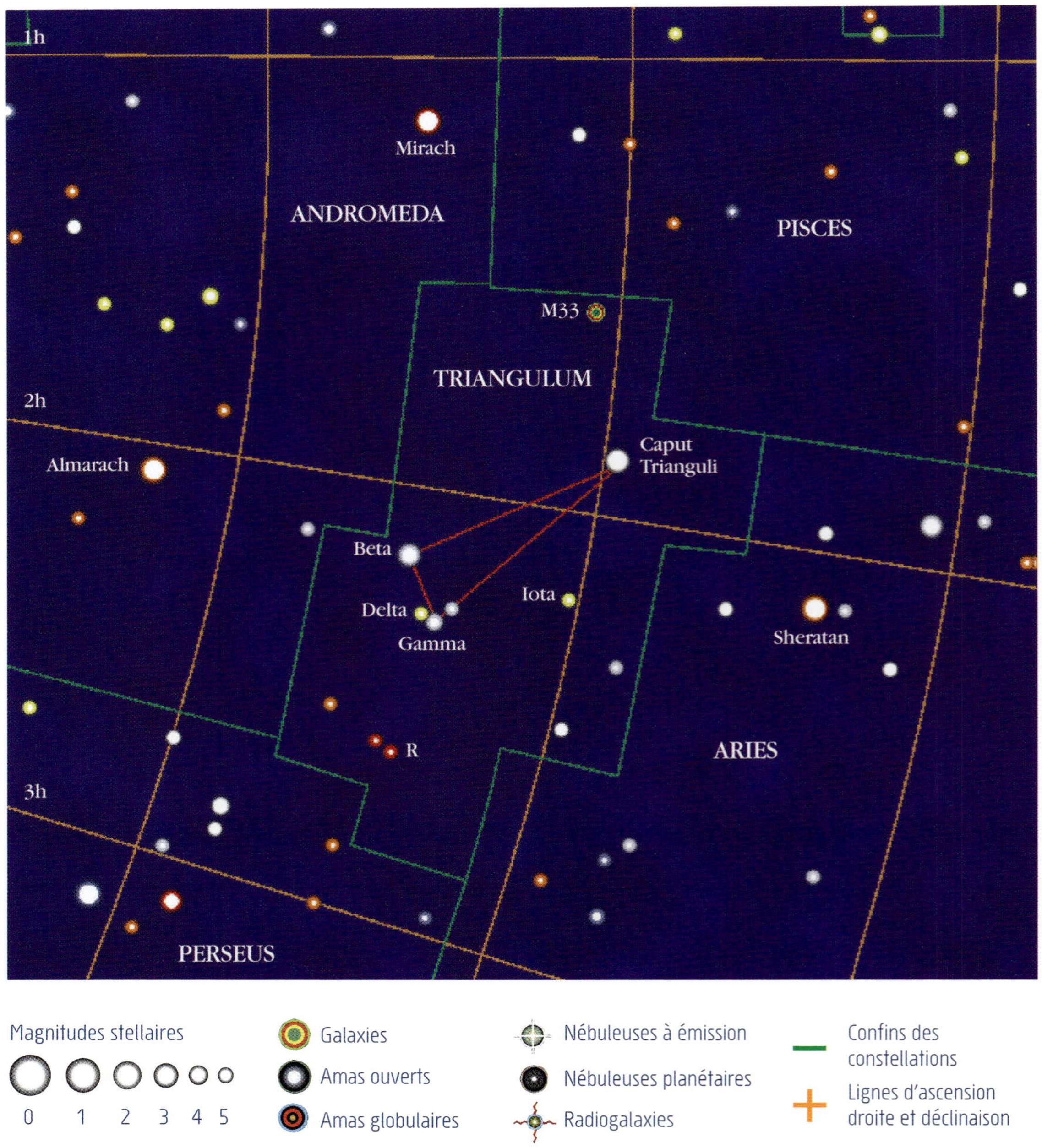

La galaxie M33 est l'un des éléments dominant du Groupe local.

OÙ LA RECHERCHER ?

Génitif : *Trianguli*
Abréviation : *Tri*

Automne

Hémisphère Nord

Nord : + 37,5° - Sud : + 25,5°
Ouest : 2 h 50′ - Est : 1 h 30′

Son nom pourrait suggérer une origine récente. Mais le Triangle fut introduit il y a bien longtemps. Les Grecs l'appelaient Deltoton ; les Romains Triangulum et les Arabes Al Muthallath. Tous ces vocables signifient « triangle », du fait de la position de ses astres les plus lumineux.
La constellation du Triangle est mentionnée par quelques auteurs grecs, qui lui ont attribué diverses significations. Elle incarnerait l'imposant delta du Nil qui, dans l'Antiquité, était considéré comme le plus long fleuve au monde. Il pourrait aussi symboliser la Sicile, l'île en forme de triangle, d'ailleurs baptisée Trinacria.

Comment repérer la constellation

Le Triangle se trouve légèrement au sud de Gamma And. Les astres qui le composent sont néanmoins relativement peu brillants, leurs magnitudes commençant à la troisième et au-delà.
La constellation culmine à minuit autour du 20 octobre, restant visible pendant tout l'automne, même si nous pouvons, en réalité, l'apercevoir pendant une bonne partie de l'été et de l'hiver. Elle est invisible au printemps, puisqu'elle est en conjonction avec le Soleil autour du 20 avril.

Étoiles dominantes

Alpha (magnitude 4,3), ou Caput Trianguli, qui signifie « sommet du triangle », est une étoile de couleur blanche. La lettre qui la caractérise cependant ne saurait nous induire en erreur : l'étoile la plus lumineuse de la constellation est Bêta (magnitude 3), dont les caractéristiques spectrales sont semblables à celles d'Alpha. Gamma (magnitude 4) marque le troisième sommet du Triangle.
Flamsteed 6 est double, composée de deux astres de magnitudes 5,3 et 6,9 éloignés l'un de l'autre de 4″. R Trianguli est une étoile dont la luminosité varie entre le seuil de visibilité à l'œil nu et des valeurs nécessitant des instruments à large ouverture. En l'espace de 266 jours, sa luminosité oscille entre 5,4 à 12,6 magnitudes. C'est une variable, comme Mira Ceti, à la lumière rougeâtre, aux températures de surface extrêmement basses, aux dimensions énormes et générant des pulsations par périodes de cent jours environ.

Objets célestes

La constellation du Triangle renferme l'une des grandes galaxies du Groupe local, famille d'objets à laquelle appartient aussi la Voie lactée.
Il s'agit de M33, une spirale visible pratiquement de face. Ses dimensions apparentes sont considérables, supérieures à celles de la pleine Lune. Elle n'en reste pas moins un objet difficile à observer, requérant un ciel limpide pour se révéler à la jumelle telle une tache de lumière ronde de magnitude 7. Elle se situe à une distance évaluée entre 2,2 et 2,9 millions d'années-lumière.

Ursa Major

Grande Ourse

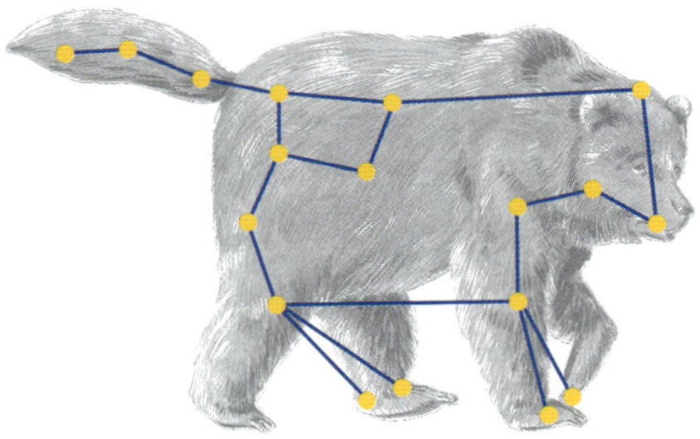

La Grande Ourse a été associée à son homonyme animal dès l'Antiquité ; mais contrairement à l'animal terrestre, l'ourse céleste possède une queue.

La Grande Ourse est très étendue dans le ciel septentrional et abrite le célèbre groupe d'étoiles du Grand Chariot. Les Anglo-Saxons l'appellent aussi *Big Dipper*, la Grande Casserole. Selon une légende, la Grande Ourse serait la belle princesse grecque Callisto, transformée en ourse par la jalouse Junon.

Comment repérer la constellation

La Grande Ourse ressort très nettement, au point de servir de point de référence pour identifier d'autres constellations. Levons les yeux vers le nord pour la trouver : le terme « septentrional » vient en fait du latin « septemtriones », les sept bœufs. La Grande Ourse s'observe tout au long de l'année au nord des 62° N ; elle est également visible, pendant une partie de l'année, à des latitudes comprises entre 62° N et 17° S.

Étoiles dominantes

Les sept étoiles de la Grande Ourse possèdent toutes des noms communs complétant leurs désignations grecques. La première est Alpha UMa, ou Dubhe, qui signifie le « dos de l'Ourse ». Il s'agit d'une géante jaune de magnitude 1,8. Au sud de cet astre, se trouve Bêta, ou Merak, qui représente les flancs ; c'est une étoile blanche de magnitude 2,4. Dubhe et Merak sont connues comme étant les « gardes », car si l'on prolonge la ligne qui les relie vers le nord, on retrouve ainsi l'étoile Polaire.
La troisième étoile est Gamma, aussi appelée Phecda ou Pherkad, ce qui signifie la « cuisse ». Phecda est une autre blanche de magnitude 2. Le corps de l'Ourse est complété par Delta, ou Megrez, soit littéralement « racine de la queue », astre blanc de magnitude 3.
La première étoile de la queue est Epsilon, ou Alioth. C'est une variable de magnitude 2 dont la luminosité oscille légèrement en cinq jours. Zêta UMa, ou Mizar, qui souligne la cambrure du manche de la Grande Ourse, est un système binaire : Mizar A de magnitude 2,5 et Mizar B de magnitude 4,5. L'ensemble possède un compagnon, 80 UMa ou Alcor, astre moins brillant de magnitude 4. La queue, enfin, se termine avec l'étoile bleue Êta, également appelée Alkaid ou Benetnasch.

Objets célestes

La Grande Ourse contient sept objets du catalogue de Messier : les galaxies M40, M81, M82, M101, M108 et M109, ainsi que la nébuleuse M97. La galaxie à spirale M81 forme avec l'irrégulière M82 le couple le plus lumineux ; elles se situent à près de 8 millions d'années-lumière. Au nord du manche de la Grande Ourse se trouve la grande spirale de M101, alors que la nébuleuse du Hibou, M97, est au sud de Merak.

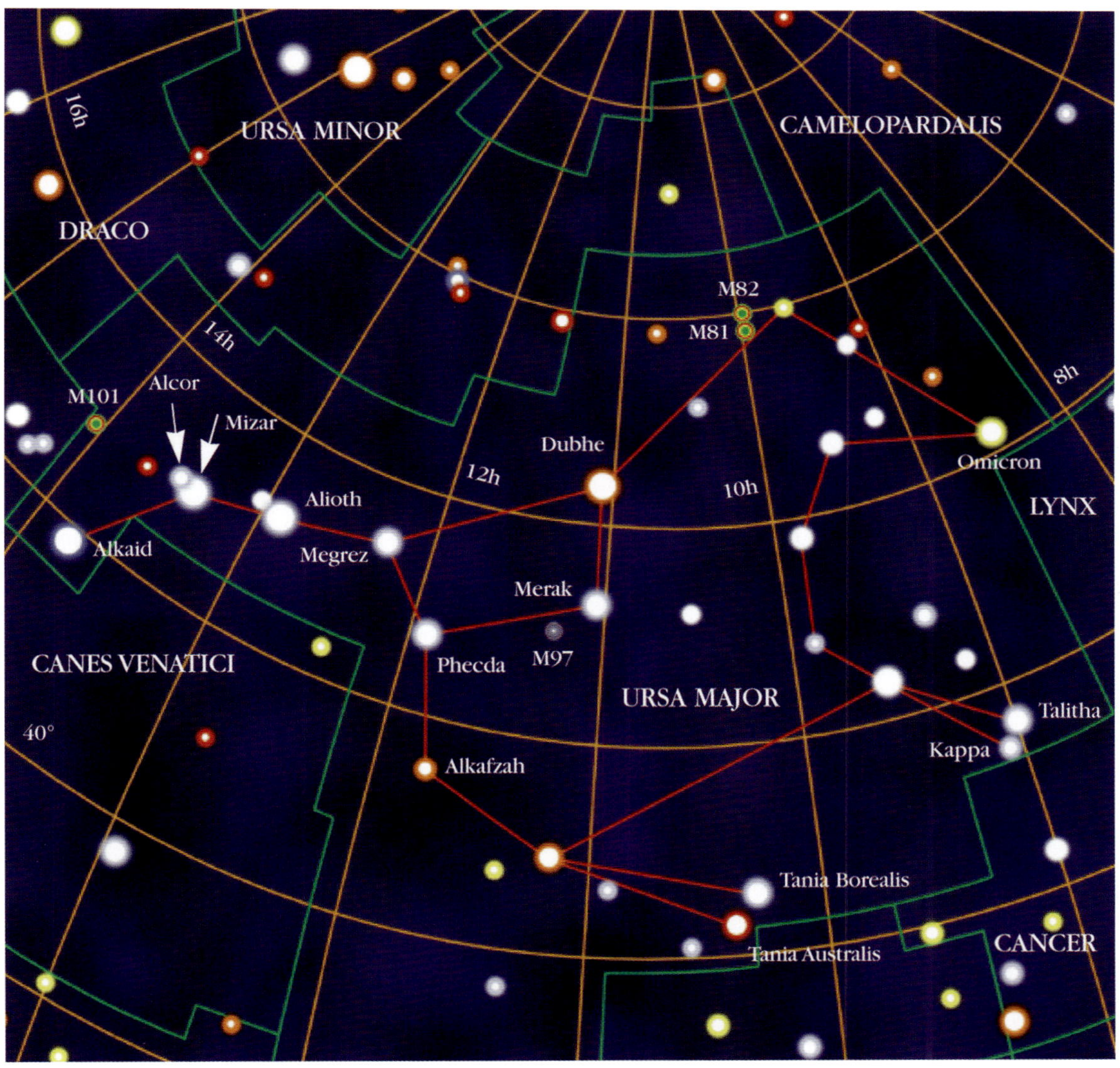

Magnitudes stellaires
0 1 2 3 4 5

Galaxies
Amas ouverts
Amas globulaires
Nébuleuses à émission
Nébuleuses planétaires
Radiogalaxies
Confins des constellations
Lignes d'ascension droite et déclinaison

M101 est une galaxie à spirale aux bras bien formés ; elle se trouve au nord du manche de la Grande Ourse.

OÙ LA RECHERCHER ?

Génitif : *Ursae majoris*
Abréviation : *UMa*

Circumpolaire

Hémisphère Nord

Nord : + 73° - Sud : + 28°
Ouest : 14 h 30' -Est : 8 h 05'

Ursa Minor
Petite Ourse

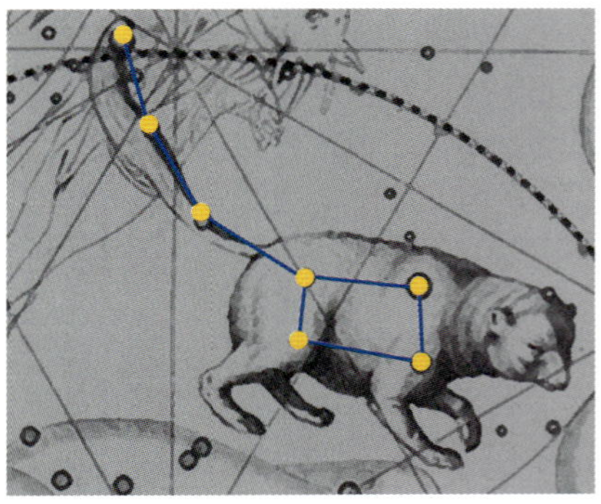

La Petite Ourse symbolise l'animal en lequel Arcas, fils de la magnifique Callisto, fut transformé.

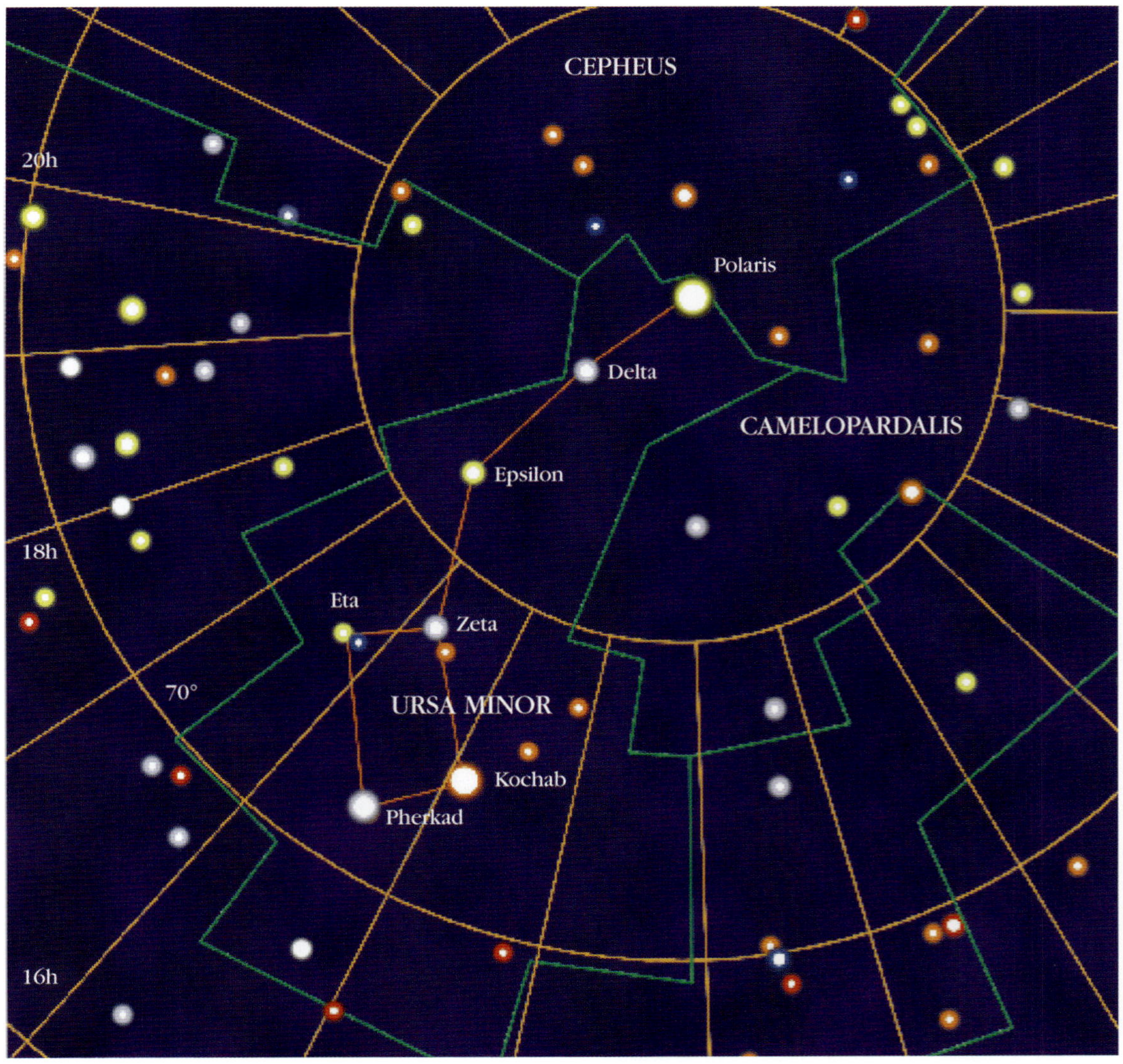

Magnitudes stellaires 0 1 2 3 4 5 — Galaxies — Amas ouverts — Amas globulaires — Nébuleuses à émission — Nébuleuses planétaires — Radiogalaxies — Confins des constellations — Lignes d'ascension droite et déclinaison

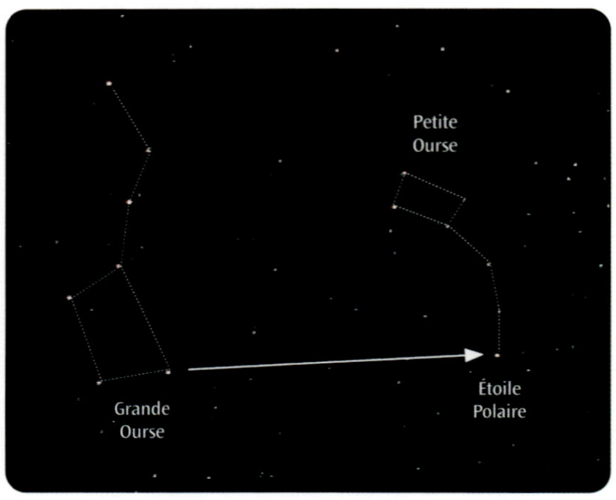

Le pôle Nord céleste est proche de l'étoile Polaire, que l'on peut localiser en partant des deux étoiles de la Grande Ourse.

OÙ LA RECHERCHER ?

Génitif : *Ursae Minoris*
Abréviation : *UMi*

Circumpolaire

Hémisphère Nord

Nord : + 90° - Sud : + 65,5°
Ouest et Est : circumpolaire

La constellation de la Petite Ourse, bien que formée d'étoiles de faible luminosité, est l'une des plus importantes du ciel. Elle contient le pôle Nord céleste, à proximité duquel se trouve l'étoile Polaire. Selon une légende antique classique, la Petite Ourse serait liée à sa voisine, la Grande Ourse : Callisto, fille du roi d'Arcadie, Lycaon, dont la beauté était grande, suscita la jalousie de Junon au point que la déesse décida de la transformer en ourse. Un jour, Arcas, fils de Callisto, s'en prit à sa mère lors d'une battue de chasse et, ne la reconnaissant pas, la frappa. Jupiter, dans sa miséricorde, transforma Arcas en ours. Ainsi mère et fils furent réunis sous forme de constellations : Callisto devint la Grande Ourse et Arcas, la Petite Ourse.

Comment repérer la constellation

Étant donné la faible luminosité de ses étoiles, il faut un ciel limpide pour apercevoir la constellation. Elle se repère aisément grâce à la Polaire, qui se trouve dans le prolongement de la ligne dessinée par Alpha et Bêta UMa, aussi appelées Dubhe et Merak. La Petite Ourse contient le pôle Nord céleste ; elle est donc circumpolaire et reste toujours visible au nord. L'étoile Polaire est particulièrement stable et sa hauteur sur l'horizon correspond à la latitude du lieu d'observation.

Étoiles dominantes

L'astre le plus important est Alpha, ou Polaris, l'étoile Polaire, de magnitude 2,1. Elle se trouve à près d'1° du pôle Nord céleste. Cette distance est appelée à varier (elle commencera par décroître pour augmenter à nouveau) dans les prochaines décennies, du fait de la précession. C'est un système double, dont le compagnon est de faible luminosité (magnitude 10). Mais ce qui rend l'étoile Polaire particulièrement intéressante tient au fait qu'elle est, ou plutôt était, une variable de type céphéide. Il s'agit d'astres à pulsations régulières, à l'instar de la Polaire dans le passé. Mais avec le temps, ses variations de luminosité se sont progressivement réduites, pour atteindre en l'espace de quelques années un niveau pratiquement imperceptible. Il semblerait donc que la phase de pulsations soit terminée, au profit de la stabilité.
Gamma, ou Pherkad (magnitude 3), est une autre variable quelque peu étrange : sa luminosité oscille d'environ 0,1 magnitude en quelques heures, et ce de manière extrêmement compliquée, sans régularité apparente.

Objets célestes

La Petite Ourse ne contient pas d'objets non stellaires d'importance particulière.

Vela

Voiles

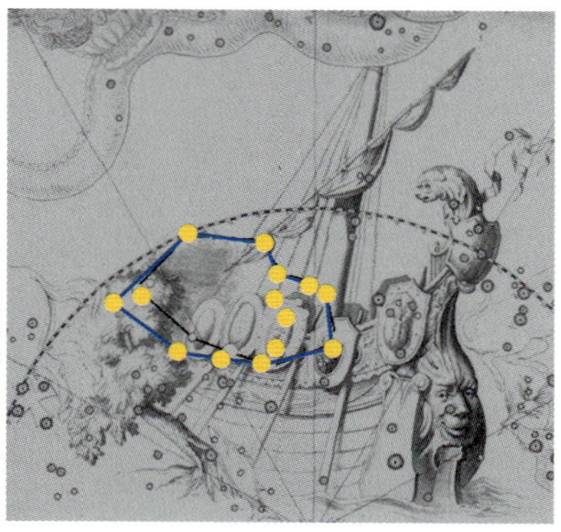

Les étoiles des Voiles sont mises en évidence sur cette représentation du légendaire Navire Argo.

Avec la Carène, la Poupe et la Boussole, les Voiles composaient le Navire Argo, associé à la légende de Jason et des Argonautes partis à la conquête de la Toison d'Or.

Comment repérer la constellation

Non loin des constellations anciennement liées au Navire Argo, les Voiles se trouvent à l'ouest du Centaure, avec le nord derrière nous. L'étoile la plus brillante est Gamma, dont la position est approximativement indiquée par Bêta et Delta Crucis. Leur frontière nord est à une déclinaison d'environ - 37° ; or il faut au moins se positionner à 33° N de latitude pour en avoir une vision globale. La constellation est en opposition avec le Soleil vers mi-février, lorsqu'elle transite vers le sud à minuit.

Étoiles dominantes

Les Voiles n'abritent pas d'étoiles Alpha ou Bêta, puisque cette constellation provient du démembrement d'une autre : le Navire Argo. Son astre le plus lumineux, Gamma, est véritablement intéressant : observé à la jumelle, il apparaît double. Ses deux composantes sont de magnitudes 1,8 et 4,3. La plus brillante fait partie des étoiles dites « de Wolf-Rayet », du nom des astronomes qui furent les premiers à les observer. Il s'agit d'astres récents, qui émettent une grande quantité de gaz. Celui-ci est expulsé de leur surface par d'intenses vents stellaires. Ces étoiles sont ainsi souvent entourées de nuages visibles à l'aide de puissants télescopes. La composante principale de Gamma Velorum en est l'exemple le plus brillant.

Il existe d'autres étoiles doubles comme Delta, dont les membres sont de magnitudes 2,1 et 5,1, mais qui nécessitent un télescope de 15 cm d'ouverture pour être distingués. Enfin il y a Psi, dont les astres atteignent des magnitudes de 4,1 et 4,6.

Objets célestes

L'objet le plus considérable des Voiles est une vaste nébuleuse de faible intensité, appelée nébuleuse de Gum, du nom de l'astronome américain qui l'étudia. Ses filaments de gaz sont issus de l'explosion d'une supernova survenue il y a des milliers d'années. Ceci est confirmé par la présence en son sein d'un pulsar, objet effondré en rapide rotation émettant des faisceaux de lumière, d'ondes radio et de rayons X. C'est par cette rotation que le faisceau apparaît, telle la lumière d'un phare. Ainsi, la source elle-même semble pulser. De tels objets sont des rémanences types d'étoiles ayant explosé à la fin de leur vie. Le pulsar des Voiles accomplit 11 tours sur lui-même à chaque seconde.

Cette constellation héberge en outre divers amas ouverts, parmi lesquels NGC 2547. Il est perceptible à l'œil nu, cependant des jumelles restent nécessaires pour différencier ses composantes.

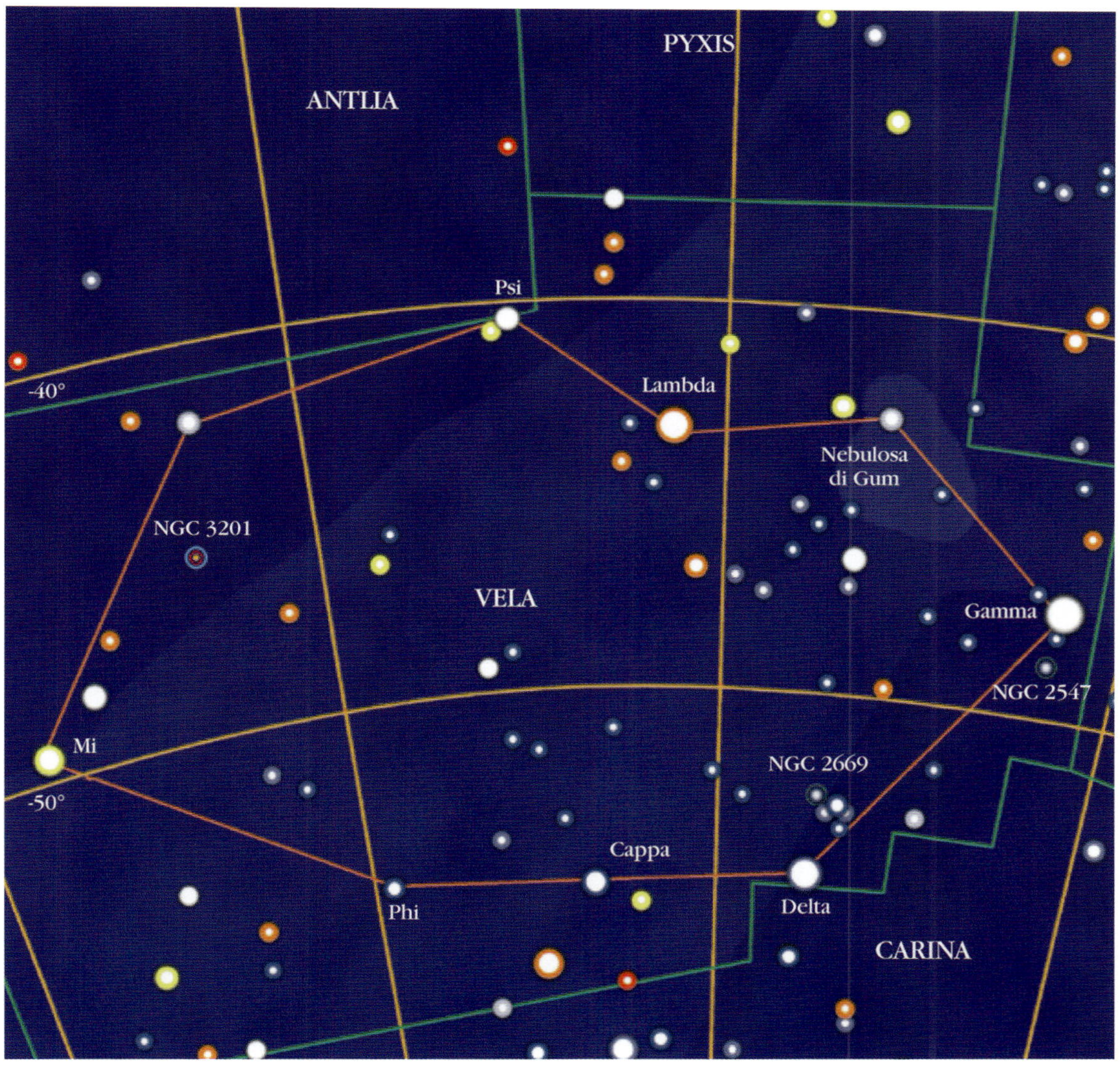

Magnitudes stellaires
0 1 2 3 4 5

Galaxies
Amas ouverts
Amas globulaires
Nébuleuses à émission
Nébuleuses planétaires
Radiogalaxies
Confins des constellations
Lignes d'ascension droite et déclinaison

La nébuleuse de Gum est née d'une supernova.

OÙ LA RECHERCHER ?

Génitif : *Velorum*
Abréviation : *Vel*

Hiver

Hémisphère Sud

Nord : - 37° - Sud : - 57°
Ouest : 11 h 05' - Est : 8 h 05'

Virgo

Vierge

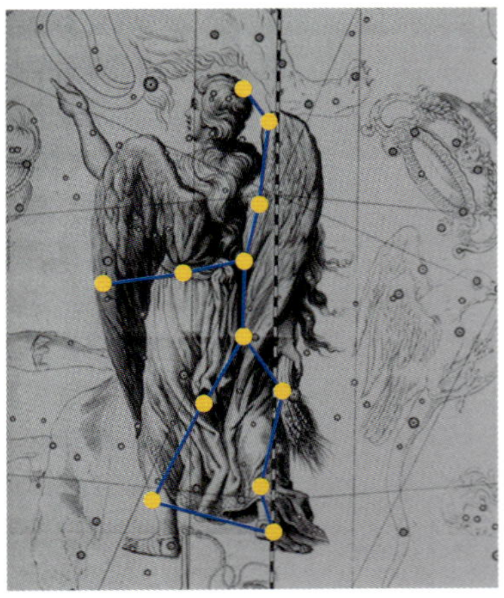

La Vierge du Zodiaque est Cérès, déesse des récoltes tenant un épi de blé.

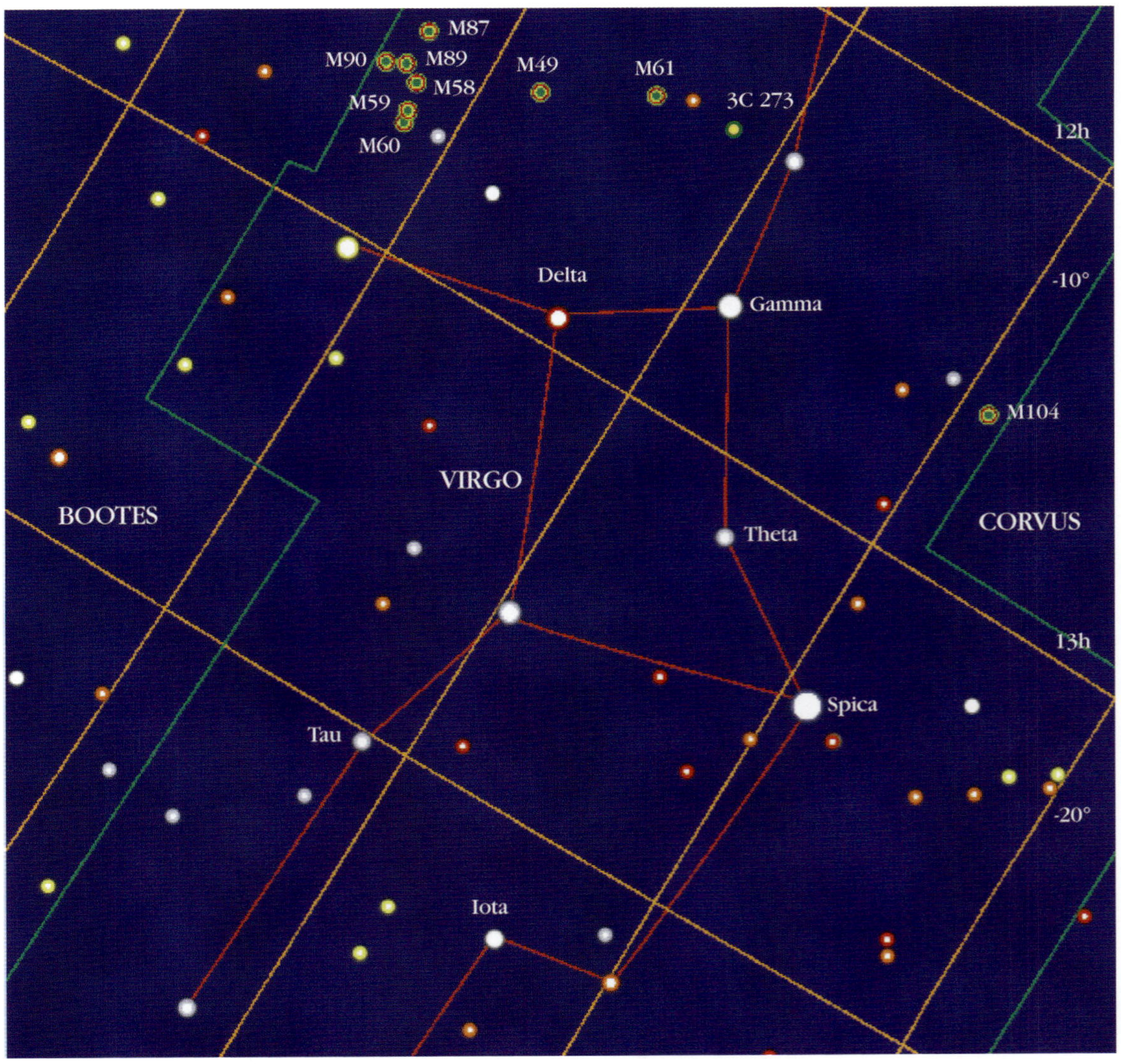

Magnitudes stellaires

0 1 2 3 4 5

Galaxies

Amas ouverts

Amas globulaires

Nébuleuses à émission

Nébuleuses planétaires

Radiogalaxies

Confins des constellations

Lignes d'ascension droite et déclinaison

Le Sombrero est l'une des galaxies géantes de l'amas de la Vierge.

OÙ LA RECHERCHER ?

Génitif : *Virginis*
Abréviation : *Vir*

Printemps

Hémisphères Nord et Sud

Nord : + 14° - Sud : - 22,5°
Ouest : 15 h 10′ - Est : 11 h 40′

Selon une tradition remontant à l'Antiquité, la Vierge incarne Cérès, déesse romaine des moissons, tenant à la main un épi de blé. Mais elle est aussi associée à d'autres divinités mythologiques. Par conséquent, nombreuses sont les légendes s'y rapportant. L'une d'elles renvoie à Astrée, déesse de la justice.

Comment repérer la constellation

La Vierge se repère facilement au sud-est du Lion. Spica, son astre le plus lumineux, se trouve à mi-chemin entre Régulus en Lion et Antarès en Scorpion. Spica culmine à minuit à la mi-avril. La Vierge est alors en opposition avec le Soleil et donc parfaitement visible. Puis la constellation disparaît peu à peu dans les lueurs du soleil en début d'été.

Étoiles dominantes

Alpha, ou Spica (magnitude 0,9), l'épi de blé, est une double blanche. Ses deux composantes s'éclipsent périodiquement tour à tour, passant l'une devant l'autre. Ce qui explique les variations de luminosité de Spica, de l'ordre d'un dixième de magnitude en quatre jours. Gamma, dite Porrima (magnitude 2,9), est une autre binaire dont les composantes effectuent une orbite mutuelle complète en 170 ans. Quand les deux étoiles sont éloignées au maximum, des télescopes de faible puissance suffisent à les distinguer. Mais en phase de rapprochement maximal, seuls des outils professionnels peuvent y parvenir, les deux astres étant à seulement 0,3″ l'un de l'autre.

Objets célestes

La Vierge renferme un important amas formé de quelques milliers de galaxies, éloignées de 45 à 80 millions d'années-lumière de la Terre. La constellation regorge d'objets inscrits au catalogue de Messier : M49, M58, M59, M60, M61, M84, M86, M87, M89, M90 et M104. Ces galaxies sont perçues, à travers les télescopes, telles des étoiles floues de magnitudes comprises entre 9 et 1. Deux d'entre elles méritent néanmoins d'être signalées : M87 et M104. La première est la « monstrueuse » galaxie elliptique géante qui domine le groupe. Un énorme trou noir se trouverait en son centre, engloutissant et rejetant de la matière en continu et à très grande vitesse. C'est également une puissante source de rayons X et d'ondes radio.

M104 est la célèbre galaxie du Sombrero, ainsi dénommée pour sa forme, une spirale semblable à la nôtre mais dont les bras sont enroulés très serrés. La galaxie ressemble ainsi à une elliptique. Elle offre une vue en coupe de sa position dans le ciel, une obscure bande de poussière la coupant sur le plan équatorial.

Autre objet intéressant : le quasar 3C 273, le plus brillant de toute la voûte, que l'on peut admirer avec un télescope d'environ 15 cm de diamètre. Il est à près de 3 milliards d'années-lumière et apparaît comme une petite étoile bleuâtre de 12,8 de magnitude.

Vulpecula
Petit Renard

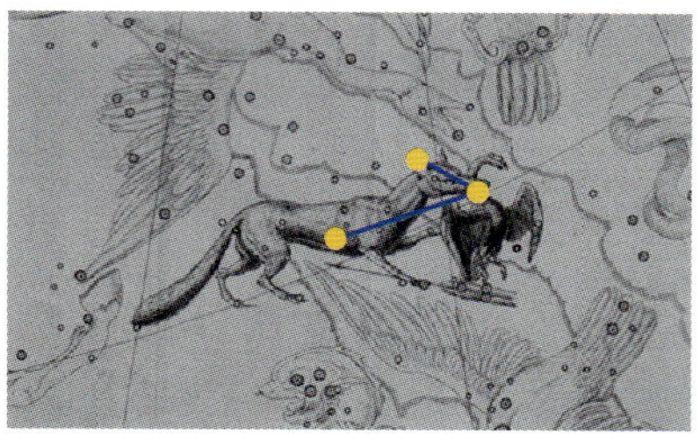

Dans la représentation faite par Hevelius, le Petit Renard était accompagné d'une oie, disparue plus tard.

Bien que situé dans l'hémisphère Nord, le Petit Renard est né à une époque relativement récente. Johannes Hevelius fut le premier à l'introduire, afin de remplir une région vide située entre la Flèche et l'imposante constellation du Cygne. Ce petit astérisme n'est donc associé à aucune légende ou aucun mythe.

Comment repérer la constellation

Le Petit Renard est proche de deux constellations qui illuminent les cieux en été : le Cygne et l'Aigle. Ses astres, peu brillants, sont enchâssés dans le Triangle d'été, immédiatement au nord de la Flèche et du Dauphin.

La constellation du Petit Renard se trouve en opposition avec le Soleil autour de la seconde moitié de juillet, affichant alors ses pâles étoiles pendant toute la nuit.

Étoiles dominantes

Le Petit Renard se compose de quelques astres peu éclatants. L'étoile la plus brillante est Alpha, de magnitude 4,4. Elle est aussi connue sous le nom d'Anser, qui signifie « Oie » en latin. À l'origine, Hevelius avait baptisé la constellation du nom de Vulpecula cum Anser, « petit renard avec oie ». Par la suite, cette dénomination a été simplifiée et Anser fut conservé pour l'astre le plus brillant. Alpha est une étoile double, avec un compagnon de magnitude 6 à moins de 14″ de distance, facilement observable avec un petit télescope.

L'étoile qui porte le numéro 23 (magnitude 4,5) est deuxième en termes de luminosité ; elle est orangée et se trouve à 290 années-lumière de la Terre. 13 Vul occupe la troisième position ; elle est de magnitude 4,6 et de couleur blanc-bleu.

T est une variable qui passe des magnitudes 5,2 à 6,4 en un peu plus de quatre jours. Il faut des jumelles pour l'observer de manière continue.

Objets célestes

L'objet le plus célèbre du Petit Renard est la nébuleuse planétaire M27, connue sous le nom de Dumbbell, qui signifie « haltère », entendu comme instrument gymnique, ou encore « battant de cloche ». C'est un objet de magnitude 8 qui apparaît avec un petit télescope comme une tache verdâtre vaguement rectangulaire, aux dimensions apparentes d'environ 8′ x 4′. Il se trouve environ deux degrés au sud-est de l'étoile 13. Les photographies montrent qu'il est de forme arrondie avec, en son centre, l'étoile dont il est issu : une naine blanche de magnitude 13.

Outre M27, le Petit Renard abrite d'autres objets intéressants, dont l'amas ouvert NGC 6940 de magni-tude 6 et formé d'une centaine d'étoiles.

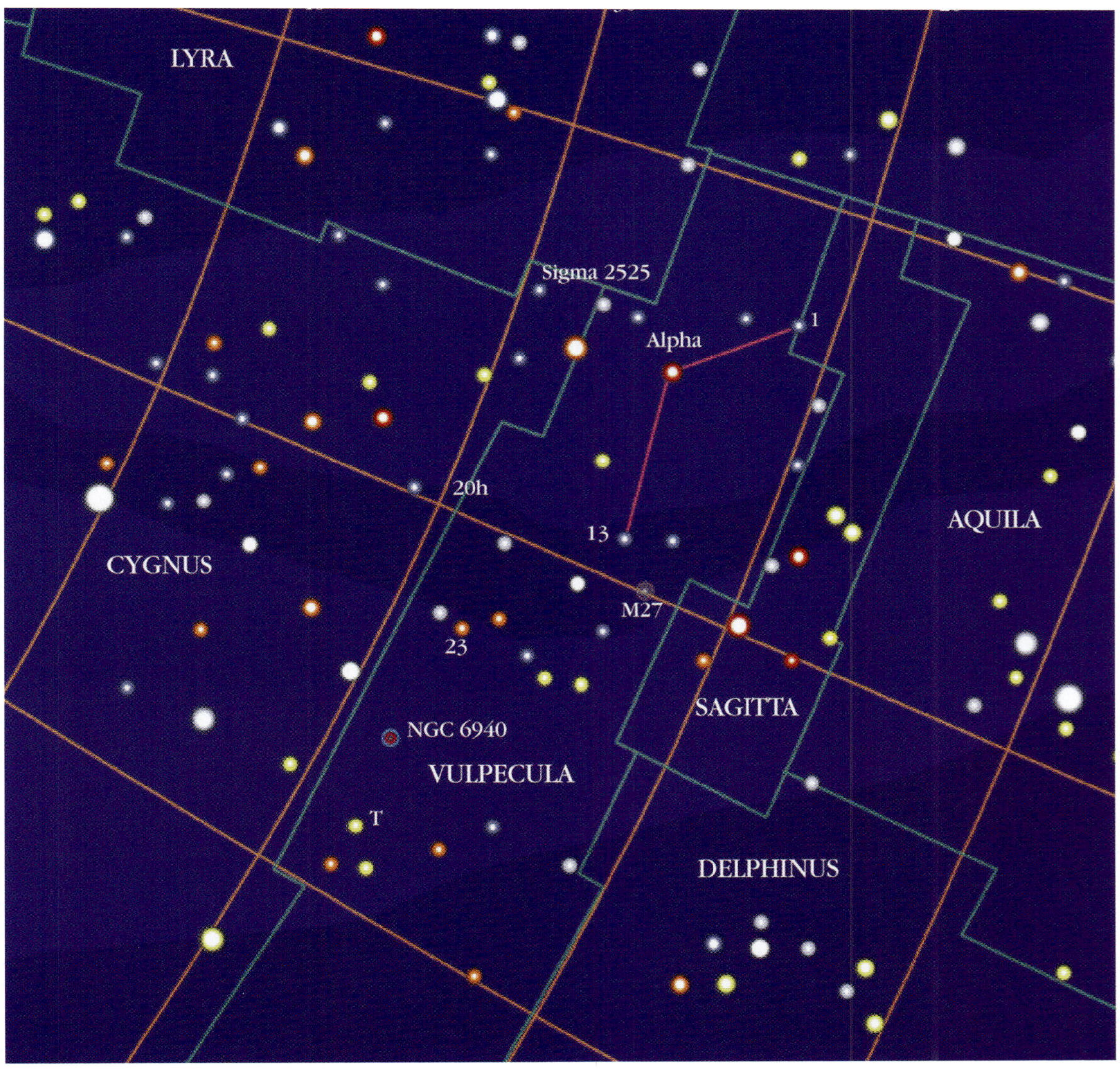

Magnitudes stellaires : 0 1 2 3 4 5
Galaxies
Amas ouverts
Amas globulaires
Nébuleuses à émission
Nébuleuses planétaires
Radiogalaxies
Confins des constellations
Lignes d'ascension droite et déclinaison

La nébuleuse planétaire M27 est l'une des plus grandes et des plus lumineuses de la voûte céleste. Son diamètre dépasserait les deux années-lumière.

OÙ LA RECHERCHER ?

Génitif : *Vulpeculae*
Abréviation : *Vul*

Été

Hémisphère Nord

Nord : + 29° - Sud : + 19°
Ouest : 21 h 30′ - Est : 18 h 55′

Technologie spatiale

Apollo et la Lune

20 novembre 1969 : lors de la mission Apollo 12, l'astronaute Alan Bean (sur cette page) porte un conteneur dans lequel il met un échantillon de sol lunaire. Une caméra de télévision spéciale est montée sur son scaphandre au niveau de la poitrine. On peut voir l'auteur du cliché, Pete Conrad, dans la visière du casque. 31 juillet 1971 : l'astronaute James Benson Irwin (sur la page de droite) pilote du module lunaire de la mission Apollo 15, travaille sur le *Lunar Roving Vehicle* dans la région Hadley-Apenine.

La Station spatiale internationale

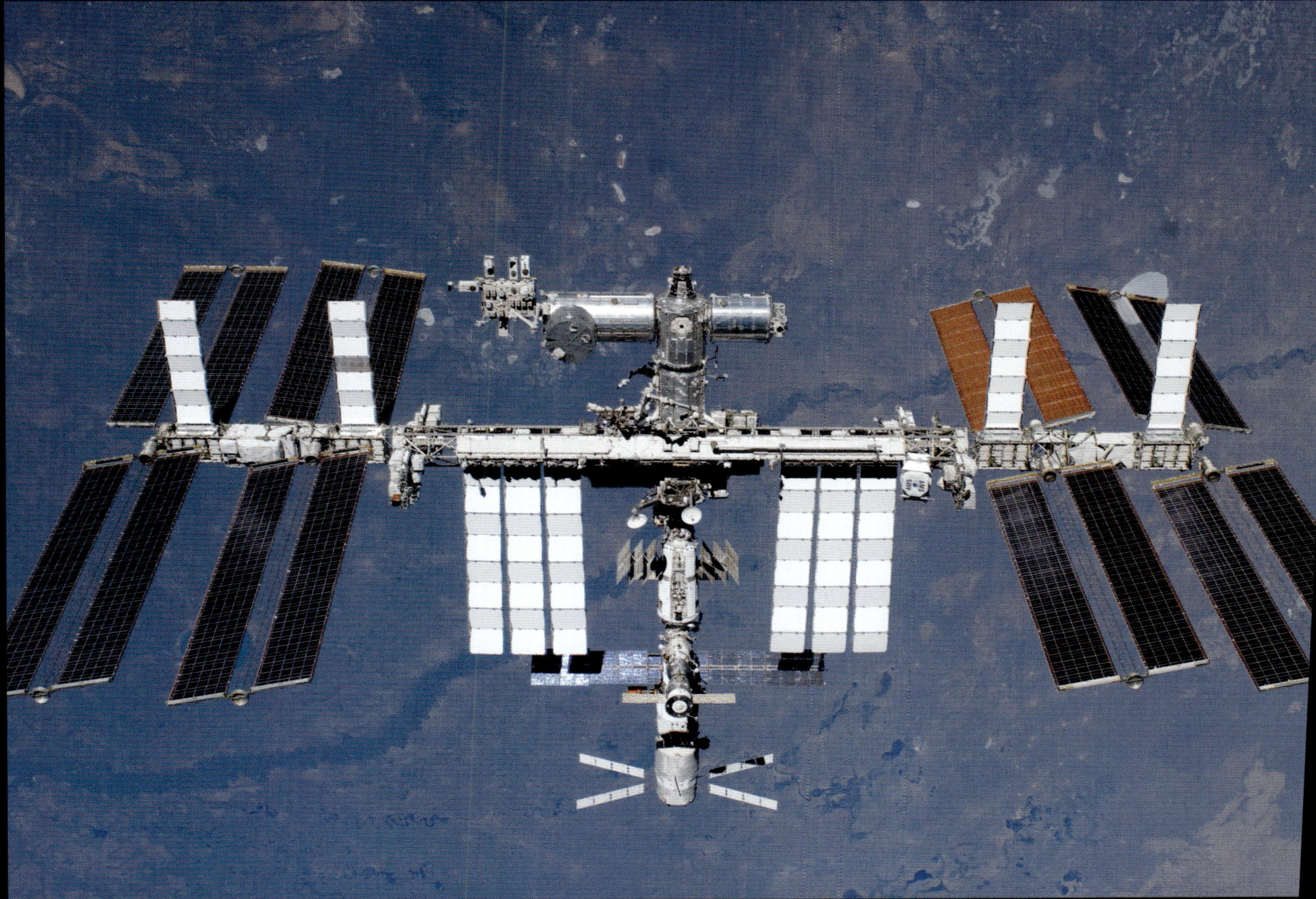

La Station spatiale internationale

La Station spatiale internationale, le plus gros objet en orbite, a les dimensions d'un terrain de football : 110 mètres de long, 74 mètres de large et 30 mètres de hauteur pour une masse d'environ 450 tonnes. Située à 400 kilomètres d'altitude, elle fait le tour du globe en 90 minutes, à la vitesse de 28 000 km/h. Dans son volume d'espace pressurisé d'environ 900 mètres cubes – dont 400 mètres cubes habitables –, elle peut accueillir six ou sept astronautes pour des séjours de 3 ou 6 mois. L'ISS est régulièrement complétée par divers modules. Par exemple, un bras télémanipulateur attend ainsi son lancement. Elle demeurera en service jusqu'en 2024.

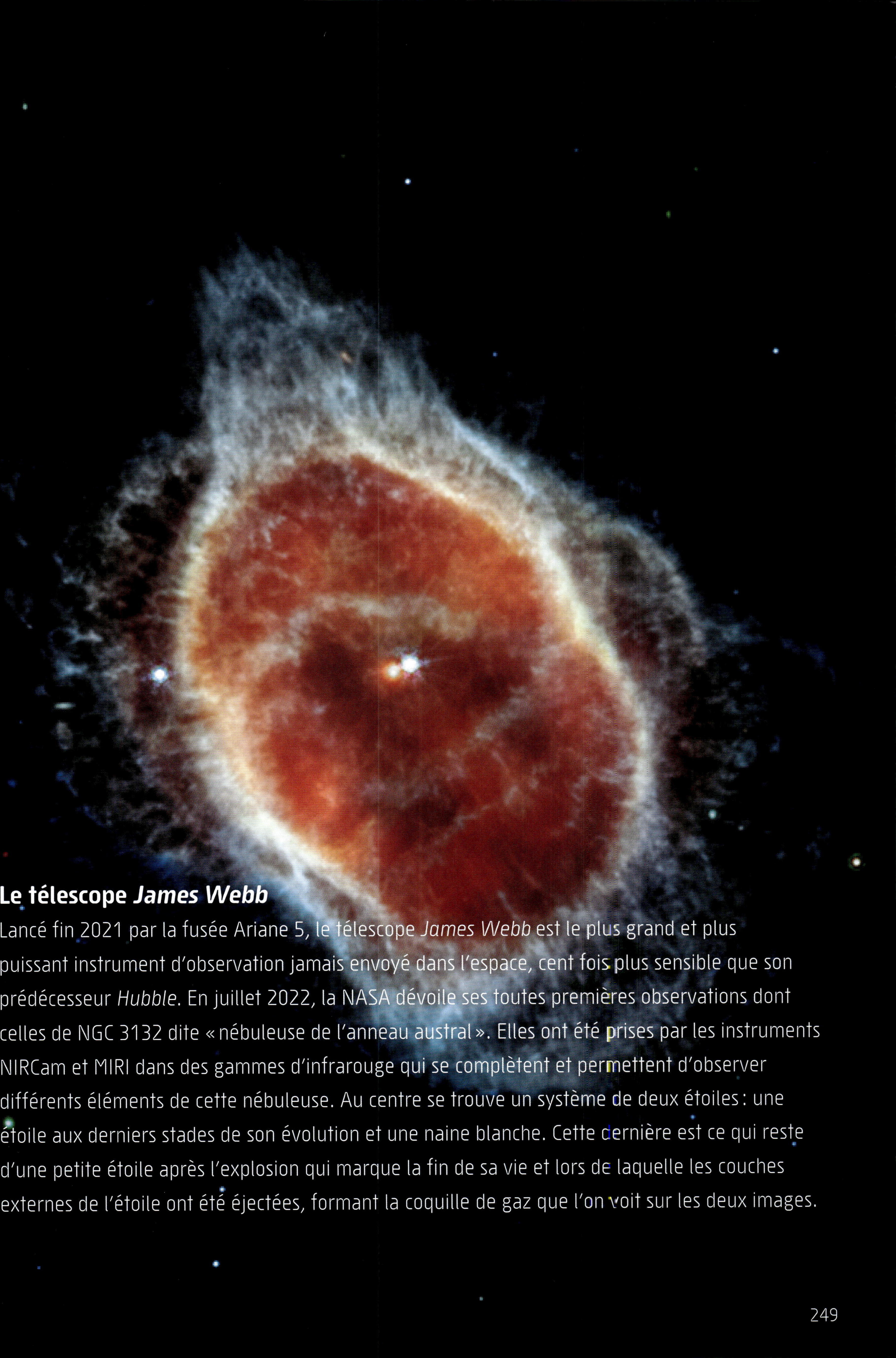

Le télescope *James Webb*

Lancé fin 2021 par la fusée Ariane 5, le télescope *James Webb* est le plus grand et plus puissant instrument d'observation jamais envoyé dans l'espace, cent fois plus sensible que son prédécesseur *Hubble*. En juillet 2022, la NASA dévoile ses toutes premières observations dont celles de NGC 3132 dite « nébuleuse de l'anneau austral ». Elles ont été prises par les instruments NIRCam et MIRI dans des gammes d'infrarouge qui se complètent et permettent d'observer différents éléments de cette nébuleuse. Au centre se trouve un système de deux étoiles : une étoile aux derniers stades de son évolution et une naine blanche. Cette dernière est ce qui reste d'une petite étoile après l'explosion qui marque la fin de sa vie et lors de laquelle les couches externes de l'étoile ont été éjectées, formant la coquille de gaz que l'on voit sur les deux images.

Curiosity : autoportrait

La sonde *Curiosity* de la NASA a rejoint le site de perforation martien « John Klein » et, grâce au bras du robot doté d'une caméra (MAHLI), il a pris une dizaine d'images de lui-même. Les photos ont été assemblées au Jet Propulsion Laboratory de Pasadena en Californie et ont généré cette spectaculaire séquence. Le bras avec la caméra (duquel se voit uniquement la partie initiale au centre de la photo) n'est évidemment pas visible sur l'image finale. La mission sur Mars de *Curiosity* représente sûrement un des plus grands succès de la NASA dans le monde de l'exploration planétaire.

Le propulseur du futur

Tuyère du moteur-fusée J-2X devant équiper le deuxième étage des lanceurs *Ares I* et *Ares V*, deux grandes fusées prévues dans le programme *Constellation* de la NASA, annulé par le Président Obama, car trop onéreux. Les États-Unis n'ont toutefois pas renoncé à une nouvelle génération de véhicules spatiaux successeurs de la navette spatiale, laquelle a définitivement pris sa retraite en 2011. Un programme moins ambitieux et moins coûteux est actuellement en cours de développement visant soit à envoyer des chargements et des instruments vers la Station spatiale internationale, soit en vue de futures missions avec équipage vers la Lune ou vers Mars. Développé en collaboration avec Pratt & Whitney, le propulseur J-2X est alimenté par du combustible liquide.

Hayabusa 2

En juin 2018, après trois ans de voyage, la sonde Hayabusa 2 (« faucon pèlerin ») a rejoint l'astéroïde géocroiseur Ryugu d'une taille d'un peu moins d'un kilomètre, situé entre la Terre et Mars. Elle est parvenue à déployer quatre rovers qui se sont, et c'est une grande première, déplacés à la surface de l'astéroïde en sautillant (à cause de la très faible gravité). Puis, des échantillons de la surface ont été récoltés à deux reprises et ont atterri en Australie le 5 décembre 2020. En 2010, la mission précédente Hayabusa avait réussi à renvoyer sur notre planète quelque 1 500 particules de très petite taille collectées sur le sol d'un autre astéroïde nommé Itokawa. L'analyse de ces échantillons permettra d'en apprendre plus sur l'origine et l'évolution des planètes telluriques, mais aussi sur l'origine de l'eau et des composés organiques sur Terre, éléments qui ont été nécessaires au développement de la vie sur notre planète.

Opération réussie

Intelsat est le sigle du consortium *International Telecommunications Satellite* (consortium international pour les communications par satellite), organisation créée en 1964 par 11 pays, dont l'Italie, avec *Telespazio*, pour fournir des services de télécommunications au niveau mondial. Le premier satellite utilisé fut le satellite américain *Early Bird*, lancé en 1965. Par la suite, différents satellites, toujours plus grands et plus puissants, ont été construits. Les plus récents sont de forme cylindrique de 3,6 mètres de diamètre, de 11,8 mètres de hauteur et ont un poids en orbite de 2 230 kg. Les satellites *Intelsat* fournissent jusqu'à 120 000 circuits téléphoniques et trois chaînes de télévisions, et sont équipés de plusieurs combinaisons de transpondeurs en bande C pour les chaînes de télévisions, et en bande Ku pour la télédiffusion directe. *Intelsat 9* et *10* ont été développés pour fournir des services numériques avancés de données, voix et vidéo pour l'internet et l'intranet.

La Station spatiale internationale

La Station spatiale internationale (ISS) est placée en orbite terrestre et est habitée depuis 2000. Si les premières études d'une station spatiale américaine datent des années 1970, le projet est lancé en 1983. Toutefois, faute de financement, sa construction n'a véritablement commencé qu'en 1998. Entre-temps, la NASA s'est tournée vers l'agence spatiale russe – pour des raisons politiques après le démantèlement de l'URSS –, ainsi que vers les agences spatiales européenne, japonaise et canadienne. Depuis 2009, l'ISS accueille des équipages internationaux de six astronautes. Les expériences menées en micropesanteur portent sur la biologie, la médecine – en particulier l'adaptation de l'homme à l'environnement spatial –, la science des matériaux et l'astronomie. En mai 2016 a été mis en service, pour une période d'essai de deux ans, un module gonflable léger et peu encombrant, qui ajoute seize mètres cubes d'espace habitable. L'ISS s'est également dotée de nouveaux équipements destinés à l'arrimage, en 2017, des vaisseaux privés de SpaceX et Boeing, destinés à remplacer les navettes spatiales.

Module russe en orbite

Le premier noyau autour duquel la Station spatiale internationale (SSI) a été construite est le module *Zarya* (Aube) lancé en 1998 de Baïkonour (Kazakhstan) avec une fusée *Proton*. Il s'agit d'un FGB (*Functional Cargo Block*) russe destiné à fournir, en plus des systèmes de communication avec la Terre, l'énergie électrique et à propulser la SSI. Les fonctions opérationnelles de Zarya sont aujourd'hui terminées ; le module sert aujourd'hui de lieu de stockage. Sur ce module sont venus se greffer le node d'interconnexion américain *Unity*, mis en orbite par la navette spatiale *Endeavour*, puis un troisième module russe *Zvezda* (Étoile). La mission *Soyouz 13 TMA-9*, sur l'illustration ci-dessus, s'est déroulée entre septembre 2006 et avril 2007. Au cours de cette mission, deux membres d'équipage ont été envoyés sur la Station spatiale internationale ainsi qu'un « touriste spatial », l'entrepreneur d'origine iranienne Anousheh Ansari.

Le télescope *James Webb*

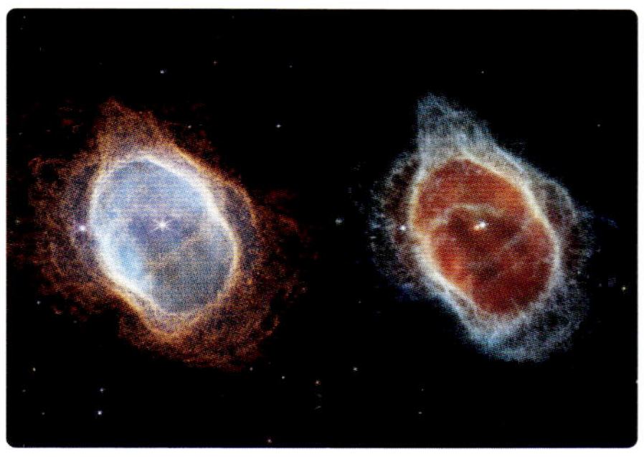

Au terme d'un mois de voyage, le télescope *James Webb*, du nom du second administrateur de la NASA, s'est placé en orbite du point de Lagrange L2 du système Terre-Soleil, à environ 1,5 million de kilomètres de la Terre en janvier 2022. Son miroir principal est composé de 18 hexagones qui ont été repliés pour ne pas être abîmés lors du décollage. Ils ont ensuite été déployés puis alignés avec grande précision pour former une surface de 6,5 m et le télescope effectue ses premières observations scientifiques en juin 2022.
Parmi les quatre instruments du télescope, NIRCAM opère dans l'infrarouge proche alors que MIRI dans l'infrarouge moyen. Le premier permet d'observer avec détail des objets plus chauds comme l'étoile en fin de vie au centre de la nébuleuse NGC 3132 sur la photo de gauche.
À l'inverse, MIRI est plus sensible aux astres plus froids comme, sur l'image de droite, la naine blanche formée lors de l'explosion à la mort d'une étoile d'une masse d'une à huit fois celle de notre Soleil, environ. Les couches externes de cette étoile ont été éjectées dans l'espace formant la coquille de gaz visible sur les deux images.

Curiosity : autoportrait

Le 26 novembre 2011, la NASA lança la mission *Mars Science Laboratory* (*MSL*) afin d'identifier des traces de vie, même passée, sur la planète rouge.
Il ne s'agit pas de la première mission équipée d'un robot d'exploration. Mais dans ce cas précis, un laboratoire semi-mobile extrêmement sophistiqué, du nom de *Curiosity*, vient compléter le dispositif. Mesurant 3 mètres de long et pesant 900 kg, il est nettement plus grand que ses prédécesseurs (*Spirit* et *Opportunity*). Le système d'alimentation photovoltaïque ayant été abandonné, le rover puise son énergie d'un générateur thermoélectrique à radio-isotopes et se déplace d'environ 90 mètres par heure ; ainsi le robot a parcouru depuis le jour de son atterrissage, le 6 août 2012, plus de 20 km, analysant des roches et l'atmosphère et prenant des milliers de photos. Parmi ces découvertes, figure la présence de méthane dans l'atmosphère martienne et de molécules organiques dans des roches près de la surface.

Satellites et stations orbitales

Il existe de nombreux types de véhicules spatiaux destinés à la recherche astronomique et scientifique. Les satellites artificiels se distinguent en fonction de ce qu'ils sont capables de faire, de l'orbite qu'ils occupent et des instruments dont ils sont équipés. Les stations orbitales, outre qu'elles permettent des recherches dans des conditions d'apesanteur, représentent une première tentative de colonisation de l'espace, même si cela se limite à l'espace autour de notre planète.

Des *Spoutnik* aux *Explorer*

Dans l'histoire des activités humaines dans l'espace, des milliers de satellites ont été conçus et lancés à des fins scientifiques très variées : astronomie, géophysique, recherche atmosphérique, physique de l'espace, biologie, microgravité, et ce dès le lancement par l'Union soviétique, en 1957, du premier satellite artificiel *Spoutnik 1* pour étudier l'ionosphère et la densité de l'atmosphère terrestre. L'URSS a poursuivi avec la série des Cosmos, nom générique donné à une série de satellites artificiels lancés à partir de 1962, dont la plupart furent utilisés pour la recherche scientifique, suivie des satellites *Elektron*, *Proton* et *Prognoz*.

Les États-Unis, en revanche, ont lancé la longue série des satellites *Explorer* (le premier *Explorer 1* en 1958) suivi par un grand nombre de satellites scientifiques dont : les satellites astronomiques OAO (*Orbiting Astronomical Observatory*), les HEAO (*High Energy Astrophysics Observatory*), les IRAS (*Infra-Red Astronomical Satellite*), les GEOS (*Geodetic Earth Orbiting Satellite*), les LAGEOS (*Laser Geodynamics Satellite*) et les Géosat. Puis les OSO (*Orbiting Solar Observatory*), le SME (*Solar Mesosphere Explorer*) et le SMM (*Solar Maximum Mission*) pour l'étude du Soleil.

1

Coopération internationale

Il existe de nombreux projets de satellites scientifiques réalisés dans le cadre de coopérations entre les États-Unis et l'Europe dont les ISEE (*International Sun Earth Explorer*), *Ulysse* et le grand télescope spatial *Hubble*. Dès le début des années soixante, l'Italie s'est consacrée au lancement de la série des petits satellites scientifiques *San Marco*, concevant successivement, dans le cadre d'une coopération entre l'Agence spatiale italienne (ASI) et la NASA, le satellite en laisse TSS (*Tethered Satellite System*) et le LAGEOS géodynamique 2. Beppo-SAX (*Satellite astronomique à rayon X*) fut lancé en 1996 en collaboration avec les Pays-Bas. L'agence spatiale japonaise NASDA, incorporée par la suite au sein de la JAXA, s'est également essayée à des projets de satellites scientifiques.

2

3

1 Le véhicule Soyouz TMA-14 *en partance pour la Station spatiale internationale le 26 mars 2009.* **2** *Retour, dans une zone désertique du Kazakhstan, de* Soyouz TMA-21, *le 16 septembre 2011.* **3** *Un lanceur* Soyouz *sur le cosmodrome de Baïkonour. Cette famille de lanceur a transporté en orbite les astronautes des stations spatiales* Saliout, Mir *et* ISS.

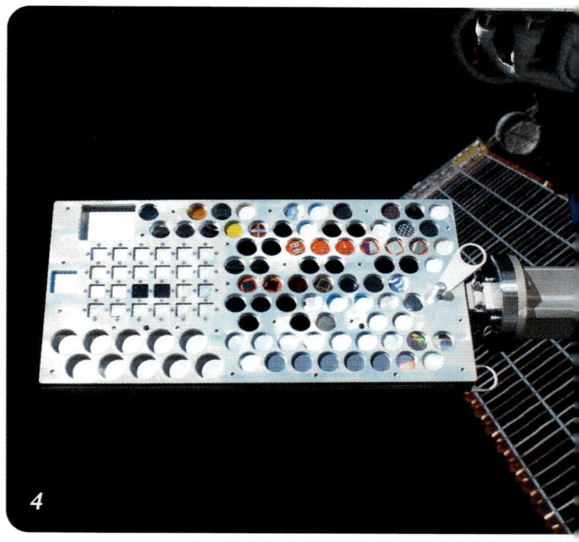

4 *Parmi les tests réalisés dans la Station spatiale internationale, ceux visant à évaluer la résistance de différents matériaux exposés à l'oxygène mono-atomique, à la lumière ultraviolette, à la lumière directe du Soleil, aux radiations et aux sursauts thermiques.* **5** Skylab, *ici sur une photo de 1973, est resté en service jusqu'en 1979 avant d'être ramenée dans l'atmosphère terrestre et de se désintégrer dans l'océan Indien.*

Les premières stations orbitales

La station orbitale est une structure destinée à rester longtemps en orbite autour de la Terre et à accueillir des scientifiques et des techniciens engagés dans différents programmes (étude et observation de la Terre, études et relevés astronomiques ou des radiations cosmiques, physiologie et biologie en apesanteur, physique et technologie en condition de vide cosmique...).

Ce sont les Soviétiques, battus dans la course à la conquête de la Lune, qui ont mis en orbite la première station orbitale, *Saliout 1* en avril 1971. À partir de 1986, les stations Saliout ont été remplacées par *Mir*, station spatiale permanente, qui a été progressivement agrandie avec l'ajout de différents modules pour recherches scientifiques. Les États-Unis ont lancé également, en 1973, une station orbitale, *Skylab*. Composée de six modules, elle est restée opérationnelle jusqu'à fin 1979.

De *Freedom* à la Station spatiale internationale

L'allégement des tensions politiques internationales et la crise économique entre la fin du XXe et le début du XXIe siècle ont eu un impact fort sur les programmes spatiaux de tous les pays industrialisés. En Russie, la pénurie de fonds a entraîné une réduction drastique des lancements, et en 2001, l'abandon de la station spatiale *Mir*. Pour des questions à la fois financières et de vétusté (*Mir* est restée en orbite pendant quinze ans au lieu des cinq prévus au moment du lancement), la structure orbitale a été ramenée dans l'atmosphère grâce à une manœuvre contrôlée.

Pour des raisons identiques, le projet américain *Freedom* de station spatiale nationale a été progressivement redimensionné, tant et si bien que les États-Unis ont finalement dû renoncer à un projet exclusivement américain pour se tourner plutôt vers la participation au projet de Station spatiale internationale (ISS), au début appelé *Alpha*. Les deux premiers modules de la ISS ont été lancés en 1998. La station est située à une altitude comprise entre 335 et 460 km sur une orbite inclinée de 51,6 ° parcourues en quatre-vingt-dix minutes à une vitesse de 28 000 km/h. Après le retrait du service des navettes spatiales américaines en 2011, les véhicules spatiaux russes *Soyouz* deviennent les seuls capables d'assurer la relève de l'équipage permanent de la Station spatiale internationale. Ce monopole s'achève en 2020, quand le véhicule spatial *Crew Dragon*, développé par la société privée SpaceX pour le compte de la NASA, effectue son premier vol avec équipage pour l'ISS. Le vaisseau est capable de transporter jusqu'à quatre astronautes et est conçu pour être réutilisé. La société Boeing a aussi développé un véhicule également réutilisable, le *Starliner*, capable de transporter sept personnes maximum. Son premier vol habité aura lieu avant la fin de l'année 2023, avec un équipage de deux astronautes qui séjourneront à bord de l'ISS pendant une quinzaine de jours.

L'Agence spatiale européenne (ESA)

Les programmes de l'ESA concernent l'étude de la Terre, l'environnement spatial qui l'entoure, le système solaire et l'Univers. Au nombre des missions phares de l'Agence : le module de descente *Huygens*, qui a voyagé avec la sonde américaine *Cassini* et a découvert pour la première fois, en 2005, les reliefs de Titan, le plus gros satellite de Saturne ; c'est l'atterrissage le plus lointain jamais réalisé. Citons également *XMM-Newton (X-ray Multi-Mirror)*, destiné à l'observation du ciel en rayons X, *INTEGRAL* pour l'étude de l'astronomie gamma, Planck qui a révolutionné, en 2014, l'histoire des débuts de l'Univers, *Rosetta* pour l'observation rapprochée et totalement inédite d'une comète, *Herschel* qui a scruté l'Univers en infrarouge, *GAIA* pour la création du plus grand catalogue d'étoiles, *LISA Pathfinder* chargé de préparer la mission LISA, observatoire des ondes gravitationnelles dans l'espace. Et la constellation de satellites de *Galileo*, le « GPS » européen bien plus précis que l'original, qui devrait bouleverser notre quotidien !

Image d'artiste du Human Landing System, *le véhicule qui emmènera les astronautes à la surface de la Lune dans le cadre du programme d'exploration lunaire* Artemis.

De son côté, la Chine a mis en orbite avec succès deux laboratoires spatiaux *Tiangong* (« palais céleste ») *1* et *2*. Le premier, lancé en 2011, était la première station spatiale chinoise. Grâce aux véhicules habités *Shenzhou*, qui ont d'ailleurs emporté le premier Chinois dans l'espace en 2003, deux équipages de taïkonautes, dont la première Chinoise, ont pu atteindre la station et y séjourner près d'un mois en tout. La station s'est écrasée sur Terre en 2018, après une rentrée incontrôlée dans l'atmosphère. Son successeur *Tiangong 2*, plus grand et lancé en 2016, a abrité deux taïkonautes pendant trente-trois jours pour y mener diverses expériences. La station a été ravitaillée par le vaisseau cargo spatial *Tianzhou* en 2017 et a effectué une rentrée atmosphérique contrôlée en 2019. Ces deux laboratoires spatiaux n'étaient pas prévus pour devenir des stations orbitales permanentes et ont, en fait, servi à la Chine de bancs d'essai. Ainsi, de nombreuses technologies-clés ont été développées et testées, et elles seront utilisées pour la réalisation de la station spatiale chinoise *Tiangong 3*. Le module *Tianhe*, lancé en avril 2021, est placé sur orbite à près de 400 km d'altitude, et la station a été mise en service en 2022. En juillet 2021, trois astronautes chinois ont réalisé la deuxième sortie extravéhiculaire de l'histoire de leur pays, la première depuis la nouvelle station spatiale, afin de d'effectuer des opérations de construction. La station *Tiangong 3*, d'une taille similaire à celle de l'ancienne station MIR, est prévue pour durer une dizaine d'années. Elle peut abriter des équipages de trois personnes pendant six mois, afin d'effectuer diverses expériences de physique et de biologie en microgravité.

L'Inde a également annoncé un projet de station orbitale dans un futur proche. À cet effet, elle développe un véhicule spatial nommé *Gaganyaan*, qui doit permettre à un équipage de trois vyomanautes (astronautes indiens) de séjourner dans l'espace pendant environ sept jours. Le premier vol du vaisseau sans équipage est prévu en 2024 et, avec équipage, l'année suivante.

1 *Le vaisseau de ravitaillement* Dragon *de la société SpaceX attaché au module* Harmony *de la Station spatiale internationale.* ***2*** *La fusée* Falcon 9 *avec le vaisseau spatial* Crew Dragon, *tous deux de la société SpaceX, avant son décollage en novembre 2020. Elle a transporté avec succès quatre astronautes vers la Station spatiale internationale.*

3 *Image d'artiste de la nouvelle fusée,* le Space Launch System, *la plus puissante jamais construite par la NASA. Elle enverra les astronautes des missions* Artemis *sur la Lune.*
4 *Image d'artiste de la station* Gateway. *Construite en collaboration avec le secteur privé, elle est essentielle à l'exploration lunaire par la NASA sur le long terme et servira de modèle pour les futures missions sur Mars.*

Le tourisme spatial

En 2019, la NASA prend la décision d'autoriser à des touristes de se rendre sur l'ISS. Ils y seront transportés par les vaisseaux spatiaux privés de SpaceX et Boeing. Le tourisme spatial a en effet connu un bel essor depuis les premiers vols privés organisés avec l'accord de l'agence spatiale russe. En 2001, le premier touriste de l'espace, le millionnaire américain Dennis Tito, passe près de huit jours dans l'espace, avec arrimage à la Station spatiale internationale. En deux décennies, sept touristes de l'espace ont ainsi effectué des vols à bord d'un vaisseau spatial russe *Soyouz* vers l'ISS. En 2004, deux astronautes commerciaux pilotent le *SpaceShipOne* de la société Scaled Composites et effectuent le premier vol privé dans l'espace. Depuis, les sociétés Virgin Galactic de Richard Branson et Blue Origin de Jeff Bezos travaillent au développement de nouvelles technologies permettant d'abaisser le coût de l'accès à l'espace. Les deux milliardaires se sont d'ailleurs affrontés dans une course à l'espace à l'été 2021 : Branson est devenu le premier milliardaire à effectuer un voyage aux limites de l'espace, à 86 kilomètres d'altitude. Neuf jours plus tard, Jeff Bezos dépasse, lui, les 100 kilomètres, qui marquent par convention la limite de l'espace. Il est ainsi le premier milliardaire dans l'espace. Par ailleurs, Oliver Daeman et Wally Funk qui l'accompagnent deviennent respectivement les personnes les plus jeunes et âgées à voyager dans l'espace. En septembre 2021, le vaisseau Crew Dragon de l'entreprise SpaceX envoie quatre civils dans l'espace, sans astronaute professionnel à son bord. C'est le centre de contrôle et le pilote automatique du vaisseau qui sont aux commandes. Il s'agit du premier vol entièrement privé. SpaceX prévoit par ailleurs d'envoyer le premier touriste spatial autour de la Lune, le milliardaire japonais Yusaku Maezawa, fin 2023 ou 2024. Ce voyage sera rendu possible grâce à l'utilisation de la fusée *Starship*, entièrement réutilisable et qui doit participer à terme à l'exploration habitée de Mars, voire d'autres planètes du système solaire. Par ailleurs, la société américaine Axiom Space projette d'arrimer jusqu'à trois modules à l'ISS en 2024, lesquels seront utilisés pour des séjours touristiques d'une dizaine de jours. La fin de vie de l'ISS est prévue pour les années 2030.

De la Terre à la Lune

Les agences spatiales américaine, européenne, canadienne et japonaise travaillent actuellement à la réalisation d'une petite station spatiale appelée *Gateway* (« portail »). Elle sera placée sur une orbite très elliptique autour de la Lune à des distances variant de 3 000 à 70 000 km de la surface de notre satellite naturel. Ses deux premiers modules seront lancés en 2024 et c'est le futur vaisseau spatial *Dragon XL* de la société SpaceX qui a été choisi pour en effectuer le ravitaillement. Le lanceur de la NASA *Space Launch System* (SLS) et le vaisseau *Orion* ont été testés avec succès lors de la mission *Artemis 1* fin 2022, au cours de laquelle *Orion*, sans équipage à son bord cette fois, a survolé la Lune à deux reprises. Les missions suivantes prévoient le retour d'astronautes, dont la première femme, autour de la Lune en 2024 et à la surface, au pôle Sud, deux ans plus tard. La station Gateway jouera un rôle majeur au cours des missions suivantes du très ambitieux programme Artemis : elle servira de relais entre la Terre et la surface de la Lune et comportera un centre de communication, un laboratoire scientifique et un module d'habitation pour des séjours courts (quatre personnes jusqu'à trente jours). Elle sera en permanence visible de la Terre garantissant des liaisons radio ininterrompues et sera achevée avant la fin de la décennie actuelle.

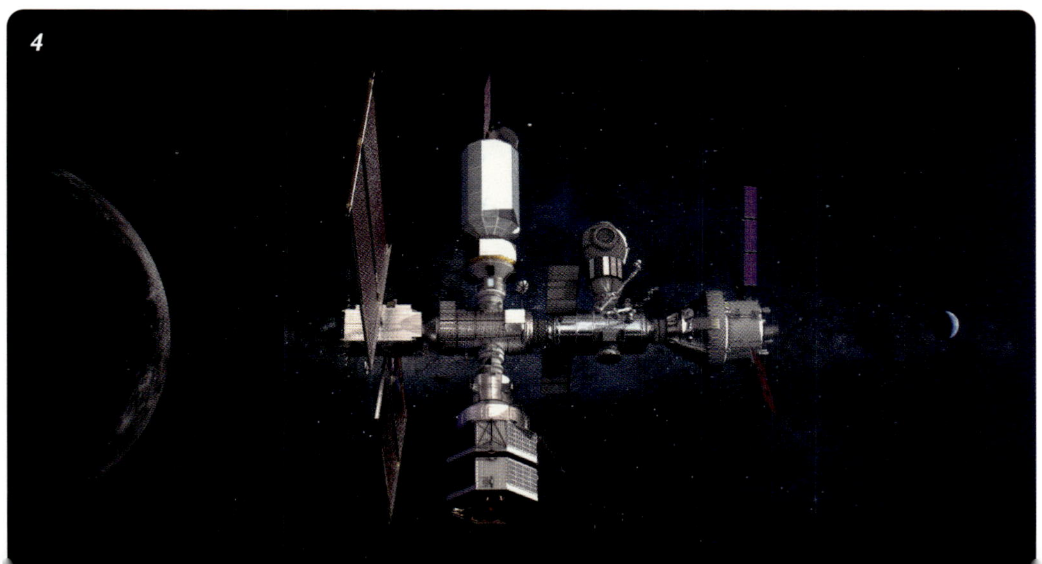

Sondes et télescopes spatiaux

Les sondes spatiales sont des véhicules destinés à des explorations à grande distance, parfois équipés d'éléments détachables capables de se poser sur le sol d'autres corps célestes. Dans le domaine de l'astronomie d'observation, les télescopes spatiaux se sont révélés extrêmement efficaces permettant d'observer des planètes, des étoiles et des galaxies sans être gênés par les turbulences de l'atmosphère terrestre.

1 Reconstruction artistique de la sonde Mars Reconnaissance Orbiter *de la NASA lancée en 2005 pour réaliser des analyses poussées du sol de Mars afin d'identifier des sites d'atterrissage pour les futures missions sur la planète.* ***2*** *Voici les trois générations de rovers envoyés sur Mars par la NASA : le plus petit en bas est* Sojourner *(1997), puis* Spirit/Opportunity *à gauche (2004) et enfin* Curiosity *à droite, qui rejoignit la planète rouge en 2012.* ***3*** *Le précurseur des missions américaines sur Mars : le lanceur* Atlas-Agena 5, *avec la sonde* Mariner 1 *décolle de cap Canaveral en juillet 1962*

Sondes soviétiques et américaines

Le développement de programmes d'exploration des planètes du système solaire grâce à des sondes spatiales automatiques trouve son origine dans le rapport de force entre les États-Unis et l'Union soviétique. L'URSS lance, dès 1961 une série de sondes vers Vénus. Un module de *Venera 4* atterrit sur la planète en 1967, transmettant pendant une heure et demie des données concernant l'atmosphère de Vénus, tandis que le module principal reste en orbite pour retransmettre sur Terre les données codées. L'expérience se reproduisit avec *Venera 5* et *6* lancés à peu de temps d'intervalle, et *Venera 7* à *16*, dont les modules de descente ont tous effectué un atterrissage en douceur, et ont envoyé du sol des données et des images. Les deux sondes *Vega 1* et *2* (lancées en 1984 pour étudier la comète Halley) ont survolé Vénus et ont lancé une capsule pour recueillir des données sur l'atmosphère et le sol de Vénus.

Les États-Unis ont limité leurs programmes vers Vénus à quelques lancements, commencés en 1962 avec la sonde *Mariner*, et terminés en 1978 avec la sonde *Pioneer Venus 2*. Un module de cette dernière a fait descendre sur la planète quatre petites sondes. En 1994, la nacelle *Magellan* a dessiné la carte complète de Vénus grâce à un radar. Mercure a été, en partie, photographiée par la sonde *Mariner 10*.

L'exploration de Mars a été initialement réalisée par les États-Unis avec des sondes de la famille *Mariner* et *Viking*, mais sans grand succès, puis par l'URSS avec les sondes *Mars* (1971-1973) et *Phobos 1* et *2*. Ces dernières se sont perdues peu de temps après avoir été lancées (1998). Les premières photos de la planète ont été transmises en 1965 par *Mariner 4*. *Mars 3*, en décembre 1971, a transmis des images et des données sur la surface de la planète. Les modules de descente, *Viking 1* et *2* (1976), ont effectué des transmissions à partir du sol de la planète Mars, réalisant en outre des recherches biochimiques pour identifier l'éventuelle présence de micro-organismes vivants.

Les missions américaines ayant envoyé les sondes *Pioneer* et *Mariner* vers les grandes planètes externes ont été particulièrement importantes. *Pioneer 10* et *11* ont transmis, entre 1973 et 1976, des milliers de photos et autres données sur Jupiter et Saturne. *Mariner 11* et *12*, rebaptisées *Voyager 1* et *2*, ont effectué, en 1979 et 1980 des relevés spectrométriques, photographiques et radio astronomiques de Jupiter et de Saturne. *Voyager 1* a atteint les limites du système solaire, entrant dans « l'espace interstellaire », tandis que *Voyager 2* s'est rapproché d'Uranus (1986) et de Neptune (1989), transmettant sur la Terre de splendides images et d'importantes informations scientifiques.

Objectif Mars

Depuis 1996 l'exploration planétaire connaît un second souffle (pour l'étude des planètes, mais également des astéroïdes et des comètes) grâce à des sondes automatiques de faibles masses,

4 Le télescope spatial Hubble *est doté d'un miroir parabolique de 2,4 mètres de diamètre.* ***5*** *L'observatoire Goldstone* (Goldstone Deep Space Communications Complex) *dans le désert de Californie est un système composé de plusieurs radiotélescopes pour explorer l'espace profond et communiquer avec les sondes spatiales. L'antenne sur l'image fait 70 mètres de diamètre.*

réalisées et lancées à des coûts relativement faibles dans le cadre du programme *Discovery*. Les premières sondes ont été lancées à destination de Mars, dans le cadre d'un programme d'étude qui s'est poursuivi au cours de la première décennie du XXIe siècle. En 1996, le *Mars Global Surveyor* a été lancé pour étudier le climat et la géologie de la planète, suivi en 1997 par la mission *Mars Pathfinder* qui a envoyé le rover *Sojourner*.

En 2001, l'activité d'exploration est repartie de plus belle avec la sonde orbitale *Mars Odyssey 2001*, pour identifier la présence d'eau et d'activité volcanique sur la planète. Par ailleurs, à partir de janvier 2004, les deux *rovers Spirit* et *Opportunity* envoyés par la mission *Mars Exploration Rover A* et *B* ont longuement travaillé sur le sol martien. À la même période, les États-Unis ont également repris l'exploration des planètes internes en envoyant la sonde *Messenger* vers Mercure.

Parallèlement, la sonde européenne *Mars Express*, en orbite autour de Mars, a poursuivi la récolte des succès à partir de 2004 dans l'exploration de la planète rouge.

En 2005, la sonde *Deep Impact* lance le projectile *Impactor* contre la comète Tempel 1 pour en étudier la composition. La mission a été un succès, permettant d'obtenir des informations précieuses sur, par exemple, la naissance de notre système solaire.

En 2006, la NASA lança la sonde *New Horizons* en direction du système de Platon et Charon. Puis ce fut au tour du *Mars Science Laboratory* (*MSL*) en 2011, avec à son bord le *rover Curiosity*, qui explore actuellement l'intérieur du cratère *Gale* sur Mars.

En 2018, la mission *InSight* de la NASA a déposé sur Mars des instruments européens pour explorer l'intérieur de la planète rouge et la mission *Bepi-Colombo* (ESA/JAXA) a été lancé en direction de Mercure.

Télescopes spatiaux et ciel profond

Grâce aux télescopes spatiaux, il est possible d'étudier la radiation électromagnétique émise par les objets célestes sans que celle-ci passe par l'atmosphère. Entre autres, il est ainsi possible d'observer la radiation dans des bandes de fréquence qui ne traverse pas l'atmosphère. D'ailleurs, la lumière visible est déformée par l'atmosphère, d'où l'intérêt d'un télescope spatial même dans cette longueur d'onde. De nombreux instruments ont été envoyés ainsi en orbite par les agences spatiales, tout d'abord la NASA, mais aussi l'ESA, les agences japonaises et russes. Un des premiers fut l'observatoire astronomique orbital IUE (*International Ultraviolet Explorer*), mis en orbite en 1978, qui a été consacré exclusivement à l'astronomie dans l'ultraviolet, rayonnement fortement absorbé par l'atmosphère. Du point de vue des rayons ultraviolets proches et de la lumière visible, le télescope orbital de grande longueur le plus important à ce jour reste *Hubble*, fruit d'une coopération entre l'Europe et les États-Unis, prévu pour fonctionner jusqu'en 2025 environ. Le télescope spatial *James Webb*, qui effectuera ses observations dans l'infrarouge, a été lancé en décembre 2021 par une fusée *Ariane 5* depuis la Guyane, avec près de quatorze ans de retard. Contrairement à *Hubble*, qui est situé en orbite basse de la Terre, à 500 kilomètres de la surface, le télescope *James Webb* est placé en orbite autour du point de Lagrange L2 du système Soleil-Terre, à 1,5 million de kilomètres de la Terre. Après une phase de déploiement et d'alignement des miroirs et de préparation des instruments, le télescope commence ses observations en juin 2022. Son miroir de 6,5 mètres de diamètre (contre 2,4 pour *Hubble*) lui fournit un grand pouvoir de résolution et lui a d'ores et déjà permis de com-

Solar Orbiter

Le 10 février 2020 a été lancé le satellite Solar Orbiter, « Orbiteur Solaire », de l'Agence spatiale européenne. Il est dédié à l'observation du Soleil, de son champ magnétique et des processus à l'origine du vent solaire et comporte dix instruments, à la fois pour des études in-situ et pour des observations à distance. Après environ trois ans, la sonde atteindra son orbite opérationnelle où elle passera au plus près de notre étoile à un quart de la distance Terre-Soleil. Le satellite, qui doit durer une dizaine d'années, réalisera les premières images des régions polaires du Soleil en atteignant une orbite inclinée par rapport au plan de l'écliptique afin de comprendre comment le champ magnétique du Soleil est généré. La mission essaiera aussi d'en apprendre plus sur la façon dont le Soleil crée et contrôle son héliosphère, la région de l'espace en forme de bulle où se trouvent les particules chargées comme des protons et des électrons émis par la haute atmosphère du Soleil. Le 15 juin 2020, la sonde a atteint son premier périhélie, à environ 77 millions de kilomètres de l'étoile, une étape symbolique dans la poursuite de la mission.

Image d'artiste du télescope spatial européen en X, Athena.

mencer à répondre à certains de ses objectifs grâce à des observations d'une qualité exceptionnelle. Il est ainsi déjà parvenu, entre autres, à observer les galaxies primordiales, les premières formées après la naissance de l'Univers, et leurs morphologies très variées, la galaxie la plus lointaine jamais observée, à détecter sa première exoplanète d'une taille semblable à la nôtre, la composition de l'atmosphère d'une autre de la taille de Saturne et la formation d'étoiles dans un amas ouvert situé dans le Petit Nuage de Magellan, une galaxie satellite de la nôtre. Le télescope *James Webb* est prévu pour fonctionner une dizaine d'années.

En 2020, l'observatoire européen spatial *Gaia*, qui a commencé ses observations dans le visible en 2014, a publié un catalogue avec les positions de près de deux milliards d'objets célestes. *Gaia* est un satellite d'astrométrie, c'est-à-dire qu'il mesure non seulement la position des astres sur la voûte céleste, mais aussi leur distance. Son objectif est de créer la carte tridimensionnelle la plus grande et la plus précise de notre Galaxie en mesurant, sur une période de cinq ans, les positions, distances, mouvements et d'autres caractéristiques physiques d'environ un milliard d'étoiles dans notre Galaxie et au-delà.

L'atmosphère est impénétrable également aux rayonnements X et gamma avec des instruments dédiés comme par exemple *Chandra* et *XMM-Newton* pour les rayons X, *Integral* et *Fermi* pour les rayons gamma, chargés en grande partie d'étudier les phénomènes les plus énergétiques dans notre univers. L'Agence spatiale européenne (ESA), en collaboration avec la NASA, prévoit de lancer dans les années 2030 le télescope spatial en X *Athena* (*Advanced Telescope for High ENergy Astrophysics*), dont les caractéristiques techniques uniques surpasseront celles des instruments en X actuels. Il permettra d'étudier des phénomènes très énergétiques et les régions les plus actives de notre Univers (restes de supernovas, étoiles à neutrons, trous noirs…) et tentera de comprendre la formation de l'Univers tel qu'on l'observe aujourd'hui.

Même si des instruments déployés au sol y contribuent, c'est surtout grâce aux télescopes spatiaux que la découverte d'exoplanètes s'accélère avec actuellement plusieurs milliers d'objets confirmés. Le dernier lancement d'instrument dédié en date est celui de *TESS* par la NASA en avril 2018. Il a depuis découvert une petite centaine d'exoplanètes dont la première a une taille similaire à celle de la Terre, mais est cent fois plus proche de son étoile que notre planète du Soleil.

1 *Le miroir primaire du télescope spatial* James Webb. *Il est composé de 18 éléments hexagonaux de 1,3 mètre de large, ce qui permet de le replier en trois parties pour le lancement.*
2 *L'astéroïde Ryugu pris en photo par la caméra de la mission* Hayabusa2.

1

2

Image de l'astéroïde Bénou réalisée à partir de photographies prises par la mission OSIRIS-REx.

De l'espace à la Terre

Longtemps l'étude des roches provenant d'autres astres que la Terre ne s'est faite qu'en analysant les météorites tombées sur notre planète. C'est pourquoi les agences spatiales se donnent beaucoup de mal pour collecter des fragments de la Lune, de Mars et d'autres mondes lors de missions planétaires. Cela permet aux chercheurs d'analyser ces échantillons, préservés dans leur état d'origine, dans leurs laboratoires sur Terre avec des outils et techniques qu'il n'est pas possible d'envoyer à bord des sondes spatiales et rovers et d'utiliser à distance. Les missions de retour d'échantillons permettent également aux scientifiques de connaître la zone géologique exacte d'où provient la roche qu'ils analysent.

Les premiers échantillons de roches extraterrestres et les plus nombreux jusqu'à présent à être ramenés sur Terre proviennent de la Lune. Ainsi, de 1969 à 1972, les missions *Apollo* ont collecté près de 400 kilogrammes de roches lunaires. Les trois missions soviétiques *Luna* ont aussi rapporté un total de 300 grammes de poussières de Lune dans les années 1970. Plus récemment, fin 2020, la mission chinoise *Chang'e 5* a réussi à ramener sur Terre près de 2 kilogrammes de sol lunaire.

L'agence spatiale japonaise (JAXA) est la seule à être parvenue à rapporter sur Terre des échantillons de la surface d'un astéroïde. La capsule de la sonde spatiale *Hayabusa* récupérée sur Terre en 2010 contenait quelque 1 500 grains, d'une taille de l'ordre du centième de millimètre, prélevés à la surface de l'astéroïde nommé Itokawa. Des analyses chimiques et minéralogiques ont permis aux scientifiques de comprendre que l'astéroïde était en fait issu de la fragmentation d'un corps plus gros qui s'est désintégré. Les chercheurs ont également confirmé la théorie selon laquelle les météorites qui tombent le plus couramment sur notre planète, les chondrites ordinaires, proviennent d'astéroïdes riches en silicate comme Itokawa.

D'autres échantillons d'astéroïdes devraient bientôt arriver sur Terre. La deuxième mission de la JAXA, *Hayabusa2*, a atterri en décembre 2020 et a réussi à transporter quelques grammes de poussière de la surface d'un astéroïde riche en carbone appelé Ryugu. Une première analyse a révélé la présence de molécules prébiotiques dont plusieurs types d'acides aminés. Le vaisseau spatial OSIRIS-REx de la NASA est parvenu en 2020 à collecter un total de quelque 400 grammes du sol de l'astéroïde Bénou. Le retour sur Terre est prévu pour le deuxième semestre 2023.

En 2004, la mission interplanétaire *Stardust* de la NASA a récupéré, en passant dans la queue de la comète Wild 2, les seuls échantillons d'une comète qui aient jamais été rapportés sur Terre. Les résultats des analyses des particules récoltées ont bouleversé les théories sur la formation des comètes. La même année, la NASA et sa sonde *Genesis* ont réussi à collecter des échantillons de vent solaire.

Enfin, le rover *Perseverance* de la NASA, qui a rejoint la planète rouge en février 2021, doit percer le sol martien et en récupérer une trentaine d'échantillons. Ceux-ci seront ramenés sur Terre dans les années 2030 grâce à une collaboration avec l'Agence spatiale européenne. La JAXA, de son côté, développe actuellement une sonde dont l'objectif est de rapporter sur Terre des échantillons du sol de Phobos, l'un des deux satellites de Mars. Elle doit être lancée en 2024 avec retour d'échantillons en 2029.

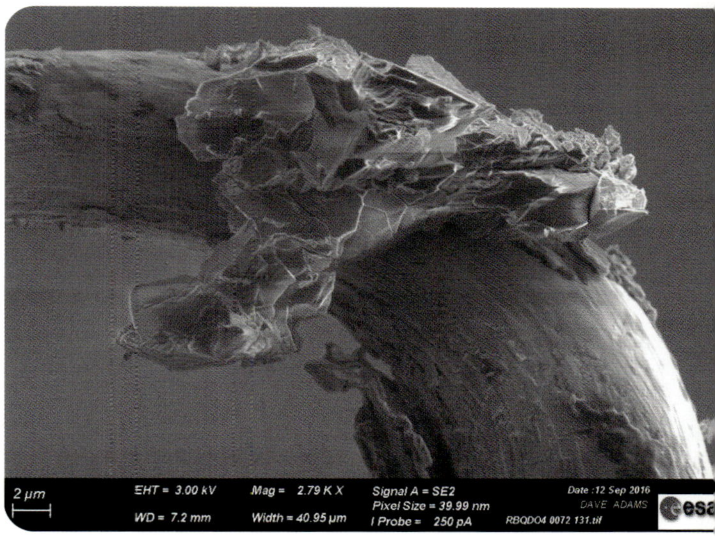

Grain de poussière extraterrestre récupéré par la mission japonaise Hayabusa sur l'astéroïde Itokawa.

Les débris spatiaux

Environ 12 500 satellites ont été mis en orbite soixante-cinq ans après Spoutnik (le premier satellite artificiel placé en orbite autour de notre planète). Près de 8 000 satellites y sont toujours et environ 40 % d'entre eux ne sont plus opérationnels. Ainsi presque 10 000 tonnes de débris spatiaux d'origine humaine, restes de missions spatiales qui ne sont pas ou plus utilisés, sont en orbite autour de la Terre. Ils sont pour la plupart issus de l'explosion accidentelle d'engins spatiaux et, de plus en plus, de collisions entre eux. La très grande majorité des déchets mesurent moins de 1 cm mais l'agence spatiale européenne estime que 36 500 d'entre eux font plus de 10 cm. Ils représentent un véritable danger pour les satellites, et même pour les différentes stations spatiales, en orbite de notre planète car ils peuvent les perforer entraînant des pannes et voire leur destruction totale. Des normes et recommandations internationales pour limiter le nombre de déchets spatiaux existent, proposant par exemple de mettre les missions terminées sur une orbite cimetière hors de portée des satellites opérationnels ou en les faisant rentrer dans l'atmosphère terrestre où ils se désintègrent. Néanmoins, en l'absence d'accord international et avec la multiplication d'objets envoyés en orbite, comme des constellations de satellites, la menace reste réelle.

Les radiotélescopes et les hautes énergies

Longtemps l'exploration du ciel ne s'est faite qu'en optique, c'est-à-dire avec du rayonnement visible. Après avoir compris que les astres émettaient aussi dans d'autres longueurs d'onde, l'astronomie s'est ouverte au développement d'autres branches d'observation.

L'astronomie X et gamma

Au cours du XXe siècle, les nouvelles technologies, qui aujourd'hui font partie intégrante de l'astronomie moderne, ont permis des découvertes spectaculaires enclenchant des avancées en astrophysique et en physique fondamentale, comme la détection de certaines particules élémentaires dans les rayons cosmiques.

L'observation d'ondes électromagnétiques dans « l'optique » peut se faire à l'œil nu, car il s'agit de rayonnement « visible ». Mais pour détecter des ondes avec d'autres longueurs d'onde, qui ne sont donc pas visibles, il faut construire des télescopes qui vont servir à capter aussi bien les grandes longueurs d'onde – la radioastronomie et l'astronomie en infrarouge – que les petites longueurs d'onde – l'astronomie aux hautes énergies, ultraviolet, en rayons X et gamma. Les sources principales de rayons X sont les objets compacts, étoiles à neutrons et trous noirs, ainsi que certaines étoiles massives. Contrairement aux ondes radio qui peuvent traverser l'atmosphère, les rayons X et gamma n'arrivent pas au sol mais sont absorbés dans l'atmosphère à haute altitude. Ainsi l'astronomie X s'est fortement développée ces dernières décennies en même temps que la technologie spatiale, et aussi bien la NASA que l'ESA ont envoyé des satellites X dans l'espace. Les satellites derniers en date, *XMM-Newton* de l'ESA et *Chandra* de la NASA en sont des exemples.

Mais il y a des phénomènes encore beaucoup plus énergétiques dans l'Univers et, dans les années 1960, on a commencé à observer des sources en rayons gamma. La première grande découverte – grâce à des satellites militaires – fut celle des « sursauts gamma », des bouffées de photons avec des énergies énormes. Aujourd'hui l'astronomie gamma se fait à l'aide de satellites, tels que *FERMI*, et aussi au sol pour les rayons gamma les plus énergétiques. Même si ceux-ci ne peuvent pas traverser l'atmosphère et qu'une détection directe au sol n'est pas possible, les rayons gamma de très hautes énergies peuvent pour autant être détectés indirectement, en observant la cascade de particules engendrées par l'interaction des rayons gamma avec l'atmosphère. C'est ce qu'observent des détecteurs tels que *HESS*.

Les radiotélescopes

Déjà dans l'Antiquité, les astronomes utilisaient la lumière visible émise par les astres pour les observer. Depuis, les techniques ont beaucoup évolué et les télescopes d'aujourd'hui peuvent étudier des objets célestes de très petite taille même à grande distance. Au début du siècle dernier, les scientifiques se sont rendu compte que les astres pouvaient émettre du rayonnement (électromagnétique) dans d'autres longueurs d'onde, et notamment en ondes radio. Les travaux sur les radars pendant la Seconde Guerre mondiale ont beaucoup contribué au développement de la technologie nécessaire à la construction d'un télescope en ondes ra-

1 *Lancement du satelite* FERMI *le 11 juin 2008 par la NASA.*
2 *C'est avec le radiotélescope d'Arecibo (Puerto Rico) que les radioastronomes Hulse et Taylor ont découvert en 1974 le premier système binaire de deux étoiles à neutrons, le système PSR B1913+16.*

3

4

5

dio ou « radiotélescope ». C'est ainsi qu'entre la fin des années 1950 et le début des années 1960, plusieurs grands radiotélescopes sont inaugurés dans le monde et parmi eux le radiotélescope de Nançay (Cher). Comme il faut observer du rayonnement avec une longueur d'onde plus grande que celle de la lumière visible, les radiotélescopes ont en général une surface plus grande que celle de leurs cousins optiques et fonctionnent avec des antennes radio. La radioastronomie est devenue une discipline à part entière en astronomie avec comme grandes avancées, entre autres, la découverte du fond diffus cosmologique et celle des pulsars. Notre Soleil est aussi un fort émetteur d'ondes radio. La plupart des ondes radios traversent sans encombre l'atmosphère et les radiotélescopes se trouvent ainsi au sol. De plus, contrairement aux télescopes optiques, les nuages n'arrêtent pas les ondes radio et les radioastronomes peuvent travailler quelle que soit la météo. De la même manière, les observations en ondes radio ne sont pas limitées à la nuit : les radioastronomes peuvent travailler de jour comme de nuit. En 2020, Arecibo, le plus iconique radiotélescope du monde, dont le dôme inversé de 305 mètres de diamètre est visible dans les films *Contact* et *James Bond*, s'est effondré après près de soixante ans de service. Il a permis de nombreuses découvertes, dont la détection des premières planètes situées en dehors de notre système solaire, en orbite autour d'un pulsar. En 2016, la Chine a achevé la construction du radiotélescope FAST de 500 mètres de diamètre, qui est depuis opérationnel.

Fin 2022 commence la construction du Square Kilometer Array qui sera composé de plus de 130 000 antennes réparties sur deux sites, l'un en Afrique du Sud et l'autre en Australie. Une fois achevé en 2028 il sera le plus grand radiotélescope au monde et permettra entre autres de tester avec une précision inégalée la théorie de la Relativité Générale, et d'observer la structure de l'Univers lorsqu'il n'avait que quelques centaines de million d'années.

3 *Vue d'artiste de* XMM-Newton, *mission de l'ESA pour détecter des rayons X, lancée en décembre 1999 par Ariane 504.* ***4*** *Le radiotélescope de Nançay (Cher) a été inauguré en 1965 par le Géneral de Gaulle. Il est actuellement le quatrième plus grand radiotélescope du monde observant, entre autres, des pulsars, des enveloppes d'étoiles et des comètes.* ***5*** *L'expérience HESS installée en Namibie comprend un système de télescopes atmosphériques Cherenkov pour étudier le rayonnement gamma de très haute énergie.*

Les radiotélescopes et les hautes énergies

En 2007, des astronomes découvrent par hasard, dans des données prises en 2001 par le radiotélescope australien de Parkes, un unique sursaut d'ondes radio d'une durée de quelques millièmes de secondes émis par une source extérieure à notre Galaxie. En 2010, seize signaux similaires sont détectés, mais les chercheurs comprennent que ceux-ci sont en fait d'origine terrestre et réalisent, quelques années plus tard, qu'ils sont émis lorsque quelqu'un ouvre, avant la fin du cycle de chauffage, la porte d'un très vieux four micro-ondes présent sur le site du radiotélescope de Parkes ! En 2013, quatre nouveaux sursauts, cette fois d'origine extragalactique, sont détectés et, depuis, plus d'une centaine, dont une dizaine qui se répètent, ont été observés par différents radiotélescopes autour du globe. Les astronomes estiment que plusieurs milliers de sursauts sont émis chaque jour. Même si les chercheurs ont réussi à déterminer les galaxies à l'origine de quelques sursauts, on ignore encore ce qui les a créés : de très nombreux modèles impliquant des étoiles à neutrons, des trous noirs et autres ont été proposés.

Une grande première

De la mise en orbite terrestre des premiers satellites à l'expédition récente en direction de Pluton, en passant par la course à la Lune, l'aventure martienne, la construction de stations spatiales, le lancement du télescope *Hubble*, le programme des navettes américaines et tant d'autres exploits encore, la conquête de l'espace est scandée par d'extraordinaires prouesses scientifiques, technologiques et humaines.

La sonde *Rosetta*

La sonde *Rosetta*, dite aussi orbiteur, représente quelque 3 050 kg au moment du lancement de mars 2004, et elle embarque une masse de carburant de 1 750 kg. Affichant une envergure de 32 mètres, elle est équipée de panneaux solaires capables de lui fournir d'importantes quantités d'énergie et embarque pas moins de 11 capteurs de très haute technologie. Un des plus sophistiqués est le système ALICE (Ultraviolet Imaging Spectrometer), de fabrication américaine, qui lui a permis d'effectuer des analyses très fines, tandis que le MIDAS est un système d'analyse des poussières par microscopie et l'OSIRIS un système d'imagerie.

La sonde Rosetta, *panneaux solaires repliés, dans son atelier de montage.*

Étudier les comètes

L'homme, aiguillonné par sa soif de connaissances et son énergie à repousser toujours plus loin les limites, n'avait pourtant jamais réussi à faire atterrir un quelconque engin céleste sur une comète, ces astres singuliers et mystérieux qui parcourent le système solaire à des vitesses fantastiques. Certes, des sondes ont été expédiées en direction de ces derniers. En 1986, cinq d'entre elles furent lancées à la rencontre de la comète de Halley, qui passait alors au plus près de la Terre, ne faisant que la frôler. En juillet 2005, le vaisseau américain *Deep Impact*, partie intégrante du programme *Discovery*, larguait un impacteur de 1 tonne qui s'écrasa sur la comète Tempel 1 de façon à provoquer l'éjection de matériaux dont l'analyse devait permettre de faire avancer les connaissances dans ce domaine.

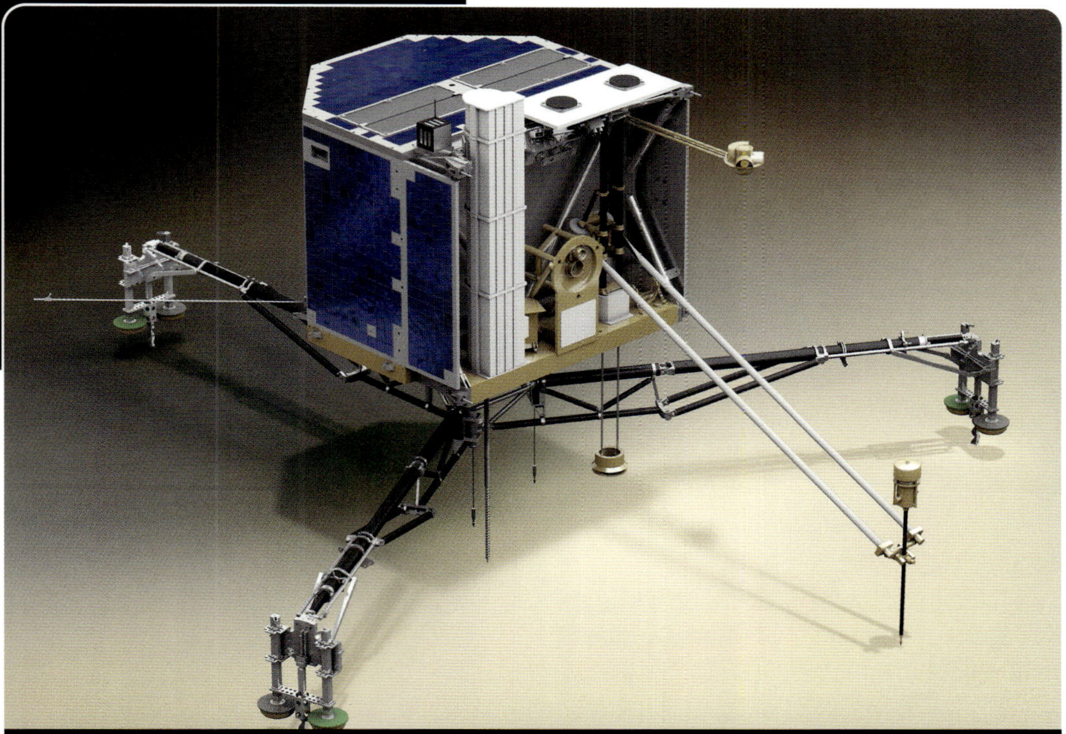

Philae

Philae embarque 10 instruments scientifiques réalisés par de nombreux pays européens, mais aussi venus des États-Unis. Il présente une masse fort peu importante de 98 kg et dispose d'un système de panneaux solaires destinés à assurer son alimentation en énergie. Parmi les systèmes embarqués à bord de cet atterrisseur figurent un système d'imagerie (CIVA/ROLIS), un analyseur de gaz (COSAC) et un spectromètre travaillant dans le rayonnement X des particules Alpha (APXS).

Le couple *Rosetta/Philae*

Lorsque cet événement se produit, l'Agence spatiale européenne (ESA), ayant initié le programme *Horizons 2000* au commencement du XXIe siècle, a procédé seize mois plus tôt au lancement d'un système dont la mission consiste à se porter au-devant d'une comète, de s'y poser et d'en percer les secrets grâce à des analyses et à des observations. Le but de cette entreprise encore jamais tentée dans l'histoire de l'humanité vise à lever le voile sur les particularités d'astres dont l'étude pourrait apporter des éclairages fondamentaux sur le mystère des origines du système solaire. Comme le précise l'astrophysicien Jean-Pierre Bibring, de l'institut d'astrophysique spatiale : « On va bien sûr nécessairement avancer dans la compréhension de ce qu'est une comète. Mais on espère aussi trouver des réponses inédites quant à l'origine et l'évolution de l'ensemble des objets du système solaire, qui rendent compte de leur incroyable diversité : pourquoi la Terre est-elle la Terre, différente de Mars, elle-même différente de Vénus, etc. Enfin, nous pourrions trouver ces fameux ingrédients, ces fameuses molécules, qui constitueraient le chaînon manquant à partir duquel la Terre et d'autres planètes peut-être ont pu construire des formes plus complexes et aller vers le vivant… »

Les travaux préparatoires commencent en novembre 1993, avant que ne soit prise la décision de construire une sonde qui transporterait à pied un laboratoire de chimie spatiale. Hormis des États membres de l'Union européenne, partie prenante à l'ESA, le programme implique la National Air and Space Administration (NASA), qui fournit une partie des équipements embarqués et met à la disposition des initiateurs du projet un réseau de stations au sol chargé d'assurer la poursuite et la navigation. L'affaire mobilisera ainsi quelque 2 000 personnes et 50 entreprises de 14 pays européens. La sonde en question est baptisée du nom de *Rosetta*, emprunté à la célèbre pierre de Rosette qui permit de résoudre le mystère des hiéroglyphes. Quant à l'atterrisseur, il reçoit celui de *Philae*, un site archéologique situé au bord du Nil, en Égypte. Ces dénominations, tout comme celle du site d'atterrissage, Agilka, se réfèrent délibérément à l'antiquité égyptienne ; elles ont été choisies parmi des milliers de propositions faites dans le cadre d'un concours international.

Encore faut-il trouver un objet céleste dont les caractéristiques et la trajectoire correspondent aux attentes des scientifiques. *Rosetta* aurait dû être tirée par la comète Wirtanen en janvier 2003 et atteindre son objectif au bout d'une dizaine d'années d'errance dans l'espace, en 2012. Des problèmes techniques contraignent cependant les scientifiques européens à retarder le tir d'un an et à jeter leur dévolu sur la comète 67P/Tchourioumov-Guérassimenko.

Le pas de tir de Kourou d'où la fusée Ariane 5 G+, *emportant* Rosetta *et* Philae, *s'apprête à partir.*

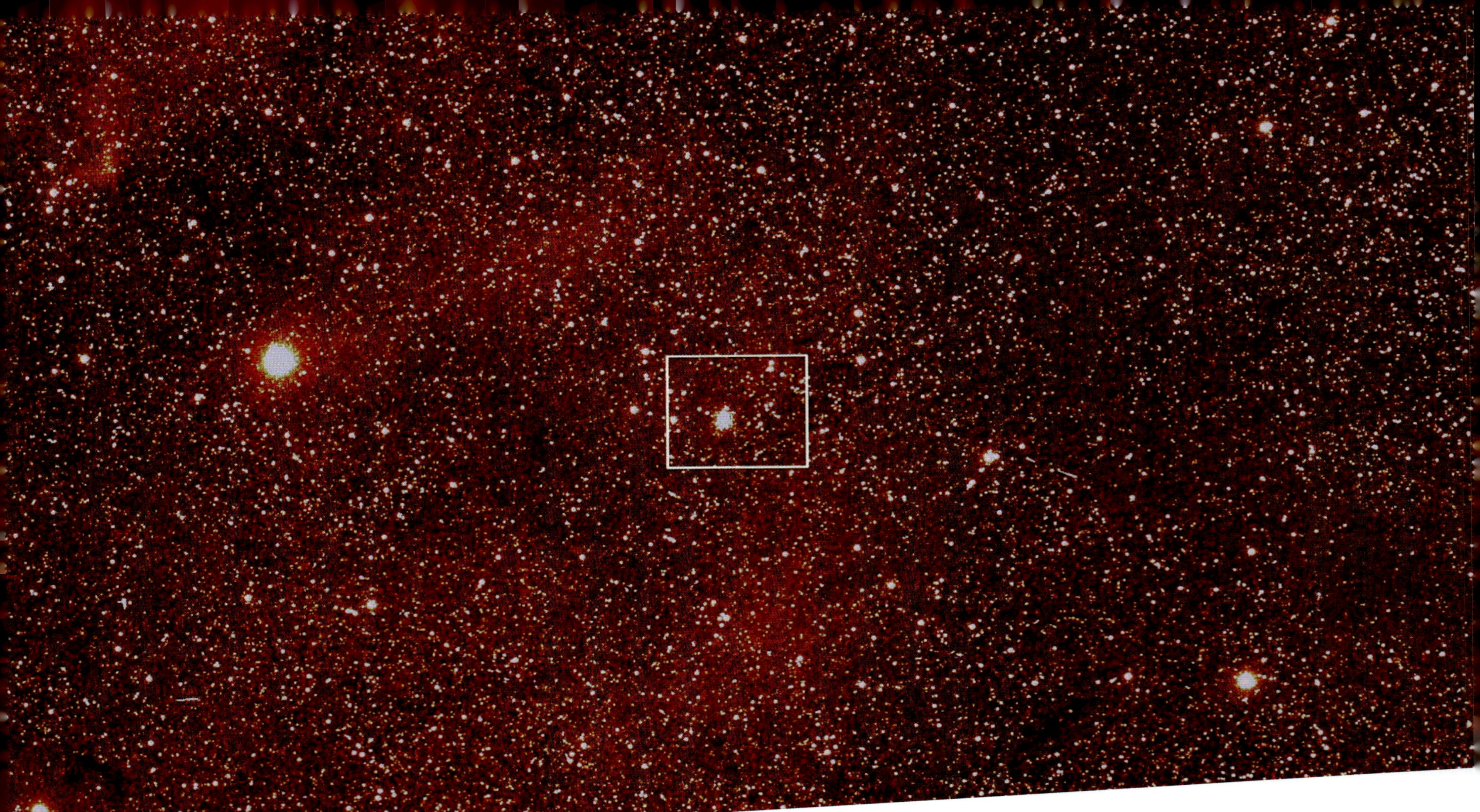

Le vol 158

Le couple constitué par *Rosetta* et *Philae* prend son envol au sommet d'une fusée *Ariane 5G+*, depuis le centre spatial guyanais de Kourou, en Guyane, le 2 mars 2004, dans le cadre du vol 158. Pour redonner de l'énergie à la sonde, un premier rebond gravitationnel (quatre ont été programmés) est réalisé en mars 2005, après que *Rosetta* a gravité autour de la Terre pendant un an. L'engin profite de l'impulsion que lui fournit cette dernière pour prendre de la vitesse et économiser par là-même le précieux carburant qu'elle emporte. Elle se dirige ensuite vers Mars et passe tout près de cette planète en février 2007. Un nouveau rebond gravitationnel la fait revenir vers la Terre, qu'elle croise quelques mois plus tard, en novembre. Elle est alors projetée de nouveau vers Mars et la ceinture d'astéroïdes. Le 5 septembre 2008, *Rosetta* passe à proximité (quelque 1 700 kilomètres) de l'astéroïde Šteins, qu'elle peut étudier à loisir. Enfin, en novembre 2009, survient le dernier rebond qui l'amène de la Terre à la ceinture d'astéroïdes. En mai 2011, la sonde européenne se retrouve aux confins du système solaire, là où la lumière de l'étoile est si lointaine et tenue que ses équipements, faute d'être alimentés en quantité suffisante, ne fonctionnent quasiment plus. Il s'ensuit une longue période d'hibernation qui ne prend fin qu'en janvier 2014, où les moteurs peuvent être remis en marche de façon à permettre à *Rosetta* de filer vers son rendez-vous tant attendu avec 67P/Tchourioumov-Guérassimenko.

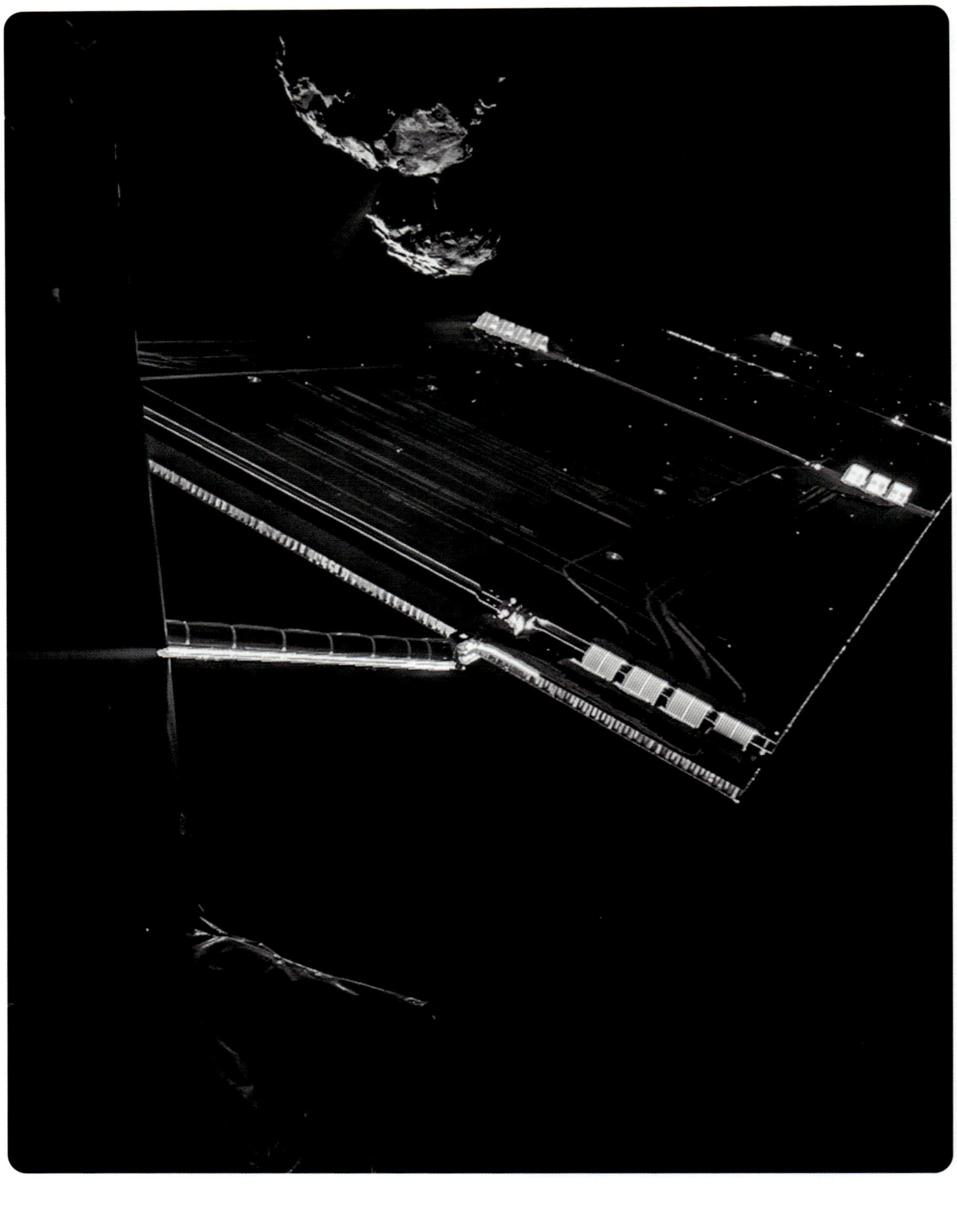

Cet extraordinaire cliché, pris depuis Rosetta, *révèle la comète 67P/Tchourioumov-Guérassimenko, avec, à l'avant-plan, un des panneaux solaires de la sonde européenne.*

La comète 67P/Tchourioumov-Guérassimenko

Les principales caractéristiques de la comète 67P/Tchourioumov-Guérassimenko, choisie en lieu et place de 46P/Wirtanen pour la mission menée par *Rosetta*, ont été déterminées par le télescope spatial *Hubble*, qui joue ainsi un rôle décisif dans les choix faits par l'ESA. Cet astre long de 5 kilomètres et large 3 présente une forme oblongue des plus originales et est constituée de deux lobes de dimensions différentes. Découvert en septembre 1969 par les astronomes soviétiques Chourioumov et Gerasimenko, qui lui ont donné son nom, il appartient à la famille des comètes de Jupiter et est soumis à l'attraction gravitationnelle de la plus massive des planètes du système solaire. Orbitant autour du Soleil, son comportement est très intéressant à étudier, notamment en ce qui concerne les éjections des gaz et des poussières qui créent ce qu'on appelle communément la queue de la comète. Depuis sa découverte, 67P/Tchourioumov-Guérassimenkov est passée à plusieurs reprises près de cette étoile, en 1976, en 1982, en 1989, en 1996, en 2002 et en 2009.

Objectif : 67P/ Tchourioumov-Guérassimenko

La sonde, arrivée à peu de distance de son objectif en juillet de cette même année, effectue les premières observations de sa surface. La date choisie pour larguer l'atterrisseur *Philae* en direction de la comète a été fixée au 12 novembre 2014, alors que cette dernière se trouve à près de 500 millions de la Terre et que plus de 6,5 milliards de kilomètres à travers l'espace ont été parcourus. L'opération ne laisse pas d'être délicate. Trois mois auparavant, en août, cinq sites d'atterrissage possibles sont sélectionnés par les scientifiques de l'ESA. À ce propos, l'astrophysicien Francis Rocard, du Centre national d'études spatiales (CNES), lui-même très fortement impliqué dans le programme, explique : « Le choix de ce site est l'aboutissement d'un processus complexe, impliquant plus d'une centaine de personnes et qui a pu être mené à bien en quelques semaines seulement. Malgré la difficulté de trouver un site idéal selon tous les critères sur cette comète au relief particulièrement accidenté, il est remarquable que ce choix difficile ait pu être obtenu avec un consensus général entre tous les intervenants ». Le choix définitif intervient en septembre et le lieu sélectionné, Agilkia, également connu sous la dénomination de « tête de canard » ou site J, se trouve sur le plus petit des deux lobes de 67P. Les risques d'un incident, voire d'un accident sont bien réels, mais Agilka s'impose comme le point de contact le plus convenable au regard du relief tourmenté et chaotique de l'astre. Les pentes de moins de 30° qui caractérisent cette étendue de près d'un kilomètre-carré laissent espérer que *Philae* ne se renversera pas au moment de toucher le sol. Par ailleurs, « la tête de canard » est située de telle façon qu'elle permettra un bon ensoleillement et, par là même, la recharge des batteries de l'atterrisseur. Enfin, deux précautions valant mieux qu'une, un point d'atterrissage de secours (le site C) est déterminé sur le plus volumineux des lobes composant Tchourioumov-Guérassimenko.

Le 12 novembre, à 9 h 35, tandis qu'elle orbite à une vingtaine de kilomètres de 67P, *Rosetta* procède au largage de *Philae*, transmettant à la Terre de fabuleuses images d'un moment pour le moins historique. La trajectoire suivie par l'atterrisseur a fait l'objet d'un labeur phénoménal de la part des scientifiques qui, grâce à leurs calculateurs, en ont étudié plus d'un milliard. À la vitesse d'un mètre par seconde, *Philae* descend vers la comète. Francis Rocard remarque : « Si tout va bien, sept heures plus tard, on est sur zone. Les experts ont calculé un milliard de trajectoires possibles. Mais on sait qu'au moindre problème, on est mort ! » Il faut sept heures en effet pour que le laboratoire entre en contact avec l'astre qui file à toute vitesse à travers le cosmos, à 16 heures 34, heure de Paris.

L'équipe Rosetta *suivant avec attention la course de* Philae *vers la comète depuis l'ESOC de Toulouse.*

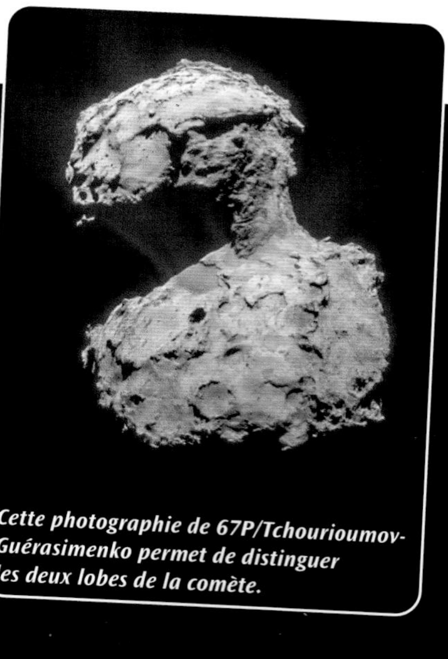

Cette photographie de 67P/Tchourioumov-Guérasimenko permet de distinguer les deux lobes de la comète.

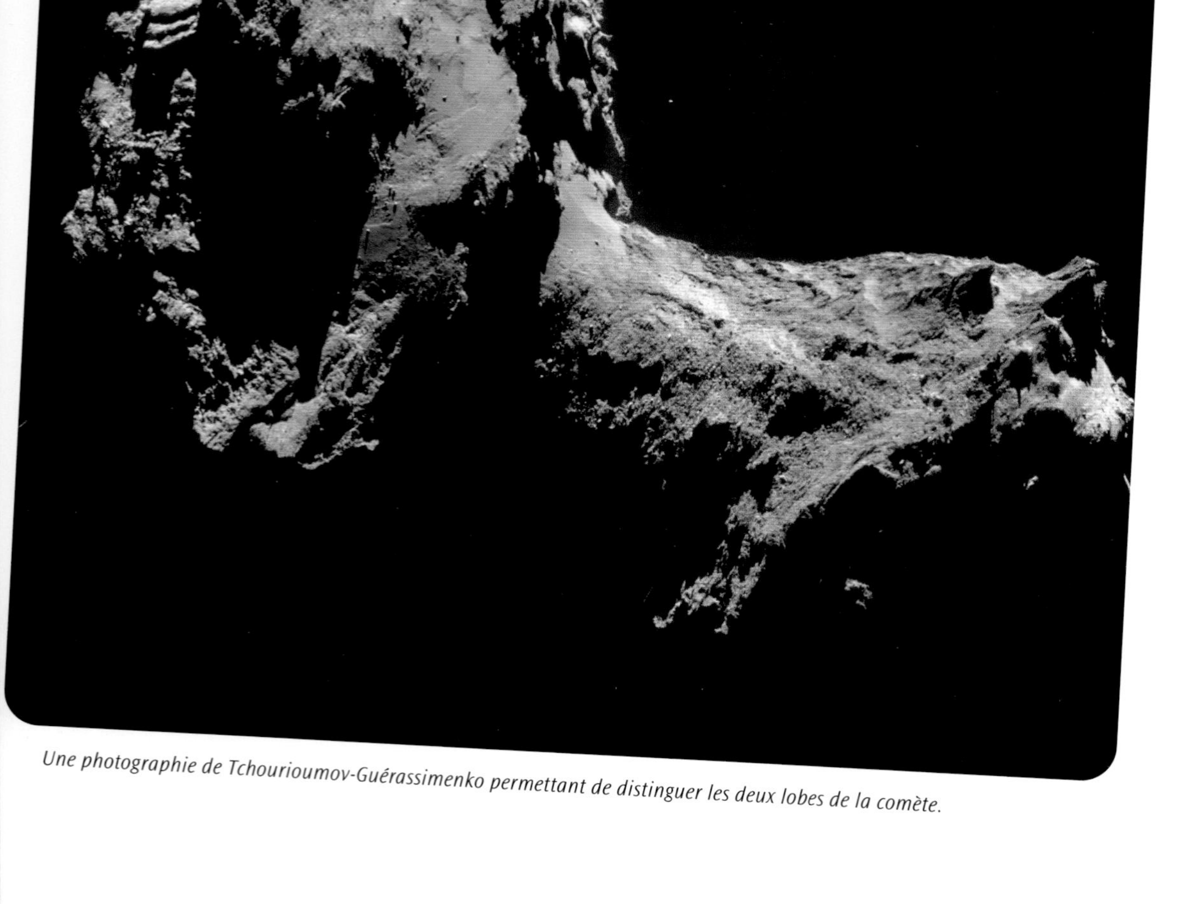

Une photographie de Tchourioumov-Guérassimenko permettant de distinguer les deux lobes de la comète.

« C'est un immense succès... »

À Toulouse, au Centre européen des opérations spatiales (ESOC), règne un silence religieux. Ce n'est qu'au bout d'une demi-heure que l'atterrisseur commence à émettre, suscitant une joie immense parmi tout le personnel présent. Philippe Gaudon, chef du projet *Rosetta*, s'exclame : « C'est un immense succès, un immense soulagement ! » L'exploit est de taille. C'est la première fois qu'un tel événement se produit.

Aussi grand que soit le succès, les scientifiques de l'ESA et du CNES ont de nombreux motifs d'inquiétude. Fort d'un poids terrestre de 98 kg, *Philae* ne pèse en réalité qu'un seul gramme dans l'espace, tant et si bien qu'il rebondit à plusieurs reprises et ne se pose pas à Agilka, mais sur un terrain accidenté, une sorte de petite falaise appelée Abydos. Cet aléa l'empêche d'enfoncer dans le sol son dispositif d'arrimage constitué de deux harpons et fait qu'un de ses trois pieds se retrouve en l'air. Ce mauvais ancrage contrarie fortement le fonctionnement de la foreuse qui a pour tâche de prélever des échantillons à des fins d'analyse. Pire. La position de *Philae*, dans une zone d'ombre de 67P/Tchourioumov-Guérassimenko, ne lui permet pas de capter le rayonnement solaire de façon optimale, ce qui, à terme, signifie que ses ressources en énergie électrique se tariront.

Dès le 13 novembre, l'atterrisseur, dont l'autonomie est de seulement 55 heures et dont les batteries solaires ne pourront être suffisamment rechargées, se met au travail. Il remplit avec succès la majeure partie de la mission qui l'a amené si loin de la Terre, livrant des clichés d'un rare intérêt de l'astre sur lequel il s'est posé. Après avoir expédié les dernières données que ses capteurs ont recueillies dans la nuit du 15 novembre, il se met en hibernation. Quoique déçus, les scientifiques européens comptent sur le rapprochement de la comète du Soleil dans les mois à venir afin que *Philae*, ses batteries rechargées, revienne à la vie.

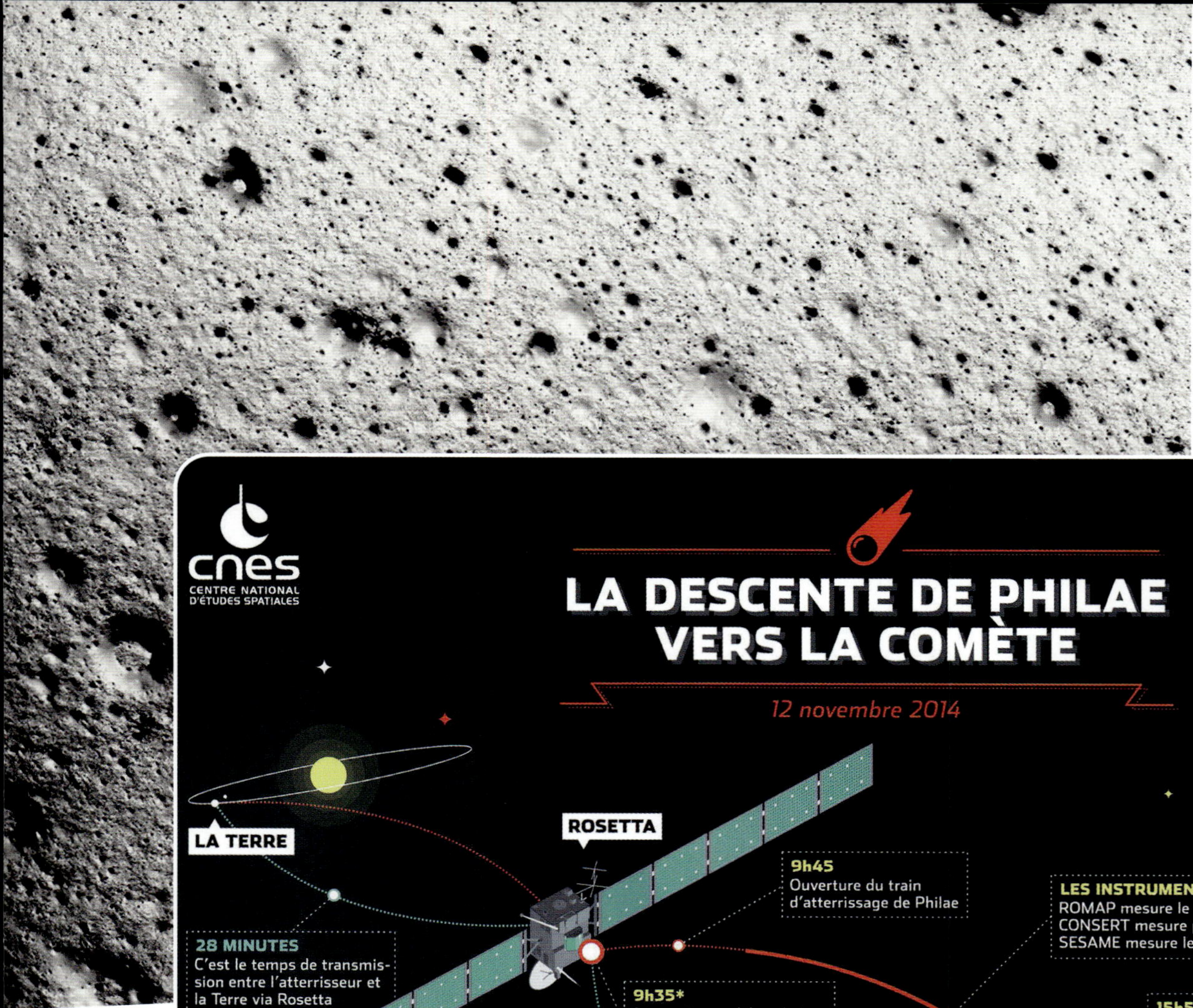

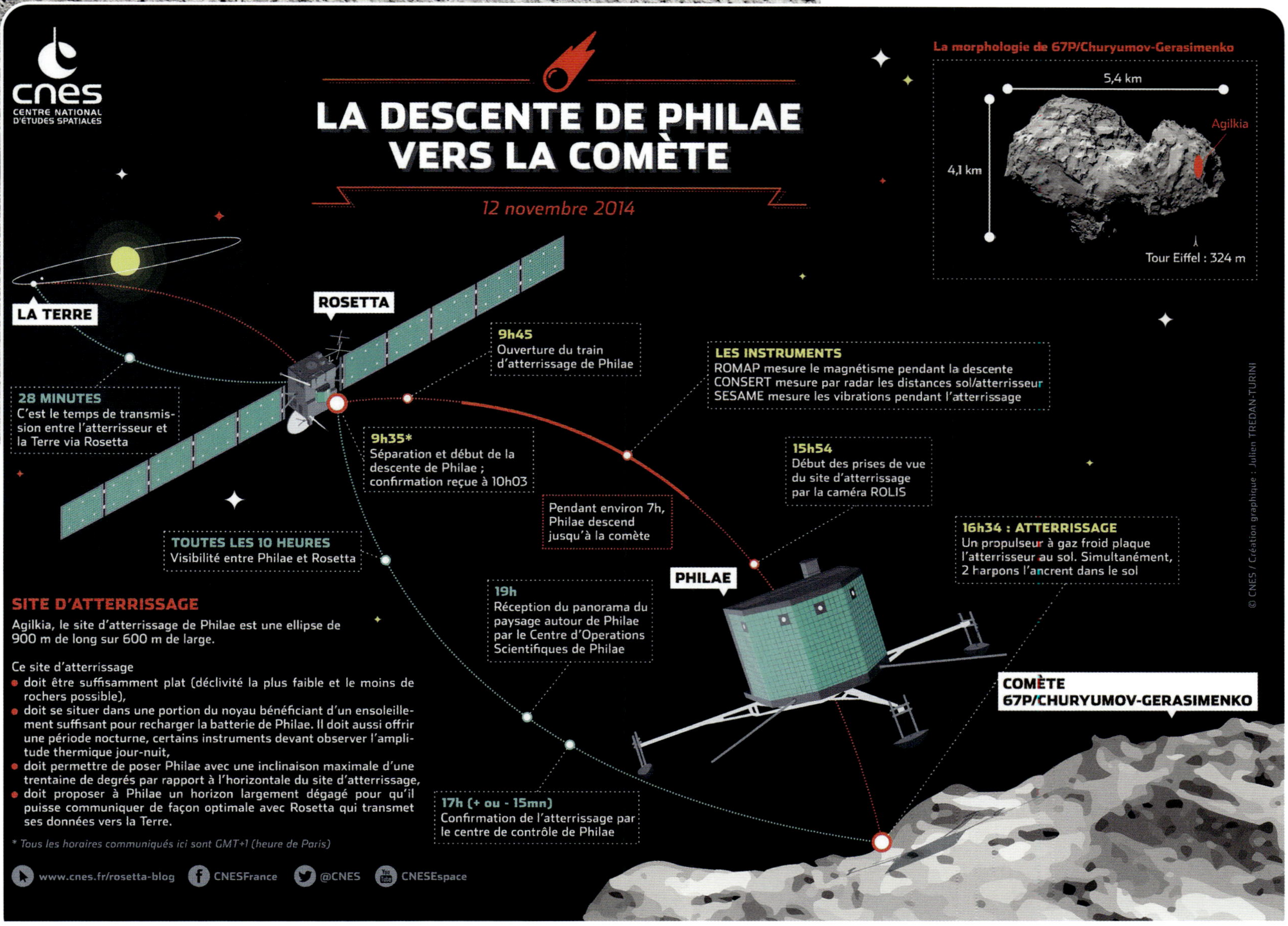

Un des écrans de contrôle de l'ESOC, à Toulouse.

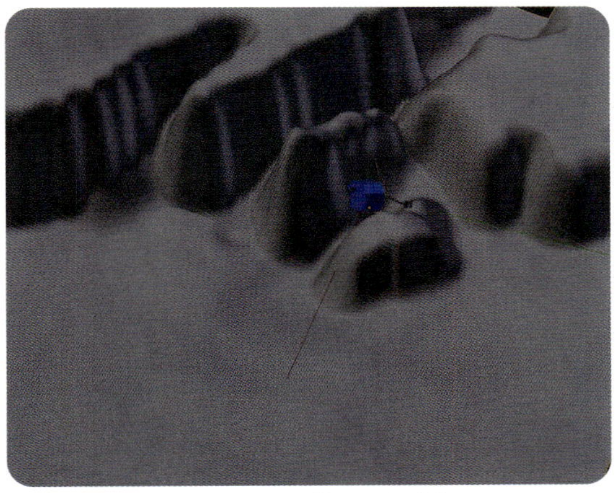

Vue d'artiste de la situation périlleuse de Philae *sur la comète Tchourioumov-Guérassimenko.*

La renaissance de *Philae*

Les mois qui suivent les événements de novembre 2014 sont marqués par plusieurs incidents. Le plus grave survient en mars 2015, où *Rosetta* s'étant approchée de trop près de la comète, à peine 14 kilomètres, en vue de repérer *Philae*, est prise dans des traînées de gaz et de poussières. Le fonctionnement de ses capteurs ayant été perturbé, la sonde est bien près de perdre contact avec l'ESOC. Plongé dans l'hiver cométaire, privé de toute réserve en énergie, *Philae* ne sort de son silence que sept mois après s'être posé sur 67P, dans la nuit du 13 au 14 juin 2015, à 215 millions de kilomètres de la Terre. Dès lors, à la plus grande satisfaction des responsables de l'expédition, l'atterrisseur se remet progressivement à la tâche. Au milieu du mois d'août, la comète, émettant de plus en plus de poussières et de gaz au fur et à mesure qu'elle se rapproche du Soleil, atteint sa périhélie, le point de son orbite le plus proche de cette étoile (185 millions de kilomètres).

Les mesures et les prélèvements réalisés par le couple *Rosetta/Philae* ont permis de faire progresser dans de considérables proportions la connaissance des astres jusque-là mystérieux que sont les comètes. C'est ainsi que divers composés organiques ont été détectés. Par ailleurs, la thèse selon laquelle les comètes ont transporté l'eau sur la Terre est écartée. L'analyse de la glace présente sur 67P révèle de très importantes différences qui donnent à penser aux scientifiques que ce sont plutôt les astéroïdes qui ont ensemencé la planète bleue. La glace est à l'origine du phénomène unique que constitue la chevelure de Tchourioumov-Guérassimenko. Enfin, les quelque 18 puits découverts dans le sol de l'astre sont à l'origine de l'émission des jets de matière et de poussière. Sans doute Jacques Arnould, chargé des questions d'éthique au CNES, résume-t-il le mieux la finalité de la mission conduite par *Rosetta* et *Philae* : « Il convient de bien se rendre compte de l'aspect quasi miraculeux de cette mission et de mesurer son ampleur à sa juste valeur ». L'homme a réussi à faire se poser un atterrisseur sur une comète, un objet céleste pratiquement inconnu en termes de consistance malgré les images haute résolution à 10 cm, après une course-poursuite de dix ans, parcourant pas moins de 6,5 milliards de km dans l'espace ».

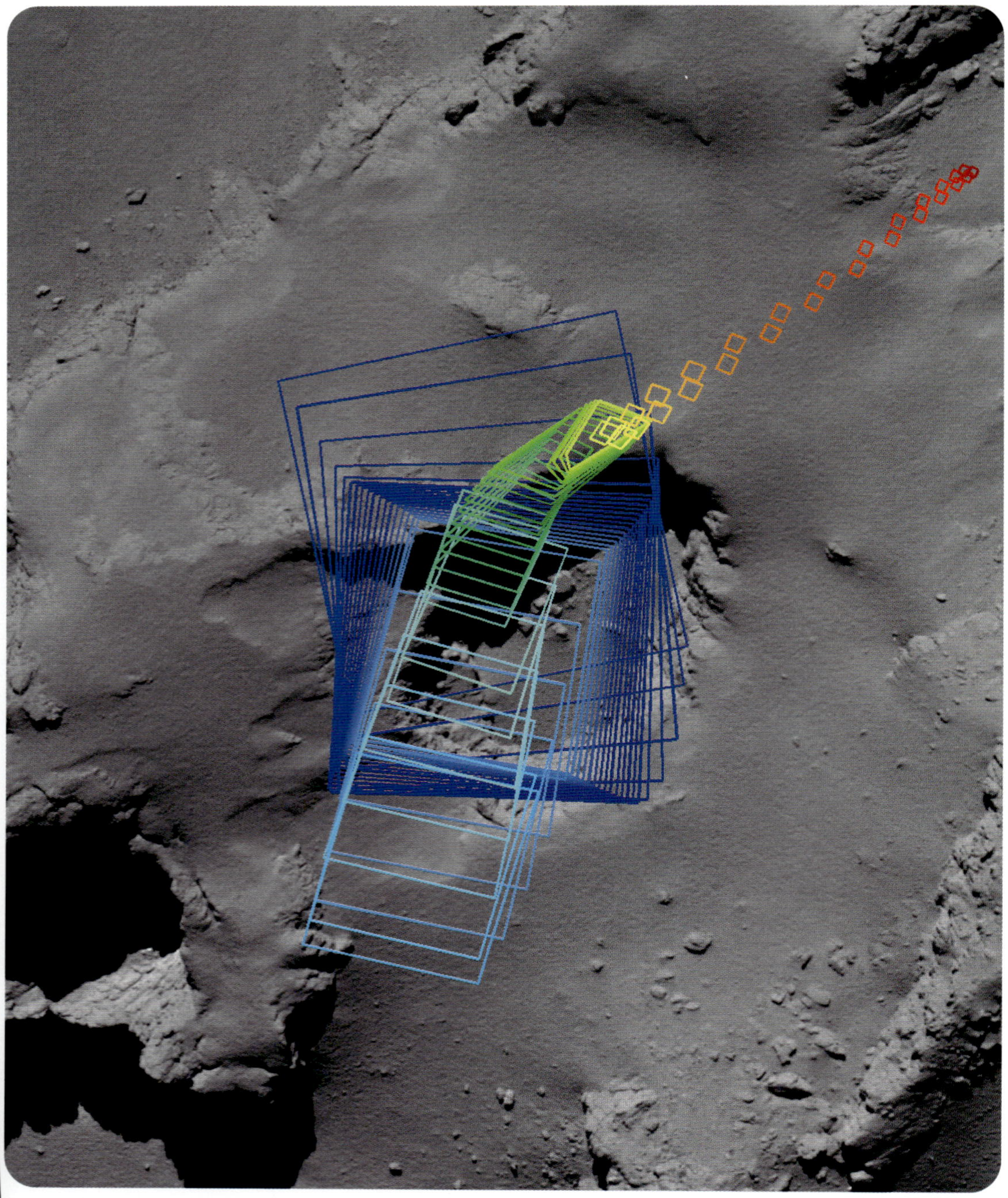

Descente de Rosetta *vers la surface de la comète Tchouri, le 30 septembre 2016. Les cadres colorés indiquent la région vers laquelle la sonde s'est dirigée. Le lieu d'impact a été baptisé « Saïs ».*

***Rosetta*, l'apogée et le plongeon final**

La sonde *Rosetta* a connu le point d'orgue de ses douze ans de mission le 13 août 2015, lorsque la comète 67P/Tchourioumov-Guérassimenko, alias « Tchouri » a atteint son périhélie. La comète se situait alors à 186 millions de kilomètres du Soleil et à 265 millions de kilomètres de la Terre. C'est le moment où la comète s'est montrée la plus active, car c'est le point de son orbite le plus proche du Soleil. Il n'y a pas eu de feu d'artifice, cependant, car le dégazage s'était intensifié de manière continue depuis déjà plusieurs mois, tandis que le couple Tchouri-*Rosetta* s'approchait de l'astre du jour : la comète laissait régulièrement s'échapper de son noyau des jets de gaz et de poussières, de plus en plus intenses et, près du Soleil, la production d'eau a été augmentée d'un facteur mille. Puis, alors qu'elle s'éloignait du Soleil, la chaleur s'est accumulée dans ses entrailles et son activité a encore cru les jours suivants.

De manière modérée toutefois, car Tchouri en est à son huitième passage près du Soleil et avait déjà perdu beaucoup de matière par le passé. Néanmoins, les éruptions ont projeté d'une pichenette dans l'espace de grands blocs rocheux de un à dix mètres, un phénomène facilement compréhensible lorsque l'on sait que sur la comète ces mastodontes ne pèsent que quelques dizaines de grammes ! Ces explosions auraient été provoquées par des poches de gaz volatils qui, en passant en phase gazeuse, ont créé une surpression interne et éjecté dans l'espace des pans entiers de la surface cométaire. À moins qu'il faille incriminer l'effondrement de falaises qui, en mettant à nu de la neige fraîche lui aurait permis de se sublimer rapidement en jets diffus, provoquant de splendides sursauts de luminosité. À l'automne 2015, la comète, s'est éloignée rapidement du Soleil et son activité s'est peu à peu

Une série des plus belles éruptions de la comète Tchouri (67P/Tchourioumov-Guérassimenko) capturées par Rosetta *entre juillet et septembre 2015.*

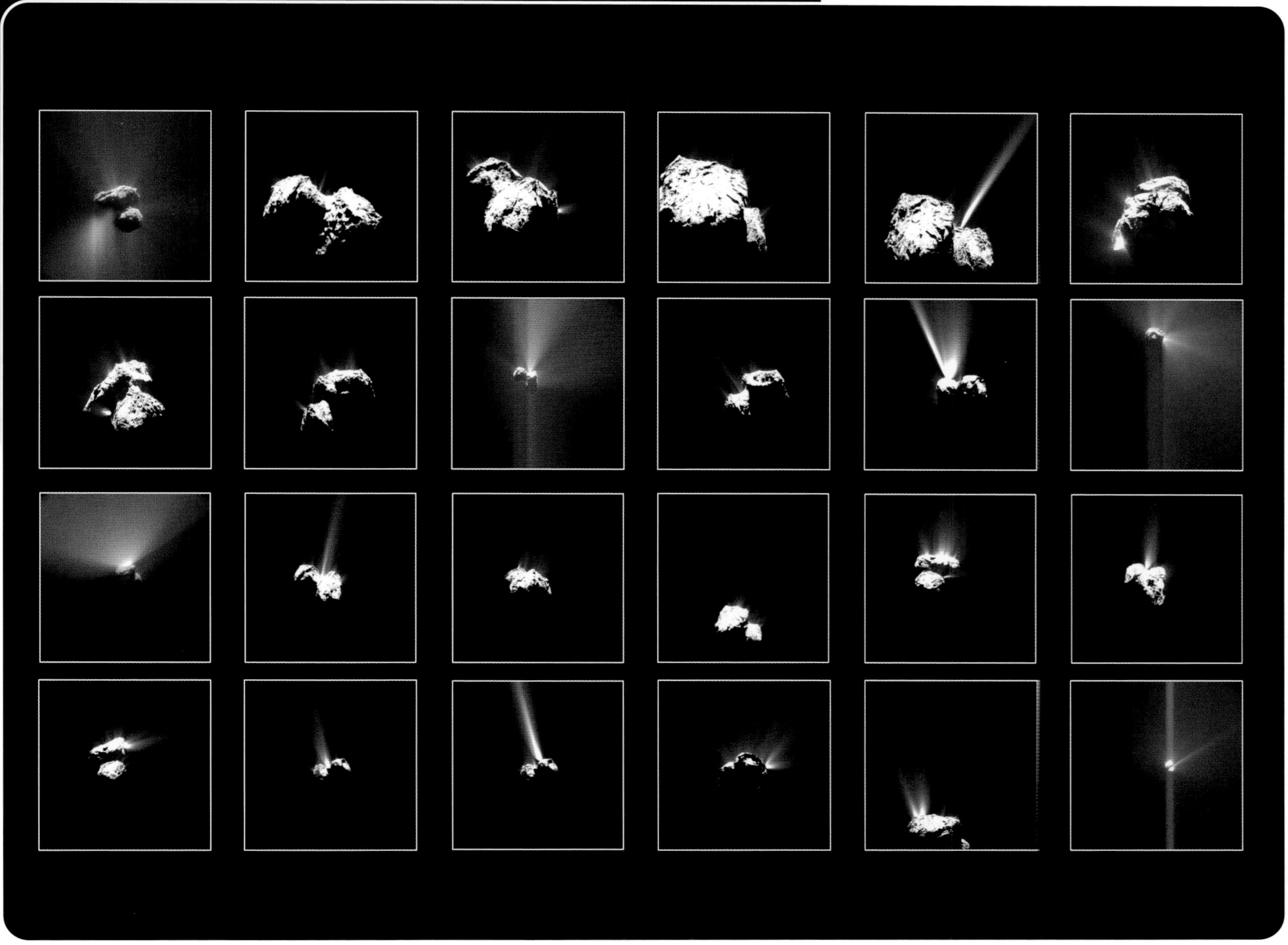

réduite. À partir d'octobre, l'orbite de la sonde spatiale, qui était d'environ 300 kilomètres jusque-là, s'est rapprochée progressivement de la surface et s'est finalement stabilisée, en mars 2016, à une dizaine de kilomètres de la comète, après avoir fait un lointain détour de 1 000 kilomètres pour étudier la queue de la comète.

Ultime image de la comète 67P/Tchourioumov-Guérassimenko, prise par Rosetta *le 30 septembre 2016 à environ 20 mètres au-dessus de la surface.*

Fin de l'odyssée de *Philae*

Pendant ce temps, l'atterrisseur *Philae* demeurait silencieux. Après son atterrissage chaotique sur le noyau de la comète en novembre 2014 et nous avoir envoyé de précieuses informations sur Tchouri pendant 60 heures, il avait disparu des « écrans radars », à l'exception d'une ultime communication de 20 minutes, le 9 juillet 2015. Rebondissement : le 2 septembre 2016, la caméra OSIRIS de *Rosetta* l'a finalement repéré, coincé dans une faille ombragée. De surcroît, l'engin était couché sur le flanc, alors que son antenne avait été conçue pour fonctionner à la verticale, ce qui explique l'échec des tentatives de communication. Néanmoins, la découverte de la position de *Philae* a été saluée par les chercheurs, car cela va leur permettre de contextualiser les données recueillies.

L'odyssée fantastique de *Rosetta* s'est finalement achevée le 30 septembre 2016, lorsque la sonde européenne est allée, en quatorze heures, à la rencontre de Tchouri, captant d'extraordinaires clichés au plus près de la comète, enregistrant les propriétés des gaz, des poussières et du plasma. Une première de plus pour cette mission de tous les records, puisqu'on n'avait encore jamais tenté une manœuvre aussi délicate avec une sonde de cette taille : se poser sans train d'atterrissage sur un corps dont la force de gravitation est quelque 10 000 fois plus faible que sur Terre – les cent kilogrammes de *Philae* n'y pesant plus que l'équivalent de deux sucres. Désormais, aucune réactivation de *Rosetta* n'est plus possible.

Réduits au silence et à l'inertie, *Rosetta* et *Philae* vont maintenant accompagner Tchouri jusqu'à sa désintégration ou sa collision avec un autre corps céleste, dans un futur lointain et inconnu.

À l'instar des missions *Pioneer*, *Rosetta* emporte dans l'au-delà du système solaire un disque en nickel inaltérable, sur lequel sont micro-gravés des textes rédigés dans un millier de langues, soit autant de « pierres de Rosette » pour des sociétés extraterrestres...

Les Français dans l'espace

C'est après la Seconde Guerre mondiale que la France commence à développer ses propres fusées, lanceurs et satellites. Depuis, le pays possède le programme spatial le plus développé en Europe et est la troisième puissance spatiale après les États-Unis et l'URSS. La France dispose d'un site de lancement exceptionnel, le centre spatial guyanais de Kourou, proche de l'équateur et donc idéalement situé pour placer en orbite les satellites géostationnaires. C'est le lanceur *Ariane 5* de l'Agence spatiale européenne (ESA), l'un des plus fiables au monde, qui réalise la majorité de ces mises en orbite.

Retour sur Terre le 2 juin 2017, à bord d'un Soyouz qui a atterri dans les steppes du Kazakhstan. Terrassé par la gravité, l'astronaute n'a pas encore recouvré l'usage de ses muscles et doit être porté pour un premier examen médical avant de rejoindre Baïkonour en hélicoptère.

La toute première fusée-sonde française, *Véronique*, est lancée dans les années 1950 depuis la base de Hammaguir, dans le désert algérien. Sa version AGI est la première fusée française à envoyer des êtres vivants dans l'espace, dans le but d'améliorer les connaissances en biologie spatiale, en particulier dans le domaine de la neurologie. Sont d'abord lancés trois rats : Hector, Castor et Pollux dans les années 1961-1962, puis la chatte nommée Félicette, en référence à Félix le chat, en 1963. Treize minutes après le décollage, dont cinq d'apesanteur, le félin est récupéré en bonne santé, faisant de lui le seul chat à avoir survécu à un vol spatial. Deux singes, Martine et Pierrette, furent ensuite envoyés avec succès dans l'espace en 1967 par des fusées *Vesta*. Le premier satellite français, *Astérix*, est lancé en novembre 1965 par une fusée *Diamant* et trois années plus tard a lieu le premier lancement d'une fusée *Véronique* depuis le site de Kourou.

C'est en 1982 que le premier Français et Européen de l'Ouest gagne l'espace : Jean-Loup Chrétien rejoint avec deux Soviétiques la station spatiale *Saliout 7* et réalise pendant ses neuf jours dans l'espace diverses expériences de médecine, de biologie ainsi que des études sur les matériaux. Il retournera ensuite deux fois dans l'espace, sur la station *MIR* cette fois, en 1988, où il effectuera la première sortie extravéhiculaire d'un non-Russe et non-Américain, puis en 1997.

L'astronaute français a déployé dans Columbus, le laboratoire européen de l'ISS, l'expérience européenne MARES (Muscle Atrophy Research and Exercise System), une machine permettant de surveiller l'activité musculaire des astronautes pendant qu'ils font de l'exercice et de comprendre le comportement des muscles pendant un vol spatial.

Selfie réalisé dans l'espace lors de la sortie extra-véhiculaire du 13 janvier 2017, avec l'Américain Shane Kimbrough. Les deux hommes ont réalisé des travaux de maintenance à l'extérieur de la station six heures durant.

Au total, dix Français, dont une seule femme, Claudie Haigneré, ont depuis séjourné dans l'espace. Thomas Pesquet a battu, lors de sa deuxième mission dans l'espace, le record de Jean-Pierre Haigneré du plus long séjour cumulé : environ 210 jours pour ce dernier. À la fin de sa mission nommée *Alpha*, Thomas Pesquet aura passé près de 380 jours à bord de la Station spatiale internationale, l'ISS.

Les missions spatiales de Thomas Pesquet : la mission Proxima...

Après avoir été sélectionné en 2009 par l'Agence spatiale européenne et s'être entraîné intensément pendant sept ans, Thomas Pesquet décolle en novembre 2016 du cosmodrome de Baïkonour au Kazakhstan, d'où est parti en 1961 Iouri Gagarine, le premier homme à avoir gagné l'espace. La mission du Français porte le nom de *Proxima*, en référence à Proxima du Centaure, l'étoile la plus proche de notre Soleil. Après deux jours de manœuvres orbitales à bord du vaisseau *Soyouz*, le Français et ses deux compagnons, l'Américaine Peggy Whiston et le Russe Oleg Novitski atteignent l'ISS.

Thomas Pesquet séjournera six mois dans l'espace, consacrant la moitié de son temps à la maintenance de la station spatiale et l'autre à la réalisation d'une soixantaine d'expériences scientifiques dans des domaines aussi variés que la physiologie humaine, la physique des fluides, les sciences des matériaux... La quasi-absence de gravité dans l'ISS, de l'ordre de 0,0001 fois la gravité terrestre (1 g), modifie en effet l'organisme des astronautes, à la manière d'un vieillissement accéléré. Un séjour de six mois entraîne une fonte de 20 à 30 % de la masse musculaire, une baisse de 10 à 20 % de la densité osseuse, un vieillissement équivalent à vingt ans d'usure des veines et artères et, pour certains astronautes, une baisse de l'acuité visuelle. Ces effets, réversibles lors du retour sur Terre, permettent d'étudier les maladies du vieillissement, et surtout les moyens de contrer les effets de l'impesanteur sur la santé des astronautes, dans la perspective d'un voyage futur vers Mars – six mois, c'est en effet le temps nécessaire pour rejoindre notre voisine. L'étude de l'environnement spatial est tout aussi importante dans la perspective d'un éventuel voyage interplanétaire, qui nécessitera de passer beaucoup de temps à

Thomas Pesquet dans la Cupola, la coupole d'observation de l'ISS.

bord d'un vaisseau qui fonctionnera en circuit fermé. Sur l'ISS, par exemple, l'eau consommée est issue à 80 % du recyclage de la transpiration, des urines et autres eaux souillées. Thomas Pesquet était aussi chargé de tester la potabilité de l'eau. Il réalise également deux sorties extravéhiculaires, destinées à assurer la maintenance externe de la station spatiale.

Le spationaute français quitte l'ISS en juin 2017 après avoir passé 196 jours à son bord. Après avoir atterri dans les steppes du Kazakhstan, il séjourne pendant six mois à l'EAC (European Astronaut Center) à Cologne, pour commencer se réaccoutumer à la gravité terrestre. Il se soumet à des batteries de tests et des séances de sport, et poursuit également les expériences initiées en orbite. En 2020, il est sélectionné pour retourner à bord de l'ISS courant 2021.

... et la mission Alpha

Après une petite année d'entraînement à Houston aux États-Unis, la mission *Alpha*, d'après l'étoile Alpha Centauri située dans le même système que Proxima du Centaure, de Thomas Pesquet commence en avril 2021. En compagnie des trois autres membres de l'équipage, il décolle en avril 2021 de Cap Canaveral en Floride, pour rejoindre l'ISS. C'est le deuxième vol habité du vaisseau spatial *Crew Dragon* de l'entreprise privée SpaceX.

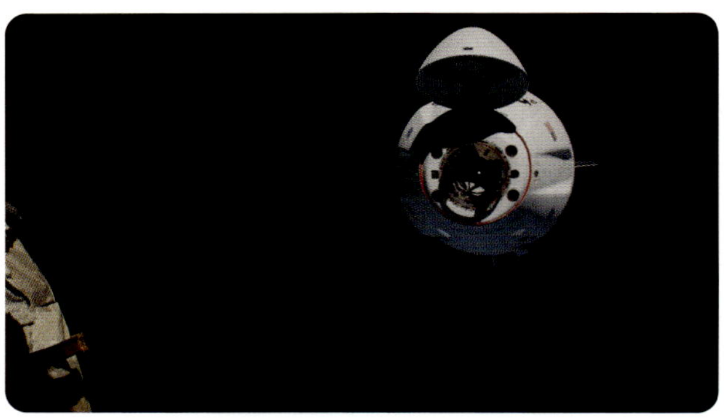

Le vaisseau SpaceX Crew Dragon Endeavour *avec à son bord le Français Thomas Pesquet, la pilote Megan McArthur, le commandant Shane Kimbrough, tous deux Américains, et le Japonais Akihiko Hoshide, lors de son approche vers l'ISS en avril 2021.*

Comme lors de son premier séjour dans l'espace, le programme du Français inclut des sorties extravéhiculaires programmées, pour installer de nouveaux panneaux solaires par exemple, ainsi que pour réaliser plusieurs dizaines d'expériences scientifiques. Parmi elles, l'expérience *Suture in space* permettra de comprendre le processus complexe de cicatrisation chez l'être humain. Des tissus vivants issus de biopsies ont été découpés et recousus avant d'être envoyés dans l'espace, où les astronautes activeront les cellules pour observer le mécanisme de cicatrisation en impesanteur. Thomas Pesquet déplacera également le Life Support Rack de l'ESA, un nouveau système permettant de recycler du dioxyde de carbone en oxygène, dans le module d'origine européenne *Tranquility*. Ce nouvel équipement produira de l'oxygène pour jusqu'à trois personnes. C'est une étape vers l'objectif de fournir, à terme, un système de support de vie en circuit fermé pour permettre aux astronautes de rester indéfiniment dans l'espace ou de visiter la Lune et Mars.

Et tout comme lors de son premier séjour dans l'espace, le spationaute français continue de partager son expérience très régulièrement sur les réseaux sociaux. Après six mois en orbite, Thomas Pesquet rejoint la surface de notre planète en novembre 2021. Il a effectué quatre sorties dans l'espace, près de quarante heures, en tout ce qui lui permet de battre le record européen. Il est également devenu en octobre 2021 le premier Français commandant de l'ISS. Comme après sa première mission, il a passé quelques semaines au Centre européen des astronautes pour se soumettre à une batterie de tests et à un programme de remise en forme.

Un futur prometteur

En 2022, l'ESA annonce avoir sélectionné sept astronautes européens, dont le français Thomas Pesquet, pour s'entraîner et se préparer à explorer la Lune dans le cadre du programme Artémis de la NASA. Trois seront ensuite sélectionnés pour rejoindre le Lunar Gateway, la future station autour de la Lune, et un seul aura la chance de fouler la surface de notre satellite vers 2030.

La lieutenante-colonelle de l'armée de l'air française, Sophie Adenot, ingénieure et pilote d'hélicoptère est également retenue par l'ESA pour faire partie de la nouvelle promotion d'astronautes européens, qui compte en tout deux femmes et trois hommes. Ils commenceront en 2023 un programme d'entraînement au Centre européen des astronautes avant de pouvoir, pour commencer, voler en orbite à bord de l'ISS. Le français Arnaud Prost, ingénieur et pilote de chasse, a été choisi pour faire partie du corps de réserve des astronautes européens.

Les quatre membres de la mission SpaceX Crew-2 lors de l'entraînement. De gauche à droite : le Français Thomas Pesquet, la pilote Megan McArthur, le commandant Shane Kimbrough, tous deux Américains, et le Japonais Akihiko Hoshide.

Le spationaute Thomas Pesquet et l'astronaute Shane Kimbrough lors d'une de leurs sorties dans l'espace pour installer deux nouveaux panneaux solaires, afin de fournir plus d'électricité à l'ISS.

Spationaute, cosmonaute ou astronaute ?

Astronaute, d'étymologie grecque et qui signifie « navigateur des étoiles », est le terme le plus ancien en français pour désigner le pilote ou le passager d'un engin spatial. C'est aussi le mot que les Américains choisissent d'employer pour leurs concitoyens se rendant dans l'espace, par opposition aux Soviétiques puis aux Russes qui utilisent *cosmonaute*. Les Européens optent pour *spationaute* et les termes de *taïkonaute* et *vyomanaute* sont créés pour désigner respectivement des voyageurs spatiaux chinois et indiens. En pratique, l'usage du mot « astronaute », quelle que soit l'origine de la personne, devient de plus en plus fréquent.

Les onze spationautes français, de gauche à droite et haut en bas : Jean-Loup Chretien, Patrick Baudry, Michel Tognini, Jean-Pierre Haigneré, Jean-François Clervoy, Jean-Jacques Favier, Léopold Eyharts, Claudie Haigneré, Philippe Perrin, Thomas Pesquet et Sophie Adenot.

Des milliards d'étoiles

La mission Gaia de l'ESA s'est donnée comme objectif de mesurer précisément la position, le mouvement et la distance de plusieurs milliards d'étoiles dans notre galaxie et fournir ainsi une carte inédite de la Voie lactée !

Déjà les Babyloniens, il y a plusieurs milliers d'années, cherchaient à connaître position et mouvement des astres. Après le développement des télescopes, la technologie spatiale prépare une nouvelle révolution de cette discipline historique. L'ESA s'y lance en 1989 avec le satellite *Hipparcos* et son successeur, *Gaia*, est parti le 19 décembre 2013 depuis la base européenne à Kourou (Guyane). Il est équipé de deux télescopes avec un plan focal commun qui peuvent déterminer position, distance et mouvement ainsi que la couleur de nombreuses étoiles. Outre ces avancées sur la structure et l'histoire de la Voie lactée – notre galaxie est-elle entrée en collision avec une autre galaxie, *Gaia* – Encelade, il y a dix milliards d'années ? – et l'évolution stellaire, *Gaia* est bien placé pour observer des objets de notre système solaire invisibles depuis la Terre et de nombreuses exoplanètes. La précision des mesures astrométriques permet d'ailleurs de tester la théorie de la gravitation : trouve-t-on des déviations dans les mouvements des astres par rapport aux prédictions de la théorie d'Einstein ?

Mesurer la distance d'un objet céleste

L'effet de parallaxe, c'est-à-dire le changement apparent de la position d'un objet lorsque l'observateur se déplace, est utilisé depuis longtemps pour déterminer directement la distance de divers objets célestes : la parallaxe diurne avec comme ligne de base le rayon de la Terre pour les objets les plus proches, essentiellement le système solaire, et la parallaxe annuelle avec la distance Terre-Soleil comme ligne de base pour des objets plus éloignés. Mais avec une distance grandissante, ce changement de la position devient de plus en plus faible et il devient ainsi impossible de mesurer la distance. Les turbulences de l'atmosphère terrestre perturbent en plus le signal, donc même pour les étoiles de notre galaxie, cette technique ne peut plus être utilisée au sol. *Gaia* a publié en 2018 son deuxième catalogue avec des mesures de distance pour plus de 1,3 milliard d'étoiles dont des objets de très faibles luminosité !

Voire plus loin

Comme la technique de parallaxe arrive à ses limites aux confins de la Voie lactée, les scientifiques ont recours à d'autres moyens pour déterminer la distance des nombreuses autres galaxies lointaines

Test de déploiement du pare-soleil déployable DSA (Deployable Sunshield Assembly) *de* Gaia.

Vue d'artiste

Le Grand Nuage de Magellan (GNM) est l'une des galaxies les plus proches de notre Voie lactée. Cette vue n'est pas une photographie mais a été créée en cartographiant la quantité totale de rayonnement détectée par Gaia dans chaque pixel, combinée à des mesures du rayonnement prises à travers différents filtres du satellite qui permettent de générer des informations de couleur.

et sonder la structure de l'Univers. Le principe est simple : on prend un objet dont les caractéristiques connues permettent de déterminer la luminosité intrinsèque et on compare cette luminosité avec celle observée pour connaître la distance. Les supernovas de type 1a ont ainsi été très largement utilisées comme « chandelles standards », ou les céphéides, une classe d´étoiles particulières. Évidemment, la fiabilité dépend de nos connaissances des propriétés de ces dernières. Et il s'est avéré qu'elles n'étaient pas aussi uniformes que précédemment supposé. Les nombreuses mesures directes par parallaxe de *Gaia* vont aider à calibrer les chandelles standards et les données du catalogue *Gaia* vont aussi permettre de mieux les identifier.

Cette illustration montre l'évolution de la position d'une étoile par rapport au fond stellaire entre deux observations séparées de six mois, par exemple la première en janvier et la seconde en juillet. Grâce aux données récoltées, il est possible de déterminer la distance qui nous sépare de cette étoile.
Ici, l'étendue de la parallaxe a été exagérée à des fins d'illustration. Même pour les étoiles les plus proches de la Terre, le décalage annuel dû à la parallaxe est extrêmement petit et nécessite des instruments de haute précision.

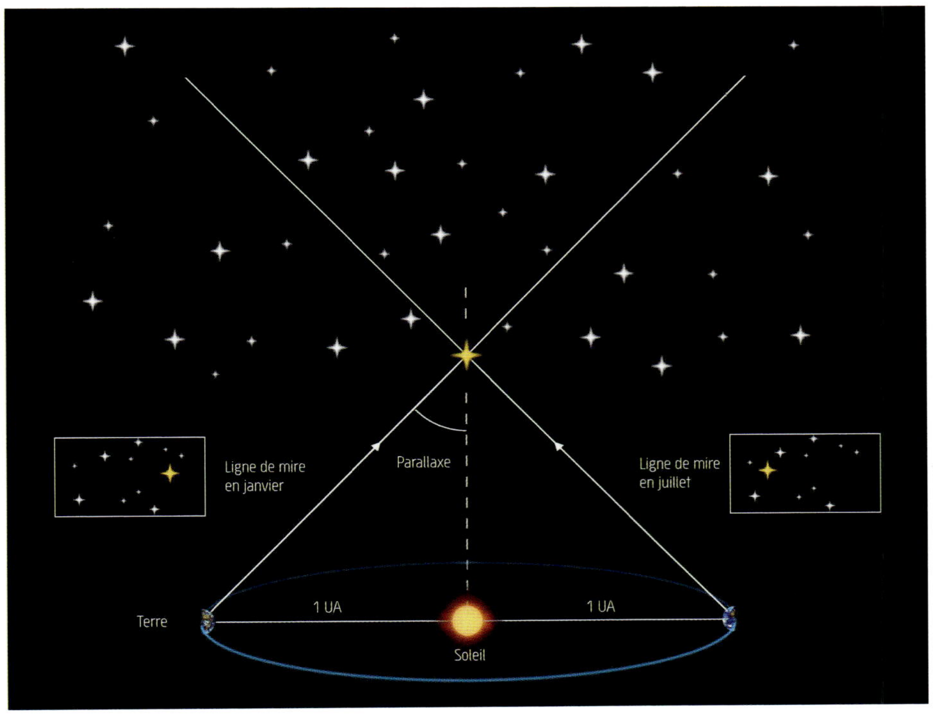

Décollage de *Soyouz VS06*, avec *Gaia*, le 19 décembre 2013.

L'Europe sur la piste des Martiens

En 2016, l'Agence spatiale européenne a mis en orbite martienne la sonde *TGO*, premier volet de son programme de recherche de vie extraterrestre, avant l'envoi vers 2026 d'un atterrisseur.

Vue rapprochée des versants d'un cratère situé près de l'équateur martien. Cette image, prise le 22 novembre 2016, est l'une des toutes premières enregistrées par l'instrument *CaSSIS (Colour and Stereo Surface Imaging System).*

Premiers contacts

Avec ExoMars, l'Europe spatiale part à la recherche des Martiens. Y a-t-il eu, y a-t-il encore de la vie sur Mars ? Il y a quarante ans, les deux atterrisseurs *Vikings* de la NASA avaient tenté pour la première fois de répondre à cette question. En vain. Depuis 1997, et l'atterrissage du robot *Rocky*, les rovers de la NASA se succèdent sur notre voisine planétaire, sans résultat décisif. Le 19 octobre 2016, l'ESA (Agence spatiale européenne) a repris l'enquête, alors qu'ExoMars-2016, premier volet du programme qui associe l'Agence spatiale russe, arrivait à proximité de la planète rouge. Le succès de l'événement fut en demi-teinte. Certes, la mise en orbite de *TGO* (*Trace Gas Orbiter*), chargé de détecter des gaz présents en faibles concentrations dans l'atmosphère martienne, fut une réussite. Ce « nez géant », qui atteindra son orbite finale après un an d'aérofreinage, est notamment sur la piste d'éventuelles traces de méthane. Sur Terre, ce gaz est produit par le métabolisme d'êtres vivants. Mais ce gaz est détruit par les UV en seulement trois siècles. Donc, s'il existe sur Mars, soit il est créé aujourd'hui, soit il est relâché après avoir été stocké. Dans le premier cas, il pourrait ainsi trahir l'existence de bactéries martiennes. À moins qu'il n'ait été produit il y a longtemps, stocké sous forme de glaces et ne soit relâché de temps à autre dans l'atmosphère. Durant quatre ans, *TGO* jouera également le rôle de relais de télécommunications entre les futurs engins de surface européens et la Terre.

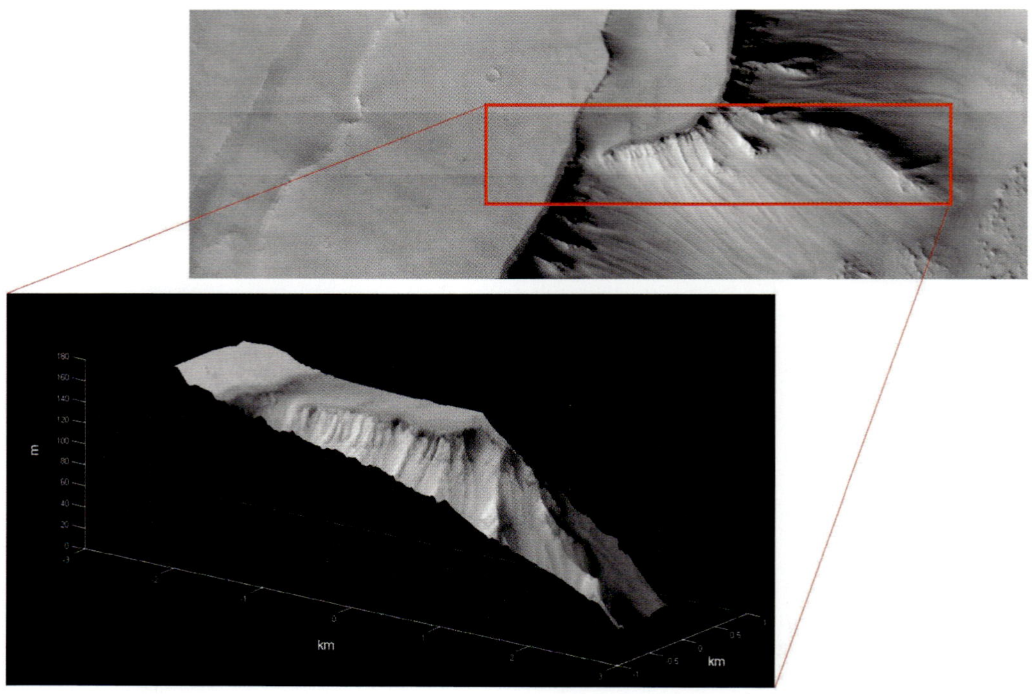

Première reconstruction stéréo d'une petite région appelée « le labyrinthe de la nuit » (Noctis Labyrinthus). *Il s'agit d'une carte d'altitude obtenue par l'instrument* CaSSIS (Colour and Stereo Surface Imaging System), *le 22 novembre 2016, avec une résolution de moins de 20 mètres.*

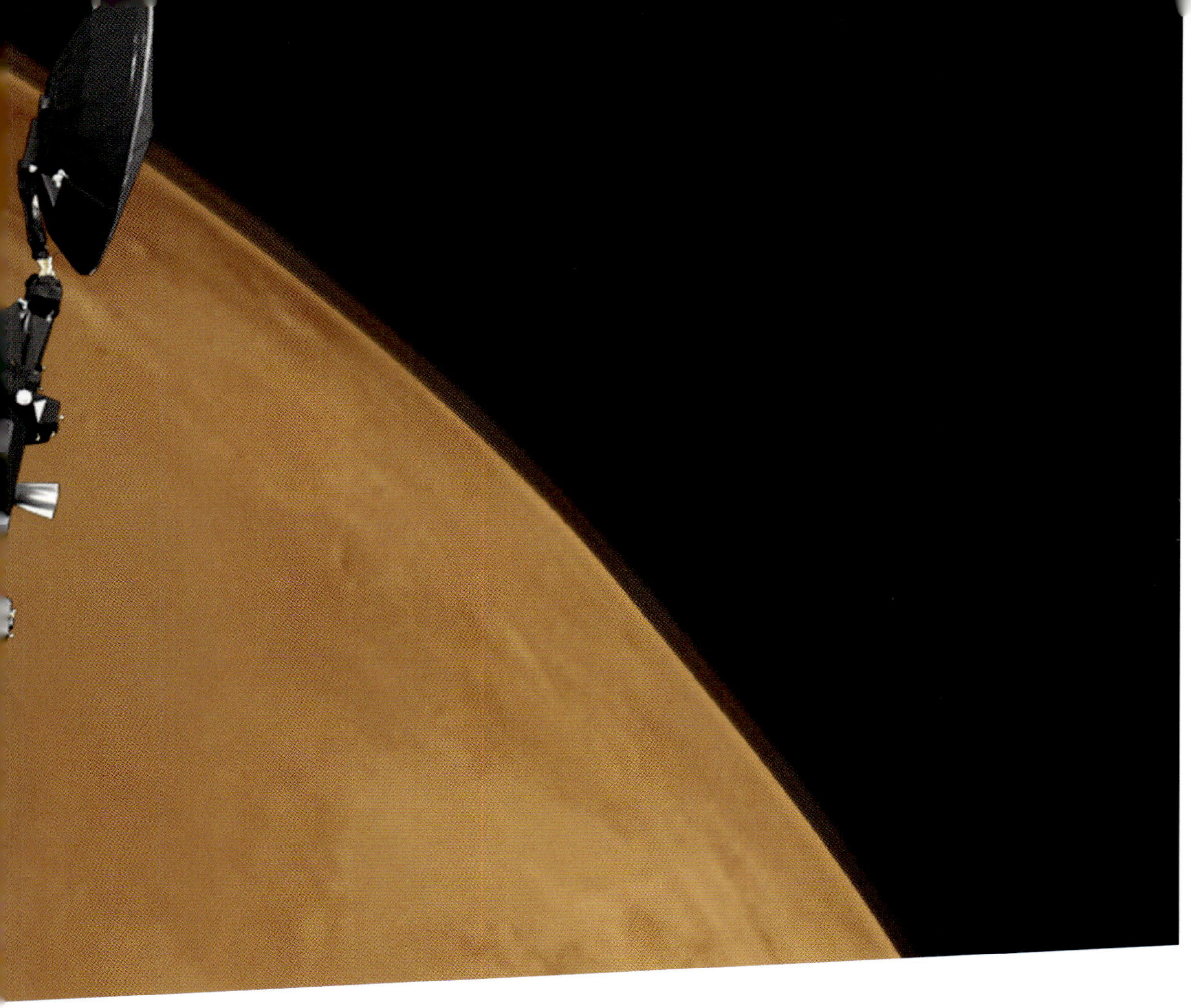

Schiaparelli s'écrase au sol

L'autre partie de la mission ExoMars-2016 prévoyait de poser sur le sol martien le démonstrateur Schiaparelli, un module bardé de capteurs devant tester les techniques d'atterrissage à la surface de Mars. La planète à l'atmosphère ténue a, par le passé, mis en échec nombre de tentatives russes, américaines ou encore britanniques – la sonde Beagle 2 s'étant posée le 25 décembre 2003 mais étant demeurée ensuite silencieuse. Cette fois encore, Mars a déjoué les plans des Européens. Après avoir déployé son parachute à douze kilomètres d'altitude, alors que la vitesse de descente était de 1 730 km/h, Schiaparelli a été brutalement freiné, subissant des secousses qui l'ont balancé sur divers axes. Las, les simulations n'avaient pas prévu des mouvements aussi importants. Des données erronées ont été fournies à l'ordinateur de bord et celui-ci a déclenché la procédure d'atterrissage, alors que Schiaparelli était encore à 3,7 kilomètres d'altitude ! Parachute éjecté et propulseurs éteints, Schiaparelli a achevé sa descente en chute libre, s'écrasant au sol à la vitesse de 540 km/h. L'ESA refuse de parler d'échec, cependant, car Schiaparelli était un engin-test. Les mesures qu'il a enregistrées lors de sa descente vont permettre aux ingénieurs européens d'adapter cette séquence pour programmer les descentes d'une plateforme russe porteuse d'un véhicule européen vers 2026. C'est là le deuxième volet de la mission, baptisée ExoMars.

Un rover européen

La plateforme d'atterrissage équipée d'instruments russes et européens prendra des mesures de son environnement pendant une année martienne (687 jours terrestres). Le rover *Rosalind Franklin* et son laboratoire Pasteur de 310 kilogrammes sera équipé de neuf instruments scientifiques dédiés à l'étude et l'analyse du sol. Le lieu d'atterrissage choisi est Oxia planum, une vaste plaine datant de 4 milliards d'années – l'époque où l'eau était abondante sur Mars. Précisément, Oxia planum est riche en argiles, un composé minéral qui témoigne de la présence d'eau à cet endroit par le passé, sans doute un lac ou une mer. Ces argiles se sont formées à un moment favorable à l'émergence de la vie et elles sont propices à la conservation de la matière organique. Pendant huit mois, ce sera le terrain de chasse de *Rosalind Franklin*, qui disposera d'une foreuse capable de ramener une carotte prélevée jusqu'à 2 mètres de profondeur, soit à un endroit où les éventuels composés organiques sont préservés du bombardement cosmique et des oxydants qui les détruisent. Les instruments du rover devront ensuite détecter l'éventuelle présence d'eau ou de matériaux hydratés. Des caméras et des spectromètres complètent sa panoplie scientifique, l'une des plus ambitieuses jamais envoyées vers Mars.

Montage d'artiste du rover Rosalind Franklin *posé sur Mars, un volet important de la future mission ExoMars.*

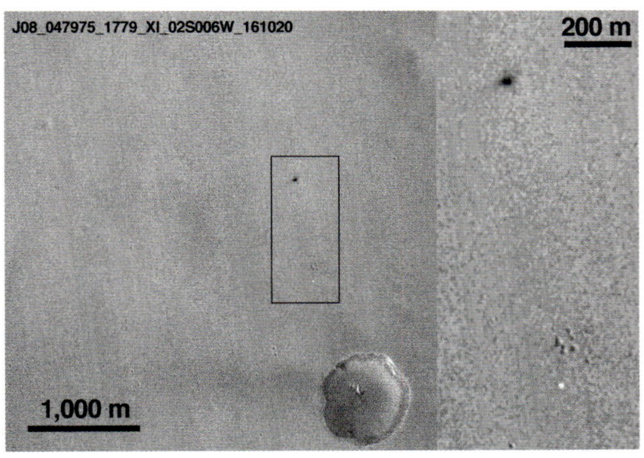

Ce cliché, réalisé le 20 octobre 2016 par le satellite américain MRO (Mars Reconnaissance Orbiter), *montre le point d'impact du module-test* Schiaparelli, *qui devait atterrir à la surface de Mars le 19 octobre.*

Vue d'artiste de l'atterrissage contrôlé du module Schiaparelli *avec ses moteurs de freinage. Cette procédure a été déclenchée par erreur alors que* Schiaparelli *était encore à 3,7 kilomètres d'altitude, entraînant la chute libre de l'engin.*

Annexes

Liste des observatoires

FRANCE

Observatoire de Besançon
41bis, avenue de l'Observatoire
25010 Besançon
Tél. : 03 81 66 69 00

Observatoire de Bordeaux
2, rue de l'Observatoire
33271 Floirac
Tél. : 05 57 77 61 00

Observatoire Camille Flammarion
32, avenue de la Cour de France
91260 Juvisy-sur-Orge
Tél. : 01 42 24 13 74
www.juvisy.fr/lobservatoire-camille-flammarion

Observatoire de Grenoble
Laboratoire d'astrophysique
de l'observatoire de Grenoble
414, rue de la piscine
Domaine Universitaire
38400 Saint-Martin d'Hères
Tél. : 04 76 51 47 88

Observatoire de Haute-Provence
Centre National de la Recherche Scientifique
04870 Saint Michel l'Observatoire
Tél. : 04 92 70 64 00
www.obs-hp.fr

Observatoire de Lille
1, impasse de l'observatoire
59000 Lille
Tél. : 03 20 43 67 59
www.astronomie.univ-lille1.fr

Observatoire de Lyon
9, avenue Charles André,
69230 Saint-Genis-Laval
Tél. : 04 78 86 83 83
www.observatoire.univ-lyon1.fr

Observatoire des Makes
8, rue Georges Bizet - Les Makes
97421 La Rivière Saint-Louis
La Réunion
Tél. : 02 62 37 86 83

Observatoire de Marseille
Boulevard Cassini
13004 Marseille
Tél. : 04 13 55 21 55
www.andromede.id.st

Observatoire Midi-Pyrénées
14, avenue Edouard Belin
31400 Toulouse
Tél. : 05 61 33 29 29
www.aero.obs-mip.fr

Observatoire Midi-Pyrénées - Site du Pic du Midi
La Mongie
Tél. : 05 62 56 60 00

Observatoire Midi-Pyrénées - Site de Tarbes
57, avenue d'Azereix
65000 Tarbes
Tél. : 05 62 56 60 00

Observatoire de Paris
61, avenue de l'Observatoire
75014 Paris
Tél. : 01 40 51 22 21
www.obspm.fr

Observatoire de Paris - Site de Meudon
5, place Jules Janssen
92195 Meudon
Tél. : 01 45 07 75 30
www.obspm.fr

Observatoire de Paris - Site de Nançay
Route de Souesmes
18330 Nançay
Tél. : 02 48 51 82 41
www.obs-nancay.fr

Observatoire de Strasbourg
Jardin des Sciences
12, rue de l'Université
67000 Strasbourg
Tél. : 03 68 58 24 50
www.jardin-sciences.unistra.fr/planetarium

Observatoire de Toulouse
1, avenue Camille Flammarion
31500 Toulouse
Tél. : 05 61 58 42 01
www.saptoulouse.net

Observatoire de La Sinne
1185, chemin du puits d'Auzon - La Sinne
13126 Vauvenargues
Tél. : 04 42 66 00 96

Société astronomique de France
3, rue Beethoven
75016 Paris
Tél. : 01 42 24 13 74
www.saf-astronomie.fr

MONDE

Amérique du Nord

Observatoire solaire Big Bear
40386 North Shore Lane
Big Bear City, CA 92314-9672, États-Unis
www.bbso.njit.edu

Observatoire fédéral d'astrophysique
5071 W Saanich Road
Victoria, BC V8Z 3H7, Canada
www.astro-canada.ca

Observatoire W. M. Keck
Mauna Kea Access Road
HI 96720, États-Unis
www.keckobservatory.org

Observatoire solaire de Kitt Peak
Tucson, AZ, États-Unis
www.nso.edu

Observatoire Lowell
1400 W Mars Hill Road
Flagstaff, AZ 86001, États-Unis
www.lowell.edu

Observatoires du Mauna Kea
Hawaii County, HI, États-Unis
www.ifa.hawaii.edu

Observatoire du Mont Wilson
Los Angeles, CA, États-Unis
www.mtwilson.edu

Observatoire national Optic Astronomy
950 N Cherry Avenue
Tucson, AZ 85719, États-Unis
www.noao.edu

Observatoire du Mont Palomar
35899 Canfield Road
Palomar Mountain, CA 92060, États-Unis
www.astro.caltech.edu/palomar

Observatoire naval des États-Unis
3450 Massachusetts Avenue NW
Washington, DC 20392, États-Unis
www.usno.navy.mil

Observatoire Lick
7281 Mt Hamilton Road
Mt Hamilton, CA 95140, États-Unis
www.mthamilton.ucolick.org

Observatoire McDonald
3640 Dark Sky Drive
Fort Davis, TX, États-Unis
www.mcdonaldobservatory.org

Amérique du Sud

Observatoire européen austral - Site de Paranal
Chile
www.eso.org

Observatoire européen austral - Site de La Silla
Région de Coquimbo, Chile
www.eso.org

Observatoire inter-américain de Cerro Tololo
Vallée de l'Elqui, Cerro Tololo, Chile
www.ctio.noao.edu/ctio.html

Observatoire de Las Campanas - Institution de Washington
Colline El Pino Casilla 601
La Serena, Chile
www.lco.cl

Observatoire Gemini
La Serena, Chile
www.gemini.edu

Europe

Observatoire Jodrell Bank
Macclesfield, Cheshire
SK11 9DL, Royaume-Uni
www.jodrellbank.manchester.ac.uk

Observatoire de Calar Alto
Centro Astronómico Hispano Alemán
Jesús Durbán Remón, 2-2
04004 Almeria, Espagne
www.caha.es

Observatoire de Rome
Viale del Parco Mellini, 84
00136 Rome, Italie
www.oa-roma.inaf.it

Observatoire du Vatican
00040 Castel Gandolfo - Rome, Italie
www.vaticanobservatory.org

Observatoire européen austral
Karl-Schwarzschild-Str. 2
85748 Garching bei München, Allemagne
www.eso.org

Musée de l'observatoire de Stockholm
Observatorielunden, Drottinggatan 120
Stockholm, Suède
www.astro.su.se/english

Asie

Observatoire de Zelentchouk
Région de Zelenchukskiy,
Karachai-Cherkessian Republic, 369167
Russie
www.sao.ru

Afrique

Observatoire astronomique d'Afrique du Sud - Site de Cape Town
Observatory Road
Observatory, 7925 Afrique du Sud
www.saao.ac.za

Observatoire astronomique d'Afrique du Sud - Site de Sutherland
Old Fraserburg Road
Sutherland, 6920 Afrique du Sud
www.saao.ac.za

Océanie

Observatoire Siding Spring
Observatory Road
Coonabarabran NSW 2357, Australie
www.mso.anu.edu.au

Observatoire de Parkes
473 Telescope Road
Parkes NSW 2870, Australie
www.parkes.atnf.csiro.au

Glossaire

Aphélie
Point de l'orbite d'un objet céleste qui se trouve le plus éloigné du Soleil.

Amas de galaxie
Ensemble de centaines de milliers de galaxies qui sont liées entre elles par la force gravitationnelle.

Amas d'étoile
Ensemble d'étoiles homogènes en distance et en âge, reliées entre elles par la force de gravité. Il existe deux types d'amas d'étoiles : ouverts ou galactiques et globulaires.

Année-lumière
Unité de mesure de la distance utilisée en astronomie. Elle correspond à la distance parcourue en une année par un rayon de lumière et équivaut à 10 000 milliards de kilomètres.

Ascension droite
Coordonnée astronomique utilisée, avec la déclinaison, pour déterminer la position d'un objet sur la sphère céleste. Elle est l'équivalent de la longitude terrestre.

Astéroïde
Petit corps en mouvement orbital autour du Soleil, généralement rocheux et de forme irrégulière. La plupart des astéroïdes sont situés sur une ceinture entre les orbites des planètes Mars et Jupiter.

Big bang
Explosion gigantesque dont on pense qu'elle est à l'origine de l'univers tout entier. On a calculé que le big bang se serait produit il y a 13,7 milliards d'années.

Bok (globules de)
Amas de gaz et de poussières de forme arrondie, froids et obscurs, ou débute la naissance des étoiles.

Comète
Petit corps du système solaire caractérisé par un noyau composé de roche et de glace. Elle possède une chevelure et une queue qui sont de plus en plus voyantes et lumineuses au fur et à mesure que la comète se rapproche du Soleil sur une longue orbite elliptique.

Conjonction
Situation où deux objets célestes semblent très proches dans le ciel par effet de perspective. On parle de conjonc-tion notamment pour les planètes par rapport au Soleil.

Coordonnées célestes
Couple de grandeur numérique (ascension droite et déclinaison) utilisé pour situer un objet dans la sphère céleste.

Cosmologie
Branche de l'astrophysique qui a comme objet l'univers dans son ensemble, et dont on étudie l'origine, la configuration actuelle et l'évolution.

Constellation
Ensemble d'étoiles qui paraissent proches dans le ciel par effet de perspective. Les constellations classiques représentent des figures animales, des personnages mythologiques et des objets d'utilisation courante. Les constellations varient en fonction des cultures et des périodes historiques différentes. La sphère céleste est divisée par convention en 88 constellations.

Déclinaison
Coordonnée astronomique utilisée, avec l'ascension droite, pour déterminer la position d'un objet sur la sphère céleste. Elle est l'équivalent de la latitude terrestre.

Doppler (effet)
Variation de fréquence d'un phénomène ondulatoire (comme la lumière) lorsque la source et l'observateur sont en mouvement l'un par rapport à l'autre.

Éclipse
Phénomène où un corps céleste s'interpose entre l'observateur et un autre corps en occultant la vue. Dans les éclipses de Soleil, notre étoile est cachée à la vue par la Lune. Les éclipses de Lune se produisent, en revanche, lorsque notre satellite se trouve dans le cône d'ombre projeté par la Terre dans l'espace, disparaissant ainsi à la vue.

Écliptique
Plan orbital de la Terre dans son mouvement de révolution autour du Soleil. Projeté sur la sphère céleste, c'est le parcours apparent du Soleil entre les constellations.

Éphéméride
Ensemble des coordonnées astronomiques de position du Soleil, de la Lune et des planètes, et des données qui servent pour les observer. Les éphémérides astronomiques sont publiées tous les ans.

Élongation
Distance angulaire entre une planète (en général Mercure ou Vénus) et le Soleil.

Équateur céleste
Cercle de la sphère céleste obtenu en projetant dans le ciel l'équateur terrestre.

Équinoxe
Deux périodes où le Soleil, en se déplaçant sur l'écliptique, traverse l'équateur céleste. Les équinoxes tombent les 21 mars et 23 septembre.

Étoile
Corps céleste gazeux qui émet de la lumière propre venant de l'énergie générée par les réactions de fusion nucléaire à l'intérieur de son noyau.

Galaxie
Objet céleste composé de centaines de milliards d'étoiles. Le Soleil et le système solaire se trouvent également à l'intérieur d'une galaxie, la Voie lactée que l'on écrit par convention avec un G majuscule.

M
Sigle utilisé pour identifier les objets célestes inclus dans le catalogue élaboré par Charles Messier à la fin du XVIIIe siècle.

Magnitude
Luminosité d'une étoile ou d'un objet céleste.

Méridien local
Méridien céleste qui, outre qu'il croise les pôles nord et sud célestes, passe également par le zénith.

Météore
Petit bloc de matière rocheuse, souvent issu d'une comète, qui, en entrant dans l'atmosphère terrestre, se consume par frottement produisant une traînée lumineuse. On les appelle également, de manière inappropriée, étoile filante.

Météorite
Petit corps du système solaire qui tombe sur une planète attiré par la force de gravité. Elle peut se désintégrer complètement par frottement avec l'atmosphère, ou atteindre le sol formant un cratère.

Météoroïde
Météorite appelée, de par son orbite, à être attirée par la gravité terrestre.

Mouvement propre
Déplacement angulaire réalisé par une étoile en une année sur la sphère céleste. Le mouvement propre est toujours très petit, et il se mesure en seconde d'arc.

Naine blanche
Étoile de faible masse proche de la fin de son cycle d'existence. Sa région centrale est extrêmement dense.

Naine brune
Objet céleste de faible masse et de luminosité extrêmement faible, à mi-chemin entre une planète et une étoile.

Nébuleuse
Objet céleste à l'intérieur d'une galaxie, composé de gaz raréfié et éventuellement de poussières.

Nébuleuse diffuse
Terme générique pour définir les nébuleuses lumineuses formées de nuages de gaz et de poussières interstellaires.

Nébuleuse planétaire
Enveloppe de gaz et de poussières émise par un certain type d'étoile au cours de leur évolution.

NGC
Sigle utilisé pour identifier les objets célestes inclus dans le *New General Catalogue* élaboré à la fin du XIXᵉ siècle.

Nova
Étoile qui explose de manière soudaine, augmentant jusqu'à 10 000 fois sa propre luminosité.

Nucléosynthèse
Formation d'éléments chimiques dans les étoiles à travers un ensemble de réactions nucléaires à l'intérieur de leur noyau. Celle-ci s'est produite en partie dans les premières phases de formation de l'univers.

Opposition
Situation où deux objets célestes apparaissent de part et d'autre du Soleil. On parle notamment d'opposition dans le cas des planètes du système solaire.

Orbite
Parcours d'un objet céleste quelconque dans l'espace du fait de son mouvement propre. Ce terme s'utilise également pour les satellites artificiels et les sondes spatiales.

Parallaxe
Angle formé par deux lignes de vue qui visent le même objet à une distance conventionnelle (le rayon terrestre ou le demi-grand axe de l'orbite terrestre autour du Soleil).

Parsec
Unité de longueur en astronomie. Un parsec est la distance à laquelle doit se trouver une étoile pour pouvoir voir le demi-grand axe de l'orbite terrestre sous l'angle d'une seconde d'arc (parallaxe annuelle). Un parsec correspond à 3,26 années-lumière.

Périhélie
Point de l'orbite d'une planète qui est le plus rapproché du Soleil. Dans le cas le plus général ou l'astre en question n'est pas le Soleil mais une étoile quelconque, on parle alors de « périastre ».

Photon
Le « quantum » de lumière, c'est-à-dire la particule énergétique élémentaire propre à la radiation électromagnétique.

Planète
Objet céleste en orbite autour d'une étoile et qui ne produit pas d'énergie par fusion nucléaire. Le système solaire est composé de huit planètes.

Précession
Mouvement extrêmement lent de l'axe de rotation de la Terre au cours des siècles provoqué par l'attraction gravitationnelle à la fois du Soleil et de la Lune, qui fait décrire à l'axe un double cône dans l'espace.

Pulsar
Contraction de *Pulsating Radio Source* (source radio pulsante). Un pulsar est une étoile de neutrons qui tourne rapidement autour de son axe, émettant un faisceau d'ondes radio à pulsations régulières perceptibles de la Terre lorsque dirigées vers nous.

Point vernal
Connu également comme le point du Bélier ou nœud ascendant, c'est l'un des points de la sphère céleste ou se croisent l'équateur céleste et l'écliptique. On l'appelle également l'équinoxe de printemps.

Quasar
Abréviation de *Quasi Stellar Radio Source* (source radio quasi stellaire). Il s'agit d'un objet apparemment semblable à une étoile, mais visible à des distances énormes, c'est-à-dire à des milliards d'années-lumière. On pense que les quasars sont des noyaux particulièrement brillants de galaxies extrêmement lointaines.

Red-shift
Littéralement « déplacement vers le rouge ». C'est ainsi qu'on qualifie le déplacement que réalisent, suite à l'effet Doppler, les ondes lumineuses émises par une étoile ou une galaxie qui s'éloigne de nous.

Révolution
Mouvement orbital d'un corps autour d'un autre. Par exemple, on parle de révolution dans le cas d'une planète qui tourne autour du Soleil, ou d'un satellite artificiel en orbite autour de la Terre.

Rotation
Mouvement réalisé par un corps en tournant sur lui-même autour d'un point fixe (l'axe de rotation).

Satellite
Objet céleste qui tourne autour d'un autre corps qui n'est pas une étoile. On parle de satellites naturels dans le cas des lunes des différentes planètes, et de satellites artificiels comme les sondes en orbite autour de la Terre.

Sphère céleste
Sphère imaginaire, avec la Terre au centre, sur laquelle tous les objets du ciel semblent répartis, sans tenir compte de leur distance.

Solstice
Les deux périodes où le Soleil, se déplaçant sur l'écliptique, rejoint la distance la plus éloignée de l'équateur céleste. Les deux solstices tombent les 21 juin et 22 décembre.

Spectre électromagnétique
Ensemble d'ondes électromagnétiques de toutes les longueurs d'onde. Le spectre électromagnétique comprend les ondes radio, les infrarouges, la lumière visible, les ultraviolets, les rayons X et les rayons gamma.

Starbust
On appelle starbust les galaxies où le processus de formation des étoiles est particulièrement violent si on le compare au taux normal de formation qu'on enregistre dans la plupart des autres galaxies.

Étoile de neutrons
Étoile en phase finale de son évolution presque entièrement composée de neutrons.

Supernova
Étoile qui, ayant atteint une phase instable de son cycle d'existence, explose de manière destructrice. Elle se caractérise par une forte luminosité et est visible y compris à de très longues distances.

Temps universel
Appelé également UT (*Universal Time*). Il s'agit de l'heure de référence des observateurs astronomes. Par convention, il correspond à l'heure de l'observatoire de Greenwich, en Angleterre. On l'appelle également GMT (*Greenwich Mean Time*) ou Temps moyen de Greenwich.

Trou noir
Étoile qui, à la fin de son cycle d'existence, s'écroule sur elle-même sous l'effet de sa propre masse. Le nom vient du fait qu'une telle étoile génère une force de gravité tellement intense qu'elle ne permet même pas à la lumière de sortir, et est donc invisible.

Unité astronomique
UA : unité de mesure de la distance en astronomie, et notamment dans le système solaire, définie comme étant la distance moyenne entre la Terre et le Soleil. Une unité astronomique est égale à environ 149 600 000 km.

Zénith
Point de la sphère céleste à l'exacte perpendiculaire d'un observateur.

Index analytique

Les numéros en **gras** *indiquent les pages qui développent le sujet.*

A

B

C

D

E

N

O

P

Q

R